U0291653

住房和城乡建设领域专业人员岗位培训考核系列用书

质量员专业管理实务
（设备安装）

（第二版）

江苏省建设教育协会　组织编写

中国建筑工业出版社

图书在版编目（CIP）数据

质量员专业管理实务（设备安装）/江苏省建设教育协会组织编写. —2版. —北京：中国建筑工业出版社，2016.9

住房和城乡建设领域专业人员岗位培训考核系列用书

ISBN 978-7-112-19721-7

Ⅰ.①质…　Ⅱ.①江…　Ⅲ.①建筑工程-质量管理-岗位培训-教材　Ⅳ.①TU712

中国版本图书馆 CIP 数据核字（2016）第 199465 号

本书作为《住房和城乡建设领域专业人员岗位培训考核系列用书》中的一本，依据《建筑与市政工程施工现场专业人员职业标准》JGJ/T 250—2011、《建筑与市政工程施工现场专业人员考核评价大纲》及全国住房和城乡建设领域专业人员岗位统一考核评价题库编写。全书共 10 章，内容包括：建筑工程质量管理；建筑工程施工质量验收统一标准；建筑给水排水及供暖工程；自动喷水灭火系统工程；建筑电气工程；建筑物防雷工程；通风与空调工程；电梯工程；智能建筑工程；建筑节能工程。本书既可作为设备安装质量岗位培训考核的指导用书，又可作为施工现场相关专业人员的实用工具书，也可供职业院校师生和相关专业人员参考使用。

责任编辑：张　磊　刘　江　岳建光　范业庶
责任校对：李欣慰　姜小莲

住房和城乡建设领域专业人员岗位培训考核系列用书
质量员专业管理实务（设备安装）（第二版）
江苏省建设教育协会　组织编写

*

中国建筑工业出版社出版、发行（北京海淀三里河路 9 号）

各地新华书店、建筑书店经销

北京科地亚盟排版公司制版

北京建筑工业印刷厂印刷

*

开本：787×1092 毫米　1/16　印张：36¼　字数：879 千字

2016 年 9 月第二版　　2018 年 2 月第八次印刷

定价：**95.00** 元

ISBN 978-7-112-19721-7

（28769）

住房和城乡建设领域专业人员岗位培训考核系列用书

编审委员会

出版说明

　　为加强住房和城乡建设领域人才队伍建设，住房和城乡建设部组织编制并颁布实施了《建筑与市政工程施工现场专业人员职业标准》JGJ/T 250—2011（以下简称《职业标准》），随后组织编写了《建筑与市政工程施工现场专业人员考核评价大纲》（以下简称《考核评价大纲》），要求各地参照执行。为贯彻落实《职业标准》和《考核评价大纲》，受江苏省住房和城乡建设厅委托，江苏省建设教育协会组织了具有较高理论水平和丰富实践经验的专家和学者，编写了《住房和城乡建设领域专业人员岗位培训考核系列用书》（以下简称《考核系列用书》），并于2014年9月出版。《考核系列用书》以《职业标准》为指导，紧密结合一线专业人员岗位工作实际，出版后多次重印，受到业内专家和广大工程管理人员的好评，同时也收到了广大读者反馈的意见和建议。

　　根据住房和城乡建设部要求，2016年起将逐步启用全国住房和城乡建设领域专业人员岗位统一考核评价题库，为保证《考核系列用书》更加贴近部颁《职业标准》和《考核评价大纲》的要求，受江苏省住房和城乡建设厅委托，江苏省建设教育协会组织业内专家和培训老师，在第一版的基础上对《考核系列用书》进行了全面修订，编写了这套《住房和城乡建设领域专业人员岗位培训考核系列用书（第二版）》（以下简称《考核系列用书（第二版）》）。

　　《考核系列用书（第二版）》全面覆盖了施工员、质量员、资料员、机械员、材料员、劳务员、安全员、标准员等《职业标准》和《考核评价大纲》涉及的岗位（其中，施工员、质量员分为土建施工、装饰装修、设备安装和市政工程四个子专业）。每个岗位结合其职业特点以及培训考核的要求，包括《专业基础知识》、《专业管理实务》和《考试大纲·习题集》三个分册。

　　《考核系列用书（第二版）》汲取了第一版的优点，并综合考虑第一版使用中发现的问题及反馈的意见、建议，使其更适合培训教学和考生备考的需要。《考核系列用书（第二版）》系统性、针对性较强，通俗易懂，图文并茂，深入浅出，配以考试大纲和习题集，力求做到易学、易懂、易记、易操作。既是相关岗位培训考核的指导用书，又是一线专业岗位人员的实用工具书；既可供建设单位、施工单位及相关高职高专、中职中专学校教学培训使用，又可供相关专业人员自学参考使用。

　　《考核系列用书（第二版）》在编写过程中，虽然经多次推敲修改，但由于时间仓促，加之编著水平有限，如有疏漏之处，恳请广大读者批评指正（相关意见和建议请发送至JYXH05@163.com），以便我们认真加以修改，不断完善。

本书编写委员会

主　　编：金孝权

副 主 编：冯　成　王建玉

编写人员：谭　鹏　胡清林　金瑞娟　张旭伟

　　　　　沈沂波　李　强　杨永胜　王正华

　　　　　殷　伟　廖芝青　周广良　芮万平

　　　　　林建国

第二版前言

根据住房和城乡建设部的要求，2016 年起将逐步启用全国住房和城乡建设领域专业人员岗位统一考核评价题库，为更好贯彻落实《建筑与市政工程施工现场专业人员职业标准》JGJ/T 250—2011，保证培训教材更加贴近部颁《建筑与市政工程施工现场专业人员考核评价大纲》的要求，受江苏省住房和城乡建设厅委托，江苏省建设教育协会组织业内专家和培训老师，在《住房和城乡建设领域专业人员岗位培训考核系列用书》第一版的基础上进行了全面修订，编写了这套《住房和城乡建设领域专业人员岗位培训考核系列用书（第二版）》（以下简称《考核系列用书（第二版）》），本书为其中的一本。

质量员（设备安装）培训考核用书包括《质量员专业基础知识（设备安装）》（第二版）、《质量员专业管理实务（设备安装）》（第二版）、《质量员考试大纲·习题集（设备安装）》（第二版）三本，反映了国家现行规范、规程、标准，并以国家质量检查和验收规范为主线，不仅涵盖了现场质量检查人员应掌握的通用知识、基础知识、岗位知识和专业技能，还涉及新技术、新设备、新工艺、新材料等方面的知识。

本书为《质量员专业管理实务（设备安装）》（第二版）分册，全书共 10 章，内容包括：建筑工程质量管理；建筑工程施工质量验收统一标准；建筑给水排水及供暖工程；自动喷水灭火系统工程；建筑电气工程；建筑物防雷工程；通风与空调工程；电梯工程；智能建筑工程；建筑节能工程。

本书中采用楷体字的内容为规范的条款，黑体字为强制性条文，宋体字为相关资料。

本书既可作为质量员（设备安装）岗位培训考核的指导用书，又可作为施工现场相关专业人员的实用工具书，也可供职业院校师生和相关专业人员参考使用。

第一版前言

为贯彻落实住房城乡建设领域专业人员新颁职业标准，受江苏省住房和城乡建设厅委托，江苏省建设教育协会组织编写了《住房和城乡建设领域专业人员岗位培训考核系列用书》，本书为其中的一本。

质量员（设备安装）培训考核用书包括《质量员专业基础知识（设备安装）》、《质量员专业管理实务（设备安装）》、《质量员考试大纲·习题集（设备安装）》三本，反映了国家现行规范、规程、标准，并以国家质量检查和验收规范为主线，不仅涵盖了现场质量检查人员应掌握的通用知识、基础知识和岗位知识，还涉及新技术、新设备、新工艺、新材料等方面的知识。

本书为《质量员专业管理实务（设备安装）》分册。本书根据《建筑工程施工质量验收统一标准》及现行相关专业规范和众多技术标准编写，对工程质量验收的检验批、分项、分部（子分部）工程如何划分、如何检查作了较为详尽的介绍；以相关标准的条文为主线，并结合涉及的有关标准，逐条逐项进行分析，为质量检查验收提供了方便；同时对工程创优、治理质量通病、住宅工程的分户验收、建筑给水排水及供暖工程、自动喷水灭火系统工程、建筑电气工程、建筑防雷工程、通风与空调工程、电梯工程、智能建筑工程、建筑节能工程等作了详尽的介绍。

本书中采用楷体字的内容为标准的条款，黑体字为强制性条文，宋体字为相关资料。

本书既可作为质量员（设备安装）岗位培训考核的指导用书，又可作为施工现场相关专业人员的实用手册，也可供职业院校师生和相关专业技术人员参考使用。

目　录

第1章 建筑工程质量管理

1.1 实施工程建设强制性标准监督内容、方式、违规处罚的规定

《建筑工程施工质量验收统一标准》（GB 50300—2013）及相应的专业验收规范均规定了强制性条文，用黑体字表示，强制性条文是必须严格执行的条文，无论工程质量如何，违反强制性条文的都应按 2000 年 8 月 25 日建设部令第 81 号《实施工程建设强制性标准监督规定》进行处罚。《实施工程建设强制性标准监督规定》如下：

第一条 为加强工程建设强制性标准实施的监督工作，保证建设工程质量，保障人民的生命、财产安全，维护社会公共利益，根据《中华人民共和国标准化法》、《中华人民共和国标准化法实施条例》和《建设工程质量管理条例》，制定本规定。

第二条 在中华人民共和国境内从事新建、扩建、改建等工程建设活动，必须执行工程建设强制性标准。

第三条 本规定所称工程建设强制性标准是指直接涉及工程质量、安全、卫生及环境保护等方面的工程建设标准强制性条文。

国家工程建设标准强制性条文由国务院建设行政主管部门会同国务院有关行政主管部门确定。

第四条 国务院建设行政主管部门负责全国实施工程建设强制性标准的监督管理工作。

国务院有关行政主管部门按照国务院的职能分工负责实施工程建设强制性标准的监督管理工作。

县级以上地方人民政府建设行政主管部门负责本行政区域内实施工程建设强制性标准的监督管理工作。

第五条 工程建设中拟采用的新技术、新工艺、新材料，不符合现行强制性标准规定的，应当由拟采用单位提请建设单位组织专题技术论证，报批准标准的建设行政主管部门或者国务院有关主管部门审定。

工程建设中采用国际标准或者国外标准，现行强制性标准未作规定的，建设单位应当向国务院建设行政主管部门或者国务院有关行政主管部门备案。

第六条 建设项目规划审查机关应当对工程建设规划阶段执行强制性标准的情况实施监督。

施工图设计文件审查单位应当对工程建设勘察、设计阶段执行强制性标准的情况实施监督。

建筑安全监督管理机构应当对工程建设施工阶段执行施工安全强制性标准的情况实施监督。

工程质量监督机构应当对工程建设施工、监理、验收等阶段执行强制性标准的情况实施监督。

第七条 建设项目规划审查机关、施工图设计文件审查单位、建筑安全监督管理机构、工程质量监督机构的技术人员必须熟悉、掌握工程建设强制性标准。

第八条 工程建设标准批准部门应当定期对建设项目规划审查机关、施工图设计文件审查单位、建筑安全监督管理机构、工程质量监督机构实施强制性标准的监督进行检查，对监督不力的单位和个人，给予通报批评，建议有关部门处理。

第九条 工程建设标准批准部门应当对工程项目执行强制性标准情况进行监督检查。监督检查可以采取重点检查、抽查和专项检查的方式。

第十条 强制性标准监督检查的内容包括：

（一）有关工程技术人员是否熟悉、掌握强制性标准；

（二）工程项目的规划、勘察、设计、施工、验收等是否符合强制性标准的规定；

（三）工程项目采用的材料、设备是否符合强制性标准的规定；

（四）工程项目的安全、质量是否符合强制性标准的规定；

（五）工程中采用的导则、指南、手册、计算机软件的内容是否符合强制性标准的规定。

第十一条 工程建设标准批准部门应当将强制性标准监督检查结果在一定范围内公告。

第十二条 工程建设强制性标准的解释由工程建设标准批准部门负责。

有关标准具体技术内容的解释，工程建设标准批准部门可以委托该标准的编制管理单位负责。

第十三条 工程技术人员应当参加有关工程建设强制性标准的培训，并可以计入继续教育学时。

第十四条 建设行政主管部门或者有关行政主管部门在处理重大工程事故时，应当有工程建设标准方面的专家参加；工程事故报告应当包括是否符合工程建设强制性标准的意见。

第十五条 任何单位和个人对违反工程建设强制性标准的行为有权向建设行政主管部门或者有关部门检举、控告、投诉。

第十六条 建设单位有下列行为之一的，责令改正，并处以20万元以上50万元以下的罚款：

（一）明示或者暗示施工单位使用不合格的建筑材料、建筑构配件和设备的；

（二）明示或者暗示设计单位或者施工单位违反工程建设强制性标准，降低工程质量的。

第十七条 勘察、设计单位违反工程建设强制性标准进行勘察、设计的，责令改正，并处以10万元以上30万元以下的罚款。

有前款行为，造成工程质量事故的，责令停业整顿，降低资质等级；情节严重的，吊销资质证书；造成损失的，依法承担赔偿责任。

第十八条 施工单位违反工程建设强制性标准的，责令改正，处工程合同价款2％以上4％以下的罚款；造成建设工程质量不符合规定的质量标准的，负责返工、修理，并赔偿因此造成的损失；情节严重的，责令停业整顿，降低资质等级或者吊销资质证书。

第十九条　工程监理单位违反强制性标准规定，将不合格的建设工程以及建筑材料、建筑构配件和设备按照合格签字的，责令改正，处 50 万元以上 100 万元以下的罚款，降低资质等级或者吊销资质证书；有违法所得的，予以没收；造成损失的，承担连带赔偿责任。

第二十条　违反工程建设强制性标准造成工程质量、安全隐患或者工程事故的，按照《建设工程质量管理条例》有关规定，对事故责任单位和责任人进行处罚。

第二十一条　有关责令停业整顿、降低资质等级和吊销资质证书的行政处罚，由颁发资质证书的机关决定；其他行政处罚，由建设行政主管部门或者有关部门依照法定职权决定。

第二十二条　建设行政主管部门和有关行政主管部门工作人员，玩忽职守、滥用职权、徇私舞弊的，给予行政处分；构成犯罪的，依法追究刑事责任。

第二十三条　本规定由国务院建设行政主管部门负责解释。

第二十四条　本规定自发布之日起施行。

强制性条文背景：

1. 我国的工程建设强制性标准

我国工程建设标准规范体系总计约 3600 本规范标准中的绝大多数（97％）是强制性标准；其中有关房屋建筑的内容，总计约 15 万条。这样多的条文给监督和管理带来诸多不便。而且，这些标准尽管是强制性的，但其中也掺杂了许多选择性和推荐性的技术要求。例如，在标准规范中表达为"宜"和"可"的规定就完全不具备强制性质。加上强制性标准数量多、内容杂，在实际执行时往往冲击了真正应该强制的重要内容，反而使"强制"逐渐失去了其威慑力，淡化了其作为强制性要求的作用。

2. 强制性条文编制

原建设部在北京集中了我国有关房屋建筑重要强制性标准的主要负责专家 150 人，从各自管理的强制性标准规范的十余万条技术规定中，经反复筛选比较，挑选出重要的，对建筑工程的安全、环保、健康、公益有重大影响的条款 1500 条，编制成《工程建设强制性条文（房屋建筑部分）》。经有关专家、领导审查鉴定，2000 年 5 月《工程建设标准强制性条文》正式公布。2000 年 8 月又公布了《实施工程建设强制性标准监督规定》，对其执行作出规定。

3. 强制性条文的作用

强制性条文具备法律性质。

违反强制性条文，不管是否发生工程质量事故，一经查出都要追究责任。这就如同交通规则一样，由于其是法律，只要违反，不管是否肇事都必须处罚。强制性条文就具有类似的法律性质。

违反强制性条文的处罚力度远大于违反一般的强制性标准。

与其相比，一般的强制性标准不具备法律性质。即使违反，只要不出事故一般也不会追究。只有在追查工程质量事故时，才会根据强制性标准的有关条款判断有关的责任，且处罚力度也小得多，因为其只是技术问题，还不具备法律性质。相比之下，强制性条文的法律性质是显而易见的。

1.2 房屋建筑工程和市政基础设施工程竣工验收备案管理的规定

1.2.1 房屋建筑和市政基础设施工程竣工验收规定

2013年12月2日住房和城乡建设部印发了《房屋建筑和市政基础设施工程竣工验收规定》（建质〔2013〕171号），对竣工验收的程序、要求、内容作出了规定。

第一条 为规范房屋建筑和市政基础设施工程的竣工验收，保证工程质量，根据《中华人民共和国建筑法》和《建设工程质量管理条例》，制定本规定。

第二条 凡在中华人民共和国境内新建、扩建、改建的各类房屋建筑和市政基础设施工程的竣工验收（以下简称工程竣工验收），应当遵守本规定。

第三条 国务院住房和城乡建设主管部门负责全国工程竣工验收的监督管理。

县级以上地方人民政府建设主管部门负责本行政区域内工程竣工验收的监督管理，具体工作可以委托所属的工程质量监督机构实施。

第四条 工程竣工验收由建设单位负责组织实施。

第五条 工程符合下列要求方可进行竣工验收：

（一）完成工程设计和合同约定的各项内容。

（二）施工单位在工程完工后对工程质量进行了检查，确认工程质量符合有关法律、法规和工程建设强制性标准，符合设计文件及合同要求，并提出工程竣工报告。工程竣工报告应经项目负责人和施工单位有关负责人审核签字。

（三）对于委托监理的工程项目，监理单位对工程进行了质量评估，具有完整的监理资料，并提出工程质量评估报告。工程质量评估报告应经总监理工程师和监理单位有关负责人审核签字。

（四）勘察、设计单位对勘察、设计文件及施工过程中由设计单位签署的设计变更通知书进行了检查，并提出质量检查报告。质量检查报告应经该项目勘察、设计负责人和勘察、设计单位有关负责人审核签字。

（五）有完整的技术档案和施工管理资料。

（六）有工程使用的主要建筑材料、建筑构配件和设备的进场试验报告，以及工程质量检测和功能性试验资料。

（七）建设单位已按合同约定支付工程款。

（八）有施工单位签署的工程质量保修书。

（九）对于住宅工程，进行分户验收并验收合格，建设单位按户出具《住宅工程质量分户验收表》。

（十）建设主管部门及工程质量监督机构责令整改的问题全部整改完毕。

（十一）法律、法规规定的其他条件。

第六条 工程竣工验收应当按以下程序进行：

（一）工程完工后，施工单位向建设单位提交工程竣工报告，申请工程竣工验收。实行监理的工程，工程竣工报告须经总监理工程师签署意见。

（二）建设单位收到工程竣工报告后，对符合竣工验收要求的工程，组织勘察、设计、施工、监理等单位组成验收组，制定验收方案。对于重大工程和技术复杂工程，根据需要可邀请有关专家参加验收组。

（三）建设单位应当在工程竣工验收 7 个工作日前将验收的时间、地点及验收组名单书面通知负责监督该工程的工程质量监督机构。

（四）建设单位组织工程竣工验收。

1. 建设、勘察、设计、施工、监理单位分别汇报工程合同履约情况和在工程建设各个环节执行法律、法规和工程建设强制性标准的情况；

2. 审阅建设、勘察、设计、施工、监理单位的工程档案资料；

3. 实地查验工程质量；

4. 对工程勘察、设计、施工、设备安装质量和各管理环节等方面作出全面评价，形成经验收组人员签署的工程竣工验收意见。

参与工程竣工验收的建设、勘察、设计、施工、监理等各方不能形成一致意见时，应当协商提出解决的方法，待意见一致后，重新组织工程竣工验收。

第七条 工程竣工验收合格后，建设单位应当及时提出工程竣工验收报告。工程竣工验收报告主要包括工程概况，建设单位执行基本建设程序情况，对工程勘察、设计、施工、监理等方面的评价，工程竣工验收时间、程序、内容和组织形式，工程竣工验收意见等内容。

工程竣工验收报告还应附有下列文件：

（一）施工许可证。

（二）施工图设计文件审查意见。

（三）本规定第五条（二）（三）（四）（八）项规定的文件。

（四）验收组人员签署的工程竣工验收意见。

（五）法规、规章规定的其他有关文件。

第八条 负责监督该工程的工程质量监督机构应当对工程竣工验收的组织形式、验收程序、执行验收标准等情况进行现场监督，发现有违反建设工程质量管理规定行为的，责令改正，并将对工程竣工验收的监督情况作为工程质量监督报告的重要内容。

第九条 建设单位应当自工程竣工验收合格之日起 15 日内，依照《房屋建筑和市政基础设施工程竣工验收备案管理办法》（住房和城乡建设部令第 2 号）的规定，向工程所在地的县级以上地方人民政府建设主管部门备案。

1.2.2 房屋建筑和市政基础设施工程质量监督管理规定

国务院发布的《建设工程质量管理条例》明确了建设工程质量实行监督制度，住房和城乡建设部以第 5 号令发布了《房屋建筑和市政基础设施工程质量监督管理规定》，明确了建设工程质量监督机构的法律地位、基本结构和权利、责任、监督内容等要求。《房屋建筑和市政基础设施工程质量监督管理规定》如下：

第一条 为了加强房屋建筑和市政基础设施工程质量的监督，保护人民生命和财产安全，规范住房和城乡建设主管部门及工程质量监督机构（以下简称主管部门）的质量监督行为，根据《中华人民共和国建筑法》、《建设工程质量管理条例》等有关法律、行政法规，制定本规定。

第二条 在中华人民共和国境内主管部门实施对新建、扩建、改建房屋建筑和市政基础设施工程质量监督管理的，适用本规定。

第三条 国务院住房和城乡建设主管部门负责全国房屋建筑和市政基础设施工程（以下简称工程）质量监督管理工作。

县级以上地方人民政府建设主管部门负责本行政区域内工程质量监督管理工作。

工程质量监督管理的具体工作可以由县级以上地方人民政府建设主管部门委托所属的工程质量监督机构（以下简称监督机构）实施。

第四条 本规定所称工程质量监督管理，是指主管部门依据有关法律法规和工程建设强制性标准，对工程实体质量和工程建设、勘察、设计、施工、监理单位（以下简称工程质量责任主体）和质量检测等单位的工程质量行为实施监督。

本规定所称工程实体质量监督，是指主管部门对涉及工程主体结构安全、主要使用功能的工程实体质量情况实施监督。

本规定所称工程质量行为监督，是指主管部门对工程质量责任主体和质量检测等单位履行法定质量责任和义务的情况实施监督。

第五条 工程质量监督管理应当包括下列内容：

（一）执行法律法规和工程建设强制性标准的情况；

（二）抽查涉及工程主体结构安全和主要使用功能的工程实体质量；

（三）抽查工程质量责任主体和质量检测等单位的工程质量行为；

（四）抽查主要建筑材料、建筑构配件的质量；

（五）对工程竣工验收进行监督；

（六）组织或者参与工程质量事故的调查处理；

（七）定期对本地区工程质量状况进行统计分析；

（八）依法对违法违规行为实施处罚。

第六条 对工程项目实施质量监督，应当依照下列程序进行：

（一）受理建设单位办理质量监督手续；

（二）制订工作计划并组织实施；

（三）对工程实体质量、工程质量责任主体和质量检测等单位的工程质量行为进行抽查、抽测；

（四）监督工程竣工验收，重点对验收的组织形式、程序等是否符合有关规定进行监督；

（五）形成工程质量监督报告；

（六）建立工程质量监督档案。

第七条 工程竣工验收合格后，建设单位应当在建筑物明显部位设置永久性标牌，载明建设、勘察、设计、施工、监理单位等工程质量责任主体的名称和主要责任人姓名。

第八条 主管部门实施监督检查时，有权采取下列措施：

（一）要求被检查单位提供有关工程质量的文件和资料；

（二）进入被检查单位的施工现场进行检查；

（三）发现有影响工程质量的问题时，责令改正。

第九条 县级以上地方人民政府建设主管部门应当根据本地区的工程质量状况，逐步建立工程质量信用档案。

第十条 县级以上地方人民政府建设主管部门应当将工程质量监督中发现的涉及主体结构安全和主要使用功能的工程质量问题及整改情况，及时向社会公布。

第十一条 省、自治区、直辖市人民政府建设主管部门应当按照国家有关规定，对本行政区域内监督机构每三年进行一次考核。

监督机构经考核合格后，方可依法对工程实施质量监督，并对工程质量监督承担监督责任。

第十二条 监督机构应当具备下列条件：

（一）具有符合本规定第十三条规定的监督人员。人员数量由县级以上地方人民政府建设主管部门根据实际需要确定。监督人员应当占监督机构总人数的 75% 以上；

（二）有固定的工作场所和满足工程质量监督检查工作需要的仪器、设备和工具等；

（三）有健全的质量监督工作制度，具备与质量监督工作相适应的信息化管理条件。

第十三条 监督人员应当具备下列条件：

（一）具有工程类专业大学专科以上学历或者工程类执业注册资格；

（二）具有三年以上工程质量管理或者设计、施工、监理等工作经历；

（三）熟悉掌握相关法律法规和工程建设强制性标准；

（四）具有一定的组织协调能力和良好职业道德。

监督人员符合上述条件经考核合格后，方可从事工程质量监督工作。

第十四条 监督机构可以聘请中级职称以上的工程类专业技术人员协助实施工程质量监督。

第十五条 省、自治区、直辖市人民政府建设主管部门应当每两年对监督人员进行一次岗位考核，每年进行一次法律法规、业务知识培训，并适时组织开展继续教育培训。

第十六条 国务院住房和城乡建设主管部门对监督机构和监督人员的考核情况进行监督抽查。

第十七条 主管部门工作人员玩忽职守、滥用职权、徇私舞弊，构成犯罪的，依法追究刑事责任；尚不构成犯罪的，依法给予行政处分。

第十八条 抢险救灾工程、临时性房屋建筑工程和农民自建低层住宅工程，不适用本规定。

第十九条 省、自治区、直辖市人民政府建设主管部门可以根据本规定制定具体实施办法。

第二十条 本规定自 2010 年 9 月 1 日起施行。

1.3 房屋建筑工程质量保修范围、保修期限和违规处罚的规定

建设部二〇〇〇年六月三十日发布了《房屋建筑工程质量保修办法》，自发布之日起施行。《房屋建筑工程质量保修办法》内容如下：

第一条 为保护建设单位、施工单位、房屋建筑所有人和使用人的合法权益，维护公共安全和公众利益，根据《中华人民共和国建筑法》和《建设工程质量管理条例》，制订本办法。

第二条　在中华人民共和国境内新建、扩建、改建各类房屋建筑工程（包括装修工程）的质量保修，适用本办法。

第三条　本办法所称房屋建筑工程质量保修，是指对房屋建筑工程竣工验收后在保修期限内出现的质量缺陷，予以修复。

本办法所称质量缺陷，是指房屋建筑工程的质量不符合工程建设强制性标准以及合同的约定。

第四条　房屋建筑工程在保修范围和保修期限内出现质量缺陷，施工单位应当履行保修义务。

第五条　国务院建设行政主管部门负责全国房屋建筑工程质量保修的监督管理。

县级以上地方人民政府建设行政主管部门负责本行政区域内房屋建筑工程质量保修的监督管理。

第六条　建设单位和施工单位应当在工程质量保修书中约定保修范围、保修期限和保修责任等，双方约定的保修范围、保修期限必须符合国家有关规定。

第七条　在正常使用条件下，房屋建筑工程的最低保修期限为：

（一）地基基础工程和主体结构工程，为设计文件规定的该工程的合理使用年限；

（二）屋面防水工程、有防水要求的卫生间、房间和外墙面的防渗漏，为5年；

（三）供热与供冷系统，为2个采暖期、供冷期；

（四）电气管线、给排水管道、设备安装为2年；

（五）装修工程为2年。

其他项目的保修期限由建设单位和施工单位约定。

第八条　房屋建筑工程保修期从工程竣工验收合格之日起计算。

第九条　房屋建筑工程在保修期限内出现质量缺陷，建设单位或者房屋建筑所有人应当向施工单位发出保修通知。施工单位接到保修通知后，应当到现场核查情况，在保修书约定的时间内予以保修。发生涉及结构安全或者严重影响使用功能的紧急抢修事故，施工单位接到保修通知后，应当立即到达现场抢修。

第十条　发生涉及结构安全的质量缺陷，建设单位或者房屋建筑所有人应当立即向当地建设行政主管部门报告，采取安全防范措施；由原设计单位或者具有相应资质等级的设计单位提出保修方案，施工单位实施保修，原工程质量监督机构负责监督。

第十一条　保修完成后，由建设单位或者房屋建筑所有人组织验收。涉及结构安全的，应当报当地建设行政主管部门备案。

第十二条　施工单位不按工程质量保修书约定保修的，建设单位可以另行委托其他单位保修，由原施工单位承担相应责任。

第十三条　保修费用由质量缺陷的责任方承担。

第十四条　在保修期限内，因房屋建筑工程质量缺陷造成房屋所有人、使用人或者第三方人身、财产损害的，房屋所有人、使用人或者第三方可以向建设单位提出赔偿要求。建设单位向造成房屋建筑工程质量缺陷的责任方追偿。

第十五条　因保修不及时造成新的人身、财产损害，由造成拖延的责任方承担赔偿责任。

第十六条　房地产开发企业售出的商品房保修，还应当执行《城市房地产开发经营管理条例》和其他有关规定。

第十七条 下列情况不属于本办法规定的保修范围：

（一）因使用不当或者第三方造成的质量缺陷；

（二）不可抗力造成的质量缺陷。

第十八条 施工单位有下列行为之一的，由建设行政主管部门责令改正，并处 1 万元以上 3 万元以下的罚款：

（一）工程竣工验收后，不向建设单位出具质量保修书的；

（二）质量保修的内容、期限违反本办法规定的。

第十九条 施工单位不履行保修义务或者拖延履行保修义务的，由建设行政主管部门责令改正，处 10 万元以上 20 万元以下的罚款。

第二十条 军事建设工程的管理，按照中央军事委员会的有关规定执行。

第二十一条 本办法由国务院建设行政主管部门负责解释。

第二十二条 本办法自发布之日起施行。

1.4 特种设备安全监察的规定

二〇〇九年一月二十四日，国务院对第 549 号令进行了修订，并发布了《国务院关于修改〈特种设备安全监察条例〉的决定》自 2009 年 5 月 1 日起施行。

本书摘录与工程有关的内容：

条例所称特种设备是指涉及生命安全、危险性较大的锅炉、压力容器（含气瓶，下同）、压力管道、电梯、起重机械、客运索道、大型游乐设施和场（厂）内专用机动车辆。

军事装备、核设施、航空航天器、铁路机车、海上设施和船舶以及矿山井下使用的特种设备、民用机场专用设备的安全监察不适用本条例。

房屋建筑工地和市政工程工地用起重机械、场（厂）内专用机动车辆的安装、使用的监督管理，由建设行政主管部门依照有关法律、法规的规定执行。

特种设备生产、使用单位应当建立健全特种设备安全、节能管理制度和岗位安全、节能责任制度。

特种设备生产、使用单位的主要负责人应当对本单位特种设备的安全和节能全面负责。

特种设备生产、使用单位和特种设备检验检测机构，应当保证必要的安全和节能投入。

国家鼓励实行特种设备责任保险制度，提高事故赔付能力。

特种设备生产单位对其生产的特种设备的安全性能和能效指标负责，不得生产不符合安全性能要求和能效指标的特种设备，不得生产国家产业政策明令淘汰的特种设备。

特种设备使用单位应当对特种设备作业人员进行特种设备安全、节能教育和培训，保证特种设备作业人员具备必要的特种设备安全、节能知识。

特种设备检验检测机构进行特种设备检验检测，发现严重事故隐患或者能耗严重超标的，应当及时告知特种设备使用单位，并立即向特种设备安全监督管理部门报告。

电梯的安装、改造、维修，必须由电梯制造单位或者其通过合同委托、同意的依照本条例取得许可的单位进行。电梯制造单位对电梯质量以及安全运行涉及的质量问题负责。

特种设备安装、改造、维修的施工单位应当在施工前将拟进行的特种设备安装、改造、维修情况书面告知直辖市或者设区的市的特种设备安全监督管理部门，告知后即可施工。

电梯井道的土建工程必须符合建筑工程质量要求。电梯安装施工过程中，电梯安装单位应当遵守施工现场的安全生产要求，落实现场安全防护措施。电梯安装施工过程中，施工现场的安全生产监督，由有关部门依照有关法律、行政法规的规定执行。

电梯安装施工过程中，电梯安装单位应当服从建筑施工总承包单位对施工现场的安全生产管理，并订立合同，明确各自的安全责任。

电梯的制造、安装、改造和维修活动，必须严格遵守安全技术规范的要求。电梯制造单位委托或者同意其他单位进行电梯安装、改造、维修活动的，应当对其安装、改造、维修活动进行安全指导和监控。电梯的安装、改造、维修活动结束后，电梯制造单位应当按照安全技术规范的要求对电梯进行校验和调试，并对校验和调试的结果负责。

特种设备使用单位应当建立特种设备安全技术档案。安全技术档案应当包括以下内容：

（一）特种设备的设计文件、制造单位、产品质量合格证明、使用维护说明等文件以及安装技术文件和资料；

（二）特种设备的定期检验和定期自行检查的记录；

（三）特种设备的日常使用状况记录；

（四）特种设备及其安全附件、安全保护装置、测量调控装置及有关附属仪器仪表的日常维护保养记录；

（五）特种设备运行故障和事故记录；

（六）高耗能特种设备的能效测试报告、能耗状况记录以及节能改造技术资料。电梯的日常维护保养必须由依照本条例取得许可的安装、改造、维修单位或者电梯制造单位进行。

电梯应当至少每15日进行一次清洁、润滑、调整和检查。

电梯，是指动力驱动，利用沿刚性导轨运行的箱体或者沿固定线路运行的梯级（踏步），进行升降或者平行运送人、货物的机电设备，包括载人（货）电梯、自动扶梯、自动人行道等。

起重机械，是指用于垂直升降或者垂直升降并水平移动重物的机电设备，其范围规定为额定起重量大于或者等于0.5t的升降机；额定起重量大于或者等于1t，且提升高度大于或者等于2m的起重机和承重形式固定的电动葫芦等。

1.5 消防工程设施建设的规定

二〇一二年七月十七日公安部发布了部令第119号《公安部关于修改〈建设工程消防监督管理规定〉的决定》，自2012年11月1日起施行。

该部令是以《中华人民共和国消防法》、《建设工程质量管理条例》为依据制定的，最近《中华人民共和国消防法》正在修订，修订后的《中华人民共和国消防法》中关于建设工程消防监督管理将有重大调整，使用时请关注《中华人民共和国消防法》的修订，以下是公安部第119号部令《建设工程消防监督管理规定》。

第一章　总则

第一条　为了加强建设工程消防监督管理，落实建设工程消防设计、施工质量和安全责任，规范消防监督管理行为，依据《中华人民共和国消防法》、《建设工程质量管理条例》，制定本规定。

第二条　本规定适用于新建、扩建、改建（含室内外装修、建筑保温、用途变更）等建设工程的消防监督管理。

本规定不适用住宅室内装修、村民自建住宅、救灾和其他非人员密集场所的临时性建筑的建设活动。

第三条　建设、设计、施工、工程监理等单位应当遵守消防法规、建设工程质量管理法规和国家消防技术标准，对建设工程消防设计、施工质量和安全负责。

公安机关消防机构依法实施建设工程消防设计审核、消防验收和备案、抽查，对建设工程进行消防监督。

第四条　除省、自治区人民政府公安机关消防机构外，县级以上地方人民政府公安机关消防机构承担辖区建设工程的消防设计审核、消防验收和备案抽查工作。具体分工由省级公安机关消防机构确定，并报公安部消防局备案。

跨行政区域的建设工程消防设计审核、消防验收和备案抽查工作，由其共同的上一级公安机关消防机构指定管辖。

第五条　公安机关消防机构实施建设工程消防监督管理，应当遵循公正、严格、文明、高效的原则。

第六条　建设工程的消防设计、施工必须符合国家工程建设消防技术标准。

新颁布的国家工程建设消防技术标准实施之前，建设工程的消防设计已经公安机关消防机构审核合格或者备案的，分别按原审核意见或者备案时的标准执行。

第七条　公安机关消防机构对建设工程进行消防设计审核、消防验收和备案抽查，应当由两名以上执法人员实施。

第二章　消防设计、施工的质量责任

第八条　建设单位不得要求设计、施工、工程监理等有关单位和人员违反消防法规和国家工程建设消防技术标准，降低建设工程消防设计、施工质量，并承担下列消防设计、施工的质量责任：

（一）依法申请建设工程消防设计审核、消防验收，依法办理消防设计和竣工验收消防备案手续并接受抽查；建设工程内设置的公众聚集场所未经消防安全检查或者经检查不符合消防安全要求的，不得投入使用、营业；

（二）实行工程监理的建设工程，应当将消防施工质量一并委托监理；

（三）选用具有国家规定资质等级的消防设计、施工单位；

（四）选用合格的消防产品和满足防火性能要求的建筑构件、建筑材料及装修材料；

（五）依法应当经消防设计审核、消防验收的建设工程，未经审核或者审核不合格的，不得组织施工；未经验收或者验收不合格的，不得交付使用。

第九条　设计单位应当承担下列消防设计的质量责任：

（一）根据消防法规和国家工程建设消防技术标准进行消防设计，编制符合要求的消防设计文件，不得违反国家工程建设消防技术标准强制性要求进行设计；

（二）在设计中选用的消防产品和具有防火性能要求的建筑构件、建筑材料、装修材料，应当注明规格、性能等技术指标，其质量要求必须符合国家标准或者行业标准；

（三）参加建设单位组织的建设工程竣工验收，对建设工程消防设计实施情况签字确认。

第十条　施工单位应当承担下列消防施工的质量和安全责任：

（一）按照国家工程建设消防技术标准和经消防设计审核合格或者备案的消防设计文件组织施工，不得擅自改变消防设计进行施工，降低消防施工质量；

（二）查验消防产品和具有防火性能要求的建筑构件、建筑材料及装修材料的质量，使用合格产品，保证消防施工质量；

（三）建立施工现场消防安全责任制度，确定消防安全负责人。加强对施工人员的消防教育培训，落实动火、用电、易燃可燃材料等消防管理制度和操作规程。保证在建工程竣工验收前消防通道、消防水源、消防设施和器材、消防安全标志等完好有效。

第十一条　工程监理单位应当承担下列消防施工的质量监理责任：

（一）按照国家工程建设消防技术标准和经消防设计审核合格或者备案的消防设计文件实施工程监理；

（二）在消防产品和具有防火性能要求的建筑构件、建筑材料、装修材料施工、安装前，核查产品质量证明文件，不得同意使用或者安装不合格的消防产品和防火性能不符合要求的建筑构件、建筑材料、装修材料；

（三）参加建设单位组织的建设工程竣工验收，对建设工程消防施工质量签字确认。

第十二条　社会消防技术服务机构应当依法设立，社会消防技术服务工作应当依法开展。为建设工程消防设计、竣工验收提供图纸审查、安全评估、检测等消防技术服务的机构和人员，应当依法取得相应的资质、资格，按照法律、行政法规、国家标准、行业标准和执业准则提供消防技术服务，并对出具的审查、评估、检验、检测意见负责。

第三章　消防设计审核和消防验收

第十三条　对具有下列情形之一的人员密集场所，建设单位应当向公安机关消防机构申请消防设计审核，并在建设工程竣工后向出具消防设计审核意见的公安机关消防机构申请消防验收：

（一）建筑总面积大于二万平方米的体育场馆、会堂，公共展览馆、博物馆的展示厅；

（二）建筑总面积大于一万五千平方米的民用机场航站楼、客运车站候车室、客运码头候船厅；

（三）建筑总面积大于一万平方米的宾馆、饭店、商场、市场；

（四）建筑总面积大于二千五百平方米的影剧院，公共图书馆的阅览室，营业性室内健身、休闲场馆，医院的门诊楼，大学的教学楼、图书馆、食堂，劳动密集型企业的生产加工车间，寺庙、教堂；

（五）建筑总面积大于一千平方米的托儿所、幼儿园的儿童用房，儿童游乐厅等室内儿童活动场所，养老院、福利院，医院、疗养院的病房楼，中小学校的教学楼、图书馆、食堂，学校的集体宿舍，劳动密集型企业的员工集体宿舍；

（六）建筑总面积大于五百平方米的歌舞厅、录像厅、放映厅、卡拉 OK 厅、夜总会、游艺厅、桑拿浴室、网吧、酒吧，具有娱乐功能的餐馆、茶馆、咖啡厅。

第十四条　对具有下列情形之一的特殊建设工程，建设单位必须向公安机关消防机构申请消防设计审核，并且在建设工程竣工后向出具消防设计审核意见的公安机关消防机构申请消防验收：

（一）设有本规定第十三条所列的人员密集场所的建设工程；

（二）国家机关办公楼、电力调度楼、电信楼、邮政楼、防灾指挥调度楼、广播电视楼、档案楼；

（三）本条第一项、第二项规定以外的单体建筑面积大于四万平方米或者建筑高度超过五十米的公共建筑；

（四）国家标准规定的一类高层住宅建筑；

（五）城市轨道交通、隧道工程，大型发电、变配电工程；

（六）生产、储存、装卸易燃易爆危险物品的工厂、仓库和专用车站、码头，易燃易爆气体和液体的充装站、供应站、调压站。

第十五条　建设单位申请消防设计审核应当提供下列材料：

（一）建设工程消防设计审报表；

（二）建设单位的工商营业执照等合法身份证明文件；

（三）设计单位资质证明文件；

（四）消防设计文件；

（五）法律、行政法规规定的其他材料。

依法需要办理建设工程规划许可的，应当提供建设工程规划许可证明文件；依法需要城乡规划主管部门批准的临时性建筑，属于人员密集场所的，应当提供城乡规划主管部门批准的证明文件。

第十六条　具有下列情形之一的，建设单位除提供本规定第十五条所列材料外，应当同时提供特殊消防设计文件，或者设计采用的国际标准、境外消防技术标准的中文文本，以及其他有关消防设计的应用实例、产品说明等技术资料：

（一）国家工程建设消防技术标准没有规定的；

（二）消防设计文件拟采用的新技术、新工艺、新材料可能影响建设工程消防安全，不符合国家标准规定的；

（三）拟采用国际标准或者境外消防技术标准的。

第十七条　公安机关消防机构应当自受理消防设计审核申请之日起二十日内出具书面审核意见。但是依照本规定需要组织专家评审的，专家评审时间不计算在审核时间内。

第十八条　公安机关消防机构应当依照消防法规和国家工程建设消防技术标准对申报的消防设计文件进行审核。对符合下列条件的，公安机关消防机构应当出具消防设计审核合格意见；对不符合条件的，应当出具消防设计审核不合格意见，并说明理由：

（一）设计单位具备相应的资质；

（二）消防设计文件的编制符合公安部规定的消防设计文件申报要求；

（三）建筑的总平面布局和平面布置、耐火等级、建筑构造、安全疏散、消防给水、消防电源及配电、消防设施等的消防设计符合国家工程建设消防技术标准；

（四）选用的消防产品和具有防火性能要求的建筑材料符合国家工程建设消防技术标准和有关管理规定。

第十九条　对具有本规定第十六条情形之一的建设工程，公安机关消防机构应当在受理消防设计审核申请之日起五日内将申请材料报送省级人民政府公安机关消防机构组织专家评审。

省级人民政府公安机关消防机构应当在收到申请材料之日起三十日内会同同级住房和城乡建设行政主管部门召开专家评审会，对建设单位提交的特殊消防设计文件进行评审。参加评审的专家应当具有相关专业高级技术职称，总数不应少于七人，并应当出具专家评审意见。评审专家有不同意见的，应当注明。

省级人民政府公安机关消防机构应当在专家评审会后五日内将专家评审意见书面通知报送申请材料的公安机关消防机构，同时报公安部消防局备案。

对三分之二以上评审专家同意的特殊消防设计文件，可以作为消防设计审核的依据。

第二十条　建设、设计、施工单位不得擅自修改经公安机关消防机构审核合格的建设工程消防设计。确需修改的，建设单位应当向出具消防设计审核意见的公安机关消防机构重新申请消防设计审核。

第二十一条　建设单位申请消防验收应当提供下列材料：

（一）建设工程消防验收申报表；

（二）工程竣工验收报告和有关消防设施的工程竣工图纸；

（三）消防产品质量合格证明文件；

（四）具有防火性能要求的建筑构件、建筑材料、装修材料符合国家标准或者行业标准的证明文件、出厂合格证；

（五）消防设施检测合格证明文件；

（六）施工、工程监理、检测单位的合法身份证明和资质等级证明文件；

（七）建设单位的工商营业执照等合法身份证明文件；

（八）法律、行政法规规定的其他材料。

第二十二条　公安机关消防机构应当自受理消防验收申请之日起二十日内组织消防验收，并出具消防验收意见。

第二十三条　公安机关消防机构对申报消防验收的建设工程，应当依照建设工程消防验收评定标准对已经消防设计审核合格的内容组织消防验收。

对综合评定结论为合格的建设工程，公安机关消防机构应当出具消防验收合格意见；对综合评定结论为不合格的，应当出具消防验收不合格意见，并说明理由。

第四章　消防设计和竣工验收的备案抽查

第二十四条　对本规定第十三条、第十四条规定以外的建设工程，建设单位应当在取得施工许可、工程竣工验收合格之日起七日内，通过省级公安机关消防机构网站进行消防设计、竣工验收消防备案，或者到公安机关消防机构业务受理场所进行消防设计、竣工验收消防备案。

建设单位在进行建设工程消防设计或者竣工验收消防备案时，应当分别向公安机关消防机构提供备案申报表、本规定第十五条规定的相关材料及施工许可文件复印件或者本规定第二十一条规定的相关材料。按照住房和城乡建设行政主管部门的有关规定进行施工图审查的，还应当提供施工图审查机构出具的审查合格文件复印件。

依法不需要取得施工许可的建设工程，可以不进行消防设计、竣工验收消防备案。

第二十五条　公安机关消防机构收到消防设计、竣工验收消防备案申报后，对备案材料齐全的，应当出具备案凭证；备案材料不齐全或者不符合法定形式的，应当当场或者在五日内一次告知需要补正的全部内容。

公安机关消防机构应当在已经备案的消防设计、竣工验收工程中，随机确定检查对象并向社会公告。对确定为检查对象的，公安机关消防机构应当在二十日内按照消防法规和国家工程建设消防技术标准完成图纸检查，或者按照建设工程消防验收评定标准完成工程检查，制作检查记录。检查结果应当向社会公告，检查不合格的，还应当书面通知建设单位。

建设单位收到通知后，应当停止施工或者停止使用，组织整改后向公安机关消防机构申请复查。公安机关消防机构应当在收到书面申请之日起二十日内进行复查并出具书面复查意见。

建设、设计、施工单位不得擅自修改已经依法备案的建设工程消防设计。确需修改的，建设单位应当重新申报消防设计备案。

第二十六条　建设工程的消防设计、竣工验收未依法报公安机关消防机构备案的，公安机关消防机构应当依法处罚，责令建设单位在五日内备案，并确定为检查对象；对逾期不备案的，公安机关消防机构应当在备案期限届满之日起五日内通知建设单位停止施工或者停止使用。

第五章　执法监督

第二十七条　上级公安机关消防机构对下级公安机关消防机构建设工程消防监督管理情况进行监督、检查和指导。

第二十八条　公安机关消防机构办理建设工程消防设计审核、消防验收，实行主责承办、技术复核、审验分离和集体会审等制度。

公安机关消防机构实施消防设计审核、消防验收的主责承办人、技术复核人和行政审批人应当依照职责对消防执法质量负责。

第二十九条　建设工程消防设计与竣工验收消防备案的抽查比例由省级公安机关消防机构结合辖区内施工图审查机构的审查质量、消防设计和施工质量情况确定并向社会公告。对设有人员密集场所的建设工程的抽查比例不应低于百分之五十。

公安机关消防机构及其工作人员应当依照本规定对建设工程消防设计和竣工验收实施备案抽查，不得擅自确定检查对象。

第三十条　办理消防设计审核、消防验收、备案抽查的公安机关消防机构工作人员是申请人、利害关系人的近亲属，或者与申请人、利害关系人有其他关系可能影响公正办理的，应当回避。

第三十一条　公安机关消防机构接到公民、法人和其他组织有关建设工程违反消防法律法规和国家工程建设消防技术标准的举报，应当在三日内组织人员核查，核查处理情况应当及时告知举报人。

第三十二条　公安机关消防机构实施建设工程消防监督管理时，不得对消防技术服务机构、消防产品设定法律法规规定以外的地区性准入条件。

第三十三条　公安机关消防机构及其工作人员不得指定或者变相指定建设工程的消防设计、施工、工程监理单位和消防技术服务机构。不得指定消防产品和建筑材料的品牌、销售单位。不得参与或者干预建设工程消防设施施工、消防产品和建筑材料采购的招投标活动。

第三十四条　公安机关消防机构实施消防设计审核、消防验收和备案、抽查，不得收取任何费用。

第三十五条　公安机关消防机构实施建设工程消防监督管理的依据、范围、条件、程序、期限及其需要提交的全部材料的目录和申请书示范文本应当在互联网网站、受理场所、办公场所公示。

消防设计审核、消防验收、备案抽查的结果，除涉及国家秘密、商业秘密和个人隐私的以外，应当予以公开，公众有权查阅。

第三十六条　消防设计审核合格意见、消防验收合格意见具有下列情形之一的，出具许可意见的公安机关消防机构或者其上级公安机关消防机构，根据利害关系人的请求或者依据职权，可以依法撤销许可意见：

（一）对不具备申请资格或者不符合法定条件的申请人作出的；

（二）建设单位以欺骗、贿赂等不正当手段取得的；

（三）公安机关消防机构超出法定职责和权限作出的；

（四）公安机关消防机构违反法定程序作出的；

（五）公安机关消防机构工作人员滥用职权、玩忽职守作出的。

依照前款规定撤销消防设计审核合格意见、消防验收合格意见，可能对公共利益造成重大损害的，不予撤销。

第三十七条　公民、法人和其他组织对公安机关消防机构建设工程消防监督管理中作出的具体行政行为不服的，可以向本级人民政府公安机关申请行政复议。

第六章　法律责任

第三十八条　违反本规定的，依照《中华人民共和国消防法》第五十八条、第五十九条、第六十五条第二款、第六十六条、第六十九条规定给予处罚；构成犯罪的，依法追究刑事责任。

建设、设计、施工、工程监理单位、消防技术服务机构及其从业人员违反有关消防法规、国家工程建设消防技术标准，造成危害后果的，除依法给予行政处罚或者追究刑事责任外，还应当依法承担民事赔偿责任。

第三十九条　建设单位在申请消防设计审核、消防验收时，提供虚假材料的，公安机关消防机构不予受理或者不予许可并处警告。

第四十条　违反本规定并及时纠正，未造成危害后果的，可以从轻、减轻或者免予处罚。

第四十一条　依法应当经公安机关消防机构进行消防设计审核的建设工程未经消防设计审核和消防验收，擅自投入使用的，分别处罚，合并执行。

第四十二条　有下列情形之一的，应当依法从重处罚：

（一）已经通过消防设计审核，擅自改变消防设计，降低消防安全标准的；

（二）建设工程未依法进行备案，且不符合国家工程建设消防技术标准强制性要求的；

（三）经责令限期备案逾期不备案的；

（四）工程监理单位与建设单位或者施工单位串通，弄虚作假，降低消防施工质量的。

第四十三条　有下列情形之一的，公安机关消防机构应当函告同级住房和城乡建设行政主管部门：

（一）建设工程被公安机关消防机构责令停止施工、停止使用的；

（二）建设工程经消防设计、竣工验收抽查不合格的；

（三）其他需要函告的。

第四十四条　公安机关消防机构的人员玩忽职守、滥用职权、徇私舞弊，构成犯罪的，依法追究刑事责任。有下列行为之一，尚未构成犯罪的，依照有关规定给予处分：

（一）对不符合法定条件的建设工程出具消防设计审核合格意见、消防验收合格意见或者通过消防设计、竣工验收消防备案抽查的；

（二）对符合法定条件的建设工程消防设计、消防验收的申请或者消防设计、竣工验收的备案、抽查，不予受理、审核、验收或者拖延办理的；

（三）指定或者变相指定设计单位、施工单位、工程监理单位的；

（四）指定或者变相指定消防产品品牌、销售单位或者技术服务机构、消防设施施工单位的；

（五）利用职务接受有关单位或者个人财物的。

第七章　附　则

第四十五条　本规定中的建筑材料包含建筑保温材料。

第四十六条　国家工程建设消防技术标准强制性要求，是指国家工程建设消防技术标准强制性条文。

第四十七条　本规定中的"日"是指工作日，不含法定节假日。

第四十八条　执行本规定所需要的法律文书式样，由公安部制定。

第四十九条　本规定自 2009 年 5 月 1 日起施行。1996 年 10 月 16 日发布的《建筑工程消防监督审核管理规定》（公安部令第 30 号）同时废止。

1.6　计量单位使用和计量器具检定的规定

1.6.1　我国的法定计量单位（以下简称法定单位）

（1）国际单位制的基本单位：见表 1.6.1；

（2）国际单位制的辅助单位：见表 1.6.2；

（3）国际单位制中具有专门名称的导出单位：见表 1.6.3；

（4）国家选定的非国际单位制单位：见表 1.6.4。

国际单位制的基本单位　　　　　　　　　　　表1.6.1

量的名称	单位名称	单位符号
长度	米	m
质量	千克（公斤）	kg
时间	秒	s
电流	安培	A
热力学温度	开尔文	K
物质的量	摩尔	mol
发光强度	坎德拉	cd

国际单位制的辅助单位　　　　　　　　　　　表1.6.2

量的名称	单位名称	单位符号
平面角	弧度	rad
立体角	球面度	sr

国际单位制中具有专门名称的导出单位　　　　表1.6.3

量的名称	单位名称	单位符号	其他表示实例
频率	赫兹	Hz	s^{-1}
力；重力	牛顿	N	$kg \cdot m/s^2$
压力，压强；应力	帕斯卡	Pa	N/m^2
能量；功；热量	焦耳	J	$N \cdot m$
功率；辐射通量	瓦特	W	J/s
电荷量	库仑	C	$A \cdot s$
电位；电压；电动势	伏特	V	W/A
电容	法拉	F	C/V
电阻	欧姆	Ω	V/A
电导	西门子	S	A/V
磁通量	韦伯	Wb	$V \cdot s$
磁通量密度；磁感应强度	特斯拉	T	Wb/m^2
电感	亨利	H	Wb/A
摄氏温度	摄氏度	℃	
光通量	流明	lm	$cd \cdot sr$
光照度	勒克斯	lx	lm/m^2
放射性活度	贝可勒尔	Bq	s^{-1}
吸收剂量	戈瑞	Gy	J/kg
剂量当量	希沃特	Sv	J/kg

国家选定的非国际单位制单位 表 1.6.4

量的名称	单位名称	单位符号	换算关系和说明
时间	分 [小] 时 天（日）	min h d	$1min=60s$ $1h=60min=3600s$ $1d=24h=86400s$
平面角	[角] 秒 [角] 分 度	($''$) ($'$) ($°$)	$1''=(\pi/648000)rad$ （π 为圆周率） $1'=60''=(\pi/10800)rad$ $1°=60'=(\pi/180)rad$
旋转速度	转每分	r/min	$1r/min=(1/60)s^{-1}$
长度	海里	nmile	$1nmile=1852m$（只用于航程）
速度	节	kn	$1kn=1nmile/h$ $=(1852/3600)m/s$（只用于航程）
质量	吨 原子质量单位	t u	$1t=1000kg$ $1u≈1.6605655×10^{-27}kg$
体积	升	L，（l）	$1L=1dm^3=10^{-3}m^3$
能	电子伏	eV	$1eV≈1.6021892×10^{-19}J$
级差	分贝	dB	
线密度	特 [克斯]	tex	$1tex=1g/km$

1.6.2 计量器具检定的规定

2015 年 4 月 24 日第十二届全国人民代表大会常务委员会第十四次会议通过对"中华人民共和国计量法"的修订，计量法第十条规定："计量检定必须按照国家计量检定系统表进行。国家计量检定系统表由国务院计量行政部门制定。

计量检定必须执行计量检定规程。国家计量检定规程由国务院计量行政部门制定。没有国家计量检定规程的，由国务院有关主管部门和省、自治区、直辖市人民政府计量行政部门分别制定部门计量检定规程和地方计量检定规程。"

国家计量检定系统表（简称检定系统）被定义为：国家对计量基准到各等级的计量标准直至工作计量器具的检定程序所作的技术规定。检定系统由文字和框图构成，内容包括：基准、各等级计量标准、工作计量器具的名称、测量范围、准确度（或不确定度或允许误差）和检定的方法等。制定检定系统的根本目的，是为了保证工作计量器具具备应有的准确度。在此基础上，考虑量值传递的合理性。即制定检定系统时，各等级计量标准的准确度要求，必须从工作计量器具的准确度要求开始，由下向上地逐级确定。

检定系统基本上是按各类计量器具分别制定的。在我国，每项国家计量基准对应一种检定系统。

计量检定是指为评定计量器具的计量性能，确定其是否合格所进行的全部工作，包括检验和加封盖印等。它是进行量值传递的重要形式，是保证量值准确一致的重要措施。

国家法定计量部门或其他法定授权的组织，为评定计量器具的计量性能（精确度、稳定性、灵敏度等），并确定或证实技术性能是否合格，所进行的全部工作称检定。其中检定包括检验和加封盖印。国家检定规程是检定工作的依据。

计量基准是国家计量基准器具的简称，用以复现和保存计量单位量值，经国务院计量行政部门批准，作为统一全国量值最高依据的计量器具。

技术监督行政执法（以下简称行政执法）是指县级以上（含县，下同）政府技术监督行政部门，依照技术监督（计量、标准化、产品质量监督和质量管理，下同）法律、法规、规章实施监督检查和查处违法行为的活动。

1987 年 5 月 28 日国家计量局发布《中华人民共和国强制检定的工作计量器具明细目录》，未见新的版本，该版本中计量器具共 61 项 118 种，本书不做介绍。

1.7　工程质量管理及控制体系

1.7.1　工程质量管理概念和特点

1. 质量及质量管理的概念

我国国家标准《质量管理体系　基础和术语》GB/T 19000—2008 中关于质量的定义是一组固有特性满足要求的程度。

我国国家标准《质量管理体系　基础和术语》GB/T 19000—2008 中对质量管理的定义是：在质量方面指挥和控制组织的协调的活动。

质量管理的首要任务是确定质量方针、明确质量目标和岗位职责。质量管理的核心是建立有效的质量管理体系，通过质量策划、质量控制、质量保证和质量改进这四项具体活动，确保质量方针、目标的切实实施和具体实现。

施工项目质量管理应由参加项目的全体员工参与，并由项目经理作为项目质量的第一责任人，通过全员共同努力，才能有效地实现预期的方针和目标。

2. 建筑工程质量管理的特点

建筑工程施工是一个十分复杂的形成建筑实体的过程，也是形成最终产品质量的重要阶段，在施工过程中对工程质量的控制是决定最终产品质量的关键，因此，要提高房屋建筑工程项目的质量，就必须狠抓施工阶段的质量管理。但是，由于项目施工涉及面广，加之项目位置固定、生产流动、结构类型不一、质量要求不一、施工方法不一、体型大、整体性强、建设周期长、受自然条件影响大等特点，导致施工项目的质量比一般工业产品的质量更难控制，主要表现在以下方面：

（1）影响质量的因素多

设计、材料、机械、地形、地质、水文、气象以及施工工艺、操作方法、技术措施的选择都将对施工项目的质量产生不同程度的影响。

（2）容易产生质量变异

由于项目没有固定的生产流水线，也没有规范化的生产工艺、成套的生产设备和稳定的生产环境；在施工中要严防出现系统性因素的质量变异，要把质量变异控制在偶然性因素范围内。

（3）质量隐蔽性

工序交接多，中间产品多，隐蔽工程多是建设工程项目的主要特点，应重视隐蔽工程的质量控制，尽量避免隐蔽工程质量事件的发生。

（4）质量检查不能解体、拆卸

施工项目产品建成后，不可能像某些工业产品那样，再拆卸或解体检查内在的质量，或者重新更换零件。

（5）质量要受投资、进度的制约

施工项目的质量，受投资、进度的制约较大，因此，项目在施工中，还必须正确处理质量、投资、进度三者之间的关系，使其达到对立的统一。

（6）评价方法的特殊性

工程质量的检查评定及验收是按检验批、分项工程、分部工程和单位工程进行的。工程质量是在施工单位按合格质量标准自行检查评定的基础上，由监理工程师（或建设单位项目负责人）组织有关单位、人员进行检验确认验收。

1.7.2　质量控制体系的组织框架

质量控制是质量管理的重要组成部分，其目的是为了使产品、体系或过程的固有特性达到要求，即满足顾客、法律、法规等方面所提出的质量要求（如适用性、安全性等）。所以质量控制是通过采取一系列的作业技术和活动对各个过程实施控制的。

工程项目经理部是施工承包单位依据承包合同派驻工程施工现场全面履行施工合同的组织机构。其健全程度、组成人员素质及内部分工管理的水平，直接关系到整个工程质量控制的好坏。组织模式一般可分为：职能型模式、直线型模式、直线——职能型模式和矩阵型模式4种模式。由于建筑工程建设实行项目经理负责制；项目经理全权代表施工单位履行施工承包合同；对项目经理部全权负责。实践中；一般宜采用直线——职能型模式，即项目经理根据实际的施工需要，下设相应的技术、安全、计量等职能机构。项目经理也可根据工程特点，按标段或按分部工程等下设若干施工队，项目经理负责整个项目的计划组织和实施及各项协调工作，既使权力集中、权、责分明、决策快速，又有职能部门协助处理和解决施工中出现的复杂的专业技术问题。

1.7.3　质量控制体系的人员职责

质量控制体系的人员职责见本书第2章第3节。

1.8　ISO9000 质量管理体系

1.8.1　ISO9000 质量管理体系的要求

1. ISO9000 质量管理标准简介

ISO9000 是指质量管理体系标准，不是指一个标准，而是一族标准的统称，是由国际标准化组织（ISO）质量管理和质量保证技术委员会（TC176）编制的一族国际标准。

其核心标准有4个，如图1.8.1所示。我国按等同采用的原则，翻译发布后，标准号为 GB/T 19＊＊＊，由于发布时间的差异，因此标准发布的年号与 ISO 标准有差异。

（1）ISO9000

2005《质量管理体系　基础和术语》，表述质量管理体系基础知识，并规定质量管理体系术语。

（2）ISO9001

2008《质量管理体系 要求》，规定质量管理体系要求，用于证实组织具有提供满足顾客要求和适用法规要求的产品的能力，目的在于增进顾客满意度。

（3）ISO9004

2000《质量管理体系 业绩改进指南》，提供考虑质量管理体系的有效性和效率两方面的指南，目的是促进组织业绩改进和使顾客及其他相关方满意。

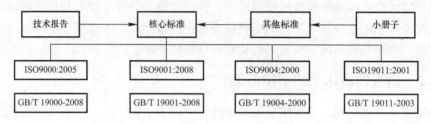

图 1.8.1　ISO9000 族标准结构

（4）ISO19011

2000《质量和（或）环境管理体系审核指南》，提供审核质量和环境管理体系的指南。

ISO9000 族标准为全世界的各种类型和规模的组织规定了质量管理体系（QMS）的术语、原则、原理、要求和指南，以满足各种类型和规模的组织对证实能力和增进顾客满意度所需的国际通用标准的要求。

建筑施工企业按 ISO9001 标准建立质量管理体系，通过事前策划、整体优化、过程控制、持续改进等一系列的质量管理活动，通过抓管理质量、工作质量促进建筑施工质量的提高，具有重要的现实意义和积极的促进作用。

值得注意的是，人们通常所说的 ISO9000 质量管理体系认证，实际上仅指按 ISO9001（GB/T 19001—2008）标准进行的质量管理体系的认证，就 ISO9000 族标准而言，这也仅是以顾客满意为目的的一种合格水平的质量管理，要达到高水平的质量管理，还要按 ISO9004（GB/T 19004—2000）的要求，不断进行质量管理体系的改进和优化。

2. ISO9000 质量管理体系标准的基本的要求

产品质量是企业生存的关键。影响产品质量的因素很多，单纯依靠检验只不过是从生产的产品中挑出合格的产品。这就不可能以最佳成本持续稳定地生产合格品。

一个组织所建立和实施的质量体系，应能满足组织规定的质量目标。确保影响产品质量的技术、管理和人的因素处于受控状态。无论是硬件、软件、流程性材料还是服务，所有的控制应针对减少、消除不合格，尤其是预防不合格。这是 ISO9000 族的基本指导思想，具体地体现在以下方面：

（1）控制所有过程的质量。

ISO9000 族标准是建立在"所有工作都是通过过程来完成的"这样一种认识基础上的。一个组织的质量管理就是通过对组织内各种过程进行管理来实现的，这是 ISO9000 族关于质量管理的理论基础。当一个组织为了实施质量体系而进行质量体系策划时，首要的是结合本组织的具体情况确定应有哪些过程，然后分析每一个过程需要开展的质量活动，确定应采取的有效的控制措施和方法。

（2）控制过程的出发点是预防不合格。

在产品寿命周期的所有阶段，从最初的识别市场需求到最终满足要求的所有过程的控制都体现了预防为主的思想。例如：

1）控制市场调研和营销的质量，在准确地确定市场需求的基础上，开发新产品，防止盲目开发而造成不适合市场需要而滞销，浪费人力、物力。

2）控制设计过程的质量。通过开展设计评审、设计验证、设计确认等活动，确保设计输出满足输入要求，确保产品符合使用者的需求。防止因设计质量问题，造成产品质量先天性的不合格和缺陷，或者给以后的过程造成损失。

3）控制采购的质量。选择合格的供货单位并控制其供货质量，确保生产产品所需的原材料、外购件、协作件等符合规定的质量要求，防止使用不合格外购产品而影响成品质量。

4）控制生产过程的质量。确定并执行适宜的生产方法，使用适宜的设备，保持设备正常工作能力和所需的工作环境，控制影响质量的参数和人员技能，确保制造符合设计规定的质量要求，防止不合格品的生产。

5）控制检验和试验。按质量计划和形成文件的程序进行进货检验、过程检验和成品检验，确保产品质量符合要求，防止不合格的外购产品投入生产，防止将不合格的工序产品转入下道工序，防止将不合格的成品交付给顾客。

6）控制搬运、贮存、包装、防护和交付。在所有这些环节采取有效措施保护产品，防止损坏和变质。

7）控制检验、测量和实验设备的质量，确保使用合格的检测手段进行检验和试验，确保检验和试验结果的有效性，防止因检测手段不合格造成对产品质量不正确的判定。

8）控制文件和资料，确保所有的场所使用的文件和资料都是现行有效的，防止使用过时或作废的文件，造成产品或质量体系要素的不合格。

9）纠正和预防措施。当发生不合格（包括产品的或质量体系的）或顾客投诉时，即应查明原因，针对原因采取纠正措施以防止问题的再发生。还应通过各种质量信息的分析，主动地发现潜在的问题，防止问题的出现，从而改进产品的质量。

10）全员培训，对所有从事对质量有影响的工作人员都进行培训，确保他们能胜任本岗位的工作，防止因知识或技能的不足，造成产品或质量体系的不合格。

（3）质量管理的中心任务是建立并实施文件化的质量体系。

质量管理是在整个质量体系中运作的，所以实施质量管理必须建立质量体系。ISO9000族认为，质量体系是有影响的系统，具有很强的操作性和检查性。要求一个组织所建立的质量体系应形成文件并加以保持。典型质量体系文件的构成分为三个层次，即质量手册、质量体系程序和其他质量文件。质量手册是按组织规定的质量方针和适用的ISO9000族标准描述质量体系的文件。质量手册可以包括质量体系程序，也可以指出质量体系程序在何处进行规定。质量体系程序是为了控制每个过程质量，对如何进行各项质量活动规定有效的措施和方法，是有关职能部门使用的文件。其他质量文件包括作业指导书、报告、表格等，是工作者使用得更加详细的作业文件。对质量体系文件内容的基本要求是：该做的要写到，写到的要做到，做的结果要有记录，即"写所需，做所写，记所做"的九字真言。

（4）持续的质量改进。

质量改进是一个重要的质量体系要素，GB/T 19004.1标准规定，当实施质量体系时，组织的管理者应确保其质量体系能够推动和促进持续的质量改进。质量改进包括产品质量改进和工作质量改进。争取使顾客满意和实现持续的质量改进应是组织各级管理者追求的永恒目标。没有质量改进的质量体系只能维持质量。质量改进旨在提高质量。质量改进通过改进过程来实现，是一种以追求更高的过程效益和效率为目标。

（5）一个有效的质量体系应满足顾客和组织内部双方的需要和利益。

即对顾客而言，需要组织能具备交付期望的质量，并能持续保持该质量的能力；对组织而言，在经营上以适宜的成本，达到并保持所期望的质量。即满足顾客的需要和期望，又保护组织的利益。

（6）定期评价质量体系。

其目的是确保各项质量活动的实施及其结果符合计划安排，确保质量体系持续的适宜性和有效性。评价时，必须对每一个被评价的过程提出如下三个基本问题：

A、过程是否被确定？过程程序是否恰当地形成文件？

B、过程是否被充分展开并按文件要求贯彻实施？

C、在提供预期结果方面，过程是否有效？

（7）搞好质量管理关键在领导。组织的最高管理者在质量管理方面应做好下面五件事：

1）确定质量方针。由负有执行职责的管理者规定质量方针，包括质量目标和对质量的承诺。

2）确定各岗位的职责和权限。

3）配备资源。包括财力、物力（其中包括人力）。

4）指定一名管理者代表负责质量体系。

5）负责管理评审。达到确保质量体系持续的适宜性和有效性。

1.8.2　质量管理的八项原则

GB/T 19000质量管理体系标准是我国按等同原则，从2000版ISO9000族国际标准转化而成的质量管理体系标准。

八项质量管理原则是2000版ISO9000族标准的编制基础，八项质量管理原则是世界各国质量管理成功经验的科学总结，其中不少内容与我国全面质量管理的经验吻合。它的贯彻执行能促进企业管理水平的提高，并提高顾客对其产品或服务的满意程度，帮助企业达到持续成功的目的。

质量管理的八项原则的具体内容如下：

（1）以顾客为关注焦点

组织（从事一定范围生产经营活动的企业）依存于其顾客，组织应理解顾客当前的和未来的需求，满足顾客要求，并争取超越顾客的期望。

（2）领导作用

领导确立本组织统一的宗旨和方向，并营造和保持员工充分参与实现组织目标的内部环境。因此领导在企业的质量管理中起着决定性的作用，只有领导重视，各项质量活动才能有效开展。

（3）全员参与

各级成员都是组织之本，只有全员充分参与，才能使他们的才干为组织带来收益。产品质量是产品形成过程中全体人员共同努力的结果，其中也包含着为他们提供支持的管理、检查和行政人员的贡献。企业领导应对员工进行质量意识等各方面的教育，激发他们的积极性和责任感，为其能力、知识、经验的提高提供机会，发挥创造精神，鼓励持续改进，给予必要的物质和精神鼓励，使全员积极参与，为达到让顾客满意的目标而奋斗。

（4）过程方法

将相关的资源和活动作为过程进行管理，可以更高效地得到期望的结果。任何使用资源生产活动和将输入转化为输出的一组相关联的活动都可视为过程。2000 版 ISO9000 标准是建立在过程控制的基础上。一般在过程的输入端、过程的不同位置及输出端都存在着可以进行测量、检查的机会和控制点，对这些控制点实行测量、检测和管理，便能控制过程的有效实施。

（5）管理的系统方法

将相互关联的过程作为系统加以识别、理解和管理，有助于组织提高实现其目标的有效性和效率。不同企业应根据自己的特点，建立资源管理、过程实现、测量分析改进等方面的关联关系，并加以控制。即采用过程网络的方法建立质量管理体系，实施系统管理。一般建立实施质量管理体系包括：①确定顾客期望；②建立质量目标和方针；③确立实现目标的过程和职责；④确定必须提供的资源；⑤规定测量过程有效性的方法；⑥实施测量确定过程的有效性；⑦确定防止不合格产品并消除其产生原因的措施；⑧建立和应用持续改进质量管理体系的过程。

（6）持续改进

持续改进总体业绩是组织的一个永恒目标，其作用在于增强企业满足质量要求的能力，包括产品质量、过程及体系的有效性和效率的提高。持续改进是增强和满足质量要求能力的循环活动，使企业的质量管理走上良性循环的轨道。

（7）基于事实的决策方法

有效的决策应建立在数据和信息分析的基础上，数据和信息分析是事实的高度提炼。以事实为依据做出决策，可防止决策失误。为此企业领导应重视数据信息的收集、汇总和分析，以便为决策提供依据。

（8）与供方互利的关系

组织与供方是相互依存的，建立双方的互利关系可以增强双方创造价值的能力。供方提供的产品是企业提供产品的一个组成部分，处理好与供方的关系，涉及企业能否持续稳定提供顾客满意产品的重要问题。因此，对供方不能只讲控制，不讲合作互利，特别是关键供方，更要建立互利关系，这对企业与供方双方都有利。

1.8.3　建筑安装工程质量管理中实施 GB/T 19000—ISO9000 族标准的意义

大量的事实告诉我们 ISO9000 族标准的发布与实施，已经引发了一场世界性的质量竞争，形成了新的国际性质量大潮，特别是我国已加入世界贸易组织（WTO）的情况下，广大企业将面临国内市场和国外市场两个方面的更为激烈的竞争（国家已对外承诺开放工程管理、施工、咨询市场）。面对这个扑面而来的大潮，作为一个企业是无法回避，也别无选择，只能责无旁贷地去迎接这场挑战，并站在以质量求生存、求发展、求效益的战略高度来正确对待学习贯彻实施 GB/T 19000—ISO9000 族标准的工作。建筑工程质量管理中实施 GB/T 19000—ISO9000 族标准的意义主要体现在：

（1）为建筑施工企业站稳国内、走向国际建筑市场奠定基础

认真贯彻 ISO9000 族标准，通过质量体系认证，施工企业可以向社会、业主提供一种证明，证明施工企业完全有能力保证建筑产品的质量，从而为施工企业在国内建筑市场的激烈竞争中站稳脚跟。同时也有利于和国际接轨，参与国际建筑工程的投标，为企业走向国际建筑市场创造有利条件。

（2）有利于提高建筑产品的质量、降低成本

采用 ISO9000 族标准的质量管理体系模式建立、完善质量管理体系，便于施工企业控制影响建筑产品的各种影响因素，减少或消除质量缺陷的产生，即使出现质量缺陷，也能够及时发现并能及时进行处理，从而保证建筑产品的质量。同时也有利于减少材料的损耗，降低成本。

（3）有利于提高企业自身的技术水平和管理水平，增强企业的竞争力

使用 ISO9000 族标准进行质量管理，便于企业学习和掌握最先进的生产技术和管理技术，找出自身的不足，从而全面提高企业的素质、技术水平和管理水平，提高企业产品的质量，增强企业的信誉，确保企业的市场占有率，增强企业自身的竞争力。

（4）有利于保证用户的利益

贯彻和正确使用 ISO9000 族标准进行质量管理，就能保证建筑产品的质量，从而也保护了用户的利益。

1.9　质量策划的概念

现代质量管理的基本宗旨定义为："质量出自计划，而非出自检查"。只有做出精确标准的质量计划，才能指导项目的实施、做好质量控制。

《质量管理体系　基础和术语》GB/T 19000—2000 中对"质量计划"的定义为："针对特定的产品、项目或合同规定专门的质量措施、资源和活动顺序的文件"。质量计划提供了一种途径将某一产品、项目或合同的特定要求与现行的通用质量体系程序联系起来。虽然要增加一些书面程序，但质量计划无需开发超出现行规定的一套综合的程序或作业指导书。一个质量计划可以用于监测和评估贯彻质量要求的情况，但这个指南并不是为了用作符合要求的清单。质量计划也可以用于没有文件化质量体系的情况，在这种情况下，需要编制程序以支持质量计划。

质量策划是质量管理的一部分。

质量管理是指导和控制与质量有关的活动，通常包括质量方针和质量目标的建立、质量策划、质量控制、质量保证和质量改进。显然，质量策划属于"指导"与质量有关的活动，也就是"指导"质量控制、质量保证和质量改进的活动。在质量管理中，质量策划的地位低于质量方针的建立，是设定质量目标的前提，高于质量控制、质量保证和质量改

进。质量控制、质量保证和质量改进只有经过质量策划，才可能有明确的对象和目标，才可能有切实的措施和方法。因此，质量策划是质量管理诸多活动中不可或缺的中间环节，是连接质量方针（可能是"虚"的或"软"的质量管理活动）和具体的质量管理活动（常被看作是"实"的或"硬"的工作）之间的桥梁和纽带。

（1）质量策划致力于设定质量目标：

质量方针是指导组织前进的方向，而质量目标是这种方向上的某一个点。质量策划就是要根据质量方针的规定，并结合具体情况来确立这"某一个点"。由于质量策划的内容不同、对象不同，因而这"某一个点"也有所不同，但质量策划的首要结果就是设定质量目标。因此，它与我们平时所说的"计策、计谋和办法"是不同的。

（2）质量策划要为实现质量目标规定必要的作业过程和相关资源：

质量目标设定后，如何实现呢？这就需要"干"。所谓"干"就是作业过程，包括"干"什么，怎样"干"，从哪儿"干"起，到哪儿"干"完，什么时候"干"，由谁去"干"等等，于是，又涉及相关资源，"干"也好，作业过程也好，都需要人、机（设备）、料（材料、原料）、法（方法和程序）环（环境条件）。这一切就构成了"资源"。质量策划除了设定质量目标，就是要规定这些作业过程和相关资源，才能使被策划的质量控制、质量保证和质量改进得到实施。

（3）质量策划的结果应形成质量计划：

通过质量策划，将质量策划设定的质量目标及其规定的作业过程和相关资源用书面形式表示出来，就是质量计划。因此，编制质量计划的过程，实际上就是质量策划过程的一部分。

1.9.1 质量策划的含义

质量策划是质量管理的一部分，致力于制定质量目标并规定必要的运行过程和相关资源以实现质量目标。

（1）质量策划包括：

1）产品策划：对质量特性进行识别、分类和比较，并建立其目标、质量要求和约束条件。

2）管理和作业策划：对实施质量体系进行准备，包括组织和安排。

3）编制质量计划和作出质量改进规定。

（2）理解要点：

1）为满足产品、项目或合同规定的质量要求，供方应进行质量策划。

2）针对特定的产品、项目或合同，要从人员、设备、材料、工艺、检验和试验技术、生产进度等做全面的策划。这种策划的文件表现形式就是质量计划。

GB/T 19000—ISO9000 族标准提出的基本工作方法是：首先制定质量方针，根据质量方针设定质量目标，根据质量目标确定工作内容（措施）、职责和权限，然后确定程序和要求，最后才付诸实施，这一系列过程就是质量策划的过程。

质量管理是指导和控制与质量有关的活动，通常包括质量方针和质量目标的建立、质量策划、质量控制、质量保证和质量改进。显然，质量策划属于"指导"与质量有关的活动，也就是"指导"质量控制、质量保证和质量改进的活动。在质量管理中，质量策划的地位低于质量方针的建立，是设定质量目标的前提，高于质量控制、质量保证和质量改进。质量控制、质量保证和质量改进只有经过质量策划，才可能有明确的对象和目标，才可能有切实的措施和方法。因此，质量策划是质量管理诸多活动中不可或缺的中间环节，是连接质量方针（可能是"虚"的或"软"的质量管理活动）和具体的质量管理活动（常被看作是"实"的或"硬"的工作）之间的桥梁和纽带。

1.9.2　质量策划的范围

任何一项质量管理活动，不论其涉及的范围大小、内容多少，都需要进行质量策划。但是，GB/T 19000—2000 族标准所要求的质量策划，并不是包罗万象的，而是针对那些影响组织业绩的项目进行的。一般来说，它包括：

1. 有关质量管理体系的策划

这是一种宏观的质量策划，应由最高管理者负责进行，根据质量方针确定的方向，设定质量目标，确定质量管理体系要素，分配质量职能等。在组织尚未建立质量管理体系而需要建立时，或虽已建立却需要进行重大改进时，就需要进行这种质量策划。

2. 有关质量目标的策划

组织已建立质量管理体系虽不需要进行重大改变，但却需要对某一时间段（例如中长期、年度、临时性）的业绩进行控制，或者需要对某一特殊的、重大的项目、产品、合同和临时的、阶段性的任务进行控制时，就需要进行这种质量策划，以便调动各部门和员工的积极性，确保策划的质量目标得以实现。例如每年进行的综合性质量策划（策划结果是形成年度质量计划）。这种质量策划的重点在确定具体的质量目标和强化质量管理体系的某些功能，而不是对质量管理体系本身进行改造。

3. 有关过程的策划

针对具体的项目、产品、合同进行的质量策划，同样需要设定质量目标，但重点在于规定必要的过程和相关的资源。这种策划包括对产品实现全过程的策划，也包括对某一过程（例如设计和开发、采购、过程运作）的策划，还包括对具体过程（例如某一次设计评审、某一项检验验收过程）的策划。也就是说，有关过程的策划，是根据过程本身的特征（大小、范围、性质等）来进行的。

4. 质量改进的策划

质量改进虽然也可视为一种过程，但却是一种特殊的、可能脱离了企业常规的过程。因此，更应当加强质量策划。如果说有关过程的策划一旦确定，这些过程就可以按策划规定重复进行的话，那么质量改进则不同，一次策划只可能针对一次质量改进课题（项目）。这样，质量改进策划就可以有是经常进行的，而且是分层次（组织及组织内的部门、班组或个人）进行的。质量改进策划越多，说明组织越充满生机和活力。

1.9.3　质量策划的输入

质量策划实际上是一个过程，也有其输入-过程-输出的特殊要求。质量策划是针对具体的质量管理活动进行的。在进行质量策划时，力求将涉及该项活动的信息全部搜集起来，作为质量策划的输入。其内容包括但不仅限于以下几方面：

（1）质量方针或上级质量目标的要求；

（2）顾客和其他相关方的需求和期望；

（3）与策划内容有关的业绩或成功经历；

（4）存在的问题点或难点；

（5）过去的经验教训；

（6）质量管理体系已明确规定的相关的要求或程序。

在进行质量策划时，必须尽力搜集与策划内容有关的输入，最好能有形成文件的材料。这些材料应尽早交与参与策划的所有人员。

1.9.4 质量策划的组织形式

质量策划是一种高智力的活动，一般来说，涉及组织层次的质量策划，应由最高管理者负责，由相关的管理人员组成相应的质量策划委员会或小组召开会议，由大家共同来完成质量策划。如果质量策划的内容涉及的范围很大，还可以召开多次会议或层次召开会议来进行质量策划。

为了使质量策划会议更有效率，也可以由最高管理者自己或委托他人，根据质量策划的输入材料，事先草拟质量计划的草案，然后交由质量策划会议讨论、删减、修改。这种形式实际上是由某一个人或某几个人先进行了一次质量策划，从而可提高质量策划效率和质量。

1.9.5 质量策划的内容

不管采用何种形式，质量策划的内容必需包括：

（1）设定质量目标。任何一种质量策划，都应根据其输入的质量方针或上一级质量目标的要求，以及顾客和其他相关方的需求和期望，来设定具体的质量目标。

（2）确定达到目标的途径。也就是说，确定达到目标所需要的过程。这些过程可能是链式的，从一个过程到另一个过程，最终直到目标的实现。也可能是并列的，各个过程的结果共同指向目标的实现。还可能是上述两种方式的结合，既有链式的过程，又有并列的过程。事实上，任何一个质量目标的实现，都需要多种过程。因此，在质量策划时，要充分考虑所需要的过程。

（3）确定相关的职责和权限。质量策划是对相关的过程进行的一种事先的安排和部署，而任何过程必须由人员来完成。质量策划的难点和重点就是落实质量职责和权限。如果某一个过程所涉及的质量职能未能明确，没有文件给予具体规定（这种情况事实上是常见的），会出现推诿扯皮现象。

（4）确定所需的其他资源，包括人员、设施、材料、信息、经费、环境等等。注意，并不是所有的质量策划都需要确定的这些资源。只有那些新增的、特殊的、必不可少的资源，才需要纳入到质量策划中来。

（5）确定实现目标的方法和工具。这并不是说所有的质量策划都需要的。一般情况下，具体的方法和工具可以由承担该项质量职能的部门或人员去选择。但如果某项质量职能或某个过程是一种新的工作，或者是一种需要改进的工作，那就需要确定其使用的方法和工具。

（6）确定其他的策划需求。包括质量目标和具体措施（也就是已确定的过程）完成的时间，检查或考核的方法，评价其业绩成果的指标，完成后的奖励方法，所需的文件和记录等。一般来说，完成时间是必不可少的，应当确定下来。而其他策划要求则可以根据具体情况来确定。

1.9.6　质量策划的输出

质量策划都应形成文件输出，也就是说，都应形成质量计划文件。将上述质量策划内容用文字表述出来，就成为质量计划。一般来说，质量策划输出应包括以下内容：

（1）为什么要进行质量策划或为什么要制定该项质量计划（将质量策划的输入进行简单表述），适当分析现状（问题点）与质量方针或上一级质量目标要求，以及顾客和相关方的需求和期望之间的差距。

（2）通过质量策划设定质量目标。

（3）确定下来的各项具体工作或措施（也即各种过程）以及负责部门或人员（也即职责和权限）。

（4）确定下来的资源、方法和工具。

（5）确定下来的其他内容（其中质量目标和各项措施的完成时间是必不可少的）。

如果质量计划草案是预先准备好草案，应根据质量策划会议的决定对其进行必要的修改。如果未预先准备好草案，则应委托或指令相关人员根据会议的决定起草。质量计划应经负责该项质量策划的管理者（组织一级综合性的或重大的质量计划应是最高管理者）批准后下发实施。

1.9.7　质量策划的实施

（1）落实责任，明确质量目标。质量策划的目的就是要确保项目质量目标的实现，项目经理部是质量策划贯彻落实的基础。首先要组织精干、高效的项目领导班子，特别是选派训练有素的项目经理，是保证质量体系持续有效运行的关键。其次，对质量策划的工程总体质量目标，实施分解，确定工序质量目标，并落实到班组和个人。有了这两条，贯标工作就有了基本的保障。

这里还应强调，项目部贯标工作能够保持经常性和系统性，领导层的重视和各职能部门的协调也是必不可少的因素。

（2）做好采购工作，保证原材料的质量。施工材料的好坏直接影响到建筑工程质量。如果没有精良的原材料，就不可能建造出优质工程。从材料计划的提出、采购及验收检验每个环节都进行了严格规定和控制。项目部必须严格按采购程序的要求执行，特别是要从指定的物资合格供方名册中选择厂家进行采购，并做好检验记录。对"三无产品"坚决不采用，以保证施工进度和施工质量。

（3）加强过程控制，保证工程质量。过程控制是贯标工作和施工管理工作的一项重要内容。只有保证施工过程的质量，才能确保最终建筑产品的质量。为此，必须搞好以下几个方面的控制。

1）认真实施技术质量交底制度。每个分项工程施工前，项目部专业人员都应按技术交底质量要求，向直接操作的班组做好有关施工规范、操作规程的交底工作，并按规定做好质量交底记录。

2）实施首件样板制。样板检查合格后，再全面展开施工，确保工程的质量。

3）对关键过程和特殊过程应该制订相应的作业指导书，设置质量控制点，并从人、机、料、法、环等方面实施连续监控。必要时，开展 QC 小组活动进行质量攻关。

（4）加强检测控制。质量检测是及时发现和消除不合格工序的主要手段。质量检验的控制，主要是从制度上加以保证。如：技术复核制度、现场材料进货验收制度、三检制度、隐蔽验收制度、首件样板制度、质量联查制度和质量奖惩办法等等。通过这些检测控制，有效地防止不合格工序转序，并能制订出有针对性的纠正和预防措施。

（5）监督质量策划的落实，验证实施效果。对项目质量策划的检查重点应放在对质量计划的监督检查上。公司检查部门要围绕质量计划不定期地对项目部进行监督和指导，项目经理要经常对质量计划的落实情况进行符合性和有效性的检查，发现问题，及时纠正。在质量计划考核时，应注意证据确凿，奖惩分明，使项目上的质量体系运行正常有效。

1.10 施工质量计划的内容和编制方法

1.10.1 具体的质量总目标

质量目标建立后，应把质量目标体现到组织的相关职能和层次上，经过全员的参与，共同努力以达到质量目标（要求）。这就要求组织对质量目标进行分解策划。

质量目标的分解方法根据行业、企业和项目的特点有不同的分解方法，就一般项目而言，通常是依据质量目标的实现过程建立。一个组织总质量目标通常包含有产品质量和服务质量的目标要求，就其产品和服务实现过程而言，其间又有许多分过程或子过程，而每一个分过程或子过程又可细分为更小的过程。在按质量目标的实现过程进行分解时，需要仔细地分析总质量目标涉及哪些过程、各过程需要实现哪些目标等。

1. 质量总目标

建筑施工企业获得工程建设任务签订承包合同后。企业或授权的项目管理机构应依据企业质量方针和工程承包合同等确立本项目的工程建设质量目标。工程建设总目标应当是对工程承包合同条款的承诺和现企业的管理水平体现。如某企业在其一个施工项目质量目标："严格遵守《建设工程质量管理条例》及国家施工质量验收标准，全部工程确保一次验收合格率 100％，工程质量保证合格，争市优"。

2. 质量目标分解

质量目标必须分解到组织中与质量管理体系有大的各职能部门及层次（如决策层、执行层、作业层）中，相关职能和层次的员工都应把质量目标转化或展开为各自的工作任务。这样做，能增加质量目标的可操作性，有利于质量目标的具体落实和实现。质量目标分解到哪一层次，要视组织的具体情况而定。关键是能确保质量目标的落实和实现。质量目标的展开，是为了实现总的质量目标。在展开质量目标时，应注意各部门之间的配合和协调关系，不能因为某个分质量目标定得过高或过低出现资源等划分不合理的现象而影响总质量目标的实现。质量目标的分解方法很多，不能一概而论，质量目标的可操作性强，有利于质量目标的具体落实和实现的分解方法就是好方法。

1.10.2 质量管理组织机构中各个岗位的职责

组织建设和制度建设是实现质量目标的重要保障，项目班子以及各级管理人员建立起明确、严格的质量责任制，做到人人有责任是实现质量目标的前提。项目经理是企业法人在工程项目上的代表，是项目工程质量的第一责任人，对工程质量终身负责。项目经理部应根据工程规划、项目特点、施工组织、工程总进度计划和已建立的项目质量目标，建立由项目经理领导，由项目工程师策划、组织实施，现场施工员、质量员、安全员和材料员等项目管理中层的中间控制，区域和专业责任工程师检查监督的管理系统，形成项目经理部、各专业承包商、专业化公司和施工作业队组成的质量管理网络。

建立健全项目的质量保证体系、落实质量责任制度。因此，项目经理应根据合同质量目标和按照企业《质量手册》的规定，建立项目部质量保证体系，绘制质量管理体系结构图，选聘岗位人员并明确各岗位职责。

各岗位职责的具体内容参照本书第二章。

1.10.3 质量计划实施的各种制度

质量计划的实施需要各种制度的配合，主要制度如下所述，制度的主要内容见第二章。

（1）现场质量责任制。

1）企业经理责任制。

2）总工程师（主任工程师）责任制。

3）质量技术部门责任制。

4）项目负责人（建造师）责任制。

5）项目技术负责人责任制。

6）专职质量检查员责任制。

7）专业工长、施工班（组）长责任制。

8）操作者责任制。

（2）现场管理制度。

1）技术交底制度。

2）施工挂牌制度。

3）过程三检制度。

4）质量否决制度。

5）成品保护制度。

6）竣工服务承诺制度。

7）培训上岗制度。

8）工程质量事故报告及调查制度。

（3）分包单位管理制度。

（4）图纸会审记录。

（5）物资采购管理制度。

（6）施工设施和机械设备管理制度。

（7）计量设备配备。

（8）检测试验管理制度。

（9）工程质量检查验收制度。

1.10.4 质量计划的编制原则

1. 有明确的编制依据

（1）施工图纸。

（2）与建设单位签订的施工合同。

（3）有关的国家施工及验收规范。

（4）施工技术、施工管理、施工经验。

（5）相关技术文件。

（6）主要施工规范、技术标准。

（7）招标文件及合同约定。

2. 有明确的工程质量目标

（1）工程总体质量目标

根据合同约定及企业内制定的项目目标明确质量目标。

（2）分部分项工程质量目标

3. 质量管理体系完善

（1）管理体系组成

应附项目质量管理组织机构图。

（2）质量管理岗位职责

4. 施工技术管理到位

（1）施工组织设计编制

施工组织设计是施工管理中最为重要的一环，是一个工程的战略部署，其编制要具有纲领性。

（2）施工方案编制

施工方案是根据施工组织设计，重点对分项工程、关键施工工艺或季节性施工指定的施工方案和措施。施工方案的编制要具有实用性和针对性。结合本工程的实际，需编制专项施工方案。

（3）技术交底

技术交底是施工组织设计、施工方案的进一步细化。

首先，工程技术在交底之前要清楚交底的对象，交底的对象主要是工人，因此技术交底的内容必须具有可操作性和可行性。

其次，施工技术交底要结合工程实际。

最后，技术交底一定要传达到施工第一线人员手中，技术人员不能只是把交底写好就放在一边，在检查时才拿出来。

5. 质量控制点设置与管理到位

质量控制点的设置应根据《工程项目质量控制管理》文件中要求及工程特点设置，按所设质量控制点分项论述控制管理办法。

6. 施工生产要素的质量控制

应根据《工程项目质量控制管理》文件中要求及本工程特点编制论述，主要有下列内容：施工人员的质量控制、材料的质量控制、施工机械设备的质量控制、工艺方案的质量控制、施工环境的质量控制。

7. 施工资料管理

根据有关标准的要求分项论述，应结合本工程特点及资料管理办法编制。可将施工资料分为施工管理资料、施工技术资料、施工物资资料、施工测量记录、施工记录、施工试验资料、施工验收资料、质量评定资料和其他资料。要求资料齐全、真实、随发生随整理、分类整理、按序排列、目录清晰、层次清楚、格式正确、管理有序，无涂改、无不了项。

8. 施工过程控制管理

工序施工的质量控制、施工作业质量的自控、施工作业质量的监控、隐蔽工程验收与成品质量保护，编制各单位（分部分项）工程质量检验与验收计划表。

1.10.5 施工质量计划编制的要求

施工质量计划应由项目经理主持编制。质量计划作为对外质量保证和对内质量控制的依据文件，应体现施工项目从分项工程、分部工程到单位工程的过程控制，同时也要体现从资源投入到完成工程质量最终检验和试验的全过程控制。施工项目质量计划编制的要求主要包括以下几个方面。

1. 质量目标

合同范围内的全部工程的所有使用功能符合设计文件要求。分项、分部、单位工程质量达到既定的施工质量目标。

2. 管理职责

项目经理是本工程实施的最高负责人，对工程符合设计、验收规范、标准要求负责；对各阶段、各工号按期交工负责。

项目经理委托项目质量副经理（或技术负责人）负责本工程质量计划和质量文件的实施及日常质量管理工作；当有更改时，负责更改后的质量文件活动的控制和管理。

3. 资源提供

规定项目经理部管理人员及操作工人的岗位任职标准及考核认定方法。

规定项目人员流动时进出人员的管理程序。

规定人员进场培训（包括供方队伍、临时工、新进场人员）的内容、考核、记录等。

规定对新技术、新结构、新材料、新设备修订的操作方法和操作人员进行培训并记录等。

规定施工所需的临时设施（含临建、办公设备、住宿房屋等）、支持性服务手段、施工设备及通信设备等。

4. 工程项目实现过程策划

规定施工组织设计或专项项目质量的编制要点及接口关系。

规定重要施工过程的技术交底和质量策划要求。

规定新技术、新材料、新结构、新设备的策划要求。

规定重要过程验收的准则或技艺评定方法。

5. 业主提供的材料、机械设备等产品的过程控制

施工项目上需用的材料、机械设备在许多情况下是由业主提供的。对这种情况要做出如下规定：①业主如何标识、控制其提供产品的质量；②检查、检验、验证业主提供产品满足规定要求的方法；③对不合格的处理办法。

6. 材料、机械、设备、劳务及试验等采购控制

由企业自行采购的工程材料、工程机械设备、施工机械设备、工具等，质量计划作如下规定：①对供方产品标准及质量管理体系的要求；②选择、评估、评价和控制供方的方法；③必要时对供方质量计划的要求及引用的质量计划；④采购的法规要求；⑤有可追溯性（追溯所考虑对象的历史、应用情况或所处场所的能力）要求时，要明确追溯内容的形成，记录、标志的主要方法；⑥需要的特殊质量保证证据。

7. 产品标识和可追溯性控制

隐蔽工程、分项分部工程质量验评、特殊要求的工程等必须做可追溯性记录，质量计划要对其可追溯性范围、程序、标识、所需记录及如何控制和分发这些记录等内容做出规定。

坐标控制点、标高控制点、编号、沉降观察点、安全标志、标牌等是工程重要标识记录，质量计划要对这些标识的准确性控制措施、记录等内容作规定。

8. 施工工艺过程的控制

对工程从合同签订到交付全过程的控制方法做出规定。

对工程的总进度计划、分段进度计划、分包工程的进度计划、特殊部位进度计划、中间交付的进度计划等做出过程识别和管理规定。

规定工程实施全过程各阶段的控制方案、措施、方法及特别要求等。

规定对隐蔽工程、特殊工程进行控制、检查、鉴定验收、中间交付的方法。

规定工程实施过程需要使用的主要施工机械、设备、工具的技术和工作条件，运行方案，操作人员上岗条件和资格等内容，作为对施工机械设备的控制方式。

规定对各分包单位项目上的工作表现及其工作质量进行评估的方法、评估结果送交有关部门、对分包单位的管理办法等，以此控制分包单位。

9. 搬运、贮存、包装、成品保护和交付过程的控制

规定工程实施过程在形成的分项、分部、单位工程的半成品、成品保护方案、措施、交接方式等内容，作为保护半成品、成品的准则。

规定工程期间交付、竣工交付、工程的收尾、维护、验评、后续工作处理的方案、措施，作为管理的控制方式。

规定重要材料及工程设备的包装防护的方案及方法。

10. 安装和调试的过程控制

对于工程水、电、暖、电讯、通风、机械设备等的安装、检测、调试、验评、交付、不合格的处置等内容规定方案、措施、方式。由于这些工作同土建施工交叉配合较多，因此对于交叉接口程序、验证哪些特性、交接验收、检测、试验设备要求、特殊要求等内容要做明确规定，以便各方面实施时遵循。

11. 检验、试验和测量的过程控制

规定材料、构件、施工条件、结构形式在什么条件、什么时间必须进行检验、试验、复验、以验证是否符合质量和设计要求。

当企业和现场条件不能满足所需各项试验要求时，要规定委托上级试验或外单位试验的方案和措施。当有合同要求的专业试验时，应规定有关的试验方案和措施。

对于需要进行状态检验和试验的内容，必须规定每个检验试验点所需检验、试验的特性、所采用程序、验收准则、必需的专用工具、技术人员资格、标识方式、记录等要求。

12. 检验、试验、测量设备的过程控制

规定要在本工程项目上使用所有检验、试验、测量和计量设备的控制和管理制度，包括：①设备的标识方法；②设备校准的方法；③标明、记录设备准状态的方法；④明确哪些记录需要保存，以便一旦发现设备失准时，便确定以前的测试结果是否有效。

13. 不合格品的控制

编制工种、分项、分部工程出现不合格产品的处理方案、纠正措施，以及防止与合格之间发生混淆的标识和隔离措施。规定哪些范围不允许出现不合格；明确一旦出现不合格哪些允许修补返工，哪些必须推倒重来，哪些必须局部更改设计或降级处理。

1.10.6 施工质量计划编制的步骤

施工质量计划编制的步骤

1. 施工质量计划成本编制的职责

（1）主管质量负责人负责质量计划的审批与发布。

（2）总师室主任负责组织质量计划的编制、执行过程中的检查监督、计划控制与协调工作。

（3）项目开发部、工程部、销售部和建材供应部部门负责人协助总师室主任编制质量计划，负责与本部门有关部分的执行与内部控制工作，并配合总师室主任的协调。

2. 质量计划的编制时间

项目正式立项后，在编制施工组织设计时，应一并编制施工质量计划。

3. 编制步骤

质量负责人组织工程部和建材供应部部门负责人制订本部门工作计划。根据项目特点提出项目质量计划总体进度及质量要求，用书面通知形式向各部门分派质量计划编制任务。

相关部门负责人接到通知后，组织编制本部门质量计划，并在规定时间内把计划提交给质量负责人。

质量负责人负责计划编制过程中的协调工作。在计划编制过程中，相关部门人员提出的疑问，质量负责人应及时作出解释；对于部门间的争议，应做好协调工作。

质量负责人汇集相关部门质量计划，制订统一的项目质量计划。对不符合要求或者根据情况需要重新修订的部门质量计划，要求该部门负责人重新修订。部门间计划出现不协调或相互冲突时，质量负责人协调好冲突部门共同解决。

质量负责人完成项目质量计划初稿后，及时呈交项目负责人审批。

1.11 影响质量的主要因素

全面质量管理要坚持"预防为主、防治结合"的基本思路，将管理重点放在影响工作质量的人、材、机、法和环境等因素。

1.11.1 人

人是质量活动的主体，这里泛指与工程有关的单位、组织及个人，包括建设、勘察设计、施工、监理及咨询服务单位，也包括政府主管及工程质量监督、检测单位，单位组织的施工项目的决策者、管理者和作业者等。

1.11.2 材料

材料控制包括原材料、成品、半成品和构配件等的控制，应严把质量验收关，保证材料正确合理使用，建立管理台账，进行收、发、储、运等各环节的技术管理，避免混料和材料混用。

材料质量控制的内容主要有：材料的质量标准，材料的性能，材料的取样、试验方法，材料的适用范围和施工要求等。

材料质量检验一般有书面检验、外观检验、理化检验和无损检验等4种方法。

根据材料信息和保证资料的具体情况，材料的质量检验程度分免检、抽检和全部检查3种。

1.11.3 机械设备

施工机械设备的选用，除了需要考虑施工现场的条件、建筑结构类型、机械设备性能等方面的因素外，还应结合施工工艺和方法、施工组织与管理和建筑技术经济等各种影响因素，进行多方案论证比较，力求获得较好的综合经济效益。

机械设备的选用，应着重从机械设备的选型、机械设备的主要性能参数和机械设备的使用操作要求等三方面予以控制。

要健全"人机固定"制度、"操作证"制度、岗位责任制度、交接班制度、"技术保养"制度、"安全使用"制度和机械设备检查制度等，确保机械设备处于最佳使用状态。

1.11.4 工艺方法

施工项目建设期内所采取的技术方案、工艺流程、组织实施、检测手段和施工组织设计等都属于工艺方法的范畴。

1.11.5 环境

影响施工项目质量的环境因素较多，有工程技术环境、工程管理环境、劳动环境。环境因素对质量的影响，具有复杂而多变的特点。因此，根据工程特点和具体条件，应对影响质量的环境因素，采取有效的措施严加控制。尤其是施工现场，应建立文明施工和文明生产的环境，保持材料工件堆放有序，道路畅通，工作场所清洁整齐，施工程序井井有条，为确保质量、安全创造良好条件。

1.12　施工准备阶段质量控制的方法

1.12.1　施工企业的资质审查

对施工企业的资质审查，主要是指总包单位对分包单位的资质审查，掌握工程分包制度。

分包，是指总承包单位将其所承包的工程中的部分工程发包给其他承包单位完成的活动。

分包商不可以超越其资质许可范围去承揽分包工程，《建筑法》第 29 条规定，"建筑工程总承包单位可以将承包工程中的部分工程发包给具有相应资质条件的分包单位"。

住房和城乡建设部第 22 号令《建筑业企业资质管理规定》第 5 条规定了不同资质建筑业企业的承揽工程的范围：

1. 施工总承包企业

获得施工总承包资质的企业，可以对工程实行施工总承包或者对主体工程实行施工承包。

承担施工总承包的企业可以对所承接的工程全部自行施工，也可以将非主体工程或者劳务作业分包给具有相应专业承包资质或者劳务分包资质的其他建筑业企业。

2. 专业承包企业

获得专业承包资质的企业，可以承接施工总承包企业分包的专业工程或者建设单位按照规定发包的专业工程。

专业承包企业可以对所承接的工程全部自行施工，也可以将劳务作业分包给具有相应劳务分包资质的劳务分包企业。

3. 劳务分包企业

获得劳务分包资质的企业，可以承接施工总承包企业或者专业承包企业分包的劳务作业。

根据《建筑业企业资质管理规定》的规定，施工总承包资质、专业承包资质、劳务分包资质序列按照工程性质和技术特点分别划分为若干资质类别。

各资质类别按照规定的条件划分为若干等级。

1.12.2　施工组织设计审查

施工组织设计的编制和审批应符合国家标准《建筑施工组织设计规范》（GB/T 50502—2009）的规定。施工组织设计按编制对象，可分为施工组织总设计、单位工程施工组织设计和施工方案。施工组织设计是指以施工项目为对象编制的，用以指导施工的技术、经济和管理的综合性文件。施工组织总设计是指以若干单位工程组成的群体工程或特大型项目为主要对象编制的施工组织设计，对整个项目的施工过程起统筹规划、重点控制的作用。单位工程施工组织设计指以单位（子单位）工程为主要对象编制的施工组织设计，对单位（子单位）工程的施工过程起指导和制约作用。施工方案是指以分部（分项）

工程或专项工程为主要对象编制的施工技术与组织方案，用以具体指导其施工过程。施工组织设计应包括编制依据、工程概况、施工部署、施工进度计划、施工准备与资源配置计划、主要施工方法、施工现场平面布置及主要施工管理计划等基本内容。施工组织设计的编制和审批应符合下列规定：

（1）施工组织设计应由项目负责人主持编制，可根据需要分阶段编制和审批。

（2）施工组织总设计应由总承包单位技术负责人审批；单位工程施工组织设计应由施工单位技术负责人或技术负责人授权的技术人员审批；施工方案应由项目技术负责人审批；重点、难点分部（分项）工程和专项工程施工方案应由施工单位技术部门组织相关专家评审，施工单位技术负责人审批。

（3）由专业承包单位施工的分部（分项）工程或专项工程的施工方案，应由专业承包单位技术负责人或技术负责人授权的技术人员审批；有总包单位时，应由总承包单位项目技术负责人核准备案。

（4）规模较大的分部（分项）工程和专项工程的施工方案应按单位工程施工组织设计进行编制和审批。

《建设工程监理规范》（GB 50319—2013）第 3.2.1 条规定总监理工程师的职责有组织审查施工组织设计、（专项）施工方案。注意：审查不是审批。

1.12.3　施工准备阶段的质量控制

施工准备阶段的质量控制是指项目正式施工活动开始前，对项目施工各项准备工作及影响项目质量的各因素和有关方面进行的质量控制。主要包括：

（1）技术资料、文件准备的质量控制。

（2）设计交底和图纸审核的质量控制：

1）设计交底

工程施工前，由设计单位向施工单位有关技术人员进行设计交底，其主要内容包括：

① 地形、地貌、水文气象、工程地质及水文地质等自然条件。

② 施工图设计依据：初步设计文件，规划、环境等要求，设计规范。

③ 设计意图：设计思想、设计方案比较、基础处理方案、结构设计意图、设备安装和调试要求、施工进度安排等。

④ 施工注意事项：对基础处理的要求，对建筑材料的要求，采用新结构、新工艺的要求，施工组织和技术保证措施等。

2）图纸审核

图纸审核是设计单位和施工单位进行质量控制的重要手段，也是使施工单位通过审查熟悉了解设计图纸，明确设计意图和关键部位的工程质量要求，发现和减少设计差错，保证工程质量。图纸审核的主要内容包括：

① 对设计者的资质进行认定。

② 设计是否满足抗震、防火、环境卫生等要求。

③ 图纸与说明是否齐全。

④ 图纸中有无遗漏、差错或相互矛盾之处，图纸表示方法是否清楚，是否符合标准要求。

⑤ 地质及水文地质等资料是否充分、可靠。

⑥ 所需材料来源有无保证，能否替代。

⑦ 施工工艺、方法是否合理，是否切合实际，是否便于施工，能否保证质量要求。

⑧ 施工图及说明书中涉及的各种标准、图册、规范和规程等，施工单位是否具备。

3）采购质量控制

采购质量控制主要包括对采购产品及其供货方的质量控制。

采购物资应符合设计文件、标准、规范、相关法规及承包合同要求，如果项目部另有附加的质量要求，也应予以满足。

4）质量教育与培训

通过教育培训和其他措施提高员工的能力，增强质量和顾客意识，使员工满足所从事的质量工作对员工能力的要求。

1.13 施工质量控制点的确定

质量控制点的概念：质量控制点是为保证工序处于受控状态，在一定的时间和一定的条件下，在产品制造过程中需重点控制的质量特性、关键部件或薄弱环节。质量控制点也称为"质量管理点"。设置质量控制点是保证达到施工质量要求的必要前提，项目技术负责人或质量检查员在拟定质量控制工作计划时，应予以详细地考虑，并以制度来保证落实。对于质量控制点，一般要事先分析可能造成质量问题的原因，再针对原因制定对策和措施进行预控。

质量控制点是根据对重要的质量特性需要进行重点质量控制的要求而逐步形成的。任何一个施工过程或活动总是有许多项的特性要求，这些质量特性的重要程度对工程使用的影响程度不完全相同。质量控制点就是在质量管理中运用"关键的少数、次要的多数"这一基本原理的具体体现。

质量控制点一般可分为长期型和短期型两种。对于设计、工艺方面要求的关键、重要项目，是必须长期重点控制的，而对工序质量不稳定、不合格品多的或用户反馈的项目或因为材料供应、生产安排等在某一时期内的特殊需要，则要设置短期适量控制点。当技术改进项目的实施、新材料的应用、控制措施的标准化等经过一段时间有效性验证后，可以相应撤销，转入一般的质量控制。

如果对产品（工程）的关键特性、关键部位和重要因素都设置了质量控制点，得到了有效控制，则这个产品（工程）的质量就有了保证。同时控制点还可以收集大量有用的信息，为质量改进提供依据。所以设置质量控制点，加强工序管理是企业建立质量体系的基础环节。

1.13.1 设置质量控制点的原则

在什么地方设置质量控制点，需要通过对工程的质量特性要求和施工过程中的各道工序进行全面分析来确认。设置质量控制点一般应考虑以下原则：

（1）对产品（工程）的适用性（可靠性、安全性）有严格影响的关键质量特性、关键部位或重要影响因素，应设置质量控制点。

（2）对工艺有严格要求，对下道工序有严重影响的关键部位应设置质量控制点。

（3）对经常容易出现不良产品的工序，必须设立质量控制点。

（4）对会影响项目质量的某些工序的施工顺序，必须设立质量控制点。

（5）对会严重影响项目质量的材料质量和性能，必须设立质量控制点。

（6）对会影响下道工序质量的技术间歇时间，必须设立质量控制点。

（7）对某些与施工质量密切相关的技术参数，要设立质量控制点。

（8）对容易出现质量通病的部位，必须设立质量控制点。

（9）某些关键操作过程，必须设立质量控制点。

（10）对用户反馈的重要不良项目应设立质量控制点。

建筑产品（工程）在施工过程中应设置多少质量控制点，应根据产品（工程）的复杂程序，以及技术文件上标记的特性分类、缺陷分级的要求而定。选择那些施工质量难度大的、对质量影响大的或者是发生质量问题时危害大的对象作为质量控制点。

1.13.2 质量控制点划分形式

（1）人的行为某些工序或操作重点应控制人的行为，避免人的失误造成质量问题。如对高空作业、水下作业、危险作业、易燃易爆作业、重型构件吊装或多机抬吊、动作复杂而快速运转的机械操作、精密度和操作要求高的工序、技术难度大的工序等，都应从人的生理缺陷、心理活动、技术能力、思想素质等方面对操作者全面进行考核。事前还必须反复交底，提醒注意事项，以免产生错误行为和违纪违章现象。

（2）物的状态在某些工序或操作中，则应以物的状态作为控制的重点。如加工精度与施工机具有关；计量不准与计量设备、仪表有关；危险源与失稳、倾覆、腐蚀、毒气、振动、冲击、火花、爆炸等有关；也与立体交叉、多工种密集作业场所有关等。也就是说，根据不同工序的特点，有的应以控制机具设备为重点，有的应以防止失稳、倾覆、腐蚀等危险源为重点，有的则应以作业场所作为控制的重点。

材料的质量与性能材料的质量和性能是直接影响工程质量的主要因素。尤其是某些工序，更应将材料的质量和特性作为控制的重点。

（3）施工顺序有些工序或操作，必须严格控制相互之间的先后顺序。如冷拉钢筋，一定要先对焊后冷拉，否则，就会失去冷强。屋架的固定，一定要采取对角同时施焊，以免焊接应力使已校正好的屋架发生倾斜。

（4）新工艺、新技术、新材料的应用新工艺、新技术、新材料，红黏土等特殊土地基的处理，以及大跨度结构、高耸结构等技术难度较大的施工环节和重要部位，更应特别控制。

（5）产品质量不稳定、不合格率较高及易发生质量通病的工序应把它们列为重点，并仔细分析、严格控制。例如供水管道接头的渗漏等。

总之，质量控制点的选择要准确、有效。一方面需要由有经验的工程技术人员进行选择，另一方面也要集思广益，集中群体智慧，由有关人员充分讨论，在此基础上进行选择。选择时要根据对重要的质量特性进行重点控制的要求，选择质量控制的重点部位、重点工序和重点的质量因素作为质量控制点，进行重点控制和预控，这是进行质量控制的有效方法。

1.13.3 质量控制点设置后的实施要点

根据质量控制点的设置原则，质量控制点的落实与实施一般有以下几个步骤：

（1）确定质量控制点，编制质量控制点明细表。

（2）绘制"工程质量控制程序图"及"工序质量流程图"明确标出建立控制点的工序、质量特性、质量要求等。

（3）组织有关人员进行工序分析，绘制质量控制点设置表。

（4）组织有关部门对质量部门进行分析，并应明确质量目标、检查项目、达到标准及各质量保证相关部门的关系及保证措施等，并编制质量控制点内部要求。

（5）组织有关人员找出影响工序质量特性，主导因素，并绘制因果分析图和对策表。

（6）编制质量控制点工艺指导书。

（7）按质量评定标准进行验评。为保证质量，严格按照建筑工程质量验评标准进行验评。

1.13.4 建筑给水排水及采暖工程施工质量控制点的确定

建筑给水排水及采暖工程施工质量控制点见表 1.13.1。

建筑给水排水及采暖工程质量控制点 表 1.13.1

分部工程	子分部（分项）工程	质量控制点
建筑给排水及采暖工程	室内给水系统	1. 材料设备质量控制 2. 套管的预留、预埋 3. 管道支吊架安装 4. 给水管道及配件安装 5. 室内消火栓系统安装 6. 给水设备安装 7. 防腐及保温 8. 水压试验 9. 生活给水系统的冲洗和消毒 10. 给水系统通水试验
	室内排水系统	1. 材料设备质量控制 2. 套管的预留、预埋 3. 管道支吊架安装 4. 排水管道的坡度 5. 排水管道及配件安装 6. 排水管道的检查口、清扫口 7. 排水管道的伸缩节、阻火圈 8. 排水管道的灌水试验 9. 排水管道的通球试验
	室内热水供应系统	1. 材料设备质量控制 2. 套管的预留、预埋 3. 管道支吊架安装 4. 热水管道的坡度 5. 热水管道及配件安装 6. 辅助设备（包括太阳能热水器）安装 7. 防腐及保温 8. 水压试验 9. 热水供应系统的冲洗

分部工程	子分部（分项）工程	质量控制点
建筑给排水及采暖工程	卫生器具安装	1. 卫生器具及配件质量控制 2. 支、托架安装 3. 卫生器具及配件安装 4. 卫生器具给水配件安装 5. 卫生器具排水管道安装 6. 排水栓和地漏安装 7. 卫生器具满水和通水试验
	室内采暖系统	1. 材料设备质量控制 2. 套管的预留、预埋 3. 管道支吊架安装 4. 采暖管道的坡度 5. 采暖管道及配件安装 6. 采暖热力入口装置安装 7. 热计量装置安装 8. 分、集水器安装 9. 辅助设备及散热器安装 10. 低温热水地板辐射采暖系统安装 11. 防腐及保温 12. 水压试验及冲洗 13. 采暖系统试运行和调试
	室外给水管网	1. 材料设备质量控制 2. 管沟及井室 3. 埋地给水管道的防腐 4. 室外给水管道及配件安装 5. 消防水泵接合器及室外消火栓安装 6. 水压试验、冲洗及消毒
	室外排水管网	1. 材料设备质量控制 2. 排水管沟及井池 3. 排水管道的坡度 4. 室外排水管道及配件安装 5. 灌水试验和通水试验
	室外供热管网	1. 材料设备质量控制 2. 补偿器、除污器安装 3. 管道焊缝的质量 4. 水平管道的坡度 5. 管道及配件安装 6. 直埋管道预制保温层外壳及接口的完好性 7. 地沟内管道安装位置、净距 8. 架空敷设的供热管道安装高度 9. 水压试验及冲洗 10. 试运行和调试

分部工程	子分部（分项）工程	质量控制点
建筑给排水及采暖工程	建筑中水系统及游泳池系统	1. 材料设备质量控制 2. 建筑中水系统管道及配件安装 3. 建筑中水系统辅助设备安装 4. 游泳池水系统安装 5. 中水管道的标志 6. 给水管道的水压试验 7. 排水管道的灌水试验
	供热锅炉及辅助设备安装	1. 材料设备质量控制 2. 锅炉安装 3. 辅助设备安装 4. 管道安装 5. 安全附件安装 6. 烘炉、煮炉、试运行 7. 换热站安装 8. 锅炉本体管道及管件的焊接质量及无损探伤 9. 锅炉设备及水、汽系统的水压试验

1.13.5 通风与空调工程施工质量控制点的确定

通风与空调工程质量控制点见表1.13.2。

通风与空调工程质量控制点 表 1.13.2

分部工程	子分部（分项）工程	质量控制点
通风与空调工程	送排风系统	1. 材料设备质量控制 2. 风管与配件制作 3. 部件制作 4. 风管系统安装 5. 空气处理设备安装 6. 消声设备制作与安装 7. 风管与设备防腐 8. 风机安装 9. 系统调试
	防排烟系统	1. 材料设备质量控制 2. 风管与配件制作 3. 部件制作 4. 风管系统安装 5. 防排烟风口、常闭正压风口与设备安装 6. 风管与设备防腐 7. 风机安装 8. 系统调试

分部工程	子分部（分项）工程	质量控制点
通风与空调工程	除尘系统	1. 材料设备质量控制 2. 风管与配件制作 3. 部件制作 4. 风管系统安装 5. 除尘器与排污设备安装 6. 风管与设备防腐 7. 风机安装 8. 系统调试
	空调风系统	1. 材料设备质量控制 2. 风管与配件制作 3. 部件制作 4. 风管系统安装 5. 空气处理设备安装 6. 消声设备制作与安装 7. 风管与设备防腐 8. 风机安装 9. 风管与设备绝热 10. 系统调试
	净化空调系统	1. 材料设备质量控制 2. 风管与配件制作 3. 部件制作 4. 风管系统安装 5. 空气处理设备安装 6. 消声设备制作与安装 7. 风管与设备防腐 8. 风机安装 9. 风管与设备绝热 10. 高效过滤器安装 11. 系统调试
	制冷设备系统	1. 材料设备质量控制 2. 制冷机组安装 3. 制冷剂管道及配件安装 4. 制冷附属设备安装 5. 管道及设备的防腐与绝热 6. 系统调试
	空调水系统	1. 材料设备质量控制 2. 管道冷热（媒）水系统安装 3. 冷却水系统安装 4. 冷凝水系统安装 5. 阀门及部件安装 6. 冷却塔安装 7. 水泵及附属设备安装 8. 管道及设备的防腐与绝热 9. 系统调试

1.13.6 自动喷水灭火系统施工质量控制点的确定

自动喷水灭火系统施工质量控制点见表1.13.3。

自动喷水灭火系统施工质量控制点 表 1.13.3

分部工程	子分部（分项）工程	质量控制点
自动喷水灭火系统	供水设施安装与施工	1. 材料设备质量控制 2. 消防水泵安装 3. 消防水箱安装和消防水池施工 4. 消防气压给水设备和稳压泵安装 5. 消防水泵接合器安装
	管网及系统组件安装	1. 材料设备质量控制 2. 管网安装 3. 喷头安装 4. 报警阀组安装 5. 其他组件安装
	系统试压和冲洗	1. 水压试验 2. 气压试验 3. 冲洗
	系统调试	1. 水源测试 2. 消防水泵调试 3. 稳压泵调试 4. 报警阀调试 5. 排水设施调试 6. 联动试验

1.13.7 建筑电气工程施工质量控制点的确定

建筑电气工程施工质量控制点见表1.13.4

建筑电气工程施工质量控制点 表 1.13.4

分部工程	子分部（分项）工程	质量控制点
电气工程	室外电气安装	1. 箱式变压器安装；2. 配电柜（箱）安装；3. 导管敷设；4. 电缆敷设（含电缆头制作、电缆连接额绝缘电阻测试）；5. 室外灯具安装；6. 变压器、配电柜（箱）、电缆支架接地
	变配电室安装	1. 变压器安装；2. 高低压柜安装；3. 母线槽安装；4. 导管敷设；5. 梯架、托盘和槽盒安装；6. 电缆敷设（含电缆头制作、电缆连接额绝缘电阻测试）；7. 管内穿线和槽盒内敷线；8. 接地装置及接地干线敷设
	供电干线安装	1. 母线槽安装；2. 导管敷设；3. 梯架、托盘和槽盒安装；4. 电缆敷设（含电缆头制作、电缆连接额绝缘电阻测试）；5. 管内穿线和槽盒内敷线；6. 接地干线敷设
	电气动力安装	1. 配电柜（箱）安装；2. 导管敷设；3. 梯架、托盘和槽盒安装；4. 电缆敷设（含电缆头制作、电缆连接额绝缘电阻测试）；5. 管内穿线和槽盒内敷线；6. 设备保护接地；7. 电气设备试验和试运转

分部工程	子分部（分项）工程	质量控制点
电气工程	电气照明安装	1. 照明配电箱安装；2. 导管敷设；3. 梯架、托盘和槽盒安装；4. 电缆敷设（含电缆头制作、电缆连接额绝缘电阻测试）；5. 管内穿线和槽盒内敷线；6. 灯具安装；7. 开关、插座安装；8. 照明通电试运行
	自备电源安装	1. 柴油发电机安装；2. UPS及EPS安装；配电柜安装；3. 电缆敷设（含电缆头制作、电缆连接额绝缘电阻测试）；4. 中性点接地
	防雷及接地装置安装	1. 接地装置安装；2. 引下线及接闪器安装；3. 等电位联结

1.13.8 智能建筑工程施工质量控制点的确定

智能建筑工程施工质量控制点见表1.13.5。

智能建筑工程施工质量控制点   表 1.13.5

分部工程	子分部（分项）工程	质量控制点
智能建筑工程	智能化集成系统	1. 设备安装；2. 软件安装；3. 接口及系统调试；4. 试运行
	信息接入系统	安装场地检查
	用户电话交换系统	1. 线缆敷设；2. 设备安装；3. 软件安装；4. 接口及系统调试；5. 试运行
	信息网络系统	1. 设备安装；2. 软件安装；3. 系统调试；4. 试运行
	综合布线系统	1. 梯架、托盘、槽盒和导管安装；2. 线缆敷设；3. 机柜、机架、配线架的安装；4. 信息插座安装；5. 链路或信道测试；6. 软件安装；7. 系统调试；8. 试运行
	移动通信室内信号覆盖系统	安装场地检查
	卫星通信系统	
	有线电视及卫星电视接收系统	1. 梯架、托盘、槽盒和导管安装；2. 线缆敷设；3. 设备安装；4. 软件安装；5. 系统调试；6. 试运行
	公共广播系统	
	会议系统	
	信息导引及发布系统	
	时钟系统	
	信息化应用系统	
	信息导引及发布系统	1. 梯架、托盘、槽盒和导管安装；2. 线缆敷设；3. 显示设备安装；4. 机房设备安装；5. 软件安装；6. 系统调试；7. 试运行
	建筑设备监控系统	1. 梯架、托盘、槽盒和导管安装；2. 线缆敷设；3. 传感器安装；4. 执行器安装；5. 控制器、箱安装；6. 中央管理工作站和操作分站设备安装；7. 软件安装；8. 系统调试；9. 试运行
	火灾自动报警系统	1. 梯架、托盘、槽盒和导管安装；2. 线缆敷设；3. 探测器类设备安装；4. 控制器类设备安装；5. 软件安装；6. 系统调试；7. 试运行
	安全技术防范系统	1. 梯架、托盘、槽盒和导管安装；2. 线缆敷设；3. 设备安装；4. 软件安装；5. 系统调试；6. 试运行
	应急响应系统	1. 设备安装；2. 软件安装；3. 系统调试；4. 试运行
	机房工程	1. 供配电设备安装；2. 防雷与接地系统安装；3. 监控与安全防范系统；4. 消防系统；5. 系统调试；6. 试运行
	防雷与接地	1. 接地装置安装；2. 等电位联结；3. 电涌保护器安装；4. 系统调试；5. 试运行

1.14 质量缺陷及事故

1.14.1 质量缺陷

工程中的缺陷，是由人为的（勘察，设计、施工、使用）或自然的（地质、气候）原因，使建筑物出现影响正常使用、承载力、耐久性、整体稳定性的种种不足的统称。它按照严重程度不同，又可分为三类：

（1）轻微缺陷。它们并不影响建筑物的近期使用，也不影响结构的承载力、刚度及其完整性，但却有碍观瞻或影响耐久性。例如，建筑物墙面不平整，混凝土构件表面局部缺浆、起砂，钢板上有划痕、夹渣等。

（2）使用缺陷。它们虽不影响建筑结构的承载力，却影响其使用功能或使结构的使用性能下降，有时还会使人有不舒适感和不安全感。例如，管道渗漏，会导致装饰物受损，墙体因温差而出现霉变等。

（3）危及承载力缺陷。它们或表现为采用材料的强度不足，或表现为结构构件截面尺寸不够，或表现为连接构造质量低劣。例如，混凝土振捣不实，配筋欠缺，钢结构焊接有裂纹、咬边现象，地基发生过大的沉降等。这类缺陷威胁到结构的承载力和稳定性，如不及时消除，可能导致局部或整体的破坏。

缺陷可能是显露的，如管道渗漏；也可能是隐蔽的，如空调效率不足。后者更为麻烦，因为它有良好外表的假象，而达不到使用功能的要求。

1.14.2 质量事故

工程质量事故是指由于建设、勘察、设计、施工、监理等单位违反工程质量有关法律法规和工程建设标准，使工程产生结构安全、重要使用功能等方面的质量缺陷，造成人身伤亡或者重大经济损失的事故。

依据住房和城乡建设部《关于做好房屋建筑和市政基础设施工程质量事故报告和调查处理工作的通知》（建质〔2010〕111 号）文件要求，按工程质量事故造成的人员伤亡或者直接经济损失将工程质量事故分为四个等级。

（1）特别重大事故，是指造成 30 人以上死亡，或者 100 人以上重伤，或者 1 亿元以上直接经济损失的事故；

（2）重大事故，是指造成 10 人以上 30 人以下死亡，或者 50 人以上 100 人以下重伤，或者 5000 万元以上 1 亿元以下直接经济损失的事故；

（3）较大事故，是指造成 3 人以上 10 人以下死亡，或者 10 人以上 50 人以下重伤，或者 1000 万元以上 5000 万元以下直接经济损失的事故；

（4）一般事故，是指造成 3 人以下死亡，或者 10 人以下重伤，或者 100 万元以上 1000 万余以下直接经济损失的事故。

本等级划分所称的"以上"包括本数，所称的"以下"不包括本数。

1.15 质量缺陷的识别、分析和处理

作为项目质量员应能够识别工程质量缺陷,进行分析和处理。

质量缺陷有多种多样,本书在各个章节的相关条款中描述质量缺陷的识别、分析和处理。

(1) 建筑给水排水工程的质量缺陷的识别、分析和处理见第3章《建筑给水排水及采暖工程》。

(2) 自动喷水灭火工程中管网敷设的质量缺陷的识别、分析和处理见第4章《自动水灭火系统工程》。

(3) 建筑电气照明工程的质量缺陷的识别、分析和处理见第5章《建筑电气工程》。

(4) 通风与空调工程的质量缺陷的识别、分析和处理见第7章《通风与空调工程》。

(5) 建筑智能化工程中线缆敷设的质量缺陷的识别、分析和处理见第9章《智能建筑工程》。

质量缺陷的处理有下面几种方式。

1. 修补处理

这种方法适用于通过修补可以不影响工程的外观和正常使用的质量事故,它是利用修补的方法对工程质量事故予以补救,这类工程事故在工程施工中是经常发生的。

2. 加固处理

主要是针对危及承载力缺陷质量事故的处理。通过对缺陷的加固处理,使建筑结构恢复或提高承载力,重新满足结构安全性、可靠性的要求,使结构能继续使用或改作其他用途。

3. 返工处理

对于严重未达到规范或标准的质量事故,影响到工程正常使用的安全,而且又无法通过修补的方法予以纠正时,必须采取返工重做的措施。

4. 限制使用

当工程质量缺陷按修补方法处理后仍无法保证达到规定的使用要求和安全要求,而又无法返工处理的情况下,不得已时可做出诸如结构卸荷或减荷以及限制使用的决定。

5. 不作处理

工程质量缺陷虽已超出标准规范的规定而构成事故,但是可以针对工程的具体情况,通过分析论证,从而做出不需要专门处理的结论。常见的有以下几种情况:

(1) 不影响结构安全和正常使用:例如有的建筑物错位事故,如要纠正,困难很大或将造成重大损失,经过全面分析论证,只要不影响生产工艺和正常使用,可以不作处理。

(2) 施工质量检验存在问题:例如有的混凝土结构检验强度不足,往往因为试块制作、养护、管理不善,其试验结果并不能真实地反映结构混凝土质量,在采用非破损检验等方法测定其实际强度已达到设计要求时,可不作处理。

(3) 不影响后续工程施工和结构安全:例如后张法预应力屋架下弦产生少量细裂缝、小孔洞等局部缺陷,只要经过分析验算证明,施工中不会发生问题,就可继续施工。因为一般情况下,下弦混凝土截面中的施工应力大于正常的使用应力,只要通过施工的实际考

验，使用时不会发生问题，因此不需要专门处理，仅需作表面修补。

（4）利用后期强度：有的混凝土强度虽未达到设计要求，但相差不多，同时短期内不会满荷载（包括施工荷载），此时可考虑利用混凝土后期强度，只要使用前达到设计强度，也可不作处理，但应严格控制施工荷载。

（5）通过对原设计进行验算可以满足使用要求：基础或结构构件截面尺寸不足，或材料力学性能达不到设计要求，而影响结构承载能力，可以根据实测的数据，结合设计的要求进行验算，如仍能满足使用要求，并经设计单位同意后，可不作处理。但应指出：这是在挖设计潜力，因此需要特别慎重。

最后要强调指出：不论哪种情况，事故虽然可以不处理，但仍然需要征得设计等有关单位的同意，并备好必要的书面文件，经有关单位签证后，供交工和使用参考。

6. 报废处理

通过分析或实践，采用上述处理方法后仍不能满足规定要求或标准的，必须予以报废处置。

1.16 施工试验的内容、方法和判断标准

1.16.1 施工试验

（1）设备安装关键材料的试验见本书第 3 章到第 10 章的相关内容及有关材料的产品标准。

（2）建筑给水排水工程的试压、通水、通球、灌水、满水、冲洗、清扫、消毒及消火栓试射试验见第 3 章《建筑给水排水及采暖工程》。

（3）自动喷水灭火系统调试和火灾报警试验见第 4 章《自动喷水灭火系统工程》、第 9 章《智能建筑工程》及《火灾自动报警系统施工及验收规范》GB 50166。

（4）建筑电气工程的通电试运行见第 5 章《建筑电气工程》。

（5）通风与空调工程的风量检测、室内空气温度和相对湿度的检测及自动控制见第 7 章《通风与空调工程》。

（6）建筑智能化工程各子系统回路的试验见第 9 章《智能建筑工程》。

1.16.2 常用的设备安装工程质量检查仪表的使用

1. 兆欧表

兆欧表（标有"MΩ"）俗称摇表，是一种高电阻表，专门用来检测和测量电气设备和供电线路的绝缘电阻。这是因为绝缘材料常因发热、受潮、老化、污染等原因而使其绝缘电阻值降低，以致损坏，造成漏电或发生事故，因此必须定期检查设备的导电部分之间和导电部分与外壳之间的绝缘电阻。施工中常用的兆欧表有国产 ZC—25 型、ZC—7 型和 ZC—11 型等几种。目前，数字式兆欧表也得到了应用。

（1）兆欧表的选用

在实际应用中，需根据被测对象选用不同电压和电阻测量范围的兆欧表。在标准未作特殊规定时，应按下列规定执行：100V 以下的电气设备或回路，采用 250V 兆欧表；

500V 以下至 100V 的电气设备或回路，采用 500V 兆欧表；3000V 以下至 500V 的电气设备或回路，采用 1000V 兆欧表；10000V 以下至 3000V 的电气设备或回路，采用 2500V 兆欧表；10000V 及以上的电气设备或回路，采用 2500V 或 5000V 兆欧表。

（2）绝缘电阻的一般要求

按电气安全操作规程，低压线路中每伏工作电压不低于 1kΩ。例如 380V 的供电线路，其绝缘电阻不低于 380kΩ；对于电动机要求每千伏工作电压定子绕组的绝缘电阻不低于 1MΩ，转子绕组绝缘电阻不低于 0.5MΩ。

（3）使用前的校验

兆欧表每次使用前（未接线情况下）都要进行校验，判断其好坏。兆欧表一般有三个接线柱，分别是"L"（线路）、"E"（接地）和"G"（屏蔽）。校验时，首先将兆欧表平放，使 L、E 两个端钮开路，转动手摇发电机手柄，使其达到额定转速，兆欧表的指针应指在"∞×3"处；停止转动后，用导线将 L 和 E 接线柱短接，慢慢地转动兆欧表（转动必须缓慢，以免电流过大而烧坏绕组），若指针能迅速回零，指在"0"处，说明兆欧表是好的，可以测量，否则不能使用。

注意：半导体型兆欧表不宜用短路法进行校核，应参照说明书进行校核。

（4）接线方法与测量

测量电气线路或电气设备对地绝缘电阻时，应使"L"接电气线路或电器设备的导电部分，"E"可靠接地（如接设备外壳等）。如图 1.16.1 所示，测量电缆的绝缘电阻时，为了使测量结果准确，消除线芯绝缘层表面漏电所引起的测量误差，除分别将缆芯和缆壳接"L"和"E"外，还应将缆芯与缆壳间绝缘层（即绝缘纸）接"G"，以消除因表面漏电引起的误差，如图 1.16.2 所示。

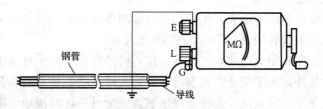

图 1.16.1 测量照明线路绝缘电阻接线图

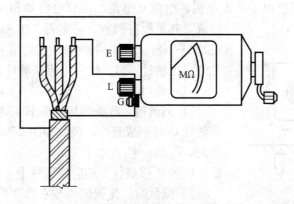

图 1.16.2 测量电缆绝缘电阻接线图

线路接好后，按顺时针转动兆欧表发电机手柄，使发电机发出的电压供测量使用。手柄的转速由慢而快，逐渐稳定到其额定转速（一般为120r/min），允许20%的变化，如果被测设备短路，指针指向"0"，则立即停止转动，以免电流过大而损坏仪表。

（5）注意事项

1）测量电气设备的绝缘电阻时，必须先断电源，然后将设备进行放电，以保证人身安全和测量准确。对于电容量较大的设备（如大型变压器、电容器、电动机、电缆等）其放电时间不应低于3min，以消除设备残存电荷。

2）测量前，应了解周围环境的温度和湿度。当温度过高时，应考虑接用屏蔽线；测量时应记录温度，以便对测得的绝缘电阻进行分析换算。

3）兆欧表接线柱上引出线应用绝缘良好的单芯多股软线，不得使用双股线。两根引线切勿绞缠在一起，以免造成测量数据的不准确。

4）被测电气设备表面应保持清洁、干燥、无污物，以免漏电影响测量的准确性。

5）同杆架设的双回路架空线和双母线，当一路带电时，不得测试另一路的绝缘电阻，以防止感应高电压危害人身安全和损坏仪表；对平行线路也要注意感应高电压，若必须在这种状态下测试时，应采取必要的安全措施。

6）测量电容量较大的电气设备（如电动机、变压器、电缆、电容器等）时，应有一定的充电时间。电容量越大，充电时间越长，一般以兆欧表转动1min后的读数为标准。测量完后要立即进行放电，以利安全。放电方法是将测量时使用的地线，由兆欧表上取下，在被测物上短接一下即可。

7）测量工作一般由两人来完成。在兆欧表未停止转动和被测设备未放电之前，不得用手触摸测量部分和兆欧表接线柱或进行拆除导线工作，以免发生触电事故。

2. 接地电阻测试仪

接地电阻测试仪又称接地摇表，主要用来直接测量各种电气设备的接地电阻和土壤电阻率。常用的接地电阻仪有国产 ZC-8 和 ZC-29 等几种。

为了防止绝缘击穿和漏电而使电气设备在运行时外壳带电发生触电事故，一般要把电气设备外壳接地。此外，为了防止雷电袭击，对高大建筑物都要设避雷装置、避雷针或避雷线等，这些装置都要可靠接地。为保证接地装置安全可靠，其接地电阻必须保持在一定范围内（一般不应大于10Ω），接地电阻的测量是安全用电的一项十分重要的保证。

ZC-8 型接地电阻仪由手摇发电机、电流互感器、调节电位器和一只高灵敏度检流计组成。其量程有两种，一种是 1Ω～10Ω—100Ω，另一种是 0Ω～1Ω～100Ω—1000Ω。它们带有两根探测针，一根是电位探测针，另一根为电流探测针。

（1）使用方法

1）测量前，将被测接地极 E′ 与电位探测针 P′ 和电流探测针 C′ 排列成直线，彼此相距 20m，且 P′ 插于 E′ 和 C′ 之间，P′ 和 C′ 插入地下 0.5～0.7m，用专用导线分别将 E′、P′ 和 C′ 接到仪表相应接线柱上。见图 1.16.3。

2）测量时，先把仪表放在水平位置，检查检流计的指针是否指在中心线上。如果未指在中心线上，则可用

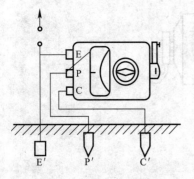

图 1.16.3　测量接地电阻接线方法

"调零螺钉"将其调整到中心线上。

3）将"倍率标度"置于"最大倍数"，慢慢转动发电机摇柄，同时旋动"测量标度盘"使检流计指针平衡，当指针接近中心线时，加速发电机摇柄转速，达到120r/min以上，再调整"测量标度盘"，使指针在中心线上。

4）若"测量标度盘"的读数小于1，应将"倍率标度"置于较小倍数，再重新调整"测量标度盘"，以得到正确的读数。当指针完全平衡到中心线上后，用"测量标度盘"的读数乘以倍率标度，即为所测的电阻值。

（2）使用中应注意的问题

1）测量时，接地线路要与被保护的设备断开，以便得到准确的测量数据。

2）当检流计的灵敏度过高时，可将电位探测针 P' 插入土中浅一些；检流计灵敏度不足时，可沿电位探测针 P' 和电流探测针 C' 注水使其湿润。

3）当接地极 E' 和电流探测针 C' 间距离大于20m时，电位探测针 P' 可插在离 E'、C' 之间直线几米以外，此时测量误差可以不计，但 E'、C' 间距离小于20m时，则应将 P' 正确地插于 E' 和 C' 的直线之间。

4）如果在测量探测针附近有与被测接地极相连的金属管道或电缆，则整个测量区域的电位将产生一定的均衡作用，从而影响测量结果。在这种情况下，电流探测针 C' 与上述金属管道或电缆的距离应大于100m，电位探测针 P' 与它们的距离应大于50m。若金属管道或电缆与接地回路无连接，则上述距离可减小 1/2～2/3。

3. 水压试压装置

水压试验是在给水管道系统施工完毕后，对其管道的材质与配件结构的强度和接口严密性检查的必要手段，是确保管道系统使用功能的关键措施，也是给水管道及配件安装的主控项目。

水压试压常用手动试压泵及电动试压泵，操作方式不同，但工作原理一致。以下以电动试压泵为例，见图1.16.4。

（1）室内给水管道系统水压试验的条件及注意事项

1）室内给水管道系统全部安装完毕，支架、管卡已固定，具备试压的条件。

2）熟悉图纸及规范对管道试压的要求。

3）具备合格的水源、电源。

4）如需集中排气的系统应在顶部安装临时排气装置。

5）各环路中间控制阀门已全部开启。

6）根据试压方案，试压泵应专人操作，每次试压必须两人以上，并安排专人巡视检查。

图1.16.4　手动试压泵

7）试压环境温度在5℃以上。

8）试压前应检查电动试压泵的电气系统和接地情况，试压泵运转及润滑应良好，要动作灵活、工作可靠。

9）压力表的精度要符合测试要求，压力表的最大读数不小于试验压力的1.5倍。

（2）室内给水管道系统水压试验

1）管道系统注水

水压试验以自来水为介质，向管道系统注水时，应采用由下而上向系统送水，当注水压力不足时，可采取增压措施。注水时需将给水管道系统最高处用水点阀门打开，待管道系统内的空气全部排净见水后，再将阀门关闭，此时表明管道系统注水已满，可关闭反复数次。

2）管道系统试压

管道系统注满水后，启动加压泵使系统内水压逐渐升至工作压力，停泵观察，当各部位无破裂、无渗漏时，再将压力升至试验压力。室内给水管道的水压试验必须符合设计要求。当设计未注明时，各种材质的给水管道系统试验压力均为工作压力的 1.5 倍，但不得小于 0.6MPa。金属及复合管给水管道系统在试验压力下观测 10min，压力降不应大于 0.02MPa，然后降到工作压力进行检查，应不渗不漏；塑料管给水系统应在试验压力下稳压 1h，压力降不得超过 0.05MPa，然后在工作压力的 1.15 倍状态下稳压 2h，压力降不得超过 0.03MPa，同时检查各连接处不得渗漏。则管道系统试压合格，然后将工作压力逐渐降压至零，管道系统试压结束。

3）泄水

给水管道试压合格后，应及时将系统的水排净，防止积水冬季冻结而破坏管道。

（3）填写给水管道系统试压记录

管道系统试压完毕后，应及时填写《承压管道系统（设备）强度和严密性水压试验记录》表，通知有关人员签字、验收，办理相关手续。填写管道系统试压记录时，应如实填写试压实际情况，记录内容包括：工程名称、试验系统、试验依据、试验起止时间、管材规格、管材材质、项目部位、压力表位置、试压日期、试验介质、试验标准值、试验实测值、试验结果、试验过程及存在问题和处理情况等。

水压试验可按系统或区段进行，应分别做好试验记录，对于需隐蔽的暗装给水管道应先进行水压试验，并经建设各方检查、验收，合格后方可隐蔽，并作好隐蔽验收记录，待管道系统安装完成后再进行整体水压试验。

1.17 编制、收集、整理质量资料

工程质量验收资料的编制、收集、整理是工程档案资料管理中的一部分内容，其要求和工程档案资料管理要求一致。

（1）工程档案资料的形成应符合国家相关的法律、法规、工程建设标准、工程合同与设计文件等规定。

（2）工程文件资料应真实有效、完整及时、字迹清楚、图样清晰、图表整洁并应留出装订边。工程文件资料的填写、签字应采用耐久性强的书写材料，不得使用易褪色的书写材料。

（3）工程文件资料应使用原件，当使用复印件时，提供单位应在复印件上加盖单位印章，并应签字、注明日期，提供单位应对资料的真实性负责。

（4）工程档案资料管理应建立岗位责任制。

（5）建设、监理、勘察、设计、施工等单位工程项目负责人应对本单位工程文件资料形成的全过程负总责。建设过程中工程文件资料的形成、收集、整理和审核应符合有关规定，签字并加盖相应的资格印章，质量验收资料有关规定主要是《建筑工程施工质量验收统一标准》（GB 50300—2013）的规定。

（6）施工单位的工程质量验收记录应由工程质量检查员填写，质量检查员必须在现场检查和资料核查的基础上填写验收记录，应签字并加盖岗位证章，对验收文件资料负责，并负责工程验收资料的收集、整理。其他签字人员的资格应符合《建筑工程施工质量验收统一标准》（GB 50300—2013）的规定。

（7）单位工程、分部工程、分项工程和检验批的验收程序和记录应形成符合《建筑工程施工质量验收统一标准》（GB 50300—2013）的规定

（8）工程资料员负责工程文件资料、工程质量验收记录的收集、整理和归档工作。

（9）移交给城建档案馆和本单位留存的工程档案应符合国家法律、法规和规范的规定，移交给城建档案馆的纸质档案由建设单位一并办理，移交时应办理移交手续。

（10）工程档案资料应实行数字化管理。

1.17.1 隐蔽工程质量验收记录的编制、收集、整理

隐蔽工程验收的目的是把工程质量问题消灭在工程隐蔽之前。

隐蔽工程是指上一道工序结束，被下一关系密切工序所掩盖，正常情况下无法进行复查的项目。隐蔽工程的项目在各专业验收规范中均有明确要求，应执行相应的验收规范。

隐蔽工程的验收应按下列要求进行：

（1）确定隐蔽工程的部位和内容，隐蔽验收的内容应符合相关标准的要求；

（2）检查隐蔽工程所使用的材料的质量合格证明文件，质量合格文件包括质量合格证书、出厂检验报告（可和质量合格证书合并）有效期内型式检验报告（有要求时）材料进场抽样检测报告（有要求时）；

（3）检查实体质量，填写隐蔽工程质量验收记录，隐蔽工程质量验收记录可按表 1.17.1 填写。

隐蔽工程验收记录　　　　　　　　　　表 1.17.1

工程名称		工程地点			
施工单位		项目经理		专业工长	
分包单位		分包负责人		专业工长	
分部工程		分项工程名称			
隐蔽工程名称		施工图编号			
隐蔽工程验收内容和设计及规范要求					
隐蔽工程验收部位	施工单位自查记录				
	使用的主要材料检查记录		施工质量检查记录		
……					
监理（建设）单位验收意见： 监理工程师： 年 月 日			施工单位检查意见： 质量员： 项目经理： 年 月 日		

1.17.2 分项工程、检验批质量验收记录的编制、汇总

检验批应由专业监理工程师组织施工单位项目专业质量检查员、专业工长等进行验收。验收记录表使用《建筑工程施工质量验收统一标准》（GB 50300—2013）规定的表格。

该表由质量检查员填写，并应做好下列工作：

（1）核对各工序中所用的原材料、半成品、成品、设备质量证明文件。

（2）检查各工序中所用的原材料、半成品、成品、设备是否按专业规范和试验方案进行现场抽样检测，检测结果是否符合要求，检测结果不符合要求的不得用于工程。

（3）检查主控项目是否符合要求。

（4）检查一般项目是否符合要求，允许偏差项目实测实量。

（5）填写检验批表格，随着国家对信息化的重视，建立工程电子档案是必然趋势，因此应使用符合要求的工程资料软件，有的省已制定工程资料管理规范，明确资料软件和建立电子档案的要求，对有要求的省份，应按要求使用资料软件，建立电子档案。

1）表头的填写。使用资料软件的表头中的相关内容应自动生成，未使用资料软件的表头应按实填写，要注意的是"施工执行标准名称及编号"一栏，该栏填写的是施工执行的标准如施工规范、操作规程、工法等操作标准，而不是验收规范，操作标准是约束操作行为，验收标准是约束验收行为，操作标准有的要求应高于验收标准，两者是有原则区别的，不能填写验收标准的名称及编号。

2）"验收规范的规定"一栏可填写主要内容，不必把全部条款均录入，但应反映主要规定。

3）"施工、分包单位检查记录"一栏，填写的内容应能反映工程质量状况，如所用材料的主要规格型号、质量证明文件、现场抽样检测报告等基本情况，现场实测的有允许偏差要求的应填写实测的偏差，资料软件要求填写实测值的按资料软件的设置填写。

4）"施工、分包单位检查结果"一栏，使用资料软件的将检查记录输入资料软件后，应自动计算允许偏差合格率，自动评价检验批检查结果，建立电子档案；未使用资料软件不能自动评价的应在施工、分包单位检查结果中填写检查结果，检查结果应明确合格（或优质）及不合格。如不合格的应按不合格工程的处理程序进行处理后重新评定，不合格工程的处理程序应符合《建筑工程施工质量验收统一标准》（GB 50300—2013）的规定。当符合验收要求时，项目专业质量检查员签字提交给监理工程师。

（6）监理工程师收到检验批验收记录表格后，应核查每一项内容，如真实、有效，应在"监理单位验收记录"栏中签署验收意见。在"监理单位验收结论"签署结论性意见，专业监理工程师签字。如使用资料软件，监理工程师在资料软件上签名确认，建立完整电子档案。

分项工程应由监理工程师组织施工单位项目专业技术负责人等进行验收。验收记录表使用《建筑工程施工质量验收统一标准》（GB 50300—2013）规定的表格，验收记录表应由专业技术负责人填写签字，质量检查员协助，并应做好下列工作：

（1）核对分项工程中各检验批验收记录，验收程序是否正确、验收内容是否齐全、验收记录是否完整、验收部位是否正确、验收时间是否准确、验收签字是否合法。

（2）填写分项工程验收记录表。

1) 填写表头，使用资料软件应自动生成表头。

2)"检验批名称、部位、区段"每一个检验批占一行，按实填写。

3)"施工、分包单位检查结果"将检验批验收记录中的检查结果填入。

4)"监理单位验收结论"将检验批验收记录中的验收结论填入。

5)"施工单位检查结果"一栏，根据分项工程质量验收标准评定分项工程的检查结果。项目专业技术负责人签字后提交给监理工程师。

(3) 监理工程师收到分项工程质量验收记录表格后，经核查属实后在"监理单位验收结论"签署结论性意见，专业监理工程师签字。如使用资料软件，该表格应能自动生成，监理工程师在资料软件上签名确认，建立完整电子档案。

1.17.3　原材料质量证明文件、复检报告的收集

检查原材料的质量证明文件、复验报告是为了确认原材料质量合格，确认原材料合格主要从两个方面进行，一是检查实物的质量，二是检查质量合格证明文件，通常称为质保书，在工程技术资料整理时，主要收集下列资料：

1. 产品合格证书

产品合格证书一般包括产品的技术指标，实测的指标，结果判定，应有"合格"标记。

2. 产品检测报告

产品检测报告是产品出厂时按照产品标准要求的检验批次和检测项目进行检测而根据其检测结果出具的检测报告，该检测报告所检测的项目应和产品标准规定的出厂检测项目一致，不一定是产品的全部检测项目，其检测项目和检测结果只要符合产品标准中规定的出厂检测要求就可以了，产品检测报告可以和产品合格证合并出具。

3. 型式检验报告

型式检验报告是对产品所有指标进行检测的报告。一般在产品开盘时应做一次型式检验，然后按照产品标准的规定在相隔一定时间（一般为两年）的有效期内做一次型式检验。如果验收标准要求材料进场时提供型式检验报告，则材料生产厂家或材料供应商在提供材料质量证明文件时同时提供型式检验报告，如果验收标准没有要求提供型式检验报告，材料进场时不必要求提供型式检验报告。

4. 材料进场抽样检测报告

材料、设备、半成品进场后应按设计或相关专业验收规范的要求进行抽样检测，由具有检测资质的第三方检测机构根据检测结果出具的检测报告为进场抽样检测报告，也称复验报告。《建筑工程施工质量验收统一标准》、国家专业验收规范对材料进场抽样检测的说法不一致，一种说法叫复验，一种说法叫进场抽样检测。

1.17.4　建筑设备试运行记录的收集

建筑设备试运行记录是工程验收时应提供的证明设备安装安装工程符合要求的报告，主要收集以下记录：

(1) 建筑给水排水工程的试压、通球、灌水、冲洗、清扫、消毒试验记录。

(2) 自动喷水灭火系统火灾报警试验和消火栓系统水枪喷射试验记录。

（3）建筑电气工程的通电试运行记录。

（4）通风与空调工程的风量测试和温度、湿度自动控制试验记录。

（5）建筑智能化工程各子系统回路的检测等。

1.17.5 收集分部工程、单位工程的验收记录

分部工程应由总监理工程师组织施工单位项目负责人和项目技术负责人等进行验收。

勘察、设计单位项目负责人和施工单位技术、质量部门负责人应参加地基与基础分部工程的验收。

设计单位项目负责人和施工单位技术、质量部门负责人应参加主体结构、节能分部工程的验收。

单位工程中的分包工程完工后，分包单位应对所承包的工程项目进行自检，并应按本标准规定的程序进行验收。验收时，总包单位应派人参加。分包单位应将所分包工程的质量控制资料整理完整，并移交给总包单位。

由于《建设工程承包合同》的双方主体是建设单位和总承包单位，总承包单位应按照承包合同的权利义务对建设单位负责。分包单位对总承包单位负责，亦应对建设单位负责。因此，分包单位对承建的项目进行检验时，总承包单位应参加，检验合格后，分包单位应将工程的有关资料整理完整后移交给总承包单位，建设单位组织单位工程质量验收时，分包单位负责人应参加验收。

单位工程完工后，施工单位应组织有关人员进行自检。总监理工程师应组织各专业监理工程师对工程质量进行竣工预验收。存在施工质量问题时，应由施工单位及时整改。整改完毕后，由施工单位向建设单位提交工程竣工报告，申请工程竣工验收。

单位工程完成后，施工单位应首先依据验收规范、设计图纸等组织有关人员进行自检，对检查结果进行评定并进行必要的整改。监理单位应根据《建设工程监理规范》的要求对工程进行竣工预验收。符合规定后由施工单位向建设单位提交工程竣工报告和完整的质量控制资料，申请建设单位组织竣工验收。

建设单位应根据国家规定及时将验收人员、验收时间、验收程序提前一个星期报当地工程质量监督机构。

预验收是2013年修订统一标准提出的要求，施工企业必须使自己施工的产品应达到国家标准的要求，才算完成了一个施工企业的基本任务，这是一个企业立业之本，用数据、事实来证明自己企业的成果，当建设单位组织验收时。施工企业及监理企业自己要有底，已进行了预验收。

预验收包括两个方面的内容，一是实体质量，要保证达到或超过国家验收规范的要求；二是工程验收资料，《中华人民共和国建筑法》第六十条规定："交付竣工验收的建筑工程，必须符合规定的建筑工程质量标准，有完整的工程技术资料……"。这就要求施工单位在单位工程完工后，首先要依据建筑工程质量标准、设计图纸等组织有关人员进行自检，并对检查结果进行评定，符合要求后，形成质量检验评定资料。

建设单位收到工程竣工报告后，应由建设单位项目负责人组织监理、施工、设计、勘察等单位项目负责人进行单位工程验收。

单位工程质量验收应由建设单位项目负责人组织，由于勘察、设计、施工、监理单位

都是责任主体，因此各单位项目负责人应参加验收，施工单位项目技术、质量负责人和监理单位的总监理工程师也应参加验收。

在一个单位工程中，对满足生产要求或具备使用条件，施工单位已自行检验，监理单位已预验收的子单位工程，建设单位可组织进行验收。由几个施工单位负责施工的单位工程，当其中的子单位工程已按设计要求完成，并经自行检验，也可按规定的程序组织正式验收，办理交工手续。在整个单位工程验收时，已验收的子单位工程验收资料应作为单位工程验收的附件。

第2章 建筑工程施工质量验收统一标准

建筑工程施工质量验收应执行现行国家标准《建筑工程施工质量验收统一标准》（GB 50300—2013）及相配套的各专业验收规范，同时还应执行地方标准。《建筑工程施工质量验收统一标准》（GB 50300—2013）规定了建筑工程质量验收的划分、合格条件、验收程序和组织。该标准共分6章、8个附录，并有2条强制性条文。《建筑工程施工质量验收统一标准》（GB 50300—2013）在2001年版规范的基础上主要对下列内容进行了修订：（1）增加符合条件时，可适当调整抽样复验、试验数量的规定。（2）增加制定专项验收要求的规定。（3）增加检验批最小抽样数量的规定。（4）增加建筑节能分部工程，增加铝合金结构、地源热泵系统等子分部工程。（5）修改主体结构、建筑装饰装修等分部工程中的分项工程划分。（6）增加计数抽样方案的正常检验一次、二次抽样判定方法。（7）增加工程竣工预验收的规定。（8）增加勘察单位应参加单位工程验收的规定。（9）增加工程质量控制资料缺失时，应进行相应的实体检验或抽样试验的规定。（10）增加检验批验收应具有现场验收检查原始记录的要求。

2.1 总 则

1.0.1 为了加强建筑工程质量管理，统一建筑工程施工质量的验收，保证工程质量，制订本标准。

1.0.2 本标准适用于建筑工程施工质量的验收，并作为建筑工程各专业验收规范编制的统一准则。

《建筑工程施工质量验收统一标准》（GB 50300—2013）适用于施工质量的验收，设计和使用中的质量问题不属于《建筑工程施工质量验收统一标准》（GB 50300—2013）约束的范畴。

1.0.3 建筑工程施工质量验收，除应符合本标准外，尚应符合国家现行有关标准的规定。

建筑工程的质量验收的有关规定，主要包括：

1. 建设行政主管部门发布的有关规章。
2. 施工技术标准、操作规程、管理标准和有关的企业标准等。
3. 试验方法标准、检测技术标准等。
4. 施工质量评价标准等。

2.2 术 语

2.0.1 建筑工程 building engineering

通过对各类房屋建筑及其附属设施的建造和与其配套线路、管道、设备等的安装所形成的工程实体。

2.0.2 检验 inspection

对被检验项目的特征、性能进行量测、检查、试验等，并将结果与标准规定的要求进行比较，以确定项目每项性能是否合格的活动。

2.0.3 进场检验 site inspection

对进入施工现场的建筑材料、构配件、设备及器具，按相关标准的要求进行检验，并对其质量、规格及型号等是否符合要求作出确认的活动。

2.0.4 见证检验 evidential testing

施工单位在工程监理单位或建设单位的见证下，按照有关规定从施工现场随机抽取试样，送至具备相应资质的检测机构进行检验的活动。

2.0.5 复验 repeat test

建筑材料、设备等进入施工现场后，在外观质量检查和质量证明文件核查符合要求的基础上，按照有关规定从施工现场抽取试样送至试验室进行检验的活动。

2.0.6 检验批 inspection lot

按相同的生产条件或按规定的方式汇总起来供抽样检验用的，由一定数量样本组成的检验体。

2.0.7 验收 acceptance

建筑工程质量在施工单位自行检查合格的基础上，由工程质量验收责任方组织，工程建设相关单位参加，对检验批、分项、分部、单位工程及其隐蔽工程的质量进行抽样检验，对技术文件进行审核，并根据设计文件和相关标准以书面形式对工程质量是否达到合格作出确认。

2.0.8 主控项目 dominant item

建筑工程中对安全、节能、环境保护和主要使用功能起决定性作用的检验项目。

2.0.9 一般项目 general item

除主控项目以外的检验项目。

2.0.10 抽样方案 sampling scheme

根据检验项目的特性所确定的抽样数量和方法。

2.0.11 计数检验 inspection by attributes

通过确定抽样样本中不合格的个体数量，对样本总体质量作出判定的检验方法。

2.0.12 计量检验 inspection by variables

以抽样样本的检测数据计算总体均值、特征值或推定值，并以此判断或评估总体质量的检验方法。

2.0.13 错判概率 probability of commission

合格批被判为不合格批的概率，即合格批被拒收的概率，用 α 表示。

2.0.14 漏判概率 probability of omission

不合格批被判为合格批的概率，即不合格批被误收的概率，用 β 表示。

2.0.15 观感质量 quality of appearance

通过观察和必要的测试所反映的工程外在质量和功能状态。

2.0.16 返修 repair

对施工质量不符合标准规定的部位采取的整修等措施。

2.0.17 返工 rework

对施工质量不符合标准规定的部位采取的更换、重新制作、重新施工等措施。

2.3 基 本 规 定

3.0.1 施工现场应具有健全的质量管理体系、相应的施工技术标准、施工质量检验制度和综合施工质量水平评定考核制度。施工现场质量管理可按本标准附录A的要求进行检查记录。

附录A规定施工现场质量管理检查记录应由施工单位按表A（本书表2.3.1）填写，总监理工程师进行检查，并做出检查结论。

施工现场质量管理检查主要是检查施工企业的质量管理水平，首先应根据工程实际情况制定施工企业必要的管理制度和准备有关资料。

施工单位在填写该表格时应逐条检查、按实填写，并应有资料备查，总监理工程师（未委托监理的由工程建设单位项目负责人）应对该表的内容逐条核查，并应核查原始资料。

施工现场质量管理检查记录　　　　　　　表 2.3.1

开工日期：

工程名称			施工许可证号		
建设单位			项目负责人		
设计单位			项目负责人		
监理单位			总监理工程师		
施工单位		项目负责人		项目技术负责人	
序号	项目		主要内容		
1	项目部质量管理体系				
2	现场质量责任制				
3	主要专业工种操作岗位证书				
4	分包单位管理制度				
5	图纸会审记录				
6	地质勘察资料				
7	施工技术标准				
8	施工组织设计、施工方案编制及审批				
9	物资采购管理制度				
10	施工设施和机械设备管理制度				
11	计量设备配备				
12	检测试验管理制度				
13	工程质量检查验收制度				
14					
自检结果： 施工单位项目负责人： 年 月 日			检查结论： 总监理工程师： 年 月 日		

注：本表摘自《建筑工程施工质量验收统一标准》（GB 50300—2013）附录A。

1. 项目部质量管理体系

施工现场应有一个管理班子,这个管理班子由项目部全体人员组成。

质量管理体系的建立主要是明确质量责任,明确上下级关系,明确目标,可以用框图来表示,质量管理框图参考图 2.3.1。

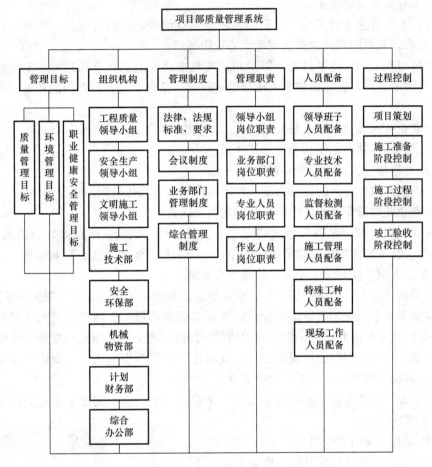

图 2.3.1　质量管理参考框图

在检查项目部质量管理体系时,主要检查下列内容:

(1) 质量管理组织机构(图);

(2) 分项工程施工过程控制框图;

(3) 质量管理检查制度;

(4) 技术质量管理奖罚制度;

(5) 质量管理例会制度;

(6) 质量事故报告制度等。

2. 现场质量责任制

(1) 企业经理责任制

建筑工程虽然实行的是项目负责人制,但企业经理对于每个工程项目来说,是总负责,具有企业管理的决策权,担负企业经营的策划、运作、决策、管理,虽然管理要灵活，但也不能随心所欲，必须有制度约束。

1）经理是企业质量保证的最高领导者和组织者，对本企业的工程质量负全面责任。

2）贯彻执行国家的质量法律、法规、政策、方针，并批准本企业具体贯彻实施的办法、细则。

3）组织有关人员制定企业质量目标计划。

4）及时掌握全企业的工程质量动态及重要信息情报，协调各部门、各单位的质量管理工作的关系，及时组织讨论或决定重大质量决策。

5）坚持对职工进行质量教育。组织制定或批准必要的质量奖惩政策，奖励质量工作取得显著成绩的人员，惩罚造成重大事故的责任者，审批质量管理部门的质量奖惩意见或报告。

6）批准企业《质量保证手册》。

7）检查总工程师的工作和质量保证体系。

（2）总工程师（主任工程师）责任制

1）总工程师执行经理的质量决策，对质量保证负责具体组织、指导工作。

2）对本企业质量保证工作中的技术问题负全面责任。

3）认真组织贯彻国家各项质量政策、方针及法律、法规；组织做好有关国家标准、规范、规程、技术操作规程的贯彻执行工作；组织编写企业的工法、企业标准、工艺规程等具体措施和组织《质量保证手册》的编写与实施。

4）组织审核本企业质量指标计划，审查批准工程施工组织设计并检查实施情况。

5）参加组织本企业的质量工作会议，分析本企业质量工作倾向及重大质量问题的治理决策，提出技术措施和意见，组织重大质量事故的调查分析，审查批准处理实施方案。

6）听取质量保证部门的情况汇报，有权制止任何严重影响质量的决定的实施。有权制止严重违章施工的继续，乃至有权决定返工。

7）组织推行新技术，不断提高企业的科学管理水平。组织制定本企业新技术的运用计划并检查实施情况。

（3）质量技术部门责任制

1）对本企业质量保证的具体工作负全面责任。

2）贯彻执行上级的质量政策、规定，经理、总工程师关于质量管理的意见及决策，组织企业内各项质量管理制度、规定和质量手册的实施。

3）组织制定保证质量目标及质量指标的措施计划，并负责组织实施。

4）组织本系统质量保证的活动，监督检查所属各部门、机构的工作质量，对发现的问题，有权处理解决。

5）有权及时制止违反质量管理规定的一切行为，有权提出停工要求或立即决定停工，并上报经理和总工程师。

6）分析质量动态和综合质量信息，及时提出处理意见并上报经理和总工程师。

7）负责组织本企业的质量检查，参加或组织质量事故的调查分析及事故处理后的复查，并及时提出对事故责任者的处理意见。

8）执行企业质量奖惩政策，定期提出企业内质量奖惩意见。

9）对于工程质量不合格交工或因质量保证工作失误造成严重质量问题，应负管理责任。

（4）项目负责人（建造师）责任制

1）项目负责人（建造师）是单位工程施工现场的施工组织者和质量保证工作的直接领导者，对工程质量负有直接责任。

2）组织施工现场的质量保证活动，认真落实《质量保证手册》及技术、质量管理部门下达的各项措施要求。

3）接受质量保证部门及检验人员的质量检查和监督，对提出的问题应认真处理或整改，并针对问题性质及工序能力调查情况进行分析，及时采取措施。

4）组织现场有关管理人员开展自检和工序交接的质量互检活动，开展质量预控活动，督促管理人员、班组做好自检记录和施工记录等各项质量记录。

5）加强基层管理工作，树立正确的指导思想，严格要求管理人员和操作人员按程序办事，坚持质量第一的思想，对违反操作规程，不按程序办事而导致工程质量低劣或造成工程质量事故的应予以制止，并决定返工，承担直接责任。

6）发生质量事故后应及时上报事故的真实情况，并及时按处理方案组织处理。

7）组织开展有效活动（样板引路、无重大事故、消除质量通病、QC 小组攻关、竣工回访等），提高工程质量。

8）加强技术培训，不断提高管理人员和操作者的技术素质。

（5）项目技术负责人责任制

1）对工程项目质量负技术上的责任。

2）依据上级质量管理的有关规定、国家标准、规程和设计图纸的要求，结合工程实际情况编制施工组织设计、施工方案以及技术交底等具体措施。

3）贯彻执行质量保证手册有关质量控制的具体措施。

4）对质量管理中工序失控环节存在的质量问题，及时组织有关人员分析判断，提出解决办法和措施。

5）有权制止不按国家标准、规范、技术措施要求和技术操作规程施工的行为，及时纠正。已造成质量问题的，提出处理意见。

6）检查现场质量自检情况及记录的正确性及准确性。

7）对存在的质量问题或质量事故及时上报，并提出分析意见及处理方法。

8）组织工程的分项、分部工程质量评定，参加单位工程竣工质量评定，审查施工技术资料，做好竣工质量验收的准备。

9）协助质量检查员开展质量检查，认真做好测量放线、材料、施工试验、隐蔽预检等施工记录。

10）指导 QC 小组活动，审查 QC 小组活动成果报告。

（6）专职质量检查员责任制

1）严格按照国家标准、规范、规程进行全面监督检查，持证上岗，对管辖范围的检查工作负全面责任。

2）严把材料检验、工序交接、隐蔽验收关，审查操作者的资格和技术熟练情况，审查检验批工程评定及有关施工记录，漏检漏评或不负责任的，追究其质量责任。

3）对违反操作规程、技术措施、技术交底、设计图纸等情况，应坚持原则，立即提出或制止，可决定返修或停工，通过项目负责人或行政负责人并可越级上报。

4）负责区域内质量动态分析和事故调查分析。

5）做好分项工程检验批的验收工作。

6）协助技术负责人、质量管理部门做好分项、分部（子分部）工程质量验收、评定工作，做好有关工程质量记录。

7）做好工程验收资料的记录、汇总工作。

（7）专业工长、施工班（组）长责任制

1）专业工长和施工班（组）长是具体操作的组织者，对施工质量负直接责任。

2）认真执行上级各项质量管理规定、技术操作规程和技术措施要求，严格按图施工，切实保证本工序的施工质量。

3）组织班组自检，认真做好记录和必要的标记。施工质量不合格的，不得进行下道工序，否则追究相应的责任。

4）接受技术、质检人员的监督、检查，并为检查人员提供相应的条件和数据。

5）施工中发现使用的建筑材料、构配件有异变，及时反映，拒绝使用不合格的材料。

6）对出现的质量问题或事故要实事求是地报告，提供真实情况和数据，以利事故的分析和处理，隐瞒或谎报的，追究工长和班组长的责任。

（8）操作者责任制

1）施工操作人员是直接将设计付诸实现，在一定程度上，对工程质量起决定作用的责任者，应对工程质量负直接操作责任。

2）坚持按技术操作规程、技术交底及图纸要求施工。违反要求造成质量事故的，负直接操作责任。

3）按规定认真做好自检和必备的标记。

4）在本岗位操作做到三不：不合格的材料、配件不使用；上道工序不合格不承接；本道工序不合格不交出。

5）接受质量检查员和技术人员的监督检查。出现质量问题主动报告真实情况。

6）参加专业技术培训，熟悉本工种的工艺操作规程，树立良好的职业道德。

除部门、人员质量责任制以外，还应有以下制度：

① 技术交底制度

技术部门应针对特殊工序编制有针对性的作业指导书。每个工种、每道工序施工前要组织进行各级技术交底，包括项目工程技术人员对工长的技术交底，工长对班组长的技术交底，班组长对作业班组的技术交底。

交底应形成制度，形成程序，层层有交底，步步有记录，每次交底要有人负责。

② 施工挂牌制度

主要工种如钢筋、混凝土、模板、砌体、抹灰等，施工过程中要在现场实行挂牌制，注明管理者、操作者、施工日期，并做相应的图文记录，作为重要的施工档案保存。因现场不按规范、规程施工而造成质量事故的，要追究有关人员的责任。

③ 过程三检制度

实行自检、交接检、专职检制度，自检要作文字记录。隐蔽工程要由工长组织项目技术负责人、质量检查员、班组长作检查验收，并做出较详细的文字记录。自检合格后报现场监理工程师签字确认，《建设工程质量管理条例》规定：隐蔽工程在隐蔽前，施工单位应当通知建设单位和建设工程质量监督机构。

④ 质量否决制度

对不合格分项、子分部、分部和单位工程必须进行处理。不合格分项工程流入下道工序，要追究班组长的责任；不合格分部工程流入下道工序，要追究工长和项目负责人的责任；不合格工程流入社会，要追究公司经理和项目负责人的责任。

⑤ 成品保护制度

应当像重视工序的操作一样重视成品保护。项目管理人员应合理安排施工工序，减少工序的交叉作业。上下工序之间应做好交接工作，并做好记录。如下道工序的施工可能对上道工序的成品造成影响时，应征得上道工序操作人员及管理人员的同意，并避免破坏和污染，否则，造成的损失由下道工序操作及管理人员负责。

⑥ 竣工服务承诺制度

工程竣工后应在建筑物醒目位置镶嵌标牌，注明建设单位、设计单位、施工单位、监理单位以及开竣工的日期，这是一种纪念，更是一种承诺。施工单位要主动做好回访工作，按有关规定或约定实行工程保修制度，对建筑物结构安全在合理使用寿命年限内终身负责。

⑦ 培训上岗制度

工程项目所有管理及操作人员应经过业务知识技能培训，并持证上岗。因无证指挥、无证操作造成工程质量不合格或出现质量事故的，除要追究直接责任者外，还要追究企业主管领导的责任。

⑧ 工程质量事故报告及调查制度

工程发生质量事故，施工单位要马上向当地质量监督机构和建设行政主管部门报告，并做好事故现场抢险及保护工作，建设行政主管部门要根据事故的等级逐级上报，同时按照"三不放过"的原则，按照调查程序的有关规定负责事故的调查及处理工作。对事故上报不及时或隐瞒不报的要追究有关人员的责任。

3. 主要专业工种操作上岗证书

建筑施工队伍的管理者和操作者，是建筑工程施工的主体，是工程产品形成的直接创造者，人员的素质高低及质量意识的强弱都直接影响到工程产品的优劣。所以，要认真抓好操作人员的素质教育，不断提高操作者的生产技能。我国建筑工程的勘察、设计、施工、监理、检测、造价等均实行准入制度，一方面，对管理者和从事技术的专业人员实行注册或持证上岗制度，另一方面对操作者实施持证上岗制度，因此在施工过程中要严格控制操作者的岗位资格。原建设部 2002 年印发了《关于建设行业生产操作人员实行职业资格证书制度有关问题的通知》（建人教〔2002〕73 号），要求按照《招用技术工种从业人员规定》（劳动保障部令第 6 号）和《建筑业企业资质管理规定》（建设部令第 87 号）（编者注：第 87 号令已作废，现行为 159 号令）对生产作业人员的持证上岗要求，实行就业准入和持证上岗制度。根据《招用技术工种从业人员规定》及其附件《持职业资格证书就业的工种（职业）目录》，建筑业的主要技术工种焊工、手工木工、精细木工、土石方机械操作工、砌筑工、混凝土工、钢筋工、架子工、防水工、装饰装修工、电气设备安装工、管工、起重装卸机械操作工。根据《建筑业企业资质管理规定》劳务分包企业资质标准，要求相关技术工种为木工、砌筑工、抹灰工、石制作工、油漆工、钢筋工、混凝土工、架子工、模板工、焊接工、水暖工、电工、钣金工、架线作业工。

4. 分包单位管理制度

总承包单位对单位工程的全部工程质量向建设单位负责。按有关规定进行工程分包的，总承包单位对分包工程进行全面质量控制，分包单位对其分包工程施工质量向总承包单位负责。《中华人民共和国建筑法》规定：总承包单位和分包单位就分包工程对建设单位承担连带责任。禁止总承包单位将工程分包给不具备相应资质条件的单位，禁止分包单位将其承包的工程再分包。

总承包单位应制定对分包单位的管理制度，管理制度应包括下列内容：

（1）分包单位必须按照甲方工程进度要求，服从总包单位进度计划制定相应的进度计划并负责实施。

（2）承包单位必须服从总包单位的日常管理，承担对分包工程的质量、安全、进度的连带责任；分包单位在分包范围内承担管理主要责任。

（3）项目实施过程中分包单位和分包单位之间的工作协调由总包单位负责。

（4）分包单位编制的专项施工方案应由总包单位总工程师审批后报监理单位建设单位。

（5）分包单位的进度付款申请、工程结算单首先由总承包单位签署意见后方可上报审批。

（6）分包单位应向总包单位缴纳 $n\%$ 的总包管理费，该笔费用由建设单位直接从分包单位工程款中扣除（明确总承包单位提供的各种条件）。

（7）分包单位用于工程的材料、部品应按规定报验、现场抽样检测。

（8）分包单位施工的分部、分项工程、检验批质量验收，应通过总包单位验收后报监理单位或建设单位。

（9）分包单位负责其施工工程成品的保护工作，直至所施工的工程验收。

（10）分包单位施工的工程资料必须与工程同步，符合相关标准的要求，及时向总承包单位汇总。

5. 图纸会审记录

首先明确对什么图纸进行会审。设计院签章齐全的图纸行吗？回答是否定的，因为我国实行的是设计图纸审查制度，只有当图纸经过具有图纸审查资质的机构审查并取得审查合格证后，该图纸才是合法有效的图纸。

图纸会审是在施工企业已熟悉设计文件后对设计文件有不理解、不清楚或对设计文件有什么建议或者需要沟通时召集的一个专门会议，这个会议是由建设单位组织，是一项技术准备工作，它的正常做法是按设计单位先技术交底、后会审的次序进行。技术交底是设计单位向施工单位全面介绍设计思想的基础上，对新结构、新材料、新工艺、重要结构部位和易被施工单位忽视的技术问题，进行技术上的交代，并提出确保施工质量方面的具体技术要求。在此基础上由建设单位（或监理单位）和施工单位对施工图进行阅图和自审，然后由建设单位组织设计、施工单位进行图纸的会审。通过技术交底、自审和会审，将有利于施工单位对图纸结构的加深理解，并提出施工图设计中的问题和矛盾及技术事项，共同制定修正方案。

对图纸会审记录的审查，就是对会审时记录的内容、签证等项目的审查。审查的内容有：

（1）会审或交底的时间、地点和参加会审或交底的单位、人员等。

（2）会审或交底的工作程序。

（3）会审和交底的内容。建设单位（监理单位）或施工单位对设计单位提出的各项问题和要求，对图纸中出现的问题要求修改的内容，以及会审或交底时所讨论的其他内容。

（4）会审或交底时所决定的事项。也就是根据图纸所提出的问题达成最终的决定。

（5）所遗留下来的问题及解决的时间和任务的分工。

（6）各单位在会审记录上的签证。

6. 地质勘察资料

工程地质勘察是为建设项目查明建设场地的工程地质、水文地质条件而进行的测试、勘探，并进行综合评定和可行性研究的工作。

工程项目的地质勘察报告，是为了查明建设地址的地形、地貌、地层土壤、岩石特性、地质构造、水文条件和各种自然地质现象等进行测量、测绘、测试、地质调查、勘探、鉴定和综合评价等系列工作。地质勘察分为选择场地勘察阶段、初步勘察阶段和详细勘察阶段。

在核查勘察报告时，首先核查勘察单位是否具备勘察资质，勘察使用的标准是否现行有效，勘察的质量是否符合有关规定。

勘察报告至少包括以下各阶段的内容：

（1）建筑物范围内的地层结构、岩石和土质的物理力学性质，并有对地基稳定性及承载能力作出正确评价的内容。

（2）对不良地质作出科学的防治措施。

（3）地下水的埋藏条件和侵蚀性；必要的时候，还应有地层的渗透性、水位变化幅度及规律。

（4）地基岩石和土及地下水在建筑物施工和使用过程中可能产生变化及影响的判断分析及防治措施。

（5）建筑物场地关于氡浓度是否符合标准的说明。

关于氡浓度也可以专门进行检测。

7. 施工技术标准

《建筑工程施工质量验收统一标准》（GB 50300—2013）的落实和执行，还需要有关标准规范的支持，专业验收规范国家已经制订，是工程施工质量验收的依据，而不是施工技术标准。施工企业在工程施工时，每一个工序都应有操作依据，操作依据称为操作标准，如：工法、工艺标准、操作规程、企业标准、工作标准、管理标准、优良工程评优标准，每一个工种、每一个分项工程都应有相应的标准作为指导，以上内容均可作为施工技术标准。验收规范不是施工技术标准，不约束施工操作行为。

施工操作标准是施工操作的依据，约束操作行为，其要求应高于或等于验收标准。验收规范是工程质量验收的依据，约束验收行为，其要求不会高于施工操作标准的质量要求。

8. 施工组织设计编制及审批

施工组织设计的编制和审批应符合国家标准《建筑施工组织设计规范》(GB/T 50502—2009)的规定。施工组织设计按编制对象，可分为施工组织总设计、单位工程施工组织设计和施工方案。施工组织设计是指以施工项目为对象编制的，用以指导施工的技术、经济和管理的综合性文件。施工组织总设计是指以若干单位工程组成的群体工程或特大型项目为主要对象编制的施工组织设计，对整个项目的施工过程起统筹规划、重点控制的作用。单位工程施工组织设计指以单位（子单位）工程为主要对象编制的施工组织设计，对单位（子单位）工程的施工过程起指导和制约作用。施工方案是指以分部（分项）工程或专项工程为主要对象编制的施工技术与组织方案，用以具体指导其施工过程。施工组织设计应包括编制依据、工程概况、施工部署、施工进度计划、施工准备与资源配置计划、主要施工方法、施工现场平面布置及主要施工管理计划等基本内容。施工组织设计的编制和审批应符合下列规定：

（1）施工组织设计应由项目负责人主持编制，可根据需要分阶段编制和审批；

（2）施工组织总设计应由总承包单位技术负责人审批；单位工程施工组织设计应由施工单位技术负责人或技术负责人授权的技术人员审批；施工方案应由项目技术负责人审批；重点、难点分部（分项）工程和专项工程施工方案应由施工单位技术部门组织相关专家评审，施工单位技术负责人审批；

（3）由专业承包单位施工的分部（分项）工程或专项工程的施工方案，应由专业承包单位技术负责人或技术负责人授权的技术人员审批；有总包单位时，应由总承包单位项目技术负责人核准备案；

（4）规模较大的分部（分项）工程和专项工程的施工方案应按单位工程施工组织设计进行编制和审批。

《建设工程监理规范》(GB 50319—2013) 第 3.2.1 条规定总监理工程师的职责有组织审查施工组织设计、（专项）施工方案。注意审查不是审批。

9. 物资采购管理制度

施工企业应建立合格材料供应商的档案，并从列入档案的供应商中采购材料。施工企业对其采购的建筑材料、构配件和设备的质量承担相应的责任，材料进场必须进行材料产品外观质量的检查验收和材质复核检验，同时要检查厂家或供应商提供的"质保书"、"准用证（规定有要求的）"、"检测报告"，不合格的材料不得使用在工程上。当工程质量验收规范或应用技术规程有要求进行现场抽样检测的，未经现场抽样检测或抽样检测不合格的，不得用于工程。施工企业应建立物资采购管理制度。

10. 施工设施和机械设备管理制度

施工设施和机械设备管理制度至少应包括下列内容：

（1）机械设备档案的建立。

（2）机械设备的保管。

（3）机械设备的使用及使用记录。

（4）机械设备的维护保养。

（5）机构设备的维修。

（6）机械设备的报废。

11. 计量设备配备

计量设备配备，事关工程质量，如混凝土搅拌系统的计量配备，目前大多数大中城市已集中使用商品（预拌）混凝土，但尚有一些小城市采用现场拌制混凝土的方法，其配合比对混凝土强度的影响至关重要，其配合比设计应满足强度、工作性、耐久性、经济性等要求，而在混凝土搅拌计量时其计量标准与否对混凝土的性能有着十分大的影响。施工现场应有计量设备配备表，将计量设备登记造册，载明计量设备的检定日期、检定有效期、计量精度、量程等内容。计量设备还应建立设备档案，设备档案中留存购置合同、设备使用说明书、计量设备检定证明或校验记录、设备维修记录等。

12. 检测试验管理制度

本条所述的检测试验管理制度，主要包括但不限于以下管理制度：

（1）材料进场抽样检测、现场实体检测、热工性能检测、系统节能性能检测方案的制定。

（2）检测取样、送样的规定。

（3）见证取样检测的规定。

（4）检测试验报告核查的规定。

（5）检测结果应用的规定。

（6）检测结果不合格的处理规定。

13. 工程质量检查验收制度

施工企业按国家、地方有关标准、规范进行工程质量检查验收，既作为工程质量的记录，也作为工程量核算及操作人员考核的依据。对于隐蔽工程，在工程隐蔽前，需要进行隐蔽工程验收。

工程质量检查验收制度应包括下列主要内容：

（1）用于建筑工程的材料、成品、半成品、建筑构配件、器具和设备进行现场验收和按规定进行现场抽样检测制度。

（2）施工的各道工序应按施工技术标准进行质量控制，每道工序完成后，应进行工序交接检验的制度。

（3）专职质量检查员检查制度，专职质量检查员检查时要有质量一票否决权，专职质量检查员检查发现工程质量不合格而需要返工的必须进行返工，返工的工程不计操作者的工作量，要与操作者的工作业绩挂钩。

（4）班组检验、操作者检验制度，操作者对自己施工的工程质量必须进行检查，可以以个人为单位，可以以班组为单位进行检查，制定与其工程量挂钩的制度。

（5）各专业工程之间，应进行中间交接检验，明确质量责任。

3.0.2 未实行监理的建筑工程，建设单位相关人员应履行本标准涉及的监理职责。

根据《建设工程监理范围和规模标准规定》（建设部令第 86 号），对国家重点建设工程、大中型公用事业工程等必须实行监理。对于该规定包含范围以外的工程，也可由建设单位完成相应的施工质量控制及验收工作。

3.0.3 建筑工程的施工质量控制应符合下列规定：

1 建筑工程采用的主要材料、半成品、成品、建筑构配件、器具和设备应进行进场检验。凡涉及安全、节能、环境保护和主要使用功能的重要材料、产品，应按各专业工程施工规范、验收规范和设计文件等规定进行复验，并应经监理工程师检查认可；

2 各施工工序应按施工技术标准进行质量控制，每道施工工序完成后，经施工单位自检符合规定后，才能进行下道工序施工。各专业工种之间的相关工序应进行交接检验，并应记录；

3 对于监理单位提出检查要求的重要工序，应经监理工程师检查认可，才能进行下道工序施工。

1. 各专业工程施工规范、验收规范和设计文件未规定抽样检测的项目不必进行检测，但如果对其质量有怀疑时需进行检测。

2. 为保障工程整体质量，应控制每道工序的质量。目前各专业的施工技术标准正在编制，并陆续实施，有的省如江苏省已制定了施工操作规程，施工单位可按照执行。考虑到企业标准的控制指标应严格于行业和国家标准指标，鼓励有能力的施工单位编制企业标准，并按照企业标准的要求控制每道工序的施工质量。施工单位完成每道工序后，除了自检、专职质量检查员检查外，还应进行工序交接检查，上道工序应满足下道工序的施工条件和要求；同样相关专业工序之间也应进行交接检验，使各工序之间和各相关专业工程之间形成有机的整体。

3. 工序是建筑工程施工的基本组成部分，一个检验批可能由一道或多道工序组成。根据目前的验收要求，监理单位对工程质量控制到检验批，对工序的质量一般由施工单位通过自检予以控制，但为保证工程质量，对监理单位有要求的重要工序，应经监理工程师检查认可，才能进行下道工序施工。

什么叫重要工序，没有统一的定义，由监理单位根据工程状况确定。

3.0.4 符合下列条件之一时，可按相关专业验收规范的规定适当调整抽样复验、试验数量，调整后的抽样复验、试验方案应由施工单位编制，并报监理单位审核确认。

1 同一项目中由相同施工单位施工的多个单位工程，使用同一生产厂家的同品种、同规格、同批次的材料、构配件、设备；

2 同一施工单位在现场加工的成品、半成品、构配件用于同一项目中的多个单位工程；

3 在同一项目中，针对同一抽样对象已有检验成果可以重复利用。

1. 相同施工单位在同一项目中施工的多个单位工程，使用的材料、构配件、设备等往往属于同一批次，如果要求每一个单位工程分别进行抽样检验势必会造成重复，形成浪费，因此适当调整抽样检验的数量是可行的，但总的批量要求不应大于相关专业验收规范的规定。

2. 施工现场加工的成品、半成品、构配件等抽样检验，可用于多个工程。但总的批量应符合相关标准的要求，对施工安装后的工程质量应按分部工程的要求进行检测试验，不能减少抽样数量，如结构实体混凝土强度检测、钢筋保护层厚度检测等。

3. 在工程实践中，同一专业内或不同专业之间对同一对象有重复检验的情况，并需分别填写验收资料。例如装饰装修工程和建筑节能工程中对门窗的气密性试验等。因此本条规定可避免对同一对象的重复检验，可重复利用检验成果。调整抽样检验数量或重复利用已有检验成果应有具体的实施方案，实施方案应符合各专业验收规范的规定，并事先报监理单位认可。施工或监理单位认为必要时，也可不调整抽样复验、试验数量或不重复利用已有检验成果。

3.0.5 当专业验收规范对工程中的验收项目未作出相应规定时，应由建设单位组织监理、设计、施工等相关单位制定专项验收要求。涉及安全、节能、环境保护等项目的专项验收要求应由建设单位组织专家论证。

为适应建筑工程行业的发展，鼓励"四新"技术的推广应用，保证建筑工程验收的顺利进行，本条规定对国家、行业、地方标准没有具体验收要求的分项工程及检验批，可由建设单位组织制定专项验收要求，专项验收要求应符合设计意图，包括分项工程及检验批的划分、抽样方案、验收方法、判定指标等内容，监理、设计、施工等单位可参与制定。为保证工程质量，重要的专项验收要求应在实施前组织专家论证。

3.0.6 建筑工程施工质量应按下列要求进行验收：

1 工程质量验收均应在施工单位自检合格的基础上进行；

2 参加工程施工质量验收的各方人员应具备相应的资格；

3 检验批的质量应按主控项目和一般项目验收；

4 对涉及结构安全、节能、环境保护和主要使用功能的试块、试件及材料，应在进场时或施工中按规定进行见证检验；

5 隐蔽工程在隐蔽前应由施工单位通知监理单位进行验收，并应形成验收文件，验收合格后方可继续施工；

6 对涉及结构安全、节能、环境保护和使用功能的重要分部工程，应在验收前按规定进行抽样检验；

7 工程的观感质量应由验收人员现场检查，并应共同确认。

为了搞好建筑工程质量的验收，建筑工程质量验收规范从编写到应用，对一些重要环节和事项提出要求，以保证工程质量验收工作的质量。所以，这一条是对建筑工程质量的验收全过程提出的要求，包括各专业质量验收规范，其要求体现在各程序及过程之中。是保证建筑工程质量正确验收，提高其验收结果可比性的重要基础。

（一）内容解释

本条文规定了7款内容，都是建筑工程质量验收的重要环节和事项，将这些环节的工作搞好，有利于保证建筑工程质量验收的工作质量。

1. "工程质量验收均应在施工单位自检合格的基础上进行"。这款应说明三个问题，一是分清责任，施工单位应对检验批、分项、分部（子分部）、单位（子单位）工程按操作依据的标准（企业标准）等进行自行检查评定。待检验批、分项、分部（子分部）、单位（子单位）工程符合要求后，再交由监理工程师、总监理工程师进行验收。以突出施工单位对施工的工程质量负责。二是企业应按不低于国家验收规范质量指标的企业标准来操作和自行检查评定。监理或总监理工程师应按国家验收规范验收。三是验收应形成资料，由企业项目专业质量检查员和监理单位的监理工程师和总监理工程师在相应的表格上签字认可。

2. 检验批、分项工程质量的验收应为监理单位的监理工程师，施工单位的则为专业质量检查员、项目技术负责人；分部（子分部）工程质量的验收应为监理单位的总监理工程师；勘察、设计单位的单位项目负责人；分包单位、总包单位的项目负责人；单位（子单位）工程质量的验收应为监理单位的总监理工程师、施工单位的单位项目负责人、设计单位的单位项目负责人、建设单位的单位项目负责人。单位（子单位）工程质量控制资料核查与单位（子单位）工程安全和功能检验资料核查和主要功能抽查，应为监理单位的总监理工程师；单位（子单位）工程观感质量检查应由总监理工程师组织三名以上监理工程师和施工单位（含分包单位）项目负责人等参加。各有关人员应按规定资格持上岗证上岗。

由于各地的情况不同，工程的内容、复杂程序不同，对专业质量检查员、项目技术负责人、项目负责人等人员，不能规定死，非要求什么技术职称才行，标准只提一个原则要求，具体的由各地建设行政主管部门去规定，但有一点一定要引起重视，施工单位的质量检查员是掌握企业标准和国家标准的具体人员，他是施工企业的质量把关人员，要给他充分的权力，给他充分的、独立的质量否决权。各企业以及各地都应重视质量检查员的培训和选用。这个岗位一定要持证上岗。

3. "检验批的质量应按主控项目和一般项目验收"。这里包括两个方面的意思，一是验收规范的内容不全是验收的内容，除了检验批的主控项目、一般项目外，还有总则、术语及符号、基本规定、一般规定等，对其施工工艺、过程控制、验收组织、程序、要求等的辅助规定。辅助规定除了黑体字的强制性条文应作为强制执行的内容外，其他条文不作为验收内容。二是检验批的验收内容，只按主控项目、一般项目的条款来验收，只要这些条款达到规定后，检验批就应通过验收。不能随意扩大内容范围和提高质量标准。如需要扩大内容范围和提高质量标准时，应在承包合同中规定，并明确增加费用及扩大部分的验收规范和验收的人员等事项。

这些要求既是对执行验收的人员做出的规定，也是对各专业验收规范编写时的要求。

4. "对涉及结构安全、节能、环境保护和主要使用功能的试块、试件及材料，应在进场时或施工中按规定进行见证检验"。为了加强工程结构安全的监督管理，保证建筑工程质量检测工作的科学性、公正性和准确性。建设部 2005 年以 141 号令发布了《建设工程质量检测管理办法》，规定的见证取样项目为：1）水泥；2）钢筋；3）砂、石；4）混凝土、砂浆强度；5）简易土工；6）掺加剂；7）沥青、沥青混合料；8）预应力钢绞线、锚夹具。

原建设部 141 号令正在修订中，《建筑节能工程施工质量验收规范》GB 50411 也规定了见证取样项目。见证检验不等于现场抽样复验，现场抽样复验的项目及参数应符合各专业规范的要求，本书均有介绍。

5. "隐蔽工程在隐蔽前应由施工单位通知监理单位进行验收，并应形成验收文件，验收合格后方可继续施工"。本款与原标准区别在于原标准规定施工单位应对隐蔽工程先进行检查，符合要求后通知建设单位、监理单位、勘察设计单位和质量监督机构等。现行标准虽未规定施工单位先进行检查验收，但在实际操作中，建议施工单位先填好验收表格，并填上自检的数据、质量情况等，然后再由监理工程师验收、并签字认可，形成文件。监理可以旁站或平行监理，也可抽查检验，这些应在监理方案中明确。

值得注意的是，2001 年 1 月 30 日国务院令第 279 号《建设工程质量管理条例》第三十条规定："隐蔽工程在隐蔽前，施工单位应当通知建设单位和建设工程质量监督机构"，该条款并未废止，建设单位委托监理的应由监理工程师验收签字，未委托监理的工程由建设单位项目负责人验收签字，建设工程质量监督机构接通知后可到现场也可不到现场，到现场后发现问题向施工单位提出，没有问题可验收，不必签字。

6. "对涉及结构安全、节能、环境保护和使用功能的重要分部工程，应在验收前按规定进行抽样检验"。本款中的重要分部工程并没界定，在执行中，仍然按照相关专业规范的要求进行实体检测。如钢筋位置，绑扎完钢筋检查，位置都是符合要求的，但将混凝土浇筑完，钢筋的位置是否保持原样，就不好判定了，就需要验证检测。还有混凝土强度的实体检测、防水效果检测、管道强度及畅通的检测等，都需要验证性的检测。这样对正确评价工程质量很有帮助。这些项目在分部（子分部）工程中给出，可以由施工、监理、建设单位等一起抽样检测，也可以由施工方进行，请有关方面的人员参加。监理、建设单位等也可自己进行验证性抽测。但抽测范围、项目应严格控制，以免增加工程费用。建议以验收规范列出的项目为准，不宜再扩大和增加。

7. "工程的观感质量应由验收人员现场检查，并应共同确认"。观感质量可通过观察和简单的测试确定，观感质量的综合评价结果应由验收各方共同确认并达成一致。对影响观感及使用功能或质量评价为差的项目应进行返修。由于观感质量受人为及评价人情绪的影响较大，对不影响安全、功能的装饰等外观质量，只评出好、一般、差。而且规定并不影响工程质量的验收。好、一般都没有什么可说，通过验收就完了；但对差的评价，能修的就修，不能修的就协商解决。其评好、一般、差的标准，原则就是各分项工程检验批的主控项目及一般项目中的有关部分，由验收人员综合考虑。故提出通过现场检查，并应共同确定。现场检查，房屋四周尽量走到，室内重要部位及代表性房间尽量看到，有关设备能运行的尽可能要运行。验收人员以监理单位为主，由总监理工程师组织，不少于3个监理工程师参加，并有施工单位的项目负责人、技术、质量部门的人员及分包单位项目负责人及有关技术、质量人员参加，其观感质量的好、一般、差，经过现场检查，在听取各方面的意见后，由总监理工程师为主导和监理工程师共同确定。

这样做既能将工程的观感质量进行一次宏观全面评价，又不影响工程的结构安全和使用功能的评价，突出了重点，兼顾了一般。

（二）贯彻的措施和判定

这一条措施是对整个建筑工程施工质量验收而设立的，面广、宏观，对贯彻其所采取的措施就更宏观了，在贯彻落实中应执行，统一标准本身应执行，各专业规范也应执行。在一定意义上，本条本身就是一个贯彻落实建筑工程施工质量验收规范，保证建筑工程施工质量验收质量的措施。

同时，为保证本条的贯彻落实，提出了相应的措施。

1. "工程质量验收均应在施工单位自检合格的基础上进行"。其落实措施应包括三个方面：

1) 在施工中应执行操作标准，也就是相应的操作规程或操作规范，国家正在制定施工操作规范，按规范或规程进行培训、交底和具体操作，在分项、分部（子分部）、单位（子单位）工程的交付验收前，必须自行检查评定，达到质量指标，同时应符合国家施工质量验收统一标准和相应施工质量验收规范的要求，才能交监理或建设单位进行验收。

2) 当地建设行政主管部门有健全的监督检查制度，对施工单位不经自行组织检查评定合格，或不经检查评定，不执行操作标准和国家质量验收规范，将不合格的工程［含检验批、分项、分部（子分部）、单位（子单位）工程］交出验收的，要进行处罚或给予不良行为记录。同时，对监理单位（或建设单位）不按国家工程质量验收规范验收，将达不到合格的工程验收，应对监理（或建设）单位进行处罚或给予不良行为记录。

3）应保证工程质量施工企业先检查评定合格，再验收的基本程序的贯彻落实。

判定：各项验收记录表各方按程序签认，即为正确。

2."参加工程施工质量验收的各方人员应具备规定的资格"。国家对相关人员的技术职称没有具体的规定，但大多数岗位国家已实施注册制度，具体要求应符合国家、行业和地方有关法律、法规的规定，尚无规定时可由参加验收的单位协商确定。

判定：主要的有关人员符合国家、行业和地方有关法律、法规的规定即为正确。

3."检验批的质量应按主控项目和一般项目验收"。其落实措施按规定使用检验批验收表并按条款及时进行验收。

判定：按条款及时验收，即为正确。

4."对涉及结构安全、节能、环境保护和主要使用功能的试块、试件及材料，应在进场时或施工中按规定进行见证检验"。抽测的项目已在各专业验收规范分部（子分部）工程中做出的了规定，为保证其抽样及时，在材料进场时应进行抽样。

判定：按规定的项目检测，结果符合要求，即为正确。

5.隐蔽工程的验收落实措施重点是施工企业要建立隐蔽工程验收制度，在施工组织设计中，对隐蔽验收的主要部位及项目列出计划，与监理工程师进行商量后确定下来。这样的好处，一是落实隐蔽验收的工作量及资料数量；二是使监理等有关方面心中有数，到了一定的部位就可主动安排时间，施工单位一通知，就能马上到；三是督促了施工单位必要的部位要按计划进行隐蔽验收。通知可提前一定的时间，但也应是自行验收合格后，再请监理工程师验收。隐蔽工程验收前还应通知建设单位和工程质量监督机构。

判定：该监理到的能及时到场验收，即为正确。

6."对涉及结构安全、节能、环境保护和使用功能的重要分部工程，应在验收前按规定进行抽样检验"。重要分部工程并未界定，功能性检测时，应尽量在分部（子分部）工程验收前抽测，不要等到单位工程验收时才检测。为保证其规范性，施工单位应在施工开始就制订质量检验制度，明确检测项目、检测时间、使用的方法标准、检测单位等，提高检测的计划性。保证检测项目的及时进行。

其落实措施是：

1）功能性检测的项目应符合相关专业验收规范的要求，并在相关章节中进行介绍。

2）功能性检测的单位应具有相应的资质。

3）检测人员应具备相应的检测能力并取得岗位证书。

4）见证人员应对见证试样的代表性和真实性负责。见证人员应作见证记录，并归入施工技术档案。

判定：以上条款基本做到，即为正确。

7."工程的观感质量应由验收人员现场检查，并应共同确认"。其落实措施是由总监理工程师负责，在监理计划中写明并实施到位。

判定：通过到现场的程序即可。

3.0.7 建筑工程施工质量验收合格应符合下列规定：

1 符合工程勘察、设计文件的要求；

2 符合本标准和相关专业验收规范的规定。

此条明确了工程质量验收的依据。

（一）内容解释

本条文规定了两款内容，都是建筑工程质量验收的依据，不满足这款要求的不得验收。

1. "符合工程勘察、设计文件的要求"。这条是本系列质量验收规范的一条基本规定。包括两个方面的含义，一是施工依据设计文件进行，按图施工这是施工的常规。勘察是对设计及施工需要的工程地质提供地质资料及现场资料情况的，是设计的主要基础资料之一。设计文件是将工程项目的要求，经济合理地将工程项目形成设计文件，设计符合有关技术法规和技术标准的要求，条款中所述的设计文件是经过施工图设计文件审查机构的审查才是合法有效的施工图设计文件。施工符合设计文件的要求是确保建设项目质量的基本要求，是施工必须遵守的。二是工程勘察还应为施工现场地质条件提供地质资料，在进行施工总平面规划、地下施工方案的制订以及判定桩基施工过程的控制效果等，工程勘察报告将起到重要作用。

2. "符合本标准和相关专业验收规范的规定"。这款说明三个层次的问题。一是建筑工程施工质量验收有统一要求，同时，规定了单位工程的验收内容，就是说单位工程的验收由统一标准来完成。这个验收规范体系是一个整体。二是建筑工程质量验收其质量指标是一个对象只有一个标准，没有别的标准要求。施工单位施工的工程质量达到这个标准，就是合格的工程，就是完成了任务。建设单位应按这个标准来验收工程，不应降低这个标准。三是这个规范体系只是质量验收的标准，仅规范验收行为，不规范操作行为，不规定完成任务的施工方法，这些方法由操作规范来规定、约束，尽管质量指标是一个，但完成这个指标的方法是多种多样的，施工企业可去自由发挥。

（二）贯彻的措施和判定

质量验收时应依据本条规定的两个条款进行，不应降低标准也不应随意增加验收内容。

1. "符合工程勘察、设计文件的要求"。其落实措施要做到三点：

1）按照《建设工程质量管理条例》落实质量责任制，按图施工是施工企业的重要原则，必须先做好自身的工作，尽到自己的责任。

2）制定出修改设计文件的制度和程序，施工中不得随意改变设计文件。如必须修改时，应按程序由原设计单位进行修改，并出正式手续，涉及主要结构、地基基础、建筑节能的变更应重新进行图纸审查。

3）在制定施工组织设计时，必须首先阅读工程勘察报告，根据其对施工现场提供的地质评价和建议，进行施工现场的总平面设计，制定地基开挖措施等有关技术措施，以保证工程施工的顺利进行。

判定：按图施工，设计变更符合程序要求，即为正确。

2. "符合本标准和相关专业验收规范的规定"。其落实措施的重点是强调这是一个系列标准，一个单位工程的质量验收，是由统一标准和相关专业验收规范共同完成的，在统一标准第一章总则中已明确了，第1.0.2条、第1.0.3条都说明了这个原则。在各专业验收规范的第一章总则中，都做出了明确规定。这是保证这个系列规范统一协调的基础。

同时，其落实措施最具体的是推出检验批、分项工程、分部（子分部）工程、单位（子单位）工程的整套验收表格，来具体落实统一标准和各专业验收规范共同验收一个单位工程的质量。

判定：只要按制定的表格逐步验收，签字齐全就是正确的。

3.0.8 检验批的质量检验，可根据检验项目的特点在下列抽样方案中选取：

 1 计量、计数或计量-计数的抽样方案；

 2 一次、二次或多次抽样方案；

 3 对重要的检验项目，当有简易快速的检验方法时，选用全数检验方案；

 4 根据生产连续性和生产控制稳定性情况，采用调整型抽样方案；

 5 经实践证明有效的抽样方案。

计数检验是指在抽样的样本中，记录每一个体有某种属性或计算每一个体中的缺陷数目的检查方法。

计量检验是指在抽样检验的样本中，对每一个体测量其某个定量特性的检查方法。

对于检验项目的计量、计数检验，可分为全数检验和抽样检验两大类。

对于重要的检验项目且可采用简易快速的非破损检验方法时，宜选用全数检验。对于构件截面尺寸或外观质量等检验项目，宜选用考虑合格质量水平的生产方风险 α 和使用方风险 β 的一次或二次抽样方案，也可选用经实践检验有效的抽样方案。

在各专业规范中，已经根据统一标准的要求，确定了抽样方案，在工程验收时，按各专业规范规定的抽样方案执行。

3.0.9 检验批抽样样本应随机抽取，满足分布均匀、具有代表性的要求，抽样数量应符合有关专业验收规范的规定。当采用计数抽样时，最小抽样数量应符合表 3.0.9（本书表 2.3.2）的要求。明显不合格的个体可不纳入检验批，但应进行处理，使其满足有关专业验收规范的规定，对处理的情况应予以记录并重新验收。

检验批最小抽样数量 表 2.3.2

检验批的容量	最小抽样数量	检验批的容量	最小抽样数量
2～15	2	151～280	13
16～25	3	281～500	20
26～90	5	501～1200	32
91～150	8	1201～3200	50

本条规定了检验批的抽样要求。目前对施工质量的检验大多没有具体的抽样方案，样本选取的随意性较大，有时不能代表母体的质量情况。因此本条规定随机抽样应满足样本分布均匀、抽样具有代表性等要求。

对抽样数量的规定依据国家标准《计数抽样检验程序 第 1 部分：按接收质量限（AQL）检索的逐批检验抽样计划》（GB/T 2828.1—2003），给出了检验批验收时的最小抽样数量，其目的是要保证验收检验具有一定的抽样量，并符合统计学原理，使抽样更具代表性。最小抽样数量有时不是最佳的抽样数量，因此本条规定抽样数量尚应符合有关专业验收规范的规定。检验批中明显不合格的个体主要可通过肉眼观察或简单的测试确定，这些个体的检验指标往往与其他个体存在较大差异，纳入检验批后会增大验收结果的离散性，影响整体质量水平的统计。同时，也为了避免对明显不合格个体的人为忽略情况，本条规定对明显不合格的个体可不纳入检验批，但必须进行处理，使其符合规定。

3.0.10 计量抽样的错判概率 α 和漏判概率 β 可按下列规定采取：

  1 主控项目：对应于合格质量水平的 α 和 β 均不宜超过 5%；

  2 一般项目：对应于合格质量水平的 α 不宜超过 5%，β 不宜超过 10%。

  对于所给出的 α 和 β 的概念，虽然在工业产品生产中早已应用，在《建筑工程施工质量验收统一标准》（GB 50300—2001）中也提出了该概念，但是对我国建筑施工企业应用似有一定困难。统一标准将其引出，主要是引导建筑工程质量验收应逐步向采用数理统计原理的科学抽样方法过渡，使检查验收更趋于科学化。在实践中，我们应对上述概念尽量理解和应用。

  为了了解上述基本规定，我们需要简要学习关于抽样方案中的几个主要概念：

  1. 合格质量：指抽样检查中对应于一个确定的较高接受概率的被认为满意的质量水平，以不合格品率或每单位平均缺陷数表示。

  2. 极限质量：抽样检查中对应于较低接受概率的被认为不容许更劣的批质量水平。

  3. 错判概率 α 为生产方风险：质量为合格质量的批之拒收概率。

  4. 漏判概率 β 为使用方风险：质量为极限质量的批之接收概率。

  通俗地讲，关于合格质量水平的生产方风险 α，是指合格批被判为不合格的概率，即合格批被拒收的概率；所谓使用方风险 β，则是不合格批被判为合格批的概率，即不合格批被误收的概率。

  在实践中，抽样检验必然存在这两类风险，要求抽样检验中的所有检验批 100% 合格既不合理，也不可能。在抽样检验中，两类风险一般控制范围是：对于主控项目，其 α、β 均不宜超过 5%；对于一般项目，α 不宜超过 5%，β 不宜超过 10%。

  对于住宅工程，业主（住户）不愿意承担使用方风险，经常出现业主投诉事件，因此，目前已推广竣工验收前的分户质量验收。

2.4 建筑工程质量验收的划分

4.0.1 建筑工程施工质量验收应划分为单位工程、分部工程、分项工程和检验批。

  施工质量验收时，将建筑工程划分为单位工程、分部工程、分项工程和检验批的方式已被采纳和接受，在建筑工程验收过程中应用情况良好，已沿用多年，继续使用。

4.0.2 单位工程应按下列原则划分：

  1 具备独立施工条件并能形成独立使用功能的建筑物或构筑物为一个单位工程；

  2 对于规模较大的单位工程，可将其能形成独立使用功能的部分划分为一个子单位工程。

  随着经济发展和施工技术进步，大量建筑规模较大的工程项目和具有综合使用功能的建筑物，几万平方米以上建筑物已不鲜见。这些建筑物的施工周期长，受多种因素影响，诸如后期建设资金不足，部分停建、缓建，对已建成并具备使用条件的部分，拟需投入使用，因此，设定了子单位工程进行验收的规定。

4.0.3 分部工程应按下列原则划分：

1 可按专业性质、工程部位确定；

2 当分部工程较大或较复杂时，可按材料种类、施工特点、施工程序、专业系统及类别将分部工程划分为若干子分部工程。

建筑工程中分部工程的划分，考虑了发展和特点以及材料、设备、施工工艺的较大差异，便于施工和验收，当分部工程量很大且较复杂时，将其中相同部分的工程或能够形成独立专业系统的工程划分为子分部工程，子分部工程成一个体系，对施工和验收更能准确地判定其工程质量水平。

建筑物内部设施也越来越多样，按建筑的重要部位和安装专业划分的分部工程已不适应要求，为此，又增设了子分部工程，有利于正确评价工程质量和验收。

4.0.4 分项工程可按主要工种、材料、施工工艺、设备类别进行划分。

4.0.5 检验批可根据施工、质量控制和专业验收的需要，按工程量、楼层、施工段、变形缝进行划分。

检验批是工程质量正常验收过程中的最基本单元，分项工程划分成检验批进行验收有助于及时纠正施工中出现的质量问题，确保工程质量，也符合施工实际需要。根据检验批划分原则，通常多层及高层建筑工程中主体分部的分项工程可按楼层或施工段来划分检验批；单层建筑工程中的分项工程可按变形缝等划分检验批；地基基础分部工程中的分项工程视施工情况划分检验批，有地下室的基础工程可按不同地下室划分检验批；屋面分部工程中的分项工程不同楼层屋面可划分为不同的检验批；其他分部工程的分项工程，一般按楼层划分检验批；对于工程量较少的分项工程可统一划分为一个检验批。安装工程一般按一个设计系统或设备组别划分为一个检验批。室外工程统一划分为一个检验批。散水、台阶、明沟等含在地面检验批中。

地基基础中的土石方、基坑支护子分部工程及混凝土工程中的模板工程，虽不构成建筑工程实体，但它是建筑工程施工不可缺少的重要环节和必要条件，其施工质量如何，不仅关系到能否施工和施工安全，也关系到建筑工程的质量，因此将其列入施工验收内容是应该的。对这些内容的验收，更多的是过程验收。

4.0.6 建筑工程的分部工程、分项工程划分宜按本标准附录 B（本书表 2.4.1）采用。

建筑工程分部工程、分项工程划分 表 2.4.1

序号	分部工程	子分部工程	分项工程
1	建筑给水排水及供暖	室内给水系统	给水管道及配件安装，给水设备安装，室内消火栓系统安装，消防喷淋系统安装，防腐，绝热，管道冲洗、消毒，试验与调试
		室内排水系统	排水管道及配件安装，雨水管道及配件安装，防腐，试验与调试
		室内热水系统	管道及配件安装，辅助设备安装，防腐，绝热，试验与调试
		卫生器具	卫生器具安装，卫生器具给水配件安装，卫生器具排水管道安装，试验与调试
		室内供暖系统	管道及配件安装，辅助设备安装，散热器安装，低温热水地板辐射供暖系统安装，电加热供暖系统安装，燃气红外辐射供暖系统安装，热风供暖系统安装，热计量及调控装置安装，试验与调试，防腐，绝热

序号	分部工程	子分部工程	分项工程
1	建筑给水排水及供暖	室外给水管网	给水管道安装，室外消火栓系统安装，试验与调试
		室外排水管网	排水管道安装，排水管沟与井池，试验与调试
		室外供热管网	管道及配件安装，系统水压试验，土建结构，防腐，绝热，试验与调试
		建筑饮用水供应系统	管道及配件安装，水处理设备及控制设施安装，防腐，绝热，试验与调试
		建筑中水系统及雨水利用系统	建筑中水系统、雨水利用系统管道及配件安装，水处理设备及控制设施安装，防腐，绝热，试验与调试
		游泳池及公共浴池水系统	管道及配件系统安装，水处理设备及控制设施安装，防腐，绝热，试验与调试
		水景喷泉系统	管道系统及配件安装，防腐，绝热，试验与调试
		热源及辅助设备	锅炉安装，辅助设备及管道安装，安全附件安装，换热站安装，防腐，绝热，试验与调试
		监测与控制仪表	检测仪器及仪表安装，试验与调试
2	通风与空调	送风系统	风管与配件制作，部件制作，风管系统安装，风机与空气处理设备安装，风管与设备防腐，旋流风口、岗位送风口、织物（布）风管安装，系统调试
		排风系统	风管与配件制作，部件制作，风管系统安装，风机与空气处理设备安装，风管与设备防腐，吸风罩及其他空气处理设备安装，厨房、卫生间排风系统安装，系统调试
		防排烟系统	风管与配件制作，部件制作，风管系统安装，风机与空气处理设备安装，风管与设备防腐，排烟风阀（口）、常闭正压风口、防火风管安装，系统调试
		除尘系统	风管与配件制作，部件制作，风管系统安装，风机与空气处理设备安装，风管与设备防腐，除尘器与排污设备安装，吸尘罩安装，高温风管绝热，系统调试
		舒适性空调系统	风管与配件制作，部件制作，风管系统安装，风机与空气处理设备安装，风管与设备防腐，组合式空调机组安装，消声器、静电除尘器、换热器、紫外线灭菌器等设备安装，风机盘管、变风量与定风量送风装置、射流喷口等末端设备安装，风管与设备绝热，系统调试
		恒温恒湿空调系统	风管与配件制作，部件制作，风管系统安装，风机与空气处理设备安装，风管与设备防腐，组合式空调机组安装，电加热器、加湿器等设备安装，精密空调机组安装，风管与设备绝热，系统调试
		净化空调系统	风管与配件制作，部件制作，风管系统安装，风机与空气处理设备安装，风管与设备防腐，净化空调机组安装，消声器、静电除尘器、换热器、紫外线灭菌器等设备安装，中、高效过滤器及风机过滤器单元等末端设备清洗与安装，洁净度测试，风管与设备绝热，系统调试
		地下人防通风系统	风管与配件制作，部件制作，风管系统安装，风机与空气处理设备安装，风管与设备防腐，过滤吸收器、防爆波活门、防爆超压排气活门等专用设备安装，系统调试

序号	分部工程	子分部工程	分项工程
2	通风与空调	真空吸尘系统	风管与配件制作，部件制作，风管系统安装，风机与空气处理设备安装，风管与设备防腐，管道安装，快速接口安装，风管与滤尘设备安装，系统压力试验及调试
		冷凝水系统	管道系统及部件安装，水泵及附属设备安装，管道冲洗，管道、设备防腐，板式热交换器，辐射板及辐射供热、供冷地埋管，热泵机组设备安装，管道、设备绝热，系统压力试验及调试
		空调（冷、热）水系统	管道系统及部件安装，水泵及附属设备安装，管道冲洗，管道、设备防腐，冷却塔与水处理设备安装，防冻伴热设备安装，管道、设备绝热，系统压力试验及调试
		冷却水系统	管道系统及部件安装，水泵及附属设备安装，管道冲洗，管道、设备防腐，系统灌水渗漏及排放试验，管道、设备绝热
		土壤源热泵换热系统	管道系统及部件安装，水泵及附属设备安装，管道冲洗，管道、设备防腐，埋地换热系统与管网安装，管道、设备绝热，系统压力试验及调试
		水源热泵换热系统	管道系统及部件安装，水泵及附属设备安装，管道冲洗，管道、设备防腐，地表水源换热管与管网安装，除垢设备安装，管道、设备绝热，系统压力试验及调试
		蓄能系统	管道系统及部件安装，水泵及附属设备安装，管道冲洗，管道、设备防腐，蓄水罐与蓄水槽、罐安装，管道、设备绝热，系统压力试验及调试
		压缩式制冷（热）设备系统	制冷机组及附属设备安装，管道、设备防腐，制冷剂管道及部件安装，制冷剂灌注，管道、设备绝热，系统压力试验及调试
		吸收式制冷设备系统	制冷机组及附属设备安装，管道、设备防腐，系统真空试验，溴化锂溶液加灌，蒸汽管道系统安装，燃气或燃油设备安装，管道、设备绝热，试验及调试
		多联机（热泵）空调系统	室外机组安装，室内机组安装，制冷剂管路连接及控制开关安装，风管安装，冷凝水管道安装，制冷剂灌注，系统压力试验及调试
		太阳能供暖空调系统	太阳能集热器安装，其他辅助能源、换热设备安装，蓄能水箱、管道及配件安装，防腐，绝热，低温热水地板辐射采暖系统安装，系统压力试验及调试
		设备自控系统	温度、压力与流量传感器安装，执行机构安装调试，防排烟系统功能测试，自动控制及系统智能控制软件调试
3	建筑电气	室外电气	变压器、箱式变电所安装，成套配电柜、控制柜（屏、台）和动力、照明配电箱（盘）及控制柜安装，梯架、支架、托盘和槽盒安装，导管敷设，电缆敷设，管内穿线和槽盒内敷线，电缆头制作，导线连接和线路绝缘测试，普通灯具安装，专用灯具安装，建筑照明通电试运行，接地装置安装
		变配电室	变压器、箱式变电所安装，成套配电柜、控制柜（屏、台）和动力、照明配电箱（盘）安装，母线槽安装，梯架、支架、托盘和槽盒安装，电缆敷设，电缆头制作，导线连接和线路绝缘测试，接地装置安装，接地干线敷设

序号	分部工程	子分部工程	分项工程
3	建筑电气	供电干线	电气设备试验和试运行，母线槽安装，梯架、支架、托盘和槽盒安装，导管敷设，电缆敷设，管内穿线和槽盒内敷线，电缆头制作，导线连接和线路绝缘测试，接地干线敷设
		电气动力	成套配电柜、控制柜（屏、台）和动力配电箱（盘）安装，电动机、电加热器及电动执行机构检查接线，电气设备试验和试运行，梯架、支架、托盘和槽盒安装，导管敷设，电缆敷设，管内穿线和槽盒内敷线，电缆头制作，导线连接和线路绝缘测试
		电气照明	成套配电柜、控制柜（屏、台）和照明配电箱（盘）安装，梯架、支架、托盘和槽盒安装，导管敷设，管内穿线和槽盒内敷线，塑料护套线直敷布线，钢索配线，电缆头制作，导线连接和线路绝缘测试，普通灯具安装，专用灯具安装，开关、插座、风扇安装，建筑照明通电试运行
		备用和不间断电源	成套配电柜、控制柜（屏、台）和动力、照明配电箱（盘）安装，柴油发电机组安装，不间断电源装置及应急电源装置安装，母线槽安装，导管敷设，电缆敷设，管内穿线和槽盒内敷线，电缆头制作，导线连接和线路绝缘测试，接地装置安装
		防雷及接地	接地装置安装，防雷引下线及接闪器安装，建筑物等电位连接，浪涌保护器安装
4	智能建筑	智能化集成系统	设备安装，软件安装，接口及系统调试，试运行
		信息接入系统	安装场地检查
		用户电话交换系统	线缆敷设，设备安装，软件安装，接口及系统调试，试运行
		信息网络系统	计算机网络设备安装，计算机网络软件安装，网络安全设备安装，网络安全软件安装，系统调试，试运行
		综合布线系统	梯架、托盘、槽盒和导管安装，线缆敷设，机柜、机架、配线架安装，信息插座安装，链路或信道测试，软件安装，系统调试，试运行
		移动通信室内信号覆盖系统	安装场地检查
		卫星通信系统	安装场地检查
		有线电视及卫星电视接收系统	梯架、托盘、槽盒和导管安装，线缆敷设，设备安装，软件安装，系统调试，试运行
		公共广播系统	梯架、托盘、槽盒和导管安装，线缆敷设，设备安装，软件安装，系统调试，试运行
		会议系统	梯架、托盘、槽盒和导管安装，线缆敷设，设备安装，软件安装，系统调试，试运行
		信息导引及发布系统	梯架、托盘、槽盒和导管安装，线缆敷设、显示设备安装，机房设备安装，软件安装，系统调试，试运行
		时钟系统	梯架、托盘、槽盒和导管安装，线缆敷设、设备安装，软件安装，系统调试，试运行
		信息化应用系统	梯架、托盘、槽盒和导管安装，线缆敷设，设备安装，软件安装，系统调试，试运行

序号	分部工程	子分部工程	分项工程
4	智能建筑	建筑设备监控系统	梯架、托盘、槽盒和导管安装，线缆敷设，传感器安装，执行器安装，控制器、箱安装，中央管理工作站和操作分站设备安装，软件安装，系统调试，试运行
		火灾自动报警系统	梯架、托盘、槽盒和导管安装，线缆敷设，探测器类设备安装，控制器类设备安装，其他设备安装，软件安装，系统调试，试运行
		安全技术防范系统	梯架、托盘、槽盒和导管安装，线缆敷设、设备安装，软件安装，系统调试，试运行
		应急响应系统	设备安装，软件安装，系统调试，试运行
		机房	供配电系统，防雷与接地系统，空气调节系统，给水排水系统，综合布线系统，监控与安全防范系统，消防系统，室内装饰装修，电磁屏蔽，系统调试，试运行
		防雷与接地	接地装置，接地线，等电位联结，屏蔽设施，电涌保护器，线缆敷设，系统调试，试运行
5	建筑节能	围护系统节能	墙体节能，幕墙节能，门窗节能，屋面节能，地面节能
		供暖空调设备及管网节能	供暖节能，通风与空调设备节能，空调与供暖系统冷热源节能，空调与供暖系统管网节能
		电气动力节能	配电节能，照明节能
		监控系统节能	监测系统节能，控制系统节能
		可再生能源	地源热泵系统节能，太阳能光热系统节能，太阳能光伏节能
6	电梯	电力驱动的曳引式或强制式电梯	设备进场验收，土建交接检验，驱动主机，导轨，门系统，轿厢，对重，安全部件，悬挂装置，随行电缆，补偿装置，电气装置，整机安装验收
		液压电梯	设备进场验收，土建交接检验，液压系统，导轨，门系统，轿厢，对重，安全部件，悬挂装置，随行电缆，电气装置，整机安装验收
		自动扶梯、自动人行道	设备进场验收，土建交接检验，整机安装验收

注：本表摘自《建筑工程施工质量验收统一标准》（GB 50300—2013）附录 B 建筑节能和安装部分，土建部分见《质量员专业管理实务（土建施工）》。

4.0.7 施工前，应由施工单位制定分项工程和检验批的划分方案，并由监理单位审核。对于附录 B（本书表 2.4.1）及相关专业验收规范未涵盖的分项工程和检验批，可由建设单位组织监理、施工等单位协商确定。

随着建筑工程领域的技术进步和建筑功能要求的提升，会出现一些新的验收项目，并需要有专门的分项工程和检验批与之相对应。对于本标准附录 B 及相关专业验收规范未涵盖的分项工程、检验批，可由建设单位组织监理、施工等单位在施工前根据工程具体情况协商确定，并据此整理施工技术资料和进行验收。

4.0.8 室外工程可根据专业类别和工程规模按本标准附录 C（本书表 2.4.2）的规定划分子单位工程、分部工程和分项工程。

室外工程的划分　　　　　　　　　　　　　　　表 2.4.2

单位工程	子单位工程	分部工程
室外设施	道路	路基、基层、面层、广场与停车场、人行道、人行地道、挡土墙、附属构筑物
	边坡	土石方、挡土墙、支护
附属建筑及室外环境	附属建筑	车棚，围墙，大门，挡土墙
	室外环境	建筑小品，亭台，水景，连廊，花坛，场坪绿化，景观桥

注：本表摘自《建筑工程施工质量验收统一标准》（GB 50300—2013）附录 C。

对于室外工程，目前国家没有专门的质量验收标准，其验收可参照相关分项工程的质量标准。

2.5　建筑工程质量验收

建筑工程质量验收时一个单位工程划分为四个层次进行验收，即：单位、分部、分项、检验批。

由于楼层、施工段、变形缝等的影响，或者由于进场时间、进场批次的不同，同一种样本有可能划分为一个或多个检验批。

对于每个验收层次的验收，国家标准只给出了合格的条件，没有给出优良条件，也就是说现行国家质量验收标准作为强制性标准，对于工程质量验收只设合格一个质量等级，如果在工程质量验收合格之后，希望评定更高的质量等级可以按照另行制定的优质工程标准进行验收。

5.0.1　检验批质量验收合格应符合下列规定：

1　主控项目的质量经抽样检验均应合格；

2　一般项目的质量经抽样检验合格；当采用计数抽样时，合格点率应符合有关专业验收规范的规定，且不得存在严重缺陷；对于计数抽样的一般项目，正常检验一次、二次抽样可按本标准附录 D（本书表 2.5.1、表 2.5.2）判定；

3　具有完整的施工操作依据、质量验收记录。

检验批虽然是工程验收的最小单元，但它是分项工程乃至整个建筑工程质量验收的基础。检验批是施工过程中条件相同并具有一定数量的材料、构配件或施工安装项目的总称，由于其质量基本均匀一致，因此可以作为检验的基础单位组合在一起，按批验收。

按照上述规定，检验批验收时应进行资料检查和实物检验。

资料检查主要是检查从原材料进场到检验批验收的各施工工序的操作依据、质量检查情况以及控制质量的各项管理制度等。由于资料是工程质量的记录，所以对资料完整性的检查，实际是对过程控制的检查确认，是检验批合格的前提。

实物检验，应检验主控项目和一般项目。其合格指标在各专业质量验收规范中给出，本书中将详细介绍。对具体的检验批来说，应按照各专业质量验收规范对各检验批主控项目、一般项目规定的指标，逐项检查验收。

检验批的合格质量主要取决于对主控项目和一般项目的检验结果。主控项目是对检验批的质量起决定性影响的检验项目，因此必须全部符合有关专业工程验收规范的规定。这意味着主控项目不允许有不符合要求的检验结果，即主控项目的检查结论具有否决权。如果发现主控项目有不合格的点、处、构件，必须修补、返工或更换，最终使其达到合格。

标准附录 D.0.1 规定：对于计数抽样的一般项目，正常检验一次抽样可按表 D.0.1-1（本书表 2.5.1）判定，正常检验二次抽样可按表 D.0.1-2（本书表 2.5.2）判定。标准附录 D.0.2 规定：样本容量在表 D.0.1-1 或表 D.0.1-2 给出的数值之间时，合格判定数可通过插值并四舍五入取整确定。

依据《计数抽样检验程序 第1部分：按接收质量限（AQL）检索的逐批检验抽样计划》（GB/T 2828.1—2003）给出了计数抽样正常检验一次抽样、正常检验二次抽样结果的判定方法。举例说明表 D.0.1-1（本书表 2.5.1）和表 D.0.1-2（本书表 2.5.2）的使用方法：对于一般项目正常检验一次抽样，假设样本容量为 20，在 20 个试样中如果有 5 个或 5 个以下试样被判为不合格时，该检测批可判定为合格；当 20 个试样中有 6 个或 6 个以上试样被判为不合格时，则该检测批可判定为不合格。对于一般项目正常检验二次抽样，假设样本容量为 20，当 20 个试样中有 3 个或 3 个以下试样被判为不合格时，该检测批可判定为合格；当有 6 个或 6 个以上试样被判为不合格时，该检测批可判定为不合格；当有 4 或 5 个试样被判为不合格时，应进行第二次抽样，样本容量也为 20 个，两次抽样的样本容量为 40，当两次不合格试样之和为 9 或小于 9 时，该检测批可判定为合格，当两次不合格试样之和为 10 或大于 10 时，该检测批可判定为不合格。表 D.0.1-1（本书表 2.5.1）和表 D.0.1-2（本书表 2.5.2）给出的样本容量不连续，对合格判定数和不合格判定数有时需要进行取整处理。例如样本容量为 15，按表 D.0.1-1（本书表 2.5.1）插值得出的合格判定数为 3.571，不合格判定数为 4.571，取整可得合格判定数为 4，不合格判定数为 5。检验批质量验收是整个工程质量验收的基础，检验批质量验收记录规定由专业质量检查员填写，专业质量检查员必须取得省建设主管部门颁发的岗位证书，无岗位证书即无资格验收签字。根据强制性条文的有关规定，无资格人员签字可处工程合同价款 2% 以上、4% 以下的罚款。

检验批的质量验收记录由施工项目专业质量检查员检查填写，监理工程师（建设单位项目专业技术负责人）组织项目专业质量检查员等进行验收，并按表 2.5.3 记录。

一般项目正常检验一次抽样判定　　　　　　　　　　表 2.5.1

样本容量	合格判定数	不合格判定数	样本容量	合格判定数	不合格判定数
5	1	2	32	7	8
8	2	3	50	10	11
13	3	4	80	14	15
20	5	6	125	21	22

一般项目正常检验二次抽样判定 **表 2.5.2**

抽样次数	样本容量	合格判定数	不合格判定数	抽样次数	样本容量	合格判定数	不合格判定数
（1）	3	0	2	（1）	20	3	6
（2）	6	1	2	（2）	40	9	10
（1）	5	0	3	（1）	32	5	9
（2）	10	3	4	（2）	64	12	13
（1）	8	1	3	（1）	50	7	11
（2）	16	4	5	（2）	100	18	19
（1）	13	2	5	（1）	80	11	16
（2）	26	6	7	（2）	160	26	27

注：（1）和（2）表示抽样次数，（2）对应的样本容量为两次抽样的累计数量。

检验批质量验收记录 **表 2.5.3**

检验批质量验收记录编号：

单位（子单位）工程名称		分部（子分部）工程名称		分项工程名称	
施工单位		项目负责人		检验批容量	
分包单位		分包单位项目负责人		检验批部位	
施工依据			验收依据		

		验收项目	设计要求及规范规定	最小/实际抽样数量	检查记录	检查结果
主控项目	1					
	2					
	3					
	4					
	5	……				
一般项目	1					
	2					
	3					
	4					
	5	……				
施工单位检查结果			专业工长： 项目专业质量检查员： 　　　　　　　年　月　日			
监理单位验收结论			专业监理工程师： 　　　　　　　年　月　日			

注：本表摘自《建筑工程施工质量验收统一标准》（GB 50300—2013）附录 E。

87

表2.5.3中"施工执行标准名称及编号"系指施工操作执行的施工工艺标准，它可以是工法、工艺标准、操作规程、企业标准，而不是工程质量验收规范，无论什么分项工程，施工操作必须有依据，并将依据填入表格中相应栏目。

1. 主控项目。主控项目的条文是必须达到的要求，是保证工程安全和使用功能的重要检验项目，是对安全、卫生、环境保护和公众利益起决定性作用的检验项目，是确定该检验批主要性能的。如果达不到规定的质量指标，降低要求就相当于降低该工程项目的性能指标，就会严重影响工程的安全性能；如果提高要求就等于提高性能指标，就会增加工程造价。如混凝土、砂浆的强度等级是保证混凝土结构、砌体工程强度的重要性能。所以要求必须全部达到要求。

主控项目包括的内容主要有：

1）重要材料、构件及配件；成品及半成品；设备性能及附件的材质；技术性能等。检查出厂证明及检测报告，如水泥、钢材的质量；预制楼板、墙板、门窗等构配件的质量；风机等设备的质量。检查出厂证明，其技术数据、项目符合有关技术标准规定。

2）结构的强度、刚度和稳定性等检验数据、工程性能的检测。如混凝土、砂浆的强度；钢结构的焊缝强度；管道的压力试验；风管的系统测定与调整；电气的绝缘、接地测试；电梯的安全保护、试运转结果等。检查测试记录，其数据及项目要符合设计要求和验收规范规定。

对一些有龄期要求的检测项目，在其龄期不到，不能提供数据时，可先将其他评价项目先评价，并根据施工现场的质量保证和控制情况，暂时验收该项目，待检测数据出来后，再填入数据。如果数据达不到规定数值，以及对一些材料、构配件质量及工程性能的测试数据有疑问时，应进行复试、鉴定及现场检验。

2. 一般项目。一般项目是除主控项目以外的检验项目，其条文也是应该达到的，只不过对少数条文可以适当放宽一些，也不影响工程安全和使用功能的。有些条文虽不像主控项目那样重要，但对工程安全、使用功能，观感质量都有较大影响的。这些项目在验收时，绝大多数抽查的处（件），其质量指标都必须达到要求，其余20%虽可以超过一定的指标，也是有限的，通常不得超过规定值的50%，即最大偏差不得大于1.5倍允许偏差，此项规定服从各专业验收规定。与"验评标准"比，这样就对工程质量的控制更严格了，进一步保证了工程质量。

一般项目包括的内容主要有：

1）允许有一定偏差的项目，而放在一般项目中，用数据规定的标准，可以有允许偏差范围，并有不到20%的检查点可以超过允许偏差值，但对偏差值有一定限制，应符合相应规范的要求。

2）对不能确定偏差值而又允许出现一定缺陷的项目，则以缺陷的数量来区分。如砖砌体预埋拉结筋，其留置间距偏差；混凝土钢筋露筋，露出一定长度等。

3）一些无法定量的而采用定性的项目。如碎拼大理石地面颜色协调，无明显裂缝和坑洼；油漆工程中，中级油漆的光亮和光滑项目、卫生器具给水配件安装项目，接口严密，启闭部分灵活；管道接口项目，无外露油麻等。这些就要靠监理工程师来掌握了。

5.0.2 分项工程质量验收合格应符合下列规定：

　　1　所含检验批的质量均应验收合格；

　　2　所含检验批的质量验收记录应完整。

　　分项工程的验收在检验批的基础上进行。一般情况下，两者具有相同或相近的性质，只是批量的大小不同而已。因此，将有关的检验批汇集构成分项工程。分项工程合格质量的条件比较简单，只要构成分项工程的各检验批的验收资料文件完整，并且均已验收合格，则分项工程验收合格。

　　分项工程质量应由监理工程师（建设单位项目专业技术负责人）组织项目专业技术负责人等进行验收，并按表2.5.4记录。

分项工程质量验收记录 表2.5.4

分项工程质量验收记录编号：

单位（子单位）工程名称				分部（子分部）工程名称		
分项工程数量				检验批数量		
施工单位				项目负责人		项目技术负责人
分包单位				分包单位项目负责人		分包内容
序号	检验批名称	检验批容量	部位/区段	施工单位检查结果	监理单位验收结论	
1						
2						
3						
4						
5	……					
说明：						
施工单位检查结果		项目专业技术负责人： 年　月　日				
监理单位验收结论		专业监理工程师： 年　月　日				

注：本表摘自《建筑工程施工质量验收统一标准》（GB 50300—2013）附录F。

5.0.3 分部工程质量验收合格应符合下列规定：

　　1　所含分项工程的质量均应验收合格；

　　2　质量控制资料应完整；

　　3　有关安全、节能、环境保护和主要使用功能的抽样检验结果应符合相应规定；

　　4　观感质量应符合要求。

　　首先，分部工程的各分项工程必须已验收合格且相应的质量控制资料文件必须完整，质量控制资料的项目按本标准要求进行检查，这是验收的基本条件。此外，由于各分项工程的性质不尽相同，因此作为分部工程不能简单地组合加以验收，尚须增加以下两类检查。

涉及有关安全、节能、环境保护和主要使用功能的抽样检验结果符合相关规定，对于主要使用功能并没有明确的界定，但本条要求符合相关规定，这个规定是在各个专业验收规范中，也就是本书各个章节中有相应的要求，因此可理解为要求抽样检验的为主要功能。

关于观感质量验收，这类检查往往难以定量，只能以观察、触摸或简单量测的方式进行，并由个人的经验和主观印象进行判断，显然，这种检查结果给出"合格"或"不合格"的结论是不科学、不严谨的，而只应综合给出质量评价。对于"差"的检查点应通过返修处理等补救。

分部（子分部）工程质量应由总监理工程师组织施工项目负责人和有关勘察、设计单位项目负责人进行验收，并按表2.5.5记录。

分部工程质量验收记录 表2.5.5

分部工程质量验收记录编号

单位（子单位）工程名称			子分部工程数量		分项工程数量	
施工单位			项目负责人		技术（质量）负责人	
分包单位			分包单位负责人		分包内容	
序号	子分部工程名称	分项工程名称	检验批数量	施工单位检查结果		监理单位验收结论
1						
2						
3						
4						
5						
质量控制资料						
安全和功能检验结果						
观感质量检验结果						
综合验收结论						
施工单位 项目负责人： 年 月 日		勘察单位 项目负责人： 年 月 日		设计单位 项目负责人： 年 月 日		监理单位 总监理工程师： 年 月 日

注：本表摘自《建筑工程施工质量验收统一标准》（GB 50300—2013）附录G。

分部、子分部工程的验收内容、程序都是一样的，在一个分部工程中只有一个子分部工程时，子分部就是分部工程。当不是一个子分部工程时，可以一个子分部一个子分部地进行质量验收，然后，应将各子分部的质量控制资料进行核查；对有关安全、节能、环境保护和主要使用功能的抽样检验结果的资料核查；观感质量评价结果的综合评价。其各项内容的具体验收：

1. 分部（子分部）工程所含分项工程的质量均应验收合格的检查。实际验收中，这项内容也是项统计工作，在做这项工作时注意三点：

1）检查每个分项工程验收是否正确；

2）注意查对所含分项工程，有没有漏、缺，或有没有进行验收；

3）注意检查分项工程的资料完整不完整，每个验收资料的内容是否有缺漏项，以及分项验收人员的签字是否齐全及符合规定。

2. 质量控制资料应完整的核查。这项验收内容，实际也是统计、归纳和核查，主要包括三个方面的资料：

1）核查和归纳各检验批的验收记录资料，查对其是否完整。

2）在检验批验收时，其应具备的资料应准确完整才能验收。在分部、子分部工程验收时，主要是核查和归纳各检验批的施工操作依据、质量检查记录，查对其是否配套完整，包括有关的试验资料的完整程度。一个分部、子分部工程能否具有数量和内容完整的质量控制资料，是验收规范指标能否通过验收的关键，但在实际工程中，资料的类别、数量会有欠缺，不够完整，这就要靠我们验收人员来掌握其程度，具体操作可参照单位工程的做法。

3）注意核对各种资料的内容、数据及验收人员的签字是否规范等。

3. 有关安全、节能、环境保护和主要使用功能的抽样检验结果应符合相应规定的检查。

这项验收内容，包括安全及功能两方面的检测资料。抽测其检测项目在各专业质量验收规范中已有明确规定，在验收时应注意三个方面的工作：

1）检查各规范中规定的检测的项目是否都进行了验收，未进行检测的项目应该查清原因并做出处理，确保质量。

2）检查各项检测记录（报告）的内容、结果是否符合要求，包括检测项目的内容，所遵循的检测方法标准、检测结果的数据是否达到规定的标准。

3）核查资料是否由有资质的机构出具，其检测程序、有关取样人、审核人、试验负责人，以及盖章、签字是否齐全等。

4. 观感质量验收应符合要求的检查。分部（子分部）工程的观感质量检查，是经过现场工程的检查，由检查人员共同确定评价等级的好、一般、差，在检查和评价时应注意以下几点：

1）分部（子分部）工程观感质量评价是2001年系列验收规范修订新增加的，目的有两个。一是现在的工程体量越来越大、越来越复杂，等单位工程全部完工后再检查，有的项目已看不见了，看了还应修的修不了，只能是既成事实。另一方面竣工后一并检查，由于工程的专业多，而检查人员又不能太多，专业不全，不能将专业工程中的问题看出来。再就是有些项目完工以后，工地上就没有事了，其工种人员就撤出去了，即使检查出问题来，再让其来修理，用的时间也长。二是新建筑企业资质就位后，分层次有了专业承包公司，对这些企业分包承包的工程，完工以后也应该有个评价，也便于这些企业的监管。这样可克服上述的一些不足，同时，也便于分清质量责任，提高后道工序对前道工序的成品保护。

2）在进行检查时，检查人员一定要在现场，将工程的各个部位全部看到，能操作的应操作，观察其方便性、灵活性或有效性等；能打开观看的应打开观看，不能只看"外观"，应全面了解分部（子分部）的实物质量。

3）评价方法，由于标准没有将观感质量放在重要位置，只是一个辅助项目，其评价内容只列出了项目，其具体标准没有具体化。基本上是各检验批的验收项目，多数在一般项目内。检查评价人员宏观掌握，如果没有较明显达不到要求的，就可以评一般；如果某些部位质量较好，细部处理到位，就可评好；如果有的部位达不到要求，或有明显的缺陷，但不影响安全或使用功能的，则评为差。

有影响安全或使用功能的项目，不能评价，应修理后再评价。

评价时，施工企业应先自行检查合格后，由监理单位来验收，参加评价的人员应具有相应的资格，由总监理工程师组织，不少于三位监理工程师来检查，在听取其他参加人员的意见后，共同作出评价，但总监理工程师的意见应为主导意见。在作评价时，可分项目评价，也可分大的方面综合评价，最后对分部（子分部）作出评价。

5.0.4 单位工程质量验收合格应符合下列规定：

1 所含分部工程的质量均应验收合格；

2 质量控制资料应完整；

3 所含分部工程中有关安全、节能、环境保护和主要使用功能的检验资料应完整；

4 主要使用功能的抽查结果应符合相关专业验收规范的规定；

5 观感质量应符合要求。

单位工程质量竣工验收记录应按附录 H（本书表 2.5.6）填写。

由谁来填写验收表格，本统一标准附录 H 作出了明确的规定：

验收记录由施工单位填写，验收结论由监理单位填写。综合验收结论经参加验收各方共同商定，由建设单位填写，应对工程质量是否符合设计文件和相关标准的规定及总体质量水平做出评价。

表 2.5.6 中的验收记录一栏的填写要有依据，质量控制资料检查栏中应根据单位（子单位）工程质量控制资料检查记录中的项数，逐项检查，检查时注意是否有漏项。安全和主要使用功能检查及抽查结果一栏中应根据单位（子单位）工程安全和功能检验资料检查及主要功能抽查记录填写，检查系指该工程中应有的全部项目，并不得缺项，抽查结果系指工程质量验收时验收组协商确定抽查的项目，该抽查可以是验收组现场抽查，也可是委托检测单位检测。

单位（子单位）工程质量验收是"统一标准"的主要内容之一，这部分内容只在"统一标准"中有，其他专业质量验收规范中没有。这部分内容是单位（子单位）工程的质量验收，是工程质量验收的最后一道把关，是对工程质量的一次总体综合评价，所以，标准规定为强制性条文，列为工程质量管理的一道重要程序。

工程名称			结构类型		层数/ 建筑面积	
施工单位			技术负责人		开工日期	
项目负责人			项目技术负责人		完工日期	

序号	项目	验收记录	验收结论
1	分部工程验收	共 分部，经查符合设计及标准规定 分部	
2	质量控制资料核查	共 项，经核查符合规定 项	
3	安全和使用功能 核查及抽查结果	共核查 项，符合规定 项，共抽查 项，符 合规定 项，经返工处理符合规定 项	
4	观感质量验收	共核查 项，达到"好"和"一般"的 项， 经返修处理符合要求的 项	
	综合验收结论		

参 加 验 收 单 位	建设单位	监理单位	施工单位	设计单位	勘察单位
	（公章） 项目负责人： 年 月 日	（公章） 总监理工程师： 年 月 日	（公章） 项目负责人： 年 月 日	（公章） 项目负责人： 年 月 日	（公章） 项目负责人： 年 月 日

注：本表摘自《建筑工程施工质量验收统一标准》（GB 50300—2013）附录 H 表 H.0.1-1。

为加深理解单位工程的合格条件，分别进行叙述。

1. 所含分部工程的质量均应验收合格

这项工作，总承包单位应事前进行认真准备，将所有分部、子分部工程质量验收的记录表，及时进行收集整理，并列出目次表，依序将其装订成册。在核查及整理过程中，应注意以下几点：

1）核查各分部工程所含的子分部工程是否齐全。

2）核查各分部、子分部工程质量验收记录表的质量评价是否完善，有分部、子分部工程质量的综合评价、有质量控制资料的评价、地基与基础、主体结构和设备安装分部、子分部工程规定的有关安全及功能的检测和抽测项目的检测记录，以及分部、子分部观感质量的评价等。

3）核查分部、子分部工程质量验收记录表的验收人员是否是规定的有相应资质的技术人员，并进行了评价和签认。

2. 质量控制资料应完整

单位（子单位）工程质量控制资料检查的项目应按表 2.5.7 要求，并应按表 2.5.7 填写检查记录。

<h1 style="text-align:center">单位工程质量控制资料核查记录</h1>

表 2.5.7

工程名称					施工单位			
序号	项目	资料名称		份数	施工单位		监理单位	
					核查意见	核查人	核查意见	核查人
1	给水排水与供暖	图纸会审记录、设计变更通知单、工程洽商记录						
2		原材料出厂合格证书及进场检验、试验报告						
3		管道、设备强度试验、严密性试验记录						
4		隐蔽工程验收记录						
5		系统清洗、灌水、通水、通球试验记录						
6		施工记录						
7		分项、分部工程质量验收记录						
8		新技术论证、备案及施工记录						
1	通风与空调	图纸会审记录、设计变更通知单、工程洽商记录						
2		原材料出厂合格证书及进场检验、试验报告						
3		制冷、空调、水管道强度试验、严密性试验记录						
4		隐蔽工程验收记录						
5		制冷设备运行调试记录						
6		通风、空调系统调试记录						
7		施工记录						
8		分项、分部工程质量验收记录						
9		新技术论证、备案及施工记录						
1	建筑电气	图纸会审记录、设计变更通知单、工程洽商记录						
2		原材料出厂合格证书及进场检验、试验报告						
3		设备调试记录						
4		接地、绝缘电阻测试记录						
5		隐蔽工程验收记录						
6		施工记录						
7		分项、分部工程质量验收记录						
8		新技术论证、备案及施工记录						
1	智能建筑	图纸会审记录、设计变更通知单、工程洽商记录						
2		原材料出厂合格证书及进场检验、试验报告						
3		隐蔽工程验收记录						
4		施工记录						
5		系统功能测定及设备调试记录						
6		系统技术、操作和维护手册						
7		系统管理、操作人员培训记录						
8		系统检测报告						
9		分项、分部工程质量验收记录						
10		新技术论证、备案及施工记录						

工程名称				施工单位				
序号	项目	资料名称	份数	施工单位		监理单位		
				核查意见	核查人	核查意见	核查人	
1	建筑节能	图纸会审记录、设计变更通知单、工程洽商记录						
2		原材料出厂合格证书及进场检验、试验报告						
3		隐蔽工程验收记录						
4		施工记录						
5		外墙、外窗节能检验报告						
6		设备系统节能检测报告						
7		分项、分部工程质量验收记录						
8		新技术论证、备案及施工记录						
1	电梯	图纸会审记录、设计变更通知单、工程洽商记录						
2		设备出厂合格证书及开箱检验记录						
3		隐蔽工程验收记录						
4		施工记录						
5		接地、绝缘电阻试验记录						
6		负荷试验、安全装置检查记录						
7		分项、分部工程质量验收记录						
8		新技术论证、备案及施工记录						

结论：

施工单位项目负责人：
　　　　　　　年　月　日

总监理工程师：
　　　　　　　年　月　日

注：本表摘自《建筑工程施工质量验收统一标准》（GB 50300—2013）附录表 H.0.1-2 建筑节能和安装部分，建筑与结构部分在《质量员专业管理实务（土建施工）》中介绍。

总承包单位将各分部、子分部工程应有的质量控制资料进行核查，图纸会审及变更记录、定位测量放线记录、施工操作依据、原材料、构配件等质量证书、按规定进行检验的检测报告、隐蔽工程验收记录、施工中有关施工试验、测试、检验等，以及抽样检测项目的检测报告等，由总监理工程师进行核查确认，可按单位工程所包含的分部、子分部分别核查，也可综合抽查。其目的是强调建筑结构、设备性能、使用功能方面主要技术性能的检验。每个检验批规定了"主控项目"，并提出了主要技术性能的要求，检查单位工程的质量控制资料，对主要技术性能进行系统的核查。如一个空调系统只有分部、子部分工程才能综合调试，取得需要的数据。

1) 工程质量控制资料的作用

施工操作工艺、企业标准、施工图纸等设计文件，工程技术资料、工程施工的依据和施工过程的见证记录，是企业管理重要组成部分。因为任何一个基本建设项目，只有在运营上满足它的使用功能要求，才能充分发挥它的经济效益。只有工程符合社会需要，才能使它的劳动消耗得到承认，才能使它的经济价值和使用价值得以实现，这才算是有了真正的经济效益。

因此，确保建设工程的质量，将是整个基本建设工作的核心。为了证明工程质量，证明各项质量保证措施的有效运行，质量保证资料将是整个技术资料的核心。从工程质量管理出发可将技术资料分为：工程质量验收资料、工程质量资料、施工技术管理资料和竣工图等。

建筑工程质量控制资料是反映建筑工程施工过程中，各个环节工程质量状况的基本数据和原始记录；反映完工项目的测试结果和记录。这些资料是反映工程质量的客观见证，是评价工程质量的主要依据。工程质量资料是工程的"合格证"和技术证明书。由于工程质量整体测试，只能在建造的施工过程中分别测试、检验或间接的检测。由于工程的安全性能要求高，所以工程质量资料比产品的合格证更重要。从广义质量来说，工程质量资料就是工程质量的一部分，同时，工程质量资料是工程技术资料的核心，是企业经营管理的重要组成部分，更是质量管理的主要方面，是反映一个企业管理水平高低的重要见证。通过资料的定期分析研究，能帮助企业改进管理。在贯彻执行 ISO9000 质量管理体系系列标准中，资料是其一项重要内容，是证明管理有效性的重要依据，资料也是质量管理体系的重要组成部分，是评价管理水平的重要见证标准。从质量体系要素中的质量体系文件来看，一般包括四个层次：

（1）质量手册。主要内容是阐述某企业的质量方针、质量体系和质量活动的文件。有企业的质量方针；企业的组织机构及质量职责；各项质量活动程序；质量手册的管理办法。

（2）程序文件。是落实质量管理体系要素所开展的有关活动的规章制度和实施办法。按性质分为管理和技术性程序文件。管理性程序文件，包括有关规章制度、管理标准和工作标准，质量活动的实施办法等；技术性程序文件，包括技术规程、工艺规程、检验规程和作业指导书等。

（3）质量计划。包括应达到的质量目标；该项目各个阶层中责任和权限的分配；采用的特定程序、方法和作业指导书；有关试验、检验、验证和审核大纲；随项目的进展而修改和完善质量计划的方法；为达到质量目标必须采取的其他措施。

（4）质量记录。是证明各阶段产品质量是否达到要求和质量体系运行有效的证据。包括设计、检验、试验、审核、复审的质量记录和图表等，这些质量记录都是质量管理体系活动执行情况达到规定的质量要求，并验证质量体系运行是否具有效性的证据。

在验收一个分部、子分部工程的质量时，为了系统核查工程的结构安全和它的重要使用功能，虽然在分项工程验收时，已核查了规定提供的技术资料，但仍有必要再进行复核，只是不再像验收检验批、分项工程质量那样进行微观检查，而是从总体上通过核查质量控制资料来评价分部、子分部工程的结构安全与使用功能。但目前由于材料供应渠道中的技术资料不能完全保证，加上有些施工企业管理不健全等情况，因此往往使一些工程中资料不能达到完整，当一个分部、子分部工程的质量控制资料虽有欠缺，但能反映其结构安全和使用功能，是满足设计要求的，则可以认定该工程的质量控制资料为完整。如钢材，按标准要求既要有出厂合格证，又要有试验报告，即为完整。实际中，如有一批用于非重要构件的钢材没有出厂合格证，但经法定检测单位检验，该批钢材物理及化学性能均符合设计和标准要求，则可以认为该批钢材的技术资料是完整。再如砌筑砂浆的试块应按规范要求的频率取样，在施工过程中，个别少量部位由于某种原因而没有按规定频率取样，但从现场的质量管理状况及有的试块强度检验数据，反映具有代表性时，也可认为是完整。

由于每个工程的具体情况不一，因此什么是完整，要视工程特点和已有资料的情况而定。总之，有一点要掌握，即验收或核验分部、子分部工程质量时，核查的质量控制资料，看其是否可以反映和达到上述要求，即使有些欠缺也可认为是完整。

工程质量的控制资料，是从众多的工程技术资料中，筛选出的直接关系和说明工程质量状况的技术资料。多数是提供实施结果的见证记录、报告等文件材料。对于其他技术资料，由于工程不同或环境不同，要求也就不尽相同。各地区应根据实际情况增减。所以作为一个企业的领导，应该时刻注意管理措施的有效性，研究每一项资料的作用，有效的保留，作用小的改进，无效的去掉，劳而无功的事不干。有效的质量资料是工程质量的见证，少一张也不行，无用的多一张也不要。对非要不可的见证资料，一定要做到准、实、及时，对不准不实的资料宁愿不要，也要不充数。

对一个单位工程全面进行技术资料核查，还可以防止局部错漏，从而进一步加强工程质量的控制。对结构工程及设备安装系统进行系统的核查，便于同设计要求对照检查，达到设计效果。

2）单位（子单位）工程质量控制资料的判定

质量控制资料对一个单位工程来讲，主要是判定其是否能够反映保证结构安全和主要使用功能是否达到设计要求，如果能够反映出来，即或按标准及规范要求有少量欠缺时，也可以认可。因此，在标准中规定质量控制资料应完整。但在检验批时都应具备完整的施工操作依据、质量检查资料。对单位工程质量控制资料完整的判定，通常情况下可按以下三个层次进行判定：

（1）该有的资料项目有了。

在表2.5.7中，应该有的项目的资料有了，如给水排水与供暖项目中，共有8项资料。如果没有使用新材料、新工艺，该第8项的资料可以没有。其该有的项目为7项就行了。

（2）在每个项目中该有的资料有了。

表2.5.7中应有的项目中，应该有的资料有了，没有发生的资料应该没有，对工程结构、功能及有关质量不会出现影响其性能的资料，有缺点的也可以认可。如给水排水分供暖项目中第2项中的钢材，按规定既要有质量合格证，也应有试验报告为完整。但有个别非重要部位用的钢材，由于多方原因没有合格证，经过有资质的检测单位检验，该批钢材物理及化学性能符合设计和标准要求，也可以认为该批钢材的材料是完整的。

（3）在每个资料中该有的数据有了。

在各项资料中，每一项资料应该有的数据有了。资料中应该证明的材料、工程性能的数据就是有这样的资料，也证明不了该材料、工程的性能，也不能算资料完整，如水泥复试报告，通常其安定性、强度、初凝、终凝时间必须有确切的数据及结论。再如钢筋复试报告，通常应有力学性能的数据及结论，符合设计及钢筋标准的规定。这样可判定其应有的数据有了。

由于每个工程的具体情况不一，因此什么是资料完整，要视工程特点和已有资料的情况而定，总之，有一点验收人员应掌握的，看其是否可以反映工程的结构安全和使用功能，是否达到设计要求。如果资料保证该工程结构安全和使用功能，则可认为是完整。

3. 所含分部工程中有关安全、节能和环境保护和主要使用功能的检验资料应完整。

所含分部工程中有关安全、节能和环境保护和主要使用功能的检验项目应符合表 2.5.8 的规定，并应按表 2.5.8 填写检查记录。

单位工程安全和功能检验资料核查及主要功能抽查记录　　　　　　　表 2.5.8

工程名称			施工单位			
序号	项目	安全和功能检查项目	份数	核查意见	核查结果	核查（抽查）人
1	给水排水与供暖	给水管道通水试验记录				
2		暖气管道、散热器压力试验记录				
3		卫生器具满水试验记录				
4		消防管道、燃气管道压力试验记录				
5		排水干管通球试验记录				
6		锅炉试运行、安全阀及报警联动测试记录				
1	通风与空调	通风、空调系统试运行记录				
2		风量、温度测试记录				
3		空气能量回收装置测试记录				
4		洁净室洁净度测试记录				
5		制冷机组试运行调试记录				
1	建筑电气	建筑照明通电试运行记录				
2		灯具固定装置及悬吊装置的载荷强度试验记录				
3		绝缘电阻测试记录				
4		剩余电流动作保护器测试记录				
5		应急电源装置应急持续供电记录				
6		接地电阻测试记录				
7		接地故障回路阻抗测试记录				
1	智能建筑	系统试运行记录				
2		系统电源及接地检测报告				
3		系统接地检测报告				
1	建筑节能	外墙节能构造检查记录或热工性能检验报告				
2		设备系统节能性能检查记录				
1	电梯	运行记录				
2		安全装置检测报告				

结论：

施工单位项目负责人：　　　　　　　　　　　　　　　总监理工程师：

　　　　　　　年 月 日　　　　　　　　　　　　　　　　　　　年 月 日

注：1. 抽查项目由验收组协商确定。
　　2. 该表摘自《建筑工程施工质量验收统一标准》（GB 50300—2013）附录 H.0.1-3 建筑节能和安装部分，建筑与结构部分在《质量员专业管理实务（土建施工）》中介绍。

安全和功能检验的目的是确保工程的安全和使用功能。在分部、子分部工程提出了一些检测项目，在分部、子分部工程检查和验收时，应进行检测来保证和验证工程的综合质量和最终质量。检验应由施工单位来检测，检测过程中可请监理工程师或建设单位有关负责人参加监督检测工作，达到要求后，并形成检测记录签字认可。在单位工程、子单位工程验收时，监理工程师应对各分部、子分部工程应检测的项目进行核对，对检测资料的数量、数据及使用的检测方法标准、检测程序进行核查，以及核查有关人员的签认情况等。核查后，将核查的情况填入表2.5.8需要检测机构检测的项目应委托检测机构进行检测，核查后对表2.5.8的各项内容做出通过或通不过的结论。

4. 主要功能项目的抽查结果应符合相关专业质量验收规范的规定

主要功能抽测是现行验收规范的特点之一，目的主要是综合检验工程质量能否保证工程的功能，满足使用要求。这项抽查检测多数还是复查性的和验证性的。

主要功能抽测项目已在各分部、子分部工程中列出，有的是在分部、子分部完成后进行检测，有的还要待相关分部、子分部工程完成后试验检测，有的则需要等单位工程全部完成后进行检测。这些检测项目应在单位工程完工，施工单位向建设单位提交工程验收报告之前，全部进行完毕，并将检测报告写好。至于在建设单位组织单位工程验收时，抽测什么项目，可由验收委员会（验收组）来确定。但其项目应在表2.5.8中，不能随便提出其他项目。如需要检测表2.5.8没有的检测项目时，应进行专门研究来确定。

通常主要功能抽测项目，应为有关项目最终的综合性的使用功能，如室内环境检测、建筑节能检测、屋面淋水检测、照明全负荷试验检测、智能建筑系统运行等。只有最终抽测项目效果不佳，或其他原因，必须进行中间过程有关项目的检测时，要与有关单位共同制定检测方案，并要制订成品保护措施，采取完善的保护措施后进行，总之，主要功能抽测项目的进行，不要损坏建筑成品。

主要功能抽测项目进行，可对照该项目的检测记录逐项核查，可重新做抽测记录表，也可不形成抽测记录，在原检测记录上注明签认。

5. 观感质量验收应符合要求

观感质量评价是工程的一项重要评价工作，是全面评价一个分部、子分部、单位工程的外观及使用功能质量，促进施工过程的管理、成品保护，提高社会效益和环境效益。观感质量检查绝不是单纯的外观检查，而是实地对工程的一个全面检查，核实质量控制资料，核查分项、分部工程验收的正确性，及对在分项工程中不能检查的项目进行检查等。如工程完工，绝大部分的安全可靠性能和使用功能已达到要求，但出现不应出现的裂缝和严重影响使用功能的情况，应该首先弄清原因，然后再评价。地面严重空鼓、起砂、墙面空鼓粗糙、门窗开关不灵、关闭不严等项目的质量缺陷很多，就说明在分项、分部工程验收时，掌握标准不严。分项分部无法测定和不便测定的项目，在单位工程观感评价中，给予核查。如建筑物的全高垂直度、上下窗口位置偏移及一些线角顺直等项目，只有在单位工程质量最终检查时，才能了解得更确切。

系统地对单位工程检查，可全面地衡量单位工程质量的实际情况，突出对工程整体检验和对用户着想的观点。分项、分部工程的验收，对其本身来讲虽是产品检验，但对交付使用一幢房子来讲，又是施工过程中的质量控制。只有单位工程的验收，才是最终建筑产品的验收。所以，在标准中，既加强了施工过程中的质量控制（分项、分部工程的验收），又严格进行了单位工程的最终评价，使建筑工程的质量得到有效保证。

观感质量的验收方法和内容与分部、子分部工程的观感质量评价一样，只是分部、子分部的范围小一些而已，只是一些分部、子分部的观感质量，可能在单位工程检查时已经看不到了。所以单位工程的观感质量是更宏观一些的。

其内容按各有关检验批的主控项目、一般项目有关内容综合掌握，给出好、一般、差的评价。

检查时应将建筑工程外檐全部看到，对建筑的重要部位、项目及有代表性的房间、部位、设备、项目都应检查到。对其评价时，可逐点评价再综合评价；也可逐项给予评价；也可按大的方面综合评价。评价时，要在现场由参加检查验收的监理工程师共同确定，确定时，可多听取被验收单位及参加验收的其他人员的意见。并由总监理工程师签认，总监理工程师的意见应有主导性。

观感质量检查应按表2.5.9填写。

单位工程观感质量检查记录 表2.5.9

工程名称			施工单位	
序号		项目	抽查质量状况	质量评价
1	给水排水与供暖	管道接口、坡度、支架	共检查 点，好 点，一般 点，差 点	
2		卫生器具、支架、阀门	共检查 点，好 点，一般 点，差 点	
3		检查口、扫除口、地漏	共检查 点，好 点，一般 点，差 点	
4		散热器、支架	共检查 点，好 点，一般 点，差 点	
1	通风与空调	风管、支架	共检查 点，好 点，一般 点，差 点	
2		风口、风阀	共检查 点，好 点，一般 点，差 点	
3		风机、空调设备	共检查 点，好 点，一般 点，差 点	
4		管道、阀门、支架	共检查 点，好 点，一般 点，差 点	
5		水泵、冷却塔	共检查 点，好 点，一般 点，差 点	
6		绝热	共检查 点，好 点，一般 点，差 点	
1	建筑电气	配电箱、盘、板、接线盒	共检查 点，好 点，一般 点，差 点	
2		设备器具、开关、插座	共检查 点，好 点，一般 点，差 点	
3		防雷、接地、防火	共检查 点，好 点，一般 点，差 点	
1	智能建筑	机房设备安装及布局	共检查 点，好 点，一般 点，差 点	
2		现场设备安装	共检查 点，好 点，一般 点，差 点	
1	电梯	动行、平层、开关门	共检查 点，好 点，一般 点，差 点	
2		层门、信号系统	共检查 点，好 点，一般 点，差 点	
3		机房	共检查 点，好 点，一般 点，差 点	
	观感质量综合评价			
结论： 施工单位项目负责人： 　　　　　年 月 日			总监理工程师： 　　　　　年 月 日	

注：1. 质量评价为差的项目，应进行返修。
　　2. 观感质量现场检查原始记录应作为本表的附件。
　　3. 本表摘自《建筑工程施工质量验收统一标准》（GB 50300—2013）附录表 H.0.1-4 建筑节能和安装部分，建筑与结构部分在《质量员专业管理实务（土建施工）》中介绍。

5.0.5 建筑工程施工质量验收记录可按下列规定填写：

1 检验批质量验收记录可按本标准附录 E（本书表 2.5.3）填写，填写时应具有现场验收检查原始记录；

2 分项工程质量验收记录可按本标准附录 F（本书表 2.5.4）填写；

3 分部工程质量验收记录可按本标准附录 G（本书表 2.5.5）填写；

4 单位工程质量竣工验收记录、质量控制资料核查记录、安全和功能检验资料核查及主要功能抽查记录、观感质量检查记录应按本标准附录 H（本书表 2.5.6～表 2.5.9）填写。

建筑工程质量验收记录是工程档案资料的主要内容，它反映了工程质量状况，是工程质量的一部分，验收记录应做到下列几个方面：验收程序正确、验收内容齐全、验收记录完整、验收部位正确、验收时间及时、验收签字合法。

5.0.6 当建筑工程施工质量不符合要求时，应按下列规定进行处理：

1 经返工或返修的检验批，应重新进行验收；

2 经有资质的检测机构检测鉴定能够达到设计要求的检验批，应予以验收；

3 经有资质的检测机构检测鉴定达不到设计要求、但经原设计单位核算认可能够满足安全和使用功能的检验批，可予以验收；

4 经返修或加固处理的分项、分部工程，满足安全及使用功能要求时，可按技术处理方案和协商文件的要求予以验收。

本条是当质量不符合要求时的非正常验收办法。一般情况下，不合格现象在最基层的验收单位——检验批时就应发现并及时处理，否则将影响后续检验批和相关的分项工程、分部工程的验收。因此所有质量隐患必须尽快消灭在萌芽状态，这也是标准以强化验收促进过程控制原则的体现。

非正常情况的处理有以下四种情况：

第一种情况，是指在检验批验收时，其主控项目不能满足验收规范规定或一般项目超过偏差限值的子项不符合检验规定的要求时，应及时进行处理的检验批。其中，严重的缺陷应推倒重来；一般的缺陷通过翻修或更换器具、设备予以解决，应允许施工单位在采取相应的措施后重新验收。如能够符合相应的专业工程质量验收规范，则应认为该检验批合格。

第二种情况，是指个别检验批发现试块强度等不满足要求等问题，难以确定是否验收时，应请具有资质的法定检测单位检测。当鉴定结果能够达到设计要求时，该检验批仍应认为通过验收。

第三种情况，如经检测鉴定达不到设计要求，但经原设计单位核算，仍能满足结构安全和使用功能的情况，该检验批可以予以验收。一般情况下，规范标准给出了满足安全和功能的最低限度要求，而设计往往在此基础上留有一些余量。不满足设计要求和符合相应规范、标准的要求，两者并不矛盾。

如果某项质量指标达不到规范的要求，多数也是指留置的试块失去代表性，或是因故缺少试块的情况，以及试块试验报告有缺陷，不能有效证明该项工程的质量情况，或是对该试验报告有怀疑时，要求对工程实体质量进行检测。经有资质的检测单位检测鉴定达不到设计要求，但这种数据距达到设计要求的差距有限，差距不是太大。经过原设计单位进行验算，认为仍可满足结构安全和使用功能，可不进行加固补强。如原设计计算混凝土强度应达到 26MPa，故只能选用 C30 混凝土，经检测的结果是 26.5MPa，虽未达到 C30 的要求，但仍能大于 26MPa，是安全的。又如某五层砖混结构，一、二、三层用 M10 砂浆砌筑，四、五层为 M5 砂浆砌筑。在施工过程中，由于管理不善等，其三层砂浆强度最小值为 7.4MPa，没达到规范的要求，按规定应不能验收，但经过原设计单位验算，砌体强度尚可满足结构安全和使用功能，可不返工和加固，由设计单位出具正式的认可证明，有注册结构工程师签字，并加盖单位公章。由设计单位承担质量责任。因为设计责任就是设计单位负责，出具认可证明，也在其质量责任范围内，可进行验收。

以上三种情况都应视为是符合规范规定质量合格的工程。只是管理上出现了一些不正常的情况，使资料证明不了工程实体质量，经过对实体进行一定的检测，证明质量是达到了设计要求或满足结构安全要求，给予通过验收是符合规范规定的。

第四种情况，更为严重的缺陷或者超过检验批的更大范围内的缺陷，可能影响结构的安全性和使用功能。若经法定检测单位检测鉴定以后认为达不到规范标准的相应要求，即不能满足最低限度的安全储备和使用功能，则必须按一定的技术方案进行加固处理，使之能保证其满足安全使用的基本要求。这样会造成一些永久性的缺陷，如改变结构外形尺寸，影响一些次要的使用功能等。为了避免社会财富更大的损失，在不影响安全和主要使用功能条件下可按处理技术方案和协商文件进行验收，但责任方应承担相应的经济责任，这一规定，给问题比较严重但可采取技术措施修复的情况一条出路，不能作为轻视质量而回避责任的一种理由，这种做法符合国际上"让步接受"的惯例。

这种情况实际是工程质量达不到验收规范的合格规定，应算在不合格工程的范围。但在《建设工程质量管条例》的第二十四条、第三十二条等条都对不合格工程的处理做出了规定，根据这些条款，提出技术处理方案（包括加固补强），最后能达到保证安全和使用功能，也是可以通过验收的。为了维护国家利益，不能出了质量事故的工程都推倒报废。只要能保证结构安全和使用功能的，仍作为特殊情况进行验收。是一个给出路的做法，不能列入违反《建设工程质量管理条例》的范围。但加固后必须达到保证结构安全和使用功能。例如，有一些工程出现达不到设计要求，经过验算满足不了结构安全和使用功能要求，需要进行加固补强，但加固补强后，改变了外形尺寸或造成永久性缺陷。这是指经过补强加大了截面，增大了体积，设置了支撑，加设了牛腿等，使原设计的外形尺寸有了变化。如墙体强度严重不足，采用双面加钢筋网灌喷豆石混凝土补强，加厚了墙体，缩小了房间的使用面积等。

造成永久性缺陷是指通过加固补强后，只是解决了结构性能问题，而其本质并未达到原设计要求的，均属造成永久性缺陷。如某工程地下室发生渗漏水，采用从内部增加防水层堵漏，满足了使用要求，但却使那部分墙体长期处于潮湿甚至水饱和状态；又如工程的空心楼板的型号用错，以小代大，虽采用在板缝中加筋和在上边加铺钢筋网等措施，使承载力达到设计要求，但总是留下永久性缺陷。

上述情况，工程的质量虽不能正常验收，但由于其尚可满足结构安全和使用功能要求，对这样的工程质量，可按协商验收。

5.0.7 工程质量控制资料应齐全完整，当部分资料缺失时，应委托有资质的检测机构按有关标准进行相应的实体检验或抽样试验。

实际工程中偶尔会遇到因遗漏检验或资料丢失而导致部分施工验收资料不全的情况，使工程无法正常验收。对于遗漏检验或资料丢失标准给出了出路，第一种情况可有针对性地进行工程质量检测，采取实体检测或抽样试验的方法确定工程质量状况。此项工作应由有资质的检测机构完成，检测报告可用于施工质量验收。第二种情况当然可以用前述方法，但最佳方法还是建立电子档案，防止资料的丢失。

5.0.8 经返修或加固处理仍不能满足安全或重要使用要求的分部工程及单位工程，严禁验收。

本条为强制性条文。

1. 列为强制性条文的目的

这条规定是确保使用安全的基本要求。在实际中，总还是有极少数、个别的工程，质量达不到验收规范的规定。就是进行返工或加固补强也难达到保证安全的要求，或是加固代价太大，不值得，或是建设单位不同意。这样的工程必须拆掉重建，不能保留。为了保证人民群众的生命财产安全、社会安定，政府工程建设主管部门必须严把这个关，这样的工程不能允许流向社会。同时，对造成这些劣质工程的责任主体，要进行严格的处罚。

2. 内容解释

这种情况是在对工程质量进行鉴定之后，加固补强技术方案制定之前，就能进行判断的情况，由于质量问题的严重，使用加固补强效果不好，或是费用太大不值得加固处理，加固处理后仍不能达到保证安全、功能的情况。这种工程不值得再加固处理了，应坚决拆除。

3. 措施及判定

就是用检测手段取得有关数据，特别要处理好检测手段的科学性、可靠性，检测机构要有相应的资质，人员要有相应的责任，持证上岗。召开专家论证会来确定是否有加固补强的意义，如能采取措施使工程发挥作用的，尽可能挽救。否则，必须坚决拆除。这条作为强制性条文，必须坚决执行。

2.6 建筑工程质量验收的程序和组织

6.0.1 检验批应由专业监理工程师组织施工单位项目专业质量检查员、专业工长等进行验收。

6.0.2 分项工程应由监理工程师组织施工单位项目专业技术负责人等进行验收。

1. 检验批和分项工程验收突出了监理工程师和施工者负责的原则。

《建设工程质量管理条例》第三十七条规定："……未经监理工程师签字……施工单位不得进行下一道工序的施工"。施工过程的每道工序，各个环节每个检验批的验收对工程质量起到把关的作用，首先应由施工单位的项目技术负责人组织自检评定，符合设计要求和规范规定的合格质量，项目专业质量检查员和项目专业技术负责人，分别在检验批和分项工程质量检验记录中相关栏目签字，此时表中有关监理的记录和结论暂时先不填，然后提交监理工程师或建设单位项目技术负责人进行验收。

2. 监理工程师拥有对每道施工工序的施工检查权，并根据检查结果决定是否允许进行下道工序的施工。对于不符合规范和质量标准的验收批，有权并应要求施工单位停工整改、返工。

施工企业的质量检查人员（包括各专业的项目质量检查员），将企业检查评定合格的检验批、分项工程、分部（子分部）工程、单位（子单位）工程，填好表格后及时交监理单位，对一些政策允许的建设单位自行管理的工程，应交建设单位。监理单位或建设单位的有关人员应及时组织有关人员到工地现场，对该项工程的质量进行验收。可采取抽样方法、宏观检查的方法，必要时进行抽样检测，来确定是否通过验收。由于监理人员或建设单位的现场质量检查人员，在施工过程中是进行旁站、平行或巡回检查，根据自己对工程质量了解的程度，对检验批的质量，可以抽样检查或抽取重点部位或是认为有必要查的部位进行检查。

在对工程进行检查后，确认其工程质量符合标准规定，监理或建设单位人员要签字认可，否则，不得进行下道工序的施工。

如果认为有的项目或地方不能满足验收规范的要求时，应及时提出，让施工单位进行返修。

3. 分项工程施工过程中，应对关键部位随时进行抽查。所有分项工程施工，施工单位应在自检合格后，填写分项工程评定表。属隐蔽工程，还应将隐检单报监理单位，监理工程师必须组织施工单位的工程项目负责人和有关人员严格按每道工序进行检查验收。合格者，签发分项工程验收记录。

6.0.3 分部工程应由总监理工程师组织施工单位项目负责人和项目技术负责人等进行验收。

勘察、设计单位项目负责人和施工单位技术、质量部门负责人应参加地基与基础分部工程的验收。

设计单位项目负责人和施工单位技术、质量部门负责人应参加主体结构、节能分部工程的验收。

由于地基与基础、主体结构工程要求严格，技术性强，关系到整个工程的安全，为保证质量，严格把关，规定勘察、设计单位的项目负责人应参加地基与基础分部工程的验收。设计单位的项目负责人应参加主体结构、节能分部工程的验收。施工单位技术、质量部门的负责人也应参加地基与基础、主体结构、节能分部工程的验收。

1. 分部工程是单位工程的组成部分，因此分部工程完成后，由施工单位项目负责人组织检验评定合格后，向监理单位提出分部工程验收的报告，其中地基基础、主体工程、幕墙等分部，还应由施工单位的技术、质量部门配合项目负责人做好检查评定工作，监理单位的总监理工程师组织施工单位的项目负责人和技术、质量负责人等有关人员进行验收。工程监理实行总监理工程师负责制。总监理工程师享有合同赋予监理单位的全部权力，全面负责受监委托的监理工作。因为地基基础、主体结构和幕墙工程的主要技术资料和质量问题归技术部门和质量部门掌握，所以规定施工单位的项目技术、质量负责人参加验收是符合实际的。目的是督促参建单位的技术、质量负责人加强整个施工过程的质量管理。

2. 鉴于地基基础、主体结构等分部工程在单位工程中所处的重要地位，结构、技术性能要求严格，技术性强，关系到整个单位工程的建筑结构安全和重要使用功能，规定这些分部工程的勘察、设计单位工程项目负责人和施工单位的技术、质量部门负责人也应参加相关分部工程质量的验收。

6.0.4 单位工程中的分包工程完工后，分包单位应对所承包的工程项目进行自检，并应按本标准规定的程序进行验收。验收时，总包单位应派人参加。分包单位应将所分包工程的质量控制资料整理完整，并移交给总包单位。

由于《建设工程承包合同》的双方主体是建设单位和总承包单位，总承包单位应按照承包合同的权利义务对建设单位负责。分包单位对总承包单位负责，亦应对建设单位负责。因此，分包单位对承建的项目进行检验时，总承包单位应参加，检验合格后，分包单位应将工程的有关资料整理完整后移交给总承包单位，建设单位组织单位工程质量验收时，分包单位负责人应参加验收。

6.0.5 单位工程完工后，施工单位应组织有关人员进行自检。总监理工程师应组织各专业监理工程师对工程质量进行竣工预验收。存在施工质量问题时，应由施工单位整改。整改完毕后，由施工单位向建设单位提交工程竣工报告，申请工程竣工验收。

单位工程完成后，施工单位应首先依据验收规范、设计图纸等组织有关人员进行自检，对检查结果进行评定并进行必要的整改。监理单位应根据《建设工程监理规范》的要求对工程进行竣工预验收。符合规定后由施工单位向建设单位提交工程竣工报告和完整的质量控制资料，申请建设单位组织竣工验收。建设单位应根据国家规定及时将验收人员、验收时间、验收程序提前一个星期报当地工程质量监督机构。预验收是2013年修订统一标准提出的要求，施工企业必须使自己施工的产品应达到国家标准的要求，才算完成了一个施工企业的基本任务，这是一个企业立业之本，用数据、事实来证明自己企业的成果，当建设单位组织验收时。施工企业及监理企业自己要有底，已进行了预验收。

预验收包括两个方面的内容，一是实体质量，要保证达到或超过国家验收规范的要求；二是工程验收资料，《中华人民共和国建筑法》第六十条规定："交付竣工验收的建筑工程，必须符合规定的建筑工程质量标准，有完整的工程技术资料……"。这就要求施工单位在单位工程完工后，首先要依据建筑工程质量标准、设计图纸等组织有关人员进行自检，并对检查结果进行评定，符合要求后，形成质量检验评定资料。

6.0.6 建设单位收到工程竣工报告后，应由建设单位项目负责人组织监理、施工、设计、勘察等单位项目负责人进行单位工程验收。

本条为强制性条文。

单位工程质量验收应由建设单位项目负责人组织，由于勘察、设计、施工、监理单位都是责任主体，因此各单位项目负责人应参加验收，施工单位项目技术、质量负责人和监理单位的总监理工程师也应参加验收。

在一个单位工程中，对满足生产要求或具备使用条件，施工单位已自行检验，监理单位已预验收的子单位工程，建设单位可组织进行验收。由几个施工单位负责施工的单位工程，当其中的子单位工程已按设计要求完成，并经自行检验，也可按规定的程序组织正式验收，办理交工手续。在整个单位工程验收时，已验收的子单位工程验收资料应作为单位工程验收的附件。

1. 本条列为强制性条文的目的

这条也是一个程序性条文，也是明确建设单位的质量责任，以维护建设单位的利益和国家利益，在工程投入使用前，进行一次综合验收，以确保工程的使用安全和合法性。

2. 内容解释

这条规定是体现建设单位对建设项目质量负责的条文，建设单位应组织有关人员按设计、施工合同要求，全面检查工程质量，作出验收不验收的决定。这是建设单位应进行的程序，用强制性标准条文规定下来，便于建设单位的质量行为进行检查。也是建设单位对工程的一次全面评价检查，对工程项目进行总结的一个重要部分。

3. 措施及判定

建设单位应制定工程管理制度，将工程竣工验收作为一项重要内容，是要求监理单位协助做好有关技术工作和具体事项。按规定，在接到施工单位提交的工程质量验收报告后，在规定时间内，组织竣工验收。在实际工作中，不一定等施工单位的报告，可同时进行准备竣工验收事项，报告只是一个程序而已。按验收程序及工程质量验收规范的规定，逐项进行检查、评价。技术工作应由监理单位提供有关资料。在综合验收的基础上，最后给出通过或不通过的综合验收结论。对不按程序、不按验收规范规定进行验收，或将不合格项目验收为合格等都是违法的。

单位工程（包括子单位工程）竣工后，组织验收和参加验收的单位及必须参加验收的人员，《建设工程质量管理条例》第十六条规定"建设单位……应当组织设计、施工、工程监理等有关单位进行竣工验收"。这里规定设计、施工单位负责人或项目负责人及施工单位的技术、质量负责人和工程监理单位的总监理工程师参加竣工验收，目的是突出了参建单位领导人及技术、质量负责人都要关心工程质量状况和质量水平，督促本单位各部门正确执行技术法规和质量标准。

在一个单位工程中，可将能满足生产要求或具备使用条件，施工单位已预验，监理工程师已初验通过的某一部分，建设单位可组织进行子单位工程验收。由几个施工单位负责施工的单位工程，当其中的施工单位所负责的子单位工程已按设计完成，并经自行检验评定，也可组织正式验收，办理交工手续。在整个单位工程进行全部验收时，对已验收的子单位工程验收资料作为单位工程验收的附件而加以说明。

2013年12月2日住房和城乡建设部印发了《房屋建筑和市政基础设施工程竣工验收规定》对竣工验收的程序、要求、内容作出了规定。2009年7月住房和城乡建设部以第2号令发布了关于修改《房屋建筑工程和市政基础设施工程竣工验收备案管理暂行办法》的决定，建设单位在竣工验收后15日内应到备案机关对已验收的工程进行备案。

第3章 建筑给水排水及供暖工程

本章主要依据《建筑给水排水及采暖工程施工质量验收规范》（GB 50242—2002）（以下简称本规范）来编写。本规范由辽宁建设厅为主编部门，沈阳市城乡建设委员会为主编单位，会同有关单位共同对《建筑给水排水及采暖工程施工及验收规范》（GB J242—82）和《建筑采暖卫生与煤气工程质量检验评定标准》（GB 302—88）修订而成的。2002年4月1日起实施。

3.1 总 则

1.0.1 为了加强建筑工程质量管理，统一建筑给水、排水及采暖工程施工质量的验收，保证工程质量，制定本规范。

1.0.2 本规范适用于建筑给水、排水及采暖工程施工质量的验收。

1.0.3 建筑给水、排水及采暖工程施工中采用的工程技术文件、承包合同文件对施工质量验收的要求不得低于本规范的规定。

1.0.4 本规范应与国家标准《建筑工程施工质量验收统一标准》（GB 50300）配套使用。

1.0.5 建筑给水、排水及采暖工程施工质量的验收除应执行本规范外，尚应符合国家现行有关标准、规范的规定。

3.2 术 语

2.0.1 给水系统 water supply system

通过管道及辅助设备，按照建筑物和用户的生产、生活和消防的需要，有组织的输送到用水地点的网络。

2.0.2 排水系统 drainage system

通过管道及辅助设备，把屋面雨水及生活和生产过程所产生的污水、废水及时排放出去的网络。

2.0.3 热水供应系统 hot water supply system

为了满足人们在生活和生产过程中对水温的某些特定要求而由管道及辅助设备组成的输送热水的网络。

2.0.4 卫生器具 sanitary fixtures

用来满足人们日常生活中各种卫生要求，收集和排放生活及生产中的污水、废水的设备。

2.0.5 给水配件 water supply fittings

在给水和热水供应系统中，用以调节、分配水量和水压，关断和改变水流方向的各种管件、阀门和水嘴的统称。

2.0.6 建筑中水系统 intermediate water system of building

以建筑物的冷却水、沐浴排水、盥洗排水、洗衣排水等为水源，经过物理、化学方法的工艺处理，用于厕所冲洗便器、绿化、洗车、道路浇洒、空调冷却及水景等的供水系统为建筑中水系统。

2.0.7 辅助设备 auxiliaries

建筑给水、排水及采暖系统中，为满足用户的各种使用功能和提高运行质量而设置的种种设备。

2.0.8 试验压力 test pressure

管道、容器或设备进行耐压强度和气密性试验规定所要达到的压力。

2.0.9 额定工作压力 rated working pressure

指锅炉及压力容器出厂时所标定的最高允许工作压力。

2.0.10 管道配件 pipe fittings

管道与管道或管道与设备连接用的各种零、配件的统称。

2.0.11 固定支架 fixed trestle

限制管道在支撑点处发生径向和轴向位移的管道支架。

2.0.12 活动支架 movable trestle

允许管道在支撑点处发生轴向位移的管道支架。

2.0.13 整装锅炉 integrative boiler

按照运输条件所允许的范围，在制造厂内完成总装整台发运的锅炉，也称快装锅炉。

2.0.14 非承压锅炉 boiler without bearing

以水为介质，锅炉本体有规定水位且运行中直接与大气相通，使用中始终与大气压强相等的固定式锅炉。

2.0.15 安全附件 safety accessory

为保证锅炉及压力容器安全运行而必须设置的附属仪表、阀门及控制装置。

2.0.16 静置设备 still equipment

在系统运行时，自身不做任何运动的设备，如水箱及各种罐类。

2.0.17 分户热计量 household-based heat metering

以住宅的户（套）为单位，分别计量向户内供给的热量的计量方式。

2.0.18 热计量装置 heat metering device

用以测量热媒的供热量的成套仪表及构件。

2.0.19 卡套式连接 compression joint

由带锁紧螺帽和丝扣管件组成的专用接头而进行管道连接的一种连接形式。

2.0.20 防火套管 fire-resisting sleeves

由耐火材料和阻燃剂制成的，套在硬塑料排水管外壁可阻止火势沿管道贯穿部位蔓延的短管。

2.0.21 阻火圈 firestops collar

由阻燃膨胀剂制成的，套在硬塑料排水管外壁可在发生火灾时将管道封堵，防止火势蔓延的套圈。

3.3 基 本 规 定

3.1 质量管理

3.1.1 建筑给水、排水及采暖工程施工现场应具有必要的施工技术标准、健全的质量管理体系和工程质量检测制度，实现施工全过程质量控制。

3.1.2 建筑给水、排水及采暖工程的施工应按照批准的工程设计文件和施工技术标准进行施工。修改设计应有设计单位出具的设计变更通知单。

按《建设工程质量管理条例》精神，施工图设计文件必须经过审查批准方可施工使用的要求。

常见问题：

（1）未办理设计变更手续；

（2）重大设计变更未经图纸审查机构审查。

3.1.3 建筑给水、排水及采暖工程的施工应编制施工组织设计或施工方案，经批准后方可实施。

按《建筑工程施工质量验收统一标准》（GB 50300—2013）要求，事实证明，施工组织设计或施工方案对指导工程施工和提高施工质量，明确质量验收标准确有实效，同时监理或建设单位审查利于互相遵守。

常见问题：

（1）施工组织设计或施工方案不具体、缺少针对性；

（2）施工组织设计或施工方案未经审查。

3.1.4 建筑给水、排水及采暖工程的分部、分项工程划分见附录 A。

关于分项工程的划分，《建筑工程施工质量验收统一标准》（GB 50300—2013）已做了规定，具体可参照本书第 2 章。

3.1.5 建筑给水、排水及采暖工程的分项工程，应按系统、区域、施工段或楼层等划分。分项工程应划分成若干个检验批进行验收。

该条提出了结合本专业特点，分项工程应按系统、区域、施工段或楼层等划分。又因为每个分项有大有小，所以增加了检验批。如：一个 30 层楼的室内给水系统，可按每 10 层或每 5 层一个检验批。这样既便于施工划分，也便于检查记录。如：一个 5 层楼的室内排水系统，可以按每单元一个检验批进行验收检查。

3.1.6 建筑给水、排水及采暖工程的施工单位应当具有相应的资质。工程质量验收人员应具备相应的专业技术资格。

按《条例》精神，结合调研发现建筑工程中，给水、排水或供暖工程的施工单位，有很多小包工队不具备施工资质，没有执行的技术标准，建设单位或总包单位为了降低成本，有意肢解发包工程，所以增加此条，加强建筑市场的管理。调研中还了解到验收人员中行政管理人员居多，专业技术人员太少或技术资格不够，故增加此内容。

3.2 材料设备管理

3.2.1 建筑给水、排水及采暖工程所使用的主要材料、成品、半成品、配件、器具和设备必须具有中文质量合格证明文件，规格、型号及性能检测报告应符合国家技术标准或设计要求。进场时应做检查验收，并经监理工程师核查确认。

该条符合《建设工程质量管理条例》精神，经多年实用可行。按现行市场管理体制，增加了适应国情的中文质量证明文件及监理工程师核查确认。

常见问题：

(1) 合格证明文件、性能检测报告不齐全；

(2) 材料的品种、规格与图纸设计不符；

(3) 缺少《材料、设备进场验收记录》；

(4) 未进行见证检测。

3.2.2 所有材料进场时应对品种、规格、外观等进行验收。包装应完好，表面无划痕及外力冲击破损。

进场材料验收对提高工程质量是非常必要的，在对品种、规格、外观加强验收的同时，应对材料包装表面情况及外力冲击进行重点检验。

常见问题：

(1) 材料的品种、规格与图纸设计不符；

(2) 未进行外观检查、验收。

3.2.3 主要器具和设备必须有完整的安装使用说明书。在运输、保管和施工过程中，应采取有效措施防止损坏或腐蚀。

进场的主要器具和设备应有安装使用说明书是抓好工程质量的重要一环。调研中了解到器具和设备在安装上不规范、不正确的安装满足不了使用功能的情况时有出现，运行调试不按程序进行导致器具或设备损坏，所以增加此内容。在运输、保管和施工过程中对器具和设备的保护也很重要，措施不得当就有损坏和腐蚀情况的发生。

3.2.4 阀门安装前，应作强度和严密性试验。试验应在每批（同牌号、同型号、同规格）数量中抽查10%，且不少于一个。对于安装在主干管上起切断作用的闭路阀门，应逐个作强度和严密性试验。

目前国内小型阀门厂很多，但质量问题也很多，国内大企业或合资企业的阀门质量相对较好。

3.2.5 阀门的强度和严密性试验，应符合以下规定：阀门的强度试验压力为公称压力的1.5倍；严密性试验压力为公称压力的1.1倍；试验压力在试验持续时间内保持不变，且壳体填料及阀瓣密封面无渗漏。阀门试压的试验持续时间应不少于表3.2.5（本书表3.3.1）的规定。

阀门试验持续时间 表3.3.1

公称直径 DN（mm）	最短试验持续时间（s）		
	严密性试验		强度试验
	金属密封	非金属密封	
≤50	15	15	15
65～200	30	15	60
250～450	60	30	180

阀门规格型号符合设计要求，阀体铸造规范，表面光洁、无裂纹，开关灵活、关闭严密，填料密封完好无渗漏，手轮完整、无损坏。

常见问题：

（1）未按要求抽查试验；

（2）抽查的数量不符合要求；

（3）试验的结果不符合要求；

（4）缺少《阀门试验记录》。

3.2.6　管道上使用冲压弯头时，所使用的冲压弯头外径应与管外径相同。

非标准冲压弯头有使用现象，缩小了管径，外观也不美观，故增加此条。

常见问题：

冲压弯头的外径与壁厚与管材的外径与壁厚不一致。

3.3　施工过程质量控制

3.3.1　建筑给水、排水及采暖工程与相关专业之间，应进行交接质量检验，并形成记录。

按《条例》和《统一标准》精神，增加了此条，主要是解决相关各专业间的矛盾，落实中间过程控制。

常见问题：

（1）未进行质量交接检验；

（2）未填写《交接验收记录》。

3.3.2　隐蔽工程应隐蔽前经验收各方检验合格后，才能隐蔽，并形成记录。

隐蔽工程出现的问题较多，处理较困难，给使用者、用户和管理者带来很多麻烦。

常见问题：

（1）未对隐蔽工程进行隐蔽验收；

（2）隐蔽工程验收不合格；

（3）缺少《管道隐蔽验收记录》。

3.3.3　地下室或地下构筑物外墙有管道穿过的，应采取防水措施。对有严格防水要求的建筑物，必须采用柔性防水套管。

此条为强制性条文，如果忽略了此条内容或不够重视将造成严重的后果。应按设计要求选择防水套管，常见防水套管有两种：一种是柔性防水套管，另一种为刚性防水套管。

常见问题：

（1）防水套管的加工制作不符合《给排水标准图集》的要求。

（2）防水套管的安装不符合《给排水标准图集》及设计的要求。

3.3.4　管道穿过结构伸缩缝、抗震缝及沉降缝敷设时，应根据情况采取下列保护措施：

1　在墙体两侧采取柔性连接。

2　在管道或保温层外皮上、下部留有不小于150mm的净空。

3　在穿墙处做成方形补偿器，水平安装。

有些工程项目在伸缩缝、抗震缝及沉降缝处的管道安装，由于处理不当，使用中出现变形破裂现象，对建筑物造成影响，应有相应保护措施。

常见问题：

在伸缩缝、抗震缝及沉降缝处的管道安装未采取保护措施。

3.3.5 在同一房间内，同类型的采暖设备、卫生器具及管道配件，除有特殊要求外，应安装在同一高度上。

常见问题：

同一房间、同类型的采暖设备、卫生器具及管道配件高度不一致、偏差大。

3.3.6 明装管道成排安装时，直线部分应互相平行。曲线部分：当管道水平或垂直并行时，应与直线部分保持等距；管道水平上下并行时，弯管部分的曲率半径应一致。

常见问题：

管道安装不平行、弯管部分的曲率半径不一致。

3.3.7 管道支、吊、托架的安装，应符合下列规定：

1 位置正确，埋设应平整牢固。

2 固定支架与管道接触应紧密，固定应牢靠。

3 滑动支架应灵活，滑托与滑槽两侧间应留有3～5mm的间隙，纵向移动量应符合设计要求。

4 无热伸长管道的吊架、吊杆应垂直安装。

5 有热伸长管道的吊架、吊杆应向热膨胀的反方向偏移。

6 固定在建筑结构上的管道支、吊架不得影响结构的安全。

管道支架制作安装检查：

1. 管道支架、支座的制作应按照图样要求进行施工，代用材料应取得设计的同意；支吊架的受力部件，如横梁、吊杆及螺栓等的规格应符合设计及有关技术标准的规定。管道支吊架的下料、钻孔应采用专业的机具加工，不得采用氧炔焰下料、吹孔。管道支吊架、支座及零件的焊接应遵守结构件焊接工艺。焊缝高度不应小于焊件最小厚度，并不得有漏焊、夹渣或焊缝裂纹等缺陷，制作合格的支吊架，应进行防腐处理并妥善保管。

2. 管道支架的放线定位。首先根据设计要求定出固定支架和补偿器的位置；根据管道设计标高，把同一水平面直管段的两端支架位置画在墙上或柱上。根据两点间的距离和坡度大小，算出两点间的高度差，标在末端支架位置上；在两高差点拉一根直线，按照支架的间距在墙上或柱上标出每个支架位置。如果土建施工时，在墙上如预留有支架孔洞或在钢筋混凝土构件上预埋了焊接支架的钢板，应采用上述方法进行拉线校正，然后标出支架的实际安装位置。

3. 支吊架安装的一般要求：支架横梁应牢固地固定在墙、柱或其他结构上，横梁长度方向应水平。顶面应与管中心线平行；固定支架必须严格地安装在设计规定位置，并使管子牢固地固定在支架上。在无补偿器、有位移的直管段上，不得安装一个以上的固定支架。活动支架不应妨碍管道由于热膨胀所引起的位移，其安装位置应从支承面中心向位移反向偏移，偏移值为位移之半；无热位移的管道吊架的吊杆应垂直安装，吊杆的长度应能调节；有热位移的管道吊杆应斜向位移相反的方向，按位移值的一半倾斜安装。补偿器两侧安装1～2个多向支架，使管道在支架上伸缩时不会偏移中心线。管道支架上管道离墙、柱及管子中间的距离应按设计图纸要求敷设。在墙上预留孔洞埋设支架时，埋设前应检查校正孔洞标高位置是否正确，深度是否符合设计要求和有关标准图的规定要求，无误后清除孔洞内的杂物灰尘，并用水将洞周围浇湿，将支架埋入，用 1∶3 水泥砂浆填充饱满。在钢筋混凝土构件预埋钢板上焊接支架时，先校正支架焊接的标高位置，清除预埋钢板上的杂物，校正后施焊，焊缝必须满焊。焊缝高度不得少于焊接件最小厚度。在混凝土梁、柱上用膨胀螺栓固定支架时，其膨胀螺栓的规格应符合设计文件及有关标准图集要求。各种管材安装支撑控制间距如表 3.3.2～表 3.3.4 所示。

4. 管道支架安装检查：支架结构多为标准设计。可按国标图集《给水排水标准图集》要求集中预制。现场安装中，托架安装工序较为复杂。结合实际情况可以选择栽埋法、膨胀螺栓法、射钉法、预埋焊接法、抱柱法安装。

1）栽埋法：适用于墙上直形横梁支架的安装。在已有的安装坡度线上，画出支架定位的十字线和打洞的方块线，即可打洞、浇水（用水壶嘴往洞顶上沿浇水，直至水从洞下沿流出，浇水可冲洗洞口杂物，并保证混凝土的强度）、填实砂浆直至抹平洞口，插栽支架横梁。埋栽横梁必须拉线（即将坡度线向外引出），使横梁端部 U 形螺栓孔中心对准安装中心线，即对准挂线后，填塞碎石挤实洞口，在横梁找平找正后，抹平洞口处灰浆表面。

2）膨胀螺栓法：适用于角形横梁在墙上的安装。按坡度线上支架定位十字线向下测量，画出上下两膨胀螺栓安装位置十字线后，用电钻钻孔。孔径等于套管外径，孔深为套管长度加 15mm 并与墙面垂直。清除孔内灰渣，套上锥形螺栓并拧上螺母，打入墙孔直至螺母与墙齐平，用扳手拧紧螺母直至胀开套管后，打横梁穿入螺栓，并用螺母紧固在墙上，螺栓需垂直、牢固。

3）射钉法：多用于角形横梁在混凝土结构上安装。按膨胀螺栓法定出射钉位置十字线，用射钉枪射入直径为 8～12mm 的射钉，用螺纹射钉紧固角形横梁。

4）预埋焊接法：在预埋的钢板上，弹上安装坡度线，作为焊接横梁的端面安装标高控制线，将横梁垂直焊在预埋钢板上，并使横梁端面与坡度线对齐，先电焊，校正后焊牢，焊缝饱满，清除焊渣表面，并有防腐措施。

5）抱柱法：管道沿柱子安装时，可用抱柱法安装支架。把柱上的安装坡度线用水平尺引至柱子侧面，弹出水平线作为抱柱托架端面的安装标高线，用两条双头螺栓把托架紧固于柱子上，托架安装一定要保持水平，螺母应紧固。

3.3.8 钢管水平安装的支、吊架间距不应大于表 3.3.8（本书表 3.3.2）的规定。

钢管管道支架的最大间距

表 3.3.2

公称直径（mm）		15	20	25	32	40	50	70	80	100	125	150	200	250	300
支架的最大间距（m）	保温管	2	2.5	2.5	2.5	3	3	4	4	4.5	6	7	7	8	8.5
	不保温管	2.5	3	3.5	4	4.5	5	6	6	6.5	7	8	9.5	11	12

3.3.9 采暖、给水及热水供应系统的塑料管及复合管垂直或水平安装的支架间距应符合表 3.3.9（本书表 3.3.3）的规定。采用金属制作的管道支架，应在管道与支架间加衬非金属垫或套管。

管径（mm）		12	14	16	18	20	25	32	40	50	63	75	90	110
最大间距（m）	立管	0.5	0.6	0.7	0.8	0.9	1.0	1.1	1.3	1.6	1.8	2.0	2.2	2.4
	水平管　冷水管	0.4	0.4	0.5	0.5	0.6	0.7	0.8	0.9	1.0	1.1	1.2	1.35	1.55
	水平管　热水管	0.2	0.2	0.25	0.3	0.3	0.35	0.4	0.5	0.6	0.7	0.8		

3.3.10　铜管垂直或水平安装的支架间距应符合表 3.3.10（本书表 3.3.4）的规定。

公称直径（mm）		15	20	25	32	40	50	65	80	100	125	150	200
支架的最大间距（m）	垂直管	1.8	2.4	2.4	3.0	3.0	3.0	3.5	3.5	3.5	3.5	4.0	4.0
	水平管	1.2	1.8	1.8	2.4	2.4	2.4	3.0	3.0	3.0	3.0	3.5	3.5

3.3.11　供暖、给水及热水供应系统的金属管道立管管卡安装应符合下列规定：

1　楼层高度小于或等于 5m，每层必须安装 1 个。

2　楼层高度大于 5m，每层不得少于 2 个。

3　管卡安装高度，距地面应为 1.5~1.8m，2 个以上管卡应匀称安装，同一房间管卡应安装在同一高度上。

3.3.12　管道及管道支墩（座），严禁铺设在冻土和未经处理的松土上。

常见问题：

（1）支架的制作不符合图纸或《给水排水标准图集》的要求；

（2）支架的固定不牢固；

（3）位置间距不符合要求。

3.3.13　管道穿过墙壁和楼板，应设置金属或塑料套管。安装在楼板内的套管，其顶部高出装饰地面 20mm；安装在卫生间及厨房内的套管，其顶部应高出装饰地面 50mm，底部应与楼板底面相平；安装在墙壁内的套管其两端与饰面相平。穿过楼板的套管与管道之间缝隙应用阻燃密实材料和防水油膏填实，端面光滑。穿墙套管与管道之间缝隙宜用阻燃密实材料填实，且端面应光滑。管道的接口不得设在套管内。

常见问题：

（1）过楼板套管顶部高度不够；

（2）套管高度不一致，套管中心线不一致；

（3）过墙套管两段凸出；

（4）套管间隙未用阻燃密实材料封堵。

3.3.14　弯制钢管，弯曲半径应符合下列规定：

1　热弯：应不小于管道外径的 3.5 倍。

2　冷弯：应不小于管道外径的 4 倍。

3　焊接弯头：应不小于管道外径的 1.5 倍。

4　冲压弯头：应不小于管道外径。

常见问题：

弯曲半径不符合要求，出现折痕、弯瘪现象。

3.3.15 管道接口应符合下列规定：

1 管道采用粘接接口，管端插入承口的深度不得小于表 3.3.15（本书表 3.3.5）的规定。

管端插入承口的深度 　　　　　　　　　表 3.3.5

公称直径（mm）	20	25	32	40	50	75	100	125	150
插入深度（mm）	16	19	22	26	31	44	61	69	80

塑料管粘接质量检查：

1）将管材切割为所需长度，两端必须平整，最好使用割管机进行切割。用中号钢锉刀将毛刺去掉并倒成 2×45°角，并在管子表面根据插口长度作出标识。

2）用干净的布清洁管材表面及承插口内壁，选用浓度适宜的胶粘剂，使用前搅拌均匀，涂刷胶粘剂时动作迅速，涂抹均匀。涂抹胶粘剂后，立即将管子旋转推入管件，旋转角度不大于 90°，应避免中断，一直推入到底，根据管材规格的大小轴向推力保持数秒到数分钟，然后用棉纱蘸丙酮擦掉多余的胶粘剂，把盖子盖好，防止渗漏和挥发，用丙酮或其他溶剂清洗刷子。

3）立管和横管按规定设置伸缩节，横管伸缩节应采用锁紧式橡胶管件。当管径大于或等于 100mm 时，横干管宜采用弹性橡胶密封圈连接形式，当设计对伸缩节无规定时，管端插入伸缩节处。预留的间隙：夏季为 5～10mm，冬季为 15～20mm。管端插入伸缩节前，可在管端上作标记或在管端上设置固定卡。

4）粘接面必须保持干净，严禁在下雨或潮湿的环境下进行粘接；不使用脏的刷子或不同材料使用过的刷子进行粘接操作；不能用脏的或有油的棉纱擦管子和管件接口部分；不能在接近火源或有明火的地方进行操作。

2 熔接连接管道的结合面应有一均匀的熔接圈，不得出现局部熔瘤或熔接圈凸凹不匀现象。

塑料给水管道热熔连接检查：

1）将热熔工具接通电源，工作温度指示灯亮后方能开始操作。

2）切割管材时，必须使端面垂直于管轴线。管材切断一般使用管子割刀或管道切割机，必要时可使用锋利的钢锯，切割后管材断面应去除毛边和毛刺。

3）管材与管件连接端面必须清洁、干燥、无油。

4）用卡尺和合适的笔在管端测量并标绘出热熔深度，热熔深度应符合表 3.3.6 的规定。

热熔连接技术要求 　　　　　　　　　表 3.3.6

公称外径（mm）	热熔深度（mm）	加热时间（s）	加工时间（s）	冷却时间（min）
20	14	5	4	3
25	16	7	4	3
32	20	8	4	4
40	21	12	6	4
50	22	18	6	5

公称外径（mm）	热熔深度（mm）	加热时间（s）	加工时间（s）	冷却时间（min）
63	24	24	6	5
75	26	30	10	8
90	32	40	10	8
110	38.5	50	15	>10

注：1. 本表摘自 DGJ32/J39—2006 表 3.2.7-2。
　　2. 若环境温度小于 5℃，加热时间延长 50%。

5）熔接弯头或三通时，按设计图纸要求，应注意其方向，在管件和管材的直线方向上，用辅助标志标出位置。

6）连接时，应旋转地把管端导入加热套内，插入到所标志的深度，同时，无旋转地把管件推到加热头上，到达规定标识处。加热时间必须满足表 3.3.6 的规定（也可按热熔工具生产厂家的规定）。

7）达到加热时间后，立即把管材与管件从加热套的加热头上同时取下，迅速地、无旋转地、直线均匀地插入到所标示的深度，使接头处形成均匀凸缘。在规定的加工时间内，刚熔接好的接头还可校正，但严禁旋转。

8）在整个熔接区周围，必须有均匀环绕的溶液瘤；熔接过程中，管子和管件平行移动；所有熔接连接部位必须完全冷却；正常情况下规定，最后一个熔接过程结束，1h 后才能进行压力试验；对熔接管工必须经过培训；严格控制加热时间、冷却时间、插入深度及加热温度；管子和管件必须应用有吸附能力的。

3 采用橡胶圈接口的管道，允许沿曲线敷设，每个接口的最大偏转角不得超过 2°。

4 法兰连接时衬垫不得凸入管内，其外边缘接近螺栓孔为宜。不得安放双垫或偏垫。

5 连接法兰的螺栓，直径和长度应符合标准，拧紧后，突出螺母的长度不应大于螺杆直径的 1/2。

法兰连接质量检查：

1）安装法兰连接前的检查：法兰的各部分加工尺寸应符合标准或设计要求，法兰表面应光滑，不得有砂眼、裂纹、斑点、毛刺等降低法兰强度和连接可靠性的缺陷。法兰垫片是成品时应检查核实其材质，尺寸应符合标准和设计要求，软垫片质地柔韧，无老化变质现象，表面不应有折损皱纹缺陷，法兰垫片无成品时，应现场根据需要自行加工，加工方法有手工剪制和工具刃割两种。手工剪制时，常剪成手柄式，以便安装调整垫片位置。法兰垫片安装时应根据管道输送的介质、温度、压力选用符合设计及标准要求的软垫片，不可在法兰间同时垫两块垫片。螺栓及螺母的螺纹应完整，无伤痕、无毛刺等缺陷，螺栓、螺母应配合良好，无松动和卡塞现象。

2）法兰连接安装检查：法兰与管子组装前对管子端面进行检查，管口端面倾斜尺寸不得大于 1.5mm；法兰与管子组装时要用角尺检查法兰的垂直度，法兰连接的平行度偏差尺寸当设计无明确规定时，则不应大于法兰外径的 1.5mm，且不应不大于 2mm；法兰与法兰对接时，密封面应保持平衡，见表 3.3.7。

法兰公称直径 DN（mm）	在下列标称压力下的允许偏差（最大间隙－最小间隙）（mm）		
	PN<1.6MPa	1.6≤PN≤6.0MPa	PN>6.0MPa
≤100	0.2	0.10	0.05
>100	0.3	0.15	0.06

注：本表摘自 DGJ32/J39—2006 表 3.2.7-1。

为了便于装拆法兰紧固螺栓，法兰平面距支架和墙面的距离不应小于 200mm；拧紧螺栓时应对称成十字交叉进行，以保障垫片各处受力均匀，拧紧后螺栓露出丝扣的长度不应大于螺栓直径的一半，并不应小于 2mm。

6　螺栓连接管道安装后的管螺纹根部应有 2～3 扣的外露螺纹，多余的麻丝应清理干净并做防腐处理。

螺纹连接过程质量检查：

管螺纹连接时，一般均用填料。螺纹加工和连接方法要正确。不论是手工或机械加工，加工后的管螺纹都应端正、清楚、完整、光滑。断丝和缺丝总长不得超过全螺纹长度的 10％。螺纹连接时，应在管端螺纹外面敷上填料，用手拧入 2～3 扣，再用管子钳一次装进，不得倒回。装紧后应留有螺尾。管道连接后，应把挤到螺栓外面的填料清除掉。填料不得挤入管道，以免阻塞管路。一氧化铅与甘油混合后，需要在 10min 内完成，否则就会硬化，不得再用。各种填料在螺纹里只能使用一次，若螺纹拆卸，重新装紧时，应更换填料。螺纹连接应选用合适的管钳，不得在管子钳的手柄上加套管增长手柄来拧紧管子。

7　承插口采用水泥捻口时，油麻必须清洁、填塞密实，水泥应捻入并密实饱满，其接口面凹入承口边缘的深度不得大于 2mm。

8　卡箍（套）式连接两管口端应平整、无缝隙，沟槽应均匀，卡紧螺栓后管道应平直，卡箍（套）安装方向应一致。

常见问题：

（1）塑料管粘结涂胶不均匀、漏涂；

（2）热熔连接接头出现熔瘤、熔接圈凹凸不匀；

（3）螺纹连接外露螺纹多，接头未清理、刷油；

（4）卡箍（套）式连接管道端口不平整、连接后管道不平直。

3.3.16　**各种承压管道系统和设备应做水压试验，非承压管道系统和设备应做灌水试验。**

本条为强制性条文，提出水压试验及灌水试验的总体要求。

3.4　室内给水系统安装

4.1　一般规定

4.1.1　本章适用于工作压力不大于 1.0MPa 的室内给水和消火栓系统管道安装工程的质量检验与验收。

为适应当前高层建筑室内给水和消火栓系统工作压力的需求，经调研和组织专家论证，将其工作压力限定在不大于 1.0MPa 是合适的。

4.1.2　**给水管道必须采用与管材相适应的管件。生活给水系统所涉及的材料必须达到饮**

用水卫生标准。

本条为强制性条文。目前市场上可供选择的给水系统管材种类繁多，每种管材均有自己的专用管道配件及连接方法，故强调给水管道必须采用与管材相适应的管件，以确保工程质量。为防止生活饮用水在输送中受到二次污染，也强调了生活给水系统所涉及的材料必须达到饮用水卫生标准。

管道的配件应采用与管材相应的材料，其工作压力与管道相匹配。管道的管件须由生产厂家与管道配套一起供应。塑料管与配水器具连接应采用镶嵌金属材料的注塑件或经增强处理的塑料管件，不得采用纯塑料内螺纹管件。铜管与钢制设备的连接应采用铜合金配件。严禁在薄壁不锈钢管上套丝，对允许偏差不同的管材、管件，不得互换使用。

1. 材料外观质量检查：

（1）镀塑镀锌碳素钢管及管件规格种类应符合设计要术，管壁内外镀锌均匀，无锈蚀、飞刺。管件无偏扣、乱扣、丝扣不全或角度不准等现象。

（2）使用的钢材（型材）外观整洁、平滑，不得有影响其使用功能的缺陷存在。

（3）聚乙烯类给水管、复合管及管件应符合设计要求，管材和管件内外壁应光滑、平整，无裂纹、脱皮、气泡，无明显的痕迹、凹痕和严重的冷斑，管材轴线不得有扭曲或弯曲，其直线度偏差应不小于1％，且色泽一致；管材端口必须垂直于轴线，并且平整；合模缝、浇口应平整，无开裂。管件应完整，无缺损、变形；管材和管件的壁厚偏差不得超过14％；管材的外径、壁厚及其公差应满足相应的技术要求。

（4）建筑给水铜管应采用 TP2 牌号铜管，并宜采用硬态铜管。当管径不大于 DN25 时，可采用半硬态铜管。

（5）铜及铜合金管、管件内外表面应光滑、清洁，不得有裂缝、起层、凹凸不平、绿锈等现象。

（6）管材、管件接口的尺寸应相匹配。弯头宜采用半径 R（R 不包括承口深度）等于公称直径 DN 的大曲率半径弯头。

2. 室内给水管材、管件检查：

（1）室内给水镀锌钢管应符合《低压流体输送用焊接钢管》GB/T 3091 标准的规定。

镀锌钢管是室内给水工程中常用的管材，按其壁厚不同分为薄壁管、普通管和加厚管三种。薄壁管不宜输送介质，普通管工作压力 $PN＝1.0MPa$，加厚管工作压力 $PN＝1.6MPa$。

给水硬聚氯乙烯管材适用于温度不大于 45℃、工作压力不大于 0.6MPa 的给水系统。

（2）给水硬聚氯乙烯（PVC-U）管材、管件必须符合《给水用聚氯乙烯（PVC-U）管材》（GB/T 10002.1）标准和《给水用硬聚氯乙烯管件》（GB/T 10002.2）的要求。

给水聚丙烯管材（PPR）是聚丙烯树脂经挤出成型而得，按压力分为Ⅰ、Ⅱ、Ⅲ型，其常温工作压力下：Ⅰ型为 0.4MPa，Ⅱ型为 0.6MPa，Ⅲ型为 0.8MPa。给水聚丙烯（PPR）管材、管件应符合《冷热水用聚丙烯管道系统 第 1 部分：总则》（GB/T 18742.1）、《冷热水用聚丙烯管道系统 第 2 部分：管材》（GB/T 18742.2）和《冷热水用聚丙烯管道系统 第 3 部分：管件》（GB/T 18742.3）的要求。

（3）给水聚乙烯（PE）管道长期工作温度不大于 40℃，必须符合《给水用聚乙烯（PE）管材》（GB/T 13663）的要求；交联聚乙烯（PE-X）管道长期工作温度不大于 90℃，必须符合《冷热水用交联聚乙烯（PE-X）管道系统》（GB/T 18992）的要求；耐热聚乙烯（PE-RT）管道长期工作温度不大于82℃，必须符合《冷热水用耐热聚乙烯（PE-RT）管道系统　第1部分：总则》（GB/T 28799.1）、《冷热水用耐热聚乙烯（PE-RT）管道系统　第2部分：管材》（GB/T 28799.2）、《冷热水用耐热聚乙烯（PE-RT）管道系统　第3部分：管件》（GB/T 28799.3）及《冷热水用耐热聚乙烯（PE-RT）管道系统》（CJ/T 175）的要求。

（4）聚丁烯（PB）管是一种高分子惰性聚合物，管材必须符合《冷热水用聚丁烯（PB）管道系统第2部分：管材》（GB/T 19473.2）标准的规定，管件必须符合《冷热水用聚丁烯（PB）管道系统　第3部分：管件》（GB/T 19473.3）标准的规定。它具有很高的耐温性、持久性、化学稳定性和可塑性，该材料重量轻、柔韧性好、耐腐蚀，用于压力管道时耐高温特性尤为突出，可在95℃下长期使用，最高使用温度可达110℃，适用于给水、热水和采暖系统。

（5）HDPE管材必须符合《给水用高密度聚乙烯管材》（GB/T 13663）标准的规定，管材和管件配合良好，并配套齐全，材料抗冲击、抗开裂、耐老化、耐腐蚀，用于室内外给水系统。

（6）给水金属塑料复合管应符合《钢塑复合管》（GB/T 28897）标准，管件则由生产厂家配套供应。

（7）铜管分拉制铜管和挤制铜管，应分别符合《铜及铜合金拉制管》（GB/T 1527）和《铜及铜合金挤制管》（YS/T 662）标准规定。

（8）给水系统使用的薄壁不锈钢管。

采用卡压式连接的管件与管材。其内、外径允许偏差应分别符合现行国家标准《不锈钢卡压式管件组件　第1部分：卡压式管件》（GB/T 19228.1）和《不锈钢卡压式管件　第2部分：连接用薄壁不锈钢管》（GB/T 19228.2）的规定。其他连接方式的允许偏差应符合国家现行有关标准的规定。

常见问题：

（1）管件与管材不配套；

（2）给水材料无卫生许可批件；

（3）管材、管件的规格、型号与设计不符。

4.1.3　管径小于或等于100mm的镀锌钢管应采用螺纹连接，套丝扣时破坏的镀锌层表面及外露螺纹部分应做防腐处理；管径大于100mm的镀锌钢管应采用法兰或卡套式专用管件连接，镀锌钢管与法兰的焊接处应二次镀锌。

在给水系统使用镀锌钢管时，$DN \leqslant 100mm$镀锌钢管丝扣连接较多，同时使用中发现由于焊接破坏了镀锌层产生锈蚀十分严重，故要求管径小于或等于100mm的镀锌钢管应采用螺纹连接，并强调套丝后被破坏的镀锌层表面及外露螺纹部分应做防腐处理，以确保工程质量。管径大于100mm的镀锌钢管套丝困难，安装也不方便，故规定应采用法兰或卡箍（套）式等专用管件连接，并强调了镀锌钢管与法兰的焊接处应二次镀锌，防止锈蚀，以确保工程质量。

常见问题：

（1）镀锌钢管焊接、未做二次镀锌；

（2）外露螺纹及镀锌层破坏处未做防腐处理。

4.1.4　给水塑料管和复合管可以采用橡胶圈接口、粘接接口、热熔连接、专用管件连接及法兰连接等形式。塑料管和复合管与金属管件、阀门等的连接应使用专用管件连接，不得在塑料管上套丝。

综合目前市场上出现的各种塑料管和复合管生产厂家管道连接方式，列出室内给水管道可采用的连接方法及使用范围。

常见问题：

管件与管材不配套。

4.1.5　给水铸铁管管道应采用水泥捻口或橡胶圈接口方式进行连接。

给水铸铁管连接方式很多，本条列出的两种连接方式安装方便，问题较少，能保证工程质量。

4.1.6　铜管连接可采用专用接头或焊接，当管径小于22mm时宜采用承插或套管焊接，承口应迎介质流向安装；当管径大于或等于22mm时宜采用对口焊接。

调研时了解到，铜管安装连接时，普遍做法是参照制冷系统管道的连接方法。限制承插连接管径为22mm，以防管壁过厚易裂。

4.1.7　给水立管和装有3个或3个以上配水点的支管始端，均应安装可拆卸的连接件。

给水立管和装有3个或3个以上配水点的支管始端，要求安装可拆的连接件，主要是为了便于维修，拆装方便。

立管安装检查：

1. 立管明装：每层从上至下统一吊线安装卡件，将预制好的立管按编号分层排开，顺序安装。支管甩口均加好临时丝堵。立管阀门安装朝向应便于操作和修理。安装完后用线坠吊直找正，配合土建堵好楼板洞。

2. 立管暗装：竖井内立管安装的卡件宜在管井口设置型钢，上下统一吊线安装卡件。安装在墙内的立管应在结构施工中预留管槽，立管安装后吊直找正，用卡件固定。支管的甩口应露明并加好临时丝堵。

支管安装检查：

1. 支管明装：将预制好的支管接口依次逐段进行安装，根据管道长度适当加好临时固定卡，核定不同卫生器具的接口高度，并加好临时封堵。支管装有水表，水表位置先装上连接管，试压后在交工前拆下连接管，换装水表。

2. 支管暗装：确定支管高度后画线定位，剔出管槽，将预制好的支管敷在槽内，找平、找正定位后用勾钉固定。卫生器具的冷热水接口要做在明处，加好封堵。

4.1.8　冷、热水管道同时安装应符合下列规定：

1　上、下平行安装时热水管应在冷水管上方。

2　垂直平行安装时热水管应在冷水管左侧。

冷、热水管道同时安装，主要防止冷水管安装在热水管上方时冷水管外表面结露；垂直安装时热水管应在冷水管左侧，主要是便于管理、维修，并与使用功能相一致。

常见问题：

（1）未安装活接及法兰等可拆卸的连接件，不便维修、更换；

（2）冷、热水管的位置装反，影响使用功能。

4.2 给水管道及配件安装

主控项目

4.2.1 室内给水管道的水压试验必须符合设计要求。当设计未注明时，各种材质的给水管道系统试验压力均为工作压力的1.5倍，但不得小于0.6MPa。

检验方法：金属及复合管给水管道系统在试验压力下观测10min，压力降不应大于0.02MPa，然后降到工作压力进行检查，应不渗不漏；塑料管给水系统应在试验压力下稳压1h，压力降不得超过0.05MPa，然后在工作压力的1.15倍状态下稳压2h，压力降不得超过0.03MPa，同时检查各连接处不得渗漏。

强调室内给水管道试压必须按设计要求且符合规范规定，列为主控项目。检验方法分两档：金属及复合管。给水管道系统试压则参照CECS18：90及各塑料给水管生产厂家的有关规定，制定本条以统一检验方法。

管道试压：

室内给水管道试验压力为工作压力的1.5倍，且不应小于0.6MPa。铺设、暗装保温的给水管道在隐藏前做好水压试验。管道系统安装完成后再进行整体水压试验。水压试验时放净空气充满水后进行加压，当压力升到规定要求时停止加压，进行检查。如各接口和阀门均无渗漏，持续到规定时间，观察其压力下降在允许范围内，通知有关人员验收，办理交接手续。

然后把水泄净，遭破损的镀锌层和外露丝扣处做好防腐处理，再进行隐蔽工作。

常见问题：

（1）未按规定进行水压试验；

（2）水压试验的压力和时间不符合要求；

（3）缺少《承压管道系统（设备）强度和严密性水压试验记录》。

4.2.2 给水系统交付使用前必须进行通水试验并做好记录。

检查方法：观察和开启阀门、水嘴等放水。

为保证使用功能，强调室内给水系统在竣工后或交付使用前必须通水试验，并做好记录，以备查验。

常见问题：

（1）未按规定进行通水试验；

（2）缺少《给、排水系统及卫生器具通水试验记录》。

4.2.3 生活给水系统管道在交付使用前必须冲洗和消毒，并经有关部门取样检验，符合国家《生活饮用水标准》方可使用。

检验方法：检查有关部门提供的检测报告。

本条为强制性条文。

为保证水质、使用安全，强调生活饮用水管道在竣工后或交付使用前必须进行吹洗，除去杂物，使管道清洁，并经有关部门取样化验，达到国家《生活饮用水标准》是防止水质污染保证人身健康所采取的必要措施。

管道冲洗、消毒：

管道在试压完成后即可作冲洗，冲洗应用自来水连续进行，应保证充足的流量，并应进行消毒，经有关部门取样检验，符合国家《生活饮用水标准》方可使用。冲洗洁净、消毒后办理验收手续。

常见问题：

（1）未按规定进行冲洗和消毒；

（2）缺少《给水、热水、采暖管道系统冲洗记录》；

（3）无相关部门的水质检测报告。

4.2.4 室内直埋给水管道（塑料管道和复合管道除外）应做防腐处理。埋地管道防腐层材质和结构应符合设计要求。

检验方法：观察或局部解剖检查。

为延长使用寿命，确保使用安全，规定除塑料管和复合管本身具有防腐功能可直接埋地敷设外，其他金属给水管材埋地敷设均应按规定进行防腐处理。

管道的防腐：

给水管道铺设与安装部分防腐均按设计要求及国家验收规范进行施工，所有型钢支架及管道镀锌层破损处和外露丝扣要补刷防锈漆。

管道保温：

给水管道明装、暗装的管道保温有三种形式：管道防冻保温、管道防热损失保温、管道防结露保温。其保温材质及厚度均按设计要求，质量达到国家验收规范标准。

常见问题：

（1）未按规定进行防腐处理；

（2）防腐处理不符合要求。

一般项目

4.2.5 给水引入管与排水排出管的水平净距不得小于1m。室内给水与排水管道平行敷设时，两管间的最小水平净距不得小于0.5m；交叉铺设时，垂直净距不得小于0.15m。给水管应铺在排水管上面，若给水管必须铺在排水管下面时，给水管应加套管，其长度不得小于排水管管径的3倍。

检验方法：尺量检查。

给水管与排水管上、下交叉铺设，规定给水管应铺设在排水管上面，主要是为防止给水水质不受污染。如因条件限制，给水管必须铺设在排水管下面时，给水管应加套管，为安全起见，规定套管长度不得小于排水管管径的3倍。

各种埋地管道的平面位置，不得上下重叠，并尽量减少和避免互相间的交叉。给水管严禁在雨、污水检查井及排水管渠内穿越。

管道之间的平面净距检查：

1.满足管道敷设、砌筑阀门井、检查井等所需的距离。

2.满足使用后维护管理及更换管道时，不损坏相邻的地下管道、建筑物和构筑物的基础。

3.管道损坏时，不会冲刷、侵蚀建筑物及构筑物基础或造成生活用水管被污染，不会造成其他不良的后果。

常见问题：

埋地管道交叉、重叠。

4.2.6 管道及管件焊接的焊缝表面质量应符合下列要求：

1 焊缝外形尺寸应符合图纸和工艺文件的规定，焊缝高度不得低于母材表面，焊缝与母材应圆滑过渡。

2 焊缝及热影响区表面应无裂纹、未熔合、未焊透、夹渣、弧坑和气孔等缺陷。

检验方法：观察检查。

常见问题：

(1) 焊缝高度不够；

(2) 焊缝表面有夹渣、气孔、裂纹等缺陷。

4.2.7 给水水平管道应有2‰～5‰的坡度坡向泄水装置。

检验方法：水平尺和尺量检查。

给水水平管道设置坡度坡向泄水装置是为了在试压冲洗及维修时能及时排空管道的积水，尤其在北方寒冷地区，在冬季未正式供暖时管道内如有残存积水易冻结。

常见问题：

给水水平管道无坡度或坡度不够。

4.2.8 给水管道和阀门安装的允许偏差应符合表4.2.8（本书表3.4.1）的规定。

管道和阀门安装的允许偏差和检验方法　　　　表3.4.1

项次	项目			允许偏差（mm）	检验方法
1	水平管道纵横方向弯曲	钢管	每米全长25m以上	1≯25	用水平尺、直尺、拉线和尺量检查
		塑料管复合管	每米全长25m以上	1.5≯25	
		铸铁管	每米全长25m以上	2≯25	
2	立管垂直度	钢管	每米5m以上	3≯8	吊线和尺量检查
		塑料管复合管	每米5m以上	2≯8	
		铸铁管	每米5m以上	3≯10	
3	成排管段和成排阀门	在同一平面上间距		3	尺量检查

按使用要求选择不同类型的阀门（水嘴），一般按下列原则选择：

1. 管径不大于50mm时，宜采用截止阀，管道大于50mm时宜采用闸阀、蝶阀；

2. 需调节流量、水压时宜采用调节阀、截止阀；

3. 要求水流阻力小的部分（如水泵吸水管上），宜采用闸板阀、球阀、半球阀；

4. 水流需双向流动的管段上应采用闸阀，不得使用截止阀；

5. 安装空间小的部分宜采用蝶阀、球阀；

6. 在经常启闭的管段上，宜采用截止阀；

7. 口径较大的水泵出水管上应采用多功能阀。

常见问题：

(1) 水平度、垂直度超出了允许偏差的范围；

(2) 成排管段和阀门在同一平面上的间距超出了允许偏差的范围。

4.2.9 管道的支、吊架安装应平整牢固，其间距应符合本规范第3.3.8条、第3.3.9条或第3.3.10条的规定。

检查方法：观察、尺量及手扳检查。

管道支架应外观平整，结构牢固，间距应符合规范规定，属一般控制项目。

其立管管卡安装检查：

管卡安装高度，距地面应为 1.5～1.8m，两个以上管卡应匀称安装，同一个房间的管卡应安装在同一高度。

支吊架相关部位检查：

1. DN 小于等于 25mm 可采用塑料管卡；当采用金属管卡或吊架时，金属管卡与管道之间应采用塑料带或橡胶等软物隔垫。

2. 在给水栓及配水点处必须采用金属管卡或吊架固定，管卡或吊架宜设置在距配件 40～80mm 处。

3. 金属管卡与管道之间应采用塑料带或橡胶等隔垫，在金属管配件与给水聚丙烯管道连接部位，管卡应设在金属管配件一端。

4. 冷、热水管功用支、吊架时其间距应按照热水管要求确定。

活动支吊架不得支承在管道配件上，支承点距配件不宜小于 80mm。

伸缩接头的两侧应设置活动支架，支架距接头承口边不宜小于 80mm。

阀门和给水栓处应设支承点。

固定支架应采用金属件。紧固件应衬橡胶垫，不得损伤管材表面。

5. 管道应采用表面经过耐腐蚀处理的金属支承件，支承件应设在管道附件 50～100mm 处。

6. 管卡与管道表面应为面接触，且宜采用橡胶垫隔离。管道的卡箍、卡件与管道紧固部位不得损伤管壁。

7. 横管的任何两个接头之间应有支承。

8. 不得支承在接头上。

9. 沟槽式连接管道，无须考虑管道因热胀冷缩的补偿。

10. 配水点两端应设支承固定，支承件离配水点中心距不得大于 150mm。

11. 管道折角转弯时，在折转部位不大于 500mm 的位置应设支承固定。

12. 立管应在距地（楼）面 1.6～1.8m 处支承。穿越楼板处应作为固定支承点。

当采用钢件支架时，管道与支架间应设软隔垫。隔垫不得对管道产生腐蚀。

管道的固定支架设置的检查：

1）PVC-U 管：当直线管段大于 18m 时，应采取补偿管道伸缩的措施。采用弹性橡胶圈接口的给水管可不装设伸缩节。下列场合也应设固定支架：立管每层设一个固定支架（立管穿越楼板和屋面处视为固定支承点）；在管道安装阀门或其他附件、两个伸缩节之间、管道接出支管和连接用水配件处均应设固定支架；弹性橡胶圈密封柔性连接的管道，必须在承口部位设置固定支架，干管水流改变方向的位置也应设。

2）建筑给水聚乙烯类管道（PE、PE-X、PE-RT）：承插式柔性连接的管道，承口部位必须设固定支承，转弯管段的转弯部位双向应设栏墩，系统可不设伸缩补偿。管道穿越楼板时穿越部位宜设固定支承。立管距地 1.2～1.4m 处应设支承。管道与水表、阀门等金属管道附件连接时附件两端应设固定支承件。管道系统分流处应在干管部位一侧增设固定支承件。固定支承件应采用专用管件或利用管件固定。在计算管道伸缩量时，其计算管段长度宜取 8～12m（计算管段两端应设置固定支承）。

3）PVC-C 管：立管接出的横支管、横干管接出的立管和横支管接出的分支管均应偏置。偏置的自由臂与接出的立管、横干管、支管的轴线间距不得小于 0.2m。

当直线管段较长时，可设置相应专用伸缩器，伸缩器的压力等级应与管道设计压力匹配，且管段的最大伸缩量应小于伸缩器的最大补偿器。

4）铝塑复合管（PAP 管）：无伸缩补偿装置的直线管段，固定支承件的最大间距不宜大于 6m，采用管道伸缩补偿器的直线管段，固定支承件的间距应经计算确定，管道伸缩补偿器应设在两个固定支承件的中间部位。公称外径不大于 32mm 的管道，不计算温度变化引起的管的轴向伸缩补偿。公称外径不小于 40mm 的管道，当按间距不大于 6.0m 设置固定支承时，可不设置管道伸缩器。公称外径不小于 40mm 的管道系统，应尽量利用管道转弯，以悬臂段进行伸缩补偿；其最小自由臂长度应计算确定。在采用管道折角进行伸缩补偿时，悬臂端长度不应大于 3.0m，自由臂长度不应小于 300mm。

5）给水钢塑复合压力管：管道穿越楼板时，管道立管下端的水平转角部位应设固定支架。管道配水点两端应固定支架，支承件离配水点中心间距不得大于 150mm，管道折角转弯时，应在折转部位不大于 500mm 的位置设固定支架。

6）建筑给水铜管：铜管的固定支架应采用铜套管式固定支架，管道固定支架的间距应根据管道伸缩量，伸缩接头由允许伸缩量等因素确定。固定支架宜设置在变径、分支、接口处及所穿越的承重墙与楼板的两侧，垂直安装的配水干管应在其底部设固定支架。

常见问题：

（1）支、吊架的加工、制作不符合国标图集的要求；

（2）支、吊架间距不符合图纸及国标图集的要求；

（3）支、吊架固定不牢；

（4）缺少《管道支、吊架安装记录》。

4.2.10　水表应安装在便于检修、不受曝晒、污染和冻结的地方。安装螺翼式水表，表前与阀门应有不小于 8 倍水表接口直径的直线管段。表外壳距墙表面净距为 10～30mm；水表进水口中心标高按设计要求，允许偏差为 ±10mm。

检验方法：观察和尺量检查。

为保护水表不受损坏，兼顾南北方气候差异限定水表安装位置。对螺翼式水表，为保证水表测量精度，规定了表前与阀门间应有不小于 8 倍水表接口直径的直线管段。水表外壳距墙面净距应保持安装距离。

水表规格应符合设计要求，表壳铸造规范，无砂眼、裂纹，表玻璃无损坏，铅封完整。

应检查下列区域部位：

1. 小区的引入管。

2. 居住建筑和公共建筑的引入管。

3. 住宅和公寓的进户管。

4. 综合建筑的不同功能分区（如商场、餐饮等）或不同用户的进水管。

5. 浇洒道路和绿化用水的配水管上。

6. 必须计量的用水设备（如锅炉、水加热器、冷却塔、游泳池、喷水池及中水系统等）的进水管或补水管上。

7. 收费标准不同的应分设水表。

水表安装检查：

1. 旋翼式水表和垂直螺翼式水表应水平安装；水平螺翼式和容积式水表可根据实际情况确定水平、倾斜或垂直安装；当垂直安装时水流方向必须自下而上。

2. 水表前后直线管段的最小长度，应符合水表的产品样本的规定，一般可按下列要求确定：

1）螺翼式水表的前端应有 8～10 倍水表公称直径的直管段；

2）其他类型水表前后，宜有不小于 300mm 的直管段。

常见问题：

（1）水表的安装位置不符合要求；

（2）水表前后的直线管段不符合要求。

4.3 室内消火栓系统安装

主控项目

4.3.1 室内消火栓系统安装完成后应取屋顶层（或水箱间内）试验消火栓和首层取二处消火栓做试射试验，达到设计要求为合格。

检验方法：实地试射检查。

室内消火栓给水系统在竣工后均应做消火栓试射试验，以检验其使用效果，但不能逐个试射，故选取有代表性的三处：屋顶（北方一般在屋顶水箱间等室内）试验消火栓和首层取两处消火栓。屋顶试验消火栓试射可检验两股充实水柱同时到达本消火栓应到达的最远点的能力。

常见问题：

（1）未做试射试验；

（2）试射试验不符合要求；

（3）缺少《消火栓系统试射试验记录》

一般项目

4.3.2 安装消火栓水龙带，水龙带与水枪和快速接头绑扎好后，应根据箱内构造将水龙带挂放在箱内的挂钉、托盘或支架上。

检查方法：观察检查。

施工单位在竣工时往往不按规定把水龙挂在消火栓箱内挂钉或水龙带卷盘上，而将水龙带卷放在消火栓箱内交工，建设单位接管后必须重新安装，否则失火时会影响使用。

4.3.3 箱式消火栓的安装应符合下列规定：

1 栓口应朝外，并不应安装在门轴侧。

2 栓口中心距地面为 1.1m，允许偏差±20mm。

3 阀门中心距箱侧面料 140mm，距箱后内表面为 100mm，允许偏差±5mm。

4 消火栓箱体安装的垂直度允许偏差为 3mm。

检验方法：观察和尺量检查。

箱式消火栓的安装，其栓口朝外并不应安装在门轴侧主要是取用方便；栓口中心距地面为 1.1m 符合现行防火设计规范规定。控制阀门中心距侧面及后内表面距离，规定允许偏差，给出箱体安装的垂直度允许偏差均是为了确保工程质量和检验方便。

常见问题：

（1）消火栓的高度偏差大；

（2）消火栓的位置偏差大。

4.4 给水设备安装

主控项目

4.4.1 水泵就位前的基础混凝土强度、坐标、标高、尺寸和螺栓孔位置必须符合设计规定。

检验方法：对照图纸用仪器和尺量检查。

为保证水泵基础质量，对水泵就位前的混凝土强度、坐标、标高、尺寸和螺栓孔位置按设计要求进行控制。

1. 基础的平面尺寸（长、宽）可按下列方式确定：

1）水泵和电机共用底盘的机组：

基础长度按底盘长度加 0.2~0.3m 计算；

基础宽度按底盘螺孔间距（在宽度方向）加不小于 0.3m 计。

2）无底盘的机组：

基础长度按水泵和电机最外端螺孔间距加 0.4~0.6m 并长于水泵加电机的总长；

基础宽度按水泵和电机最外端螺孔间距（取其宽者）加 0.4~0.6m。

2. 基础的厚度应按计算确定，但不应小于 0.5m，且应大于地脚螺栓埋入长度加 0.1~0.5m。地脚螺栓埋入基础长度应为 20 倍螺栓直径；螺栓叉尾长大于 4 倍螺栓直径。

3. 为了便于水泵机组的安装，一般采用预留地脚螺栓孔方式。根据技术资料提供的地脚螺栓的平面尺寸设置螺栓孔（一般为 100mm×100mm 或 150mm×150mm）。螺栓孔中心距基础边缘大于 150~200mm，螺栓孔边缘与泵基础边缘相距不得小于 100~150mm，螺栓孔深度要大于螺栓埋入总长 30~50mm。预留孔在地脚螺栓埋入后用 C20 细混凝土填灌固结。

4. 基础重量一般应大于 2.5~4.5 倍机组重量。基础顶面一般要高出地坪 0.1~0.2m。

常见问题：

（1）未按规定进行设备基础的交接验收；

（2）缺少《设备基础交接验收记录》。

4.4.2 水泵试运转的轴承温升必须符合设备说明书的规定。

检验方法：温度计实测检查。

为保证水泵运行安全，其试运转的轴承温升值必须符合设备说明书的限定值，《风机、压缩机、泵安装工程施工及验收规范》（GB 50275—2010）规定。

4.4.3 敞口水箱的满水试验和密闭水箱（罐）的水压试验必须符合设计与本规范的规定。

检验方法：满水试验静置 24h 观察，不渗不漏；水压试验在试验压力下 10min 压力不降，不渗不漏。

敞口水箱是无压的，做满水试验检验其是否渗漏即可。而密闭水箱（罐）是与系统连在一起的，其水压试验应与系统相一致，即以其工作压力的 1.5 倍做水压试验。

常见问题：

（1）未做满水试验或水压试验；

（2）满水试验或水压试验不合格；

（3）缺少《敞开水箱满水试验记录》；

（4）缺少《承压管道系统（设备）强度和严密性水压试验记录》。

一般项目

4.4.4　水箱支架或底座安装，其尺寸及位置应符合设计规定，埋设平整牢固。

检验方法：对照图纸，尺量检查。

为使用安全，水箱的支架或底座应构造正确，埋设平整牢固，其尺寸及位置应符合设计规定。

4.4.5　水箱溢流管和泄放管应设置在排水地点附近但不得与排水管直接连接。

检验方法：观察检查。

水箱的溢流管和泄放管设置应引至排水地点附近是满足排水方便；不得与排水管直接连接，一定要断开是防止排水系统污物或细菌污染水箱水质。

建筑物的生活用水低位贮水池（箱），其外壁与建筑本体结构墙面或其他池壁之间的净距，应满足施工或装配的需要。无管道的侧面，净距不宜小于 0.7m；安装管道的侧面，净距不宜小于 1.0m，且管道外壁与建筑本体墙面之间的通道宽度不宜小于 0.6m；设有人孔的池顶，顶板面与建筑本体楼板的净空一般不宜小于 1.5m，因条件所限，最小不应小于 0.8m；高位水箱箱壁与水箱间墙壁及箱顶与水箱间顶面的净距也应符合上述要求；其箱底与水箱地面的净距，当有管道敷设时不宜小于 0.8m。水箱布置间距应符合表 3.4.2 的要求。

水箱布置间距（m） 表 3.4.2

给水水箱形式	箱外壁至墙面的净距		水箱之间的距离	箱顶至建筑结构最低点的距离	人孔盖顶至房间顶板的距离	最低水位至水管止回阀的距离
	有阀门一侧	无阀门一侧				
圆形	0.8	0.5	0.7	0.6	1.5 (0.8)	0.8
矩形	1.0	0.7	0.7	0.6	1.5 (0.8)	0.8

注：本表摘自《全国民用建筑工程设计技术措施给水排水》表 2.8.8。

水池（箱）设置溢流管时，溢流管的管径应按排泄最大入流量确定，一般比进水管大一级；溢流管宜采用水平喇叭口集水，喇叭口下的垂直管段不宜小于 4 倍溢流管管径，溢水口应高出最高水位不小于 0.1m。溢流管上不得装阀门。

水池（箱）泄水管的管径应按水池（箱）泄空时间和泄水受体的排泄能力确定，小区或建筑物的低位水池（箱）一般可按 2h 内将池内存水全部泄空计算，也可按 1h 内放空池内 500mm 的贮水深度计。但管径最小不得小于 100mm。高位水箱的泄水管，当无特殊要求时，其管径可比进水管管径缩小 1～2 级，但不得小于 50mm。泄水管上应设阀门，阀门后可与溢水管相连，并应采用间接排水方式。

泄水管一般宜从池（箱）底接出，若因条件不许可泄水管必须从侧壁接出时，其管内底应和池（箱）底最低处平。当贮水池的泄水管不可能自流完全泄空水池或无法设置泄水管时，应设置移动或固定的提升装置。

4.4.6　立式水泵的减振装置不应采用弹簧减振器。

检验方法：观察检查。

因弹簧减振器不利于立式水泵运行时保持稳定，故规定立式水泵的减振装置不应采用弹簧减振器。

水泵机组隔振应根据水泵型号规格、水泵机组转速、系统质量和安装位置、荷载值、频率比要求等因素选用隔振元件。立式水泵宜采用橡胶隔振器。

管道隔振检查：

1. 管内压力、流速均按规定选用，防止因压力过大、流速过快而引起噪声，当放噪声要求高时，配水支管与卫生器具配水件的连接宜采用软管连接，配水管起端设置水锤吸纳装置。

2. 管道不宜穿过有较高安静要求的房间，如卧室、病房、录音室、阅览室等。

3. 当卫生间紧贴卧室等需要安静的房间时其管道应布置在不靠卧室的墙角。旅馆客房的卫生间其立管应布置在门朝走廊的管井内。

4. 管道穿越楼板和墙处，管道外壁与洞口之间填充弹性材料。

5. 敷设在墙槽内的管道，宜在管道外壁缠绕厚度不小于10mm的毛毡或沥青毡。

6. 管道的支吊架应考虑隔振要求，宜在管道外壁与卡环之间衬垫厚度不小于5mm的橡胶或其他弹性材料。对隔振要求高的地方应采用隔振支架。

4.4.7 室内给水设备安装的允许偏差应符合表4.4.7（本书表3.4.3）的规定。

室内给水设备安装的允许偏差和检验方法　　　　　　　　表3.4.3

项次	项目		允许偏差（mm）	检验方法
1	静置设备	坐标	15	经纬仪或拉线、尺量
		标高	±5	用水准仪、拉线和尺量检查
		垂直度（每米）	5	吊线和尺量检查
2	离心式水泵	立式泵体垂直度（每米）	0.1	水平尺和塞尺检查
		卧式泵体水平度（每米）	0.1	水平尺和塞尺检查
		联轴器同心度　轴向倾斜（每米）	0.8	在联轴器互相垂直的四个位置上用水准仪、百分表或测微螺钉和塞尺检查
		联轴器同心度　径向位移	0.1	

4.4.8 管道及设备保温层的厚度和平整度的允许偏差应符合表4.4.8（本书表3.4.4）的规定。

管道及设备保温的允许偏差和检验方法　　　　　　　　表3.4.4

项次	项目		允许偏差（mm）	检验方法
1	厚度		$+0.1\delta$ -0.05δ	用钢针刺入
2	表面平整度	卷材	5	用2m靠尺和楔形塞尺检查
		涂抹	10	

注：δ为保温层厚度。

3.5　室内排水系统安装

5.1　一般规定

5.1.1　本章适用于室内排水管道、雨水管道安装工程的质量检验与验收。

5.1.2　生活污水管道应使用塑料管、铸铁管或混凝土管（由成组洗脸盆或饮用喷水器到共用水封之间的排水管和连接卫生器具的排水短管，可使用钢管）。

雨水管道宜使用塑料管、铸铁管、镀锌和非镀锌钢管或混凝土管等。

悬吊式雨水管道应选用钢管、铸铁管或塑料管。易受振动的雨水管道（如锻造车间等）应使用钢管。

5.2 排水管道及配件安装
主控项目

5.2.1 隐蔽或埋地的排水管道在隐蔽前必须做灌水试验，其灌水高度应不低于底层卫生器具的上边缘或底层地面高度。

检验方法：满水 **15min** 水面下降后，再灌满观察 **5min**，液面不降，管道及接口无渗漏为合格。

隐蔽或埋地的排水管道在隐蔽前做灌水试验，主要是防止管道本身及管道接口渗漏。灌水高度不低于底层卫生器具的上边缘或底层地面高度，主要是按施工程序确定的，安装室内排水管道一般均采取先地下后地上的施工方法。从工艺要求，铺完管道后，经试验检查无质量问题，为保护管道不被砸碰和不影响土建及其他工序，必须进行回填。如果先隐蔽，待一层主管做完再补做灌水试验，一旦有问题，就不好查找是哪段管道或接口漏水。

常见问题：

（1）在隐蔽前未做灌水试验；

（2）灌水试验的灌水高度及观察时间不够；

（3）缺少《非承压管道灌水试验记录》。

5.2.2 生活污水铸铁管道的坡度必须符合设计或本规范表 5.2.2（本书表 3.5.1）的规定。

检验方法：水平尺、拉线尺量检查。

生活污水铸铁管道的坡度　　　　　　　　　表 3.5.1

项次	管径（mm）	标准坡度（‰）	最小坡度（‰）
1	50	35	25
2	75	25	15
3	100	20	12
4	125	15	10
5	150	10	7
6	200	8	5

5.2.3 生活污水塑料管道的坡度必须符合设计或本规范表 5.2.3（本书表 3.5.2）的规定。

检验方法：水平尺、拉线尺量检查。

生活污水塑料管道的坡度　　　　　　　　　表 3.5.2

项次	管径（mm）	标准坡度（‰）	最小坡度（‰）
1	50	25	12
2	75	15	8
3	110	12	6
4	125	10	5
5	160	7	4

5.2.4 排水塑料管必须按设计要求及位置装设伸缩节。如设计无要求时，伸缩节间距不得大于4m。

高层建筑中明设排水塑料管道应按设计要求设置阻火圈或防火套管。

检验方法：观察检查。

高层建筑中明设排水管道在楼板下设阻火圈或防火套管是防止发生火灾时塑料管被烧坏后火势穿过楼板使火灾蔓延到其他层。

建筑排水塑料管道穿越楼层防火墙或管井时，应根据建筑物性质、管径和设置条件以及穿越部位防火等级要求设置阻火装置。

1. 高层建筑内公称外径大于或等于110m的塑料排水管道，应在下列部位采取设置阻火圈、防火套管或阻火胶带等防止火势蔓延的措施：

1）不设管道井或管窿的立管在穿越楼层的贯穿部位。

2）横管穿越防火分区隔墙和防火墙的两侧。

3）横管与管道井或管窿内立管连接时穿越管道井或管窿的贯穿部位。

2. 公共建筑的排水立管宜设在管道井内，当管道井的面积大于$1m^2$时，应每隔2～3层结合管道井的封堵采取设置阻火圈或防火套管等防延燃措施。

3. 阻火装置的耐火极限不应小于贯穿部位的建筑构建的耐火极限。

常见问题：

（1）排水管道的坡度不够或反坡；

（2）阻火圈漏装或固定不牢；

（3）伸缩节漏装或预留间隙不够；

（4）缺少《塑料排水管伸缩器预留伸缩量记录》。

5.2.5 排水主立管及水平干管管道均应做通球试验，通球球径不小于排水管道管径的2/3，通球率必须达到100%。

检查方法：通球检查。

根据对排水工程质量常见问题的调研，保证工程质量要求排水立管及水平干管均应做通球试验；通球率必须达到100%；球径以不小于排水管径的2/3为宜。

常见问题：

（1）未做通球试验；

（2）通球试验所使用的球径不满足要求；

（3）缺少《排水管道通球试验记录》。

一般项目

5.2.6 在生活污水管道上设置的检查口或清扫口，当设计无要求时应符合下列规定：

1 在立管上应每隔一层设置一个检查口，但在最底层和有卫生器具的最高层必须设置。如为两层建筑时，可仅在底层设置立管检查口；如有乙字弯管时，则在该层乙字弯管的上部设置检查口。检查口中心高度距操作地面一般为1m，允许偏差±20mm；检查口的朝向应便于检修。暗装立管，在检查口处应安装检修门。

2 在连接2个及2个以上大便器或3个及3个以上卫生器具的污水横管上应设置清扫口。当污水管在楼板下悬吊敷设时，可将清扫口设在上一层楼地面上，污水管起点的清扫口与管道相垂直的墙面距离不得小于200mm；若污水管起点设置堵头代替清扫口时，与墙面距离不得小于400mm。

3 在转角小于135°的污水横管上,应设置检查口或清扫口。

4 污水横管的直线管段,应按设计要求的距离设置检查口或清扫口。

检验方法:观察和尺量检查。

检查口为带有可开启检查盖的配件,装设在排水立管及较长水平管段上,可作检查和双向清通管道之用。并需检查如下部位:

1. 铸铁排水立管上检查口之间的距离不宜大于10m(塑料排水立管宜每六层)。特殊情况采用机械清通时,距离为15m。

2. 地下室立管上设置检查口时,检查口应设置在立管底部之上。通气立管汇合时,必须在该层设置检查口。

3. 立管上检查口的检查盖应面向便于检查清扫的方位,横干管上检查口的检查盖应垂直向上。

4. 生活污、废水横管的直线管段上检查口之间的最大距离应符合表3.5.3的规定。

横管的直线管段上检查口的最大距离(m) 表3.5.3

管道管径(mm)	生活废水	生活污水
50~75	15	12
100~150	20	10
200	25	20

清扫口装设在排水横管上,用于单向清通排水管道的维修口。

清扫口应根据卫生器具数量、排水管长度和清通方式检查:

1. 采用塑料排水管道时,在连接4个及以上的大便器的污水横管上宜设置清扫口。

2. 在水流偏转角大于45°的排水横管上,应设清扫口(或检查口)。

3. 在排水横管上设置清扫口,宜将清扫口设置在楼板或地坪上,应与地面相平。排水管起点的清扫口与排水横管相垂直的墙面的距离不得小于0.2m。排水管起始端设置堵头代替清扫口时,堵头与墙面应有不小于0.4m的距离。可利用带清扫口弯头配件代替清扫口。

4. 管径小于100mm的排水管道上设置清扫口,其尺寸应与管道同径;管径等于或大于100mm的排水管道上可设置100mm直径的清扫口。

5. 排水横管连接清扫口的连接管管件应与清扫口同径,应采用45°斜三通组合管件或90°斜三通,倾斜方向应与清通和水流方向一致。

6. 从排水立管或排出管上的清扫口至室外检查井中心的最大长度,应按表3.5.4确定。

排水立管或排出管上的清扫口至室外检查井中心的最大长度 表3.5.4

管径(mm)	50	75	100	100以上
最大长度(m)	10	12	15	20

注:本表摘自《建筑给排水设计规范》(GB 50015—2003)(2009版)。

常见问题:

检查口或清扫口位置设置不当,不便于检修。

5.2.7 埋在地下或地板下的排水管道的检查口，应设在检查井内。井底表面标高与检查口的法兰相平，井底表面应有5%坡度，坡向检查口。

检验方法：尺量检查。

主要为了便于检查清扫。井底表面设坡度，是为了使井底内不积存脏物。

检查井的设置：

1. 生活排水管道不宜在建筑物内设检查井，当必须设置时，应采取密闭措施。井内宜设置直径不小于50mm的通气管，接至通气立管或伸顶通气管。

2. 塑料检查井井座规格应根据所连接排水管的数量、管径、管底标高及在检查井处交汇角度等因素确定。检查井的内径应根据所连接的管道、管径、数量和埋设深度确定：混凝土井深小于或等于1.0m时，井内径可小于0.7m，但不得小于0.45m；井深大于1.0m时，其内径不宜小于0.7m（井深系指盖板顶面至井底的深度，方形检查井的内径指内边长）。

3. 生活排水检查井底部应做导流槽（塑料检查井应采用有流槽的井座）。

常见问题：

检查井内无检查口，井底未设坡度导致井底内积存脏物。

5.2.8 金属排水管道上的吊钩或卡箍应固定在承重结构上。固定件间距：横管不大于2m；立管不大于3m。楼层高度小于或等于4m，立管可安装1个固定件。立管底部的弯管处应设支墩或采取固定措施。

检验方法：观察和尺量检查。

金属排水管道较重，要求吊钩或卡箍固定在承重结构上是为了安全。固定件间距要求立管底部的弯管处设支墩，主要防止立管下沉，造成管道接口断裂。

常见问题：

（1）吊钩或卡箍设置不当；

（2）立管底部支墩与管道接触不紧密，没有起到支撑作用；

（3）缺少《管道支、吊架安装记录》。

5.2.9 排水塑料管道支、吊架间距应符合表5.2.9（本书表3.5.5）的规定。

检验方法：尺量检查。

排水塑料管道支、吊架最大间距（m）   表3.5.5

管径（mm）	50	75	110	125	160
立管	1.2	1.5	2.0	2.0	2.0
横管	0.5	0.75	1.10	1.30	1.6

建筑排水塑料管道支、吊架设置检查：

1. 立管穿越楼板部位应结合防渗漏水技术措施，设置固定支承。在管道井或管窿内楼层贯通位置的立管，应设固定支承，其间距不应大于4m。

2. 采用热熔连接的聚烯烃类管道，应全部设置固定支架。

3. 横管采用弹性密封圈连接时，在承插口的部位（承口下游）必须设置固定支架，固定支架之间应按支吊架间距规定设滑动支架。

柔性接口建筑排水铸铁管的支、吊架检查：

1. 上段管道重量不应由下段承受，立管管道重量应由管卡承受，横管管道重量应由支（吊）架承受。

2. 立管应每层设支架固定在建筑物可承重的柱、墙楼板上，固定支架间距不应超过3m。两个固定支架间应设滑动支架。

3. 立管支架应靠近接口处，卡箍式柔性接口的支架应位于接口处卡箍下方，承插式柔性接口的支架应位于承口下方，且与接口间的净距不宜大于300mm。

4. 立管底部弯头和三通处应设支墩或支架等固定措施。立管底部转弯处也可采用鸭脚支撑弯头并设置支墩或固定支架。

5. 横管支（吊）架应靠近接口处，卡箍式柔性接口不得将管卡套在卡箍上，承插式柔性接口应位于承口一侧，且与接口间的净距不宜大于300mm。

6. 横管支（吊）架与接入立管或水平管中心线的距离宜为400～500mm。

7. 横管支（吊）架间距不宜大于1.2m，不得大于2m。横管起端和终端应设防晃支（吊）架固定。横干管较长时，直线管段防晃支（吊）架距离不应大于12m。横管在平面转弯时，弯头处应增设支（吊）架。

管卡应根据不同的管材相应选定，柔性接口建筑排水铸铁管应采用金属管卡，塑料排水管道可采用金属管卡或增强塑料管卡。金属管卡表面应经防腐处理。当塑料排水管使用金属管卡时，应在金属管卡与管材或管件的接触部位衬垫软质材料。

常见问题：

(1) 管道支架设置不合理；

(2) 缺少《管道支、吊架安装记录》。

5.2.10 排水通气管不得与风道或烟道连接，且应符合下列规定：

1 通气管应高出屋面300mm，但必须大于最大积雪厚度。

2 在通气管出口4m以内有门、窗时，通气管应高出门、窗顶600mm或引向无门、窗一侧。

3 在经常有人停留的平屋顶上，通气管应高出屋面2m，并应根据防雷要求设置防雷装置。

4 屋顶有隔热层从隔热层板面算起。

检验方法：观察和尺量检查。

通气立管不得接纳器具污水、废水和雨水，不得与风道和烟道连接。通气管和排水管的连接，应遵守下列要求：

1. 器具通气管应设在存水弯出口端。环形通气管应在横支管上最始端的两个卫生器具间接出，并应在排水支管中心线以上与排水支管呈垂直或45°向上连接。

2. 底层排水单独排出且需设通气管时，通气管宜在排出管上最下游的卫生器具之后接出，并应在排出管中心线以上与排出管呈垂直或45°向上连接。

3. 器具通气管、环形通气管应在卫生器具上边缘以上不小于0.15m处按不小于0.01的上升坡度与通气立管相连。

4. 专用通气立管和主通气立管的上端可在最高层卫生器具上边缘或检查口以上与排水立管的伸顶通气部分以斜三通连接。下端应在最低排水横支管以下与排水立管以斜三通连接。

5. 专用通气立管应每层或隔层、主通气立管宜每隔不超过 8 层设结合通气管与排水立管连接。

6. 结合通气管下端宜在排水横支管以下与排水立管以斜三通连接；上端可在卫生器具上边缘以上 0.15m 处与通气立管以斜三通连接。

7. 当采用 H 管件替代结合通气管时需检查：

1）H 管与通气管的连接点应在卫生器具上边缘以上不小于 0.15m。

2）当污水立管与废水立管合用一根通气立管时，H 管配件可隔（错）层分别与污水立管和废水立管连接。但最低横支管连接点以下应设结合通气管。

8. 通气横管应按不小于 0.01 的上升坡度敷设，不得出现下弯。

9. 采用自循环通气时需检查：

1）专用通气立管与主通气立管的顶端应在卫生器具上边缘以上不小于 0.15m 处采用两个 90°弯头与排水立管顶端相连。

2）专用通气立管与主通气立管的底部应采用倒顺水三通或倒斜三通与排水横干管或排出管相连。

3）采用设置主通气立管和环形通气管方式的自循环通气排水系统，应每层加设从排水支管下游端接出的环形通气管，并在高出卫生器具上边缘以上不小于 0.15m 处与主通气立管连接。

4）设置自循环通气的排水系统，应在其室外接户管的起始检查井上设置管径不小于 100mm 的通气管。

高出屋面的通气管设置需检查：

1. 通气管顶端应装设风帽或网罩。

2. 通气管口不宜设在建筑物挑出部分如屋檐檐口、阳台和雨篷等的下面。

侧墙通气管口的通气面积不应小于通气管断面积，通气帽形式应能有效避免室外风压导致通气管道压力波动对排水系统的不利影响。

自循环通气系统室外接户管起始检查井的通气管的设置检查：

通气管的管材和管径：通气管的管材，可采用塑料管和柔性接口机制排水铸铁管等。通气管的管径，应根据排水管排水能力、管道长度及排水系统通气形式确定，其最小管径不宜小于排水管管径的 1/2，可按表 3.5.6 确定。

通气管最小管径 表 3.5.6

通气管名称	排水管管径（mm）							
	32	40	50	75	90	100	125	150
器具通气管	32	32	32	—	—	50	50	—
环形通气管	—	—	32	40	50	50	50	—
通气立管	—	—	40	50	—	75	100	100

注：1. 表 3.5.6 中通气立管系指专用通气立管、主通气立管、副通气立管。
　　2. 自循环通气排水系统的通气立管管径应与排水立管管径相同。
　　3. 表 3.5.6 中排水管管径 90 为塑料排水管公称外径，排水管管径 100、150 的塑料排水管公称外径分别为 110mm、160mm。
　　4. 本表摘自《全国民用建筑工程设计措施给水排水》表 4.10.2。

通气立管长度大于 50m 时，其管径应与排水立管管径相同。

通气立管长度不大于 50m 时，且两根及两根以上排水立管同时与一根通气立管相连，应以最大一根排水立管确定通气立管管径，且管径不宜小于其余任何一根排水立管管径，伸顶通气部分管径应与最大一根排水立管管径相同。

当通气立管管径不大于排水立管管径时，结合通气管的管径不宜小于与其连接的通气立管管径；当通气立管管径大于排水立管管径时，结合通气管的管径不得小于与其连接的排水立管管径。

当两根或两根以上排水立管的通气管汇合连接时，汇合通气管的断面积应为最大一根通气管的断面积加其余通气管断面积之和的 0.25 倍。

伸顶通气管管径不应小于排水立管管径。在最冷月平均气温低于-13℃的地区，伸顶通气管应在室内平顶或吊顶以下 0.3m 处将管径放大一级，通气管顶端应采用伞形通气帽。当采用塑料管材时，最小管径不宜小于 110mm，且应设清扫口。

常见问题：

未考虑屋面保温等高度导致伸出屋面高度不够。

5.2.11　安装未经消毒处理的医院含菌污水管道，不得与其他排水管道直接连接。

检验方法：观察检查。

主要防止未经灭菌处理的废水带来大量病菌排入污水管道进而扩散。

常见问题：

废水未经处理直接排放。

5.2.12　饮食业工艺设备引出的排水管及饮用水水箱的溢流管，不得与污水道直接连接，并应留出不小于 100mm 的隔断空间。

检验方法：观察和尺量检查。

主要为了防止大肠杆菌及有害气体沿溢流管道进入设备及水箱污染水质。

常见问题：

设备排水管或溢流管与污水管道直接连接，造成污染。

5.2.13　通向室外的排水管，穿过墙壁或基础必须下返时，应采用 45°三通和 45°弯头连接，并应在垂直管段顶部设置清扫口。

检验方法：观察和尺量检查。

主要为了便于清扫，防止管道堵塞。

常见问题：

排水管穿过墙壁或基础下返时，采用 90°弯头连接。

5.2.14　由室内通向室外排水检查井的排水管，井内引入管应高于排出管或两管顶相平，并有不小于 90°的水流转角，如跌落差大于 300mm 可不受角度限制。

检验方法：观察和尺量检查。

主要为了保证室内排水畅通，防止外管网污水倒流。

常见问题：

引入管低于排出管，造成排水不畅、堵塞。

5.2.15　用于室内排水的水平管道与水平管道、水平管道与立管的连接，应采用 45°三通或 45°四通和 90°斜三通或 90°斜四通。立管与排出管端部的连接，应采用两个 45°弯头或曲率半径不小于 4 倍管径的 90°弯头。

常见问题：

(1) 立管与排出管端部连接用 90°弯头；

(2) 水平管道与立管的连接采用 90°顺水三通或正三通。

5.2.16 室内排水管道安装的允许偏差应符合表 5.2.16（本书表 3.5.7）的相关规定。

室内排水和雨水管道安装的允许偏差和检验方法　　　　表 3.5.7

项次	项目				允许偏差（mm）	检验方法
1	坐标				15	
2	标高				±15	
3	横管纵横方向弯曲	铸铁管		每 1m	≥1	用水准仪（水平尺）、直尺、拉线和尺量检查
				全长（25m 以上）	≥25	
		钢管	每 1m	管径小于或等于 100mm	1	
				管径大于 100mm	1.5	
			全长（25m 以上）	管径小于或等于 100mm	≥25	
				管径大于 100mm	≥38	
		塑料管		每 1m	1.5	
				全长（25m 以上）	≥38	
		钢筋混凝土管、混凝土管		每 1m	3	
				全长（25m 以上）	≥75	
4	立管垂直度	铸铁管		每 1m	3	吊线和尺量检查
				全长（25m 以上）	≥15	
		钢管		每 1m	3	
				全长（5m 以上）	≥10	
		塑料管		每 1m	3	
				全长（5m 以上）	≥15	

5.3 雨水管道及配件安装
主控项目

5.3.1 安装在室内的雨水管道安装后应做灌水试验，灌水高度必须到每根立管上部的雨水斗。

检验方法：灌水试验持续 1h，不渗不漏。

主要为了保证工程质量。因雨水管有时是满管流，要具备一定的承压能力。

常见问题：

(1) 雨水管道未做灌水试验；

(2) 灌水高度与时间不够；

(2) 缺少《非承压管道灌水试验记录》。

5.3.2 雨水管道如采用塑料管，其伸缩节安装应符合设计要求。

检验方法：对照图纸检查。

塑料排水管要求每层设伸缩节，作为雨水管也应按设计要求安装伸缩节。

常见问题：

伸缩节设置不合理。

5.3.3 悬吊式雨水管道的敷设坡度不得小于5‰；埋地雨水管道的最小坡度应符合表5.3.3（本书表3.5.8）的规定。

地下埋设雨水排水管道的最小坡度　　　　表 3.5.8

项次	管径（mm）	最小坡度（‰）	项次	管径（mm）	最小坡度（‰）
1	50	20	4	125	6
2	75	15	5	150	5
3	100	8	6	200～400	4

检验方法：水平尺、拉线尺量检查。

主要为使排水通畅。

常见问题：

雨水管坡度小于规范要求、倒坡。

一般项目

5.3.4 雨水管道不得与生活污水管道相连接。

检验方法：观察检查。

主要防止雨水管道满水后倒灌到生活污水管，破坏水封造成污染并影响雨水排出。

5.3.5 雨水斗管的连接应固定在屋面承重结构上。雨水斗边缘与屋面相连处应严密不漏。连接管管径当设计无要求时，不得小于100mm。

检验方法：观察和尺量检查。

雨水斗的连接管应固定在屋面承重结构上，主要是为了安全、防止断裂；雨水边缘与屋面相连处应严密不漏，主要防止接触不严漏水。DN100是雨水斗的最小规格。

雨水斗设置检查：

1. 在不能以伸缩缝或沉降缝为屋面雨水分水线时，应在缝的两侧各设雨水斗。

2. 雨水斗不宜设在天沟内的转弯处。

3. 大坡度屋面的雨水斗应设置在天沟或边沟内。

常见问题：

雨水斗连接不严密，导致渗漏。

5.3.6 悬吊式雨水管道的检查口或带法兰堵口的三通的间距不得大于表5.3.6（本书表3.5.9）的规定。

悬吊管检查口间距　　　　表 3.5.9

项次	悬吊管直径（mm）	检查口间距（m）	项次	悬吊管直径（mm）	检查口间距（m）
1	≤150	≯15	2	≥200	≯20

检验方法：拉线、尺量检查。

5.3.7 雨水管道安装的允许偏差应符合本规范表5.2.16（本书表3.5.7）的规定。

5.3.8 雨水钢管管道焊接的焊口允许偏差应符合表5.3.8（本书表3.5.10）的规定。

项次	项目		允许偏差	检验方法
1	焊口平直度	管壁厚 10mm 以内	管壁厚 1/4	焊接检验尺和游标卡尺检查
2	焊缝加强面	高度	+1mm	
		宽度		
3	咬边	深度	小于 0.5mm	直尺检查
		长度 连续长度	25mm	
		总长度（两侧）	小于焊缝长度的 10%	

主要为检验焊接质量。

3.6 室内热水供应系统安装

6.1 一般规定

6.1.1 本章节适用于工作压力不大于 1.0MPa，热水温度不超过 75℃ 的室内热水供应管道安装工程的质量检验与验收。

6.1.2 热水供应系统的管道应采用塑料管、复合管、镀锌钢管和铜管。

为保证卫生热水供应的质量，热水供应系统的管道应采用耐腐蚀、对水质无污染的管材。

6.1.3 热水供应系统管道及配件安装应按本规范第 4.2 节的相关规定执行。

热水供应系统管道及配件安装应与室内给水系统管道及配件安装要求相同。

热水供应系统的管道，应根据使用要求，检查下列管段上装设的阀门：

1）与配水、回水干管连接的分干管上。

2）配水立管和回水立管上。

3）居住建筑和公共建筑中从立管接出的支管上。

4）室内给水热水管道向住户、公用卫生间等接出的配水管的起端。

5）加热设备、贮水器、自动温度调节器和疏水器等的进、出水管上。

热水供应系统的管道在下列管段上，应设止回阀：

1）水加热器、贮水器的冷水供水管上。

2）机械循环的第二循环系统回水管上。

3）加热水箱与冷水补充水箱的连接管上。

4）混合器的冷、热水供水管上。

5）有背压的疏水器后面的管道上。

6）循环水泵的出水管上。

6.2 管道及配件安装

主控项目

6.2.1 热水供应系统安装完毕，管道保温之前应进行水压试验。试验压力应符合设计要求。当设计未注明时，热水供应系统水压试验压力应为系统顶点的工作压力加 0.1MPa，同时在系统顶点的试验压力不小于 0.3MPa。

检验方法：钢管或复合管道系统试验压力下 10min 内压力降不大于 0.02MPa，然后降至工作压力检查，压力应不降，且不渗不漏；塑料管道系统在试验压力下稳压 1h 压力降不得超过 0.05MPa，然后在工作压力 1.15 倍状态下稳压 2h，压力降不得超过 0.03MPa，连接处不得渗漏。

热水供应系统安装完毕，管道保温前进行水压试验，主要是防止运行后漏水不易发现和返修。

常见问题：

(1) 未按规定进行水压试验；

(2) 水压试验的压力和时间不符合要求；

(3) 缺少《承压管道系统（设备）强度和严密性水压试验记录》。

6.2.2 热水供应管道应尽量利用自然弯补偿热伸缩，直线段过长则应设置补偿器。补偿器型式、规格、位置应符合设计要求，并按有关规定进行预拉伸。

检验方法：对照设计图纸检查。

为保证使用安全，热水供应系统管道热伸缩一定要考虑。补偿器部分沿用《验评标准》第 4.1.4 条，主要防止施工单位不按设计要求位置安装和不做安装前的预拉伸，致使补偿器达不到设计计算的伸长量，导致管道或接口断裂漏水漏气。

6.2.3 热水供应系统竣工后必须进行冲洗。

检验方法：现场观察检查。

要求进行冲洗，只是可以不消毒，不必完全达到国家《生活饮用水标准》。

常见问题：

(1) 管道未冲洗或冲洗不干净；

(2) 缺少《给水、热水、采暖管道系统冲洗记录》。

一般项目

6.2.4 管道安装坡度应符合设计规定。

检验方法：水平尺、拉线尺量检查。

为保证热水供应系统运行安全，有利于管道系统排气和泄水。

常见问题：

管道安装坡度不够。

6.2.5 温度控制器及阀门应安装在便于观察和维护的位置。

检验方法：观察检查。

温度控制器和阀门是热水制备装置中的重要部件之一，其安装必须符合设计要求，以保证热水供应系统的正常运行。

常见问题：

温度控制器及阀门安装位置不合理。

6.2.6 热水供应管道和阀门安装的允许偏差符合本规范表 4.2.8（本书表 3.4.1）的规定。

6.2.7 热水供应系统管道应保温（浴室内明装管道除外），保温材料、厚度、保护壳等应符合设计规定。保温层厚度和平整度的允许偏差应符合本规范表 4.4.8（本书表 3.4.4）的规定。

为保证热水供应系统水温质量，减少无效热损失。

常见问题：

（1）保温材料的材质不符合要求；

（2）保温材料的施工不符合要求；

（3）缺少《管道保温记录》。

6.3 辅助设备安装
主控项目

6.3.1 在安装太阳能集热器玻璃前，应对集热排管和上、下集管作水压试验，试验压力为工作压力的1.5倍。

检验方法：试验压力下10min内压力不降，不渗不漏。

太阳能热水器的集热排管和上、下集管是受热承压部分，为确保使用安全，在装集热玻璃之前一定要做水压试验。

6.3.2 热交换器应以工作压力的1.5倍作水压试验。蒸汽部分应不低于蒸汽供汽压力加0.3MPa；热水部分应不低于0.4MPa。

检验方法：试验压力下10min内压力不降，不渗不漏。

热交换器是热水供应系统的主要辅助设备，其水压试验应与热水供应系统相同。

常见问题：

（1）未按规定进行水压试验。

（2）水压试验的压力和时间不符合要求。

（3）缺少《承压管道系统（设备）强度和严密性水压试验记录》。

6.3.3 水泵就位前的基础混凝土强度、坐标、标高、尺寸和螺栓孔位置必须符合设计要求。

检验方法：对照图纸用仪器和尺量检查。

主要为保证水泵基础质量。

常见问题：

（1）未按规定进行设备基础的交接验收；

（2）缺少《设备基础交接验收记录》。

6.3.4 水泵试运转的轴承温升必须符合设备说明书的规定。

检验方法：温度计实测检查。

主要为保证水泵安全运行。

6.3.5 敞口水箱的满水试验和密闭水箱（罐）的水压试验必须符合设计与本规范的规定。

检验方法：满水试验静置24h，观察不渗不漏；水压试验在试验压力10min压力不降，不渗不漏。

要求水箱安装前做满水和水压试验，主要避免安装后漏水不易修补。

常见问题：

（1）水泵未按规定进行试运转；

（2）水箱未做满水试验或水压试验；

（3）缺少《敞开水箱满水试验记录》及《承压管道系统（设备）强度和严密性水压试验记录》；

（4）缺少《设备单机试验运转记录》。

一般项目

6.3.6 安装固定式太阳能热水器，朝向应正南。如果受条件限制时，其偏移角不得大于15°。集热器的倾角，对于春、夏、秋三个季节使用的，应采用当地纬度为倾角；若以夏季为主，可比当地纬度减少10°。

检验方法：观察和分度仪检查。

根据各地经验及各太阳能热水器生产厂家的安装使用说明书综合编写。

常见问题：

固定式太阳能热水器安装方向不合理、固定不牢。

6.3.7 由集热器上、下集管接往热水箱的循环管道，应有不小于5‰的坡度。

检验方法：尺量检查。

主要为避免循环管路集存空气影响水循环。

常见问题：

管道未设置坡度，产生气堵。

6.3.8 自然循环的热水箱底部与集热器上集管之间的距离为0.3~1.0m。

检验方法：尺量检查。

为了保持系统有足够的循环压差，克服循环阻力。

6.3.9 制作吸热钢板凹槽时，其圆度应准确，间距应一致。安装集热排管时，应用卡箍和钢丝紧固在钢板凹槽内。

检验方法：手扳和尺量检查。

为防止吸热板与采热管接触不严而影响集热效率。

6.3.10 太阳能热水器的最低处应安装泄水装置。

检验方法：观察检查。

为排空集热器内的集水，防止严寒地区不用时冻结。

6.3.11 热水箱及上、下集管等循环管道均应保温。

检验方法：观察检查。

为减少集热器损失。

6.3.12 凡以水作介质的太阳能热水器，在0℃以下地区使用，应采取防冻措施。

检验方法：观察检查。

为避免集热器内载热流体被冻结。

6.3.13 热水供应辅助设备安装的允许偏差应符合本规范表4.4.7（本书表3.4.3）的规定。

6.3.14 太阳能热水器安装的允许偏差符合表6.3.14（本书表3.6.1）的规定。

太阳能热水器安装的允许偏差和检验方法　　　　　　　　表3.6.1

项目			允许偏差	检验方法
板式直管太阳能热水器	标高	中心线距地面（mm）	±20	尺量
	固定安装朝向	最大偏移角	不大于15°	分度仪检查

3.7 卫生器具安装

7.1 一般规定

7.1.1 本章适用于室内污水盆、洗涤盆、洗脸（手）盆、盥洗槽、浴盆、淋浴器、大便器、小便器、小便槽、大便冲洗槽、妇女卫生盆、化验盆、排水栓、地漏、加热器、煮沸消毒器和饮水器等卫生器具安装的质量检验与验收。

7.1.2 卫生器具的安装应采用预埋螺栓或膨胀螺栓安装固定。

用预埋螺栓或膨胀螺栓固定卫生器具仍是目前最常用的安装方法。

7.1.3 卫生器具安装高度如设计无要求，应符合表7.1.3（本书表3.7.1）的规定。

卫生器具的安装高度　　　　表3.7.1

项次	卫生器具名称		卫生器具安装高度（mm）		备注
			居住和公共建筑	幼儿园	
1	污水盆（池）	架空式	800	800	
		落地式	500	500	
2	洗涤盆（池）		800	800	
3	洗脸盆、洗手盆（有塞、无塞）		800	500	自地面至器具上边缘
4	盥洗槽		800	500	
5	浴盆		≤520		
6	蹲式大便器	高水箱	1800	1800	自台阶面至高水箱底
		低水箱	900	900	自台阶面至低水箱底
7	坐式大便器	高水箱	1800	1800	自地面至高水箱底
		低水箱　外露排水管式	510		自地面至低水箱底
		虹吸喷射式	470	370	
8	小便器	挂式	600	450	自地面至下边缘
9	小便槽		200	150	自地面至台阶面
10	大便槽冲洗水箱		≮2000		自台阶面至水箱底
11	妇女卫生盆		360		自地面至器具上边缘
12	化验盆		800		自地面至器具上边缘

7.1.4 卫生器具给水配件的安装高度，如设计无要求时，应符合表7.1.4（本书表3.7.2）的规定。

卫生器具给水配件的安装高度　　　　表3.7.2

项次	给水配件名称	配件中心距地面高度（mm）	冷热水龙头距离（mm）
1	架空式污水盆（池）水龙头	1000	—
2	落地式污水盆（池）水龙头	800	
3	洗涤盆（池）水龙头	1000	150
4	住宅集中给水龙头	1000	—

项次	给水配件名称		配件中心距地面高度（mm）	冷热水龙头距离（mm）
5	洗手盆水龙头		1000	—
6	洗脸盆	水龙头（上配水）	1000	150
		水龙头（下配水）	800	150
		角阀（下配水）	450	—
7	盥洗槽	水龙头	1000	150
		冷热水管上下并行其中热水龙头	1100	150
8	浴盆	水龙头（上配水）	670	150
9	淋浴器	截止阀	1150	95
		混合阀	1150	
		淋浴喷头下沿	2100	—
10	蹲式大便器（台阶面算起）	高水箱角阀及截止阀	2040	
		低水箱角阀	250	
		手动式自闭冲洗阀	600	
		脚踏式自闭冲洗阀	150	
		拉管式冲洗阀（从地面算起）	1600	
		带防污助冲器阀门（从地面算起）	900	
11	坐式大便器	高水箱角阀及截止阀	2040	
		低水箱角阀	150	
12	大便槽冲洗水箱截止阀（从台阶面算起）		≥2400	
13	立式小便器角阀		1130	
14	挂式小便器角阀及截止阀		1050	
15	小便槽多孔冲洗管		1100	
16	实验室化验水龙头		1000	
17	妇女卫生盆混合阀		360	

注：装设在幼儿园的洗手盆、洗脸盆和盥洗槽水嘴中心离地面安装高度应为700mm，其他卫生器具给水配件的安装高度，应按卫生器具实际尺寸相应减少。

常见问题：

卫生器具及卫生器具给水配件的安装高度偏差大。

7.2 卫生器具安装

主控项目

7.2.1 排水栓和地漏的安装应平整、牢固，低于排水表面，周边无渗漏。地漏水封高度不得小于50mm。

检验方法：试水观察检查。

地漏的分类和适用场所见表3.7.3。

名称	功能特点	常用规格	使用场所
直通式地漏	排除地面积水，出水口垂直向下，内部不带水封	$DN50\sim DN150$	需要地面排水的卫生间、盥洗室、车库、阳台等
密闭式地漏	带有密闭盖板，排水时其盖板可人工打开，不排水时可密闭，可以内部不带水封	$DN50\sim DN100$	需要地面排水的洁净车间、手术室、管道技术层、卫生标准高及不经常使用地漏的场所
带网框地漏	内部带有活动网框，可用来拦截杂物，并可取出倾倒，可以内部不带水封	$DN50\sim DN150$	排水中挟有易于堵塞的杂物时，如淋浴间、理发室、公共浴室、公共厨房
防溢地漏	内部设有防止废水排放时冒溢出地面的装置，可以内部不带水封	$DN50$	用于所接地漏的排水管有可能从地漏口冒溢之处
多通道地漏	可接纳地面排水 $1\sim2$ 个器具排水，内部带水封	$DN50$	用于水封易丧失，利用器具排水进行补水或需接纳多个排水接口
侧墙式地漏	算子垂直安装，可侧向排除地面水，内部不带水封	$DN50\sim DN150$	需同层排除地面积水或地漏下面不允许敷管
直埋式地漏	安装在垫层里，横排水管不穿越楼层，内部带水封	$DN50$	

注：本表摘自《全国民用建筑工程设计措施给水排水》（2009 版）表 4.12.7。

为保证排水栓和地漏的使用安全，排水栓和地漏安装应平整、牢固，低于排水表面，这是最基本的要求。其周边的渗漏往往被人们所忽视，是一大隐患。强调周边做到无渗漏。规定水封高度，保证地漏使用功能。并对以下部位实施检查：

1. 住宅套内应按洗衣机位置设洗衣机专用地漏（或洗衣机存水弯），用于洗衣机排水的地漏宜采用算面具有专供洗衣机排水管插口的地漏，排水管道不得接入室内雨水管道。

2. 应优先采用具有防干涸功能的地漏。

3. 在对于有安静要求和设置器具通气的场所，不宜采用多通道地漏。

4. 公共食堂、公共厨房和公共浴室等排水宜设置网框式地漏。

5. 严禁采用钟罩（扣碗）式地漏。

地漏的规格及排水能力：

1. 地漏规格应根据所处场所的排水量和水质情况来确定。一般卫生间为 $DN50$；空调机房、公共厨房、车库冲洗排水不小于 $DN75$。淋浴室当采用排水沟排水时，8 个淋浴器可设置一个 $DN100$ 的地漏；当不设地沟排水时，淋浴室地漏规格见表 3.7.4。

地漏直径（mm）	淋浴器数量（个）
50	$1\sim2$
75	3
100	$4\sim5$

注：本表摘自《全国民用建筑工程设计技术措施给水排水》（2009 版）表 4.12.8-1。

2. 各种规格地漏的排水能力见表 3.7.5。

规格 DN（mm）	用于地面排水（L/s）	接器具排水（L/s）
50	1.0	1.25
75	1.7	
100	3.8	
125	5.0	—
150	10.0	

注：本表摘自《全国民用建筑工程设计技术措施给水排水》（2009 版）表 4.12.8-2。

常见问题：

（1）地漏水封高度不够；

（2）地漏的安装位置高于排水地面；

（3）地面坡度不够；

（4）地漏立管洞渗水；

（5）地漏未进行排水试验；

（6）缺少《地漏排水试验记录》。

7.2.2 卫生器具交工前应做满水和通水试验。

检验方法：满水后各连接件不渗不漏；能通水试验给、排水畅通。

经调研，很多卫生器具如洗面盆、浴盆等不做满水试验，其溢流口、溢流管是否畅通无从检查。所有的卫生器具均应做通水试验，以检验其使用效果。

常见问题：

（1）未进行满水和通水试验、连接件渗漏；

（2）缺少《卫生器具通水试验记录》及《卫生器具满水试验记录》。

一般项目

7.2.3 卫生器具安装的允许偏差应符合表 7.2.3（本书表 3.7.6）的规定。

卫生器具安装的允许偏差和检验方法 表 3.7.6

项次	项目		允许偏差（mm）	检验方法
1	坐标	单独器具	10	拉线、吊线和尺量检查
		成排器具	5	
2	标高	单独器具	±15	
		成排器具	±10	
3	器具水平度		2	用水平尺和尺量检查
4	器具垂直度		3	吊线和尺量检查

7.2.4 有饰面的浴盆，应留有通向浴盆排水口的检修门。

检验方法：观察检查。

7.2.5 小便槽冲洗管，应采用镀锌钢管或硬质塑料管。冲洗孔应斜向下方安装，冲洗水流向同墙面成 45°角。镀锌钢管钻孔后应进行二次镀锌。

检验方法：观察检查。

主要是保证冲洗水质和冲洗效果。要求镀锌钢管钻孔后进行二次镀锌，主要是防止因钻孔氧化腐蚀，出水腐蚀墙面并减少冲洗管的使用寿命。

7.2.6 卫生器具的支、托架必须防腐良好，安装平整、牢固，与器具接触紧密、平稳。

检验方法：观察和手扳检查。

主要为了保证卫生器具安装质量。

常见问题：

(1) 支、托架的质量不符合要求；

(2) 支、托架的安装不平整、牢固，与器具接触不紧密、平稳。

7.3 卫生器具给水配件安装
主控项目

7.3.1 卫生器具给水配件应完好无损伤，接口严密，启闭部分灵活。

检验方法：观察及手扳检查。

对卫生器具给水配件质量进行控制，主要是保证外观质量和使用功能。

一般项目

7.3.2 卫生器具给水配件安装标高的允许偏差符合表 7.3.2（本书表 3.7.7）的规定。

卫生器具给水配件安装标高的允许偏差和检验方法 表 3.7.7

项次	项目	允许偏差（mm）	检验方法
1	大便器高、低水箱角阀及截止阀	±10	尺量检查
2	水嘴	±10	
3	淋浴器喷头下沿	±15	
4	浴盆软管淋浴器挂钩	±20	

7.3.3 浴盆软管淋浴器挂钩的设计，如设计无要求，应距地面1.8m。

检验方法：尺量检查。

7.4 卫生器具排水管道安装
主控项目

7.4.1 与排水横管连接的各卫生器具的受水口和立管均应采取妥善可靠的固定措施；管道与楼板的接合部位应采取牢固可靠的防渗、防漏措施。

检验方法：观察和手扳检查。

卫生器具排水管道与楼板的接合部位一向是薄弱环节，存在严重质量通病，最容易漏水。故强调与排水横管连接的各卫生器具的受水口和立管均应采取妥善可靠的固定措施；管道与楼板的接合部位应采取牢固可靠的防渗、防漏措施。

7.4.2 连接卫生器具的排水管道接口应紧密不漏，其固定支架、管卡等支撑位置应正确、牢固，与管道的接触应平整。

检查方法：观察及通水检查。

主要为了杜绝卫生器具漏水，保证使用功能。

常见问题：

(1) 卫生器具的排水管与排水管道的连接未封口；

(2) 排水管道立管洞渗水。

7.4.3 卫生器具排水管道安装的允许偏差应符合表7.4.3（本书表3.7.8）的规定。

卫生器具排水管道安装的允许偏差及检验方法 表3.7.8

项次	检查项目		允许偏差（mm）	检验方法
1	横管弯曲度	每1m长	2	用水平尺量检查
		横管长度≤10m，全长	<8	
		横管长度>10m，全长	10	
2	卫生器具的排水管口及横支管的纵横坐标	单独器具	10	用尺量检查
		成排器具	5	
3	卫生器具的接口标高	单独器具	±10	用水平尺和尺量检查
		成排器具	±5	

7.4.4 连接卫生器具的排水管管径和最小坡度，如设计无要求时，应符合表7.4.4（本书表3.7.9）的规定。

连接卫生器具的排水管道管径和最小坡度 表3.7.9

项次	卫生器具名称		排水管管径（mm）	管道的最小坡度（‰）
1	污水盆（池）		50	25
2	单、双格洗涤盆（池）		50	25
3	洗手盆、洗脸盆		32～50	20
4	浴盆		50	20
5	淋浴器		50	20
6	大便器	高低、水箱	100	12
		自闭式冲洗阀	100	12
		拉管式冲洗阀	100	12
7	小便器	手动、自闭式冲洗阀	40～50	20
		自动冲洗水箱	40～50	20
8	化验盆（无塞）		40～50	25
9	净身器		40～50	20
10	饮水器		20～50	10～20
11	家用洗衣机		50（软管为30）	

检验方法：用水平尺和尺量检查。

3.8 室内供暖系统安装

8.1 一般规定

8.1.1 本章适用于饱和蒸汽压力不大于0.7MPa，热水温度不超过130℃的室内采暖系统安装的质量检验与验收。

根据国内供暖系统目前普遍使用的蒸汽压力及热水温度的现状，对本章的适用范围作出了规定。

8.1.2 焊接钢管的连接，管径小于或等于32mm，应采用螺纹连接；管径大于32mm，采用焊接。镀锌钢管的连接见本规范第4.1.3条。

管径小于或等于32mm的管道多用于连接散热设备立支管，拆卸相对较多，且截面较小，施焊时易使其截面缩小，因此参照各地习惯做法规定，不同管径的管道采用不同的连接方法。

此外，根据调查，供暖系统近年来使用镀锌钢管渐多，增加了镀锌钢管连接的规定。

8.2 管道及配件安装
主控项目

8.2.1 管道安装坡度，当设计未注明时，应符合下列规定：

1 气、水同向流动的热水采暖管道和汽、水同向流动的蒸汽管道及凝结水管道，坡度应为3‰，不得小于2‰；

2 气、水逆向流动的热水采暖管道和汽、水逆向流动的蒸汽管道，坡度不应小于5‰；

3 散热器支管的坡度应为1%，坡向应利于排气和泄水。

检验方法：观察，水平尺、拉线、尺量检查。

热水供暖系统干管顺力排出空气和蒸汽供暖系统干管顺力排出凝结水，管道安装坡度是确保供暖系统正常运行，实现设计意图的关键环节。

常见问题：

管道安装无坡度或出现倒坡，影响供暖系统正常运行。

8.2.2 补偿器的型号、安装位置及预拉伸和固定支架的构造及安装位置应符合设计要求。

检验方法：对照图纸，现场观察，并查验预拉伸记录。

为妥善补偿供暖系统中的管道伸缩，避免因此而导致的管道破坏，本条规定补偿器及固定支架等应按设计要求正确施工。

常见问题：

（1）补偿器的型号、安装位置与图纸不符；

（2）缺少《钢管伸缩器预拉伸安装记录》。

8.2.3 平衡阀及调节阀型号、规格、公称压力及安装位置应符合设计要求。安装完后应根据系统平衡要求进行调试并作出标志。

检验方法：对照图纸查验产品合格证，并现场查看。

在调研中发现，热水供暖系统由于水力失调导致热力失调的情况多有发生。为此，系统中的平衡阀及调节阀，应按设计要求安装，并在试运行时进行调节、作出标志。

常见问题：

未进行系统水力平衡调试。

8.2.4 蒸汽减压和管道及设备上安全阀的型号、规格、公称压力及安装位置应符合设计要求。安装完毕后应根据系统工作压力进行调试，并做出标志。

检验方法：对照图纸查验产品合格证及调试结果证明书。

规定目的在于保证蒸汽供暖系统安全正常的运行。

8.2.5 方形补偿器制作时，应用整根无缝钢管煨制，如需要接口，其接口应设在垂直臂的中间位置，且接口必须焊接。

检验方法：观察检查。

主要从受力状况考虑，使焊口处所受的力最小，确保方形补偿器不受损坏。

常见问题：

方形补偿器接口位置不合理。

8.2.6　方形补偿器应水平安装，并与管道的坡度一致；如其臂长方向垂直安装必须设排气及泄水装置。

检验方法：观察检查。

避免因方形补偿器垂直安装产生"气塞"造成的排气、泄水不畅。

一般项目

8.2.7　热量表、疏水器、除污器、过滤器及阀门的型号、规格、公称压力及安装位置应符合设计要求。

检验方法：对照图纸查验产品合格证。

热量表、疏水器、降污器、过滤器及阀门等，是供暖系统的重要配件，为保证系统正常运行，安装时应符合设计要求。

下列情况下设置疏水器：

1）用蒸汽作热媒间接加热的水加热器、开水器的凝结水回水管上应每台单独设疏水器。

2）蒸汽管向下凹处的下部、蒸汽立管底部应设疏水器，以及时排掉管中积存的凝结水。

疏水器前应设过滤器以确保其正常工作。

疏水器处一般不装旁通阀，但在下列情况下应在疏水器后装止回阀：

1）疏水器后有背压或凝结水管有抬高时。

2）不同压力的凝结水接在一根母管上时。

疏水器宜靠近用气设备并便于维修的地方装设。

用气设备的疏水器后的凝结水应回收利用，蒸汽管下凹处下部、蒸汽立管底部的疏水器后的少量凝结水直接排放时，应将泄水管引至排水沟等有排水设施的地方。

8.2.8　钢管管道焊口尺寸的允许偏差应符合本规范表5.3.8（本书表3.5.10）的规定。

8.2.9　采暖系统入口装置及分户热计量系统入户装置，应符合设计要求。安装位置应便于检修、维护和观察。

检验方法：现场观察。

集中供暖建筑物热力入口及分户热计量系统入户装置，具有过滤、调节、计量及关断等多种功能，为保证正常运转及方便检修、查验，应按设计要求施工和验收。

常见问题：

热力入口及分户热计量系统入户装置不按图施工，随意增减或更换，影响使用功能。

8.2.10　散热器支管长度超过1.5m时，应在支管上安装管卡。

检验方法：尺量和观察检查。

为防止支管中部下沉，影响空气或凝结水的顺利排除，作此规定。

8.2.11　上供下回式系统的热水干管变径应顶平偏心连接，蒸汽干管变径应底平偏心连接。

检验方法：观察检查。

为保证热水干管顺利排气和蒸汽干管顺利排除凝结水，以利系统运行。

常见问题：

热水、蒸汽干管同心连接。

8.2.12 在管道干管上焊接垂直或水平分支管道时，干管开孔所产生的钢渣及管壁等废弃物不得残留管内，且分支管道在焊接时不得插入干管内。

检验方法：观察检查。

调研发现，供暖系统主干管道在垂直或水平的分支管道连接时，常因钢渣挂在管壁内或分支管道本身经开孔处伸入干管内，影响介质流动。为避免此类事情发生，规定此条。

8.2.13 膨胀水箱的膨胀管及循环管上不得安装阀门。

检验方法：观察检查。

防止阀门误关导致膨胀水箱失效或水箱内水循环停止的不良后果。

8.2.14 当采暖热媒为110～130℃的高温水时，管道可拆卸件应使用法兰，不得使用长丝和接头。法兰垫料应使用耐热橡胶板。

检验方法：观察和查验进料单。

高温热水一般工作压力较高，而一旦渗漏危害性也要高于低温热水，因此规定可拆件使用安全度较高的法兰和耐热橡胶板做垫料。

常见问题：

管道安装时没有考虑到热媒温度，法兰垫料未使用耐热橡胶板。

8.2.15 焊接钢管管径大于32mm的管道转弯，在作为自然补偿时应使用煨弯。塑料管及复合管除必须使用直角弯头的场合外应使用管道直接弯曲转弯。

检验方法：观察检查。

室内供暖系统的安装，当管道焊接连接时，较多使用冲压弯头。由于其弯曲半径小，不利于自然补偿。因此本条规定，在作为自然补偿时，应使用煨弯。同时规定，塑料管及铝塑复合管除必须使用直角弯头的场合，应使用管道弯曲转弯，以减少阻力和渗漏的可能，特别是隐蔽敷设时。

8.2.16 管道、金属支架和设备的防腐和涂漆应附着良好，无脱皮、起泡、流淌和漏涂缺陷。

检验方法：现场观察检查。

保证涂漆质量，以利防锈和美观。

常见问题：

管道、金属支架除锈不到位，涂漆不均匀。

8.2.17 管道和设备保温的允许偏差应符合本规范表4.4.8（本书表3.4.4）的规定。

8.2.18 采暖管道安装的允许偏差应符合表8.2.18（本书表3.8.1）的规定。

采暖管道安装的允许偏差和检验方法　　　　　　　　　　　　表3.8.1

项次	项目			允许偏差	检验方法
1	横管道纵、横方向弯曲（mm）	每1m	管径≤100mm	1	用水平尺、直尺、拉线和尺量检查
			管径>100mm	1.5	
		全长（25m以上）	管径≤100mm	≥13	
			管径>100mm	≥25	
2	立管垂直度（mm）	每1m		2	吊线和尺量检查
		全长（5m以上）		≥10	

项次	项目		允许偏差	检验方法
3	弯管	椭圆率 $\dfrac{D_{max}-D_{min}}{D_{max}}$ 管径≤100mm	10%	用外卡钳和尺量检查
		管径>100mm	8%	
		折皱不平度（mm） 管径≤100mm	4	
		管径>100mm	5	

注：D_{max}，D_{min}分别为管子最大外径及最小外径。

8.3 辅助设备及散热器安装

主控项目

8.3.1 散热器组对后，以及整组出厂的散热器在安装之前应作水压试验。试验压力如设计无要求时应为工作压力的 **1.5 倍，但不小于 0.6MPa。**

检验方法：试验时间为 2～3min，压力不降且不渗不漏。

本条为强制性条文。散热器在系统运行时损坏漏水，危害较大。因此规定组对后的整组出厂的散热器在安装之前应进行水压试验，并限定最低试验压力为 0.6MPa。

常见问题：

(1) 散热器安装前未做水压试验；

(2) 缺少《阀门及散热器安装前水压试验记录》。

8.3.2 水泵、水箱、热交换器等辅助设备安装的质量检验与验收应按本规范第 4.4 节和第 13.6 节的相关规定执行。

随着大型、高层建筑物兴建，很多室内供暖系统中附设有热交换装置、水泵及水箱等，因此作本条规定。

一般项目

8.3.3 散热器组对应平直紧密，组对后的平直度应符合表 8.3.3（本书表 3.8.2）规定。

为保证散热器组对的平直度和美观，对其允许偏差作出规定。

组对后的散热器平直度允许偏差　　　　　　　　　　　表 3.8.2

项次	散热器类型	片数	允许偏差（mm）
1	长翼型	2～4	4
		5～7	6
2	铸铁片式 钢制片式	3～15	4
		16～25	6

检验方法：拉线和尺量检查。

8.3.4 组对散热器的垫片应符合下列规定：

1　组对散热器垫片应使用成品，组对后垫片外露不应大于 1mm。

2　散热器垫片材质当设计无要求时，应采用耐热橡胶。

检验方法：观察和尺量检查。

为保证垫片质量，要求使用成品并对材质提出要求。

8.3.5 散热器支架、托架安装，位置应准确，埋设牢固。散热器支架、托架数量，应符合设计或产品说明书要求。如设计未注明时，则应符合表8.3.5（本书表3.8.3）的规定。

散热器支架、托架数量 表3.8.3

项次	散热器型式	安装方式	每组片数	上部托钩或卡架数	下部托钩或卡架数	合计
1	长翼型	挂墙	2～4	1	2	3
			5	2	2	4
			6	2	3	5
			7	2	4	6
2	柱型 柱翼型	挂墙	3～8	1	2	3
			9～12	1	3	4
			13～16	2	4	6
			17～20	2	5	7
			21～25	2	6	8
3	柱型 柱翼型	带足落地	3～8	1	—	1
			8～12	1	—	1
			13～16	2	—	2
			17～20	2	—	2
			21～25	2	—	2

检验方法：现场清点检查。

本条目的为保证散热器挂装质量。对于常用散热器支架及托架数量也作出了规定。

8.3.6 散热器背面与装饰后的墙内表面安装距离，应符合设计或产品说明书要求。如设计未注明，应为30mm。

检验方法：尺量检查。

散热器的传热与墙表面的距离相关。过去散热器与墙表面的距离多以散热器中心计算。由于散热器厚度不同，其背面与墙表面距离即使相同，规定的距离也会各不相同，显得比较繁杂。本条规定，如设计未注明，散热器背面与装饰后的墙内表面距离应为30mm。

8.3.7 散热器安装允许偏差应符合表8.3.7（本书表3.8.4）的规定。

为保证散热器安装垂直和位置准确，规定了允许偏差。

8.3.8 铸铁或钢制散热器表面的防腐及面漆应附着良好，色泽均匀，无脱落、起泡、流淌和漏涂缺陷。

检验方法：现场观察。

散热器安装允许偏差和检验方法 表3.8.4

项次	项目	允许偏差（mm）	检验方法
1	散热器背面与墙内表面距离	3	尺量
2	与窗中心线或设计定位尺寸	20	
3	散热器垂直度	3	吊线和尺量

保证涂漆质量，以利防锈和美观。

8.4 金属辐射板安装
主控项目

8.4.1 辐射板在安装前应作水压试验，如设计无要求时试验压力应为工作压力的1.5倍，但不得小于 0.6MPa。

　　检验方法：试验压力下 2～3min 压力不降且不渗不漏。

　　保证辐射板具有足够的承压能力，利于系统安全运行。

　　常见问题：

　　辐射板具承压能力不足，影响系统运行安全。

8.4.2　水平安装的辐射板应有不小于 5‰的坡度坡向回水管。

　　检验方法：水平尺、拉线和尺量检查。

　　保证泄水和放气的顺畅进行。

8.4.3　辐射板管道及带状辐射板之间的连接，应使用法兰连接。

　　检验方法：观察检查。

　　为便于拆卸检修，规定使用法兰连接。

8.5　低温热水地板辐射供暖系统安装

主控项目

8.5.1　地面下敷设的盘管埋地部分不应有接头。

　　检验方法：隐蔽前现场查看。

　　地板敷设供暖系统的盘管在填充层及地面内隐蔽敷设，一旦发生渗漏，将难以处理，本条规定的目的在于消除隐患。

　　常见问题：

　　盘管埋地部分有接头。

8.5.2　盘管隐蔽前必须进行水压试验，试验压力为工作压力的 1.5 倍，但不小于 0.6MPa。

　　检验方法：稳压 1h 内压力降不大于 0.05MPa 且不渗不漏。

　　隐蔽前对盘管进行水压试验，检验其应具备的承压能力和严密性，以确保地板辐射供暖系统的正常运行，温度正常。

　　常见问题：

　　（1）未按规定进行水压试验；

　　（2）水压试验的压力和时间不符合要求；

　　（3）缺少《承压管道系统（设备）强度和严密性水压试验记录》。

8.5.3　加热盘管弯曲部分不得出现硬折弯现象，曲率半径应符合下列规定：

　　1　塑料管：不应小于管道外径的 8 倍。

　　2　复合管：不应小于管道外径的 5 倍。

　　检验方法：尺量检查。

　　盘管出现硬折弯情况，会使水流通面积减小，并可能导致管材损坏，弯曲时应予以注意，曲率半径不应小于本条规定。

一般项目

8.5.4　分、集水器型号、规格、公称压力及安装位置、高度等应符合设计要求。

　　检验方法：对照图纸及产品说明书，尺量检查。

　　分、集水器为地面辐射供暖系统盘管的分路装置，设有放气阀及关断阀等，属重要部件，应按设计要求进行施工及验收。

常见问题：

分、集水器安装位置、高度不合理。

8.5.5 加热盘管管径、间距和长度应符合设计要求。间距偏差不大于±10mm。

检验方法：拉线和尺量检查。

作为散热部件的盘管，在供回水温度一定的条件下，其散热量取决于盘管的管径及间距。为保证足够的散热量，应按设计图纸进行施工和验收。

常见问题：

加热盘管管径、间距和长度与图纸不符、间距偏差大。

8.5.6 防潮层、防水层、隔热层及伸缩缝应符合设计要求。

检验方法：填充层浇灌前观察检查。

为保证地面辐射供暖系统在完好和正常的情况下使用，防潮层、防水层、隔热层及伸缩缝等均应符合设计要求。

常见问题：

防潮层、防水层、隔热层不符合设计要求。

8.5.7 填充层强度标号应符合设计要求。

检验方法：作试块抗压试验。

填充层的作用在于固定和保护散热盘管，使热量均匀散出。为保证其完好和正常使用，应符合设计要求的强度，特别在地面负荷较大时，更应注意。

常见问题：

填充层强度不符合要求，出现裂缝及局部破损。

8.6 系统水压试验及调试

主控项目

8.6.1 采暖系统安装完毕，管道保温之前应进行水压试验。试验压力应符合设计要求。当设计未注明时，应符合下列规定：

1 蒸汽、热水采暖系统，应以系统顶点工作压力加0.1MPa作水压试验，同时在系统顶点的试验压力不小于0.3MPa。

2 高温热水采暖系统，试验压力应为系统顶点工作压力加0.4MPa。

3 使用塑料管及复合管的热水采暖系统，应以系统顶点工作压力加0.2MPa，作水压试验，同时在系统顶点的试验压力不小于0.4MPa。不渗、不漏。

检验方法：使用钢管及复合管的采暖系统应在试验压力下10min内压力降不大于0.02MPa，降至工作压力后检查，不渗、不漏；使用塑料管的采暖系统应在试验压力下1h内压力降不大于0.05MPa，然后降至工作压力的1.15倍，稳压2h，压力降不大于0.03MPa，同时各连接处不渗、不漏。

本条为强制性条文。塑料管和复合管其承压能力随着输送的热水温度升高而降低。供暖系统中此种管道在运行时，承压能力较水压试验时有所降低。因此，与使用钢管的系统相比，水压试验值规定得稍高一些。

常见问题：

(1) 未按规定进行水压试验；

(2) 水压试验的压力和时间不符合要求；

（3）缺少《承压管道系统（设备）强度和严密性水压试验记录》。

8.6.2 系统试压合格后，应对系统进行冲洗并清扫过滤器及除污器。

检验方法：现场观察，直至排出水不含泥沙、铁屑杂质，且水色不浑浊为合格。

为保证系统内部清洁，防止因泥沙等积存影响热媒的正常流动。系统充水、加热，进行试运行和调试是对供暖系统功能的最终检验，检验结果应满足设计要求。若加热条件暂不具备，应延期进行该项工作。

常见问题：

（1）管道未冲洗或冲洗不干净；

（2）缺少《给水、热水、采暖管道系统冲洗记录》。

8.6.3　系统冲洗完毕应充水、加热，进行试运行和调试。

检验方法：观察、测量室温应满足设计要求。

本条为强制性条文。系统充水、加热，进行试运行和调试是对供暖系统功能的最终检验，检验结果应满足设计要求。若加热条件暂不具备，应延期进行该项工作。

常见问题：

（1）未试运行和调试；

（2）缺少《采暖系统试运行和调试记录》。

3.9　室外给水管网安装

9.1　一般规定

9.1.1　本章适用于民用建筑群（住宅小区）及厂区的室外给水管网安装工程的质量检验与验收。

界定本章条文的适用范围。

9.1.2　输送生活给水的管道应采用塑料管、复合管、镀锌钢管或给水铸铁管。塑料管、复合管或给水铸铁管的管材、配件，应是同一厂家的配套产品。

规定输送生活饮用水的给水管道应采用塑料管、复合管，镀锌钢管或给水铸铁管是为保证水体不在输送中受污染。强调管材、管件应是同一厂家的配套产品是为了保证管材和管件的匹配公差一致，从而保证安装质量，同时也是为了让管材生产厂家承担管材质量的连带责任。

常见问题：

管件和管材不匹配，连接不紧密。

9.1.3　架空或在地沟内敷设的室外给水管道其安装要求按室内给水管道的安装要求执行。塑料管道不得露天架空铺设，必须露天架空铺设时应有保温和防晒等措施。

室外架空或在室外地沟内铺设给水管道与在室内铺设给水管道安装条件和办法相似，故其检验和验收的要求按室内给水管道相关规定执行。但室外架空管道是在露天环境中，温度变化波动大，塑料管道在阳光的紫外线作用下会老化，所以要求室外架空铺设的塑料管道必须有保温和防晒等措施。

地下管道回填时为防止管道中心线偏位和损坏管道应用人工先在管子周围填土夯实并应在管道两边同时进行，直至管顶0.5m以上时，在不损坏管道的情况下，方可采用蛙式打夯机夯实。

9.1.4 消防水泵接合器及室外消火栓的安装位置、型式必须符合设计要求。

室外消防水泵接合器及室外消火栓的安装位置及形式是设计后，经当地消防部门综合当地情况按消防法规严格审定的，故不可随意改动。

9.2 给水管道安装
主控项目

9.2.1 给水管道在埋地敷设时，应在当地的冰冻线以下，如必须在冰冻线以上铺设时，应做可靠的保温防潮措施。在无冰冻地区，埋地敷设时，管顶的覆土埋深不得小于500mm，穿越道路部位的埋深不得小于700mm。

检验方法：现场观察检查。

要求将室外给水管道埋设在当地冰冻线以下，是为防止给水管道受冻损坏。调查时反映，一些特殊情况，如山区，有些管道必须在冰冻线以上铺设，管道的保温和防潮措施由于考虑不周出了问题，因此要求凡在冰冻线以上铺设的给水管道必须制定可靠的措施才能进行施工。

据资料介绍，地表0.5m以下的土层温度在一天内波动非常小，在此深度以下埋设管道，其中蠕变可视为不发生。另考虑到一般小区给水管道内压及外部可能的荷载，考虑到各种管材的强度，在汇总多家意见的基础上，规定在无冰冻地区给水管道管顶的覆土埋深不得小于500mm，穿越道路（含路面下）部位的管顶覆土埋深不得小于700mm。

常见问题：

管道埋深过浅，导致管道被压坏、冻裂。

9.2.2 给水管道不得直接穿越污水、化粪池、公共厕所等污染源。

检验方法：观察检查。

为使饮用水管道远离污染源，界定此条。

常见问题：

给水管道离污水、化粪池、公共厕所等污染源过近，导致饮用水管道被污染。

9.2.3 管道接口法兰、卡扣、卡箍等应安装在检查井或地沟内，不应埋在土壤中。

检验方法：观察检查。

法兰、卡扣、卡箍等是管道可拆卸的连接件，埋在土壤中，这些管件必然要锈蚀，挖出后再拆卸已不可能。即或不挖出不作拆卸，这些管件的所在部位也必然成为管道的易损部位，从而影响管道的寿命。

球墨铸铁管接口连接检查：

1. 管节及管件的产品质量应符合要求。

检查方法：检查产品质量保证资料，检查成品管进场验收记录。

2. 承插接口连接时，两管节中轴线应保持同心，承口、插口部位无破损、变形、开裂；插口推入深度应符合要求。

检查方法：逐个观察；检查施工记录。

3. 法兰接口连接时，插口与承口法兰压盖的纵向轴线一致，连接螺栓终拧扭矩应符合设计或产品使用说明要求；接口连接后，连接部位及连接件应无变形、破损。

检查方法：逐个接口检查，用扭矩扳手检查；检查螺栓拧紧记录。

4. 橡胶圈安装位置应准确，不得扭曲、外露；沿圆周各点应与承口端面等距，其允许偏差应为±3mm。

检查方法：观察，用探尺检查；检查施工记录。

钢筋混凝土管、预（自）应力混凝土管、预应力钢筒混凝土管接口连接检查：

1. 管及管件、橡胶圈的产品质量应符合要求。

检查方法：检查产品质量保证资料；检查成品管进场验收记录。

2. 柔性接口的橡胶圈位置正确，无扭曲、外露现象；承口插口无破损、开裂；双道橡胶圈的单口水压试验合格。

检查方法：观察、用探尺检查；检查单口水压试验记录。

3. 刚性接口的强度符合设计要求，不得有开裂、空鼓、脱落现象。

检查方法：观察；检查水泥砂浆、混凝土试块的抗压强度试验报告。

化学建材管接口连接检查：

1. 管节及管件、橡胶圈等的产品质量应符合要求。

检查方法：检查产品质量保证资料；检查成品管进场验收记录。

2. 承插、套筒式连接时，承口、插口部位及套筒连接紧密，无破损、变形、开裂等现象；插入后胶圈应位置正确，无扭曲等现象；双道橡胶圈的单口水压试验合格。

检查方法：逐个接口检查；检查施工方案及施工记录，单口水压试验记录；用钢尺、探尺量测。

3. 聚乙烯管、聚丙烯管接口熔焊连接检查。

1）焊缝应完整，无缺损和变形现象；焊缝连接应紧密，无气泡、鼓泡和裂缝；电熔连接的电阻丝不裸露。

2）熔焊焊缝焊接力学性能不低于母材。

3）热熔对接连接后应形成凸缘，且凸缘形状大小均匀一致，无气孔、鼓泡和裂缝；接头处有沿管节圆周平滑对称的外翻边，外翻边最低处的深度不低于管节外表面；管壁内翻边应铲平；对接错边量不大于管材壁厚的10%，且不大于3mm。

检查方法：观察；检查熔焊连接工艺试验报告和焊接作业指导书，检查熔焊连接施工记录、熔焊外观质量检验记录、焊接力学性能检测报告。

检查数量：外观质量全数检查；熔焊焊缝焊接力学性能试验每200个接头不少于1组；现场进行破坏性检验或翻边切除检验（可任选一种）时，现场破坏性检验每50个接头不少于1个，现场内翻边切除检验每50个接头不少于3个；单位工程中接头数量不足50个时，仅做熔焊焊缝焊接力学性能试验，可不做现场检验。

4. 卡箍连接、法兰连接、钢塑过渡接头连接时，应连接件齐全、位置正确、安装牢固，连接部位无扭曲、变形。

检查方法：逐个检查。

常见问题：

管道接口法兰、卡扣、卡箍处未设检查井。

9.2.4 给水系统各种井室内的管道安装，如设计无要求，井壁距法兰或承口的距离：管径小于或等于450mm时，不得小于250mm；管径大于450mm时，不得小于350mm。

检验方法：尺量检查。

尺寸是从便于安装和检修考虑确定的。

常见问题：

井壁距法兰或承口的距离过小，无法检修。

9.2.5 管网必须进行水压试验，试验压力为工作压力的1.5倍，但不得小于0.6MPa。

检验方法：管材为钢管、铸铁管时，试验压力下10min内压力降不应大于0.05MPa，然后降至工作压力进行检查，压力应保持不变，不渗不漏；管材为塑料管时，试验压力下，稳压1h压力降不大于0.05MPa，然后降至工作压力进行检查，压力应保持不变，不渗不漏。

对管网进行水压试验，是确保系统能正常使用的关键，条文中规定的试验压力值及不同管材的试压检验方法是依据多年的施工实践，在广泛征求各方意见的基础上综合制定的。

检查水压试验采用的设备、仪表规格及其安装检查：

1. 采用弹簧压力计时，精度不低于1.5级，最大量程宜为试验压力的1.3～1.5倍，表壳的公称直径不宜小于150mm，使用前经校正并具有符合规定的检定证书。

2. 水泵、压力计应安装在试验段的两端部与管道轴线相垂直的支管上。

水压试验前准备工作检查：

1. 试验管段所有敞口应封闭，不得有渗漏水现象；

2. 试验管段不得用闸阀作堵板，不得含有消火栓、水锤消除器、安全阀等附件；

3. 水压试验前应清除管道内的杂物。

常见问题：

（1）未按规定进行水压试验；

（2）水压试验的压力和时间不符合要求；

（3）缺少《承压管道系统（设备）强度和严密性水压试验记录》。

9.2.6 镀锌钢管、钢管的埋地防腐必须符合设计要求，如设计无规定时，可按表9.2.6（本书表3.9.1）的规定执行。卷材与管材间应粘贴牢固，无空鼓、滑移、接口不严等。

检验方法：观察和切开防腐层检查。

管道防腐层种类

表3.9.1

防腐层层次	正常防腐层	加强防腐层	特加强防腐层
（从金属表面起）1	冷底子油	冷底子油	冷底子油
2	沥青涂层	沥青涂层	沥青涂层
3	外包保护层	加强包扎层	加强保护层
		（封闭层）	（封闭层）
4		沥青涂层	沥青涂层
5		外保护层	加强包扎层
6			（封闭层）
			沥青涂层
7			外包保护层
防腐层厚度不小于（mm）	3	6	9

本条文中镀锌钢管系指输送饮用水所采用的热镀锌钢管,钢管指输送消防给水用的无缝或有缝钢管。镀锌钢管和钢管埋地铺设时为提高使用年限,外壁必须采取防腐蚀涂料,有沥青漆、环氧树脂漆、酚醛树脂漆等,涂覆方法可采用刷涂、喷涂、浸涂等。条文的表9.2.6(本书表3.9.1)中给定的是多年沿用的老方法,但因其价格低廉、易操作、适用性好等特点仍采用,表中防腐层厚度可供涂覆其他防腐涂料时参考(对球墨铸铁给水管要求外壁必须刷沥青漆防腐)。

9.2.7 给水管道在竣工后,必须对管道进行冲洗,饮用水管道还要在冲洗后进行消毒,满足饮用水卫生要求。

检验方法:观察冲洗水的浊度,查看有关部门提供的检验报告。

给水管道冲洗与消毒检查:

1. 给水管道严禁取用污染水源进行水压试验、冲洗,施工管段处于污染水水域较近时,必须严格控制污染水进入管道;如不慎进入污染管道,应由水质检测部门对管道污染水进行化验,并按其要求在管道并网运行前进行冲洗与消毒,满足饮用水卫生要求。

2. 管道冲洗与消毒应编制实施方案。

3. 施工单位应在建设单位、管理单位的配合下进行冲洗与消毒。

4. 冲洗时,应避开用水高峰,冲洗流速不小于 1.0m/s,连续冲洗。

给水管道冲洗消毒准备工作检查:

1. 用于冲洗管道的清洁水源已经确定;

2. 消毒方法和用品已经确定,并准备就绪;

3. 排水管道已安装完毕,并保证畅通、安全;

4. 冲洗管段末端已设置方便、安全的取样口;

5. 照明和维护等措施已经落实。

管道冲洗与消毒检查:

1. 管道第一次冲洗应用清洁水冲洗至出水口水样浊度小于 3NTU 为止,冲洗流速应大于 1.0m/s。

2. 管道第二次冲洗应在第一次冲洗后,用有效氯离子含量不低于 20mg/L 的清洁水浸泡 24h 后,再用清洁水进行第二次冲洗直至水质检测、管理部门取样化验合格为止。

对输送饮用水的管道进行冲洗和消毒是保证人们饮用到卫生水的两个关键环节,要求不仅要做到而且要做好。

常见问题:

(1)未按规定进行冲洗和消毒;

(2)缺少《给水、热水、采暖管道系统冲洗记录》。

(3)无相关部门的水质检测报告。

一般项目

9.2.8 管道的坐标、标高、坡度应符合设计要求,管道安装的允许偏差应符合表9.2.8(本书表3.9.2)的规定。

本条是在既实际可行又能起到控制质量的情况下给出的。

室外给水管道安装的允许偏差和检验方法 　　表 3.9.2

项次	项目			允许偏差（mm）	检验方法
1	坐标	铸铁管	埋地	100	拉线和尺量检查
			敷设在沟槽内	50	
		钢管、塑料管、复合管	埋地	100	
			敷设在沟槽内或架空	40	
2	标高	铸铁管	埋地	±50	拉线和尺量检查
			敷设在地沟内	±30	
		钢管、塑料管、复合管	埋地	±50	
			敷设在地沟内或架空	±30	
3	水平管纵横向弯曲	铸铁管	直段（25m以上）起点~终点	40	拉线和尺量检查
		钢管、塑料管、复合管	直段（25m以上）起点~终点	30	

9.2.9　管道和金属支架的涂漆应附着良好，无脱皮、起泡、流淌和漏涂等缺陷。

　　检验方法：现场观察检查。

　　钢材的使用寿命与涂漆质量有直接关系。也是人们的感观要求，故刷油质量必须控制好。

　　常见问题：

　　管道和金属支架涂漆不均匀，漆膜厚度不够。

9.2.10　管道连接应符合工艺要求，阀门、水表等安装位置应正确。塑料给水管道上的水表、阀门等设施其重量或启闭装置的扭矩不得作用于管道上，当管径≥50mm 时必须设独立的支承装置。

　　检验方法：现场观察检查。

　　目前给水塑料管的强度和刚度大都比钢管和给水铸铁管差，调查中发现，管径≥50mm 的给水塑料管道由于其管道上的阀门安装时没采取相应的辅助固定措施，在多次开启或拆卸时，多数引起了管道破损漏水的情况发生。

　　常见问题：

　　塑料给水管道上的水表、阀门处未设独立的支承装置。

9.2.11　给水管道与污水管道在不同标高平行敷设，其垂直间距在 500mm 以内时，给水管管径小于或等于 200mm 的，管壁水平间距不得小于 1.5m；管径大于 200mm 的，不得小于 3m。

　　检查方法：观察和尺量检查。

　　从便于检修操作和防止渗漏污染考虑预留的距离。

9.2.12　铸铁管承插捻口连接的对口间隙应不小于 3mm，最大间隙不得大于表 9.2.12（本书表 3.9.3）的规定。

铸铁管承插捻口的对口最大间隙 　　表 3.9.3

管径（mm）	沿直线敷设（mm）	沿曲线敷设（mm）
75	4	5
100~250	5	7~13
300~500	6	14~22

检验方法：尺量检查。

9.2.13　铸铁管沿直线敷设，承插捻口连接的环型间隙应符合表9.2.13（本书表3.9.4）的规定；沿曲线敷设，每个接口允许有2°转角。

铸铁管承插捻口的环型间隙

表3.9.4

管径（mm）	标准环型间隙（mm）	允许偏差（mm）
75～200	10	+3，−2
250～450	11	+4，−2
500	12	+4，−2

检验方法：尺量检查。

9.2.14　捻口用的油麻填料必须清洁，填塞后应捻实，其深度应占整个环型间隙深度的1/3。

检验方法：观察和尺量检查。

给水铸铁管采用承插捻口连接时，捻麻是接口内一项重要工作，油麻捻压的虚和实将直接影响管接口的严密性。提出深度占整个环形间隙深度的1/3是为进行施工过程控制时参考。

9.2.15　捻口用水泥强度应不低于32.5MPa，接口水泥应密实饱满，其接口水泥面凹入承口边缘的深度不得大于2mm。

检验方法：观察和尺量检验。

铸铁管的承插接口填料多年来一直采用石棉水泥或膨胀水泥，但石棉水泥因其中含有石棉绒，这种材料不符合饮用水卫生标准要求，故这次将其删除，推荐采用硅酸盐水泥捻口，捻口水泥的强度等级不得低于32.5级。

9.2.16　采用水泥捻口的给水铸铁管，在安装地点有侵蚀性的地下水时，应在接口处涂抹沥青防腐层。

检验方法：观察检查。

目的是防止有侵蚀性水质对接口填料造成腐蚀。

常见问题：

捻口质量差、未在接口处防腐。

9.2.17　采用橡胶圈接口的埋地给水管道，在土壤或地下水对橡胶圈有腐蚀的地段，在回填土前应用沥青胶泥、沥青麻丝或沥青锯末等材料封闭橡胶圈接口。橡胶圈接口的管道，每个接口的最大偏转角不得超过表9.2.17（本书表3.9.5）的规定。

主要为保护橡胶圈接口处不受腐蚀性的土壤或地下水的侵蚀性损坏。条文还综合有关行标对橡胶圈接口最大偏转角度进行了限定。

橡胶圈接口最大允许偏转角

表3.9.5

公称直径（mm）	100	125	150	200	250	300	350	400
允许偏转角度	5°	5°	5°	5°	4°	4°	4°	3°

检验方法：观察和尺量检查。

球墨铸铁管橡胶圈柔性接口检查：

管节及管件的规格、尺寸公差、性能应符合国家有关标准规定和设计要求，进入施工

现场时其外观质量检查:

1. 管节及管件表面不得有裂纹,不得有妨碍使用的凹凸不平的缺陷;

2. 采用橡胶圈柔性接口的球墨铸铁管,承口的内工作面和插口的外工作面应光滑、轮廓清晰,不得有影响接口密封性的缺陷。

目前由于球墨铸铁管的抗腐蚀性能、耐久性能优越,接口形式为橡胶圈接口。

管节及管件下沟槽前,应清除承口内部的油污、飞刺、铸砂及凹凸不平的铸瘤;柔性接口铸铁管及管件承口的内工作面、插口的外工作面应修整光滑,不得有沟槽、凸脊缺陷;有裂纹的管节及管件不得使用。

沿直线安装管道时,宜选用管径公差组合最小的管节组对连接,确保接口的环向间隙应均匀。

采用滑入式或机械式柔性接口时,橡胶圈的质量、性能、细部尺寸,应符合国家有关球墨铸铁管及管件标准的规定。

橡胶圈安装经检验合格后,方可进行管道安装。

安装滑入式橡胶圈接口时,推入深度直达到标记环,并复查与其相邻已安好的第一至第二个接口推入深度。

滑入式(对单推入式)橡胶圈接口安装时,推入深度应达到标记环,应复查与其相邻已安好的第一至第二个接口推入深度,防止已安好的接口拔出或错位;或采用其他措施保证已安好的接口不发生变位。

安装机械式柔性接口时,应使插口与承口法兰压盖的轴线相重合;螺栓安装方向应一致,用扭矩扳手均匀、对称地紧固。

常见问题:

未对接口做保护处理。

9.3 消防水泵接合器及室外消火栓安装

主控项目

9.3.1 系统必须进行水压试验,试验压力为工作压力的 1.5 倍,但不得小于 0.6MPa。

检验方法:试验压力下,10min 内压力降不大于 0.05MPa,然后降至工作压力进行检查,压力保持不变,不渗不漏。

根据调研及多年的工程实践,统一规定试验压力为工作压力的 1.5 倍,但不得小于 0.6MPa。这样既便于验收时掌握,也能满足工程需要。

常见问题:

(1) 未按规定进行水压试验;

(2) 水压试验的压力和时间不符合要求;

(3) 缺少《承压管道系统(设备)强度和严密性水压试验记录》。

9.3.2 消防管道在竣工前,必须对管道进行冲洗。

检验方法:观察冲洗出水的浊度。

消防管道进行冲洗的目的是为保证管道畅通,防止杂质、焊渣等损坏消火栓。

常见问题:

(1) 管道未冲洗或冲洗不干净;

(2) 缺少《给水、热水、采暖管道系统冲洗记录》。

9.3.3 消防水泵接合器和消火栓的位置标志应明显，栓口的位置应方便操作。消防水泵接合器和室外消火栓当采用墙壁式时，如设计未要求，进、出水栓口的中心安装高度距地面为 1.10m，其上方应设有防坠落物打击的措施。

检验方法：观察和尺量检查。

消防水泵接合器和消火栓的位置标志应明显，栓口的位置应方便操作，是为了突出其使用功能，确保操作快捷。室外消防水泵接合器和室外消火栓当采用墙壁式时，其进、出水栓口的中心安装高度距地面为 1.1m 也是为了方便操作。因栓口直接设在建筑物外墙上，操作时必然紧靠建筑物，为保证消防人员的操作安全，故强调上方必须有防坠落物打击的措施。

常见问题：

消防水泵接合器和消火栓的位置标志不明显，栓口的位置不方便操作。

一般项目

9.3.4 室外消火栓和消防水泵接合器的各项安装尺寸应符合设计要求，栓口安装高度允许偏差为 ±20mm。

检验方法：尺量检查。

为了统一标准，保证使用功能。

常见问题：

室外消火栓栓口安装高度允许偏差大。

9.3.5 地下式消防水泵接合器顶部进水口或地下式消火栓的顶部出水口与消防井盖底面的距离不得大于 400mm，井内应有足够的操作空间，并设爬梯。寒冷地区井内应做防冻保护。

检验方法：观察和尺量检查。

为了保证实用和便于操作。

常见问题：

寒冷地区井内未做防冻保护。

9.3.6 消防水泵接合器的安全阀门及止回阀安装位置和方向应正确，阀门启闭应灵活。

检验方法：现场观察和手扳检查。

消防水泵接合器的安全阀应进行定压（定压值应由设计给定），定压后的系统应能保证最高处的一组消火栓的水栓能有 10～15m 的充实水柱。

常见问题：

安全阀及止回阀操作失灵。

9.4 管沟及井室

主控项目

9.4.1 管沟的基层处理和井室的地基必须符合设计要求。

检验方法：现场观察检查。

管沟的基层处理好坏，井室的地基是否牢固直接影响管网的寿命，一旦出现不均匀沉降，就有可能造成管道断裂。

9.4.2 各类井室的井盖应符合设计要求，应有明显的文字标识，各种井盖不得混用。

检验方法：现场观察检查。

强调井盖上必须有明显的中文标志是为便于查找和区分各井室的功能。

9.4.3 设在通车路面下或小区道路下的各种井室，必须使用重型井圈和井盖，井盖上表面应与路面相平，允许偏差为±5mm。绿化带上和不通车的地方可采用轻型井圈和井盖，井盖的上表面应高出地坪50mm，并在井口周围以2%的坡度向外做水泥砂浆护坡。

检验方法：观察和尺量检查。

有的小区的井圈和井盖在使用时轻型和重型不分，特别是用轻不用重，造成井盖损坏，给行车行人带来安全隐患，应引起重视。

常见问题：

井圈和井盖在使用时轻型和重型不分，造成井盖损坏。

9.4.4 重型铸铁或混凝土井圈，不得直接放在井室的砖墙上，砖墙上应做不小于80mm厚的细石混凝土垫层。

检验方法：观察和尺量检查。

强调重型铸铁或混凝土井圈，不得直接放在井室的砖墙上，砖墙上应做不小于80mm厚的细石混凝土垫层，垫层与井圈间应用高强度等级水泥砂浆找平，目的是为保证井圈与井壁成为一体，防止井圈受力不均时或反复冻胀后松动，压碎井壁砖导致井室塌陷。

一般项目

9.4.5 管沟的坐标、位置、沟底标高应符合设计要求。

检验方法：观察、尺量检查。

管沟的施工标准及应遵循的依据原则。

常见问题：

管沟的坐标、位置、沟底标高偏差大。

9.4.6 管沟的沟底层应是原土层，或是夯实的回填土，沟底应平整，坡度应顺畅，不得有尖硬的物体、块石等。

检验方法：观察检查。

要求管沟的沟底应是原土层或是夯实的回填土，目的是为了管道铺设后，沟底不塌陷，要求沟底不得有尖硬的物体、块石，目的是为了保护管壁在安装过程中不受损坏。

常见问题：

管沟的沟底层有尖硬的物体、块石等，未进行清理。

9.4.7 如沟基为岩石、不易清除的块石或为砾石层时，沟底应下挖100~200mm，填铺细砂或粒径不大于5mm的细土，夯实到沟底标高后，方可进行管道敷设。

检验方法：观察和尺量检查。

针对沟基下为岩石、无法清除的块石或沟底为砾石层时，为了保护管壁在安装过程中及以后的沉降过程中不受损坏采取的措施。

常见问题：

未填细沙或回填高度不够。

9.4.8 管沟回填土，管顶上部200mm以内应用砂子或无块石及冻土块的土，并不得用机械回填；管顶上部500mm以内不得回填直径大于100mm的块石和冻土块；500mm以上部分回填土中的块石或冻土块不得集中。上部用机械回填时，机械不得在管沟上行走。

检验方法：观察和尺量检查。

此规定是为了确保管道回填土的密实度和在管沟回填过程中管道不受损坏。

常见问题：

管顶上部回填含有块石和冻土块。

9.4.9 井室的砌筑应按设计或给定的标准图施工。井室的底标高在地下水位以上时，基层应为素土夯实；在地下水位以下时，基层应打 100mm 厚的混凝土底板。砌筑应采用水泥砂浆，内表面抹灰后应严密不透水。

检验方法：观察和尺量检查。

系对井室砌筑的施工要求。检查时建议可参照有关土建专业施工质量验收规范进行。

常见问题：

内表面未抹灰、基层未打混凝土底板。

9.4.10 管道穿过井壁处，应用水泥砂浆分两次填塞严密、抹平，不得渗漏。

检验方法：观察检查。

调查时发现，管道穿过井壁处，采用一次填塞易出现裂纹，二次填塞基本保证能消除裂纹，且表面也易抹平，故规定此条文。

常见问题：

管道穿过井壁处不严密、产生裂纹。

3.10 室外排水管网安装

10.1 一般规定

10.1.1 本章适用于民用建筑群（住宅小区）及厂区的室外排水管网安装工程的质量检验与验收。

界定本章条文的适用范围。

10.1.2 室外排水管道应采用混凝土管、钢筋混凝土管、排水铸铁管或塑料管。其规格及质量必须符合现行国家标准及设计要求。

住宅小区的室外排水工程大部分还应用混凝土管、钢筋混凝土管、排水铸铁管，用的也比较安全，反映也较好，故条文中将其列入。以前常用的缸瓦管因管壁较脆，易破损，多数地区已不用或很少用，所以条文中没列入。近几年发展起来的各种塑料排水管如聚氯乙烯直壁管、环向（或螺旋）加肋管、双壁波纹管、高密度聚乙烯双重壁缠绕管和非热塑性夹砂玻璃管等已大量问世，由于其施工方便、密封可靠、美观、耐腐蚀、耐老化、机械强度好等优点已被多数用户所认可。

10.1.3 排水管沟及井池的土方工程、沟底的处理、管道穿井壁处的处理、管沟及井池周围的回填要求等，均参照给水管沟及井室的规定执行。

排水系统的管沟及井室的土方工程，沟底的处理，管道穿井壁处的处理，管沟及井池周围的回填要求等与给水系统的对应要求相同，因此确定执行同样规则。

10.1.4 各种排水、池应按设计给定的标准图施工，各种排水井和化粪池均应用混凝土做底板（雨水井除外），厚度不小于 100mm。

要求各种排水井和化粪池必须用混凝土打底板是由其使用环境所决定，调查时发现一些井池坍塌多数是由于混凝土底板没打或打的质量不好，在粪水的长期浸泡下出的问题。

故要求必须先打混凝土底板后再在其上砌井室。

10.2 排水管道安装

主控项目

10.2.1 排水管道的坡度必须符合设计要求，严禁无坡或倒坡。

检验方法：用水准仪、拉线和尺量检查。

坡度与管道连接接口质量有直接重要关系，对连接的质量要重点检查。

管道连接检查：

1. 承插式柔性连接、套筒（带或套）连接、法兰连接、卡箍连接等方法采用的密封件、套筒件、法兰、紧固件等配套管件，必须由管节生产厂家配套供应；电熔连接、热熔连接应采用专用电器设备、挤出焊接设备和工具进行施工。

2. 管道连接时必须对连接部位、密封件、套筒等配件清理干净，套筒（带或套）连接、法兰连接、卡箍连接用的钢制套筒、法兰、卡箍、螺栓等金属制品应根据现场土质并参照相关标准采取防腐措施。

3. 承插式柔性接口连接宜在当日温度较高时进行，插口端不宜插到承口底部，应留出不小于10mm的伸缩空隙，插入前应在插口端外壁做出插入深度标记；插入完毕后，承插口周围空隙均匀，连接的管道平直。

4. 电熔连接、热熔连接、套筒（带或套）连接、法兰连接、卡箍连接应在当日温度较低或接近最低时进行；电熔连接、热熔连接时电热设备的温度控制、时间控制、挤出焊接时对焊接设备的操作等，必须严格按接头的技术指标和设备的操作程序进行；接头处应有沿管节圆周平滑对称的外翻边，内翻边应铲平。

5. 管道与井室宜采用柔性连接，连接方式符合设计要求；设计无要求时，可采用承插管件连接或中介层做法。

6. 管道系统设置的弯头、三通、变径处应采用混凝土支墩或金属卡箍拉杆等技术措施；在消火栓及闸阀的底部应加垫混凝土支墩；非锁紧型承插连接管道，每根管节应有3点以上的固定措施。

7. 安装完的管道中心线及高程调整合格后，即将管底有效支撑角范围用中粗砂回填密实，不得用土或其他材料回填。

电熔连接、热熔连接应采用专用电器设备、挤出焊接设备和工具进行施工。据调研，目前建筑市场的实际情况是一般施工单位并不具备符合要求的连接设备和专业焊工，为保证施工的质量，本条规定应由管材生产厂家直接安装作业或提供设备并进行连接作业的技术指导。连接需要的润滑剂等辅助材料，宜由管材供应厂家配套提供。

找好坡度直接关系到排水管道的使用功能，故严禁无坡或倒坡。

常见问题：

排水管道无坡或倒坡。

10.2.2 管道埋设前必须做灌水试验和通水试验，排水应畅通，无堵塞，管接口无渗漏。

检验方法：按排水检查井分段试验，试验水头应以试验段上游管顶加1m，时间不少于30min，逐段观察。

排水管道中虽无压，但不应渗漏，长期渗漏处可导致管基下沉、管道悬空，因此要求在施工过程中，在两检查井间管道安装后，即应做灌水试验。通水试验是检验排水管道使用功能的手段，在从上游不断向下游做灌水试验的同时，也检验了通水的能力。

常见问题：

(1) 隐蔽或埋地的排水管道在隐蔽前未做灌水试验；

(2) 灌水试验的灌水高度及观察时间不够；

(3) 缺少《非承压管道灌水试验记录》。

一般项目

10.2.3 管道的坐标和标高应符合设计要求，安装的允许偏差应符合表10.2.3（本书表3.10.1）的规定。

室外排水管道安装的允许偏差和检验方法　　　　表3.10.1

项次	项目		允许偏差（mm）	检验方法
1	坐标	埋地	100	拉线尺量
		敷设在沟槽内	50	
2	标高	埋地	±20	用水平仪、拉线和尺量
		敷设在沟槽内	±20	
3	水平管道纵横向弯曲	每5m长	10	拉线尺量
		全长（两井间）	30	

10.2.4 排水铸铁管采用水泥捻口时，油麻填塞应密实，接口水泥应密实饱满，其接口面凹入承口边缘且深度不得大于2mm。

检验方法：观察和尺量检查。

排水铸铁管和铸铁管在安装程序上、过程控制的内容上相似，施工检查可参照给水铸铁管承插接口的要求执行，但在材质上，通过的介质、压力上又不同，故应承认差别。但必须要保证接口不漏水。

10.2.5 排水铸铁管外壁在安装前应除锈，涂二遍石油沥青漆。

检验方法：观察检查。

刷两遍石油沥青漆是为了提高管材抗腐蚀能力，提高管材使用年限。

10.2.6 承插接口的排水管道安装时，管道和管件的承口应与水流方向相反。

检验方法：观察检查。

承插接口的排水管道安装时，要求管道和管件的承口应与水流方向相反，是为了减少水流的阻力，提高管网使用寿命。

10.2.7 混凝土管或钢筋混凝土管采用抹带接口时，应符合下列规定：

1 抹带前应将管口的外壁凿毛、扫净，当管径小于或等于500mm时，抹带可一次完成；当管径大于500mm时，应分二次抹成，抹带不得有裂纹。

2 钢丝网应在管道就位前放入下方，抹压砂浆时应将钢丝网抹压牢固，钢丝网不得外露。

3 抹带厚度不得小于管壁的厚度，宽度宜为80～100mm。

检验方法：观察和尺量检查。

为确保抹带接口的质量，使管道接口处不渗漏。

刚性接口的钢筋混凝土管道，钢丝网水泥砂浆抹带接口材料检查：

1. 选用粒径 0.5～1.5mm，含泥量不大于 3% 的洁净砂；

2. 选用网格 10mm×10mm、丝径为 20 号的铜丝网；

3. 水泥砂浆配比满足设计要求。

刚性接口的钢筋混凝土管道施工检查：

1. 抹带前应将管口的外壁凿毛、洗净。

2. 钢丝网端头应在浇筑混凝土管座时插入混凝土内，在混凝土初凝前，分层抹压钢丝网水泥砂浆抹带。

3. 抹带完成后应立即用吸水性强的材料覆盖，3～4h 后洒水养护。

4. 水泥砂浆填缝及抹带接口作业时落入管道内的接口材料应清除，管径大于或等于 700mm 时，应采用水泥砂浆将管道内接口部位抹平、压光；管径小于 700mm 时，填缝后应立即拖平。

常见问题：

抹压砂浆时钢丝网未抹压牢固，钢丝网外露。

10.3 排水管沟及井池

主控项目

10.3.1 沟基的处理和井池的底板强度必须符合设计要求。

检验方法：现场观察和尺量检查，检查混凝土强度报告。

如沟基夯实和支墩大小、尺寸、距离、强度等不符合要求，待管道安装上，土回填后必将造成沉降不均，管道或接口处将受力不均而断裂。如井池底板不牢，给管网带来损坏。因此必须重视排水沟管基的处理和保证井池的底板强度。

10.3.2 排水检查井、化粪池的底板及进、出水管的标高，必须符合设计，其允许偏差为 ±15mm。

检验方法：用水准仪及尺量检查。

检查井、化粪池的底板及进出水管的标高直接影响水系统的使用功能，一处变动迁动多处。故相关标高必须严格控制好。

一般项目

10.3.3 井、池的规格、尺寸和位置应正确，砌筑和抹灰符合要求。

检验方法：观察及尺量检查。

由于排水井池长期处在污水浸泡中，故其砌筑和抹灰等要求应比给水检查井室要严格。

常见问题：

砌筑和抹灰不认真、不符合要求。

10.3.4 井盖选用应正确，标志应明显，标高应符合设计要求。

检验方法：观察、尺量检查。

排水检查井是住宅小区或厂区中数量最多的一种检查井，其井盖混用情况也最严重，损坏也最严重，甚至由于井盖损坏造成行人伤亡事件时有发生，故在通车路面下或小区管道下的排水池也必须严格执行规范的规定。

常见问题：

排水检查井井盖混用，损坏严重。

3.11 室外供热管网安装

11.1 一般规定

11.1.1 本章适用于厂区及民用建筑群（住宅小区）的饱和蒸汽压力不大于 0.7MPa、热水温度不超过 130℃的室外供热管网安装工程的质量检验与验收。

根据国内供暖系统蒸汽压力及热水温度的现状，对本章的适用范围作出了规定。

11.1.2 供热管网的管材应按设计要求。当设计未注明时，应符合下列规定：

1 管径小于或等于 40mm 时，应使用焊接钢管。

2 管径为 50～200mm 时，应使用焊接钢管或无缝钢管。

3 管径大于 200mm 时，应使用螺旋焊接钢管。

对供热管网的管材，首先应按规定要求，对设计未注明时，规定中给出了管材选用的推荐范围。

11.1.3 室外供热管道连接均应采用焊接连接。

为保证管网安装质量，尽量减少渗漏可能性，采用焊接。

11.2 管道及配件安装
主控项目

11.2.1 平衡阀及调节阀型号、规格及公称压力应符合设计要求。安装后应根据系统要求进行调试，并作出标志。

检验方法：对照设计图纸及产品合格证，并现场观察调试结果。

在热水供暖的室外管网中，特别是枝状管网，装设平衡阀或调节阀已成为各用户之间压力平衡的重要手段。本条规定，施工与验收应符合设计要求并进行调试。

常见问题：

平衡阀及调节阀型号、规格及公称压力不符合设计要求、安装前未调试。

11.2.2 直埋无补偿供热管道预热伸长及三通加固应符合设计要求。回填前应注意检查预制保温层外壳及接口的完好性。回填应按设计要求进行。

检验方法：回填前现场验核和观察。

供热管道的直埋敷设渐多并已基本取代地沟敷设。本条文对直埋管道的预热伸长、三通加固及回填等的要求作了规定。

常见问题：

直埋管道的保温层外壳及接口封闭不严，引起管道锈蚀。

11.2.3 补偿器的位置必须符合设计要求，并应按设计要求或产品说明书进行预拉伸。管道固定支架的位置和构造必须符合设计要求。

检验方法：对照图纸，并查验预拉伸记录。

补偿器及固定支架的正确安装，是供热管道解决伸缩补偿，保证管道不出现破损所不可缺少的，本条文规定，安装和验收应符合设计要求。

常见问题：

（1）补偿器的型号、安装位置与图纸不符；

（2）补偿器安装未进行预拉伸；

（3）缺少《钢管伸缩器预拉伸安装记录》；

（4）固定支架的设置不符合要求。

11.2.4 检查井室、用户入口处管道布置应便于操作及维修，支、吊、托架稳固，并满足设计要求。

检验方法：对照图纸，观察检查。

供暖用户装置设于室外者很多。用户入口装置及检查应按设计要求施工验收，以方便操作与维修。

常见问题：

检查井室、用户入口处管道布置不合理，不便于操作及维修。

11.2.5 直埋管道的保温应符合设计要求，接口在现场发泡时，接头处厚度应与管道保温层厚度一致，接头处保护层必须与管道保护层成一体，符合防潮防水要求。

检验方法：对照图纸，观察检查。

与地沟敷设相比，直埋管道的保温构造有着更高的要求，接地处现场发泡施工时更须注意，本条规定应遵照设计要求。

常见问题：

直埋管道的保温层外壳及接口未进行热熔及焊接，导致封闭不严，引起热量损失及管道锈蚀。

一般项目

11.2.6 管道水平敷设其坡度应符合设计要求。

检验方法：对照图纸，用水准仪（水平尺）、拉线和尺量检查。

坡度应符合设计要求，以便于排气、泄水及凝结水的流动。

常见问题：

管道无坡或倒坡。

11.2.7 除污器构造应符合设计要求，安装位置和方向应正确。管网冲洗后应清除内部污物。

检验方法：打开清扫口检查。

为保证过滤效果，并及时清除脏物。

常见问题：

管网冲洗后未清除内部污物。

11.2.8 室外供热管道安装的允许偏差应符合表11.2.8（本书表3.11.1）的规定。

室外供热管道安装的允许偏差和检验方法 表 3.11.1

项次	项目			允许偏差	检验方法
1	坐标（mm）	敷设在沟槽内及架空		20	用水准仪（水平尺）、直尺、拉线
		埋地		50	
2	标高（mm）	敷设在沟槽内及架空		±10	尺量检查
		埋地		±15	
3	水平管道纵、横方向弯曲（mm）	每1m	管径≤100mm	1	用水准仪（水平尺）、直尺、拉线和尺量检查
			管径＞100mm	1.5	
		全长（25m以上）	管径≤100mm	≯13	
			管径＞100mm	≯25	

项次	项目			允许偏差	检验方法
4	弯管	椭圆率	管径≤100mm	8%	用外卡钳和尺量检查
			管径>100mm	5%	
		折皱不平度（mm）	管径≤100mm	4	
			管径125～200mm	5	
			管径250～400mm	7	

11.2.9 管道焊口的允许偏差应符合本规范表5.3.8（本书表3.5.10）的规定。

11.2.10 管道及管件焊接的焊缝表面质量应符合下列规定：

 1 焊缝外形尺寸应符合图纸和工艺文件的规定，焊缝高度不得低于母材表面，焊缝与母材应圆滑过渡；

 2 焊缝及热影响区表面应无裂纹、未熔合、未焊透、夹渣、弧坑和气孔等缺陷。

 检验方法：观察检查。

 常见问题：

 （1）焊缝成型不好，有咬边、夹渣、气孔等缺陷；

 （2）缺少《管道焊接记录》。

11.2.11 供热管道的供水管或蒸汽管，如设计无规定时，应敷设在载热介质前进方向的右侧或上方。

 检查方法：对照图纸，观察检查。

 为统一管道排列和便于管理维护。

11.2.12 地沟内的管道安装位置，其净距（保温层外表面）应符合下列规定：

 与沟壁　100～150mm；

 与沟底　100～200mm；

 与沟顶（不通行地沟）　50～100mm；

 （半通行和通行地沟）　200～300mm。

 检验方法：尺量检查。

 常见问题：

 管道与沟壁、沟底、沟顶间距不够。

11.2.13 架空敷设的供热管道安装高度，如设计无规定时，应符合下列规定（以保温层外表面计算）：

 1 人行地区，不小于2.5m。

 2 通行车辆地区，不小于4.5m。

 3 跨越铁路，距轨顶不小于6m。

 检验方法：尺量检查。

 主要在设计无要求时为保证和统一架空管道有足够的高度，以免影响行人或车辆通行。

常见问题：

管道安装高度低，影响行人或车辆通行。

11.2.14 防锈漆的厚度应均匀，不得有脱皮、起泡、流淌和漏涂等缺陷。

检验方法：保温前观察检查。

常见问题：

防锈漆的厚度不均匀，漆膜厚度不够。

11.2.15 管道保温层的厚度和平整度的允许偏差应符合本规范表4.4.8（本书表3.4.4）的规定。

11.3 系统水压试验及调试
主控项目

11.3.1 供热管道的水压试验压力应为工作压力的1.5倍，但不得小于0.6MPa。

检验方法：在试验压力下10min内压力降不大于0.05MPa，然后降至工作压力下检查，不渗不漏。

常见问题：

(1) 未按规定进行水压试验；

(2) 水压试验的压力和时间不符合要求；

(3) 缺少《承压管道系统（设备）强度和严密性水压试验记录》。

11.3.2 管道试压合格后，应进行冲洗。

检验方法：现场观察，以水色不浑浊为合格。

为保证系统管道内部清洁，防止因泥沙等积存影响热媒正常流动。

常见问题：

(1) 管道未冲洗或冲洗不干净。

(2) 缺少《给水、热水、采暖管道系统冲洗记录》。

11.3.3 管道冲洗完毕应通水、加热，进行试运行和调试。当不具备加热条件时，应延期进行。

检验方法：测量各建筑物热力入口处供回水温度及压力。

对于室外供热管道功能的最终调试和检验。

常见问题：

(1) 未试运行和调试就交付使用。

(2) 缺少《采暖系统试运行和调试记录》。

11.3.4 供热管道作水压试验时，试验管道上的阀门应开启，试验管道与非试验管道应隔断。

检验方法：开启和关闭阀门检查。

为保证水压试验在规定管段内正常进行。

3.12 建筑中水系统及游泳池水系统安装

12.1 一般规定

12.1.1 中水系统中的原水管道管材及配件要求按本规范第5章执行。

因中水水源多取自生活污水及冷却水等，故原水管道管材及配件要求应同建筑排水管道。

12.1.2 中水系统给水管道及排水管道检验标准按本规范第4、5两章规定执行。

建筑中水供水及排水系统与室内给水及排水系统仅水质标准不同，其他均无本质区别，完全可以引用室内给水排水有关规范条文。

12.1.3 游泳池排水系统安装、检验标准等按本规范第5章相关规定执行。

游泳池排水管材及配件应由耐腐蚀材料制成，其系统安装与检验要求与室内排水系统安装及检验要求应完全相同，故可引用规范相关内容。

12.1.4 游泳池水加热系统安装、检验标准等均按本规范第6章相关规定执行。

游泳池水加热系统与热水供应加热系统基本相同，故系统安装、检验与验收应与规范相关规定相同。

12.2 建筑中水系统管道及辅助设备安装
主控项目

12.2.1 中水高位水箱应与生活高位水箱分设在不同的房间内，如条件不允许只能设在同一房间时，与生活高位水箱的净距离应大于2m。

检验方法：观察和尺量检查。

为防止中水污染生活饮用水，对其水的设置作出要求，以确保使用安全。

12.2.2 中水给水管道不得装设取水水嘴。便器冲洗宜采用密闭型设备和器具。绿化、浇洒、汽车冲洗宜采用壁式或地下式的给水栓。

检验方法：观察检查。

为防止误饮、误用。

12.2.3 中水供水管道严禁与生活饮用水给水管道连接，并应采取下列措施：

1 中水管道外壁应涂浅绿色标志；

2 中水池（箱）、阀门、水表及给水栓均应有"中水"标志。

检验方法：观察检查。

为防止中水污染生活饮用水的几项措施。

12.2.4 中水管道不宜暗装于墙体和楼板内。如必须暗装于墙槽内时，必须在管道上有明显且不会脱落的标志。

检验方法：观察检查。

为方便维修管理，也是防止误接、误饮、误用的措施。

常见问题：

中水管道标识不清、不明显。

一般项目

12.2.5 中水给水管道管材及配件应采用耐腐蚀的给水管管材及附件。

检验方法：观察检查。

中水供水需经过化学药物消毒处理，故对中水供水管道及配件要求为耐腐蚀材料。

常见问题：

中水管道的管材、管件与排水或给水管道的管材、管件混用。

12.2.6 中水管道与生活饮用水管道、排水管道平行埋设时，其水平净距离不得小于

0.5m；交叉埋设时，中水管道应位于生活饮用水管道下面，排水管道的上面，其净距离不应小于0.15m。

检验方法：观察和尺量检查。

常见问题：

中水管道与生活饮用水管道、排水管道安装距离不符合要求。

12.3 游泳池水系统安装

主控项目

12.3.1 游泳池的给水口、回水口、泄水口应采用耐腐蚀的铜、不锈钢、塑料等材料制造。溢流槽、格栅应为耐腐蚀材料制造，并为组装型。安装时其外表面应与池壁或池底面相平。

检验方法：观察检查。

因游泳池水多数都循环使用且经加药消毒，故要求游泳池的给水、排水配件应由耐腐蚀材料制成。

常见问题：

游泳池的给水、排水配件未选用耐腐蚀材料。

12.3.2 游泳池的毛发聚集器应采用铜或不锈钢等耐腐蚀材料制造，过滤筒（网）的孔径应不大于3mm，其面积应为连接管截面积的1.5～2倍。

检验方法：观察和尺量计算方法。

毛发聚集器是游泳池循环水系统中的主要设备之一，应采用耐腐蚀材料制成。

12.3.3 游泳池地面，应采取有效措施防止冲洗排水流入池内。

检验方法：观察检查。

防止清洗、冲洗等排水流入游泳池内而污染池水的措施。

12.3.4 游泳池循环水系统加药（混凝剂）的药品溶解池、溶液池及定量投加设备应采用耐腐蚀材料制作。输送溶液的管道应采用塑料管、胶管或铜管。

检验方法：观察检查。

因游泳池循环水需经加药消毒，故其循环管道应由耐腐蚀材料制成。

12.3.5 游泳池的浸脚、浸腰消毒池的给水管、投药管、溢流管、循环管和泄空管应采用耐腐蚀材料制成。

检验方法：观察检查。

加药、投药和输药管道也应采用耐腐蚀材料制成，保证使用安全。

常见问题：

部分管道、管件未采用耐腐蚀材料。

3.13 供热锅炉及辅助设备安装

13.1 一般规定

13.1.1 本章适用于建筑供热和生活热水供应的额定工作压力不大于1.25MPa、热水温度不超过130℃的整装蒸汽和热水锅炉及辅助设备安装工程的质量检验与验收。

根据目前锅炉市场整装锅炉的炉型、吨位和额定工作压力等技术条件的变化及城市供暖向集中供热发展的趋势，以及绝大多数建筑施工企业锅炉安装队伍所具有的施工资质等级的情况，将本章的适用范围规定为"锅炉额定工作压力不大于 1.25MPa、热水温度不超过 130℃的整装蒸汽和热水锅炉及辅助设备"的安装。属于现场组装的锅炉（包括散装锅炉和组装锅炉）的安装应暂按行业标准《工业锅炉安装工程施工及验收规范》（JBJ 27）规定执行。

适用于燃气供暖和供热水整装锅炉及辅助设备的安装工程的质量检验与验收。

13.1.2 适用于本章的整装锅炉及辅助设备安装工程的质量检验与验收，除应按本规范规定执行外，尚应符合现行国家有关规范、规程和标准的规定。

供热锅炉安装工程不仅应执行建筑施工质量检验和验收的规范规定，同时还应执行国家环保、消防及安全监督等部门的有关规范、规程和标准的规定，以保证锅炉安全运行和使用功能。

本规范未涉及的燃油锅炉的供油系统、燃气的供气系统，输煤系统及自控系统等的安装工程的质量检验和验收应执行相关行业的质量检验和验收规范及标准。

13.1.3 管道、设备和容器的保温，应在防腐和水压试验合格后进行。

主要为防止管道、设备和容器未经试压和防腐就保温，不易检查管道、设备和容器自身和焊口或其他形式接口的渗漏情况和防腐质量。

13.1.4 保温的设备和容器，应采用黏结保温钉固定保温层，其间距一般为 200mm。当需采用焊接勾钉固定保温层时，其间距一般为 250mm。

为便于施工，并防止设备和容器的保温层脱落，规定保温层应采用钩钉或保温钉固定，其间距是根据调研中综合大多数施工企业目前施工经验而规定的。

13.2 锅炉安装

主控项目

13.2.1 锅炉设备基础的混凝土强度必须达到设计要求，基础的坐标、标高、几何尺寸和螺栓孔位置应符合表 13.2.1（本书表 3.13.1）的规定。

锅炉辅助设备基础的允许偏差和检验方法　　　　表 3.13.1

项次	项目		允许偏差（mm）	检验方法
1	基础坐标位置		20	经纬仪、拉线和尺量
2	基础各不同平面的标高		0，−20	水准仪、拉线尺量
3	基础平面外形尺寸		20	尺量检查
4	凸台上平面尺寸		0，−20	
5	凹穴尺寸		+20，0	
6	基础上平面水平度	每米	5	水平仪（水平尺）和楔形塞尺检查
		全长	10	
7	竖向偏差	每米	5	经纬仪或吊线和尺量
		全高	10	
8	预埋地脚螺栓	标高（顶端）	+20，0	水准仪、拉线和尺量
		中心距（根部）	2	

项次	项目		允许偏差（mm）	检验方法
9	预留地脚螺栓孔	中心位置	10	尺量
		深度	−20，0	
		孔壁垂直度	10	吊线和尺量
10	预埋活动地脚螺栓锚板	中心位置	5	拉线和尺量
		标高	+20，0	
		水平度（带槽锚板）	5	水平尺和楔形塞尺检查
		水平度（带螺纹孔锚板）	2	

为保证设备基础质量，规定了对锅炉及辅助设备基础进行工序交接验收时的验收标准。表 13.2.1 参考了国家标准《混凝土工程施工及验收规范》（GB 50204—92）和《验评标准》的有关标准和要求。

13.2.2 非承压锅炉，应严格按设计或产品说明书的要求施工。锅筒顶部必须敞口或装设大气连通管，连通管上不得安装阀门。

检验方法：对照设计图纸或产品说明书检查。

近几年非承压热水锅炉（包括燃油、燃气的热水锅炉）被广泛采用，各地技术监督部门已经对非承压锅炉的安装和使用进行监管。非承压锅炉的安装，如果忽视了它的特殊性，不严格按设计或产品说明书的要求进行施工，也会造成不安全运行的隐患。非承压锅炉最特殊的要求之一就是锅筒顶部必须敞口或装设大气连通管。

13.2.3 以天然气为燃料的锅炉的天然气释放管或大气排放管不得直接通向大气，应通向贮存或处理装置。

检查方法：观察和手扳检查。

因为天然气通过释放管或大气排放管直接向大气排放是十分危险的，所以不能直接排放，规定必须采取相应的处理措施。

常见问题：

未安装空气处理设备。

13.2.4 两台或两台以上燃油锅炉共用一个烟囱时，每一台锅炉烟道上均应配备风阀或挡板装置，并应具有操作调节和闭锁功能。

检验方法：观察和手扳检查。

燃油锅炉是本规范新增的内容，参考美国《燃油和天然气单燃器锅炉炉膛防爆法规》（NFPA85A—82）的有关规定，为保证安全运行而增补了此条规定。

13.2.5 锅炉的锅筒和水冷壁的下集箱及后棚管的后集箱的最低处排污阀及排污管道不得采用螺纹连接。

检验方法：观察检查。

主要是为了保证阀门与管道、管道与管道之间的连接强度和可靠性，避免锅炉运行事故，保证操作人员人身安全。

13.2.6 锅炉的汽、水系统安装完毕后，必须进行水压试验。水压试验的压力应符合表 13.2.6（本书表 3.13.2）的规定。

项次	设备名称	工作压力 P（MPa）	试验压力（MPa）
1	锅炉本体	$P<0.59$	1.5P 但不小于 0.2
		$0.59\leqslant P\leqslant1.18$	P+0.3
		$P>1.18$	1.25P
2	可分式省煤器	P	1.25P+0.5
3	非承压锅炉	大气压力	0.2

注：1. 工作压力 P 对蒸汽锅炉指锅筒工作压力，对热水锅炉指锅炉额定出水压力。

2. 铸铁锅炉水压试验同热水锅炉。

3. 非承压锅炉水压试验压力为 0.2MPa，试验期间压力应保持不变。

检验方法：1. 在试验压力下 10min 内压力降不超过 0.02MPa；然后降至工作压力进行检查，压力不降，不渗、不漏。

2. 观察检查，不得有残余变形，受压元件金属壁和焊缝上不得有水珠和水雾。

根据《蒸汽锅炉安全技术监察规程》和《热水锅炉安全技术监察规程》的规定，参考了《工业锅炉验收规范》做了适当修改。为保证非承压锅炉的安全运行，对非承压锅炉本体及管道也应进行水压试验，防止渗、漏。其试验标准按工作压力小于 0.6MPa 时，试验压力不小于 1.5P+0.2MPa 的标准执行，因其工作压力为 0，所以应为 0.2MPa。

常见问题：

（1）未按规定进行水压试验；

（2）水压试验的压力和时间不符合要求；

（3）缺少《承压管道系统（设备）强度和严密性水压试验记录》。

13.2.7 机械炉排安装完毕后应做冷态运转试验，连续运转时间应少于 8h。

检验方法：观察运转试验全过程。

经多年实践本条是实用的，能保证锅炉安全可靠地运行。

13.2.8 锅炉本体管道及管件焊接的焊缝质量应符合下列规定：

1 焊缝表面质量应符合本规范第 11.2.10 条的规定。

2 管道焊口尺寸的允许偏差应符合本规范表 5.3.8 的规定。

3 无损探伤的检测结果应符合锅炉本体设计的相关要求。

检验方法：观察和检验无损探伤检测报告。

"锅炉本体管道"是指锅炉"三阀"（主汽阀或出水阀、安全阀、排污阀）之内的与锅炉锅筒或集箱连接的管道。

本条第 3 款所规定的"无损探伤的检测结果应符合锅炉本体设计的相关要求"，是指探伤数量和等级要求，为了保证安装焊接质量不低于锅炉制造的焊接质量。

常见问题：

（1）焊缝表面质量不符合要求；

（2）无损探伤抽测数量不够；

（3）缺少无损探伤检测报告。

一般项目

13.2.9 锅炉安装的坐标、标高、中心线和垂直度的允许偏差应符合表 13.2.9（本书

表 3.13.3）的规定。

主要为保证工程质量，控制锅炉安装位置。

锅炉安装的允许偏差和检验方法　　　　　　　表 3.13.3

项次	项目		允许偏差（mm）	检验方法
1	坐标		10	经纬仪、拉线和尺量
2	标高		±5	水准仪、拉线和尺量
3	中心线垂直度	卧式锅炉炉体全高	3	吊线和尺量
		立式锅炉炉体全高	4	吊线和尺量

13.2.10　组装链条炉排安装允许偏差应符合表 13.2.10（本书表 3.13.4）的规定。

组装链条炉排安装的允许偏差和检验方法　　　　表 3.13.4

项次	项目		允许偏差（mm）	检验方法
1	炉排中心位置		2	经纬仪、拉线和尺量
2	墙板的标高		±5	水准仪、拉线和尺量
3	墙板的垂直度，全高		3	吊线和尺量
4	墙板间两对角线的长度之差		5	钢丝线和尺量
5	墙板框的纵向位置		5	经纬仪、拉线和尺量
6	墙板顶面的纵向水平度		长度 1/1000 且≤5	拉线、水平尺和尺量
7	墙板间的距离	跨距≤2m	+3，0	钢丝线和尺量
		跨距＞2m	+5，0	
8	两墙板的顶面在同一水平面上相对高差		5	水准仪、吊线和尺量
9	前轴、后轴的水平度		长度 1/1000	拉线、水平尺和尺量
10	前轴和后轴和轴心线相对标高差		5	水准仪、吊线和尺量
11	各轨道在同一水平面上的相对高差		5	水准仪、吊线和尺量
12	相邻两轨道间的距离		±2	钢丝线和尺量

参照《工业锅炉验收规范》及《链条炉排技术条件》（JBJ 3271—83）的有关规定，主要为检验锅炉炉排组装后或运输过程中是否有损坏或变形，控制炉排组装质量，保证锅炉安全运行。

13.2.11　往复炉排安装的允许偏差应符合表 13.2.11（本书表 3.13.5）的规定。

往复炉排安装的允许偏差和检验方法　　　　　　表 3.13.5

项次	项目		允许偏差（mm）	检验方法
1	两侧板的相对标高		3	水准仪、吊线和尺量
2	两侧板间距离	跨距≤2m	+3，0	钢丝线和尺量
		跨距＞2m	+4，0	
3	两侧板的垂直度，全高		3	吊线和尺量
4	两侧板间对角线的长度之差		5	钢丝线和尺量
5	炉排片的纵向间隙		1	钢板尺量
6	炉排两侧的间隙		2	

参考《工业锅炉验收规范》的有关标准，主要为控制炉排安装偏差，保证锅炉可靠运行。

13.2.12 铸铁省煤器破损的肋片数不应大于总肋片数的5%，有破损肋片的根数不应大于总根数的10%。

铸铁省煤器支承架安装的允许偏差应符合表13.2.12（本书表3.13.6）的规定。

铸铁省煤器支承架安装的允许偏差和检验方法

表3.13.6

项次	项目	允许偏差（mm）	检验方法
1	支承架的位置	3	经纬仪、拉线和尺量
2	支承架的标高	0，−5	水准仪、吊线和尺量
3	支承架的纵、横向水平度（每米）	1	水平尺和塞尺检查

参考了原《规范》和《工业锅炉质量分等标准》（JB/DQ9001—87）的规定，将原规定每根管肋片破损数不得超过总肋片数的10%修改为5%，提高了对省煤器的质量要求。

13.2.13 锅炉本体安装应按设计或产品说明书要求布置坡度并坡向排污阀。

检验方法：用水平尺或水准仪检查。

主要为便于排空锅炉内的积水和脏物。

13.2.14 锅炉由炉底送风的风室及锅炉底座与基础之间必须封、堵严密。

检验方法：观察检查。

根据整装锅炉安装施工的质量通病而规定，减少锅炉送风的漏风量。

13.2.15 省煤器的出口处（或入口处）应按设计或锅炉图纸要求安装阀门和管道。

检验方法：对照设计图纸检查。

根据《蒸汽锅炉安全监察规程》和《热水锅炉安全监察规程》规定，省煤器的出口处或入口处应安装安全阀、截止阀、止回阀、排气阀、排水管、旁通烟道、循环管等，而有些设计者在设计时或者标注不全，或者笼统提出按有关规程处理，而施工单位则往往疏忽，造成锅炉运行时存在安全隐患。

13.2.16 电动调节阀门的调节机构与电动执行机构的转臂应在同一平面内动作，传动部分应灵活、无空行程及卡阻现象，其行程及伺服时间应满足使用要求。

检验方法：操作时观察检查。

由于电动调节阀越来越普遍地使用，为保证确实发挥其调节和经济运行功能而规定的条款。

常见问题：

电动调节阀调节机构与电动执行机构不灵活、有空行程及卡阻现象。

13.3 辅助设备及管道安装

主控项目

13.3.1 辅助设备基础的混凝土强度必须达到设计要求，基础的坐标、标高、几何尺寸和螺栓孔位置必须符合本规范表13.2.1（本书表3.13.1）的规定。

13.3.2 风机试运转，轴承温升应符合下列规定：

1 滑动轴承温度最高不得超过60℃；

2 滚动轴承温度最高不得超过80℃。

检验方法：用温度计检查。

轴承径向单振幅应符合下列规定：

1 风机转速小于1000r/min时，不应超过0.10mm；

2 内机转速为1000～1450r/min时，不应超过0.08mm。

检验方法：用测振仪表检查。

为保证风机安装的质量和安全运行，参考了《工业锅炉验收规范》的有关规定。

常见问题：

(1) 风机未按规定进行试运转；

(2) 缺少《设备单机试验运转记录》。

13.3.3 分汽缸（分水器、集水器）安装前应进行水压试验，试验压力为工作压力的1.5倍，但不得小于0.6MPa。

检验方法：试验压力下10min内无压降、无渗漏。

为保证压力容器在运行中的安全可靠性，因此予以明确和强调。

常见问题：

(1) 未按规定进行水压试验；

(2) 水压试验的压力和时间不符合要求；

(3) 缺少《承压管道系统（设备）强度和严密性水压试验记录》。

13.3.4 敞口箱、罐安装前应做满水试验；密闭箱、罐应以工作压力的1.5倍作水压试验，但不得小于0.4MPa。

检验方法：满水试验满水后静置24h不渗不漏；水压试验在试验压力下10min内无压降，不渗不漏。

在调研中反映，有的施工单位对敞口箱、罐在安装前不做满水试验，结果投入使用后渗、漏水情况发生。为避免通病，故规定满水试验应静置24h，以保证满水试验的可靠性。

13.3.5 地下直埋油罐在埋地前应做气密性试验，试验压力降不应小于0.03MPa。

检验方法：试验压力下观察30min不渗、不漏，无压降。

参考美国《油燃烧设备的安装》（NFPA31）中的同类设备的相关规定而制定的条款，主要是为保证储油罐体不渗、不漏。

13.3.6 连接锅炉及辅助设备工艺管道安装完毕后，必须进行系统的水压试验，试验压力为系统中最大工作压力的1.5倍。

检验方法：在试验压力10min内压力降不超过0.05MPa，然后降至工作压力进行检查，不渗不漏。

为保证管道安装质量，所以作为主控项目予以规定。

常见问题：

(1) 未按规定进行水压试验；

(2) 水压试验的压力和时间不符合要求；

(3) 缺少《承压管道系统（设备）强度和严密性水压试验记录》。

13.3.7 各种设备的主要操作通道的净距如设计不明确时不应小于1.5m，辅助的操作通道净距不应小于0.8m。

检验方法：尺量检查。

主要为便于操作人员迅速处理紧急事故以及操作和维修。

常见问题：

各种设备的主要操作通道的净距过小，影响操作和维修。

13.3.8 管道连接的法兰、焊缝和连接管件以及管道上的仪表、阀门的安装位置应便于检修，并不得紧贴墙壁、楼板或管架。

检验方法：观察检查。

根据调研，一些施工人员随意施工，常有不符合规范要求和不方便使用单位管理人员操作和检修的情况发生。本条规定是为了引起施工单位的重视。

常见问题：

管道连接的法兰、焊缝和连接管件以及管道上的仪表、阀门的安装位置不便于检修。

13.3.9 管道焊接质量应符合本规范第11.2.10条的要求和表5.3.8（本书表3.5.10）的规定。

一般项目

13.3.10 锅炉辅助设备安装的允许偏差应符合表13.3.10（本书表3.13.7）的规定。

锅炉辅助设备安装的允许偏差和检验方法 表 3.13.7

项次	项目		允许偏差（mm）	检验方法
1	送、引风机	坐标	10	经纬仪、拉线和尺量
		标高	±5	水准仪、拉线和尺量
2	各种静置设备（各种容器、箱、罐等）	坐标	15	经纬仪、拉线和尺量
		标高	±5	水准仪、拉线和尺量
		垂直度（1m）	2	吊线和尺量
3	离心式水泵	泵体水平度（1m）	0.1	水平尺和塞尺检查
		联轴器同心度 轴向倾斜（1m）	0.8	水准仪、百分表（测微螺钉）和塞尺检查
		径向位移	0.1	

13.3.11 连接锅炉及辅助设备的工艺管道安装的允许偏差应符合表13.3.11（本书表3.13.8）的规定。

工艺管道安装的允许偏差和检验方法 表 3.13.8

项次	项目		允许偏差（mm）	检验方法
1	坐标	架空	15	水准仪、拉线和尺量
		地沟	10	
2	标高	架空	±15	水准仪、拉线和尺量
		地沟	±10	
3	水平管道纵、横方向弯曲	DN≤100mm	2‰，最大 50	直尺和拉线检查
		DN>100mm	3‰，最大 70	
4	立管垂直		2‰，最大 15	吊线和尺量
5	成排管道间距		3	直尺尺量
6	交叉管的外壁或绝热层间距		10	

13.3.12 单斗式提升机安装应符合下列规定：

1 导轨的间距偏差不大于 2mm。

2 垂直式导轨的垂直度偏差不大于 1‰；倾斜式导轨的倾斜度偏差不大于 2‰。

3 料斗的吊点与料斗垂心在同一垂线上，重合度偏差不大于 10mm。

4 行程开关位置应准确，料斗运行平稳，翻转灵活。

检验方法：吊线坠、拉线及尺量检查。

为保证锅炉上煤设备的安装质量和安全运行而制定的验收标准。参考了《连续输送设备安装工程施工及验收规范》(JBJ 32—96) 的有关内容而规定的。

13.3.13 安装锅炉送、引风机，转动应灵活无卡碰等现象；送、引风机的传动部位，应设置安全防护装置。

检验方法：观察和启动检查。

参考了原《规范》的有关规定，并根据《电工名词术语·固定锅炉》(GB 2900·48—83) 的统一提法，将过去的习惯用语锅炉"鼓风机"改为"送风机"。

常见问题：

送、引风机的传动部位缺少安全防护装置。

13.3.14 水泵安装的外观质量检查：泵壳不应有裂纹、砂眼及凹凸不平等缺陷；多级泵的平衡管路应无损伤或折陷现象；蒸汽往复泵的主要部件、活塞及活动轴必须灵活。

检验方法：观察和启动检查。

为防止水泵由于运输和保管等原因将泵的主要部件、活塞、活动轴、管路及泵体损伤，故规定安装前必须进行检查。

13.3.15 手摇泵应垂直安装。安装高度如设计无要求时，泵中心距地面为 800mm。

检验方法：吊线和尺量检查。

主要为统一安装标准，便于操作。

13.3.16 水泵试运转，叶轮与泵壳不应相碰，进、出口部位的阀门应灵活。轴承温升应符合产品说明书的要求。

检验方法：通电、操作和测温检查。

主要为保证安装质量和正常运行。

常见问题：

(1) 水泵未按规定进行试运转；

(2) 缺少《设备单机试验运转记录》。

13.3.17 注水器安装高度，如设计无要求时，中心距地面为 1.0～1.2m。

检验方法：尺量检查。

统一安装标准，便于操作。

13.3.18 除尘器安装应平衡牢固，位置和进、出口方向应正确。烟管与引风机连接时应采用软接头，不得将烟管重量压在风机上。

检验方法：观察检查。

为保证除尘器安装质量和正常运行，同时为使风机不受重压，延长使用寿命，规定了"不允许将烟管重量压在风机上"。

13.3.19 热力除氧器和真空除氧的排气管通向室外，直接排入大气。

检验方法：观察检查。

为避免操作运行出现人身伤害事故，故予以硬性规定。

13.3.20 软化水设备罐体的视镜应布置在便于观察的方向。树脂装填的高度应按设备说明书要求进行。

检验方法：对照说明书，观察检查。

为便于操作、观察和维护，保证经软化处理的水质质量而规定的。

13.3.21 管道及设备保温层的厚度和平整度的允许偏差应符合本规范表 4.4.8（本书表 3.4.4）的规定。

保留《验评标准》有关条款而制定。

13.3.22 在涂刷油漆前，必须清除管道及设备表面的灰尘、污垢、锈斑、焊渣等物。涂漆的厚度应均匀，不得有脱皮、起泡、流淌和漏涂等缺陷。

检验方法：现场观察检查。

为保证防腐和油漆工程质量，消除油漆工程质量通病而制定。

常见问题：

(1) 保温及油漆的允许偏差大、观感质量差；

(2) 缺少《管道保温记录》。

13.4 安全附件安装

主控项目

13.4.1 锅炉和省煤器安全阀的定压和调整应符合表 13.4.1（本书表 3.13.9）的规定。锅炉上装有两个安全阀时，其中的一个按表中较高值定压，另一个按较低值定压。装有一个安全阀时，应按较低值定压。

安全阀定压规定　　　　　　　　　　　　　　　　表 3.13.9

项次	工作设备	安全阀开启压力（MPa）
1	蒸汽锅炉	工作压力+0.02MPa
		工作压力+0.04MPa
2	热水锅炉	1.12 倍工作压力，但不少于工作压力+0.07MPa
		1.14 倍工作压力，但不少于工作压力+0.10MPa
3	省煤器	1.1 倍工作压力

检验方法：检查定压合格证书。

主要为保证锅炉安全运行，一旦出现超过规定压力时，通过安全阀将锅炉压力泄放，使锅炉内压力降到正常运行状态，避免出现锅炉爆裂等恶性事故。故列为强制性条文。

13.4.2 压力表的刻度极限值，应大于或等于工作压力的 1.5 倍，表盘直径不得小于 100mm。

检验方法：现场观察和尺量检查。

为保证压力表能正常计算和显示，同时也便于操作管理人员观察。

常见问题：

压力表的刻度极限值偏大、压力表表盘偏小。

13.4.3 安装水位表应符合下列规定：

1 水位表应有指示最高、最低安全水位的明显标志，玻璃板（管）的最低可见边缘应比最低水位低 25mm；最高可见边缘应比最高安全水位高 25mm。

2 玻璃管式水位表应有防护装置。

3 电接点式水位表的零点应与锅筒正常水位重合。

4 采用双色水位表时，每台锅炉只能装设一个，另一个装设普通水位表。

5 水位表应有放水旋塞（或阀门）和接到安全地点的放水管。

检验方法：现场观察和尺量检查。

为保证真实反映锅炉及压力容器内水位情况，避免出现缺水和满水的事故。对各种形式的水位表根据其构造特点做出了不同的规定。

13.4.4 锅炉的高低水位报警器和超温、超压报警器及联锁保护装置必须按设计要求安装齐全和有效。

检验方法：启动、联动试验并作好试验记录。

为保证对锅炉超温、超压、满水和缺水等安全事故及时报警和处理，因此上述报警装置及联锁保护必须齐全，并且可靠有效。此条列为强制性条文。

13.4.5 蒸汽锅炉安全阀应安装通向室外的排汽管。热水锅炉安全阀泄水管应接到安全地点。在排汽管和泄水管上不得装设阀门。

检验方法：观察检查。

一般项目

13.4.6 安装压力表必须符合下列规定：

1 压力表必须安装在便于观察和吹洗的位置，并防止受高温、冰冻和振动的影响，同时要有足够的照明。

2 压力表必须设有存水弯管。存水弯管采用钢管煨制时，内径不应小于 10mm，采用铜管煨制时，内径不应小于 6mm。

3 压力表与存水弯管之间应安装三通旋塞。

检验方法：观察和尺量检查。

为保证锅炉安全运行，反映锅炉压力容器及管道内的真实压力，考虑到存水弯管要经常冲洗，强调要求在压力表和存水弯管之间应安装三通旋塞。

常见问题：

压力表安装位置不合理。

13.4.7 测压仪表取源部件在水平工艺管道上安装时，取压口的方位应符合下列规定：

1 测量液体压力的，在工艺管道的下半部与管道的水平中心线成 $0°\sim45°$ 夹角范围内。

2 测量蒸汽压力的，在工艺管道的上半部或下半部与管道水平中心线成 $0°\sim45°$ 夹角范围内。

3 测量气体压力的，在工艺管道的上半部。

检验方法：观察和尺量检查。

随着科学技术的发展，对锅炉安全运行的监控水平的不断提高，热工仪表得到广泛应用，该条是参照原《工业自动化仪表工程施工及验收规范》（GBJ 93—86）制定，现该规范现已作废。

常见问题：

取压口的方位不符合规定要求。

13.4.8　安装温度计应符合下列规定：

1　安装在管道和设备上的套管温度计，底部应插入流动介质内，不得装在引出的管段上或死角处。

2　压力式温度计的毛细管应固定好并有保护措施，其转弯处的弯曲半径不应小于50mm，温包必须全部浸入介质内。

3　热电偶温度计的保护套管应保证规定的插入深度。

检验方法：观察和尺量检查。

规定不得将套管温度计装在管道及设备的死角处，保证温度计全部浸入介质内和安装在温度变化灵敏的部位，是为了测量到被测介质的真实温度。

13.4.9　温度计与压力表在同一管道上安装时，按介质流动方向温度计应在压力表下游处安装，如温度计需在压力表的上游安装时，其间距不应小于300mm。

检验方法：观察和尺量检查。

为避免或减少测温元件的套管所产生的阻力对被测介质压力的影响，取压口应选在测温元件的上游安装。

常见问题：

温度计的安装影响测量效果。

13.5　烘炉、煮炉和试运行
主控项目

13.5.1　锅炉火焰烘炉应符合下列规定：

1　火焰应在炉膛中央燃烧，不应直接烧烤炉墙及炉拱。

2　烘炉时间一般不少于4d，升温应缓慢，后期烟温不应高于160℃，且持续时间不应少于24h。

3　链条炉排在烘炉过程中应定期转动。

4　烘炉的中、后期应根据锅炉水水质情况排污。

检验方法：计时测温、操作观察检查。

第1款规定是为了防止炉墙及炉拱温度过高，第2款规定是为了防止烟气升温过急、过高，两种情况都可能造成炉墙或炉拱变形、爆裂等事故，参考《工业锅炉验收规范》的相关规定，将后期烟温规定为不应高于160℃；第3款规定是为防止火焰在不变位置上燃烧，烧坏炉排；第4款规定是为减少锅炉和集装箱内的沉积物，防止结垢和影响锅炉自身的水循环，避免爆管事故。

13.5.2　烘炉结束后应符合下列规定：

1　炉墙经烘烤后没有变形、裂纹及塌落现象。

2　炉墙砌筑砂浆含水率达到7%以下。

检验方法：测试及观察检查。

为提高烘炉质量，参考了有关的资料及一些地方的操作规程，将目前一些规程中砌筑砂浆含水率应降到10%以下规定修改为7%以下，以提高对烘炉的质量要求。本条又增加了对烘炉质量检验的宏观标准。

常见问题：

烘炉时间不够、未检测含水率。

13.5.3 锅炉在烘炉、煮炉合格后，应进行48h的带负荷连续试运行，同时应进行安全阀的热状态定压检验和调整。

检验方法：检查烘炉、煮炉及试运行全过程。

锅炉带负荷连续48h试运行，是全面考核锅炉及附属设备安装工程的施工质量和锅炉设计、制造及燃料适用性的重要步骤，是工程使用功能的综合检验，因此列为强制性条文。

常见问题：

(1) 未进行安全阀的热状态定压检验和调整；

(2) 缺少《安全阀及报警联动系统动作测试记录》。

一般项目

13.5.4 煮炉时间一般应为2~3d，如蒸汽压力较低，可适当延长煮炉时间。非砌筑或浇注保温材料保温的锅炉，安装后可直接进行煮炉。煮炉结束后，锅筒和集箱内壁应无油垢，擦去附着物后金属表面应无锈斑。

检验方法：打开锅筒和集箱检查孔检查。

为保证煮炉的效果，必须保证煮炉的时间。规定了非砌筑和浇筑保温材料保温的锅炉安装后应直接进行煮炉的规定，目的在于强调整装的燃油、燃气锅炉安装后要进行煮炉，经由除掉锅炉及管道中的油垢和附锈等。

常见问题：

煮炉时间不够，未对锅筒和集箱进行检查。

13.6 换热站安装

主控项目

13.6.1 热交换器应以最大工作压力的1.5倍作水压试验，蒸汽部分应不低于蒸汽供汽压力加0.3MPa；热水部分应不低于0.4MPa。

检验方法：在试验压力下，保持10min压力不降。

为保证换热器在运行中安全可靠，因而将此条作为强制性条文。考虑到相互隔离的两个换热部分内介质的工作压力不同，故分别规定了试验压力参数。

常见问题：

(1) 未按规定进行水压试验；

(2) 水压试验的压力和时间不符合要求；

(3) 缺少《承压管道系统（设备）强度和严密性水压试验记录》。

13.6.2 高温水系统中，循环水泵和换热器的相对安装位置应按设计文件施工。

检验方法：对照设计图纸检查。

在高温水系统中，热交换器应安装在循环水泵出口侧，以防止由于系统内一旦压力降低产生高温水汽化现象。作出此条规定，突出强调，以保证系统的正常运行。

13.6.3 壳管式热交换器的安装，如设计无要求时，其封头与墙壁或屋顶的距离不得小于换热管的长度。

检验方法：观察和尺量检查。

主要是为了保证维修和更换热管的操作空间。

常见问题：

距离过小影响维修、操作。

一般项目

13.6.4 换热站内设备安装的允许偏差应符合本规范表13.3.10的规定。

13.6.5 换热站内的循环泵、调节阀、减压器、疏压器、疏水器、除污器、流量计等安装应符合本规范的相关规定。

规定了热交换站内的循环泵、调节阀、减压器、疏水器、除污器、流量计等安装与本规范其他章节相应设备及阀、表的安装要求的一致性。

13.6.6 换热站内管道安装的允许偏差应符合本规范表13.3.11的规定。

13.6.7 管道及设备保温层的厚度和平整度的允许偏差应符合本规范表4.4.8的规定。

3.14 分部（子分部）工程质量验收

14.0.1 检验批、分项工程、分部（或子分部）工程质量的验收，均应在施工单位自检合格的基础上进行。并应按检验批、分项、分部（或子分部）、单位（或子单位）工程的程序进行验收，同时做好记录。

1 检验批、分项工程的质量验收应全部合格。

检验批质量验收见附录B。

分项工程质量验收见附录C。

2 分部（子分部）工程的验收，必须在分项工程验收通过的基础上，对涉及安全、卫生和使用功能的重要部位进行抽样检验和检测。

子分部工程质量验收见附录D。

建筑给水、排水及供暖（分部）工程质量验收见附录E。

关于工程验收记录的表格，《建筑工程施工质量验收统一标准》（GB 50300）均已作了规定，参照第二章，本章省略附录的验收记录表格格式。根据江苏省住房和城乡建设厅《省住房和城乡建设厅关于做好全省建设工程电子档案编报工程的通知》（苏建函档〔2013〕81号）的要求，江苏省城建档案研究会组织研制了"江苏省工程档案资料管理系统"（网址：http：//www.jsgcda.com），该系统中的工程验收的具体表格中都比较齐全。

检验批质量验收表由施工单位项目专业质量检查员填写，监理工程师（建设单位项目专业技术负责人）组织施工单位质量（技术）负责人等进行验收。

14.0.2 建筑给水、排水及供暖工程的检验和检测应包括下列主要内容：

1 承压管道系统和设备及阀门水压试验。

2 排水管道灌水、通球及通水试验。

3 雨水管道灌水及通水试验。

4 给水管道通水试验及冲洗、消毒检测。

5 卫生器具通水试验，具有溢流功能的器具满水试验。

6 地漏及地面清扫口排水试验。

7 消火栓系统测试。

8 供暖系统冲洗及测试。

9 安全阀及报警联动系统动作测试。

10 锅炉48h负荷试运行。

重点突出了安全、卫生和使用功能的内容。

14.0.3 工程质量验收文件和记录中应包括下列主要内容：

1 开工报告。

2 图纸会审记录、设计变更及洽商记录。

3 施工组织设计或施工方案。

4 主要材料、成品、半成品、配件、器具和设备出厂合格证及进场验收单。

5 隐蔽工程验收及中间试验记录。

6 设备试运转记录。

7 安全、卫生和使用功能检验和检测记录。

8 检验批、分项、子分部、分部工程质量验收记录。

9 竣工图。

保留原《规范》第12.0.3条，增加了技术质量管理内容和使用功能内容。

附录A 建筑给水排水及供暖工程分部、分项工程划分

建筑给水排水及采暖工程的分部、子分部分项工程可按附表A（本书表A）划分。

建筑给水、排水及采暖工程分部、分项工程划分表   表A

分部工程	序号	子分部工程	分项工程
建筑给水、排水及采暖工程	1	室内给水系统	给水管道及配件安装、室内消火栓系统安装、给水设备安装、管道防腐、绝热
	2	室内排水系统	排水管道及配件安装、雨水管道及配件安装
	3	室内热水系统	管道及配件安装、辅助设备安装、防腐、绝热
	4	卫生器具	卫生器具安装、卫生器具给水配件安装、卫生器具排水管道安装
	5	室内采暖系统	管道及配件安装、辅助设备及散热器安装、金属辐射板安装、低温热水地板辐射采暖系统安装、系统水压试验及调试、防腐、绝热
	6	室外给水管网	给水管道安装、消防水泵接合器及室外消火栓安装、管沟及井室
	7	室外排水管网	排水管道安装、排水管沟与井池
	8	室外供热管网	管道及配件安装、系统水压试验及调试、防腐、绝热
	9	建筑中水系统及雨水利用系统	建筑中水系统管道及辅助设备安装、游泳池水系统安装
	10	供热锅炉及辅助设备安装	锅炉安装、辅助设备及管道安装、安全附件安装、烘炉、煮炉和试运行、换热站安装、防腐、绝热

附录 B　检验批质量验收

检验批质量验收表由施工单位项目专业质量检查员填写，监理工程师（建设单位项目专业技术负责人）组织施工单位项目质量（技术）负责人等进行验收，并按附表 B 填写验收结论。

附表 B 为检验批验收通用表格，本书略。

附录 C　分项工程质量验收

分项工程的质量验收由监理工程师（建设单位项目专业技术负责人）组织施工单位项目专业质量（技术）负责人等进行验收，并按附表 C 填写。

附表 C 为通用表格，本书略。

附录 D　子分部工程质量验收

子分部工程质量验收由监理工程师（建设单位项目专业负责人）组织施工单位项目负责人、专业项目负责人、设计单位项目负责人进行验收，并按附表 D 填写。

附表 D 为通用表格，本书略。

附录 E　建筑给水排水及供暖（分部）工程质量验收

附表 E 由施工单位填写，验收结论由监理（建设）单位填写。综合验收结论由参加验收各方共同商定，建设单位填写，填写内容对工程质量是否符合设计和规范要求及总体质量作出评价。

附表 E 为通用表格，本书略。

第4章 自动喷水灭火系统工程

本章是依据《自动喷水灭火系统施工及验收规范》（GB 50261—2005）编制的，本规范是根据建设部要求由公安部四川消防研究所会同有关单位对 1996 年国家标准《自动喷水灭火系统施工及验收规范》（GB 50261）进行了全面修订。2005 年 7 月 1 日起实施。其中，第 3.1.2、3.2.3、5.2.1、5.2.2、5.2.3、6.1.1、8.0.1、8.0.13 条为强制性条文。

4.1 总　　则

1.0.1　为保障自动喷水灭火系统（或简称系统）的施工质量和使用功能，减少火灾危害，保护人身和财产安全，制定本规范。

自动喷水灭火系统是目前人们在生产、生活和社会活动的各个主要场所中最普遍采用的一种固定灭火设备。国内外应用实践证明，自动喷水灭火系统具有灭火效率高、不污染环境、寿命长、经济适用、维护简便等优点。尤其是当今世界，环境污染日趋严重，自动喷水灭火系统就更加突出了它的优点。所以自动喷水灭火系统问世近 200 年来，至今仍处于兴盛发展状态，是人们同火灾作斗争的主要手段之一。近 200 年来，世界各国尤其是一些经济发达的国家，在自动喷水灭火系统产品开发、标准制定、应用技术及规范方面做了大量的研究试验工作，积累了丰富的技术资料和成功的经验，为该项技术的发展和应用提供了有利的条件；目前许多国家仍把该项技术研究作为消防技术方面重要的研究项目，集中了较大的财力和技术力量从事研究工作，为使该项技术尽快达到"高效、经济、可靠、智能化"的目标而努力。不少国家，如美、英、日、德等，制定了设计安装规范，对系统的设计、安装、维护管理等方面的技术要求和工作程序做了较详细的规定，并根据研究成果和应用中的经验及提出的问题随时进行修订，一般一两年就修订一次。不少宝贵经验值得我们借鉴。

近二十年来，我国自动喷水灭火技术发展很快，尤其是国家标准《自动喷水灭火系统》（GB 5135）和《自动喷水灭火系统设计规范》（GB 50084）发布实施以后，技术研究和推广应用出现了突飞猛进的新局面。在自动喷水灭火系统产品开发、制定技术标准、应用技术研究诸方面，取得了不少适合国情、具有应用价值的成果；生产厂家已近百家，仅洒水喷头年产量就达 1000 万只以上，且系统产品已形成配套，产品结构及质量接近国际先进水平，基本上可满足国内市场需要。应用方面，从初期主要集中在一些新建高层涉外宾馆中使用，到如今在一些火灾危险性较大的生产厂房、仓库、汽车库、商场、文化娱乐场所、医院、办公楼等地上、地下场所都较普遍选用自动喷水灭火系统，应用日趋广泛。

已安装的自动喷水灭火系统在人们同火灾作斗争中已发挥了重要作用，及时扑灭了火灾，有效地保护了人民生命和财产安全。像辽宁科技中心、深圳国贸大厦等多处发生在高层建筑物内的火灾，如没有自动喷水灭火系统及时启动扑灭，其后果是不堪设想的。人们永远不会忘记天鹅饭店、大连饭店、唐山林西商场、阜新艺苑歌舞厅、克拉玛依友谊宾馆、珠海前山纺织城等火灾造成的惨剧。可以说，在凡是能用水进行灭火的场所都普遍地采用自动喷水灭火系统，一些群死群伤的惨剧是完全可以避免的。

在自动喷水灭火系统的推广应用中，还存在一些亟待解决的问题，如工程施工、竣工验收、维护管理等影响自动喷水灭火系统功能的关键环节，目前还无章可循，致使一些已安装的系统不能处于正常的准工作状态，个别系统发生误动、火灾发生后灭火效果不佳，有的系统甚至未起作用，造成一些不必要的损失。从首次调查收集的国内 1985 年以来安装的自动喷水灭火系统建筑火灾案例看，23 起中，成功的 14 起，占 61％；不成功的 9 起，其中水源阀被关的 3 起、维护管理不善的 3 起、未设专用水源的 1 起、设计不符合规范要求和安装错误的 2 起。从灭火效果来看，与它本身应达到的目标距离还很大。国内已安装的自动喷水灭火系统的现状更令人担忧，从调查情况看，存在问题还是相当严重的。某省对 394 幢高层建筑消防设施检查结果：合格占 7.6％，基本合格占 13.8％，水消防系统合格率约为 20％；某市对 83 幢高层建筑消防设施检查结果：全面符合消防要求的占 20％；其中消火栓系统合格率为 31.75％，自动喷水灭火系统合格率为 27.78％。此种状态，其他地区也较普遍存在，只是程度不同而已。火灾案例和调查发现的问题，究其原因，除一些属于产品质量和设计不符合规范要求外，大都属于系统工程施工质量不佳、竣工验收不严、维护管理差所致。

主要表现在：

一是施工队伍素质差，工程质量难以确保系统功能，在施工中造成系统关键部件损伤的现象也时有发生；

二是竣工验收无统一的、科学的程序和标准，大多数工程验收是采用参观、听汇报、评议等一般做法，缺乏技术依据，故难以把好验收关；

三是维护管理差，大多数工程交付使用后，无维护管理制度，更谈不上日常维护管理，有的虽有管理人员，但大多数不懂专业，既发现不了隐患，更谈不上排除隐患和故障。

本规范的编制，为施工、使用单位和消防机构提供了一本科学的、统一的技术标准；为解决自动喷水灭火系统应用中存在的问题，以确保系统功能，使其在保护人身和财产安全中发挥更大作用，具有重要的意义。

1.0.2　本规范适用于工业与民用建筑中设置的自动喷水灭火系统的施工、验收及维护管理。

其适用范围与国家标准《自动喷水灭火系统设计规范》（GB 50084）规定基本一致，不同的是，本规范未强调不适用范围，主要考虑了以下几方面的因素：

本规范是一本专业技术规范，主要对自动喷水灭火系统工程施工、竣工验收、维护管理三个主要环节中的技术要求和工作程序做了规定，不涉及使用场所等问题。

自动喷水灭火系统是一门较成熟的技术，用于不同场所的主要系统类型，其结构、性能特点、使用要求已经定型，短期内不会有大的变化；规范编制中根据目前应用的系统类型的结构特点、工作原理归纳分类，既掌握了其共同点又突出了个性，就工程施工、竣工验收、维护管理中对系统功能影响较大的主要技术问题都做了明确规定，实施时，对同一类型系统来讲，不同应用场所对其效果没有多大影响，只要按本规范执行，就能确保系统功能，达到预期目的。就目前掌握的资料，尚无必要和依据对其不适用范围做明确规定。

1.0.3 自动喷水灭火系统的施工、验收及维护管理，除执行本规范的规定外，尚应符合国家现行的有关标准、规范的规定。

本条阐明本规范是与国家标准《自动喷水灭火系统设计规范》（GB 50084）配套的一本专业技术法规，在建筑物或构筑物设置自动喷水灭火系统，其系统工程施工、竣工验收、维护管理应按本规范执行。至于系统设计，应按国家标准《自动喷水灭火系统设计规范》（GB 50084）执行；相关问题还应按国家标准《建筑设计防火规范》（GB 50016）、《汽车库、修车库、停车场设计防火规范》（GB 50067）、《人民防空工程设计防火规范》（GB 50098）等有关规范执行。另外，由于自动喷水灭火系统组件中应用其他定型产品较多，如消防水泵、报警控制装置等，在本规范制定中是针对整个系统的功能而统一考虑的，与专业规范相比，只是原则性要求，因而在执行中遇到问题还应按国家现行标准及规范，如国家标准《工业金属管道工程施工规范》（GB 50235）、《火灾自动报警系统施工验收规范》（GB 50166）、《机械设备安装工程施工及验收通用规范》（GB 50231）、《压缩机、风机、泵安装工程施工及验收规范》（GB 50275）等专业规范执行。

4.2 术　　语

2.0.1 准工作状态 condition of standing by
自动喷水灭火系统性能及使用条件符合有关技术要求，发生火灾时能立即动作、喷水灭火的状态。

2.0.2 系统组件 system components
组成自动喷水灭火系统的喷头、报警阀组、压力开关、水流指示器、消防水泵、稳压装置等专用产品的统称。

2.0.3 监测及报警控制装置 equipments for supervisery and alarm control services
对自动喷水灭火系统的压力、水位、水流、阀门开闭状态进行监控，并能发出控制信号和报警信号的装置。

2.0.4 稳压泵 pressure maintenance pumps
能使自动喷水灭火系统在准工作状态的压力保持在设计工作压力范围内的一种专用水泵。

2.0.5 喷头防护罩 sprinkler guardsand shields
保护喷头在使用中免遭机械性损伤，但不影响喷头动作、喷水灭火性能的一种专用罩。

2.0.6 末端试水装置 end water-test equipments
安装在系统管网或分区管网的末端，检验系统启动、报警及联动等功能的装置。

2.0.7 消防水泵 fire pump
是指专用消防水泵或达到国家标准《消防泵性能要求和试验方法》（GB 6245）的普通清水泵。

《消防泵性能要求和试验方法》（GB 6245）已作废，现行标准为《消防泵》（GB 6245—2006）

4.3 基 本 规 定

3.1 质量管理

3.1.1 自动喷水灭火系统的分部、分项工程应按本规范附录 A 划分。

按自动喷水灭火系统的特点，对分部、分项工程进行划分。

关于分项工程的划分验收记录的表格，《建筑工程施工质量验收统一标准》（GB 50300）均已作了规定，本章省略附录的验收记录表格格式。根据江苏省住房和城乡建设厅《省住房和城乡建设厅关于做好全省建设工程电子档案编报工程的通知》（苏建函档〔2013〕81号）的要求，江苏省城建档案研究会组织研制了"江苏省工程档案资料管理系统"（网址：http://www.jsgcda.com），该系统中的工程验收的具体表格中都比较齐全。

3.1.2 自动喷水灭火系统的施工必须由具有相应等级资质的施工队伍承担。

本条对施工企业的资质要求作出了规定。

近年来，随着自动喷水灭火系统的应用日渐广泛，消防工程施工企业发展很快，近二十年来，我们调查了解的情况是：由于施工企业的管理水平较差，施工专业技术人员的素质不高，以及大多数施工企业根本不重视技术，造成工程质量差的问题较多。已安装的系统不能开通；有的因安装工人不懂产品结构和技术性能，安装中造成关键性部件损伤，致使系统发生误动；有的因安装质量差而发生水害；有的又未能及时修理、排除故障，而被迫关闭整个系统等等。根据消防工程的特殊性，对系统施工队伍的资质要求及其管理问题作统一的规定是必要的，因此在总结各方面实践经验和参考相关规范的基础上拟定了本条规定。

施工队伍的素质是确保工程施工质量的关键，这是不言而喻的。强调专业培训、考核合格是资质审查的基本条件，要求从事自动喷水灭火系统工程施工的技术人员、上岗技术工人必须经过培训，掌握系统的结构、作用原理、关键组件的性能和结构特点、施工程序及施工中应注意的问题等专业知识，确保系统的安装、调试质量，保证系统正常可靠地运行。

3.1.3 系统施工应按设计要求编写施工方案。施工现场应具有必要的施工技术标准、健全的施工质量管理体系和工程质量检验制度，并应按本规范附录 B 的要求填写有关记录。

施工方案对指导工程施工和提高施工质量，明确质量验收标准很有效，同时监理或建设单位审查利于互相遵守，故对它提出要求。

按照《建设工程质量管理条例》精神，结合《建筑工程施工质量验收统一标准》（GB 50300），抓好施工企业对项目质量的管理，所以施工单位应有技术标准和工程质量检测仪器、设备，实现过程控制。

3.1.4 自动喷水灭火系统施工前应具备下列条件：

1 平面图、系统图（展开系统原理图）、施工详图等图纸及说明书、设备表、材料表等技术文件应齐全；

2 设计单位应向施工、建设、监理单位进行技术交底；

3 系统组件、管件及其他设备、材料，应能保证正常施工；

4 施工现场及施工中使用的水、电、气应满足施工要求，并应保证连续施工。

本条规定了系统施工前应具备的技术、物质条件。

拟定本条时，参考了国家标准《建筑给水排水及采暖工程施工质量验收规范》（GB 50242）和《工业金属管道工程施工规范》（GB 50235）的相关内容，总结了国内近年来一些消防工程公司在施工过程中的一些实际做法和经验教训，进行了全面的综合分析。这些规定是施工前应具备的基本条件。还规定了施工图及其他技术文件应齐全，这是施工前必备的首要条件。条文中其他有关技术文件没有列出相关名称，主要考虑到目前各地做法和要求尚难以统一，这些文件包括：产品明细表、施工程序、施工技术要求、工程质量检验制度等，现在作原则性的规定有利于执行。技术交底过去未引起足够的重视，有的做了也不太严格、仔细，施工质量得不到保证，本条规定向监理（建设）单位技术交底，便于对施工过程进行监督，保证施工质量。施工的物质准备充分、场地条件具备，与其他工程协调得好，可以避免一些影响工程质量的问题发生。

3.1.5 自动喷水灭火系统工程的施工，应按照批准的工程设计文件和施工技术标准进行施工。

为保证工程质量，强调施工单位无权任意修改设计图纸，应按批准的工程设计文件和施工技术标准施工。

3.1.6 自动喷水灭火系统工程的施工过程质量控制，应按下列规定进行：

1 各工序应按施工技术标准进行质量控制，每道工序完成后，应进行检查，检查合格后方可进行下道工序；

2 相关各专业工种之间应进行交接检验，并经监理工程师签证后方可进行下道工序；

3 安装工程完工后，施工单位应按相关专业调试规定进行调试；

4 调试完工后，施工单位应向建设单位提供质量控制资料和各类施工过程质量检查记录；

5 施工过程质量检查组织应由监理工程师组织施工单位人员组成；

6 施工过程质量检查记录按本规范附录C的要求填写。

较具体规定了系统施工过程质量控制的主要方面：

一是按施工技术标准控制每道工序的质量。二是施工单位每道工序完成后除了自检、专职质量检查员检查外，还强调了工序交接检查，上道工序还应满足下道工序的施工条件和要求；同样相关专业工序之间也应进行中间交接检验，使各工序和各相关专业之间形成一个有机的整体。三是工程完工后应进行调试，调试应按自动喷水灭火系统的调试规定进行。

3.1.7 自动喷水灭火系统质量控制资料按本规范附录D的要求填写。

3.1.8 自动喷水灭火系统施工前，应对系统组件、管件及其他设备、材料进行现场检查，检查不合格者不得使用。

对系统组件、管件及其他设备、材料进行现场检查，对提高工程质量是非常必要的，检查不合格者不得使用是确保工程质量的重要环节，故在此加以要求。

3.1.9 分部工程质量验收应由建设单位项目负责人组织施工单位项目负责人、监理工程师和设计单位项目负责人等进行，并按本规范附录E的要求填写自动喷水灭火系统工程验收记录。

对分部工程质量验收的人员加以明确，便于操作。同时提出了填写工程验收记录要求。

3.2 材料、设备管理

3.2.1 自动喷水灭火系统施工前应对采用的系统组件、管件及其他设备、材料进行现场检查，并应符合下列要求：

1 系统组件、管件及其他设备、材料，应符合设计要求和国家现行有关标准的规定，并应具有出厂合格证或质量认证书。

检查数量：全数检查。

检查方法：检查相关资料。

2 喷头、报警阀组、压力开关、水流指示器、消防水泵、水泵接合器等系统主要组件，应经国家消防产品质量监督检验中心检测合格；稳压泵、自动排气阀、信号阀、多功能水泵控制阀、止回阀、泄压阀、减压阀、蝶阀、闸阀、压力表等，应经相应国家产品质量监督检验中心检测合格。

检查数量：全数检查。

检查方法：检查相关资料。

本条规定了施工前应对自动喷水灭火系统采用的喷头、阀门、管材、供水设施及监测报警设备等进行现场检查。

从近十年系统应用的实际情况看，自动喷水灭火系统产品生产厂家存在送检取证与实际生产销售的产品质量不一致，劣质产品流行，个别厂家甚至买合格产品去送检，以及个别用户因考虑经济或其他原因而随意更换设计选用产品等现象屡有发生，因产品质量问题而造成系统误喷、误动作，影响到系统的可靠性和灭火效果。因此，系统选用的各种组件和材料到达施工现场后，施工单位和建设单位还应主动认真地进行检查验收，把隐患消灭在安装前，这样做对确保系统功能是至关重要的。

对系统选用的一般组件和材料，如各种阀门、压力表、加速器、空气压缩机、管材管件及稳压泵、消防气压给水设备等供水设施提出了一般性的质量保证要求和规定，现场应检查其产品是否与设计选用的规格、型号及生产厂家相符，各种技术资料、出厂合格证等是否齐全。

把消防水泵、稳压泵、水泵接合器列入系统组件；并把近年来在不少系统工程中设计采用的自动排气阀、信号阀、多功能水泵控制阀、止回阀、减压阀、泄压阀等配件也列入了质量监督的内容。主要是根据应用中的自动喷水灭火系统的总体、合理的结构；并根据这些产品在系统中的作用两方面因素来确定的。

消防水泵、水泵接合器是给自动喷水灭火系统提供灭火剂——水的设备，稳压泵是保持系统在准工作状态下符合设计水压要求的专用设备，把它们列为系统组件并规定相应要求是合理的。这里应特别强调的是，消防水泵一是指专用消防水泵，二是指达到国家标准《消防泵》（GB 6245）要求的普通清水泵。过去没有引起消防界的重视，一贯的认为和做法是普通清水泵就可以作消防水泵，这种错误认识必须纠正。消防水泵在性能上特别强调的是它的可靠性和稳定性及启动的灵敏性。消防水泵一般是平时备而不用，一旦使用场所发生火灾，它就应灵敏启动、并快速达到额定工作压力和流量要求的工作状态。国内外的自动喷水灭火系统工程，因为供水不能达到要求而致使系统在火灾时不起作用或灭火效果不佳的教训很多。

常见问题：

（1）合格证明文件、性能检测报告不齐全；

（2）未见证取样检验；

（3）缺少《材料、设备进场验收记录》。

3.2.2 管材、管件应进行现场外观检查，并应符合下列要求：

1 镀锌钢管应为内外壁热镀锌钢管，钢管内外表面的镀锌层不得有脱落、锈蚀等现象；钢管的内、外径应符合现行国家标准《低压流体输送用焊接钢管》（GB/T 3091）或现行国家标准《输送流体用无缝钢管》（GB/T 8163）的规定。

2 表面应无裂纹、缩孔、夹渣、折叠和重皮。

3 螺纹密封面应完整、无损伤、无毛刺。

4 非金属密封垫片应质地柔韧、无老化变质或分层现象，表面应无折损、皱纹等缺陷。

5 法兰密封面应完整光洁，不得有毛刺及径向沟槽；螺纹法兰的螺纹应完整、无损伤。

检查数量：全数检查。

检查方法：观察和尺量检查。

本条对自动喷水灭火系统采用的管材、管件安装前应进行现场外观检查进行了规定，系参考国家标准《工业金属管道工程施工规范》（GB 50235）有关条文改写。该规范中的管材及管件的检验一章，涉及的是高、中、低压及各种材质的管材管件的检验，而自动喷水灭火系统涉及的只是低压，且大多是镀锌钢管，故根据自动喷水灭火系统的基本要求，结合国家标准《工业金属管道工程施工规范》（GB 50235）的有关规定，对系统选用的管材、管件提出了一般性的现场检查要求。本条规定镀锌钢管要使用热镀锌钢管是为了与设计规范一致；同时也提醒有关单位的工程技术人员，系统中采用冷镀锌钢管是不允许的。目前市场上销售的一些管材，尺寸不能满足要求，因此对钢管的内外径提出了要求。

常见问题：

（1）使用非现行国家标准《低压流体输送用焊接钢管》（GB/T 3091）的镀锌钢管；

（2）使用非现行国家标准《输送流体用无缝钢管》（GB/T 8163）的无缝钢管；

（3）管材、管件的观感质量差。

3.2.3 喷头的现场检验应符合下列要求：

1 喷头的商标、型号、公称动作温度、响应时间指数（RTI）、制造厂及生产日期等标志应齐全。

2 喷头的型号、规格等应符合设计要求。

3 喷头外观应无加工缺陷和机械损伤。

4 喷头螺纹密封面应无伤痕、毛刺、缺丝或断丝现象。

5 闭式喷头应进行密封性能试验，以无渗漏、无损伤为合格。试验数量宜从每批中抽查 1%，但不得少于 5 只，试验压力应为 3.0MPa；保压时间不得少于 3min。当两只及两只以上不合格时，不得使用该批喷头。当仅有一只不合格时，应再抽查 2%，但不得少于 10 只，并重新进行密封性能试验；当仍有不合格时，亦不得使用该批喷头。

检查数量：抽查符合本条第 5 款的规定。

检查方法：观察检查及在专用试验装置上测试，主要测试设备有试压泵、压力表、秒表。

本条对喷头在施工现场的检查提出了要求。总的原则是既能保证系统采用喷头的质量，又便于施工单位实施的基本检查项目。国家标准《自动喷水灭火系统 第 1 部分：洒水喷头》（GB 5135.1），对喷头的检验提出了 19 条性能要求，23 项性能试验，包括喷头的外观检查、密封性能、布水性能、流量特性系数、功能试验、水冲击试验、振动试验、高低温试验、静态动作温度试验、SO_2 腐蚀、应力腐蚀、盐雾腐蚀、工作荷载、框架强度、热敏感元件强度，溅水盘强度、疲劳强度、热稳定性能、机械冲击、环境温度试验以及灭火试验等。尽管 3.2.1 条中对喷头提出了严格的质量要求，要求采用经国家消防产品质量监督检验中心检测合格的喷头，但这仅仅是对生产厂家按国家标准《自动喷水灭火系统 第 1 部分：洒水喷头》（GB 5135.1）的规定所做的型式试验的送检产品而言，多年来喷头的实际生产、应用表明，由于生产厂家在喷头出厂前未严格进行密封性能等基本项目的检测试验或因运输过程的振动碰撞等原因造成的隐患，致使喷头安装后漏水或系统充水后热敏元件破裂造成误喷等不良后果，为避免这类现象发生，本款要求施工单位除对喷头进行外观检查外，还应对喷头做一项最重要最基本的密封性能试验。这条规定是必要而且可行的。其试验方法按国家标准《自动喷水灭火系统 第 1 部分：洒水喷头》（GB 5135.1）的规定，喷头在一定的升压速率条件下，能承受 3.0MPa 静水压 3min，无渗漏。为便于施工单位执行，本条未对升压速率作规定，仅要求喷头能承受 3.0MPa 静水压 3min，在喷头密封件处无渗漏即为合格。条文中"每批"是指同制造厂、同规格、同型号、同时到货的同批产品。

常见问题：

（1）参数、标志不齐全；

（2）未按规定进行密封性能试验；

（3）抽查数量不符合要求；

密封性能试验的结果不符合要求；

观感质量不符合要求。

3.2.4　阀门及其附件的现场检验应符合下列要求：

1　阀门的商标、型号、规格等标志应齐全，阀门的型号、规格应符合设计要求。

2　阀门及其附件应配备齐全，不得有加工缺陷和机械损伤。

3　报警阀除应有商标、型号、规格等标志外，尚应有水流方向的永久性标志。

4　报警阀和控制阀的阀瓣及操作机构应动作灵活、无卡涩现象，阀体内应清洁、无异物堵塞。

5　水力警铃的铃锤应转动灵活、无阻滞现象；传动轴密封性能好，不得有渗漏水现象。

6　报警阀应进行渗漏试验。试验压力应为额定工作压力的 2 倍，保压时间不应小于 5min。阀瓣处应无渗漏。

检查数量：全数检查。

检查方法：观察检查及在专用试验装置上测试，主要测试设备有试压泵、压力表、秒表。

主要是与相应的产品国家标准《自动喷水灭火系统　第1部分：洒水喷头》（GB 5135.1）、《自动喷水灭火系统　第2部分：湿式报警阀、延迟器、水力警铃》（GB 5135.2）和《自动喷水灭火系统　第5部分：雨淋报警阀》（GB 5135.5）保持一致，更便于执行。本条对阀门及其附件，尤其是报警阀门及其附件在施工现场的检验作出了规定。阀门及其附件系指报警阀、水源控制阀、止回阀、信号阀、排气阀、闸阀、电磁阀、泄压阀以及水力警铃、延迟器、水流指示器、压力开关、压力表等，为了保证这些零配件的安装质量，施工前必须按标准逐一检查，对其中的重要组件报警阀及其附件，因为由厂家配套供应，且零配件很多，施工单位安装前除检查其配套齐全和合格证明材料外，还应逐个进行渗漏试验，以保证报警阀安装后的基本性能。试验方法按照国家标准《自动喷水灭火系统　第2部分：湿式报警阀、延迟器、水力警铃》（GB 5135.2）的规定，除阀门进、出水口外，堵住阀门其余各开口，阀瓣关闭，充水排除空气后，在阀瓣系统侧加2倍额定工作压力的静水压，保持5min，根据置于阀下面的纸是否有湿痕来判断是否渗漏，无渗漏为合格。

常见问题：

（1）参数、标志不齐全；

（2）报警阀未按规定进行渗漏试验；

（3）报警阀渗漏试验未全数检查；

（4）渗漏试验的结果不符合要求；

（5）观感质量不符合要求。

3.2.5　压力开关、水流指示器、自动排气阀、减压阀、泄压阀、多功能水泵控制阀、止回阀、信号阀、水泵接合器及水位、气压、阀门限位等自动监测装置应有清晰的铭牌、安全操作指示标志和产品说明书；水流指示器、水泵接合器、减压阀、止回阀、过滤器、泄压阀、多功能水泵控制阀尚应有水流方向的永久性标志；安装前应进行主要功能检查。

检查数量：全数检查。

检查方法：观察检查及在专用试验装置上测试，主要测试设备有试压泵、压力表、秒表。

根据近年来在系统工程中进一步完善了系统的结构，采用了不少有利于确保系统功能的新产品、新技术；认真分析了收集到的技术资料和各地公安消防部门、工程设计和工程建设应用单位的意见，对系统使用的自动监测装置和电动报警装置提出了现场的检查要求。这些装置包括自动监测水池水箱的水位，干式喷水灭火系统的最高、最低气压，预作用喷水灭火系统的最低气压，水源控制阀门的开闭状况以及系统动作后压力开关、水流指示器、自动排气阀、减压阀、多功能水泵控制阀、止回阀、信号阀、水泵接合器的动作信号等，所有监测及报警信号均汇集在建筑物的消防控制室内，为了安装后不致发生故障或者发生故障时便于查找，施工前应检查水流指示器、水泵接合器、多功能水泵控制阀、减压阀、止回阀这些装置的各种标志，并进行主要功能检查，不合格者不得安装使用。

常见问题：

（1）参数、标志不齐全；

（2）多功能水泵控制阀未进行功能检查；

（3）未全数检查；

（4）观感质量不符合要求。

4.4 供水设施安装与施工

4.1 一般规定

4.1.1 消防水泵、消防水箱、消防水池、消防气压给水设备、消防水泵接合器等供水设施及其附属管道的安装，应清除其内部污垢和杂物。安装中断时，其敞口处应封闭。

本条主要对消防水泵、水箱、水池、气压给水设备、水泵接合器等几类供水设施的安装作出了具体的要求和规定，目前自动喷水灭火系统主要采用这几类供水方式。

由于施工现场的复杂性，浮土、麻绳、水泥块、铁块等杂物非常容易进入管道和设备中。因此自动喷水灭火系统的施工要求更高，更应注意清洁施工，杜绝杂物进入系统。例如1985年，某设计研究院曾在某厂做雨淋系统灭火强度试验，试验现场管道发生严重堵塞，使用了150t水冲洗都冲洗不净。最后只好重新拆装，发现石块、焊渣等物卡在管道拐弯处、变径处，造成水流明显不畅。因此本条强调安装中断时敞口处应做临时封闭，以防杂物进入未安装完毕的管道与设备中。

常见问题：

管道安装时未清理、敞口处不封闭。

4.1.2 消防供水设施应采取安全可靠的防护措施，其安装位置应便于日常操作和维护管理。

本条对消防供水设施的防护措施和安装位置提出了要求。在实际工程中存在消防泵泵轴未加防护罩等不安全因素；水泵房没有排水设施或排水设施排水能力有限、通风条件不好等因素，这些因素对于供水设施的操作和维护都有影响。

4.1.3 消防供水管直接与市政供水管、生活供水管连接时，连接处应安装倒流防止器。

规定消防用水直接与市政或生活供水连接时，为了防止消防用水污染生活用水，应安装倒流防止器。

倒流防止器分为不带过滤器的倒流防止器和带过滤器的倒流防止器，前者由进水止回阀、出水止回阀和泄水阀三部分组成，后者由带过滤装置的进水止回阀、出水止回阀和泄水阀三部分组成。倒流防止器上有特定的弹簧锁定机构，泄水阀的"进气-排水"结构可以预防背压倒流和虹吸倒流污染。

常见问题：

（1）未安装倒流防止器；

（2）倒流防止器的规格、型号不符合要求。

4.1.4 供水设施安装时，环境温度不应低于5℃；当环境温度低于5℃时，应采取防冻措施。

对供水设施安装时的环境温度作了规定，其目的是为了确保安装质量、防止意外损伤。供水设施安装一般要进行焊接和试水，若环境温度低于5℃，又未采取保护措施，由于温度剧变、物质体态变化而产生的应力极易造成设备损伤。

常见问题：

未采取冬期施工保护措施。

4.2 消防水泵安装
主控项目

4.2.1 消防水泵的规格、型号应符合设计要求，并应有产品合格证和安装使用说明书。

  检查数量：全数检查。

  检查方法：对照图纸观察检查。

  对消防水泵安装前的要求作出了规定。为确保施工单位和建设单位正确选用设计中选用的产品，避免不合格产品进入自动喷水灭火系统，设备安装和验收时注意检验产品合格证和安装使用说明书及其产品质量是非常必要的。

  常见问题：

  (1) 质量合格证明文件及性能检测报告不齐全；

  (2) 型号、规格与设计不符。

4.2.2 消防水泵的安装，应符合现行国家标准《机械设备安装工程施工及验收通用规范》(GB 50231)、《压缩机、风机、泵安装工程施工及验收规范》(GB 50275) 的有关规定。

  检查数量：全数检查。

  检查方法：尺量和观察检查。

  规定的消防水泵安装要求，是直接采用现行国家标准《机械设备安装工程施工及验收通用规范》(GB 50231)、《压缩机、风机、泵安装工程施工及验收规范》(GB 50275) 的有关规定。

4.2.3 吸水管及其附件的安装应符合下列要求：

  1 吸水管上应设过滤器，并应安装在控制阀后。

  2 吸水管上的控制阀应在消防水泵固定于基础上之后再进行安装，其直径不应小于消防水泵吸水口直径，且不应采用没有可靠锁定装置的蝶阀，蝶阀应采用沟槽式或法兰式蝶阀。

  检查数量：全数检查。

  检查方法：观察检查。

  3 当消防水泵和消防水池位于独立的两个基础上且相互为刚性连接时，吸水管上应加设柔性连接管。

  检查数量：全数检查。

  检查方法：观察检查。

  4 吸水管水平管段上不应有气囊和漏气现象。变径连接时，应采用偏心异径管件并应采用管顶平接。

  检查数量：全数检查。

  检查方法：观察检查。

  吸水管及其附件安装不应采用没有可靠锁定装置的蝶阀，其理由是一般蝶阀的结构，阀瓣开、关是用蜗杆传动，在使用中受振动时，阀瓣容易变位，改变其规定位置，带来不良后果。考虑到蝶阀在国内工程中应用较多，且有诸如体积小、占用空间位置小、美观等特点，只要克服其原结构不能锁定的问题，有可靠锁定装置的蝶阀，用于自动喷水灭火系统应允许。本条修订是符合国情的。关于蝶阀的选用，从目前已做好的工程反馈回来的情况看，对夹式蝶阀在管道充满水后存在很难开闭甚至无法开闭的情况，这与对夹式蝶阀的构造有关，可能给系统造成隐患，故不允许使用对夹式蝶阀。

消防水泵吸水管的正确安装是消防水泵正常运行的根本保证。吸水管上应安装过滤器，避免杂物进入水泵。同时该过滤器应便于清洗，确保消防水泵的正常供水。

吸水管上安装控制阀是便于消防水泵的维修。先固定消防水泵，然后再安装控制阀门，以避免消防水泵承受应力。

当消防水泵和消防水池位于独立基础上时，由于沉降不均匀，可能造成消防水泵吸水管受内应力，最终应力加在消防水泵上，将会造成消防水泵损坏。最简单的解决方法是加一段柔性连接管（图 4.4.1）。

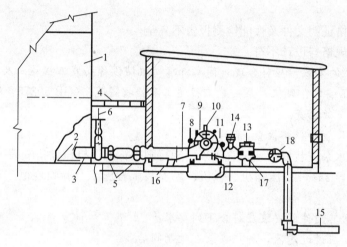

图 4.4.1　消防水泵消除应力的安装示意图（摘自 NFPA20）

1—消防水池；2—进水弯头 1.2m×1.2m 的方形防涡流板，高出水池底部距离为吸水管径的 1.5 倍，但最小为 152mm；3—吸水管；4—防冻盖板；5—消除应力的柔性连接管；6—闸阀；7—偏心异径接头；8—吸水压力表；9—卧式泵体可分式消防泵；10—自动排气装置；11—出水压力表；12—渐缩的出水三通；13—多功能水泵控制阀或止回阀；14—泄压阀；15—出水管；16—泄水阀或球形滴水器；17—管道支座；18—指示性闸阀或指示性蝶阀

消防水泵吸水管安装若有倒坡现象则会产生气囊，采用大小头与消防水泵吸水口连接，如果是同心大小头，则在吸水管上部有倒坡现象存在。异径管的大小头上部会存留从水中析出的气体，因此应采用偏心异径管，且要求吸水管的上部保持平接（图 4.4.2）。

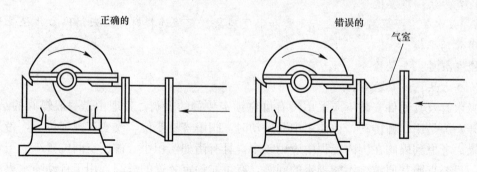

图 4.4.2　正确和错误的水泵吸水管安装示意图

美国 NFPA20 第 2.9.6 条也明确规定：吸水管应当精心敷设，以免出现漏气和气囊现

象，其中任何一种现象均可严重影响消防水泵的运转。

常见问题：

（1）吸水管上未安装过滤器；

（2）过滤器安装位置不符合要求；

（3）吸水管上的控制阀选用不符合要求；

（4）吸水管未设柔性短管；

（5）吸水管变径连接时未安装偏心变径管；

（6）偏心变径管安装时未顶平偏心连接。

4.2.4　消防水泵的出水管上应安装止回阀、控制阀和压力表，或安装控制阀、多功能水泵控制阀和压力表；系统的总出水管上还应安装压力表和泄压阀；安装压力表时应加设缓冲装置。压力表和缓冲装置之间应安装旋塞；压力表量程应为工作压力的2～2.5倍。

检查数量：全数检查。

检查方法：观察检查。

对消防水泵出水管的安装要求作了规定。消防水泵组的总出水管上强调安装泄压阀，主要考虑了自动喷水灭火系统在日常维护管理中，消防水泵启停和系统试验较频繁，经常发生非正常承压，没有泄压阀很容易造成管道崩裂现象。例如某高层建筑，高压自动喷水灭火系统的消防水泵扬程达125m，在安装调试阶段开泵前没有将回水阀打开，结果造成系统底部的钢制管件崩裂。

压力表的缓冲装置可以是缓冲弯管，或者是微孔缓冲水囊等方式，既可保护压力表，也可使压力表指针稳定。

多功能水泵控制阀由阀体、阀盖、膜片座、膜片、主阀板、缓闭阀板、衬套、阀杆、主阀板座、缓闭阀板座和控制管系统等零部件组成。具有水力自动控制、启泵时缓开、停泵时先快闭后缓闭的特点，兼有水泵出口处水锤消除器、闸（蝶）阀、止回阀三种产品的功能，有利于消防水泵自动启动和供水系统安全；多功能水泵控制阀结构性能应符合《多功能水泵控制阀》（CJ/T 167）的规定，它是一种新型两阶段关闭的阀门，现实际工程中应用很多，故增加该阀的安装要求。

常见问题：

（1）压力表选用不符合要求；

（2）压力表配置不符合要求。

4.3　消防水箱安装和消防水池施工

主控项目

4.3.1　消防水池、消防水箱的施工和安装，应符合现行国家标准《给水排水构筑物施工及验收规范》（GBJ 141）、《建筑给水排水及供暖工程施工质量验收规范》（GB 50242）的有关规定。

检查数量：全数检查。

检查方法：尺量和观察检查。

《给水排水构筑物施工及验收规范》（GBJ 141）原代号为GBJ 141—1990，该标准已作废，现行标准为《给水排水构筑物施工及验收规范》（GB 50141—2008）。

4.3.2　钢筋混凝土消防水池或消防水箱的进水管、出水管应加设防水套管，对有振动的管道应加设柔性接头。组合式消防水池或消防水箱的进水管、出水管接头宜采用法兰连接，采用其他连接时应做防锈处理。

检查数量：全数检查。

检查方法：观察检查。

消防水备而不用，尤其是消防专用水箱，水存的时间长了，水质会慢慢变坏，增加杂质。除锈、防腐做得不好，会加速水中的电化学反应，最终造成水箱锈损，因此本条作了相应的规定。

常见问题：

防水套管的加工、制作、安装不符合要求。

一般项目

4.3.3 消防水箱、消防水池的容积、安装位置应符合设计要求。安装时，池（箱）外壁与建筑本体结构墙面或其他池壁之间的净距，应满足施工或装配的需要。无管道的侧面，净距不宜小于0.7m；安装有管道的侧面，净距不宜小于1.0m，且管道外壁与建筑本体墙面之间的通道宽度不宜小于0.6m；设有人孔的池顶，顶板面与上面建筑本体板底的净空不应小于0.8m。

检查数量：全数检查。

检查方法：对照图纸，尺量检查。

消防水池、消防水箱安装完毕后应有供检修用的通道，通道的宽度与现行国家标准《建筑给水排水设计规范》（GB 50015）一致。日常的维护管理需要有良好的工作环境。本条提出的水池（箱）间的主要通道、四周的检修通道是保证维护管理工作顺利进行的基本要求。

常见问题：

安装位置不满足检修所需净距。

4.3.4 消防水池、消防水箱的溢流管、泄水管不得与生产或生活用水的排水系统直接相连，应采用间接排水方式。

检查数量：全数检查。

检查方法：观察检查。

消防水池、消防水箱的溢流管、泄水管排出的水应间接流入排水系统。规范组调研时曾发现有的施工单位将溢流管、泄水管汇集后，没有采取任何隔离措施直接与排水管连接。正确施工是将溢流管、泄水管排出的水先直接排至水箱间地面，再通过地面的地漏将水排走。而使用单位为使地面不湿，用软管一端连接溢流管、泄水管，另一端直接插入地漏，这种不正确的使用现象屡见不鲜。所以本条单独列出，以引起施工单位及使用单位的重视。

4.4 消防气压给水设备和稳压泵安装

主控项目

4.4.1 消防气压给水设备的气压罐，其容积、气压、水位及工作压力应符合设计要求。

检查数量：全数检查。

检查方法：对照图纸，观察检查。

4.4.2 消防气压给水设备安装位置、进水管及出水管方向应符合设计要求；出水管上应

204

设止回阀，安装时其四周应设检修通道，其宽度不宜小于 0.7m，消防气压给水设备顶部至楼板或梁底的距离不宜小于 0.6m。

检查数量：全数检查。

检查方法：对照图纸，尺量和观察检查。

常见问题：

检修通道不满足要求。

一般项目

4.4.3 消防气压给水设备上的安全阀、压力表、泄水管、水位指示器、压力控制仪表等的安装应符合产品使用说明书的要求。

检查数量：全数检查。

检查方法：对照图纸，观察检查。

4.4.4 稳压泵的规格、型号应符合设计要求，并应有产品合格证和安装使用说明书。

检查数量：全数检查。

检查方法：对照图纸，观察检查。

4.4.5 稳压泵的安装应符合现行国家标准《机械设备安装工程施工及验收通用规范》（GB 50231）、国家标准《压缩机、风机、泵安装工程施工及验收规范》（GB 50275）的有关规定。

检查数量：全数检查。

检查方法：尺量和观察检查。

常见问题：

消防气压给水设备及稳压泵的规格、型号与图纸不符。

4.5 消防水泵接合器安装
主控项目

4.5.1 组装式消防水泵接合器的安装，应按接口、本体、连接管、止回阀、安全阀、放空管、控制阀的顺序进行，止回阀的安装方向应使消防用水能从消防水泵接合器进入系统；整体式消防水泵接合器的安装，按其使用安装说明书进行。

检查数量：全数检查。

检查方法：观察检查。

规定主要强调消防水泵接合器的安装顺序，尤其重要的是止回阀的安装方向一定要保证水通过接合器进入系统。

规范编制组曾在北京地区调研，据北京市消防局火调处、战训处介绍，发现数例将消防水泵接合器中的止回阀安装反，造成无法向系统内补水的事例。主要原因是安装人员和基层的管理人员不清楚消防水泵接合器的作用造成的。因此强调安装顺序和方向是很有必要的。

随着消防水泵接合器新产品的不断涌现且被采纳，此条文不完全适用于现阶段各种产品的使用，增加"整体结构的消防水泵接合器"的安装要求。

4.5.2 消防水泵接合器的安装应符合下列规定：

1 应安装在便于消防车接近的人行道或非机动车行驶地段，距室外消火栓或消防水池的距离宜为 15～40m。

检查数量：全数检查。

检查方法：观察检查。

2　自动喷水灭火系统的消防水泵接合器应设置与消火栓系统的消防水泵接合器区别的永久性固定标志，并有分区标志。

检查数量：全数检查。

检查方法：观察检查。

3　地下消防水泵接合器应采用铸有"消防水泵接合器"标志的铸铁井盖，并在附近设置指示其位置的永久性固定标志。

检查数量：全数检查。

检查方法：观察检查。

4　墙壁消防水泵接合器的安装应符合设计要求。设计无要求时，其安装高度距地面宜为 0.7m；与墙面上的门、窗、孔、洞的净距离不应小于 2.0m，且不应安装在玻璃幕墙下方。

检查数量：全数检查。

检查方法：观察检查和尺量检查。

消防水泵接合器主要是消防队在火灾发生时向系统补充水用的。火灾发生后，十万火急，由于没有明显的类别和区域标志，关键时刻找不到或消防车无法靠近消防水泵接合器，不能及时准确补水，造成不必要的损失，这种实际教训是很多的，失去了设置消防水泵接合器的作用。

墙壁消防水泵接合器安装位置不宜低于 0.7m 是考虑消防队员将水龙带对接消防水泵接合器口时便于操作提出的，位置过低，不利于紧急情况下的对接。国家标准图集《消防水泵接合器安装》（99S203）中，墙壁式消防水泵接合器离地距离为 0.7m，设计中多按此预留孔洞，本次修订将原来规定的 1.1m 改为 0.7m 是为了协调统一。

为与国家标准《建筑设计防火规范》（GB 50016）相关条文适应，消防水泵接合器与门、窗、孔、洞保持不小于 2.0m 的距离，主要从两点考虑：一是火灾发生时消防队员能靠近对接，避免火舌从洞孔处燎伤队员；二是避免消防水龙带被烧坏而失去作用。

4.5.3　地下消防水泵接合器的安装，应使进水口与井盖底面的距离不大于 0.4m，且不应小于井盖的半径。

检查数量：全数检查。

检查方法：尺量检查。

地下消防水泵接合器接口在井下，太低不利于对接，太高不利于防冻。0.4m 的距离适合 1.65m 身高的队员俯身后单臂操作对接。太低了则要到井下对接，不利于火场抢时间的要求。冰冻线低于 0.4m 的地区可由设计人员选用双层防冻室外阀门井井盖。

常见问题：

（1）消防水泵接合器的位置不符合要求；

（2）无明显区别的标志、未做永久性标志；

（3）安装高度不符合设计要求。

一般项目

4.5.4　地下消防水泵接合器井的砌筑应有防水和排水措施。

检查数量：全数检查。

检查方法：观察检查。

规定阀门井应有防水和排水设施是为了防止井内长期灌满水，阀体锈蚀严重，无法使用。

4.5 管网及系统组件安装

5.1 管网安装
主控项目

5.1.1 管网采用钢管时，其材质应符合现行国家标准《输送流体用无缝钢管》（GB/T 8163）、《低压流体输送用焊接钢管》（GB/T 3091）的要求。当使用铜管、不锈钢管等其他管材时，应符合相应技术标准的要求。

检查数量：全数检查。

检查方法：查验材料质量合格证明文件、性能检测报告，尺量、观察检查。

对系统管网选用的钢管材质作了明确的规定，是根据国内在工程施工时因管材随意选用，造成质量问题而提出的。

随着人民生活水平的提高，有的自动喷水灭火系统工程中使用了铜管、不锈钢管等其他管材，它们的性能指标、安装使用要求应符合相应技术标准的要求，在注中加以说明。

常见问题：

部分使用《直缝电焊钢管》（GB/T 13793）标准的镀锌钢管。

5.1.2 热镀锌钢管安装应采用螺纹、沟槽式管件或法兰连接。管道连接后不应减小过水横断面面积。

检查数量：抽查20%，且不得少于5处。

检查方法：观察检查。

规定主要研究了国内外自动喷水灭火系统管网连接技术的现状及发展趋势、规范实施后各地反映出的系统施工管网安装中出现的问题、国内新管件开发应用情况等，同时考虑了与设计规范内容保持一致。管网安装是自动喷水灭火系统工程施工中，工作量最大，也是工程质量最容易出现问题和存在隐患的环节。管网安装质量的好坏，将直接影响系统功能和系统使用寿命。对管道连接方法的规定，是从确保管网安装质量、延长使用寿命出发，在充分考虑国内施工队伍素质、国内管件质量、货源状况的基础上，尽量提高要求。

取消焊接，不仅是因为焊接直接破坏了镀锌管的镀锌层，加速了管道锈蚀；而且是不少工程采用焊接，不能保证安装质量要求，隐患不少，为确保系统施工质量，必须取消焊接连接方法。本规定增加了沟槽式管件连接方法，沟槽式管件是我国1998年开发成功并及时投放市场的新型管件，它具有强度高、安装维护方便等特点，适合用于自动喷水灭火系统管道连接。

常见问题：

镀锌钢管的连接局部采用焊接方式，未二次镀锌。

5.1.3 管网安装前应校直管道，并清除管道内部的杂物；在具有腐蚀性的场所，安装前应按设计要求对管道、管件等进行防腐处理；安装时应随时清除管道内部的杂物。

检查数量：抽查20％，且不得少于5处。

检查方法：观察检查和用水平尺检查。

对管网安装前对其主要材料管道进行校直和净化处理作了规定。

管网是自动喷火灭火系统的重要组成部分，同时管网安装也是整个系统安装工程中工作量最大、较容易出问题的环节，返修也是较繁杂的部分。因而在安装时应采取行之有效的技术措施，确保安装质量，这是施工中非常重要的环节。本条规定的目的是要确保管网安装质量。未经校直的管道，既不能保证加工质量和连接强度，同时连成管网后也会影响其他组件的安装质量，管网造型布局既困难也不美观，所以管道在安装前应校直。在自动喷水灭火系统安装工程中因未作净化处理而致使管网堵塞的事例是很多的，因此规定在管网安装前应清除管材、管件内的杂物。

管道的防腐工作，一般工程是在管网安装完毕且试压冲洗合格后进行，但在具有腐蚀性物质的场所，对管道的抗腐蚀能力要求较高，安装前应按设计要求对管材、管件进行防腐处理，增强管网的防腐蚀能力，确保系统寿命。

5.1.4　沟槽式管件连接应符合下列要求：

1　选用的沟槽式管件应符合《沟槽式管接头》（CJ/T 156）的要求，其材质应为球墨铸铁，并符合现行国家标准《球墨铸铁件》（GB/T 1348）的要求；橡胶密封圈的材质应为EPDN（三元乙丙胶），并符合《金属管道系统快速管接头的性能要求和试验方法》（ISO6182—12）的要求。

2　沟槽式管件连接时，其管道连接沟槽和开孔应用专用滚槽机和开孔机加工，并应做防腐处理；连接前应检查沟槽和孔洞尺寸，加工质量应符合技术要求；沟槽、孔洞处不得有毛刺、破损性裂纹和脏物。

检查数量：抽查20％，且不得少于5处。

检查方法：观察和尺量检查。

3　橡胶密封圈应无破损和变形。

检查数量：抽查20％，且不得少于5处。

检查方法：观察检查。

4　沟槽式管件的凸边应卡进沟槽后再紧固螺栓，两边应同时紧固，紧固时发现橡胶圈起皱应更换新橡胶圈。

检查数量：抽查20％，且不得少于5处。

检查方法：观察检查。

5　机械三通连接时，应检查机械三通与孔洞的间隙，各部位应均匀，然后再紧固到位；机械三通开孔间距不应小于500mm，机械四通开孔间距不应小于1000mm；机械三通、机械四通连接时支管的口径应满足表5.1.4（本书表4.5.1）的规定。

采用支管接头（机械三通、机械四通）时支管的最大允许管径（mm）　　表4.5.1

主管直径 DN		50	65	80	100	125	150	200	250
支管直径 DN	机械三通	25	40	40	65	80	100	100	100
	机械四通	—	32	40	50	65	80	100	100

检查数量：抽查 20％，且不得少于 5 处。

检查方法：观察检查和尺量检查。

6 配水干管（立管）与配水管（水平管）连接，应采用沟槽式管件，不应采用机械三通。

检查数量：抽查 20％，且不得少于 5 处。

检查方法：观察检查。

7 埋地的沟槽式管件的螺栓、螺帽应做防腐处理。水泵房内的埋地管道连接应采用挠性接头。

检查数量：全数检查。

检查方法：观察检查或局部解剖检查。

沟槽式管件连接是管道连接的一种新型连接技术，过去在外资企业的自动喷水灭火工程中引进国外产品已开始应用。我国 1998 年开发成功沟槽式管件，很快在工程中被采用。把该种连接技术写入规范，是因为该种连接方式具有施工、维修方便，强度高，密封性能好，美观等优点；工程造价与法兰连接相当。

沟槽式管件连接施工时的技术要求，主要是参考生产厂家提供的技术资料和总结工程施工操作中的经验教训的基础上提出的。沟槽式管件连接施工时，管道的沟槽和开孔应用专用的滚槽机、开孔机进行加工，应按生产厂家提供的数据，检查沟槽和孔口尺寸是否符合要求，并清除加工部位的毛刺和异物，以免影响连接后的密封性能，或造成密封圈损伤等隐患。若加工部位出现破损性裂纹，应切掉重新加工沟槽，以确保管道连接质量。加工沟槽发现管内外镀锌层损伤，如开裂、掉皮等现象，这与管道材质、镀锌质量和滚槽速度有关，发现此类现象可采用冷喷锌罐进行喷锌处理。

机械三通、机械四通连接时，干管和支管的口径应有限制的规定，如不限制开孔尺寸，会影响干管强度，导致管道弯曲变形或离位。

常见问题：

（1）沟槽式管件材质不符合《球墨铸铁件》（GB/T 1348）的要求；

（2）橡胶密封圈的材质不满足使用要求；

（3）管道沟槽的加工深度与宽度不符合规范要求。

5.1.5 螺纹连接检查：

1 管道宜采用机械切割，切割面不得有飞边、毛刺；管道螺纹密封面应符合现行国家标准《普通螺纹基本尺寸》（GB/T 196）、《普通螺纹公差》（GB/T 197）、《普通螺纹管路系列》（GB/T 1414）的有关规定。

2 当管道变径时，宜采用异径接头；在管道弯头处不宜采用补芯，当需要采用补芯时，三通上可用 1 个，四通上不应超过 2 个；公称直径大于 50mm 的管道不宜采用活接头。

检查数量：全数检查。

检查方法：观察检查。

3 螺纹连接的密封填料应均匀附着在管道的螺纹部分；拧紧螺纹时，不得将填料挤入管道内；连接后，应将连接处外部清理干净。

检查数量：抽查 20％，且不得少于 5 处。

检查方法：观察检查。

对系统管网连接的要求中首先强调为确保其连接强度和管网密封性能，在管道切割和螺纹加工时应符合的技术要求。施工时必须按程序严格要求、检验，达到有关标准后，方可进行连接，以保证连接质量和减少返工。其次是对采用变径管件和使用密封填料时提出的技术要求，其目的是要确保管网连接后不至于增大系统管网阻力和造成堵塞。

常见问题：

（1）管道切割部分使用焊条熔断或气割；

（2）管端螺纹套丝有断丝和缺扣现象，套丝长度不符合规范要求；

（3）螺纹连接时密封填料挤入管腔或外露填料未清理。

5.1.6 法兰连接可采用焊接法兰或螺纹法兰。焊接法兰焊接处应做防腐处理，并宜重新镀锌后再连接。焊接应符合现行国家标准《工业金属管道工程施工规范》（GB 50235）、《现场设备、工业管道焊接工程施工及验收规范》（GB 50236）的有关规定。螺纹法兰连接应预测对接位置，清除外露密封填料后再紧固、连接。

检查数量：抽查 20％，且不得少于 5 处。

检查方法：观察检查。

修订特别强调的是焊接法兰连接，焊接法兰连接，焊接后要求必须重新镀锌或采用其他有效防锈蚀的措施，法兰连接推荐采用螺纹法兰；焊接后应重新镀锌再连接，因焊接时破坏了镀锌钢管的镀锌层，如不再镀锌或采取其他有效防腐措施进行处理，必然会造成加速焊接处的腐蚀进程，影响连接强度和寿命。螺纹法兰连接，要求预测对接位置，是因为螺纹紧固后，工程施工经验证明，一旦改变其紧固状态，其密封处，密封性将受到影响，大都在连接后，因密封性能达不到要求而返工。

常见问题：

焊接法兰未做二次镀锌处理。

一般项目

5.1.7 管道的安装位置应符合设计要求。当设计无要求时，管道的中心线与梁、柱、楼板等的最小距离应符合表 5.1.7（本书表 4.5.2）的规定。

管道的中心线与梁、柱、楼板的最小距离　　　　表 4.5.2

公称直径（mm）	25	32	40	50	70	80	100	125	150	200
距离（mm）	40	40	50	60	70	80	100	125	150	200

检查数量：抽查 20％，且不得少于 5 处。

检查方法：尺量检查。

规定是为了便于系统管道安装、维修方便而提出的基本要求，其具体数据与国家标准《自动喷水灭火系统设计规范》（GB 50084）相关条文说明中列举的相同。

常见问题：

管道距墙、梁、柱及楼板的距离过远或过近。

5.1.8 管道支架、吊架、防晃支架的安装应符合下列要求：

1 管道应固定牢固；管道支架或吊架之间的距离不应大于表 5.1.8（本书表 4.5.3）的规定。

公称直径（mm）	25	32	40	50	70	80	100	125	150	200	250	300
距离（m）	3.5	4.0	4.5	5.0	6.0	6.0	6.5	7.0	8.0	9.5	11.0	12.0

检查数量：抽查 20%，且不得少于 5 处。

检查方法：尺量检查。

2　管道支架、吊架、防晃支架的型式、材质、加工尺寸及焊接质量等，应符合设计要求和国家现行有关标准的规定。

3　管道支架、吊架的安装位置不应妨碍喷头的喷水效果；管道支架、吊架与喷头之间的距离不宜小于 300mm；与末端喷头之间的距离不宜大于 750mm。

检查数量：抽查 20%，且不得少于 5 处。

检查方法：尺量检查。

4　配水支管上每一直管段、相邻两喷头之间的管段设置的吊架均不宜少于 1 个，吊架的间距不宜大于 3.6m。

检查数量：抽查 20%，且不得少于 5 处。

检查方法：观察检查和尺量检查。

5　当管道的公称直径等于或大于 50mm 时，每段配水干管或配水管设置防晃支架不应少于 1 个，且防晃支架的间距不宜大于 15m；当管道改变方向时，应增设防晃支架。

检查数量：全数检查。

检查方法：观察检查和尺量检查。

6　竖直安装的配水干管除中间用管卡固定外，还应在其始端和终端设防晃支架或采用管卡固定，其安装位置距地面或楼面的距离宜为 1.5～1.8m。

检查数量：全数检查。

检查方法：观察检查和尺量检查。

对管道的支架、吊架、防晃支架安装有关要求的规定，主要目的是为了确保管网的强度，使其在受外界机械冲撞和自身水力冲击时也不至于损伤；同时强调了其安装位置不得妨碍喷头布水而影响灭火效果。本规定中的技术数据与国家标准《自动喷水灭火系统设计规范》（GB 50084）条文说明中推荐的数据要求相同，其他的一些规定参考了 NFPA13 等有关技术资料。

常见问题：

（1）支架、吊架的位置、数量不符合要求；

（2）防晃支架的位置、数量不符合要求；

（3）支架、吊架的加工制作不符合图纸及标准图集的要求。

5.1.9　管道穿过建筑物的变形缝时，应采取抗变形措施。穿过墙体或楼板时应加设套管，套管长度不得小于墙体厚度，穿过楼板的套管其顶部应高出装饰地面 20mm，穿过卫生间或厨房楼板的套管，其顶部应高出装饰地面 50mm，且套管底部应与楼板底面相平。套管与管道的间隙应采用不燃材料填塞密实。

检查数量：抽查 20%，且不得少于 5 处。

检查方法：观察检查和尺量检查。

规定主要是为了防止在使用中管网不至于因建筑物结构的正常变化而遭到破坏，同时为了检修方便，参考了国家标准《工业金属管道工程施工规范》(GB 50235)相关条文的规定。

常见问题：

(1) 过楼板套管顶部高度不够；

(2) 套管高度不一致，套管中心线不一致；

(3) 过墙套管两段凸出；

(4) 套管间隙未用阻燃密实材料封堵。

5.1.10　管道横向安装宜设 0.002～0.005 的坡度，且应坡向排水管；当局部区域难以利用排水管将水排净时，应采取相应的排水措施。当喷头数量小于或等于 5 只时，可在管道低凹处加设堵头；当喷头数量大于 5 只时，宜装设带阀门的排水管。

检查数量：全数检查。

检查方法：观察检查，水平尺和尺量检查。

规定考虑了干式、雨淋等系统动作后应尽量排净管中的余水，以防冰冻致使管网遭到破坏。对其他系统来说日久需检修或更换组件时，也需排净管网中余水，以利于工作。

常见问题：

(1) 横向管道安装坡度不够；

(2) 缺少排水设施。

5.1.11　配水干管、配水管应做红色或红色环圈标志。红色环圈标志，宽度不应小于 20mm，间隔不宜大于 4m，在一个独立的单元内环圈不宜少于 2 处。

检查数量：抽查 20％，且不得少于 5 处。

检查方法：观察检查和尺量检查。

规定的目的是为了便于识别自动喷水灭火系统的供水管道，着红色与消防器材色标规定相一致。在安装自动喷水灭火系统的场所，往往是各种用途的管道排在一起，且多而复杂，为便于检查、维护，作出易于辨识的规定是必要的。规定红圈的最小间距和环圈宽度是防止个别工地仅做极少的红圈，达不到标识效果。

常见问题：

不做色环标记或色环标志不规范。

5.1.12　管网在安装中断时，应将管道的敞口封闭。

检查数量：全数检查。

检查方法：观察检查。

规定主要目的是为了防止安装时异物进入管道、堵塞管网的情况发生。

常见问题：

管道敞口处未做封堵。

5.2　喷头安装

主控项目

5.2.1　喷头安装应在系统试压、冲洗合格后进行。

检查数量：全数检查。

检查方法：检查系统试压、冲洗记录表。

对喷头安装的前提条件作了规定，其目的一是为了保护喷头，二是为防止异物堵塞喷头，影响喷头喷水灭火效果。根据国外资料和国内调研情况，自动喷水灭火系统失败的原因中，管网输水不畅和喷头被堵塞占有一定比例，主要是由于施工中管网冲洗不净或是冲洗管网时杂物进入已安装喷头的管件部位造成的。为防止上述情况发生，喷头的安装应在管网试压、冲洗合格后进行。

常见问题：

自动喷水灭火系统未冲洗或冲洗不合格安装喷头。

5.2.2 **喷头安装时，不得对喷头进行拆装、改动，并严禁给喷头附加任何装饰性涂层。**

检查数量：全数检查。

检查方法：观察检查。

常见问题：

（1）拆改喷头造成损坏；

（2）喷头被装饰涂料包覆。

5.2.3 **喷头安装应使用专用扳手，严禁利用喷头的框架施拧；喷头的框架、溅水盘产生变形或释放原件损伤时，应采用规格、型号相同的喷头更换。**

检查数量：全数检查。

检查方法：观察检查。

此两条对喷头安装时应注意的几个问题提出了要求，目的是为了防止在安装过程中对喷头造成损伤，影响其性能。喷头是自动喷水灭火系统的关键组件，生产厂家按照国标要求经过严格的检验合格后方可出厂供用户使用，因此安装时不得随意拆装、改动。编制组在调研中发现，不少使用单位为了装修方便，给喷头刷漆和喷涂料，这是绝对不允许的。这样做一方面是被覆物将影响喷头的感温动作性能，使其灵敏度降低，另一方面如被覆物属油漆之类，干后牢固地附在释放机构部位还将影响喷头的开启，其后果是相当严重的。上海某饭店曾对被覆后的喷头进行过动作温度试验，结果喷头的动作温度比额定的高 20℃左右，个别喷头还不能启动。同时发现有的喷头易熔元件熔掉后，喷头却不能开启，因此严禁给喷头附加任何涂层。

安装喷头应使用厂家提供的专用扳手，可避免喷头安装时遭受损伤，既方便又可靠。国内工程中曾多次发现安装喷头利用其框架拧紧和把喷头框架做支撑架，悬挂其他物品，造成喷头损伤，发生误喷，本规范严禁这样做是非常必要的。安装中发现框架或溅水盘变形、释放元件损伤的，必须更换同规格、型号的新喷头，因为这些元件是喷头的关键性支撑件和功能件，变形、损伤后，尽管其表面检查发现不了大问题，但实际上喷头总体结构已造成了损伤，留下了隐患。

常见问题：

未对受损、变形的喷头更换。

5.2.4 安装在易受机械损伤处的喷头，应加设喷头防护罩。

检查数量：全数检查。

检查方法：观察检查。

规定是为了防止在某些使用场所因正常的运行操作而造成喷头的机械性损伤，在这些场所安装的喷头应加设防护罩。喷头防护罩是由厂家生产的专用产品，而不是施工单位或用户随意制作的。喷头防护罩应符合既保护喷头不遭受机械损伤，又不能影响喷头感温动作和喷水灭火效果的技术要求。

常见问题：

未设保护装置。

5.2.5 喷头安装时，溅水盘与吊顶、门、窗、洞口或障碍物的距离应符合设计要求。

检查数量：抽查20%，且不得少于5处。

检查方法：对照图纸，尺量检查。

规定目的是安装喷头要确保其设计要求的保护功能。

5.2.6 安装前检查喷头的型号、规格、使用场所应符合设计要求。

检查数量：全数检查。

检查方法：对照图纸，观察检查。

规定目的是要保证喷头的型号、规格、安装场所满足设计要求。

常见问题：

喷头的规格、型号不符合要求。

一般项目

5.2.7 当喷头的公称直径小于10mm时，应在配水干管或配水管上安装过滤器。

检查数量：全数检查。

检查方法：观察检查。

规定目的是为了防止水中的杂物堵塞喷头，影响喷头喷水灭火效果。目前小口径喷头在我国还用得很少，小口径低水压的产品很有开发和推广应用价值，有关方面将积极开展这方面的研究工作。

5.2.8 当喷头溅水盘高于附近梁底或高于宽度小于1.2m的通风管道、排管、桥架腹面时，喷头溅水盘高于梁底、通风管道、排管、桥架腹面的最大垂直距离应符合表5.2.8-1～表5.2.8-7（本书表4.5.4～表4.5.10）的规定［图5.2.8（本书图4.5.1）］。

喷头溅水盘高于梁底、通风管道腹面的最大垂直距离（直立与下垂喷头） 表4.5.4

喷头与梁、通风管道、排管、桥架的水平距离 a（mm）	喷头溅水盘高于梁底、通风管道、排管、桥架腹面的最大垂直距离 b（mm）	喷头与梁、通风管道、排管、桥架的水平距离 a（mm）	喷头溅水盘高于梁底、通风管道、排管、桥架腹面的最大垂直距离 b（mm）
$a<300$	0	$900 \leqslant a<1200$	300
$300 \leqslant a<600$	90	$1200 \leqslant a<1500$	420
$600 \leqslant a<900$	190	$a \geqslant 1500$	460

喷头溅水盘高于梁底、通风管道腹面的最大垂直距离（边墙型喷头，与障碍物平行）

表4.5.5

喷头与梁、通风管道、排管、桥架的水平距离 a（mm）	喷头溅水盘高于梁底、通风管道、排管、桥架腹面的最大垂直距离 b（mm）	喷头与梁、通风管道、排管、桥架的水平距离 a（mm）	喷头溅水盘高于梁底、通风管道、排管、桥架腹面的最大垂直距离 b（mm）
$a<150$	25	$1050 \leqslant a<1350$	250
$150 \leqslant a<450$	80	$1350 \leqslant a<1650$	320
$450 \leqslant a<750$	150	$1650 \leqslant a<1950$	380
$750 \leqslant a<1050$	200	$1950 \leqslant a<2250$	440

喷头溅水盘高于梁底、通风管道腹面的最大垂直距离（边墙型喷头，与障碍物垂直）

表 4.5.6

喷头与梁、通风管道、排管、桥架的水平距离 a（mm）	喷头溅水盘高于梁底、通风管道、排管、桥架腹面的最大垂直距离 b（mm）	喷头与梁、通风管道、排管、桥架的水平距离 a（mm）	喷头溅水盘高于梁底、通风管道、排管、桥架腹面的最大垂直距离 b（mm）
$a<1200$	不允许	$1800\leqslant a<2100$	150
$1200\leqslant a<1500$	25	$2100\leqslant a<2400$	230
$1500\leqslant a<1800$	80	$a\geqslant2400$	360

喷头溅水盘高于梁底、通风管道腹面的最大垂直距离（扩大覆盖面直立与下垂喷头）

表 4.5.7

喷头与梁、通风管道、排管、桥架的水平距离 a（mm）	喷头溅水盘高于梁底、通风管道、排管、桥架腹面的最大垂直距离 b（mm）	喷头与梁、通风管道、排管、桥架的水平距离 a（mm）	喷头溅水盘高于梁底、通风管道、排管、桥架腹面的最大垂直距离 b（mm）
$a<450$	0	$1350\leqslant a<1800$	180
$450\leqslant a<900$	25	$1800\leqslant a<2250$	280
$900\leqslant a<1350$	125	$a\geqslant2250$	360

喷头溅水盘高于梁底、通风管道腹面的最大垂直距离（扩大覆盖面边墙型喷头）

表 4.5.8

喷头与梁、通风管道、排管、桥架的水平距离 a（mm）	喷头溅水盘高于梁底、通风管道、排管、桥架腹面的最大垂直距离 b（mm）	喷头与梁、通风管道、排管、桥架的水平距离 a（mm）	喷头溅水盘高于梁底、通风管道、排管、桥架腹面的最大垂直距离 b（mm）
$a<2440$	不允许	$3960\leqslant a<4270$	150
$2440\leqslant a<3050$	25	$4270\leqslant a<4570$	180
$3050\leqslant a<3350$	50	$4570\leqslant a<4880$	230
$3350\leqslant a<3660$	75	$4880\leqslant a<5180$	280
$3660\leqslant a<3960$	100	$a\geqslant5180$	360

喷头溅水盘高于梁底、通风管道腹面的最大垂直距离（大水滴喷头）　　表 4.5.9

喷头与梁、通风管道、排管、桥架的水平距离 a（mm）	喷头溅水盘高于梁底、通风管道、排管、桥架腹面的最大垂直距离 b（mm）	喷头与梁、通风管道、排管、桥架的水平距离 a（mm）	喷头溅水盘高于梁底、通风管道、排管、桥架腹面的最大垂直距离 b（mm）
$a<300$	0	$1200\leqslant a<1500$	460
$300\leqslant a<600$	80	$1500\leqslant a<1800$	660
$600\leqslant a<900$	200	$a\geqslant1800$	790
$900\leqslant a<1200$	300		

喷头溅水盘高于梁底、通风管道腹面的最大垂直距离（ESFR喷头）　　表4.5.10

喷头与梁、通风管道、排管、桥架的水平距离 a（mm）	喷头溅水盘高于梁底、通风管道、排管、桥架腹面的最大垂直距离 b（mm）	喷头与梁、通风管道、排管、桥架的水平距离 a（mm）	喷头溅水盘高于梁底、通风管道、排管、桥架腹面的最大垂直距离 b（mm）
a＜300	0	1200≤a＜1500	460
300≤a＜600	80	1500≤a＜1800	660
600≤a＜900	200	a≥1800	790
900≤a＜1200	300		

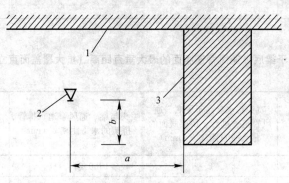

图4.5.1　喷头与梁等障碍物的距离
1—天花板或屋顶；2—喷头；3—障碍物

检查数量：全数检查。

检查方法：尺量检查。

常见问题：

喷头的安装高度、间距、位置不符合要求。

5.2.9　当梁、通风管道、排管、桥架宽度大于1.2m时，增设的喷头应安装在其腹面以下部位。

检查数量：全数检查。

检查方法：观察检查。

常见问题：

（1）未增设喷头；

（2）未对增设喷头进行固定。

5.2.10　当喷头安装在不到顶的隔断附近时，喷头与隔断的水平距离和最小垂直距离应符合表5.2.10-1～表5.2.10-3（本书表4.5.11～表4.5.13）的规定［图5.2.10（本书图4.5.2）］。

喷头与隔断的水平距离和最小垂直距离（直立与下垂喷头）　　表4.5.11

喷头与隔断的水平距离 a（mm）	喷头与隔断的最小垂直距离 b（mm）	喷头与隔断的水平距离 a（mm）	喷头与隔断的最小垂直距离 b（mm）
a＜150	75	450≤a＜600	320
150≤a＜300	150	600≤a＜750	390
300≤a＜450	240	a≥750	460

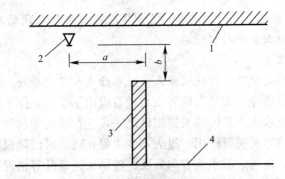

图 4.5.2　喷头与隔断障碍物的距离

1—天花板或屋顶；2—喷头；3—障碍物；4—地板

检查数量：全数检查。

检查方法：尺量检查。

喷头与隔断的水平距离和最小垂直距离（扩大覆盖面喷头）　　表 4.5.12

喷头与隔断的 水平距离 a（mm）	喷头与隔断的 最小垂直距离 b（mm）	喷头与隔断的 水平距离 a（mm）	喷头与隔断的 最小垂直距离 b（mm）
$a<150$	80	$450\leqslant a<600$	320
$150\leqslant a<300$	150	$600\leqslant a<750$	390
$300\leqslant a<450$	240	$a\geqslant750$	460

喷头与隔断的水平距离和最小垂直距离（大水滴喷头）　　表 4.5.13

喷头与隔断的 水平距离 a（mm）	喷头与隔断的 最小垂直距离 b（mm）	喷头与隔断的 水平距离 a（mm）	喷头与隔断的 最小垂直距离 b（mm）
$a<150$	40	$450\leqslant a<600$	130
$150\leqslant a<300$	80	$600\leqslant a<750$	140
$300\leqslant a<450$	100	$750\leqslant a<900$	150

表 4.5.4～表 4.5.13 中数据采用了 NFPA13（2002 年版）相关条文的规定，分别适用于不同类型的喷头。当喷头靠近梁、通风管道、排管、桥架、不到顶的隔断安装时，应尽量减小这些障碍物对其喷水灭火效果的影响。这些情况是近年来工程上经常遇到的较普遍的问题，过去解决这些问题的方式也是五花八门，实际上是施工单位各行其便，其后果是不好的，将影响喷水灭火效果，造成不必要的损失。

常见问题：

喷头距障碍物的距离不符合要求。

5.3　报警阀组安装
主控项目

5.3.1　报警阀组的安装应在供水管网试压、冲洗合格后进行。安装时应先安装水源控制阀、报警阀，然后进行报警阀辅助管道的连接。水源控制阀、报警阀与配水干管的连接，应使水流方向一致。报警阀组安装的位置应符合设计要求；当设计无要求时，报警阀组应安装在便于操作的明显位置，距室内地面高度宜为 1.2m；两侧与墙的距离不应小于

0.5m；正面与墙的距离不应小于 1.2m；报警阀组凸出部位之间的距离不应小于 0.5m。安装报警阀组的室内地面应有排水设施。

检查数量：全数检查。

检查方法：检查系统试压、冲洗记录表，观察检查和尺量检查。

对报警阀组的安装程序、安装条件和安装位置提出了要求，作了明确规定。

报警阀组是自动喷水灭火系统的关键组件之一，它在系统中起着启动系统、确保灭火用水畅通、发出报警信号的关键作用。过去不少工程在施工时出现报警阀与水源控制阀位置随意调换、报警阀方向与水源水流方向装反、辅助管道紊乱等情况，其结果是报警阀组不能工作、系统调试困难，使系统不能发挥作用。对安装位置的要求，主要是根据报警阀组的工作特点——便于操作和便于维修的原则而作出的规定。因为常用的自动喷水灭火系统在启动喷水灭火后，一般要由保卫人员在确认火灾被扑灭后关闭水源控制阀，以防止后继水害发生。有的工程为了施工方便而不择位置，将报警阀组安装在不易寻找和操作不便的位置，发生火灾后既不易及时得到报警信号，灭火后又不利于断水和维修检查，其教训是深刻的。本条规定还强调了在安装报警阀组的室内应采取相应的排水措施，主要是因为系统功能检查、检修需较大量放水而提出的。放水能及时排走既便于工作，也可保护报警阀组的电器或其他组件因环境潮湿而造成不必要的损害。

常见问题：

（1）报警阀组的安装未按照程序施工；

（2）报警阀组安装高度及位置偏差大、不便于操作；

（3）地面无排水设施。

5.3.2 报警阀组附件的安装应符合下列要求：

1 压力表应安装在报警阀上便于观测的位置。

检查数量：全数检查。

检查方法：观察检查。

2 排水管和试验阀应安装在便于操作的位置。

检查数量：全数检查。

检查方法：观察检查。

3 水源控制阀安装应便于操作，且应有明显开闭标志和可靠的锁定设施。

检查数量：全数检查。

检查方法：观察检查。

4 在报警阀与管网之间的供水干管上，应安装由控制阀、检测供水压力、流量用的仪表及排水管道组成的系统流量压力检测装置，其过水能力应与系统过水能力一致；干式报警阀组、雨淋报警阀组应安装检测时水流不进入系统管网的信号控制阀门。

检查数量：全数检查。

检查方法：观察检查。

对报警阀的附件安装要求作了规定，这里所指的附件是各种报警阀均需的通用附件。压力表是报警阀组必须安装的测试仪表，它的作用是监测水源和系统水压，安装时除要确保密封外，主要要求其安装位置应便于观测，系统管理维护人员能随时方便地观测水源和系统的工作压力是否符合要求。排水管和试验阀是自动喷水灭火系统检修、检测系统主要报警装置功能是否正常的两种常用附件,其安装位置必须便于操作,以保证日常检修、试验工作的正常进行。水源控制阀是控制喷水灭火系统供水的开、关阀,安装时既要确保操作方便,又要有开、闭位置的明显标志,它的开启位置是决定系统在喷水灭火时消防用水能否畅通,从而满足要求的关键。在系统调试合格后,系统处于准工作状态时,水源控制阀应处于全开的常开状态,为防止意外和人为关闭控制阀的情况发生,水源控制阀必须设置可靠的锁定装置将其锁定在常开位置;同时还宜设置指示信号设施与消防控制中心或保卫值班室连通,一旦水源控制阀被关闭应及时发出报警信号,值班人员应及时检查原因并使其处于正常状态。在实际应用中,各地曾多次发生因水源控制阀被关闭,当火灾发生时,系统的喷头和控制设备全部正常启动,但管网无水,系统不能发挥灭火功能而造成较大损失,此类事故是应当杜绝的。本规范实施几年来,各地反映较多的问题是,不少工程由于没有设计和安装调试、检测用的阀门和管路,系统调试和检测无法进行。遇到此类工程,一般都是利用末端试水装置进行试验,利用试验结果进行推理式判断,无法测得科学实际的技术数据。这里应指出的是,消防界人士十余年来对末端试水装置存在着夸大其功能的认识误区,普遍认为通过末端试水装置可以检测系统动作功能、系统供水能力、最不利点喷头的压力等,这是造成一般不设计调试、检测试验管道及阀门的一个主要原因。末端试水装置,至今没有统一的标准结构和设计技术要求,设计、安装单位的习惯经验做法是其结构由阀门、压力表、流量测试仪表(标准放水口或流量计)和管道组成,管道一般是用管径为 25mm、32mm、40mm 的镀锌钢管。开启末端试水装置进行试验时,测试得到的压力和流量数据,只是在测试位置处的流量和压力数据,并没有经验公式能利用此数据科学推算出系统供水能力(压力、流量),更不能判断系统的最不利点压力是否符合设计要求。末端试水装置的真正功能是检验系统启动、报警和利用系统启动后的特性参数组成联动控制装置等的功能是否正常。为使系统调试、检测、消防水泵启动运行试验能按规范要求进行,必须在系统中安装检测试验装置。当自动喷水灭火系统为湿式系统时,检测试验装置后的系统主干管上的控制阀不需要安装紧挨 FS 的控制阀。

常见问题:

水源控制阀安装不便于操作,且无明显开闭标志和可靠的锁定设施。

5.3.3 湿式报警阀组的安装应符合下列要求:

1 应使报警阀前后的管道中能顺利充满水;压力波动时,水力警铃不应发生误报警。

检查数量:全数检查。

检查方法:观察检查和开启阀门以小于一个喷头的流量放水。

2 报警水流通路上的过滤器应安装在延迟器前,且便于排渣操作的位置。

检查数量:全数检查。

检查方法:观察检查。

对湿式报警阀组的安装要求作了规定。

湿式报警阀组是自动喷水湿式灭火系统两大关键组件之一。湿式灭火系统因为结构简单、灭火成功率高、成本低、维护简便等优点,是应用最广泛的一种。国外资料报道,湿式系统的应用约占所有自动喷水灭火系统的 85% 以上;据调查,我国近年来湿式系统的应用约在 95% 以上。湿式系统应用如此广泛,确保其安装质量就更加重要。湿式系统在准工作状态时,其报警阀前后管道中均应充满设计要求的压力水,能否顺利充满水,而且在水源压力波动时不发生误报警，是湿式报警阀安装的最基本的要求。湿式报警阀的内部结构特点可以说是一个止回阀和一个在阀瓣开启时能报警的两种作用合为一体的阀门。工程中曾多次发现把报警阀方向装反，辅助功能管件乱装，安装位置及安装时操作不当，致使阀瓣在工作条件下不能正常开启和严密关闭等情况，调试时既不能顺利充满水，使用中压力波动时又经常发生误报警。遇到这类情况，必须经过重装、调整，使其达到要求。报警水流通路上的过滤器是为防止水源中的杂质流入水力警铃堵塞报警进水口，其位置应装在延迟器前，且便于排渣操作。其目的是为了使用中能随时方便地排出沉积渣子，以减小水流阻力，有利于水力警铃报警达到迅速、准确和规定的声响要求。

常见问题：

压力波动时，水力警铃发生误报警。

5.3.4 干式报警阀组的安装应符合下列要求：

1 应安装在不发生冰冻的场所。

2 安装完成后，应向报警阀气室注入高度为50~100mm的清水。

3 充气连接管接口应在报警阀气室充注水位以上部位，且充气连接管的直径不应小于15mm；止回阀、截止阀应安装在充气连接管上。

检查数量：全数检查。

检查方法：观察检查和尺量检查。

4 气源设备的安装应符合设计要求和国家现行有关标准的规定。

5 安全排气阀应安装在气源与报警阀之间，且应靠近报警阀。

检查数量：全数检查。

检查方法：观察检查。

6 加速器应安装在靠近报警阀的位置，且应有防止水进入加速器的措施。

检查数量：全数检查。

检查方法：观察检查。

7 低气压预报警装置应安装在配水干管一侧。

检查数量：全数检查。

检查方法：观察检查。

8 下列部位应安装压力表：

1）报警阀充水一侧和充气一侧；

2）空气压缩机的气泵和储气罐上；

3）加速器上。

检查数量：全数检查。

检查方法：观察检查。

9 管网充气压力应符合设计要求。

对干式报警阀组的安装要求作了规定。这些规定主要参考了NFPA13自动喷水灭火系统的相关要求，并结合国内实际制定的。

对干式报警阀组安装场所的要求。干式报警阀组是自动喷水干式灭火系统的主要组件，干式灭火系统适用环境温度低于4℃和高于70℃的场所，低温时系统使用场所可能发生冰冻，因此干式报警阀组应安装在不发生冰冻的场所。主要是因为干式报警阀组处于伺服状态时，水源侧的管网内是充满水的，另外干式阀系统侧即气室，为确保其气密性一般也充有设计要求的密封用水。如干式阀的安装场所发生冰冻，干式阀充水部位就可能发生冰冻，尤其是干式阀气室一侧的密封用水较易发生冰冻，轻者影响阀门的开启，严重的则可能使干式阀遭到破坏。

为了确保干式阀的密封性，也可防止因水压波动，水源一侧的压力水进入气室。规定最低高度，主要是确保密封性的下限，其最高水位线不得影响干式阀（差压式）的动作灵敏度。

本条还对干式系统管网内充气的气源、气源设备、充气连接管道等的安装提出了要求。充气管应在充注水位以上部位接入，其目的是要尽量减少充入管网中气体的湿度，另外也是为了防止充入管网中的气体所含水分凝聚后，堵住充气口。充气管道直径和止回阀、截止阀安装位置要求的目的是在尽量减小充气阻力、满足充气速度要求的前提下，尽可能采用较小管径以便于安装。阀门位置要求，主要是为便于调节控制充气速度和充气压力，防止意外。安装止回阀的目的是稳定、保持管网内的气压，减小充气冲击。

加速器的作用，是火灾发生时干式系统喷头动作后，应尽快排出管网中的气体，使干式阀尽快动作，水源水顺利、快速地进入供水管网喷水灭火。其安装位置应靠近干式阀，可加快干式阀的启动速度，并应注意防止水进入加速器，以免影响其功能。

低气压预报警装置的作用是在充气管网内气压接近最低压力值时发出报警信号，提醒管理人员及时给管网充气，否则管网空气气压再下降将可能使干式阀开启，水源的压力水进入管网，这种情况在干式系统处于准工作状态时，保护场所未发生火灾的情况下是绝不允许发生的，如发生此种情况必须采取有效的排水措施，将管网内水排出至干式阀气室侧预充密封水位，否则将可能发生冰冻和不能给管网充气，使干式系统不能处于正常的准工作状态，发生火灾时不能及时动作喷水灭火，造成不必要的损失。

本条对干式报警阀组上安装压力表的部位作了规定。这些规定是根据干式报警阀组的结构特点，工作条件要求，应对其水源水压、管网内气压、气源气压等进行观测而提出的。各部位压力值符合设计要求与否，是检查判定干式报警阀组是否处于准工作状态和正常的工作状态的主要技术参数。

常见问题：

充气管安装不符合要求。

5.3.5 雨淋阀组的安装应符合下列要求：

1 雨淋阀组可采用电动开启、传动管开启或手动开启，开启控制装置的安装应安全可靠。水传动管的安装应符合湿式系统有关要求。

2 预作用系统雨淋阀组后的管道若需充气，其安装应按干式报警阀组有关要求进行。

3 雨淋阀组的观测仪表和操作阀门的安装位置应符合设计要求，并应便于观测和操作。

检查数量：全数检查。

检查方法：观察检查。

4 雨淋阀组手动开启装置的安装位置应符合设计要求，且在发生火灾时应能安全开启和便于操作。

检查数量：全数检查。

检查方法：对照图纸观察检查和开启阀门检查。

5　压力表应安装在雨淋阀的水源一侧。

检查数量：全数检查。

检查方法：观察检查。

对雨淋阀组的安装要求作了规定。雨淋阀组是雨淋系统、喷雾系统、水幕系统、预作用系统的重要组件。雨淋阀组的安装质量，是这些系统在发生火灾时能否正常启动发挥作用的关键，施工中应极其重视。

本条规定主要是针对组成预作用系统的雨淋报警阀组。预作用系统平时在雨淋阀以后的系统管网中可以充一定压力的压缩空气或其他惰性气体，也可以是空管，这主要由设计和使用部门根据使用现场条件来确定。对要求要充气的，雨淋阀组的准工作状态条件和启动原理与干式报警阀组基本相同，其安装要求按干式报警阀组要求即可保证质量。

雨淋阀组成的雨淋系统、喷雾系统等一般都是用在火灾危险较大、发生火灾后蔓延速度快及其他有特殊要求的场所。一旦使用场所发生火灾则要求启动速度越快越好，因此传导管网的安装质量是确保雨淋阀安全可靠开启的关键。雨淋阀的开启方式一般采用电动、传导管启动、手动几种。电动启动一般是用电磁阀或电动阀作启动执行元件，由火灾报警控制器控制自动启动或手动直接控制启动；传导管启动是用闭式喷头或其他可探测火警的简易结构装置作执行元件启动阀门；手动控制可用电磁阀、电动阀和快开阀作启动执行元件，由操作者控制启动。利用何种执行元件，根据保护场所情况由设计决定。上述几种启动方式的执行元件与雨淋阀门启动室连接，均是用内充设计要求压力水的传导管，尤其是传导管启动方式和机械式的手动启动，其传导管一般较长，布置也较复杂，其准工作状态近似于湿式系统管网状态，安装要求按湿式系统要求是可行的。

本条规定还考虑在使用场所发生火灾后，雨淋阀应操作方便、开启顺利并保障操作者安全。过去有些场所安装手动装置时，对安装位置的问题未引起重视，随意安装。当使用场所发生火灾后，由于操作不便或人员无法接近而不能及时顺利开启雨淋阀启动系统扑灭火灾，结果造成不必要的财产损失和人员伤亡。因此本规范规定雨淋阀组手动装置安装应达到操作方便和火灾时操作人员能安全操作的要求。

5.4　其他组件安装

主控项目

5.4.1　水流指示器的安装应符合下列要求：

1　水流指示器的安装应在管道试压和冲洗合格后进行，水流指示器的规格、型号应符合设计要求。

检查数量：全数检查。

检查方法：对照图纸观察检查和检查管道试压和冲洗记录。

2　水流指示器应使电器元件部位竖直安装在水平管道上侧，其动作方向应和水流方向一致；安装后的水流指示器桨片、膜片应动作灵活，不应与管壁发生碰擦。

检查数量：全数检查。

检查方法：观察检查和开启阀门放水检查。

对水流指示器的安装程序、安装位置、安装技术要求等作了明确规定。

水流指示器是一种由管网内水流作用启动、能发出电讯号的组件，常用于湿式灭火系统中，作电报警设施和区域报警用。

本条规定水流指示器安装应在管道试压、冲洗合格后进行，是为避免试压和冲洗对水流指示器动作机构造成损伤，影响功能。其规格应与安装管道匹配，因为水流指示器安装在系统的供水管网内的管道上，避免水流管道出现通水面积突变而增大阻力和出现气囊等不利现象发生。水流指示器的作用原理目前主要是采用浆片或膜片感知水流的作用力而带动传动轴动作，开启信号机构发出讯号。为提高灵敏度，其动作机构的传动部位设计制作要求较高。所以在安装时要求电器元件部位水平向上安装在水平管段上，防止管道凝结水滴入电器部位，造成损坏。

常见问题：

（1）水流指示器的电器元件部位安装位置不符合要求；

（2）水流指示器安装前，未对系统试压和冲洗。

5.4.2　控制阀的规格、型号和安装位置均应符合设计要求；安装方向应正确，控制阀内应清洁、无堵塞、无渗漏；主要控制阀应加设启闭标志；隐蔽处的控制阀应在明显处设有指示其位置的标志。

检查数量：全数检查。

检查方法：观察检查。

对自动喷水灭火系统中所使用的各种控制阀门的安装要求作了规定。

控制阀门的规格、型号和安装位置应严格按设计要求，安装方向正确，安装后的阀门应处于要求的正常工作位置状态。特别强调了主控制阀应设置启闭标志，便于随时检查控制阀是否处于要求的启闭位置，以防意外。对安装在隐蔽处的控制阀，应在外部作指示其位置的标志，以便需要开、关此阀时，能及时准确地找出其位置，作应急操作。在以往的工程中，忽视了这个问题，尤其是有些要求较高和系统控制面积又较大的场所，为了美观，系统安装后，装修时将阀门封闭在隐蔽处，发生火灾或其他事故后，需及时关闭阀门，因未作标志，花很多时间也找不到阀门位置，结果造成不必要的损失。今后在施工中，必须对此引起高度重视。

常见问题：

（1）控制阀门的型号、规格与设计不符；

（2）主控制阀门的启闭标志不明显。

5.4.3　压力开关应竖直安装在通往水力警铃的管道上，且不应在安装中拆装改动。管网上的压力控制装置的安装应符合设计要求。

检查数量：全数检查。

检查方法：观察检查。

对压力开关和压力控制装置的安装位置作了规定。

压力开关是自动喷水灭火系统中常采用的一种较简便的能发出电信号的组件。常与水力警铃配合使用，互为补充，在感知喷水灭火系统启动后，水力报警的水流压力启动发出报警信号。系统除利用它发出电讯号报警外，也可利用它与时间继电器组成消防泵自动启动装置。安装时除严格按使用说明书要求外，应防止随意拆装，以免影响其性能。其安装形式无论现场情况如何都应竖直安装在水力报警水流通路的管道上，应尽量靠近报警阀，以利于启动。

同时，压力开关控制稳压泵，电接点压力表控制消防气压给水设备时，这些压力控制装置的安装应符合设计的要求。

5.4.4 水力警铃应安装在公共通道或值班室附近的外墙上，且应安装检修、测试用的阀门。水力警铃和报警阀的连接应采用热镀锌钢管，当镀锌钢管的公称直径为 20mm 时，其长度不宜大于 20m；安装后的水力警铃启动时，警铃声强度应不小于 70dB。

检查数量：全数检查。

检查方法：观察检查、尺量检查和开启阀门放水，水力警铃启动后检查压力表的数值。

对水力警铃的安装位置、辅助设施的设置、传导管道的材质、公称直径、长度等作了规定。

水力警铃是各种类型的自动喷水灭火系统均需配备的通用组件。它是一种在使用中不受外界条件限制和影响，当使用场所发生火灾、自动喷水灭火系统启动后，能及时发出声响报警的安全可靠的报警装置。水力警铃安装总的要求是：保证系统启动后能及时发出设计要求的声强强度的声响报警，其报警能及时被值班人员或保护场所内其他人员发现，平时能够检测水力报警装置功能是否正常。

本条规定内容和要求与设计规范是一致的，考虑到水力警铃的重要作用和通用性，本规范再作明确规定，利于执行和保证安装质量。

常见问题：

水力警铃安装在水泵房内。

5.4.5 末端试水装置和试水阀的安装位置应便于检查、试验，并应有相应排水能力的排水设施。

检查数量：全数检查。

检查方法：观察检查。

末端试水装置是自动喷水灭火系统使用中可检测系统总体功能的一种简易可行的检测试验装置。在湿式、预作用系统中均要求设置。末端试水装置一般由连接管、压力表、控制阀及排水管组成，有条件的也可采用远传压力、流量测试装置和电磁阀组成。总的安装要求是便于检查、试验，检测结果可靠。

关于末端试水装置处应安装排水装置的规定，是根据目前国内相当部分工程施工时，因没安装排水装置，使用时无法操作，有的甚至连位置都找不到，形同虚设。因此作出此规定。

常见问题：

末端试水装置未按设计及规范的要求安装。

一般项目

5.4.6 信号阀应安装在水流指示器前的管道上，与水流指示器之间的距离不宜小于 300mm。

检查数量：全数检查。

检查方法：观察检查和尺量检查。

规定主要是针对自动喷水灭火系统区域控制中同时使用信号阀和水流指示器而言的，这些要求是为了便于检查两种组件的工作情况和便于维修与更换。

常见问题：

信号阀安装在水流指示器后的管道上。

5.4.7 排气阀的安装应在系统管网试压和冲洗合格后进行；排气阀应安装在配水干管顶部、配水管的末端，且应确保无渗漏。

检查数量：全数检查。

检查方法：观察检查和检查管道试压和冲洗记录。

对自动排气阀的安装要求作了规定。

自动排气阀是湿式系统上设置的能自动排出管网内气体的专用产品。在湿式系统调试充水过程中，管网内的气体将被自然驱压到最高点，自动排气阀能自动将这些气体排出，当充满水后，该阀会自动关闭。因其排气孔较小、阀塞等零件较精密，为防止损坏和堵塞，自动排气阀应在系统管网冲洗、试压合格后安装，其安装位置应是管网内气体最后集聚处。

常见问题：

（1）自动排气阀未安装在系统最高点；

（2）未安装阀门。

5.4.8 节流管和减压孔板的安装应符合设计要求。

检查数量：全数检查。

检查方法：对照图纸观察检查和尺量检查。

减压孔板和节流装置是使自动喷水灭火系统某一局部水压符合规范要求而常采用的压力调节设施。目前国内外已开发了应用方便、性能可靠的自动减压阀，其作用与减压孔板和节流装置相同，安装设置要求与设计规范规定是一致的。

常见问题：

减压孔板和节流装置压差调整不符合设计要求。

5.4.9 压力开关、信号阀、水流指示器的引出线应用防水套管锁定。

检查数量：全数检查。

检查方法：观察检查。

是为了防止压力开关、信号阀、水流指示器的引出线进水，影响其性能。

5.4.10 减压阀的安装应符合下列要求：

1 减压阀安装应在供水管网试压、冲洗合格后进行。

检查数量：全数检查。

检查方法：检查管道试压和冲洗记录。

2 减压阀安装前应检查：其规格型号应与设计相符；阀外控制管路及导向阀各连接件不应有松动；外观应无机械损伤，并应清除阀内异物。

检查数量：全数检查。

检查方法：对照图纸观察检查和手扳检查。

3 减压阀水流方向应与供水管网水流方向一致。

检查数量：全数检查。

检查方法：观察检查。

4 应在进水侧安装过滤器，并宜在其前后安装控制阀。

检查数量：全数检查。

检查方法：观察检查。

5 可调式减压阀宜水平安装，阀盖应向上。

检查数量：全数检查。

检查方法：观察检查。

6 比例式减压阀宜垂直安装；当水平安装时，单呼吸孔减压阀其孔口应向下，双呼吸孔减压阀其孔口应呈水平位置。

检查数量：全数检查。

检查方法：观察检查。

7 安装自身不带压力表的减压阀时，应在其前后相邻部位安装压力表。

检查数量：全数检查。

检查方法：观察检查。

对可调式减压阀、比例式减压阀的安装程序和安装技术要求作了具体规定。改革开放以来，我国基本建设发展很快，近年来，各种高层、多功能式的建筑越来越多，为满足这些建筑对给排水系统的需求，给排水领域的新产品开发速度很快，尤其是专用阀门，如减压阀、新型泄压阀和止回阀等。这些新产品开发成功后，很快在工程中得到推广应用。在自动喷水灭火系统工程中也已采用，纳入规范是适应国内技术发展和工程需要的。

本条规定，减压阀安装应在系统供水管网试压、冲洗合格后进行，主要是为防止冲洗时对减压阀内部结构造成损伤、同时避免管道中杂物堵塞阀门，影响其功能。对减压阀在安装前应做的主要技术准备工作提出了要求，其目的是防止把不符合设计要求和自身存在质量隐患的阀门安装在系统中，避免工程返工，消除隐患。

减压阀的性能要求水流方向是不能变的。比例式减压阀，如果水流方向改变了，则把减压变成了升压；可调式减压阀如果水流方向反了，则不能工作，减压阀变成了止回阀，因此安装时必须严格按减压阀指示的方向安装，并要求在减压阀进水侧安装过滤网，防止管网中杂物流进减压阀内，堵塞减压阀先导阀通路，或者沉积于减压阀内活动件上，影响其动作，造成减压阀失灵。减压阀前后安装控制阀，主要是便于维修和更换减压阀，在维修、更换减压阀时，减少系统排水时间和停水影响范围。

可调式减压阀的导阀，阀门前后压力表均在阀门阀盖一侧，为便于调试、检修和观察压力情况，安装时阀盖应向上。

比例式减压阀的阀芯为柱体活塞式结构，工作时定位密封是靠阀芯外套的橡胶密封圈与阀体密封的。垂直安装时，阀芯与阀体密封接触面和受力较均匀，有利于确保其工作性能的可靠性和延长使用寿命。如水平安装，其阀芯与阀体中由于重力的原因，易造成下部接触较紧，增加摩擦阻力，影响其减压效果和使用寿命。如水平安装时，单呼吸孔应向下，双呼吸孔应成水平、主要是防止外界杂物堵塞呼吸孔，影响其性能。

安装压力表，主要为了调试时能检查减压阀的减压效果，使用中可随时检查供水压力，减压阀减压后的压力是否符合设计要求，即减压阀工作状态是否正常。

常见问题：

（1）减压阀的规格、型号与设计不符；

（2）减压阀进水口处未安装过滤器。

5.4.11 多功能水泵控制阀的安装应符合下列要求：

1 安装应在供水管网试压、冲洗合格后进行。

检查数量：全数检查。

检查方法：检查管道试压和冲洗记录。

2 在安装前应检查：其规格型号应与设计相符；主阀各部件应完好；紧固件应齐全，无松动；各连接管路应完好，接头紧固；外观应无机械损伤，并应清除阀内异物。

检查数量：全数检查。

检查方法：对照图纸观察检查和手扳检查。

3 水流方向应与供水管网水流方向一致。

检查数量：全数检查。

检查方法：观察检查。

4 出口安装其他控制阀时应保持一定间距，以便于维修和管理。

检查数量：全数检查。

检查方法：观察检查。

5 宜水平安装，且阀盖向上。

检查数量：全数检查。

检查方法：观察检查。

6 安装自身不带压力表的多功能水泵控制阀时，应在其前后相邻部位安装压力表。

检查数量：全数检查。

检查方法：观察检查。

7 进口端不宜安装柔性接头。

检查数量：全数检查。

检查方法：观察检查。

对多功能水泵控制阀的安装程序和安装技术要求作了具体规定。

本条规定，多功能水泵控制阀安装应在系统供水管网试压、冲洗合格后进行，主要是为防止冲洗时对多功能水泵控制阀内部结构造成损伤，同时避免管道中杂物堵塞阀门，影响其功能。对多功能水泵控制阀在安装前应做的主要技术准备工作提出了要求，其目的是防止把不符合设计要求和自身存在质量隐患的阀门安装在系统中，避免工程返工，消除隐患。

多功能水泵控制阀的性能要求水流方向是不能变的，因此安装时，应严格按多功能水泵控制阀指示的方向安装。

为便于调试、检修和观察压力情况，多功能水泵控制阀在安装时阀盖宜向上。

常见问题：

水泵控制阀的规格、型号与设计不符。

5.4.12 倒流防止器的安装应符合下列要求：

1 应在管道冲洗合格以后进行。

检查数量：全数检查。

检查方法：检查管道试压和冲洗记录。

2 不应在倒流防止器的进口前安装过滤器或者使用带过滤器的倒流防止器。

检查数量：全数检查。

检查方法：观察检查。

3 宜安装在水平位置，当竖直安装时，排水口应配备专用弯头。倒流防止器宜安装在便于调试和维护的位置。

检查数量：全数检查。

检查方法：观察检查。

4 倒流防止器两端应分别安装闸阀，而且至少有一端应安装挠性接头。

检查数量：全数检查。

检查方法：观察检查。

5 倒流防止器上的泄水阀不宜反向安装，泄水阀应采取间接排水方式，其排水管不应直接与排水管（沟）连接。

检查数量：全数检查。

检查方法：观察检查。

6 安装完毕后，首次启动使用时，应关闭出水闸阀，缓慢打开进水闸阀。待阀腔充满水后，缓慢打开出水闸阀。

检查数量：全数检查。

检查方法：观察检查。

对倒流防止器的安装作了规定。

管道冲洗以后安装可以减少不必要的麻烦。用在消防管网上的倒流防止器进口前不允许使用过滤器或者使用带过滤器的倒流防止器，是因为过滤器的网眼可能被水中的杂质堵塞而引起紧急情况下的供水中断。安装在水平位置，以便于泄放水顺利排干，必要时也允许竖直安装，但要求排水口配备专用弯头。倒流防止器上的泄水阀一般不允许反向安装，如果需要，应由有资质的技术工人完成，而且还应该保证合适的调试、维修的空间。安装完毕初步启动使用时，为了防止剧烈动作时的 O 形圈移位和内部组件的损伤，应按一定的步骤进行。

4.6 系统试压和冲洗

6.1 一般规定

6.1.1 管网安装完毕后，应对其进行强度试验、严密性试验和冲洗。

检查数量：全数检查。

检查方法：检查强度试验、严密性试验、冲洗记录表。

强度试验实际是对系统管网的整体结构、所有接口、承载管架等进行的一种超负荷考验。而严密性试验则是对系统管网渗漏程度的测试。实践表明，这两种试验都是必不可少的，也是评定其工程质量和系统功能的重要依据。管网冲洗，是防止系统投入使用后发生堵塞的重要技术措施之一。

6.1.2 强度试验和严密性试验宜用水进行。干式喷水灭火系统、预作用喷水灭火系统应做水压试验和气压试验。

检查数量：全数检查。

检查方法：检查水压试验和气压试验记录表。

水压试验简单易行，效果稳定可信。对于干式、干湿式和预作用系统来讲，投入实施运行后，既要长期承受带压气体的作用，火灾期间又要转换成临时高压水系统，由于水与空气或氮气的特性差异很大，所以只做一种介质的试验，不能代表另一种试验的结果。

在冰冻季节期间，对水压试验应慎重处理，这是为了防止水在管网内结冰而引起爆管事故。

常见问题：

干式喷水灭火系统、预作用喷水灭火系统未做气压试验。

6.1.3 系统试压完成后，应及时拆除所有临时盲板及试验用的管道，并应与记录核对无误，且应按本规范附录 C 表 C.0.2 的格式填写记录。

检查数量：全数检查。

检查方法：观察检查。

无遗漏地拆除所有临时盲板，是确保系统能正常投入使用所必须做到的。但当前不少施工单位往往忽视这项工作，结果带来严重后患，故强调必须与原来记录的盲板数量核对无误。按附录 C.0.2 填写自动喷水灭火系统试压记录表，这是必须具备的交工验收资料内容之一。

常见问题：

临时盲板及试验用的管道未拆除完毕。

6.1.4 管网冲洗应在试压合格后分段进行。冲洗顺序应先室外，后室内；先地下，后地上；室内部分的冲洗应按配水干管、配水管、配水支管的顺序进行。

检查数量：全数检查。

检查方法：观察检查。

系统管网的冲洗工作如能按照此合理的程序进行，即可保证已被冲洗合格的管段，不致因对后面管段的冲洗而再次被弄脏或堵塞。室内部分的冲洗顺序，实际上是使冲洗水流方向与系统灭火时水流方向一致，可确保其冲洗的可靠性。

常见问题：

部分系统、管段未冲洗、遗漏。

6.1.5 系统试压前应具备下列条件：

1 埋地管道的位置及管道基础、支墩等经复查应符合设计要求。

检查数量：全数检查。

检查方法：对照图纸观察、尺量检查。

2 试压用的压力表不应少于 2 只；精度不应低于 1.5 级，量程应为试验压力值的 1.5～2 倍。

检查数量：全数检查。

检查方法：观察检查。

3 试压冲洗方案已经批准。

4 对不能参与试压的设备、仪表、阀门及附件应加以隔离或拆除；加设的临时盲板应具有突出于法兰的边耳，且应做明显标志，并记录临时盲板的数量。

检查数量：全数检查。

检查方法：观察检查。

如果在试压合格后又发现埋地管道的坐标、标高、坡度及管道基础、支墩不符合设计要求而需要返工，势必造成返修完成后的再次试验，这是应该避免也是可以避免的。在整个试压过程中，管道的改变方向、分出支管部位和末端处所承受的推力约为其正常工作状况时的 1.5 倍，故必须达到设计要求才行。

对试压用压力表的精度、量程和数量的要求，系根据国家标准《工业金属管道工程施工规范》（GB 50235）的有关规定而定。

先编制出考虑周到、切实可行的试压冲洗方案，并经施工单位技术负责人审批，可以避免试压过程中的盲目性和随意性。试压应包括分段试验和系统试验，后者应在系统冲洗合格后进行。系统的冲洗应分段进行，事前的准备工作和事后的收尾工作，都必须有条不紊地进行，以防止任何疏忽大意而留下隐患。对不能参与试压的设备、仪表、阀门及附件应加以隔离或拆除，使其免遭损伤。要求在试压前记录下所加设的临时盲板数量，是为了避免在系统复位时，因遗忘而留下少数临时盲板，从而给系统的冲洗带来麻烦，一旦投入使用，其灭火效果更是无法保证。

常见问题：

（1）试压冲洗方案未经审批；

（2）压力表的精度、量程和数量与试压方案不符。

6.1.6　系统试压过程中，当出现泄漏时，应停止试压，并应放空管网中的试验介质，消除缺陷后，重新再试。

带压进行修理，既无法保证返修质量，又可能造成部件损坏或发生人身安全事故及造成水害，这在任何管道工程的施工中都是绝对禁止的。

常见问题：

（1）试压过程中出现质量问题，带压修理；

（2）整改后，未重新做系统水压试验和严密性试验。

6.1.7　管网冲洗宜用水进行。冲洗前，应对系统的仪表采取保护措施。

检查数量：全数检查。

检查方法：观察检查。

水冲洗简单易行，费用低、效果好。系统的仪表若参与冲洗，往往会使其密封性遭到破坏或杂物沉积影响其性能。

常见问题：

系统管网冲洗时未隔离系统仪表。

6.1.8　冲洗前，应对管道支架、吊架进行检查，必要时应采取加固措施。

检查数量：全数检查。

检查方法：观察、手扳检查。

水冲洗时，冲洗水流速度可高达 3m/s，对管网改变方向、引出分支管部位、管道末端等处，将会产生较大的推力，若支架、吊架的牢固性欠佳，即会使管道产生较大的位移、变形，甚至断裂。

常见问题：

管道支、吊架固定不牢、有位移。

6.1.9 对不能经受冲洗的设备和冲洗后可能存留脏物、杂物的管段，应进行清理。

检查数量：全数检查。

检查方法：观察检查。

若不对这些设备和管段采取有效的方法清洗，系统复位后，该部分所残存的污物便会污染整个管网，并可能在局部造成堵塞，使系统部分或完全丧失灭火功能。

6.1.10 冲洗直径大于100mm的管道时，应对其死角和底部进行敲打，但不得损伤管道。

冲洗大直径管道时，对死角和底部应进行敲打，目的是振松死角处和管道底部的杂质及沉淀物，使它们在高速水流的冲刷下呈漂浮状态而被带出管道。

常见问题：

未进行敲打或使用重锤对管道进行震打。

6.1.11 管网冲洗合格后，应按本规范附录C表C.0.3的要求填写记录。

这是对系统管网的冲洗质量进行复查，检验评定其工程质量，也是工程交工验收所必须具备资料之一，同时应避免冲洗合格后的管道再造成污染。

6.1.12 水压试验和水冲洗宜采用生活用水进行，不得使用海水或含有腐蚀性化学物质的水。

检查数量：全数检查。

检查方法：观察检查。

采用符合生活用水标准的水进行冲洗，可以保证被冲洗管道的内壁不致遭受污染和腐蚀。

6.2 水压试验
主控项目

6.2.1 当系统设计工作压力等于或小于1.0MPa时，水压强度试验压力应为设计工作压力的1.5倍，并不应低于1.4MPa；当系统设计工作压力大于1.0MPa时，水压强度试验压力应为该工作压力加0.4MPa。

检查数量：全数检查。

检查方法：观察检查。

参照美国ANSI/NFPA13相关条文，并结合现行国家规范的有关条文，规定出对系统水压强度试验压力值和试验时间的要求，以保证系统在实际灭火过程中能承受国家标准《自动喷水灭火系统设计规范》（GB 50084）中规定的10m/s最大流速和1.20MPa最大工作压力。

6.2.2 水压强度试验的测试点应设在系统管网的最低点。对管网注水时，应将管网内的空气排净，并应缓慢升压，达到试验压力后，稳压30min后，管网应无泄漏、无变形，且压力降不应大于0.05MPa。

检查数量：全数检查。

检查方法：观察检查。

测试点选在系统管网的低点，可客观地验证其承压能力；若设在系统高点，则无形中提高了试验压力值，这样往往会使系统管网局部受损，造成试压失败。检查判定方法采用目测，简单易行，也是其他国家现行规范常用的方法。

6.2.3 水压严密性试验应在水压强度试验和管网冲洗合格后进行。试验压力应为设计工作压力，稳压 24h，应无泄漏。

检查数量：全数检查。

检查方法：观察检查。

参照国家标准《工业金属管道工程施工规范》（GB 50235）有关条文和美国标准 NF-PA13 中的有关条文。已投入工作的一些系统表明，绝对无泄漏的系统是不存在的，但只要室内安装喷头的管网不出现任何明显渗漏，其他部位不超过正常漏水率，即可保证其正常的运行功能。

常见问题：

（1）未按规定进行水压试验；

（2）水压试验的压力和时间不符合要求；

（3）缺少《强度和严密性水压试验记录》。

一般项目

6.2.4 水压试验时环境温度不宜低于 5℃，当低于 5℃时，水压试验应采取防冻措施。

检查数量：全数检查。

检查方法：用温度计检查。

环境温度低于 5℃时，试压效果不好，如果没有防冻措施，便有可能在试压过程中发生冰冻，试验介质就会因体积膨胀而造成爆管事故。

常见问题：

水压试验环境温度低于 5℃时未采取防冻措施。

6.2.5 自动喷水灭火系统的水源干管、进户管和室内埋地管道应在回填前单独或与系统一起进行水压强度试验和水压严密性试验。

检查数量：全数检查。

检查方法：观察和检查水压强度试验和水压严密性试验记录。

参照美国标准 NFPA13 相关条文改写而成。系统的水源干管、进户管和室内地下管道，均为系统的重要组成部分，其承压能力、严密性均应与系统的地上管网等同，而此项工作常被忽视或遗忘，故需作出明确规定。

常见问题：

隐蔽前未单独做水压强度试验和水压严密性试验。

6.3 气压试验

主控项目

6.3.1 气压严密性试验压力应为 0.28MPa，且稳压 24h，压力降不应大于 0.01MPa。

检查数量：全数检查。

检查方法：观察检查。

参照美国标准 NFPA13 的相关规定。要求系统经历 24h 的气压考验，因漏气而出现的压力下降不超过 0.01MPa，这样才能使系统为保持正常气压而不需要频繁地启动空气压缩机组。

常见问题：

（1）未按规定进行气压试验；

（2）气压试验的压力和时间不符合要求；

（3）缺少《气压试验记录》。

6.3.2 气压试验的介质宜采用空气或氮气。

　　检查数量：全数检查。

　　检查方法：观察检查。

　　空气或氮气作试验介质，既经济、方便，又安全可靠，且不会产生不良后果。实际施工现场大都采用压缩空气作试验介质。因氮气价格便宜，对金属管道内壁可起到保护作用，故对湿度较大的地区来说，采用氮气作试验介质，也是防止管道内壁锈蚀的有效措施。

6.4 冲洗
主控项目

6.4.1 管网冲洗的水流流速、流量不应小于系统设计的水流流速、流量；管网冲洗宜分区、分段进行；水平管网冲洗时，其排水管位置应低于配水支管。

　　检查数量：全数检查。

　　检查方法：使用流量计和观察检查。

　　水冲洗是自动喷水灭火系统工程施工中一个重要工序，是防止系统堵塞、确保系统灭火效率的措施之一。本规范制定和实施过程对水冲洗的方法和技术条件曾多次组织专题研讨、论证。原条文参照美国 NFPA13 标准规定的水冲洗的水流流速不宜小于 3m/s 及相应流量。据调查，在规范实施中，实际工程基本上没有按此要求操作，其主要原因是现场条件不允许、搞专门的冲洗供水系统难度较大；一般工程均按系统设计流量进行冲洗，按此条件冲洗清出杂物合格后的系统，是能确保系统在应用中供水管网畅通，不发生堵塞。水压气动冲洗法因专用设备未上市，也未采用。本次修订该条规定应按系统的设计流量进行冲洗，是科学的，符合国内实际且便于实施。

　　常见问题：

　　冲洗流速不够。

6.4.2 管网冲洗的水流方向应与灭火时管网的水流方向一致。

　　检查数量：全数检查。

　　检查方法：观察检查。

　　明确水冲洗的水流方向，有利于确保整个系统的冲洗效果和质量，同时对安排被冲洗管段的顺序也较为方便。

6.4.3 管网冲洗应连续进行。当出口处水的颜色、透明度与入口处水的颜色、透明度基本一致时，冲洗方可结束。

　　检查数量：全数检查。

　　检查方法：观察检查。

　　与现行国家标准《工业金属管道工程施工规范》（GB 50235）中对管道水冲洗的结果要求和检验方法完全相同。

6.4.4 管网冲洗宜设临时专用排水管道，其排放应畅通和安全。排水管道的截面面积不得小于被冲洗管道截面面积的 60%。

检查数量：全数检查。

检查方法：观察和尺量、试水检查。

从系统中排出的冲洗用水，应该及时而顺畅地进入临时专用排水管道，而不应造成任何水害。临时专用排水管道可以现场临时安装，也可采用消火栓水龙带作为临时专用排水管道。本条还对排放管道的截面面积有一定要求，这种要求与目前我国工业管道冲洗的相应要求是一致的。

6.4.5 管网的地上管道与地下管道连接前，应在配水干管底部加设堵头后，对地下管道进行冲洗。

检查数量：全数检查。

检查方法：观察检查。

6.4.6 管网冲洗结束后，应将管网内的水排除干净，必要时可采用压缩空气吹干。

检查数量：全数检查。

检查方法：观察检查。

系统冲洗合格后，及时将存水排净，有利于保护冲洗成果。如系统需经长时间才能投入使用，则应用压缩空气将其管壁吹干，并加以封闭，这样可以避免管内生锈或再次遭受污染。

4.7 系 统 调 试

7.1 一般规定

7.1.1 系统调试应在系统施工完成后进行。

只有在系统已按照设计要求全部安装完毕、工序检验合格后，才可能全面、有效地进行各项调试工作。

7.1.2 系统调试应具备下列条件：

1 消防水池、消防水箱已储存设计要求的水量；

2 系统供电正常；

3 消防气压给水设备的水位、气压符合设计要求；

4 湿式喷水灭火系统管网内已充满水，干式、预作用喷水灭火系统管网内的气压符合设计要求，阀门均无泄漏；

5 与系统配套的火灾自动报警系统处于工作状态。

系统调试的基本条件，要求系统的水源、电源、气源均按设计要求投入运行，这样才能使系统真正进入准工作状态，在此条件下，对系统进行调试所取得的结果，才是真正有代表性和可信的。

7.2 调试内容和要求
主控项目

7.2.1 系统调试应包括下列内容：

1 水源测试；

2 消防水泵调试；

3 稳压泵调试；

4　报警阀调试；

5　排水设施调试；

6　联动试验。

系统调试内容是根据系统正常工作条件、关键组件性能、系统性能等来确定的。本条规定系统调试的内容：水源的充足可靠与否，直接影响系统灭火功能；消防水泵对临时高压管网来讲，是扑灭火灾时的主要供水设施；报警阀为系统的关键组成部件，其动作的准确、灵敏与否，直接关系到灭火的成功率；排水装置是保证系统运行和进行试验时不致产生水害的设施；联动试验实为系统与火灾自动报警系统的联锁动作试验，它可反映出系统各组成部件之间是否协调和配套。

7.2.2　水源测试应符合下列要求：

1　按设计要求核实消防水箱、消防水池的容积，消防水箱设置高度应符合设计要求；消防储水应有不作他用的技术措施。

检查数量：全数检查。

检查方法：对照图纸观察和尺量检查。

2　按设计要求核实消防水泵接合器的数量和供水能力，并通过移动式消防水泵做供水试验进行验证。

检查数量：全数检查。

检查方法：观察检查和进行通水试验。

对水源测试要求作了规定。

第1款消防水箱、消防水池为系统常备供水设施，消防水箱始终保持系统投入灭火初期10min的用水量，消防水池储存系统总的用水量，二者都是十分关键和重要的。对消防水箱还应考虑到它的容积、高度和保证消防储水量的技术措施等，故应做全面核实。

第2款消防水泵接合器是系统在火灾时供水设备发生故障，不能保证供给消防用水时的临时供水设施。特别是在室内消防水泵的电源遭到破坏或被保护建筑物已形成大面积火灾，灭火用水不足时，其作用更显得突出，故必须通过试验来验证消防水泵接合器的供水能力。

7.2.3　消防水泵调试应符合下列要求：

1　以自动或手动方式启动消防水泵时，消防水泵应在30s内投入正常运行。

检查数量：全数检查。

检查方法：用秒表检查。

2　以备用电源切换方式或备用泵切换启动消防水泵时，消防水泵应在30s内投入正常运行。

检查数量：全数检查。

检查方法：用秒表检查。

参照原国家标准《消防泵性能要求和试验方法》（GB 6245）中5.10条消防泵组的性能要求拟定的。电动机启动的消防泵系指电源接通后的时间；柴油机启动系指柴油机运行后的时间。主要技术参数为消防泵投入正常运行的时间，试验装置比产品标准延长了10s，投入正常运行时间延长10s，主要是考虑实际工程中，消防水泵接入系统的状态与标准试验装置存在一定差距，如连接管路较长和安装设备较多；其次是调试时操作人员的熟练程度等因素都可能对泵的启动时间造成延时的具体情况。本着既考虑工程实际可适当延时，但应尽可能缩短延时时间的宗旨拟定的。对消防泵投入正常运行的时间严格要求，是出于确保系统的灭火效率。

消防泵启动时间是指从电源接通到消防泵达到额定工况的时间，应为30s。通过试验研究，30s启动消防水泵的时间是可行的。

7.2.4 稳压泵应按设计要求进行调试。当达到设计启动条件时，稳压泵应立即启动；当达到系统设计压力时，稳压泵应自动停止运行；当消防主泵启动时，稳压泵应停止运行。

检查数量：全数检查。

检查方法：观察检查。

稳压泵的功能是使系统能保持准工作状态时的正常水压。美国标准NFPA20相关条文规定：稳压泵的额定流量，应当大于系统正常的漏水率，泵的出口压力应当是维护系统所需的压力，故它应随着系统压力变化而自动开启和停止。本条规定是根据稳压泵的基本功能提出的要求。

常见问题：

稳压泵的启停与设计条件不符。

7.2.5 报警阀调试应符合下列要求：

1 湿式报警阀调试时，在试水装置处放水，当湿式报警阀进口水压大于0.14MPa、放水流量大于1L/s时，报警阀应及时启动；带延迟器的水力警铃应在5～90s内发出报警铃声，不带延迟器的水力警铃应在15s内发出报警铃声；压力开关应及时动作，并反馈信号。

检查数量：全数检查。

检查方法：使用压力表、流量计、秒表和观察检查。

2 干式报警阀调试时，开启系统试验阀，报警阀的启动时间、启动点压力、水流到试验装置出口所需时间，均应符合设计要求。

检查数量：全数检查。

检查方法：使用压力表、流量计、秒表、声强计和观察检查。

3 雨淋阀调试宜利用检测、试验管道进行。自动和手动方式启动的雨淋阀，应在15s之内启动；公称直径大于200mm的雨淋阀调试时，应在60s之内启动。雨淋阀调试时，当报警水压为0.05MPa，水力警铃应发出报警铃声。

检查数量：全数检查。

检查方法：使用压力表、流量计、秒表、声强计和观察检查。

是对报警阀调试提出的要求。

第1、2款报警阀的功能是接通水源、启动水力警铃报警、防止系统管网的水倒流。按照本条具体规定进行试验，即可分别有效地验证湿式、干式报警阀及其附件的功能是否符合设计和施工规范要求。

第3款主要对雨淋阀作出规定，雨淋阀的调试要求是参照产品标准《自动喷水灭火系统 第5部分：雨淋报警阀》（GB 5135）的规定拟定的。本规范制定时，用雨淋阀组成的雨淋系统、预作用系统、水喷雾和水幕系统应用还较少，加之没有产品标准，雨淋阀产品也比较单一，拟定要求依据不足。规范发布实施几年来，雨淋阀的发展和应用迅速增加，在工程中也积累了不少经验和教训。

常见问题：

湿式报警阀在规定时间内不动作。

一般项目

7.2.6 调试过程中，系统排出的水应通过排水设施全部排走。

检查数量：全数检查。

检查方法：观察检查。

对西南地区成渝两地及全国其他地区的调查结果表明，在设计、安装和维护管理上，忽视系统排水装置的情况较为普遍。已投入使用的系统，有的试水装置被封闭在天棚内，根本未与排水装置接通，有的报警阀处的放水阀也未与排水系统相接，因而根本无法开展对系统的常规试验或放空。现作出明确规定，以引起有关部门充分重视。

常见问题：

自动喷水灭火系统喷洒水管末端不装试验阀或者试验阀装在吊顶内而不接人排水处，地面无排水设施；湿式报警阀、预作用阀等阀组附近的地面无排水设施。

7.2.7 联动试验应符合下列要求，并按本规范附录C表C.0.4的要求进行记录。

1 湿式系统的联动试验，启动一只喷头或以0.94～1.5L/s的流量从末端试水装置处放水时，水流指示器、报警阀、压力开关、水力警铃和消防水泵等应及时动作，并发出相应的信号。

检查数量：全数检查。

检查方法：打开阀门放水，使用流量计和观察检查。

2 预作用系统、雨淋系统、水幕系统的联动试验，可采用专用测试仪表或其他方式，对火灾自动报警系统的各种探测器输入模拟火灾信号，火灾自动报警控制器应发出声光报警信号并启动自动喷水灭火系统；采用传动管启动的雨淋系统、水幕系统联动试验时，启动1只喷头，雨淋阀打开，压力开关动作，水泵启动。

检查数量：全数检查。

检查方法：观察检查。

3 干式系统的联动试验，启动1只喷头或模拟1只喷头的排气量排气，报警阀应及时启动，压力开关、水力警铃动作并发出相应信号。

检查数量：全数检查。

检查方法：观察检查。

对自动喷水灭火系统联动试验的要求。

第1款是对湿式自动喷水灭火系统联动试验时，各相关部分动作情况的基本要求。当一只喷头启动或从末端试水装置处放水时，水流指示器应有信号返回消防控制中心，湿式报警阀应打开，水力警铃发出报警铃声，压力开关动作，启动消防水泵并向消防控制中心发出火警信号。

第2款是对预作用、雨淋、水幕自动喷水灭火系统联动试验时，各相关部分动作情况的基本要求。当采用专用测试仪表或其他方式，对火灾探测器输入模拟信号，火灾报警控制器应能发出信号，并打开雨淋阀，水力警铃发出报警铃声，压力开关动作，启动消防水泵。

当雨淋、水幕自动喷水灭火系统采用传动管启动时，打开末端试水装置（湿式控制）或开启一只喷头（干式控制）后，雨淋阀开启，水力警铃发出报警铃声，压力开关动作，启动消防水泵。

第3款是对干式自动喷水灭火系统联动试验时，各相关部分动作情况的基本要求。当一只喷头启动或从末端试水装置处排气时，干式报警阀应打开，水力警铃发出报警铃声，压力开关动作，启动消防水泵并向消防控制中心发出火警信号。

通过上述试验，可验证火灾自动报警系统与本系统投入灭火时的联锁功能，并可较直观地显示两个系统的部件和整体的灵敏度与可靠性是否达到设计要求。

4.8 系 统 验 收

8.0.1 系统竣工后，必须进行工程验收，验收不合格不得投入使用。

本条对自动喷水灭火系统工程验收及要求作了明确规定，是强制性条文。

竣工验收是自动喷水灭火系统工程交付使用前的一项重要技术工作。近年来不少地区已制定了工程竣工验收暂行办法或规定，但各自做法不一，标准更不统一，验收的具体要求不明确，验收工作应如何进行、依据什么评定工程质量等问题较为突出，对验收的工程是否达到了设计功能要求，能否投入正常使用等重大问题心中无数，失去了验收的作用。鉴于上述情况，为确保系统功能，把好竣工验收关，强调工程竣工后必须进行竣工验收，验收不合格不得投入使用，切实做到投资建设的系统能充分起到扑灭火灾、保护人身和财产安全的作用。自动喷水灭火系统施工安装完毕后，应对系统的供水、水源、管网、喷头布置及功能等进行检查和试验，以保证喷水灭火系统正式投入使用后安全可靠，达到减少火灾危害、保护人身和财产安全的目的。我国已安装的自动喷水灭火系统中，或多或少地存在问题。如：有些系统水源不可靠，电源只有一个，管网管径不合理，无末端试水装置，向下安装的喷头带短管很长，备用电源切换不可靠等。这些问题的存在，如不及时采取措施，一旦发生火灾，灭火系统又不能起到及时控火、灭火的作用，反而贻误战机，造成损失，而且将使人们对这一灭火系统产生疑问。所以，自动喷水灭火系统施工安装后，必须进行检查试验，验收合格后才能投入使用。

8.0.2 自动喷水灭火系统工程验收应按本规范附录E的要求填写。

对自动喷水灭火系统工程施工及验收所需要的各种表格及其使用作了基本规定。

8.0.3 系统验收时，施工单位应提供下列资料：

1 竣工验收申请报告、设计变更通知书、竣工图；

2 工程质量事故处理报告；

3 施工现场质量管理检查记录；

4 自动喷水灭火系统施工过程质量管理检查记录；

5 自动喷水灭火系统质量控制检查资料。

规定的系统竣工验收应提供的文件也是系统投入使用后的存档材料，以便今后对系统进行检修、改造等用，并要求有专人负责维护管理。

常见问题：

资料不齐全。

8.0.4 系统供水水源的验收应符合下列要求：

1 应检查室外给水管网的进水管管径及供水能力，并应检查消防水箱和消防水池容量，均应符合设计要求。

2 当采用天然水源作系统的供水水源时，其水量、水质应符合设计要求，并应检查枯水期最低水位时确保消防用水的技术措施。

检查数量：全数检查。

检查方法：对照设计资料观察检查。

对系统供水水源进行检查验收的要求作了规定。因为自动喷水灭火系统灭火不成功的因素中，供水中断是主要因素之一，所以这一条对三种水源情况既提出了要求，又要实际检查是否符合设计和施工验收规范中关于水源的规定，特别是利用天然水源作为系统水源时，除水量应符合设计要求外，水质必须无杂质、无腐蚀性，以防堵塞管道、喷头，腐蚀管道，即水质应符合工业用水的要求。对于个别地方，用露天水池或河水作临时水源时，为防止杂质进入消防水泵和管网，影响喷头布水，需在水源进入消防水泵前的吸水口处，设有自动除渣功能的固液分离装置，而不能用格栅除渣，因格栅被杂质堵塞后，易造成水源中断。如成都某宾馆的消防水池是露天水池，池中有水草等杂质，消防水泵启动后，因水泵吸水量大，杂质很快将格栅堵死，消防水泵因进水口无水，达不到灭火目的。

8.0.5 消防泵房的验收应符合下列要求：

1 消防泵房的建筑防火要求应符合相应的建筑设计防火规范的规定。

2 消防泵房设置的应急照明、安全出口应符合设计要求。

3 备用电源、自动切换装置的设置应符合设计要求。

检查数量：全数检查。

检查方法：对照图纸观察检查。

在自动喷水灭火系统工程竣工验收时，有不少系统消防泵房设在地下室，且出口不便，又未设放水阀和排水措施，一旦安全阀损坏，泵房有被水淹没的危险。另外，对泵进行启动试验时，有些系统未设放水阀，不好进行试验，有些将试水阀和出水口均放在地下泵房内，无法进行试验，所以本条规定的主要目的是防止以上情况出现。

8.0.6 消防水泵的验收应符合下列要求：

1 工作泵、备用泵、吸水管、出水管及出水管上的泄压阀、水锤消除设施、止回阀、信号阀等的规格、型号、数量，应符合设计要求；吸水管、出水管上的控制阀应锁定在常开位置，并有明显标记。

检查数量：全数检查。

检查方法：对照图纸观察检查。

2 消防水泵应采用自灌式引水或其他可靠的引水措施。

检查数量：全数检查。

检查方法：观察和尺量检查。

3 分别开启系统中的每一个末端试水装置和试水阀，水流指示器、压力开关等信号装置的功能均符合设计要求。

4 打开消防水泵出水管上试水阀，当采用主电源启动消防水泵时，消防水泵应启动正常；关掉主电源，主、备电源应能正常切换。

检查数量：全数检查。

检查方法：观察检查。

5 消防水泵停泵时，水锤消除设施后的压力不应超过水泵出口额定压力的 1.3～1.5 倍。

检查数量：全数检查。

检查方法：在阀门出口用压力表检查。

6 对消防气压给水设备，当系统气压下降到设计最低压力时，通过压力变化信号应启动稳压泵。

检查数量：全数检查。

检查方法：使用压力表，观察检查。

7 消防水泵启动控制应置于自动启动挡。

检查数量：全数检查。

检查方法：观察检查。

验收的目的是检验消防水泵的动力可靠程度。即通过系统动作信号装置，如压力开关按键等能否启动消防泵，主、备电源切换及启动是否安全可靠。对消火栓箱启动按钮能否直接启动消防水泵的问题，应以确保安全为前提。一般情况下，消火栓箱按钮用 24V 电源。通过消火栓箱按钮直接启动消防水泵。无控制中心的系统用 220V 电源。通过消火栓箱按钮直接启动消防水泵时，应有防水、保护罩等安全措施。

对设有气压给水设备稳压的系统，要设定一个压力下限，即在下限压力下，喷水灭火系统最不利点的压力、流量能达到设计要求，当气压给水设备压力下降到设计最低压力时，应能及时启动消防水泵。

常见问题：

控制阀锁定位置不明确、无明显标记。

8.0.7 报警阀组的验收应符合下列要求：

1 报警阀组的各组件应符合产品标准要求。

检查数量：全数检查。

检查方法：观察检查。

2 打开系统流量压力检测装置放水阀，测试的流量、压力应符合设计要求。

检查数量：全数检查。

检查方法：使用流量计、压力表观察检查。

3 水力警铃的设置位置应正确。测试时，水力警铃喷嘴处压力不应小于 0.05MPa，且距水力警铃 3m 远处警铃声声强不应小于 70dB。

检查数量：全数检查。

检查方法：打开阀门放水，使用压力表、声级计和尺量检查。

4 打开手动试水阀或电磁阀时，雨淋阀组动作应可靠。

5 控制阀均应锁定在常开位置。

检查数量：全数检查。

检查方法：观察检查。

6 与空气压缩机或火灾自动报警系统的联动控制，应符合设计要求。

报警阀组是自动喷水灭火系统的关键组件，验收中常见的问题是控制阀安装位置不符合设计要求，不便操作，有些控制阀无试水口和试水排水措施，无法检测报警阀处压力、流量及警铃动作情况。对于使用闸阀又无锁定装置，有些闸阀处于半关闭状态，这是很危险的。所以要求使用闸阀时需有锁定装置，否则应使用信号阀代替闸阀。另外，干式系统和预作用系统等，还需检验空气压缩机与控制阀、报警系统与控制阀的联动是否可靠。

警铃设置位置，应靠近报警阀，使人们容易听到铃声。距警铃3m处，水力警铃喷嘴处压力不小于0.05MPa时，其警铃声强度应不小于70dB。

常见问题：

水力警铃安装在水泵房内。

8.0.8 管网验收应符合下列要求：

1 管道的材质、管径、接头、连接方式及采取的防腐、防冻措施，应符合设计规范及设计要求。

2 管网排水坡度及辅助排水设施，应符合本规范第5.1.10条的规定。

检查方法：水平尺和尺量检查。

3 系统中的末端试水装置、试水阀、排气阀应符合设计要求。

4 管网不同部位安装的报警阀组、闸阀、止回阀、电磁阀、信号阀、水流指示器、减压孔板、节流管、减压阀、柔性接头、排水管、排气阀、泄压阀等，均应符合设计要求。

检查数量：报警阀组、压力开关、止回阀、减压阀、泄压阀、电磁阀全数检查，合格率应为100%；闸阀、信号阀、水流指示器、减压孔板、节流管、柔性接头、排气阀等抽查设计数量30%，数量均不少于5个，合格率应为100%。

检查方法：对照图纸观察检查。

5 干式喷水灭火系统管网容积不大于2900L时，系统允许的最大充水时间不应大于3min；如干式喷水灭火系统管道充水时间不大于1min，系统管网容积允许大于2900L。

预作用喷水灭火系统的管道充水时间不应大于1min。

检查数量：全数检查。

检查方法：通水试验，用秒表检查。

6 报警阀后的管道上不应安装其他用途的支管或水龙头。

检查数量：全数检查。

检查方法：观察检查。

7 配水支管、配水管、配水干管设置的支架、吊架和防晃支架，应符合本规范第5.1.8条的规定。

检查数量：抽查20%，且不得少于5处。

检查方法：尺量检查。

系统管网检查验收内容，是针对已安装的喷水灭火系统通常存在的问题而提出的。如有些系统用的管径、接头不合规定，甚至管网未支撑固定等；有的系统处于有腐蚀气体的环境中而无防腐措施；有的系统冬天最低气温低于4℃也无保温防冻措施，致使喷头爆裂；有的系统没有排水坡度，或有坡度而坡向不合理；有的系统末端排水管用ϕ15的管子；比较多的系统每层末端没有设试水装置；有的系统分区配水干管上没有设信号阀，而用的闸阀处于关闭或半关闭状态；有些系统最末端最上部没有设排气阀，往往在试水时产生强烈晃动甚至拉坏管网支架，充水调试难以达到要求；有些系统的支架、吊架、防晃支架设置不合理、不牢固，试水时易被损坏；有的系统上接消火栓或接洗手水龙头等。这些问题，看起来不是什么严重问题，但会影响系统控火、灭火功能，严重的可能造成系统在关键时候不能发挥作用，形同虚设。本条规定的 7 款验收内容，主要是防止以上问题发生，而特别强调要进行逐项验收。

第 5 款是根据美国标准《自动喷水灭火系统安装标准》（NFPA13）（2002 版）的相关内容进行修订的。其 7.2.3.1 条规定"一个干式阀控制的系统容积应不超过 750gal（2839L）。"7.2.3.2 条规定"凡从系统维持常气压，并完全开启测试点起，输水到达系统测试点的时间不超过 60s 时，管道体积允许超过 7.2.3.1 的要求。"在条文说明中有"当 750gal（2839L）的体积限制不超过时，就不要求 60s 的输水时间限制。容积小于 750gal（2839L）的某些干式系统，到测试点的输水时间达 3min 被认为是可接受的。"据上述内容，我们规定了干式系统的验收要求。

常见问题：

未对管网的全部内容进行验收。

8.0.9 喷头验收应符合下列要求：

1 喷头设置场所、规格、型号、公称动作温度、响应时间指数（RTI）应符合设计要求。

检查数量：抽查设计喷头数量 10%，总数不少于 40 个，合格率应为 100%。

检查方法：对照图纸尺量检查。

2 喷头安装间距，喷头与楼板、墙、梁等障碍物的距离应符合设计要求。

检查数量：抽查设计喷头数量 5%，总数不少于 20 个，距离偏差±15mm，合格率不小于 95% 时为合格。

检验方法：对照图纸尺量检查。

3 有腐蚀性气体的环境和有冰冻危险场所安装的喷头，应采取防护措施。

检查数量：全数检查。

检查方法：观察检查。

4 有碰撞危险场所安装的喷头应加设防护罩。

检查数量：全数检查。

检查方法：观察检查。

5 各种不同规格的喷头均应有一定数量的备用品，其数量不应小于安装总数的 1%，且每种备用喷头不应少于 10 个。

自动喷水灭火系统最常见的违规问题是喷头布水被挡，特别是进行施工设计时，没有考虑喷头布置和装修的协调，致使不少喷头在装修施工后被遮挡或影响喷头布水，所以验收时必须检查喷头布置情况。对有吊顶的房间，因配水支管在闷顶内，三通以下接喷头时中间要加短管，如短管不超过 15cm，则系统试验和换水时，短管中水也不能更换。但当短管太长时，不仅会使杂质在短管中沉积，而且形成较多死水，所以三通以下接短管时要求不宜大于 15cm，最好三通以下直接接喷头。实在不能满足要求时，支管靠近顶棚布置，三通下接 15cm 短管，喷头可安装在顶棚贴近处。有些支管布置离顶棚较远，短管超过 15cm，可采用带短管的专用喷头，即干式喷头，使水不能进入短管，喷头动作后，短管才充水，这样，就不会形成死水和杂质沉积。有腐蚀介质的场所应用经防腐处理的喷头或玻璃球喷头；有装饰要求的地方，可选用半隐蔽或隐蔽型装饰效果好的喷头；有碰撞危险场所的喷头，加设防护罩。

喷头的动作温度以喷头公称动作温度来表示，该温度一般高于喷头使用环境的最高温度30℃左右，这是多年实际使用和试验研究得出的经验数据。

本规定采用与国家标准《自动喷水灭火系统设计规范》（GB 50084）相同的备品数量。再强调要求，是要突出此点的重要性，系统投入运行后一定要这样做。

常见问题：

喷头检查数量不足。

8.0.10 水泵接合器数量及进水管位置应符合设计要求，消防水泵接合器应进行充水试验，且系统最不利点的压力、流量应符合设计要求。

检查数量：全数检查。

检查方法：使用流量计、压力表和观察检查。

凡设有消防水泵接合器的地方均应进行充水试验，以防止回阀方向装错。另外，通过试验，检验通过水泵接合器供水的具体技术参数，使末端试水装置测出的流量、压力达到设计要求，以确保系统在发生火灾时，需利用消防水泵接合器供水时，能达到控火、灭火目的。验收时，还应检验消防水泵接合器数量及位置是否正确，使用是否方便。

常见问题：

水泵接合器未做充水试验。

8.0.11 系统流量、压力的验收，应通过系统流量压力检测装置进行放水试验，系统流量、压力应符合设计要求。

检查数量：全数检查。

检查方法：观察检查。

对系统的检测试验装置进行了规定。从末端试水装置的结构和功能来分析，通过末端试水装置进行放水试验，只能检验系统启动功能、报警功能及相应联动装置是否处于正常状态，而不能测试和判断系统的流量、压力是否符合要求，此目的只有通过检测试验装置才能达到。

8.0.12 系统应进行系统模拟灭火功能试验，且检查：

1 报警阀动作，水力警铃应鸣响。

检查数量：全数检查。

检查方法：观察检查。

2 水流指示器动作，应有反馈信号显示。

检查数量：全数检查。

检查方法：观察检查。

3 压力开关动作，应启动消防水泵及与其联动的相关设备，并应有反馈信号显示。

检查数量：全数检查。

检查方法：观察检查。

4 电磁阀打开，雨淋阀应开启，并应有反馈信号显示。

检查数量：全数检查。

检查方法：观察检查。

5 消防水泵启动后，应有反馈信号显示。

检查数量：全数检查。

检查方法：观察检查。

6 加速器动作后，应有反馈信号显示。

检查数量：全数检查。

检查方法：观察检查。

7 其他消防联动控制设备启动后，应有反馈信号显示。

检查数量：全数检查。

检查方法：观察检查。

参照建筑工程质量验收标准、产品标准，把工程中不符合相关标准规定的项目，依据对自动喷水灭火系统的主要功能"喷水灭火"影响程度划分为严重缺陷项、重缺陷项、轻缺陷项三类；根据各类缺陷项统计数量，对系统主要功能影响程度，以及国内自动喷水灭火系统施工过程中的实际情况等，综合考虑几方面因素来确定工程合格判定条件。

合格判定条件的确定是根据《钢结构防火涂料》（GB 14907），《电缆防火涂料通用技术条件》（GA181）等产品标准的判定原则而确定的。严重缺陷不合格项不允许出现，重缺陷不合格项允许出现10%，轻缺陷不合格项允许出现20%，据此得到自动喷水灭火系统合格判定条件。

常见问题：

（1）系统各部件模拟试验时信号不反应或延迟；

（2）系统不动作或动作迟缓。

8.0.13 系统工程质量验收判定条件：

1 系统工程质量缺陷应按本规范附录F要求划分为：严重缺陷项（A），重缺陷项（B），轻缺陷项（C）。

2 系统验收合格判定应为：A＝0，且B≤2，且B＋C≤6为合格，否则为不合格。

4.9 维护管理

9.0.1 自动喷水灭火系统应具有管理、检测、维护规程，并应保证系统处于准工作状态。维护管理工作，应按本规范附录G的要求进行。

维护管理是自动喷水灭火系统能否正常发挥作用的关键环节。灭火设施必须在平时的精心维护管理下才能发挥良好的作用。我国已有多起特大火灾事故发生在安装有自动喷水灭火系统的建筑物内，由于系统不符合要求或施工安装完毕投入使用后，没有进行日常维护管理和试验，以致发生火灾时，事故扩大，人员伤亡损失严重。

9.0.2 维护管理人员应经过消防专业培训，应熟悉自动喷水灭火系统的原理、性能和操作维护规程。

自动喷水灭火系统组成的部件较多，系统比较复杂，每个部件的作用和应处于的状态及如何检验、测试都需要具有对系统作用原理了解和熟悉的专业人员来操作、管理。因此为提高维护管理人员的素质，承担这项工作的维护管理人员应当经专业培训，持证上岗。

常见问题：

（1）维护管理人员未经培训；

（2）维护管理人员无证上岗。

9.0.3 每年应对水源的供水能力进行一次测定。

水源的水量、水压有无保证，是自动喷水灭火系统能否起到应有作用的关键。由于市政建设的发展、单位建筑的增加、用水量变化等等，水源的供水能力也会有变化，因此，每年应对水源的供水能力测定一次，以便不能达到要求时，及时采取必要的补救措施。

9.0.4 消防水泵或内燃机驱动的消防水泵应每月启动运转一次。当消防水泵为自动控制启动时，应每月模拟自动控制的条件启动运转一次。

消防水泵是供给消防用水的关键设备，必须定期进行试运转，保证发生火灾时启动灵活、不卡壳，电源或内燃机驱动正常，自动启动或电源切换及时无故障。本条试运转间隔时间系参考英、美规范和喜来登集团旅馆系统消防管理指南规定的。

常见问题：

消防水泵未定期进行试运转。

9.0.5 电磁阀应每月检查并应作启动试验，动作失常时应及时更换。

是为保证系统启动的可靠性。电磁阀是启动系统的执行元件，所以每月对电磁阀进行检查、试验，必要时及时更换。

常见问题：

故障电磁阀更换不及时。

9.0.6 每个季度应对系统所有的末端试水阀和报警阀旁的放水试验阀进行一次放水试验，检查系统启动、报警功能以及出水情况是否正常。

9.0.7 系统上所有的控制阀门均应采用铅封或锁链固定在开启或规定的状态。每月应对铅封、锁链进行一次检查，当有破坏或损坏时应及时修理更换。

9.0.8 室外阀门井中，进水管上的控制阀门应每个季度检查一次，核实其处于全开启状态。

消防给水管路必须保持畅通，报警控制阀在发生火灾时必须及时打开，系统中所配置的阀门都必须处于规定状态。对阀门编号和用标牌标注可以方便检查管理。

9.0.9 自动喷水灭火系统发生故障，需停水进行修理前，应向主管值班人员报告，取得维护负责人的同意，并临场监督，加强防范措施后方能动工。

自动喷水灭火系统的水源供水不应间断。关闭总阀断水后忘记再打开，以致发生火灾时无水，而造成重大损失，在国内外火灾事故中均已发生过。因此，停水修理时，必须向主管人员报告，并应有应急措施和有人临场监督，修理完毕应立即恢复供水。在修理过程中，万一发生火灾，也能及时采取紧急措施。

常见问题：

消防系统出现故障后未执行报告制度擅自动工。

9.0.10 维护管理人员每天应对水源控制阀、报警阀组进行外观检查，并应保证系统处于无故障状态。

在发生火灾时，自动喷水灭火系统能否及时发挥应有的作用和它的每个部件是否处于正确状态有关，任何应处于开启状态的阀门被关闭、给水水源的压力达不到所需压力等等，都会使系统失效，造成重大损失，由于这种情况在自动喷水灭火系统失效的事故中最多，因此应当每天进行巡视。

9.0.11 消防水池、消防水箱及消防气压给水设备应每月检查一次，并应检查其消防储备水位及消防气压给水设备的气体压力。同时，应采取措施保证消防用水不作他用，并应每月对该措施进行检查，发现故障应及时进行处理。

对消防储备水应保证充足、可靠，应有平时不被他用的措施，应每月进行检查。

常见问题：

(1) 消防水池、消防水箱及消防气压给水设备未每月进行检查；

(2) 消防水源用作其他系统水源。

9.0.12 消防水池、消防水箱、消防气压给水设备内的水，应根据当地环境、气候条件不定期更换。

消防专用蓄水池或水箱中的水，由于未发生火灾或不进行消防演习试验而长期不动用，成为"死水"，特别在南方气温高、湿度大的地区，微生物和细菌容易繁殖，需要不定期换水。换水时应通知当地消防监督部门，做好此期间万一发生火灾而水箱、水池无水，需要采用其他灭火措施的准备。

常见问题：

消防水池长期不换水或换水时未通知当地消防监督部门。

9.0.13 寒冷季节，消防储水设备的任何部位均不得结冰。每天应检查设置储水设备的房间，保持室温不低于5℃。

规定的目的，是要确保消防储水设备的任何部位在寒冷季节均不得结冰，以保证灭火时用水。维护管理人员每天应进行检查。

9.0.14 每年应对消防储水设备进行检查，修补缺损和重新油漆。

是为了保证消防储水设备经常处于正常完好状态。

9.0.15 钢板消防水箱和消防气压给水设备的玻璃水位计，两端的角阀在不进行水位观察时应关闭。

消防水箱、消防气压给水设备所配置的玻璃水位计，由于受外力易于碰碎，造成消防储水流失或形成水害，因此在观察过水位后，应将水位计两端的角阀关闭。

9.0.16 消防水泵接合器的接口及附件应每月检查一次，并应保证接口完好、无渗漏、闷盖齐全。

9.0.17 每月应利用末端试水装置对水流指示器进行试验。

9.0.18 每月应对喷头进行一次外观及备用数量检查，发现有不正常的喷头应及时更换；当喷头上有异物时应及时清除。更换或安装喷头均应使用专用扳手。

洒水喷头是系统喷水灭火的功能件，应使每个喷头随时都处于正常状态，所以应当每月检查，更换发现问题的喷头。由于喷头的轭臂宽于底座，在安装、拆卸、拧紧或拧下喷头时，利用轭臂的力矩大于利用底座，安装维修人员会误认为这样省力，但喷头设计是不允许利用底座、轭臂来作扭拧支点的，应当利用方形底座作为拆卸的支点，生产喷头的厂家应提供专用配套的扳手，不至于拧坏喷头轭臂。

常见问题：

检修不及时，未使用专用扳手更换喷头。

9.0.19 建筑物、构筑物的使用性质或贮存物安放位置、堆存高度的改变，影响到系统功能而需要进行修改时，应重新进行设计。

建筑物、构筑物使用性质的改变是常有的事，而且多层、高层综合性大楼的修建，也为各租赁使用单位提供方便。因此，必须强调因建筑、构筑物使用性质改变而影响到自动喷水灭火系统功能时，如需要提高等级或修改，应重新进行设计。

常见问题：

当建筑物使用功能改变时，未进行重新设计。

附录 A　自动喷水灭火系统验收缺陷项目划分

本附录摘自《自动喷水灭火系统施工及验收规范》（GB 50261—2005）附录 F。

自动喷水灭火系统验收缺陷项目划分应按表 F（本书表 A）进行

自动喷水灭火系统验收缺陷项目划分　　　　　　　　　　　　表 A

缺陷分类	严重缺陷（A）	重缺陷（B）	轻缺陷（C）
包含条款	—	—	8.0.3 条第 1～5 款
	8.0.4 条第 1、2 款	—	—
	—	8.0.5 条第 1～3 款	—
	8.0.6 条第 4 款	8.0.6 条第 1、2、3、5、6 款	8.0.6 条第 7 款
	—	8.0.7 条第 1、2、3、4 款	8.0.7 条第 5 款
	8.0.8 条第 1 款	8.0.8 条第 4、5 款	8.0.8 条第 2、3、6、7 款
	8.0.9 条第 1 款	8.0.9 条第 2 款	8.0.9 条第 3～5 款
	—	8.0.10 条	—
	8.0.11 条	—	—
	8.0.12 条第 3、4 款	8.0.12 条第 5～7 款	8.0.12 条第 1、2 款

第 5 章　建筑电气工程

本章主要依据《建筑电气工程施工质量验收规范》（GB 50303—2015）（以下简称本规范）来编写。本规范是根据住房和城乡建设部要求，由浙江省住房和城乡建设厅组织主编单位浙江省工业设备安装集团有限公司会同有关单位共同对原《建筑电气工程施工质量验收规范》（GB 50303—2002）修编而成的，2016 年 8 月 1 日起实施。本书中未列表格参见条文指明的本规范对应的表格。

5.1　总　　则

1.0.1　为了加强建筑工程质量管理，统一建筑电气工程施工质量的验收，保证工程质量，制定本规范。

1.0.2　本规范适用于电压等级为 35kV 及以下建筑电气安装工程的施工质量验收。

说明使用的范围和适用的电压等级，修编后的规范将电压等级由原来的 10kV 及以下修改为 35kV 及以下。随着我国国民经济水平的提高，建筑工程的用电量在不断地上升，建筑工程中已大量采用 35kV 电压等级的变配电设备，因此新规范对电压等级进行了调整。

1.0.3　建筑电气工程质量验收除应执行本规范外，尚应符合国家现行有关标准、规范的规定。

本条明确了本规范不是建筑电气工程验收的唯一标准。

5.2　术语和符号

2.1　术语

2.1.1　布线系统 wiring system

由一根或几根绝缘导线、电缆或母线及其固定部分、机械保护部分构成的组合。

2.1.2　用电设备 current-using equipment

用来将电能转化成其他形式能量的电气设备。

2.1.3　电气设备 electrical equipment

用于发电、变电、输电、配电或利用电能的设备。

2.1.4　电气装置 electrical installation

由相关电气设备组成的，具有为实现特定目的所需的相互协调的特性的组合。

2.1.5　建筑电气工程 building electrical engineering

为实现一个或几个具体目的且特性相配合的，由电气装置、布线系统和用电设备电气部分构成的组合。

2.1.6　特低电压 extra-low voltage

相间电压或相对地电压不超过交流方均根值 50V 的电压。

2.1.7　SELV 系统 SELV system

在正常条件下不接地，且电压不超过特低电压的电气系统。

2.1.8　PELV 系统 PELV system

在正常条件下接地，且电压不超过特低电压的电气系统。

2.1.9　FELV 系统 FELV system

非安全目的而为运行需要的电压不超过特低电压的电气系统。

2.1.10　母线槽 busway

由母线构成并通过型式试验的成套设备，这些母线经绝缘材料支撑或隔开固定在走线槽或类似的壳体中。

2.1.11　电缆梯架 cable ladder

带有牢固地固定在纵向主支撑组件上的一系列横向支撑构件的电缆支撑物。

2.1.12　电缆托盘 cable tray

带有连续底盘和侧边，但没有盖子的电缆支撑物。

2.1.13　槽盒 trunking

用于围护绝缘导线和电缆，带有底座和可移动盖子的封闭壳体。

2.1.14　电缆支架 cable bearer

用于支持和固定电缆的支撑物，由型钢制作而成，但不包括梯架、托盘或槽盒。

2.1.15　导管 conduit

布线系统中用于布设绝缘导线、电缆的，横截面通常为圆形的管件。

2.1.16　可弯曲金属导管 pliable metal conduit

徒手施以适当的力即可弯曲的金属导管。

2.1.17　柔性导管 flexible conduit

无须用力即可任意弯曲、频繁弯曲的导管。

2.1.18　保护导体 protective conductor

由保护联结导体、保护接地导体和接地导体组成，起安全保护作用的导体。

2.1.19　接地导体 earth conductor

在布线系统、电气装置或用电设备的给定点与接地极或接地网之间，提供导电通路或部分导电通路的导体。

2.1.20　总接地端子 main earthing terminal, main earthing busbar

电气装置接地配置的一部分，并能用于与多个接地用导体实现电气连接的端子或总母线。又称总接地母线。

2.1.21　接地干线 earthing busbar

与总接地母线（端子）、接地极或接地网直接连接的保护接地导体。

2.1.22　保护接地导体（PE）protective earthing conductor

用于保护接地的导体。

2.1.23　保护联结导体 protective bonding conductor

用于保护等电位联结的导体。

2.1.24　中性导体（N）neutral conductor（N）

与中性点连接并用于配电的导体。

2.1.25 外露可导电部分 exposed-conductive-part

用电设备上能触及的可导电部分。

2.1.26 外界可导电部分 extraneous-conductive-part

非电气装置的组成部分，且易于引入电位的可导电部分。

2.1.27 景观照明 landscape lighting

除体育场场地、建筑工地和道路照明等功能性照明以外，所有室外公共活动空间或景物的夜间景观的照明。

2.1.28 剩余电流动作保护器（RCD）residual current device

在正常运行条件下能接通、承载和分断电流，并且当剩余电流达到规定值时能使触头断开的机械开关电器或组合电器。

2.1.29 额定剩余动作电流（IΔn）rated residual operating current

剩余电流动作保护器额定的剩余动作电流值。

2.1.30 联锁式铠装 interlocked armour

采用金属带按联锁式结构制作的，为电缆线芯提供机械防护的包覆层。

2.1.31 接闪器 air-termination system

由接闪杆、接闪带、接闪线、接闪网以及金属屋面、金属构件等组成的，用于拦截雷电闪击的装置。

2.1.32 导线连接器 wire connection device

由一个或多个端子及绝缘、附件等组成的，能连接两根或多根导线的器件。

2.2 符号

SPD—电涌保护器

IMD—绝缘监测器

UPS—不间断电源装置

EPS—应急电源装置

5.3 基本规定

3.1 一般规定

3.1.1 建筑电气工程施工现场的质量管理除应符合现行国家标准《建筑工程施工质量验收统一标准》GB 50300 的有关规定外，尚应符合下列规定：

1 安装电工、焊工、起重吊装工和电力系统调试等人员应持证上岗；

2 安装和调试用各类计量器具应检定合格，且使用时应在检定有效期内。

3.1.2 电气设备、器具和材料的额定电压区段划分应符合表 3.1.2（本书表 5.3.1）的规定。

额定电压区段划分　　　　　　　　　　　　　　　表 5.3.1

额定电压区段	交流	直流
特低压	50V 及以下	120V 及以下
低压	50V～1.0kV（含 1.0kV）	120V～1.5kV（含 1.5kV）
高压	1.0kV 以上	1.5kV 以上

这是对建筑电气工程高压、低压和特低压的定义说明，其额定电压的区段划分引自国家标准《建筑物电气装置的电压区段》GB/T 18379—2001/IEC60449：1973，是与国际标准相同的。

3.1.3 电气设备上的计量仪表、与电气保护有关的仪表应检定合格，且当投入运行时，应在检定有效期内。

这些仪表的指示或信号准确与否，关系到正确判断电气设备和其他建筑设备的运行状态，以及预期的功能和安全要求。

3.1.4 建筑电气动力工程的空载试运行和建筑电气照明工程负荷试运行前，应根据电气设备及相关建筑设备的种类、特性和技术参数等编制试运行方案或作业指导书，并应经施工单位审查同意、应经监理单位确认后执行。

电气空载试运行，是指通电，不带负载；照明工程一般不作空载试运行，通电试灯即为负荷试运行。动力工程的空载试运行则有两层含义，一是电动机或其他电动执行机构等与建筑设备脱离，无机械上的连接单独通电运转，这时对电气线路、开关、保护系统等是有载的，不过负荷很小，而电动机或其他电动执行机构等是空载的；二是电动机或其他电动执行机构等与建筑设备相连接，通电运转，但建筑设备既不输入，也不输出，如泵不打水、空压机不输气等。这时建筑设备处于空载状态，如建筑设备有输入输出，则就成为负荷试运行，规范指的负荷试运行就是建筑设备有输入输出情况下的试运行。负荷试运行方案或作业指导书的审查批准，可根据工程具体情况按单位的管理制度实施审查批准，但必须有负责人签字，但是试运行方案在执行前应经监理单位确认。

常见问题：

建筑电气动力工程空载试运行和建筑电气照明工程负荷试运行方案没有经过监理单位确认。

3.1.5 高压的电气设备、布线系统以及继电保护系统必须交接试验合格。

交接试验包括高压的电气设备、高压的布线系统及继电保护系统，继电保护系统包括二次接线部分。高压的电气设备、高压的布线系统及继电保护系统，在建筑电气工程中，是电网电力供应的高压终端，在投入运行前必须做交接试验，试验标准统一按现行国家标准《电气装置安装工程电气设备交接试验标准》（GB 50150）执行。

常见问题：

高压的电气设备、布线系统以及继电保护系统在投入运行前，没有做交接试验。

3.1.6 低压和特低压的电气设备和布线系统的检测或交接试验，应符合本规范的规定。

为了保证电气设备的预期使用和运行安全考虑，低压和特低压的电气设备和布线系统运行前应进行检测或交接试验，其检测或交接试验要求在各分项工程中已作了补充规定。

3.1.7 电气设备的外露可导电部分应单独与保护导体相连接，不得串联连接，连接导体的材质、截面积应符合设计要求。

电气设备的外露可导电部分单独与保护导体相连接，是确保电气设备安全运行的条件，单独连接也可理解成为电气设备外露可导电部分连接的应该是接地干线，不得串联连接。

常见问题：

电气设备的外露可导电部分与保护导体之间串联连接。

3.1.8 除采取下列任一间接接触防护措施外，电气设备或布线系统应与保护导体可靠连接：

 1 采用Ⅱ类设备；

 2 已采取电气隔离措施；

 3 采用特低电压供电；

 4 将电气设备安装在非导电场所内；

 5 设置不接地的等电位联结。

通过本条规定可以看出，本规范所规定的应与保护导体可靠连接的电气设备指的是Ⅰ类电气设备或布线系统。

3.2 主要设备、材料、成品和半成品进场验收

3.2.1 主要设备、材料、成品和半成品应进场验收合格，并应做好验收记录和验收资料归档。当设计有技术参数要求时，应核对其技术参数，并应符合设计要求。

主要设备、材料、成品和半成品进场检验工作，是施工管理的停止点，其工作过程、检验结论要有书面证据，所以要有记录，验收工作应有施工单位、监理单位和供货商参加，施工单位报验，监理单位确认。

3.2.2 实行生产许可证或强制性认证（CCC认证）的产品，应有许可证编号或CCC认证标志，并应抽查生产许可证或CCC认证证书的认证范围、有效性及真实性。

我国对建筑电气工程使用的设备、器具、材料除实施工业产品生产许可证制度外，有些是实行强制性产品认证制度的，即CCC认证。CCC认证的产品是动态的，可通过中国质量认证中心网站进行查询。

常见问题：

涉及强制性认证的设备、器具和材料不能提供CCC认证的相关资料。

3.2.3 新型电气设备、器具和材料进场验收时应提供安装、使用、维修和试验要求等技术文件。

因为是新型电气设备、器具和材料，往往有新的特定的安装技术要求，而认知的人又少，所以有必要提供安装、使用、维修和试验等方面的技术文件。

常见问题：

新型电气设备进场验收时，没有提供其特有的安装、试验等方面的技术文件。

3.2.4 进口电气设备、器具和材料进场验收时应提供质量合格证明文件，性能检测报告以及安装、使用、维修、试验要求和说明等技术文件；对有商检规定要求的进口电气设备，尚应提供商检证明。

进口电气设备、器具和材料，按照国际惯例应进行商检，是否要求提供中文的技术资料，则是供货商与采购方在合同中约定的内容。

常见问题：

进口设备不能够提供商检证明文件。

3.2.5 主要设备、材料、成品和半成品的进场验收需进行现场抽样检测或有异议送有资质试验室抽样检测时，应符合下列规定：

 1 现场抽样检测：对于母线槽、导管、绝缘导线、电缆等，同厂家、同批次、同型号、同规格的，每批至少应抽取1个样本；对于灯具、插座、开关等电器设备，同厂家、

同材质、同类型的，应各抽检 3%，自带蓄电池的灯具应按 5% 抽检，且均不应少于 1个（套）；

2 因有异议送有资质的试验室而抽样检测：对于母线槽、绝缘导线、电缆、梯架、托盘、槽盒、导管、型钢、镀锌制品等，同厂家、同批次、不同种规格的，应抽测 10%，且不应少于 2 个规格；对于灯具、插座、开关等电器设备，同厂家、同材质、同类型的，数量 500 个（套）及以下时应抽检 2 个（套），但应各不少于 1 个（套）；500 个（套）以上时应抽检 3 个（套）；

3 对于由同一施工单位施工的同一建设项目的多个单位工程，当使用同一生产厂家、同材质、同批次、同类型的主要设备、材料、成品和半成品时，其抽检比例宜合并计算；

4 当抽样检测结果出现不合格，可加倍抽样检测，仍不合格时，则该批设备、材料、成品或半成品应判定为不合格，不得使用；

5 应有检测报告。

本条对进场的主要设备、材料、成品和半成品的抽验检测做出了规定，主要有两种方式，一种是现场抽样检测，一种是有异议时，送有资质的实验室进行检测。同时确定了部分主要设备、器具和材料的抽样检测的比例，并对抽样检测不合格的处理作出了规定。

常见问题：

（1）规范规定的需要施工现场进行抽样检测的设备、材料、成品和半成品，抽样检测的数量不足。

（2）对进场验收时，有异议的设备、材料、成品和半成品没有送有资质的实验室进行检测。

（3）对送实验室检测的设备、材料、成品和半成品，在没有出具正式的合格的检测报告之前，施工单位已经开始在工程中进行应用。

（4）检测结果出现不合格情况，没有进行加倍抽测；加倍抽测后仍不合格，没有做退场处理。

3.2.6 变压器、箱式变电所、高压电器及电瓷制品的进场验收应包括下列内容：

1 查验合格证和随带技术文件：变压器应有出厂试验记录；

2 外观检查：设备应有铭牌、表面涂层完整，附件应齐全，绝缘件应无缺损、裂纹，充油部分不应渗漏，充气高压设备气压指示应正常。

常见问题：

（1）变压器进场验收时发现外表面有凹陷、破损、漆层脱落，主要是在运输过程中成品保护不力造成的。

（2）充气高压设备指示不正常。

3.2.7 高压成套配电柜、蓄电池柜、UPS 柜、EPS 柜、低压成套配电柜（箱）、控制柜（台、箱）的进场验收应符合下列规定：

1 查验合格证和随带技术文件：高压和低压成套配电柜、蓄电池柜、UPS 柜、EPS 柜等成套柜应有出厂试验报告；

2 核对产品型号、产品技术参数：应符合设计要求；

3 外观检查：设备应有铭牌、表面涂层应完整、无明显碰撞凹陷，设备内内元器件应完好无损、接线无脱落脱焊，绝缘导线的材质、规格应符合设计要求，蓄电池柜内电池壳体应无碎裂、漏液，充油、充气设备应无泄漏。

3.2.8 柴油发电机组的进场验收应包括下列内容：

1 核对主机、附件、专用工具、备品备件和随机技术文件：合格证和出厂试运行记录应齐全、完整，发电机及其控制柜应有出厂试验记录；

2 外观检查：设备应有铭牌、涂层应完整，机身应无缺件。

3.2.9 电动机、电加热器、电动执行机构和低压开关设备等的进场验收应包括下列内容：

1 查验合格证和随机技术文件：内容应填写齐全、完整；

2 外观检查：设备应有铭牌、涂层应完整，设备器件或附件应齐全、完好、无缺损。

3.2.10 照明灯具及附件的进场验收应符合下列规定：

1 查验合格证：合格证内容应填写齐全、完整，灯具材质应符合设计要求或产品标准要求；新型气体放电灯应随带技术文件；太阳能灯具的内部短路保护、过载保护、反向放电保护、极性反接保护等功能性试验资料应齐全，并应符合设计要求。

2 外观检查：

1）灯具涂层应完整、无损伤，附件应齐全，Ⅰ类灯具的外露可导电部分应具有专用的 PE 端子；

2）固定灯具带电部件及提供防触电保护的部位应为绝缘材料，且应耐燃烧和防引燃；

3）消防应急灯具应获得消防产品型式试验合格评定，且具有认证标志；

4）疏散指示标志灯具的保护罩应完整、无裂纹；

5）游泳池和类似场所灯具（水下灯及防水灯具）的防护等级应符合设计要求，当对其密闭和绝缘性能有异议时，应按批抽样送有资质的试验室检测；

6）内部接线应为铜芯绝缘导线，其截面积应与灯具功率相匹配，且不应小于 $0.5mm^2$。

3 自带蓄电池的供电时间检测：对于自带蓄电池的应急灯具，应现场检测蓄电池最少持续供电时间，且应符合设计要求。

4 绝缘性能检测：对灯具的绝缘性能进行现场抽样检测，灯具的绝缘电阻值不应小于 $2M\Omega$，灯具内绝缘导线的绝缘层厚度不应小于 0.6mm。

常见问题：

（1）Ⅰ类灯具的外露可导电部分没有设专用的 PE 端子。

（2）疏散指示标志灯具的保护罩有破损。

（3）不能够提供灯具内部接线的相关资料。

3.2.11 开关、插座、接线盒和风扇及附件的进场验收应包括下列内容：

1 查验合格证：合格证内容填写应齐全、完整。

2 外观检查：开关、插座的面板及接线盒盒体应完整、无碎裂、零件齐全，风扇应无损坏、涂层完整，调速器等附件应适配。

3 电气和机械性能检测：对开关、插座的电气和机械性能进行现场抽样检测，并应符合下列规定：

1）不同极性带电部件间的电气间隙不应小于 3mm，爬电距离不应小于 3mm；

2）绝缘电阻值不应小于 $5M\Omega$；

3）用自攻锁紧螺钉或自切螺钉安装的，螺钉与软塑固定件旋合长度不应小于 8mm，绝缘材料固定件在经受 10 次拧紧退出试验后，应无松动或掉渣，螺钉及螺纹应无损坏现象；

4）对于金属间相旋合的螺钉螺母，拧紧后完全退出，反复 5 次后，应仍然能正常使用。

4 对开关、插座、接线盒及面板等绝缘材料的耐非正常热、耐燃和耐漏电起痕性能有异议时，应按批抽样送有资质的试验室检测。

常见问题：

（1）开关、插座的机械性能测试不合格，在螺钉拧进拧出过程中，有滑丝现象，插座的金属片有脱落情况。

（2）对开关、插座的耐燃性能有异议时，没有抽样送有资质的实验室检测。

3.2.12 绝缘导线、电缆的进场验收应符合下列规定：

1 查验合格证：合格证内容填写应齐全、完整。

2 外观检查：包装完好，电缆端头应密封良好，标识应齐全。抽检的绝缘导线或电缆绝缘层应完整无损，厚度均匀。电缆无压扁、扭曲，铠装不应松卷。绝缘导线、电缆外护层应有明显标识和制造厂标。

3 测量绝缘性能：电线、电缆的绝缘性能应符合产品技术标准或产品技术文件规定。

4 检查标称截面积和电阻值：绝缘导线、电缆的标称截面积应符合设计要求，其导体电阻值应符合国家标准《电缆的导体》GB/T 3956 的有关规定。当对绝缘导线和电缆的导电性能、绝缘性能、绝缘厚度、机械性能和阻燃耐火性能有异议时，应按批抽样送有资质的试验室检测。检测项目和内容应符合国家现行有关产品标准的规定。

常见问题：

（1）电缆进场验收时，端头包封破损。

（2）对绝缘导线、电缆有异议时，没有抽样送有资质的实验室检测。

3.2.13 导管的进场验收应符合下列规定：

1 查验合格证：钢导管应有产品质量证明书，塑料导管应有合格证及相应检测报告。

2 外观检查：钢导管无压扁，内壁应光滑；非镀锌钢导管不应有锈蚀，油漆应完整；镀锌钢导管镀层覆盖应完整、表面无锈斑；塑料导管及配件不应碎裂、表面应有阻燃标记和制造厂标。

3 应按批抽样检测导管的管径、壁厚及均匀度，并应符合国家现行有关产品标准的规定。

4 对机械连接的钢导管及其配件的电气连续性有异议时，应按现行国家标准《电气安装用导管系统》GB 20041 的有关规定进行检验。

5 对塑料导管及配件的阻燃性能有异议时，应按批抽样送有资质的试验室检测。

常见问题：

（1）钢导管进场验收时，外壁有压痕，内壁有毛刺，镀锌钢导管表面有锈斑。

（2）对塑料导管及配件阻燃有异议时，没有抽样送有资质的实验室检测。

3.2.14 型钢和电焊条的进场验收应符合下列规定：

1 查验合格证和材质证明书：有异议时，应按批抽样送有资质的试验室检测；

2 外观检查：型钢表面应无严重锈蚀、过度扭曲和弯折变形；电焊条包装应完整，拆包检查焊条尾部应无锈斑。

常见问题：

电焊条包装破损，致使焊条受潮。使用前应进行烘干处理。

3.2.15　金属镀锌制品的进场验收应符合下列规定：

1　查验产品质量证明书：应按设计要求查验其符合性；

2　外观检查：镀锌层应覆盖完整、表面无锈斑，金具配件应齐全，无砂眼；

3　埋入土壤中的热浸镀锌钢材应检测其镀锌层厚度不应小于 $63\mu m$；

4　对镀锌质量有异议时，应按批抽样送有资质的试验室检测。

常见问题：

镀锌产品镀锌层厚度不合格。

3.2.16　梯架、托盘和槽盒的进场验收应符合下列规定：

1　查验合格证及出厂检验报告：内容填写应齐全、完整；

2　外观检查：配件应齐全，表面应光滑、不变形；钢制梯架、托盘和槽盒涂层应完整、无锈蚀；塑料槽盒应无破损、色泽均匀，对阻燃性能有异议时，应按批抽样送有资质的试验室检测；铝合金梯架、托盘和槽盒涂层应完整，不应有扭曲变形、压扁或表面划伤等现象。

常见问题：

（1）梯架、托盘和槽盒配件不齐全。

（2）喷涂型梯架、托盘和槽盒涂层局部脱落，梯架、托盘和槽盒本体锈蚀。

3.2.17　母线槽的进场验收应符合下列规定：

1　查验合格证和随带安装技术文件，并应符合下列规定：

1）CCC 型式试验报告中的技术参数应符合设计要求，导体规格及相应温升值应与 CCC 型式试验报告中的导体规格一致，当对导体的载流能力有异议时，应送有资质的试验室做极限温升试验，额定电流的温升应符合国家现行有关产品标准的规定；

2）耐火母线槽除通过 CCC 认证外，还应提供由国家认可的检测机构出具的型式检验报告，其耐火时间应符合设计要求；

3）保护接地导体（PE）与外壳有可靠的连接，其截面积应符合产品技术文件规定；当外壳兼作保护接地导体（PE）时，CCC 型式试验报告和产品结构应符合国家现行有关产品标准的规定。

2　外观检查：防潮密封应良好，各段编号应标志清晰，附件应齐全、无缺损，外壳应无明显变形，母线螺栓搭接面应平整、镀层覆盖应完整、无起皮和麻面；插接母线槽上的静触头应无缺损、表面光滑、镀层完整；对有防护等级要求的母线槽尚应检查产品及附件的防护等级与设计的符合性，其标识应完整。

常见问题：

（1）母线的防潮密封层有破损，外壳有变形。主要是因为母线槽在装卸、运输过程中没有做好保护措施。

（2）当母线槽外壳作为保护导体时，没有设置专用的跨接端子。

3.2.18　电缆头部件、导线连接器及接线端子的进场验收应符合下列规定：

1　查验合格证及相关技术文件，并应符合下列规定：

1）铝及铝合金电缆附件应具有与电缆导体匹配的检测报告；

2）矿物绝缘电缆的中间连接附件的耐火等级不应低于电缆本体的耐火等级；

3）导线连接器和接线端子的额定电压、连接容量及防护等级应满足设计要求。

2 外观检查：部件应齐全，包装标识和产品标志应清晰，表面应无裂纹和气孔，随带的袋装涂料或填料不应泄漏；铝及铝合金电缆用接线端子和接头附件的压接圆筒内表面应有抗氧化剂；矿物绝缘电缆专用终端接线端子规格应与电缆相适配；导线连接器的产品标识应清晰明了、经久耐用。

常见问题：

（1）导线连接器、接线端子与电缆不匹配。

（2）施工单位为了施工方便，采购开口接线端子。

3.2.19 金属灯柱的进场验收应符合下列规定：

1 查验合格证：合格证应齐全、完整；

2 外观检查：涂层应完整，根部接线盒盒盖紧固件和内置熔断器、开关等器件应齐全，盒盖密封垫片应完整。金属灯柱内应设有专用接地螺栓，地脚螺孔位置应与提供的附图尺寸一致，允许偏差为±2mm。

3.2.20 使用的降阻剂材料应符合设计及国家现行有关标准的规定，并应提供经国家相应检测机构检验检测合格的证明。

3.3 工序交接确认

3.3.1 变压器、箱式变电所安装应符合下列规定：

1 变压器、箱式变电所安装前，室内顶棚、墙体的装饰面应完成施工，无渗漏水，地面的找平层应完成施工，基础应验收合格，埋入基础的导管和变压器进线、出线预留孔及相关预埋件等经检查应合格；

2 变压器、箱式变电所通电前，变压器及系统接地的交接试验应合格。

常见问题：

（1）变电所渗漏。

（2）变压器、箱式变电所的型钢基础未做接地。

3.3.2 成套配电柜、控制柜（台、箱）和配电箱（盘）的安装应符合下列规定：

1 成套配电柜（台）、控制柜安装前，室内顶棚、墙体的装饰工程应完成施工，无渗漏水，室内地面的找平层应完成施工，基础型钢和柜、台、箱下的电缆沟等经检查应合格，落地式柜、台、箱的基础及埋入基础的导管应验收合格；

2 墙上明装的配电箱（盘）安装前，室内顶棚、墙体、装饰面应完成施工，暗装的控制（配电）箱的预留孔和动力、照明配线的线盒及导管等经检查应合格；

3 电源线连接前，应确认电涌保护器（SPD）型号、性能参数符合设计要求，接地线与PE排连接可靠；

4 试运行前，柜、台、箱、盘内PE排应完成连接，柜、台、箱、盘内的元件规格、型号应符合设计要求，接线应正确且交接试验合格。

3.3.3 电动机、电加热器及电动执行机构接线前，应与机械设备完成连接，且经手动操作检验符合工艺要求，绝缘电阻应测试合格。

3.3.4 柴油发电机组安装应符合下列规定：

1 机组安装前，基础应验收合格；

2 机组安放后，对地脚螺栓固定的机组应经初平、螺栓孔灌浆、精平、紧固地脚螺栓、二次灌浆等安装合格；安放式的机组底部应垫平、垫实；

3 空载试运行前，油、气、水冷、风冷、烟气排放等系统和隔振防噪声设施应完成安装，消防器材应齐全、到位且符合设计要求，；发电机应进行静态试验、随机配电盘、柜接线经检查应合格，柴油发电机组接地经检查应符合设计要求；

4 负荷试运行前，空载试运行和试验调整应合格；

5 投入备用状态前，应在规定时间内，连续无故障负荷试运行合格。

3.3.5 UPS 或 EPS 接至馈电线路前，应按产品技术要求进行试验调整，并应经检查确认。

3.3.6 电气动力设备试验和试运行应符合下列规定：

1 电气动力设备试验前，其外露可导电部分应与保护导体完成连接，并经检查应合格；

2 通电前，动力成套配电（控制）柜、台、箱的交流工频耐压试验和保护装置的动作试验应合格；

3 空载试运行前，控制回路模拟动作试验应合格，盘车或手动操作检查电气部分与机械部分的转动或动作应协调一致。

3.3.7 母线槽安装应符合下列规定：

1 变压器和高低压成套配电柜上的母线槽安装前，变压器、高低压成套配电柜、穿墙套管等应安装就位，并应经检查合格；

2 母线槽支架的设置应在结构封顶、室内底层地面完成施工或确定地面标高、清理场地、复核层间距离后进行；

3 母线槽安装前，与母线槽安装位置有关的管道、空调及建筑装修工程应完成施工；

4 母线槽组对前，每段母线的绝缘电阻应经测试合格，且绝缘电阻值不应小于 20MΩ；

5 通电前，母线槽的金属外壳与外部保护导体完成连接，且母线绝缘电阻测试和交流工频耐压试验应合格。

常见问题：

（1）母线槽在组对安装前，没有进行绝缘电阻测试。

（2）母线槽在通电前，没有进行绝缘电阻测试和工频耐压试验。

3.3.8 梯架、托盘和槽盒安装应符合下列规定：

1 支架安装前，应先测量定位；

2 梯架、托盘和槽盒安装前，应完成支架安装，且顶棚和墙面的喷浆、油漆或壁纸等应基本完成。

3.3.9 导管敷设应符合下列规定：

1 配管前，除埋入混凝土中的非镀锌钢导管的外壁外，应确认其他场所的非镀锌钢导管内、外壁均已做防腐处理；

2 埋设导管前，应检查确认室外直埋导管的路径、沟槽深度、宽度及垫层处理等符合设计要求；

3 现浇混凝土板内的配管，应在底层钢筋绑扎完成，上层钢筋未绑扎前进行，且配管完成后应经检查确认后，再绑扎上层钢筋和浇捣混凝土；

4 墙体内配管前，现浇混凝土墙体内的钢筋绑扎及门、窗等位置的放线应已完成；

5 接线盒和导管在隐蔽前，经检查应合格；

6 穿梁、板、柱等部位用于明配导管敷设前，应检查其套管、埋件、支架等设置符合要求；

7 吊顶内配管前，吊顶上的灯位及电气器具位置应先进行放样，且应与土建及各专业施工单位协调配合。

常见问题：

（1）非镀锌钢管在墙体内预埋时，外壁没有进行防腐，在混凝土内预埋内壁没有做防腐。

（2）接线盒、导管隐蔽前没有经过验收。

（3）吊顶上的灯具、电气器具的安装位置没有与装修单位进行有效沟通。

3.3.10 电缆敷设应符合下列规定：

1 支架安装前，应先清除电缆沟、电气竖井内的施工临时设施、模板及建筑废料等，并应对支架进行测量定位；

2 电缆敷设前，电缆支架、电缆导管、梯架、托盘和槽盒应完成安装，并以与保护导体完成连接，且经检查应合格；

3 电缆敷设前，绝缘测试应合格；

4 通电前，电缆交接试验应合格，检查并确认线路去向、相位和防火隔堵措施等应符合设计要求。

常见问题：

（1）电缆敷设前没有进行绝缘电阻测试。

（2）电缆在通电前没有做交接试验。

3.3.11 绝缘导线、电缆穿导管及槽盒内敷线应符合下列规定：

1 焊接施工作业应已完成，经检查导管、槽盒安装质量应合格；

2 导管或槽盒与柜、台、箱已完成连接，导管内积水及杂物应已清理干净；

3 绝缘导线、电缆的绝缘电阻应经测试合格；

4 通电前，绝缘导线、电缆交接试验应合格，检查并确认接线去向和相位等应符合设计要求。

常见问题：

（1）导管穿线前内部积水没有清除。

（2）绝缘导线、电缆在穿管或在槽盒内敷设前，没有进行绝缘电阻测试。

（3）绝缘导线、电缆通电前没有进行交接试验。

3.3.12 塑料护套线直敷布线应符合下列规定：

1 弹线定位前，应完成墙面、顶面装饰工程施工；

2 布线前，应确认穿梁、墙、楼板等建筑结构上的套管已安装到位，且塑料护套线经绝缘电阻测试合格。

3.3.13 钢索配线的钢索吊装及线路敷设前，除地面外的装修工程应已结束，钢索配线所需的预埋件及预留孔应已预埋、预留完成。

3.3.14 电缆头制作和接线应符合下列规定：

1 电缆头制作前，电缆绝缘电阻测试应合格，检查并确认电缆头的连接位置、连接长度应满足要求；

2 控制电缆接线前，应确认绝缘电阻测试合格，校线正确；

3 电力电缆或绝缘电缆接线前，电缆交接试验或绝缘电阻测试应合格，相位核对应正确。

3.3.15 照明灯具安装应符合下列规定：

1 灯具安装前，应确认安装灯具的预埋螺栓及吊杆、吊顶上安装嵌入式灯具的专用支架等已完成，对需做承载试验的预埋件或吊杆经试验应合格；

2 影响灯具安装的模板、脚手架应已拆除；顶棚和墙面喷浆、油漆或壁纸等及地面清理工作应已完成；

3 灯具接线前，导线的绝缘电阻测试应合格；

4 高空安装的灯具，应先在地面进行通断电试验合格。

常见问题：

高空安装的灯具没有在地面进行通断电试验。

3.3.16 照明开关、插座、风扇安装前：应检查吊扇的吊钩已预埋完成，导线绝缘电阻测试应合格，顶棚和墙面的喷浆、油漆或壁纸等已完工。

3.3.17 照明系统的测试和通电试运行应符合下列规定：

1 导线绝缘电阻测试应在导线接线前完成；

2 照明箱（盘）、灯具、开关、插座的绝缘电阻测试应在器具就位前或接线前完成；

3 通电试验前，电气器具及线路绝缘电阻应测试合格，当照明回路装有剩余电流动作保护器时，剩余电流动作保护器应检测合格；

4 备用照明电源或应急照明电源作空载自动投切试验前，应卸除负荷，有载自动投切试验应在空载自动投切试验合格后进行；

5 照明全负荷试验前，应确认上述工作应已完成。

常见问题：

备用电源或应急电源在投入运行前没有进行空载自动投切试验。

3.3.18 接地装置安装应符合下列规定：

1 对于利用建筑物基础接地的接地体，应先完成底板钢筋敷设，然后按设计要求进行接地装置施工，经检查确认后，再支模或浇捣混凝土；

2 对于人工接地的接地体，应按设计要求利用基础沟槽或开挖沟槽，然后经检查确认，再埋入或打入接地极和敷设地下接地干线；

3 降低接地电阻的施工应符合下列规定：

1）采用接地模块降低接地电阻的施工，应先按设计位置开挖模块坑，并将地下接地干线引到模块上，经检查确认，再相互焊接；

2）采用添加降阻剂降低接地电阻的施工，应先按设计要求开挖沟槽或钻孔垂直埋管，再将沟槽清理干净，检查接地体埋入位置后，再灌注降阻剂；

3）采用换土降低接地电阻的施工，应先按设计要求开挖沟槽，并将沟槽清理干净，再在沟槽底部铺设经确认合格的低电阻率土壤，经检查铺设厚度达到设计要求后，再安装接地装置；接地装置连接完好，并完成防腐处理后，再覆盖上一层低电阻率土壤。

　　4　装置隐蔽前，应先检查验收合格后，再覆土回填。

　　常见问题：

　　涉及的隐蔽工程，在隐蔽前没有进行验收。

3.3.19　防雷引下线安装应符合下列规定：

　　1　当利用建筑物柱内主筋作引下线时，应在柱内主筋绑扎或连接后，按设计要求进行施工，经检查确认，再支模；

　　2　对于直接从基础接地体或人工接地体暗敷埋入粉刷层内的引下线，应先检查确认不外露后，再贴面砖或刷涂料等；

　　3　对于直接从基础接地体或人工接地体引出明敷的引下线，应先埋设或安装支架，并经检查确认后，再敷设引下线。

　　常见问题：

　　引下线连接处搭接长度、焊接不符合设计或规范要求。

3.3.20　接闪器安装前，应先完成接地装置和引下线的施工，接闪器安装后应及时与引下线连接。

　　常见问题：

　　接闪器未按设计要求（主要指引下线连接点间的间距）与引下线可靠连接，

3.3.21　防雷接地系统测试前，接地装置应施工完成且测试合格；防雷接闪器应完成安装，整个防雷接地系统应连成回路。

3.3.22　等电位联结应符合下列规定：

　　1　对于总等电位联结，应先检查确认总等电位联结端子的接地导体位置，再安装总等电位连接端子板，然后按设计要求作总等电位联结；

　　2　对于局部等电位联结，应先检查确认连接端子位置及连接端子板的截面积，再安装局部等电位连接端子板，然后按设计要求作局部等电位联结；

　　3　对特殊要求的建筑金属屏蔽网箱，应先完成网箱施工，经检查确认后，再与PE连接。

　　常见问题：

　　局部等电位连接端子板材质和厚度不符合设计或规范要求。

3.4　分部（子分部）工程划分及验收

3.4.1　建筑电气分部工程的质量验收，应按检验批、分项工程、子分部工程逐级进行验收，各子分部工程、分项工程和检验批的划分见本规范附录A（本书表5.3.2）的规定。

各子分部工程所含的分项工程和检验批　　　　　　　　表5.3.2

子分部	01	02	03	04	05	06	07
分项工程	室外电气安装工程	变配电室安装工程	供电干线安装工程	电气动力安装工程	电气照明安装工程	自备电源安装工程	防雷及接地装置安装工程
序号　名称							
01　变压器、箱式变电所安装	●	●					
02　成套配电柜、控制柜（台、箱）和配电箱（盘）安装	●	●		●	●	●	

子分部	01 室外电气安装工程	02 变配电室安装工程	03 供电干线安装工程	04 电气动力安装工程	05 电气照明安装工程	06 自备电源安装工程	07 防雷及接地装置安装工程
分项工程 序号 名称							
03 电动机、电加热器及电动执行机构检查接线				●			
04 柴油发电机组安装						●	
05 UPS及EPS安装						●	
06 电气设备试验和试运行			●	●			
07 母线槽安装		●	●			●	
08 梯架、托盘和槽盒安装	●	●	●	●	●	●	
09 导管敷设	●	●	●	●	●	●	
10 电缆敷设	●	●	●	●	●	●	
11 管内穿线和槽盒内敷线	●		●	●	●		
12 塑料护套线直敷布线					●		
13 钢索配线					●		
14 电缆头制作、导线连接和线路绝缘测试	●	●	●	●	●	●	
15 普通灯具安装					●		
16 专用灯具安装					●		
17 开关、插座、风扇安装				●	●		
18 建筑物照明通电试运行					●		
19 接地装置安装	●	●				●	●
20 接地干线敷设		●	●				
21 防雷引下线及接闪器安装							●
22 建筑物等电位连接							●

注：1. 表中●符号为该子分部工程所含的分项工程；
　　2. 每个分项工程至少含1个及以上检验批。

3.4.2 建筑电气分部工程检验批的划分应符合下列规定：

1 变配电室安装工程中分项工程的检验批，主变配电室应作为1个检验批；对于有数个分变配电室，且不属于子单位工程的子分部工程，应分别作为1个检验批，其验收记录应汇入所有变配电室有关分项工程的验收记录中；当各分变配电室属于各子单位工程的子分部工程，所属分项工程应分别作为1个检验批，其验收记录应作为分项工程验收记录，且应经子分部工程验收记录汇总后纳入分部工程验收记录中。

2 供电干线安装工程中分项工程的检验批，应按供电区段和电气竖井的编号划分。

3 对于电气动力和电气照明安装工程中分项工程的检验批，其界区的划分应与建筑土建工程一致。

4 自备电源和不间断电源安装工程中分项工程，应分别作为1个检验批。

5 对于防雷及接地装置安装工程中分项工程的检验批，人工接地装置和利用建筑物基础钢筋的接地体应分别作为1个检验批，且大型基础可按区块划分成若干个检验批；对于防雷引下线安装工程，6层以下的建筑应作为1个检验批，高层建筑依均压环设置间隔的层数应作为1个检验批；接闪器安装同一屋面，应作为1个检验批；建筑物的总等电位联结应作为1个检验批，每个局部等电位联结应作为1个检验批，电子系统设备机房应作为1个检验批。

6 对于室外电气安装工程中分项工程的检验批，应按庭院大小、投运时间先后、功能区块等进行划分。

3.4.3 当验收建筑电气工程时，应核查下列各项质量控制资料，且资料内容应真实、齐全、完整：

1 设计文件和图纸会审记录及设计变更与工程洽商记录；

2 主要设备、器具、材料的合格证和进场验收记录；

3 隐蔽工程检查记录；

4 电气设备交接试验检验记录；

5 电动机检查（抽芯）记录；

6 接地电阻测试记录；

7 绝缘电阻测试记录；

8 接地故障回路阻抗测试记录；

9 剩余电流动作保护器测试记录；

10 电气设备空载试运行和负荷试运行记录；

11 EPS应急持续供电时间记录；

12 灯具固定装置及悬吊装置的载荷强度试验记录；

13 建筑照明通电试运行记录；

14 接闪线和接闪带固定支架的垂直拉力测试记录；

15 接地（等电位）联结导通性测试记录；

16 工序交接合格等施工安装记录。

3.4.4 建筑电气分部（子分部）工程和所含分项工程的质量验收记录应无遗漏缺项、填写正确。

3.4.5 技术资料应齐全，且应符合工序要求，有可追溯性；责任单位和责任人均确认且签章齐全。

常见问题：

各类记录的签章手续不全。

3.4.6 检验批验收时应按本规范主控项目和一般项目中规定的检查数量和抽查比例进行检查，施工单位过程检查时应进行全数检查。

常见问题：

施工单位没有对检验批进行全数检查。

3.4.7 单位工程质量验收时，建筑电气分部（子分部）工程实物质量应抽检下列部位和设施，且抽检结果应符合本规范的规定。

1 变配电室，技术层、设备层的动力工程，电气竖井，建筑顶部的防雷工程，电气系统接地，重要的或大面积活动场所的照明工程，以及5％自然间的建筑电气动力、照明工程；

2 室外电气工程的变配电室，以及灯具总数的5％。

3.4.8 变配电室通电后可抽测下列项目，抽测结果应符合本规范的规定和设计要求：

1 各类电源自动切换或通断装置；

2 馈电线路的绝缘电阻；

3 接地故障回路阻抗；

4 开关插座的接线正确性；

5 剩余电流动作保护器的动作电流和时间；

6 接地装置的接地电阻；

7 照度。

5.4 变压器、箱式变电所安装

4.1 主控项目

4.1.1 变压器安装应位置正确，附件齐全，油浸变压器油位正常，无渗油现象。

检查数量：全数检查。

检查方法：观察检查。

4.1.2 变压器中性点的接地连接方式及接地电阻值应符合设计要求。

检查数量：全数检查。

检查方法：观察检查并用接地电阻测试仪测试。

4.1.3 变压器箱体、干式变压器的支架、基础型钢及外壳应分别单独与保护导体可靠连接，紧固件及防松零件齐全。

检查数量：紧固件及防松零件抽查5%，其余全数检查。

检查方法：观察检查。

常见问题：

变压器箱体、支架通过基础槽钢与保护导体连接。

4.1.4 变压器及高压电气设备必须按本规范第3.1.5条的规定完成交接试验且合格。

检查数量：全数检查。

检查方法：试验时观察检查或查阅交接试验记录。

4.1.5 箱式变电所及其落地式配电箱的基础应高于室外地坪，周围排水通畅。用地脚螺栓固定的螺帽应齐全，拧紧牢固；自由安放的应垫平放正。对于金属箱式变电所及落地式配电箱，箱体应与保护导体可靠连接，且有标识。

检查数量：全数检查。

检查方法：观察检查和手感检查。

常见问题：

(1) 箱式变电所、落地式配电箱的基础低于室外地坪，积水严重。

(2) 金属箱式变电所箱体没有与保护导体可靠连接。

4.1.6 箱式变电所的交接试验应符合下列规定：

1 由高压成套开关柜、低压成套开关柜和变压器三个独立单元组合成的箱式变电所高压电气设备部分，应按本规范3.1.5条的规定完成交接试验且合格；

2 对于高压开关、熔断器等与变压器组合在同一个密闭油箱内的箱式变电所，交接

试验应按产品提供的技术文件要求执行;

3　低压成套配电柜和馈电线路的每路配电开关及保护装置的相间和相对地间的绝缘电阻值不应小于 0.5MΩ;当国家现行产品标准未作规定时,电气装置的交流工频耐压试验电压应为 1000V,试验持续时间应为 1min,当绝缘电阻值大于 10MΩ 时,宜采用 2500V 兆欧表摇测。

检查数量:全数检查。

检查方法:用绝缘电阻测试仪测试、试验并查阅交接试验记录。

4.1.7　配电间隔和静止补偿装置栅栏门应采用裸编织铜线与保护导体可靠连接,其截面积不应小于 4mm²。

检查数量:全数检查。

检查方法:观察检查。

常见问题:

变电所内金属格栅与保护导体之间的跨接线截面小于 4mm²。

4.2　一般项目

4.2.1　有载调压开关的传动部分润滑应良好,动作应灵活,点动给定位置与开关实际位置应一致,自动调节应符合产品的技术文件要求。

检查数量:全数检查。

检查方法:观察检查或操作检查。

4.2.2　绝缘件应无裂纹、缺损和瓷件瓷釉损坏等缺陷,外表应清洁,测温仪表指示应准确。

检查数量:各种规格各抽查 10%,且不得少于 1 件。

检查方法:观察检查。

4.2.3　装有滚轮的变压器就位后,应将滚轮用能拆卸的制动部件固定。

检查数量:全数检查。

检查方法:观察检查。

4.2.4　变压器应按产品技术文件要求进行器身检查,当满足下列条件之一时,可不检查器身。

1　制造厂规定不检查器身;

2　就地生产仅作短途运输的变压器,且在运输过程中有效监督,无紧急制动、剧烈振动、冲撞或严重颠簸等异常情况。

检查数量:全数检查。

检查方法:核对产品技术文件、查阅运输过程资料。

常见问题:

运送变压器的车辆在运输过程中有过急刹情况,进入工地现场后,没有按照规定对器身进行检查。

4.2.5　箱式变电所内、外涂层应完整、无损伤,对于有通风口的,其风口防护网应完好。

检查数量:全数检查。

检查方法:观察检查。

4.2.6　箱式变电所的高压和低压配电柜内部接线应完整、低压输出回路标记应清晰,回路名称应准确。

检查数量：按回路数量抽查10%，且不得少于1个回路。

检查方法：观察检查。

常见问题：

低压输出回路缺少标识。

4.2.7 对于油浸变压器顶盖，沿气体继电器的气流方向应有1.0～1.5%的升高坡度。除与母线槽采用软连接外，变压器的套管中心线应与母线槽中心线在同一轴线上。

检查数量：全数检查。

检查方法：观察检查并采用水平仪测试。

4.2.8 对有防护等级要求的变压器，在其高压或低压及其他用途的绝缘盖板上开孔时，应符合变压器的防护等级要求。

检查数量：全数检查。

检查方法：观察检查。

5.5 成套配电柜、控制柜（台、箱）和配电箱（盘）安装

5.1 主控项目

5.1.1 柜、台、箱的金属框架及基础型钢应与保护导体可靠连接；对于装有电器的可开启门，门和金属框架的接地端子间应选用截面积不小于 $4mm^2$ 黄绿色绝缘铜芯软导线连接，并应有标识。

检查数量：全数检查。

检查方法：观察检查。

常见问题：

装有点起的可开启箱门未进行接地跨接。

5.1.2 柜、台、箱、盘等配电装置应有可靠的防电击保护；装置内保护接地导体（PE）排应有裸露的连接外部保护接地导体的端子，并应可靠连接。当设计未做要求时，连接导体最小截面积应符合现行国家标准《低压配电设计规范》GB 50054 的规定。

检查数量：全数检查。

检查方法：观察检查并采用力矩扳手检查。

5.1.3 手车、抽屉式成套配电柜推拉应灵活，无卡阻碰撞现象。动触头与静触头的中心线应一致，且触头接触应紧密，投入时，接地触头应先于主触头接触；退出时，接地触头应后于主触头脱开。

检查数量：全数检查。

检查方法：观察检查。

常见问题：

动静触头之间接触不紧密，容易产生电火花。

5.1.4 高压成套配电柜应按本规范第3.1.5条的规定进行交接试验，并应合格，且应符合下列规定：

1 继电保护元器件、逻辑元件、变送器和控制用计算机等单体校验应合格，整组试

验动作应正确，整定参数应符合设计要求；

2 新型高压电气设备和继电保护装置投入使用前，应按产品技术文件要求进行交接试验。

检查数量：全数检查。

检查方法：模拟试验检查或查阅交接试验记录。

5.1.5 低压成套配电柜交接试验应符合本规范第4.1.6条第3款的规定。

检查数量：全数检查。

检查方法：用绝缘电阻测试仪测试、试验时观察检查或查阅交接试验记录。

常见问题：

设备在使用前没有做交接试验。

5.1.6 对于低压成套配电柜、箱及控制柜（台、箱）间线路的线间和线对地间绝缘电阻值，馈电线路不应小于0.5MΩ，二次回路不应小于1MΩ；二次回路的耐压试验电压应为1000V，当回路绝缘电阻值大于10MΩ时，应采用2500V兆欧表代替，试验持续时间应为1min，或符合产品技术文件要求。

检查数量：按每个检验批的配线回路数量抽查20%，且不得少于1个回路。

检查方法：用绝缘电阻测试仪测试或试验、测试时观察检查或查阅绝缘电阻测试记录。

5.1.7 直流柜试验时，应将屏内电子器件从线路上退出，主回路线间和线对地间绝缘电阻值不应小于0.5MΩ，直流屏所附蓄电池组的充、放电应符合产品技术文件要求；整流器的控制调整和输出特性试验应符合产品技术文件要求。

检查数量：全数检查。

检查方法：用绝缘电阻测试仪测试，调整试验时观察检查或查阅试验记录。

常见问题：

在测试直流柜内线间和线地间绝缘电阻时，没有进行卸载。

5.1.8 低压成套配电柜和配电箱（盘）内末端用电回路中，所设过电流保护电器兼作故障防护时，应在回路末端测量接地故障回路阻抗，回路阻抗应满足下式要求。

$$Z_s(m) \leqslant 2/3 \times U_o/I_a$$

式中：

$Z_s(m)$——实测接地故障回路阻抗（Ω）；

U_o——相导体对接地的中性导体的电压（V）；

I_a——保护电器在规定时间内切断故障回路的动作电流（A）。

检查数量：按末级配电箱（盘、柜）总数量抽查20%，每个被抽查的末级配电箱至少应抽查1个回路，且不应少于1个末级配电箱。

检查方法：仪表测试并查阅试验记录。

5.1.9 配电箱（盘）内的剩余电流动作保护器（RCD）应在施加额定剩余动作电流（$I_{\Delta n}$）的情况下测试动作时间，测试值应符合设计要求。

检查数量：每个配电箱（盘）不少于1个。

检查方法：仪表测试并查阅试验记录。

5.1.10 柜、箱、盘内电涌保护器（SPD）安装应符合下列规定：

1 SPD的型号规格及安装布置应符合设计要求；

2 SPD的接线形式应符合设计要求，接地导线的位置不宜靠近出线位置；

3 SPD的连接导线应平直、足够短，且不宜大于0.5m。

检查数量：按每个检验批电涌保护器（SPD）的数量抽查20％，且不得少于1个。

检查方法：观察检查。

5.1.11 IT系统绝缘监测器（IMD）的报警功能应符合设计要求。

检查数量：全数检查。

检查方法：仪表测试。

5.1.12 照明配电箱（盘）安装应符合下列规定：

1 箱（盘）内配线应整齐、无绞接现象；导线连接应紧密、不伤线芯、不断股。垫圈下螺丝两侧压的导线截面积应相同，同一电器器件端子上的导线连接不应多于2根，防松垫圈等零件应齐全；

2 箱（盘）内开关动作应灵活可靠；

3 箱（盘）内宜分别设置中性导体（N）和保护接地导体（PE）汇流排，汇流排上同一端子不应连接不同回路的N或PE。

检查数量：按照明配电箱（盘）数量抽查10％，且不得少于1台。

检查方法：观察检查及操作检查，螺丝刀拧紧检查。

常见问题：

（1）配电箱内导线有绞接现象。

（2）接地线在进入接线端子之前有断股情况。

（3）导线与端子之间连接松动，不牢固。

（4）同一电器端子上连接3根及以上导线。

（5）配电箱内缺少保护接地导体汇流排。

5.1.13 送至建筑智能化工程变送器的电量信号精度等级应符合设计要求，状态信号应正确；接收建筑智能化工程的指令应使建筑电气工程的断路器动作符合指令要求，且手动、自动切换功能正常。

检查数量：全数检查。

检查方法：模拟试验时观察检查或查阅检查记录。

5.2 一般项目

5.2.1 基础型钢安装允许偏差应符合表5.2.1（本书表5.5.1）的规定。

检查数量：按总数抽查20％，且不得少于1台。

检查方法：水平仪或拉线尺量检查。

基础型钢安装允许偏差 表5.5.1

项目	允许偏差（mm）	
	每米	全长
不直度	1	5
水平度	1	5
不平行度	—	5

5.2.2 柜、台、箱、盘的布置及安全间距应符合设计要求。

　　检查数量：全数检查。

　　检查方法：尺量检查。

5.2.3 柜、台、箱相互间或与基础型钢间应用镀锌螺栓连接，且防松零件齐全；当设计有防火要求时，柜、台、箱的进出口应做防火封堵，并应封堵严密。

　　检查数量：按柜、台、箱总数抽查10％，且各不得少于1台。

　　检查方法：观察检查。

5.2.4 室外安装的落地式配电（控制）柜、箱的基础应高于地坪，周围排水应通畅，其底座周围应采取封闭措施。

　　检查数量：全数检查。

　　检查方法：观察检查。

5.2.5 柜、台、箱、盘应安装牢固，且不应设置在水管的正下方。柜、台、箱、盘安装垂直度允许偏差不应大于1.5‰，相互间接缝不应大于2mm，成列盘面偏差不应大于5mm。

　　检查数量：按总数抽查10％，且不得少于1台。

　　检查方法：线坠尺量检查、塞尺检查、拉线尺量检查。

　　常见问题：

　　柜、台、箱、盘的正上方有水管穿过。

5.2.6 柜、台、箱、盘内检查试验应符合下列规定：

　　1 控制开关及保护装置的规格、型号应符合设计要求；

　　2 闭锁装置动作应准确、可靠；

　　3 主开关的辅助开关切换动作应与主开关动作一致；

　　4 柜、台、箱、盘上的标识器件应标明被控设备编号及名称或操作位置，接线端子应有编号，且清晰、工整、不易脱色；

　　5 回路中的电子元件不应参加交流工频耐压试验；50V及以下回路可不作交流工频耐压试验。

　　检查数量：按柜、台、箱、盘总数抽查10％，且不得少于1台。

　　检查方法：观察检查并按设计图核对规格型号。

5.2.7 低压电器组合应符合下列规定：

　　1 发热元件应安装在散热良好的位置；

　　2 熔断器的熔体规格、断路器的整定值应符合设计要求；

　　3 切换压板应接触良好，相邻压板间应有安全距离，切换时，不应触及相邻的压板；

　　4 信号回路的信号灯、按钮、光字牌、电铃、电笛、事故电钟等动作和信号显示应准确；

　　5 金属外壳需做电击防护时，应与保护导体可靠连接；

　　6 端子排应安装牢固，端子应有序号，强电、弱电端子应隔离布置，端子规格应与导线截面积大小适配。

　　检查数量：按低压电器组合完成后的总数抽查10％，且不得少于1台。

　　检查方法：观察检查并按设计图核对电器技术参数。

常见问题：

端子规格与导线截面不匹配。

5.2.8 柜、台、箱、盘间配线应符合下列规定：

1 二次回路接线应符合设计要求，除电子元件回路或类似回路外，回路的绝缘导线额定电压不应低于450/750V，对于铜芯绝缘导线或电缆的导体截面积：电流回路不应小于2.5mm²；其他回路不应小于1.5mm²；

2 二次回路连线应成束绑扎，不同电压等级、交流、直流线路及计算机控制线路应分别绑扎，且应有标识；固定后不应妨碍手车开关或抽出式部件的拉出或推入；

3 线缆的弯曲半径不应小于线缆允许弯曲半径；

4 导线连接不应损伤线芯。

检查数量：按柜、台、箱、盘总数抽查10%，且不得少于1台。

检查方法：观察检查。

5.2.9 柜、台、箱、盘面板上的电器连接导线应符合下列规定：

1 连接导线应采用多芯铜芯绝缘软导线，敷设长度应留有适当裕量；

2 线束宜有外套塑料管等加强绝缘保护层；

3 与电器连接时，端部应绞紧、不松散、不断股，其端部可采用不开口的终端端子或搪锡；

4 可转动部位的两端应用卡子固定。

检查数量：按柜、台、箱、盘总数抽查10%，且不得少于1台。

检查方法：观察检查。

常见问题：

多芯导线进端子之前没有才有接线端子或搪锡。

5.2.10 照明配电箱（盘）安装应符合下列规定：

1 箱体开孔应与导管管径适配，暗装配电箱箱盖应紧贴墙面，箱（盘）涂层应完整；

2 箱（盘）内回路编号应齐全，标识应正确；

3 箱（盘）应采用不燃材料制作；

4 箱（盘）应安装牢固、位置正确、部件齐全，安装高度应符合设计要求，垂直度允许偏差不应大于1.5‰。

检查数量：按照明配电箱（盘）总数抽查10%，且不得少于1台。

检查方法：观察检查并用线坠尺量检查。

常见问题：

(1) 箱体开孔与管径不匹配。

(2) 配电箱回路缺少标识。

5.6 电动机、电加热器及电动执行机构检查接线

6.1 主控项目

6.1.1 电动机、电加热器及电动执行机构的外露可导电部分必须与保护导体可靠连接。

检查数量：电动机、电加热器全数检查，电动执行机构按总数抽查10%，且不得少于

1台。

  检查方法：观察检查并用工具拧紧检查。

  电动机、电加热器及电动执行机构作为电气设备必须要符合本规范第3.1.7条的要求，外露可导电部分必须与保护导体干线可靠连接，不得串联，连接导体的材质、截面应符合设计要求。

6.1.2 低压电动机、电加热器及电动执行机构的绝缘电阻值不应小于0.5MΩ。

  检查数量：按设备各抽查50%，且各不得少于1台。

  检查方法：用绝缘电阻测试仪测试并查阅绝缘电阻测试记录。

6.1.3 高压及100kW以上电动机的交接试验应符合现行国家标准《电气装置安装工程电气设备交接试验标准》GB 50150的规定。

  检查数量：全数检查。

  检查方法：用仪表测量并查阅相关试验或测量记录。

6.2 一般项目

6.2.1 电气设备安装应牢固，螺栓及防松零件齐全，不松动。防水防潮电气设备的接线入口及接线盒盖等应做密封处理。

  检查数量：按设备总数抽查10%，且不得少于1台。

  检查方法：观察检查并用工具拧紧检查。

6.2.2 除电动机随机技术文件不允许在施工现场抽芯检查外，有下列情况之一的电动机应抽芯检查：

  1 出厂时间已超过制造厂保证期限；

  2 外观检查、电气试验、手动盘转和试运转有异常情况。

  检查数量：按设备总数抽查20%，且不得少于1台。

  检查方法：观察检查并查阅设备进场验收记录。

6.2.3 电动机抽芯检查应符合下列规定：

  1 电动机内部应清洁、无杂物；

  2 线圈绝缘层应完好、无伤痕，端部绑线不应松动，槽楔应固定、无断裂、无凸出和松动，引线应焊接饱满，内部应清洁、通风孔道无堵塞；

  3 轴承应无锈斑，注油（脂）的型号、规格和数量应正确，转子平衡块应紧固、平衡螺丝锁紧，风扇叶片应无裂纹；

  4 电动机的机座和端盖的止口部位应无砂眼和裂纹；

  5 连接用紧固件的防松零件应齐全完整；

  6 其他指标应符合产品技术文件的要求。

  检查数量：全数检查。

  检查方法：查阅抽芯检查记录并核对产品技术文件要求。

6.2.4 电动机电源线与出线端子接触应良好、清洁，高压电动机电源线紧固时不应损伤电动机引出线套管。

  检查数量：全数检查。

  检查方法：观察检查。

6.2.5 在设备接线盒内裸露的不同相间和相对地间电气间隙应符合产品技术文件要求，

或者应采取绝缘防护措施。

  检查数量：按设备总数抽查 20%，各不得少于 1 台，且应覆盖不同的电压等级。

  检查方法：观察检查、尺量检查并查阅电动机检查记录。

5.7 柴油发电机组安装

7.1 主控项目

7.1.1 发电机的试验应符合本规范附录 B 的规定。

  检查数量：全数检查。

  检查方法：试验时观察检查并查阅发电机交接试验记录。

7.1.2 发电机组至配电柜馈电线路的相间、相对地间的绝缘电阻值，低压馈电线路不应小于 0.5MΩ，高压馈电线路不应小于 1MΩ/kV；绝缘电缆馈电线路直流耐压试验应符合现行国家标准《电气装置安装工程 电气设备交接试验标准》GB 50150 的规定。

  检查数量：全数检查。

  检查方法：用绝缘电阻测试仪测试检查，试验时观察检查并查阅测试、试验记录。

7.1.3 柴油发电机馈电线路连接后，两端的相序必须与原供电系统的相序一致。

  检查数量：全数检查。

  检查方法：核相时观察检查并查阅核相记录。

7.1.4 当柴油发电机并列运行时，应保证其电压、频率和相位一致。

  检查数量：全数检查。

  检查方法：观察检查并查阅运行记录。

7.1.5 发电机的中性点接地连接方式及接地电阻值应符合设计要求，接地螺栓防松零件齐全，且有标识。

  检查数量：全数检查。

  检查方法：观察检查并用接地电阻测试仪测试。

7.1.6 发电机本体和机械部分的外露可导电部分应分别与保护导体可靠连接，且有标识。

  检查数量：全数检查。

  检查方法：观察检查。

7.1.7 燃油系统的设备及管道的防静电接地应符合设计要求。

  检查数量：全数检查。

  检查方法：观察检查。

7.2 一般项目

7.2.1 发电机组随机的配电柜、控制柜接线应正确，紧固件紧固状态良好，无遗漏脱落。开关、保护装置的型号、规格正确，验证出厂试验的锁定标记应无位移，有位移应重新按制造厂要求试验标定。

  检查数量：全数检查。

  检查方法：观察检查。

7.2.2 受电侧配电柜的开关设备、自动或手动切换装置和保护装置等的试验应合格，并应按设计的自备电源使用分配预案进行负荷试验，机组应连续运行无故障。

检查数量：全数检查。

检查方法：试验时观察检查并查阅电器设备试验记录和发电机负荷试运行记录。

5.8 UPS及EPS安装

8.1 主控项目

8.1.1 UPS及EPS的整流、逆变、静态开关、储能电池或蓄电池组的规格、型号必须符合设计要求。内部接线应正确、可靠不松动，紧固件应齐全。

检查数量：全数检查。

检查方法：核对设计图并观察检查。

8.1.2 UPS及EPS的极性应正确，输入、输出各级保护系统的动作和输出的电压稳定性、波形畸变系数及频率、相位、静态开关的动作等各项技术性能指标试验调整应符合产品技术文件要求，当以现场的最终试验替代出厂试验时，应根据产品技术文件规定进行试验调整，且应符合设计文件要求。

检查数量：全数检查。

检查方法：试验调整时观察检查并查阅设计文件和产品技术文件及试验调整记录。

8.1.3 EPS应按设计或产品技术文件的要求进行下列检查：

1 核对初装容量，并应符合设计要求；

2 核对输入回路断路器的过载和短路电流整定值，并应符合设计要求；

3 核对各输出回路的负荷量，且不应超过EPS的额定最大输出功率；

4 核对蓄电池备用时间及应急电源装置的允许过载能力，并应符合设计要求；

5 当对电池性能、极性及电源转换时间有异议时，应由制造商负责现场测试，并应符合设计要求；

6 控制回路的动作试验，并应配合消防联动试验合格。

检查数量：全数检查。

检查方法：按设计或产品说明书核对相关技术参数，查阅相关试验记录。

8.1.4 UPS及EPS的绝缘电阻值应符合下列规定：

1 UPS的输入端、输出端对地间绝缘电阻值不应小于2MΩ；

2 UPS及EPS连线及出线的线间、线对地间绝缘电阻值不应小于0.5MΩ。

检查数量：第1款全数检查；第2款按回路数各抽查20%，且各不得少于1个回路。

检查方法：用绝缘电阻测试仪测试并查阅绝缘电阻测试记录。

8.1.5 UPS输出端的系统接地连接方式应符合设计要求。

检查数量：全数检查。

检查方法：按设计图核对检查。

8.2 一般项目

8.2.1 安放UPS的机架或金属底座的组装应横平竖直、紧固件齐全，水平度、垂直度允许偏差不应大于1.5‰。

检查数量：按设备总数抽查20%，且各不得少于1台。

检查方法：观察检查并用拉线尺量检查、线坠尺量检查。

8.2.2 引入或引出 UPS 及 EPS 的主回路绝缘导线、电缆和控制绝缘导线、电缆应分别穿钢导管保护，当在电缆支架上或在梯架、托盘和线槽内平行敷设时，其分隔间距应符合设计要求；绝缘导线、电缆的屏蔽护套接地应连接可靠、紧固件齐全，与接地干线应就近连接。

检查数量：按装置的主回路总数抽查 10%，且不得少于 1 个回路。

检查方法：观察检查并用尺量检查，查阅相关隐蔽工程检查记录。

8.2.3 UPS 及 EPS 的外露可导电部分应与保护导体可靠连接，并应有标识。

检查数量：按设备总数抽查 20%，且不得少于 1 台。

检查方法：观察检查。

常见问题：

UPS 及 EPS 的外露可导电部分未与保护导体可靠连接。

8.2.4 UPS 正常运行时产生的 A 声级噪声应符合产品技术文件要求。

检查数量：全数检查。

检查方法：用 A 声级计测量检查。

5.9 电气设备试验和试运行

9.1 主控项目

9.1.1 试运行前，相关电气设备和线路应按本规范的规定试验合格。

检查数量：全数检查。

检查方法：试验时观察检查并查阅相关试验、测试记录。

9.1.2 现场单独安装的低压电器交接试验项目应符合本规范附录 C 的规定。

检查数量：全数检查。

检查方法：试验时观察检查并查阅交接试验检验记录。

9.1.3 电动机应试通电，检查转向和机械转动情况，电动机试运行应符合下列规定：

1 空载试运行时间宜为 2h，机身和轴承的温升、电压和电流等应符合建筑设备或工艺装置的空载状态运行要求，并记录电流、电压、温度、运行时间等有关数据；

2 空载状态下可启动次数及间隔时间应符合产品技术条件的要求；无要求时，连续启动 2 次的时间间隔不应小于 5min，并应在电动机冷却至常温下进行再次启动。

检查数量：按设备总数抽查 10%，且不得少于 1 台。

检查方法：轴承温度用测温仪测量，其他参数可在试验时观察检查并查阅电动机空载试运行记录。

常见问题：

电动机空载状态下连续启动的时间间隔小于 5min。

9.2 一般项目

9.2.1 电气动力设备的运行电压、电流应正常，各种仪表指示应正常。

检查数量：全数检查。

检查方法：观察检查。

9.2.2 电动执行机构的动作方向及指示应与工艺装置的设计要求保持一致。

检查数量：按设备总数抽查 10％，且不得少于 1 台。

检查方法：观察检查。

5.10　母线槽安装

10.1　主控项目

10.1.1　母线槽的金属外壳等外露可导电部分应与保护导体可靠连接，并应符合下列规定：

　　1　每段母线槽的金属外壳间应连接可靠，且母线槽全长与保护导体可靠连接不应少于 **2** 处；

　　2　分支母线槽的金属外壳末端应与保护导体可靠连接；

　　3　连接导体的材质、截面积应符合设计要求。

　　检查数量：全数检查。

　　检查方法：观察检查并用尺量检查。

　　母线槽外壳等外露可导电部分应于保护导体可靠连接，是指与保护导体干线直接连接且采用螺栓锁紧固定，一旦母线槽发生漏电可直接导入接地装置，防止可能出现的人身和设备危险。母线槽全长不少于 2 处于保护导体可靠连接，是指至少 2 处，如果采用了分支母线供电，分支母线槽的末端金属外壳也应与保护导体可靠连接。

　　常见问题：

　　（1）母线与母线连接时，金属外壳没有可靠连接。

　　（2）母线全长与保护导体之间的连接不足 2 处。

　　（3）分支母线末端没有与保护导体连接。

10.1.2　当设计将母线槽的金属外壳作为保护接地导体（PE）时，其外壳导体应具有连续性且应符合现行国家标准《低压成套开关设备和控制设备　第 1 部分：型式试验和部分型式试验成套设备》GB 7251.1 的规定。

　　检查数量：全数检查。

　　检查方法：观察检查并查验材料合格证明文件、CCC 型式试验报告和材料进场验收记录。

10.1.3　当母线与母线、母线与电器或设备接线端子采用螺栓搭接连接时，应符合下列规定：

　　1　母线的各类搭接连接的钻孔直径和搭接长度应符合本规范附录 D 的规定，连接螺栓的力矩值应符合本规范附录 E 的规定；当一个连接处需要多个螺栓连接时，每个螺栓的拧紧力矩值应一致；

　　2　母线接触面应保持清洁，宜涂抗氧化剂，螺栓孔周边应无毛刺；

　　3　连接螺栓两侧应有平垫圈，相邻垫圈间应有大于 3mm 的间隙，螺母侧应装有弹簧垫圈或锁紧螺母；

　　4　螺栓受力应均匀，不应使电器或设备的接线端子受额外应力。

　　检查数量：按每检验批的母线连接端数量抽查 20％，且不得少于 2 个连接端。

　　检查方法：观察检查并用尺量检查和用力距测试仪测试紧固度。

10.1.4 母线槽安装应符合下列规定：

1 母线槽不宜安装在水管正下方；

2 母线应与外壳同心，允许偏差为±5mm；

3 当母线槽段与段连接时，两相邻段母线及外壳宜对准，相序应正确，连接后不应使母线及外壳受额外应力；

4 母线的连接方法应符合产品技术文件要求；

5 母线槽连接用部件的防护等级应与母线槽本体的防护等级一致。

检查数量：第1款全数检查，其余按每检验批的母线连接端数量抽查20％，且不得少于2个连接端。

检查方法：观察检查并用尺量检查，查阅母线槽安装记录。

常见问题：

母线槽上方有水管穿过。

10.1.5 母线槽通电运行前应进行下列检验或试验，并符合下列规定：

1 高压母线交流工频耐压试验应按本规范第3.1.5条的规定交接试验合格；

2 低压母线绝缘电阻值不应小于0.5MΩ；

3 检查分接单元插入时，接地触头应先于相线触头接触，且触头连接紧密，退出时，接地触头应后于相线触头脱开；

4 检查母线槽与配电柜、电气设备的接线相序应一致。

检查数量：全数检查。

检查方法：用绝缘电阻测试仪测试，试验时观察检查并查阅交接试验记录、绝缘电阻测试记录。

10.2 一般项目

10.2.1 母线槽支架安装应符合下列规定：

1 除设计要求外，承力建筑钢结构构件上不得熔焊连接母线槽支架，且不得热加工开孔；

2 与预埋铁件采用焊接固定时，焊缝应饱满；采用膨胀螺栓固定时，选用的螺栓应适配，连接应牢固；

3 支架应安装牢固、无明显扭曲，采用金属吊架固定时应有防晃支架，配电母线槽的圆钢吊架直径不得小于8mm；照明母线槽的圆钢吊架直径不得小于6mm；

4 金属支架应进行防腐，位于室外及潮湿场所的应按设计要求做处理。

检查数量：第1款全数检查，第2、3、4款按每个检验批的支架总数抽查10％，且各不得少于1处并应覆盖支架的不同固定型式。

检查方法：观察检查并用尺量或卡尺检查。

常见问题：

（1）在已经安装完成的钢结构上焊接母线槽支架。

（2）母线槽金属支架在切割部位缺少防腐措施。

10.2.2 对于母线与母线、母线与电器或设备接线端子搭接，搭接面的处理应符合下列规定：

1 铜与铜：当处于室外、高温且潮湿的室内，搭接面应搪锡或镀银；干燥的室内，可不搪锡、不镀银；

2 铝与铝：可直接搭接；

3 钢与钢：搭接面应搪锡或镀锌；

4 铜与铝：在干燥的室内，铜导体搭接面应搪锡；在潮湿场所，铜导体搭接面应搪锡或镀银，且应采用铜铝过渡连接；

5 钢与铜或铝：钢搭接面应镀锌或搪锡。

检查数量：按每个检验批的母线搭接端子总数抽查10%，且各不得少于1处并应覆盖不同材质的不同连接方式。

检查方法：观察检查。

常见问题：

不同导体之间的搭接面没有采取防电化腐蚀措施。

10.2.3 当母线采用螺栓搭接时，连接处距绝缘子的支持夹板边缘不应小于50mm。

检查数量：连接头总数量抽查20%，且不少于1处。

检查方法：观察检查并用尺量检查。

10.2.4 当设计无要求时，母线的相序排列及涂色应符合下列规定：

1 对于上、下布置的交流母线，由上至下或由下到至上排列应分别为L1、L2、L3；直流母线应正极在上、负极在下；

2 对于水平布置的交流母线，由柜后向柜前或由柜前向柜后排列应分别为L1、L2、L3；直流母线应正极在后、负极在前；

3 对于面对引下线的交流母线，由左至右排列应分别为L1、L2、L3；直流母线应正极在左、负极在右；

4 对于母线的涂色，交流母线L1、L2、L3应分别为黄色、绿色和红色，中性导体应为淡蓝色；直流母线应正极为赭色、负极为蓝色；保护接地导体PE应为黄-绿双色组合色，保护中性导体（PEN）应为全长黄-绿双色、终端用淡蓝色或全长淡蓝色、终端用黄-绿双色；在连接处或支持件边缘两侧10mm以内不应涂色。

检查数量：按直流和交流的不同布置形式回路各抽查20%，且各不得少于1个回路。

检查方法：观察检查。

常见问题：

母线安装结束后，没有进行标识。

10.2.5 母线槽安装应符合下列规定：

1 水平或垂直敷设的母线槽固定点应每段设置一个，且每层不得少于一个支架，其间距应符合产品技术文件的要求，距拐弯0.4～0.6m处应设置支架，固定点位置不应设置在母线槽的连接处或分接单元处；

2 母线槽段与段的连接口不应设置在穿越楼板或墙体处，垂直穿越楼板处应设置与建（构）筑物固定的专用部件支座，其孔洞四周应设置高度为50mm及以上的防水台，并应采取防火封堵措施；

3 母线槽跨越建筑物变形缝处时，应设置补偿装置；母线槽直线敷设长度超过80m，每50～60m宜设置伸缩节；

4 母线槽直线段安装应平直，水平度与垂直度偏差不宜大于1.5‰，全长最大偏差不宜大于20mm；照明用母线槽水平偏差全长不应大于5mm，垂直偏差不应大于10mm；

5 外壳与底座间、外壳各连接部位及母线的连接螺栓应按产品技术文件要求选择正确、连接紧固；

6 母线槽上无插接部件的接插口及母线端部应采用专用的封板封堵完好；

7 母线槽与各类管道平行或交叉的净距应符合本规范附录F的规定。

检查数量：第3、6、7款全数检查，其余按每个检验批的母线槽数量抽查20％，且各不得少于1处，并应覆盖不同的敷设形式。

检查方法：观察检查并用水平仪、线坠尺量检查。

常见问题：

(1) 母线槽拐角部位缺少支架。

(2) 母线槽支架在母线槽连接处。

(3) 母线槽连接部位刚好在穿越楼板或墙体处。

(4) 母线槽穿越楼板时，四周没有设置防水台。

(5) 母线槽穿越变形缝部位没有设置补偿装置。

(6) 母线超长没有设置伸缩节。

(7) 母线与其他管道交叉时，间距过小。

5.11　梯架、托盘和槽盒安装

11.1　主控项目

11.1.1 金属梯架、托盘或槽盒本体之间的连接应牢固可靠，与保护导体的连接应符合下列规定：

1 梯架、托盘和槽盒全长不大于30m时，不应少于2处与保护导体可靠连接，全长大于30m时，每隔20～30m应增加一个连接点，起始端和终点端均应可靠接地；

2 非镀锌梯架、托盘和槽盒本体之间连接板的两端应跨接保护联结导体，保护联结导体的截面积应符合设计要求；

3 镀锌梯架、托盘和槽盒本体之间不跨接保护联结导体时，连接板每端不应少于2个有防松螺帽或防松垫圈的连接固定螺栓。

检查数量：第1款全数检查，第2、3款按每个检验批的梯架或托盘或槽盒的连接点数量各抽查10％，且各不得少于2个点。

检查方法：观察检查并用尺量检查。

本条的目的是为了保护供电干线电路的使用安全。一旦金属梯架、托盘或槽盒内敷设的电线（缆）绝缘损坏，泄漏电流将通过金属梯架、托盘、槽盒和保护导体导入接地装置，从而保护人身和设备的安全。

常见问题：

(1) 梯架、托盘或槽盒全长与保护导体连接少于2处。

(2) 梯架、托盘或槽盒两端之间保护连接导体未跨接在桥架本体上，跨接在连接板外侧。

11.1.2 电缆梯架、托盘和槽盒转弯、分支处宜采用专用连接配件，其弯曲半径不应小于梯架、托盘和槽盒内电缆最小允许弯曲半径，电缆最小允许弯曲半径应符合表11.1.2（本书表5.11.1）的规定。

电缆最小允许弯曲半径　　　　　　　表 5.11.1

电缆型式		电缆外径（mm）	多芯电缆	单芯电缆
塑料绝缘电缆	无铠装		15D	20D
	有铠装		12D	15D
橡皮绝缘电缆			10D	
控制电缆	非铠装型、屏蔽型软电缆		6D	
	铠装型、铜屏蔽型		12D	—
	其他		10D	
铝合金导体电力电缆		—	7D	
氧化镁绝缘刚性矿物绝缘电缆		<7	2D	
		≥7，且<12	3D	
		≥12，且<15	4D	
		≥15	6D	
其他矿物绝缘电缆		—	15D	

注：D 为电缆外径。

检查数量：按每个检验批的梯架或托盘或槽盒的弯头数量各抽查10%，且各不得少于1个弯头。

检查方法：观察检查并用尺量检查。

常见问题：

(1) 电缆梯架、托盘和槽盒转弯、分支处未采用专用连接配件。

(2) 电缆梯架、托盘和槽盒在转角处未考虑电缆弯曲半径的要求。

11.2　一般项目

11.2.1　直线段钢制或塑料梯架、托盘和槽盒长度超过30m、铝合金或玻璃钢制梯架、托盘和槽盒长度超过15m时，应设置伸缩节；当梯架、托盘和槽盒跨越建筑物变形缝处时，应设置补偿装置。

检查数量：全数检查。

检查方法：观察检查并用尺量检查。

常见问题：

(1) 梯架、托盘或槽盒超长，未设伸缩节。

(2) 梯架、托盘或槽盒过变形缝处没有考虑补偿措施。

11.2.2　梯架、托盘和槽盒与支架间及与连接板的固定螺栓应紧固无遗漏，螺母应位于梯架、托盘和槽盒外侧；当铝合金梯架、托盘和槽盒与钢支架固定时，应有相互间绝缘的防电化腐蚀措施。

检查数量：按每个检验批的梯架或托盘或槽盒的固定点数量各抽查10%，且各不得少于2个点。

检查方法：观察检查。

常见问题：

（1）梯架、托盘或槽盒螺母安装在了梯架、托盘或槽盒内部。

（2）铝合金梯架、托盘或槽盒与钢支架之间没有采取防电化腐蚀措施。

11.2.3　当设计无要求时，梯架、托盘、槽盒及支架安装应符合下列规定：

1　电缆梯架、托盘和槽盒宜敷设在易燃易爆气体管道和热力管道的下方，与各类管道的最小净距应符合本规范附录 F 的规定；

2　配线槽盒与水管同侧上下敷设时，宜安装在水管的上方；与热水管、蒸气管平行上下敷设时，应敷设在热水管、蒸气管的下方，当有困难时，可敷设在热水管、蒸气管的上方。相互间的最小距离宜符合本规范附录 G 的规定；

3　敷设在电气竖井内穿楼板处和穿越不同防火区的梯架、托盘和槽盒，应有防火隔堵措施；

4　敷设在电气竖井内的电缆梯架或托盘，其固定支架不应安装在固定电缆的横担上，且每隔 3～5 层应设置承重支架；

5　敷设在室外的梯架、托盘和槽盒，当进入室内或配电箱（柜）时应有防雨水措施，槽盒底部应有泄水孔；

6　承力建筑钢结构构件上不得熔焊支架，且不得热加工开孔；

7　水平安装的支架间距宜为 1.5～3m；垂直安装的支架间距不应大于 2m；

8　采用金属吊架固定时，圆钢直径不得小于 8mm，并应有防晃支架，在分支处或端部 0.3～0.5m 处应有固定支架。

检查数量：第 1、2、3、4、5 款全数检查，其余按每个检验批的支架总数抽查 10%，且各不得少于 1 处并应覆盖支架的安装形式。

检查方法：观察检查并用尺量和卡尺检查。

常见问题：

（1）电缆梯架、托盘或槽盒敷设在水管下方。

（2）电缆梯架、托盘或槽盒敷设在蒸汽管道上方。

（3）电缆梯架、托盘或槽盒穿越防火分区部位未进行防火封堵。

（4）电缆梯架、托盘或槽盒支架间距过大，不满足规范要求。

（5）采用吊架安装的电缆梯架、托盘或槽盒，没有设置防晃支架；在分支、端部没有固定支架。

11.2.4　支吊架设置应符合设计或产品技术文件要求，支吊架安装应牢固、无明显扭曲；与预埋件焊接固定时，焊缝应饱满；膨胀螺栓固定时，螺栓应选用适配、防松零件齐全、连接紧固。

检查数量：按每个检验批的支架总数抽查 10%，且各不得少于 1 处并应覆盖支架的安装形式。

检查方法：观察检查。

11.2.5　金属支架应进行防腐，位于室外及潮湿场所的应按设计要求做处理。

检查数量：按每个检验批的金属支架总数抽查 10%，且不得少于 1 处。

检查方法：观察检查。

常见问题：

金属支架切割部位没有采取防腐措施。

5.12 导 管 敷 设

12.1 主控项目

12.1.1 金属导管应与保护导体可靠连接，并应符合下列规定：

1 镀锌钢导管、可弯曲金属导管和金属柔性导管不得熔焊连接；

2 当非镀锌钢导管采用螺纹连接时，连接处的两端应熔焊焊接保护联结导体；

3 镀锌钢导管、可弯曲金属导管和金属柔性导管连接处的两端宜采用专用接地卡固定保护联结导体；

4 机械连接的金属导管，管与管、管与盒（箱）体的连接配件应选用配套部件，其连接应符合产品技术文件要求，当连接处的接触电阻值满足现行国家标准《电气安装用导管系统 第1部分：通用要求》GB 20041.1 的相关要求时，连接处可不设置保护联结导体，但导管不应作为保护导体的接续导体；

5 金属导管与金属梯架、托盘连接时，镀锌材质的连接端宜用专用接地卡固定保护联结导体，非镀锌材质的连接处应熔焊焊接保护联结导体；

6 以专用接地卡固定的保护联结导体应为铜芯软导线，截面积不应小于 $4mm^2$；以熔焊焊接的保护联结导体宜为圆钢，直径不应小于 6mm，其搭接长度应为圆钢直径的 6 倍。

检查数量：按每个检验批的导管连接头总数抽查 10%，且各不得少于 1 处并应能覆盖不同的检查内容。

检查方法：施工时观察检查并查阅隐蔽工程检查记录。

常见问题：

(1) 镀锌钢导管采用套管焊接。

(2) 钢导管采用螺纹连接时，没有跨接保护连接导体。

(3) 钢导管与金属梯架、托盘连接时，没有跨接保护连接导体。

(4) 管与管、滚、管与盒之间连接没有采用配套部件。

12.1.2 钢导管不得采用对口熔焊连接；镀锌钢导管或壁厚小于或等于 2mm 的钢导管，不得采用套管熔焊连接。

检查数量：按每个检验批的钢导管连接头总数抽查 20%，并应能覆盖不同的连接方式且各不得少于 1 处。

检查方法：施工时观察检查。

钢导管熔焊会产生烧穿，内部结瘤，产生焊接毛刺，穿线时，有可能破坏线缆绝缘层，造成漏电，这是非常危险的，故不允许对口熔焊；设计采用镀锌管，考虑的是电导管需要内外防腐，如果采用焊接工艺，极有可能破坏镀锌管的内外防腐层，外部还可以刷漆补救，内部则无法处理，显然这样做是违反设计初衷的。

常见问题：

(1) 钢导管采用对口焊接。

(2) 镀锌钢导管或壁厚小于 2mm 的钢导管连接时，采用圆钢焊接的方式作为保护连接导体。

12.1.3 当塑料导管在砌体上剔槽埋设时，应采用强度等级不小于 M10 的水泥砂浆抹面保护，保护层厚度不应小于15mm。

检查数量：按每个检验批的配管回路数量抽查20%，且不得少于1回路。

检查方法：观察检查并用尺量检查，查阅隐蔽工程检查记录。

常见问题：

塑料管在墙体预埋时，保护层厚度小于15mm。

12.1.4 导管穿越密闭或防护密闭隔墙时，应设置预埋套管，预埋套管的制作和安装应符合设计要求，套管两端伸出墙面的长度宜为30～50mm，导管穿越密闭穿墙套管的两侧应设置过线盒，并应做好封堵。

检查数量：按套管数量抽查20%，且不得少于1个。

检查方法：观察检查，查阅隐蔽工程检查记录。

12.2 一般项目

12.2.1 导管的弯曲半径应符合下列要求：

1 明配导管的弯曲半径不宜小于管外径的6倍，当两个接线盒间只有一个弯曲时，其弯曲半径不宜小于管外径的4倍；

2 埋设于混凝土内的导管的弯曲半径不宜小于管外径的6倍，当直埋于地下时，其弯曲半径不宜小于管外径的10倍；

3 电缆导管的弯曲半径不应小于电缆最小允许弯曲半径，电缆最小允许弯曲半径应符合本规范表11.1.2的规定。

检查数量：按每个检验批的导管弯头总数抽查10%，且各不得少于1个弯头并应覆盖不同规格和不同敷设方式的导管。

检查方法：观察检查并用尺量检查，查阅隐蔽工程检查记录。

常见问题：

导管弯曲时弯曲半径过小，穿线或电缆困难。

12.2.2 导管支架安装应符合下列要求：

1 除设计要求外，承力建筑钢结构构件上不得熔焊导管支架，且不得热加工开孔；

2 当导管采用金属吊架固定时，圆钢直径不得小于8mm，并应设置防晃支架，在距离盒（箱）、分支处或端部0.3～0.5m处应设置固定支架；

3 金属支架应进行防腐，位于室外及潮湿场所应按设计要求做处理；

4 导管支架应安装牢固、无明显扭曲。

检查数量：第1款全数检查，第2、3、4款按每个检验批的支吊架总数抽查10%，且各不得少于1处。

检查方法：观察检查并用尺量检查。

常见问题：

(1) 在承力钢结构构件上焊接导管支吊架。

(2) 导管在距盒（箱）、分支处、端部没有设置固定支架

12.2.3 除设计要求外，对于暗配的导管，导体表面埋设深度与建筑物、构筑物表面的距离不应小于15mm。

检查数量：按每个检验批的配管回路数量抽查10%，且不得少于1回路。

检查方法：观察检查并用尺量检查。

12.2.4　进入配电（控制）柜、台、箱内的导管管口，当箱底无封板时，管口应高出柜、台、箱、盘的基础面 50～80mm。

检查数量：按每个检验批的落地式柜、台、箱、盘总数抽查 10%，且不得少于 1 台。

检查方法：观察检查并用尺量检查，查阅隐蔽工程检查记录。

常见问题：

进入配电（控制）柜、台、箱内的导管管口与基础面平或低于基础面。

12.2.5　室外导管敷设应符合下列规定：

1　对于埋地敷设的钢导管，埋设深度应符合设计要求，钢导管的壁厚应大于 2mm；

2　导管的管口不应敞口垂直向上，导管管口应在盒、箱内或导管端部设置防水弯；

3　由箱式变电所或落地式配电箱引向建筑物的导管，建筑物一侧的导管管口应设在建筑物内；

4　导管的管口在穿入绝缘导线、电缆后应做密封处理。

检查数量：按每个检验批各种敷设形式的总数抽查 20%，且各不得少于 1 处。

检查方法：观察检查并用尺量检查，查阅隐蔽工程检查记录。

常见问题：

(1) 室外埋地敷设的钢导管壁厚不足 2mm。

(2) 室外敷设的钢导管进箱、盒处没有设置防水弯。

(3) 导管内穿线（电缆）完成后，没有进行密封封堵。

12.2.6　明配的电气导管应符合下列规定：

1　导管应排列整齐、固定点间距均匀、安装牢固；

2　在距终端、弯头中点或柜、台、箱、盘等边缘 150～500mm 范围内应设有固定管卡，中间直线段固定管卡间的最大距离应符合表 12.2.6（本书表 5.12.1）的规定；

管卡间的最大距离　　　　　　　　　　　表 5.12.1

敷设方式	导管种类	导管直径（mm）			
		15～20	25～32	40～50	65 以上
		管卡间最大距离（m）			
支架或沿墙明敷	壁厚>2mm 刚性钢导管	1.5	2.0	2.5	3.5
	壁厚≤2mm 刚性钢导管	1.0	1.5	2.0	—
	刚性塑料导管	1.0	1.5	2.0	2.0

3　明配管采用的接线或过渡盒（箱）应选用明装盒（箱）。

检查数量：按每个检验批的导管固定点或盒（箱）的总数各抽查 20%，且各不得少于 1 处。

检查方法：观察检查并用尺量检查。

常见问题：

(1) 成排敷设导管间距不同，转角处弧度不一致，导管在终端附近、弯头中点、箱（盒）边缘处没有设置固定措施。

(2) 明配管采用暗装的接线盒。

12.2.7 塑料导管敷设应符合下列规定：

1 管口应平整光滑，管与管、管与盒（箱）等器件采用插入法连接时，连接处结合面应涂专用胶合剂，接口应牢固密封；

2 直埋于地下或楼板内的刚性塑料导管，在穿出地面或楼板易受机械损伤的一段，应采取保护措施；

3 当设计无要求时，埋设在墙内或混凝土内的塑料导管，应采用中型及以上的导管；

4 沿建筑物、构筑物表面和在支架上敷设的刚性塑料导管，应按设计要求装设温度补偿装置。

检查数量：第2、4款全数检查，其余按每个检验批的接头或导管数量各抽查10%，且各不得各少于1处。

检查方法：观察检查和手感检查，查阅隐蔽工程检查记录，核查材料合格证明文件和材料进场验收记录。

常见问题：

埋在墙体或混凝土内的塑料管没有采用中型及以上导管。

12.2.8 可弯曲金属导管及柔性导管敷设应符合下列规定：

1 刚性导管经柔性导管与电气设备、器具连接时，柔性导管的长度在动力工程中不宜大于0.8m，在照明工程中不宜大于1.2m；

2 可弯曲金属导管或柔性导管与刚性导管或电气设备、器具间的连接应采用专用接头；防液型可弯曲金属导管或柔性导管的连接处应密封良好，防液复盖层应完整无损；

3 当可弯曲金属导管有可能受重物压力或明显机械撞击时，应采取保护措施；

4 明配的金属、非金属柔性导管固定点间距应均匀，不应大于1m，管卡与设备、器具、弯头中点、管端等边缘的距离应小于0.3m；

5 可弯曲金属导管和金属柔性导管不应做保护导体的接续导体。

检查数量：1、2、5款按每个检验批的导管连接点或导管总数抽查10%，且各不得少于1处；3款全数检查；4款按每个检验批的导管固定点总数抽查10%，且各不得少于1处并应能覆盖不同的导管和不同的固定部位。

检查方法：观察检查并用尺量检查，查阅隐蔽工程检查记录。

常见问题：

(1) 金属软管超长。

(2) 金属软管的连接未采用专用接头。

(3) 金属软管缺少固定措施。

(4) 金属软管作为了保护导体的接续导体。

12.2.9 导管敷设应符合下列要求：

1 导管穿越外墙时应设置防水套管，且应做好防水处理；

2 钢导管或刚性塑料导管跨越建筑物变形缝处应设置补偿装置；

3 除埋设于混凝土内的钢导管内壁应防腐处理，外壁可不防腐处理外，其余场所敷设的钢导管内外壁均应做防腐处理；

4 导管与热水管、蒸气管平行敷设时，宜敷设在热水管、蒸气管的下面，当有困难时，可敷设在其上面；相互间的最小距离宜符合本规范附录G的规定。

检查数量：第1、2款全数检查；第3、4款按每个检验批的导管总数抽查10%，且各不得少于1根（处）并应覆盖不同的敷设场所及不同规格的导管。

检查方法：观察检查并查阅隐蔽工程检查记录。

常见问题：

(1) 导管跨越变形缝时没有设置补偿装置。

(2) 钢导管在砌体内敷设时，没做防腐措施，在混凝土内敷设时，内壁没有防腐措施。

5.13 电缆敷设

13.1 主控项目

13.1.1 金属电缆支架必须与保护导体可靠连接。

检查数量：明敷的全数检查，暗敷的按每个检验批抽查20%，且不得少于2处。

检查方法：观察检查并查阅隐蔽工程检查记录。

目的是保护人生安全和供电安全。是符合本规范3.1.7条的要求的。

常见问题：

金属电缆支架没有与保护导体可靠连接。

13.1.2 电缆敷设不得存在绞拧、铠装压扁、护层断裂和表面严重划伤等缺陷。

检查数量：全数检查。

检查方法：观察检查。

13.1.3 电缆敷设存在可能受到机械外力损伤、振动、浸水及腐蚀性或污染物质等损害时，应采取防护措施。

检查数量：全数检查。

检查方法：观察检查。

13.1.4 除设计要求外，并联使用的电力电缆其型号、规格、长度应相同。

检查数量：全数检查。

检查方法：核对设计图观察检查。

常见问题：

并联使用的电力电缆其长度不一样。

13.1.5 交流单芯电缆或分相后的每相电缆不得单根独穿于钢导管内，固定用的夹具和支架不应形成闭合磁路。

检查数量：全数检查。

检查方法：核对设计图观察检查。

当电缆线芯通过电流时，在其周围产生磁力线，磁力线与通过线芯的电流大小成正比，若夹具和支架使用铁件等导磁材料，根据电磁感应可知，将在铁件中产生涡流使电缆发热，甚至烧坏电缆，所以不可使用铁件作单芯交流电缆的固定夹具，也不应将交流单芯电缆或交流单相电缆单独穿于钢管中。

常见问题：

交流单芯电缆使用钢制管卡固定在电缆支架上。

13.1.6 当电缆穿过零序电流互感器时，电缆金属护层和接地线应对地绝缘。对穿过零序电流互感器后制作的电缆头，其电缆接地线应回穿互感器后接地；对尚未穿过零序电流互感器的电缆接地线应在零序电流互感器前直接接地。

检查数量：按电缆穿过零序电流互感器的总数抽查 5%，且不得少于 1 处。

检查方法：观察检查。

13.1.7 电缆的敷设和排列布置应符合设计要求，矿物绝缘电缆敷设在温度变化大的场所、振动场所或穿越建筑物变形缝时应采取"S"或"Ω"弯。

检查数量：全数检查。

检查方法：观察检查。

常见问题：

矿物电缆在温度变化大、振动场所或变形缝位置，没有采取补偿措施。

13.2 一般项目

13.2.1 电缆支架安装应符合下列规定：

1 除设计要求外，承力建筑钢结构构件上不得熔焊支架，且不得热加工开孔；

2 当设计无要求时，电缆支架层间最小距离不应小于表 13.2.1-1（本书表 5.13.1）的规定，层间净距不应小于 2 倍电缆外径加 10mm，35kV 电缆不应小于 2 倍电缆外径加 50mm；

电缆支架层间最小距离（mm）　　　　　　　　　　　　　表 5.13.1

电缆种类		支架上敷设	梯架、托盘内敷设
控制电缆明敷		120	200
电力电缆明敷	10kV 及以下电力电缆（除 6～10kV 交联聚乙烯绝缘电力电缆）	150	250
	6～10kV 交联聚乙烯绝缘电力电缆	200	300
	35kV 单芯电力电缆	250	300
	35kV 三芯电力电缆	300	350
电缆敷设在槽盒内		$h+100$	

注：h：槽盒高度

3 最上层电缆支架距构筑物顶板或梁底的最小净距应满足电缆引接至上方配电柜、台、箱、盘时电缆弯曲半径的要求，且不宜小于表 13.2.1-1（本书表 5.13.1）所列数再加 80～150mm；距其他设备的最小净距不应小于 300mm，当无法满足要求时应设置防护板；

4 当设计无要求时，最下层电缆支架距沟底、地面的最小距离不应小于表 13.2.1-2（本书表 5.13.2）的规定；

最下层电缆支架距沟底、地面的最小净距（mm）　　　　　　表 5.13.2

电缆敷设场所及其特征		垂直净距
电缆沟		50
隧道		100
电缆夹层	非通道处	200
	至少在一侧不小于 800mm 宽通道处	1400

电缆敷设场所及其特征		垂直净距
公共廊道中电缆支架无围栏防护		1500
室内机房或活动区间		2000
室外	无车辆通过	2500
	有车辆通过	4500
屋面		200

5 当支架与预埋件焊接固定时，焊缝应饱满；当采用膨胀螺栓固定时，螺栓应适配、连接紧固、防松零件齐全，支架安装应牢固、无明显扭曲；

6 金属支架应进行防腐，位于室外及潮湿场所应按设计要求做处理。

检查数量：第 1 款全数检查，第 2、3、4、5、6 款按每个检验批的支架总数抽查 10%，且各不得少于 1 处。

检查方法：观察检查并用尺量检查。

常见问题：

电缆支架防腐不到位。

13.2.2 电缆敷设应符合下列规定：

1 电缆的敷设排列应顺直、整齐，并宜少交叉；

2 电缆转弯处的最小弯曲半径应符合表 11.1.2（本书表 5.11.1）的规定；

3 在电缆沟或电气竖井内垂直敷设或大于 45°倾斜敷设的电缆应在每个支架上固定；

4 在梯架、托盘或槽盒内大于 45°倾斜敷设的电缆应每隔 2m 固定，水平敷设的电缆，首尾两端、转弯两侧及每隔 5～10m 处应设固定点；

5 当设计无要求时，电缆支持点间距不应大于表 13.2.2（本书表 5.13.3）的规定；

电缆支持点间距（mm）   表 5.13.3

电缆种类		电缆外径（mm）	敷设方式	
			水平	垂直
电力电缆	全塑型	—	400	1000
	除全塑型外的中低压电缆		800	1500
	35kV 高压电缆		1500	2000
	铝合金带联锁铠装的铝合金电缆		1800	1800
	控制电缆		800	1000
矿物绝缘电缆		<9	600	800
		≥9，且<15	900	1200
		≥15，且<20	1500	2000
		≥20	2000	2500

6 当设计无要求时，电缆与管道的最小净距应符合本规范附录 F 的规定；

7 无挤塑外护层电缆金属护套与金属支（吊）架直接接触的部位应有防电化腐蚀的措施；

8 电缆出入电缆沟、电气竖井、建筑物、配电（控制）柜、台、箱处以及管子管口处等部位应采取防火或密封措施；

9 电缆出入电缆梯架、托盘、槽盒及配电（控制）柜、台、箱、盘处应做固定；

10 电缆通过墙、楼板或室外敷设穿导管保护时，导管的内径不应小于电缆外径的1.5倍。

检查数量：按每检验批电缆线路抽查20%，且不得少于1条电缆线路并应能覆盖上述不同的检查内容。

检查方法：观察检查并用尺量检查，查阅电缆敷设记录。

常见问题：

(1) 电缆在电缆支架上敷设时，交叉敷设情况较多。

(2) 电缆敷设时，弯曲半径过小。

(3) 电缆缺少固定。

(4) 电缆敷设时缺少保护。

13.2.3 直埋电缆的上、下应有细沙或软土，回填土应无石块、砖头等尖锐硬物。

检查数量：全数检查。

检查方法：施工中观察检查并查阅隐蔽工程检查记录。

13.2.4 电缆的首端、末端和分支处应设标志牌，直埋电缆应设标示桩。

检查数量：按每检验批的电缆线路抽查20%，且不得少于1条电缆线路。

检查方法：观察检查。

常见问题：

电缆缺少标志牌。

5.14 导管内穿线和槽盒内敷线

14.1 主控项目

14.1.1 同一交流回路的绝缘导线不应敷设于不同的金属槽盒内或穿于不同金属导管内。

检查数量：按每个检验批的配线总回路数抽查20%，且不得少于1个回路。

检查方法：观察检查。

金属导管、槽盒为铁磁性材料，不平衡交流电流产生的涡流效应会使导管或槽盒温度升高，导管内或槽盒内绝缘导线的绝缘层迅速老化，甚至龟裂脱落，发生漏电、短路、着火等事故。

14.1.2 除设计要求以外，不同回路、不同电压等级和交流与直流线路的绝缘导线不应穿于同一导管内。

检查数量：按每个检验批的配线总回路数抽查20%，且不得少于1个回路。

检查方法：观察检查。

14.1.3 绝缘导线接头应设置在专用接线盒（箱）或器具内，不得设置在导管和槽盒内，盒（箱）的设置位置应便于检修。

检查数量：按每个检验批的配线回路总数抽查10%，且不得少于1个回路。

检查方法：观察检查并用尺量检查。

常见问题：

绝缘导线在槽盒内敷设时有接头。

14.2 一般项目

14.2.1 除塑料护套线外，绝缘导线应采取导管或槽盒保护，不可外露明敷。

  检查数量：按每个检验批的绝缘导线配线回路数抽查 10%，且不得少于 1 个回路。

  检查方法：观察检查。

  常见问题：

  绝缘导线敷设缺少保护措施。

14.2.2 绝缘导线穿管前，应清除管内杂物和积水，绝缘导线穿入导管的管口在穿线前应装设护线口。

  检查数量：按每个检验批的绝缘导线穿管数抽查 10%，且不得少于 1 根导管。

  检查方法：施工中观察检查。

14.2.3 与槽盒连接的接线盒（箱）应选用明装盒（箱）；配线工程完成后，盒（箱）盖板应齐全、完好。

  检查数量：全数检查。

  检查方法：观察检查。

14.2.4 当采用多相供电时，同一建（构）筑物的绝缘导线绝缘层颜色选择应一致。

  检查数量：按每个检验批的绝缘导线配线总回路数抽查 10%，且不得少于 1 个回路。

  检查方法：观察检查。

  常见问题：

  线色混用，尤其是保护接地导体没有用黄绿相间色。

14.2.5 槽盒内敷线应符合下列规定：

  1 同一槽盒内不宜同时敷设绝缘导线和电缆；

  2 同一路径无防干扰要求的线路，可敷设于同一槽盒内。槽盒内的绝缘导线总截面积（包括外护套）不应超过槽盒内截面积的 40%，且载流导体不宜超过 30 根；

  3 控制和信号等非电力线路敷设于同一槽盒内时，绝缘导线的总截面积不应超过槽盒内截面积的 50%；

  4 分支接头处绝缘导线的总截面面积（包括外护层）不应大于该点盒（箱）内截面面积的 75%；

  5 绝缘导线在槽盒内应有一定余量，并应按回路分段绑扎，绑扎点间距不应大于 1.5m；当垂直或大于 45°倾斜敷设时，应将绝缘导线分段固定在槽盒内的专用部件上，每段至少应有一个固定点；当直线段长度大于 3.2m 时，其固定点间距不应大于 1.6m；槽盒内导线排列应整齐、有序；

  6 敷线完成后，槽盒盖板应复位，盖板应齐全、平整、牢固。

  检查数量：按每个检验批的槽盒总长度抽查 10%，且不得少于 1m。

  检查方法：观察检查并用尺量检查。

  常见问题：

  （1）槽盒内敷设的绝缘导线总截面积超过槽盒内截面积的 40%。

  （2）导线在槽盒内敷设没有进行绑扎固定。

  （3）槽盒内敷线完成后，没有及时将槽盒盖板复位。

5.15 塑料护套线直敷布线

15.1 主控项目

15.1.1 塑料护套线严禁直接敷设在建筑物顶棚内、墙体内、抹灰层内、保温层内或装饰面内。

检查数量：全数检查。

检查方法：施工中观察检查。

塑料护套线直接敷设在建筑物顶棚内，不便于观察和监视，易被老鼠等小动物啃咬；敷设在墙体、抹灰层、保温层、装饰面内，将导致：①导线无法检修和更换；②会因墙面钉入铁件而损坏线路，造成事故；③导线受碱性介质的腐蚀而加速老化。以上可能造成严重漏电，从而危及人身安全。

15.1.2 塑料护套线与保护导体或不发热管道等紧贴和交叉处及穿梁、墙、楼板处等易受机械损伤的部位，应采取保护措施。

检查数量：全数检查。

检查方法：观察检查。

15.1.3 塑料护套线在室内沿建筑物表面水平敷设高度距地面不应小于2.5m；垂直敷设时距地面高度1.8m以下的部分应采取保护措施。

检查数量：全数检查。

检查方法：观察检查并用尺量检查。

常见问题：

塑料护套线在局地1.8m以下敷设没有采取保护措施。

15.2 一般项目

15.2.1 当塑料护套线侧弯或平弯时，其弯曲处护套和导线绝缘层均应完整无损伤，侧弯或平弯弯曲半径应分别不小于护套线宽度和厚度的3倍。

检查数量：按侧弯及平弯的总数量抽查20%，且各不得少于1处。

检查方法：尺量检查、观察检查。

15.2.2 塑料护套线进入盒（箱）或与设备、器具连接，其护套层应进入盒（箱）或设备、器具内，护套层与盒（箱）入口处应密封。

检查数量：全数检查。

检查方法：观察检查。

15.2.3 塑料护套线的固定应符合下列规定：

1 固定应顺直、不松弛、不扭绞；

2 护套线应采用线卡固定，固定点间距应均匀、不松动，固定点间距宜为150～200mm；

3 在终端、转弯和进入盒（箱）、设备或器具等处，均应装设线卡固定，线卡距终端、转弯中点、盒（箱）、设备或器具边缘的距离宜为50～100mm；

4 塑料护套线的接头应设在明装盒（箱）或器具内，多尘场所应采用IP5X等级的密闭式盒（箱），潮湿场所应采用IPX5等级的密闭式盒（箱），盒（箱）的配件应齐全，固定应可靠。

　　检查数量：按每检验批的配线回路数量抽查20%，且不得少于1处。

　　检查方法：观察检查。

15.2.4　多根塑料护套线平行敷设的间距应一致，分支和弯头处应整齐，弯头应一致。

　　检查数量：按多根塑料护套线平行敷设的数量抽查20%，且不得少于1处。

　　检查方法：观察检查。

5.16　钢索配线

16.1　主控项目

16.1.1　钢索配线应采用镀锌钢索，不应采用含油芯的钢索。钢索的钢丝直径应小于0.5mm，钢索不应有扭曲和断股等缺陷。

　　检查数量：全数检查。

　　检查方法：尺量检查、观察检查，查验材料证明文件及材料进场验收记录。

16.1.2　钢索与终端拉环套接应采用心形环，固定钢索的线卡不应少于2个，钢索端头应用镀锌铁线绑扎紧密，且应与保护导体可靠连接。

　　检查数量：全数检查。

　　检查方法：施工中观察检查并查阅隐蔽工程检查记录。

16.1.3　钢索终端拉环埋件应牢固可靠，并能承受在钢索全部负荷下的拉力，在挂索前应对拉环做过载试验，过载试验的拉力应为设计承载拉力的3.5倍。

　　检查数量：全数检查。

　　检查方法：试验时观察检查并查阅过载试验记录。

16.1.4　当钢索长度在小于或等于50m时，应在钢索一端装设索具螺旋扣紧固；当钢索长度大于50m时，应在钢索两端装设索具螺旋扣紧固。

　　检查数量：全数检查。

　　检查方法：观察检查。

16.2　一般项目

16.2.1　钢索中间吊架间距不应大于12m，吊架与钢索连接处的吊钩深度不应小于20mm，并应有防止钢索跳出的锁定零件。

　　检查数量：按钢索总数抽查50%，且不少于1道钢索。

　　检查方法：观察检查并用尺量检查。

16.2.2　绝缘导线和灯具在钢索上安装后，钢索应承受全部负载，且钢索表面应整洁、无锈蚀。

　　检查数量：全数检查。

　　检查方法：观察检查。

16.2.3　钢索配线的支持件之间及支持件与灯头盒之间最大距离应符合表16.2.3（本书表5.16.1）的规定。

　　检查数量：按支持件和灯头盒的总数抽查20%，且不少于1处。

　　检查方法：观察检查。

钢索配线的支持件之间及支持件与灯头盒之间最大距离（mm）　　表5.16.1

配线类别	支持件之间最大距离	支持件与灯头盒之间最大距离
钢管	1500	200
塑料导管	1000	150
塑料护套线	200	100

5.17　电缆头制作、导线连接和线路绝缘测试

17.1　主控项目

17.1.1　电力电缆通电前应按国家标准《电气装置安装工程电气设备交接试验标准》GB 50150的规定进行耐压试验，并应合格。

　　检查数量：全数检查。

　　检查方法：试验时观察检查并查阅交接试验记录。

17.1.2　低压或特低电压配电线路线间和线对地间的绝缘电阻测试电压及绝缘电阻值不应小于表17.1.2（本书表5.17.1）的规定，矿物绝缘电缆线间和线对地间的绝缘电阻应符合国家现行有关产品标准的规定。

低压或特低电压配电线路绝缘电阻测试电压及绝缘电阻最小值　　表5.17.1

标称回路电压（V）	直流测试电压（V）	绝缘电阻（MΩ）
SELV 和 PELV	250	0.5
500V 及以下，包括 FELV	500	0.5
500V 以上	1000	1.0

　　检查数量：按每检验批的线路数量抽查20%，且不得少于1条线路并应覆盖不同型号的电缆或电线。

　　检查方法：用绝缘电阻测试仪测试并查阅绝缘电阻测试记录。

17.1.3　电力电缆的铜屏蔽层和铠装护套及矿物绝缘电缆的金属护套和金属配件应采用铜绞线或镀锡铜编织线与保护导体做连接，其连接导体的截面积不应小于表17.1.3（本书表5.17.2）的规定。当铜屏蔽层和铠装护套及矿物绝缘电缆的金属护套和金属配件作保护导体时，其连接导体的截面积应符合设计要求。

电缆终端接地线截面（mm²）　　表5.17.2

电缆相导体截面积	接地线截面积
≤16	与电缆导体截面相同
>16，且≤120	16
>120	25

　　检查数量：按每检验批的电缆线路数量抽查20%，且不得少于1条电缆线路并应覆盖不同型号的电缆。

　　检查方法：观察检查。

　　常见问题：

电力电缆屏蔽层和铠装护套未与保护导体可靠连接。

17.1.4 电缆端子与设备或器具连接应符合本规范第 10.1.3 和第 10.2.2 条的规定。

　　检查数量：按每检验批的电缆线路数量抽查 20%，且不得少于 1 条电缆线路。

　　检查方法：观察检查并用力矩测试仪测试紧固度。

17.2 一般项目

17.2.1 电缆头应可靠固定，不应使电器元器件或设备端子承受额外应力。

　　检查数量：按每检验批的电缆线路数量抽查 20%，且不得少于 1 条电缆线路。

　　检查方法：观察检查。

　　常见问题：

　　电缆头进入设备端子前没有可靠固定，致使端子受力。

17.2.2 导线与设备或器具的连接应符合下列规定：

　　1 截面积在 10mm² 及以下的单股铜芯线和单股铝/铝合金芯线可直接与设备或器具的端子连接；

　　2 截面积在 2.5mm² 及以下的多芯铜芯线应接续端子或拧紧搪锡后与设备或器具的端子连接；

　　3 截面积大于 2.5mm² 的多芯铜芯线，除设备自带插接式端子外，应接续端子后与设备或器具的端子连接；多芯铜芯线与插接式端子连接前，端部应拧紧搪锡；

　　4 多芯铝芯线应接续端子后与设备、器具的端子连接，多芯铝芯线接续端子前应去除氧化层并涂抗氧化剂，连接完成后应清洁干净；

　　5 每个设备或器具的端子接线不多于 2 根导线或 2 个导线端子。

　　检查数量：按每检验批的配线回路数量抽查 5%，且不得少于 1 条配线回路并能覆盖不同型号和规格的导线。

　　检查方法：观察检查。

　　常见问题：

　　(1) 多股铜芯线进端子前未拧紧搪锡。

　　(2) 同一端子接线（或导线端子）超过 2 根。

17.2.3 截面积 6mm² 及以下铜芯导线间的连接应采用导线连接器或缠绕搪锡连接：

　　1 导线连接器应符合现行国家标准《家用和类似用途低压电路用的连接器件》GB 13140 的相关规定，并应符合下列规定：

　　1）导线连接器应与导线截面相匹配；

　　2）单芯导线与多芯软导线连接时，多芯软导线宜搪锡处理；

　　3）与导线连接后不应明露线芯；

　　4）采用机械压紧方式制作导线接头时，应使用确保压接力的专用工具；

　　5）多尘场所的导线连接应选用 IP5X 及以上的防护等级连接器；潮湿场所的导线连接应选用 IPX5 及以上的防护等级连接器；

　　2 导线采用缠绕搪锡连接时，连接头缠绕搪锡后应采取可靠绝缘措施。

　　检查数量：按每检验批的线间连接总数抽查 5%，且各不得少于 1 个型号及规格的导线并覆盖其连接方式。

　　检查方法：观察检查。

常见问题：

（1）导线连接后有线芯明露。

（2）导线采用缠绕搪锡连接方式后没有采取可靠的绝缘措施。

17.2.4　铝/铝合金电缆头及端子压接应符合下列规定：

1　铝/铝合金电缆的联锁铠装不应作为保护接地导体（PE）使用，联锁铠装应与保护接地导体（PE）连接；

2　线芯压接面应去除氧化层并涂抗氧化剂，压接完成后应清洁表面；

3　线芯压接工具及模具应与附件相匹配。

检查数量：按每个检验批电缆头数量抽查20%，且不得少于1个。

检查方法：观察检查。

17.2.5　当采用螺纹型接线端子与导线连接时，其拧紧力矩值应符合产品技术文件的要求，当无要求时，应符合本规范附录H的规定。

检查数量：按每检验批的螺纹型接线端子的数量抽查10%，且不得少于1个端子并能覆盖不同的导线。

检查方法：核对产品技术文件，观察检查并用力矩测试仪测试紧固度。

17.2.6　绝缘导线、电缆的线芯连接金具（连接管和端子），其规格应与线芯的规格适配，且不得采用开口端子，其性能应符合国家有关产品标准的规定。

检查数量：按每检验批的线芯连接数量抽查10%，且不得少于2个连接点。

检查方法：观察检查并查验材料合格证明文件和材料进场验收记录。

常见问题：

连接端子采用开口端子。

17.2.7　接线端子规格与电气器具规格不配套时，不应采取降容的转接措施。

检查数量：按每个检验批的不同接线端子规格的总数量抽查20%，且各不得少于1个。

检查方法：观察检查。

常见问题：

导线断股后采用小一个型号的接线端子。

5.18　普通灯具安装

18.1　主控项目

18.1.1　灯具固定应符合下列规定：

1　灯具固定应牢固可靠，在砌体和混凝土结构上严禁使用木楔、尼龙塞或塑料塞固定；

2　质量大于10kg的灯具，固定装置及悬吊装置应按灯具重量的5倍恒定均布载荷做强度试验，且持续时间不得少于15min。

检查数量：第1款按每检验批的灯具数量抽查5%，且不得少于1套；2款全数检查。

检查方法：施工或强度试验时观察检查，查阅灯具固定装置及悬吊装置的载荷强度试验记录。

常见问题：

(1) 采用塑料塞固定灯具。

(2) 大型灯具没有进行过载试验。

18.1.2 悬吊式灯具安装应符合下列规定：

1 带升降器的软线吊灯在吊线展开后，灯具下沿应高于工作台面0.3m；

2 质量大于0.5kg的软线吊灯，灯具的电源线不应受力；

3 质量大于3kg的悬吊灯具，固定在螺栓或预埋吊钩上，螺栓或预埋吊钩的直径不应小于灯具挂销直径，且不应小于6mm；

4 采用钢管作灯具吊杆时，其内径不应小于10mm，壁厚不应小于1.5mm；

5 灯具与固定装置及灯具连接件之间采用螺纹连接的，螺纹啮合扣数不应少于5扣。

检查数量：按每检验批的不同灯具型号各抽查5％，且各不得少于1。

检查方法：观察检查并用尺量检查。

常见问题：

(1) 质量大于0.5kg的灯具吊装时没有采取单独的吊具。

(2) 灯具采用杆吊时，管壁厚小于1.5mm。

(3) 灯具与固定装置采用螺纹连接时，螺纹啮合扣数不足5扣。

18.1.3 吸顶或墙面上安装的灯具，其固定用的螺栓或螺钉不应少于2个，灯具应紧贴饰面。

检查数量：按每检验批的不同安装形式各抽查5％，且各不得少于1套。

检查方法：观察检查。

常见问题：

灯具安装时，只用一个固定螺栓固定。

18.1.4 由接线盒引至嵌入式灯具或槽灯的绝缘导线应符合下列规定：

1 绝缘导线应采用柔性导管保护，不得裸露，且不应在灯槽内明敷；

2 柔性导管与灯具壳体应采用专用接头连接。

检查数量：按每检验批的灯具数量抽查5％，且不得少于1套。

检查方法：观察检查。

常见问题：

(1) 绝缘导线在灯槽内明敷。

(2) 接线盒与灯具之间采用金属软管时没有采用专用接头。

18.1.5 普通灯具的Ⅰ类灯具的外露可导电部分必须用铜芯软导线与保护导体可靠连接，连接处应设置接地标识，铜芯软导线的截面积应与进入灯具的电源线截面积相同。

检查数量：按每检验批的灯具数量抽查5％，且不得少于1套。

检查方法：尺量检查、工具拧紧和测量检查。

灯具分为Ⅰ类、Ⅱ类、Ⅲ类。

Ⅰ类灯具的定义为：防触电保护不仅依靠基本绝缘，而且还包括基本的附加措施，即把不带电的外露可导电部分连接到固定的保护接地线（PE）上，使不带电的外露可导电部分在基本绝缘失效时不致带电。因此这类灯具必须与保护接地线可靠连接，以防触电事故的发生。

常见问题：

(1) Ⅰ类灯具的外露可导电部分未与保护导体可靠连接。

(2) 灯具与保护导体连接的导线截面小于电源截面积。

18.1.6 除采用安全电压以外，当设计无要求时，敞开式灯具的灯头对地面距离应大于2.5m。

检查数量：按每检验批的灯具数量抽查10%，且各不得少于1套。

检查方法：观察检查并用尺量检查。

常见问题：

敞开式灯具局地高度不足2.5m。

18.1.7 埋地灯安装应符合下列规定：

1 埋地灯的防护等级应符合设计要求；

2 埋地灯的接线盒应采用防护等级为IPX7的防水接线盒，盒内绝缘导线接头应做防水绝缘处理。

检查数量：按灯具总数抽查5%，且不得少于1套。

检查方法：观察检查，查阅产品进场验收记录及产品质量合格证明文件。

常见问题：

埋地灯具所用接线盒没有采用防水型接线盒。

18.1.8 庭院灯、建筑物附属路灯安装应符合下列规定：

1 灯具与基础固定应可靠，地脚螺栓备帽应齐全。灯具接线盒应采用防护等级不小于IPX5的防水接线盒，盒盖防水密封垫应齐全、完整；

2 灯具的电器保护装置应齐全，规格应与灯具适配；

3 灯杆的检修门应采取防水措施，且闭锁防盗装置完好。

检查数量：按灯具型号各抽查5%，且各不得少于1套。

检查方法：观察检查、工具拧紧及用手感检查，查阅产品进场验收记录及产品质量合格证明文件。

常见问题：

庭院灯、路灯用接线盒，灯杆检修门部位渗水，引起线路短路。

18.1.9 安装在公共场所的大型灯具的玻璃罩，应采取防止玻璃罩向下溅落的措施。

检查数量：全数检查。

检查方法：观察检查。

18.1.10 LED灯具安装应符合下列规定：

1 灯具安装应牢固可靠，饰面不应使用胶类粘贴；

2 灯具安装位置应有较好的散热条件，且不宜安装在潮湿场所；

3 灯具用的金属防水接头密封圈应齐全、完好；

4 灯具的驱动电源、电子控制装置室外安装时，应置于金属箱（盒）内。金属箱盒的IP防护等级和散热应符合设计要求，驱动电源的极性标记应清晰，完整；

5 室外灯具配线管路应按明配管敷设，且应具备防雨功能，IP防护等级应符合设计要求。

检查数量：按灯具型号各抽查5%，且各不得少于1套。

检查方法：观察检查，查阅产品进场验收记录及产品质量合格证明文件。

常见问题：

LED灯具安装位置不利于散热，常由此引起火灾。

18.2 一般项目

18.2.1 引向单个灯具的绝缘导线截面积应与灯具功率相匹配，绝缘铜芯导线的线芯截面积不应小于$1mm^2$。

检查数量：按每检验批的灯具数量抽查5%，且不得少于1套。

检查方法：观察检查。

常见问题：

灯具进场验收时，厂家不提供灯具内部接线的相关资料。

18.2.2 灯具的外形、灯头及其接线应符合下列规定：

1 灯具及其配件应齐全，不应有机械损伤、变形、涂层剥落和灯罩破裂等缺陷；

2 软线吊灯的软线两端应做保护扣，两端线芯应搪锡；当装升降器时，应采用安全灯头；

3 除敞开式灯具外，其他各类容量在100W及以上的灯具，引入线应采用瓷管、矿棉等不燃材料作隔热保护；

4 连接灯具的软线应盘扣、搪锡压线，当采用螺口灯头时，相线应接于螺口灯头中间的端子上；

5 灯座的绝缘外壳不应破损和漏电；带有开关的灯座，开关手柄应无裸露的金属部分。

检查数量：按每检验批的灯具型号各抽查5%，且各不得少于1套。

检查方法：观察检查。

18.2.3 灯具表面及其附件的高温部位靠近可燃物时，应采取隔热、散热等防火保护措施。

检查数量：按每检验批的灯具总数量抽查20%，且各不得少于1套。

检查方法：观察检查。

常见问题：

在灯具表面近距离有可燃物。

18.2.4 高低压配电设备、裸母线及电梯曳引机的正上方不应安装灯具。

检查数量：全数检查。

检查方法：观察检查。

常见问题：

在变电所内高低压柜上方安装灯具。

18.2.5 投光灯的底座及支架应牢固，枢轴应沿需要的光轴方向拧紧固定。

检查数量：按灯具总数抽查10%，且不得少于1套。

检查方法：观察检查和手感检查。

18.2.6 聚光灯和类似灯具出光口面与被照物体的最短距离应符合产品技术文件要求。

检查数量：按灯具型号各抽查10%，且各不得少于1套。

检查方法：尺量检查并核对产品技术文件。

18.2.7 导轨灯的灯具功率和载荷应与导轨额定载流量和最大允许载荷相适配。

检查数量：按灯具总数抽查10%，且不得少于1台。

检查方法：观察检查并核对产品技术文件。

18.2.8 露天安装的灯具应有泄水孔，且泄水孔应设置在灯具腔体的底部。灯具及其附件、紧固件、底座和与其相连的导管、接线盒等应有防腐蚀和防水措施。

检查数量：按灯具数量抽查10%，且不得少于1套。

检查方法：观察检查。

18.2.9 安装于槽盒底部的荧光灯具，应紧贴槽盒底部，并应固定牢固。

检查数量：按每检验批的灯具数量抽查10%，且不得少于1套。

检查方法：观察检查和手感检查。

18.2.10 庭院灯、建筑物附属路灯安装应符合下列规定：

1 灯具的自动通、断电源控制装置应动作准确；

2 灯具应固定可靠、灯位正确，紧固件应齐全、拧紧。

检查数量：按灯具型号各抽查10%，且各不得少于1套。

检查方法：模拟试验、观察检查和手感检查。

5.19 专用灯具安装

19.1 主控项目

19.1.1 专用灯具的Ⅰ类灯具外露可导电部分必须用铜芯软导线与保护导体可靠连接，连接处应设置接地标识，铜芯软导线的截面积应与进入灯具的电源线截面积相同。

检查数量：按每检验批的灯具数量抽查5%，且不得少于1套。

检查方法：尺量检查、工具拧紧和测量检查。

19.1.2 手术台无影灯安装应符合下列规定：

1 固定灯座的螺栓数量不应少于灯具法兰底座上的固定孔数，且螺栓直径应与底座孔径相适配；螺栓应采用双螺母锁固；

2 无影灯的固定装置除应按18.1.1条第2款进行均布载荷试验外，尚应符合产品技术文件的规定。

检查数量：全数检查。

检查方法：施工或强度试验时观察检查，查阅灯具固定装置的载荷强度试验记录。

常见问题：

手术台无影灯底座采用螺栓固定式，没有采用双螺母。

19.1.3 应急灯具安装应符合下列规定：

1 消防应急照明回路的设置除符合设计要求外，尚应符合防火分区设置的要求，穿越不同防火分区时应采取防火封堵措施；

2 对于应急灯具、运行中温度大于60℃的灯具，当靠近可燃物时，应采取隔热、散热等防火措施；

3 EPS供电的应急灯具安装完毕后，应检验EPS供电运行的最少持续供电时间，并应符合设计要求；

4　安全出口指示标志灯设置应符合设计要求；

5　疏散指示标志灯安装高度及设置部位应符合设计要求；

6　疏散指示标志灯的设置不应影响正常通行，且不应在其周围设置容易混同疏散标志灯的其他标志牌等；

7　疏散指示标志灯工作应正常，并应符合设计要求；

8　消防应急照明线路在非燃烧体内穿钢导管暗敷时，暗敷钢导管保护层厚度不应小于30mm。

检查数量：第2款全数检查；第1、3、4、5、6、7款按每检验批的灯具型号各抽查10%，且各不少于1套；第8款按检验批数量抽查10%，且不得少于1个检验批。

检查方法：第1、2、4、5、6、7款观察检查，第3款试验检验并核对设计文件，第8款尺量检查、查阅隐蔽工程检查记录。

常见问题：

(1) 安全出口指示灯安装方向错误。

(2) 疏散指示灯指示的不是最近的疏散出入口。

(3) 应急照明线路穿管在墙体内暗敷时，保护层厚度不足。

19.1.4　霓虹灯安装应符合下列规定：

1　霓虹灯管应完好、无破裂；

2　灯管应采用专用的绝缘支架固定，且牢固可靠。灯管固定后，与建（构）筑物表面的距离不宜小于20mm；

3　霓虹灯专用变压器应为双绕组式，所供灯管长度不应大于允许负载长度，露天安装的应采取防雨措施；

4　霓虹灯专用变压器的二次侧和灯管间的连接线应采用额定电压大于15kV的高压绝缘导线，导线连接应牢固，防护措施应完好。高压绝缘导线与附着物表面的距离不应小于20mm。

检查数量：全数检查。

检查方法：观察检查并用尺量和手感检查。

19.1.5　高压钠灯、金属卤化物灯安装应符合下列规定：

1　光源及附件必须与镇流器、触发器和限流器配套使用，触发器与灯具本体的距离应符合产品技术文件要求；

2　电源线应经接线柱连接，不应使电源线靠近灯具表面。

检查数量：按灯具型号各抽查10%，且各不得少于1套。

检查方法：观察检查并用尺量检查，核对产品技术文件。

19.1.6　景观照明灯具安装应符合下列规定：

1　在人行道等人员来往密集场所安装的落地式灯具，当无围栏防护时，灯具距地面高度应大于2.5m；

2　金属构架及金属保护管应分别与保护导体采用焊接或螺栓连接，连接处应设置接地标识。

检查数量：全数检查。

检查方法：观察检查并用尺量检查，查阅隐蔽工程检查记录。

安装在人员往来密集场所的落地式景观照明灯具，有可能被人接触，为了避免造成接触人员的伤亡，要求这些场所的落地式景观灯具要有严格的防灼伤和防触电措施。

常见问题：

(1) 景观照明灯具落地安装，高度低于 2.5m 时，无防护措施。

(2) 景观照明灯具的金属部分没有与保护导体连接。

(3) 景观照明灯具与保护导体连接部位没有接地标识。

19.1.7 航空障碍标志灯安装应符合下列规定：

1 灯具安装应牢固可靠，且应有维修和更换光源的措施；

2 当灯具在烟囱顶上装设时，应安装在低于烟囱口 1.5～3m 的部位且应呈正三角形水平排列；

3 安装在屋面接闪器保护范围以外的灯具，当需设置接闪器时，其接闪器应与屋面接闪器可靠连接。

检查数量：全数检查。

检查方法：观察检查，查阅隐蔽工程检查记录。

常见问题：

航空障碍灯安装在屋面四周建筑物接闪器保护范围之外，没有单独设置接闪器。

19.1.8 太阳能灯具安装应符合下列规定：

1 太阳能灯具与基础固定应可靠，地脚螺栓有防松措施，灯具接线盒盖的防水密封垫应齐全、完整；

2 灯具表面应平整光洁、色泽均匀，不应有明显的裂纹、划痕、缺损、锈蚀及变形等缺陷。

检查数量：按灯具数量抽查 10%，且不得少于 1 套。

检查方法：观察检查和手感检查。

19.1.9 洁净场所灯具嵌入安装时，灯具与顶棚之间的间隙应用密封胶条和衬垫密封，密封胶条和衬垫应平整，不得扭曲、折叠。

检查数量：按灯具数量抽查 10%，且不得少于 1 套。

检查方法：观察检查。

常见问题：

洁净场所灯具与吊顶之间没有密封处理措施。

19.1.10 游泳池和类似场所灯具（水下灯及防水灯具）安装应符合下列规定：

1 当引入灯具的电源采用导管保护时，应采用塑料导管；

2 固定在水池构筑物上的所有金属部件应与保护联结导体可靠连接，并应设置标识。

检查数量：全数检查。

检查方法：观察检查和手感检查，查阅隐蔽工程检查记录和等电位联结导通性测试记录。

常见问题：

安装在游泳池内（或边缘）的金属扶手没有与保护导体可靠连接。

19.2 一般项目

19.2.1 手术台无影灯安装应符合下列规定：

1 底座应紧贴顶板、四周无缝隙；

2 表面应保持整洁、无污染，灯具镀、涂层应完整无划伤。

检查数量：全数检查。

检查方法：观察检查。

19.2.2 当应急电源或镇流器与灯具分离安装时，应固定可靠，应急电源或镇流器与灯具本体之间的连接绝缘导线应用金属柔性导管保护，导线不得外露。

检查数量：按每检验批的灯具数量抽查10%，且不得少于1套。

检查方法：观察检查和手感检查。

19.2.3 霓虹灯安装应符合下列规定：

1 明装的霓虹灯变压器安装高度低于3.5m时应采取防护措施；室外安装距离晒台、窗口、架空线等不应小于1m，并应有防雨措施；

2 霓虹灯变压器应固定可靠，安装位置宜方便检修，且应隐蔽在不易被非检修人触及的场所；

3 当橱窗内装有霓虹灯时，橱窗门与霓虹灯变压器一次侧开关应有联锁装置，开门时不得接通霓虹灯变压器的电源；

4 霓虹灯变压器二次侧的绝缘导线应采用高绝缘材料的支持物固定，对于支持点距离：水平线段不应大于0.5m；垂直线段不应大于0.75m。

5 霓虹灯管附着基面及其托架应采用金属或不燃材料制作，并应固定可靠，室外安装应耐风压。

检查数量：按灯具安装部位各抽查10%，且各不得少于1套。

检查方法：观察检查并用尺量和手感检查。

常见问题：

室外安装霓虹灯距窗距离小于1m。

19.2.4 高压钠灯、金属卤化物灯安装应符合下列规定：

1 灯具的额定电压、支架型式和安装方式应符合设计要求；

2 光源的安装朝向应符合产品技术文件要求。

检查数量：按灯具型号各抽查10%，且各不得少于1套。

检查方法：观察检查并查验产品技术文件、核对设计文件。

19.2.5 建筑物景观照明灯具构架应固定可靠、地脚螺栓拧紧、备帽齐全；灯具的螺栓应紧固、无遗漏。灯具外露的绝缘导线或电缆应有金属柔性导管保护。

检查数量：按灯具数量抽查10%，且不得少于1套。

检查方法：观察检查和手感检查。

19.2.6 航空障碍标志灯安装位置应符合设计要求，灯具的自动通、断电源控制装置应动作准确。

检查数量：全数检查。

检查方法：模拟试验和观察检查。

19.2.7 太阳能灯具的电池板朝向和仰角调整符合地区纬度，迎光面上应无遮挡物，电池板上方应无直射光源。电池组件与支架连接应牢固可靠，组件的输出线不应裸露，并应用扎带绑扎固定。

检查数量：按灯具总数抽查10％，且不得少于1套。

检查方法：观察检查。

5.20 开关、插座、风扇安装

20.1 主控项目

20.1.1 当交流、直流或不同电压等级的插座安装在同一场所时，应有明显的区别，插座不得互换；配套的插头应按交流、直流或不同电压等级区别使用。

检查数量：按每检验批的插座数量抽查20％，且不得少于1个。

检查方法：观察检查并用插头进行试插检查。

20.1.2 不间断电源插座及应急电源插座应设置标识。

检查数量：按插座总数抽查10％，且不得少于1套。

检查方法：观察检查。

20.1.3 插座接线应符合下列规定：

1 对于单相两孔插座，面对插座的右孔或上孔与相线连接，左孔或下孔与中性导体（N）连接；对于单相三孔插座，面对插座的右孔与相线连接，左孔与中性导体（N）连接；

2 单相三孔、三相四孔及三相五孔插座的保护接地导体（PE）应接在上孔。插座的保护接地导体端子不得与中性导体端子连接。同一场所的三相插座，其接线的相序应一致；

3 保护接地导体（PE）在插座之间不得串联连接；

4 相线与中性导体（N）不应利用插座本体的接线端子转接供电。

检查数量：按每检验批的插座型号各抽查5％，且各不得少于1套。

检查方法：观察检查并用专用测试工具检查。

"保护接地导体（PE）在插座之间不得串联连接"是为了防止保护接地导体在插座处断开后导致后面的插座失去了接地保护。

本条第4款规定"相线与中性导体（N）不应利用插座本体的接线端子转接供电"即要求不应通过插座本体的接线端子并接线路，以防止插座使用过程中，由于插头的频繁操作造成接线端子松动，而引发安全事故。

常见问题：

（1）插座接线错，左孔接相线，右孔接零线。

（2）插座之间接地线串联。

（3）插座之间相线、零线串联。

20.1.4 照明开关安装应符合下列规定：

1 同一建（构）筑物的开关宜采用同一系列的产品，单控开关的通断位置应一致，且应操作灵活、接触可靠；

2 相线应经开关控制；

3 紫外线杀菌灯的开关应有明显标识，且与普通照明开关的位置分开。

检查数量：第3款全数检查，第1、2款按每检验批的开关数量抽查5％，且按规格型号各不得少于1套。

检查方法：观察检查、用电笔测试检查和手动开启开关检查。

常见问题：

开关通过零线控制灯具。

20.1.5 温控器接线应正确，显示屏指示应正常，安装标高应符合设计要求。

检查数量：按每检验批的数量抽查 10%，且不得少于 1 套。

检查方法：观察检查。

20.1.6 吊扇安装应符合下列规定：

1 吊扇挂钩安装应牢固，吊扇挂钩的直径不应小于吊扇挂销直径，且不应小于 8mm；挂钩销钉应有防振橡胶垫；挂销的防松零件应齐全、可靠；

2 吊扇扇叶距地高度不应小于 2.5m；

3 吊扇组装不应改变扇叶角度，扇叶的固定螺栓防松零件应齐全；

4 吊杆间、吊杆与电机间螺纹连接，其啮合长度不应小于 20mm，且防松零件应齐全紧固；

5 吊扇应接线正确，运转时扇叶应无明显颤动和异常声响；

6 吊扇开关安装标高应符合设计要求。

检查数量：按吊扇数量抽查 5%，且不得少于 1 套。

检查方法：听觉检查、观察检查、尺量检查和卡尺检查。

常见问题：

吊扇扇叶局地高度小于 2.5m。

20.1.7 壁扇安装应符合下列规定：

1 壁扇底座应采用膨胀螺栓或焊接固定，固定应牢固可靠；膨胀螺栓的数量不应少于 3 个，且直径不应小于 8mm；

2 防护罩应扣紧、固定可靠，当运转时扇叶和防护罩应无明显颤动和异常声响。

检查数量：按壁扇数量抽查 5%，且不得少于 1 套。

检查方法：听觉检查、观察检查和手感检查。

20.2 一般项目

20.2.1 暗装的插座盒或开关盒应与饰面平齐，盒内干净整洁，无锈蚀，绝缘导线不得裸露在装饰层内；面板应紧贴饰面、四周无缝隙、安装牢固，表面光滑、无碎裂、划伤，装饰帽（板）齐全。

检查数量：按每检验批的盒子数量抽查 10%，且不得少于 1 个。

检查方法：观察检查和手感检查。

20.2.2 插座安装应符合下列规定：

1 插座安装高度应符合设计要求，同一室内相同规格并列安装的插座高度宜一致；

2 地面插座应紧贴饰面，盖板应固定牢固，密封良好。

检查数量：按每个检验批的插座总数抽查 10%，且按型号各不得少于 1 个。

检查方法：观察检查并用尺量和手感检查。

常见问题：

（1）同一场所插座的安装的多个插座高度偏差较大。

（2）插座面板与装饰面不密贴，安装不牢固，扭曲翘角。

20.2.3 照明开关安装应符合下列规定：

1 照明开关安装高度应符合设计要求；

2 开关安装位置应便于操作，开关边缘距门框边缘的距离宜为 0.15～0.2m；

3 相同型号并列安装高度宜一致，并列安装的拉线开关的相邻间距不宜小于 20mm。

检查数量：按每检验批的开关数量抽查 10%，且不得少于 1 个。

检查方法：观察检查并用尺量检查。

常见问题：

开关安装位置不正确，距门框太远或安装在门后，不便于操作。

20.2.4 温控器安装高度应符合设计要求；同一室内并列安装的温控器高度宜一致，且控制有序不错位。

检查数量：按每检验批数量抽查 10%，且不得少于 1 个。

检查方法：观察检查并用尺量检查。

20.2.5 吊扇安装应符合下列规定：

1 吊扇涂层应完整、表面无划痕、无污染，吊杆上下扣碗安装应牢固到位；

2 同一室内并列安装的吊扇开关高度宜一致，且控制有序、不错位。

检查数量：按吊扇数量抽查 10%，且不得少于 1 套。

检查方法：观察检查并用尺量和手感检查。

20.2.6 壁扇安装应符合下列规定：

1 壁扇安装高度应符合设计要求；

2 涂层应完整、表面无划痕、无污染，防护罩应无变形。

检查数量：按壁扇数量抽查 10%，且不得少于 1 套。

检查方法：观察检查并用尺量检查。

20.2.7 换气扇安装应紧贴饰面，固定可靠。无专人管理场所的换气扇宜设置定时开关。

检查数量：按换气扇数量抽查 10%，且不得少于 1 套。

检查方法：观察检查和手感检查。

5.21 建筑物照明通电试运行

21.1 主控项目

21.1.1 灯具回路控制应符合设计要求，且应与照明控制柜、箱（盘）及回路的标识一致；开关宜与灯具控制顺序相对应，风扇的转向及调速开关应正常。

检查数量：按每检验批的末级照明配电箱数量抽查 20%，且不得少于 1 台配电箱及相应回路。

检查方法：核对技术文件，观察检查并操作检查。

常见问题：

配电箱内缺少回路标识。

21.1.2 公共建筑照明系统通电连续试运行时间应为 24h，住宅照明系统通电连续试运行时间应为 8h。所有照明灯具均应同时开启，且应每 2h 按回路记录运行参数，连续试运行时间内应无故障。

检查数量：按每检验批的末级照明配电箱总数抽查5%，且不得少于1台配电箱及相应回路。

检查方法：试验运行时观察检查或查阅建筑照明通电试运行记录。

常见问题：

连续试运行期间出现的故障排除后，没有重新进行试运行试验，而是继续进行，时间不满足规范要求。

21.1.3 对设计有照度测试要求的场所，试运行时应检测照度，并应符合设计要求。

检查数量：全数检查。

检查方法：用照度测试仪测试并查阅照度测试记录。

5.22 接地装置安装

22.1 主控项目

22.1.1 接地装置在地面以上的部分，应按设计要求设置测试点，测试点不应被外墙饰面遮蔽，且应有明显标识。

检查数量：全数检查。

检查方法：观察检查。

常见问题：

建筑物外墙上的接地装置测试点没有设置明显的标识。

22.1.2 接地装置的接地电阻值应符合设计要求。

检查数量：全数检查。

检查方法：用接地电阻测试仪测试并查阅接地电阻测试记录。

常见问题：

在测量接地电阻时，没有考虑季节系数的影响。

22.1.3 接地装置的材料规格、型号应符合设计要求。

检查数量：全数检查。

检查方法：观察检查或查阅材料进场验收记录。

22.1.4 当接地电阻达不到设计要求需采取措施降低接地电阻时，应符合下列规定：

1 采用降阻剂时，降阻剂应为同一品牌的产品，调制降阻剂的水应无污染和杂物；降阻剂应均匀灌注于垂直接地体周围；

2 采取换土或将人工接地体外延至土壤电阻率较低处时，应掌握有关的地质结构资料和地下土壤电阻率的分布，并做好记录；

3 采用接地模块时，接地模块的顶面埋深不应小于0.6m，接地模块间距不应小于模块长度的3~5倍。接地模块埋设基坑宜为模块外形尺寸的1.2~1.4倍，且应详细记录开挖深度内的底层情况；接地模块应垂直或水平就位，并应保持与原土层接触良好。

检查数量：全数检查。

检查方法：施工中观察检查并查阅隐蔽工程检查记录及相关记录。

22.2 一般项目

22.2.1 当设计无要求时，接地装置顶面埋设深度不应小于0.6m，且应在冻土层以下。

圆钢、角钢、钢管、铜棒、铜管等接地极应垂直埋入地下，间距不应小于5m；人工接地体与建筑物的外墙或基础之间的水平距离不宜小于1m。

检查数量：全数检查。

检查方法：施工中观察检查并用尺量检查，查阅隐蔽工程检查记录。

22.2.2 接地装置的焊接应采用搭接焊，除埋设在混凝土中的焊接接头外，应有防腐措施，焊接搭接长度应符合下列规定：

1 扁钢与扁钢搭接不应小于扁钢宽度的2倍，且应至少三面施焊；

2 圆钢与圆钢搭接不应小于圆钢直径的6倍，且应双面施焊；

3 圆钢与扁钢搭接不应小于圆钢直径的6倍，且应双面施焊；

4 扁钢与钢管，扁钢与角钢焊接，应紧贴角钢外侧两面，或紧贴3/4钢管表面，上下两侧施焊。

检查数量：按不同搭接类别各抽查10%，且各不得少于1处。

检查方法：施工中观察检查并用尺量检查，查阅相关隐蔽工程检查记录。

常见问题：

(1) 扁钢与扁钢搭接采用"丁"字形搭接，两面施焊。

(2) 圆钢与圆钢搭接采用单面焊加长。

22.2.3 当接地极为铜材和钢材组成时，且铜与铜或铜与钢材连接采用热剂焊时，接头应无贯穿性的气孔且表面平滑。

检查数量：按焊接接头总数量抽查10%，且不得少于1个。

检查方法：观察检查并查阅施工记录。

22.2.4 采取降阻措施的接地装置应符合下列要求：

1 接地装置应被降阻剂或低电阻率土壤所包覆；

2 接地模块应集中引线，并应采用干线将接地模块并联焊接成一个环路，干线的材质与接地模块焊接点的材质应相同，钢制的采用热浸镀锌材料的引出线不应少于2处。

检查数量：全数检查。

检查方法：观察检查并查阅隐蔽工程检查记录。

5.23 变配电室及电气竖井内接地干线敷设

23.1 主控项目

23.1.1 接地干线应与接地装置可靠连接。

检查数量：全数检查。

检查方法：观察检查。

变配电室及电气竖井内接地干线是沿墙或沿电气竖井内明敷的接地导体，用于变配电室设备维修和做预防性试验时的接地预留，以及电气竖井内设备的接地。为保证接地系统可靠和电气设备的安全运行，其连接应可靠，连接应采用熔焊连接或螺栓搭接连接，熔焊焊缝应饱满、焊缝无咬肉，螺栓连接应紧固，锁紧装置齐全。

23.1.2 接地干线的材料型号、规格应符合设计要求。

检查数量：全数检查。

检查方法：观察检查，查阅材料进场验收记录和隐蔽工程检查记录。

23.2 一般项目

23.2.1 接地干线的连接应符合下列规定：

1 接地干线搭接焊应符合本规范第22.2.2条的规定；

2 采用螺栓搭接的连接应符合本规范第10.2.2条规定，搭接的钻孔直径和搭接长度应符合本规范附录D的规定，连接螺栓的力矩值应符合本规范附录E的规定；

3 铜与铜或铜与钢采用热剂焊（放热焊接）时，应符合本规范第22.2.3的规定。

检查数量：按不同连接方式的总数量各抽查5％，且各不得少于2处。

检查方法：观察检查并用力矩扳手拧紧测试，查阅相关施工记录。

23.2.2 明敷的室内接地干线支持件应固定可靠，支持件间距应均匀，扁形导体支持件固定间距宜为500mm；圆形导体支持件固定间距宜为1000mm；弯曲部分宜为0.3～0.5m。

检查数量：按不同部位各抽查10％，且各不得少于1处。

检查方法：观察检查并用尺量和手感检查。

23.2.3 接地干线在穿越墙壁、楼板和地坪处应加套钢管或其他坚固的保护套管，钢套管应与接地干线做电气连通，接地干线敷设完成后保护套管管口应封堵。

检查数量：按不同部位各抽查10％，且各不得少于1处。

检查方法：观察检查。

常见问题：

接地干线在穿越墙体、楼板处未设置保护套管。

23.2.4 接地干线跨越建筑物变形缝时，应采取补偿措施。

检查数量：全数检查。

检查方法：观察检查。

常见问题：

接地干线跨越变形缝处未设置补偿措施。

23.2.5 对于接地干线的焊接接头，除埋入混凝土内的接头外，其余均应做防腐处理，且无遗漏。

检查数量：按焊接接头总数抽查10％，且不得少于2处。

检查方法：施工中观察检查并查阅施工记录。

23.2.6 室内明敷接地干线安装应符合下列规定：

1 敷设位置应便于检查，不应妨碍设备的拆卸、检修和运行巡视，安装高度应符合设计要求；

2 当沿建筑物墙壁水平敷设时，与建筑物墙壁间的间隙宜为10～20mm；

3 接地干线全长度或区间段及每个连接部位附近的表面，应涂以15～100mm宽度相等的黄色和绿色相间的条纹标识；

4 变压器室、高压配电室、发电机房的接地干线上应设置不少于2个供临时接地用的接线柱或接地螺栓。

检查数量：按不同场所各抽查1处。

检查方法：观察检查并用尺量检查。

常见问题：

变压器室、高压配电室、发电机房的接地干线上缺少供临时接地用的接线柱或接地螺栓。

5.24 防雷引下线及接闪器安装

24.1 主控项目

24.1.1 防雷引下线的布置、安装数量和连接方式应符合设计要求。

检查数量：明敷的引下线全数检查，利用建筑结构内钢筋敷设的引下线或抹灰层内的引下线按总数量各抽查5%，且各不得少于2处。

检查方法：明敷的观察检查，暗敷的施工中观察检查并查阅隐蔽工程检查记录。

24.1.2 接闪器的布置、规格及数量应符合设计要求。

检查数量：全数检查。

检查方法：观察检查并用尺量检查，核对设计文件。

常见问题：

屋面接闪器暗敷，没有得到设计确认。

24.1.3 接闪器与防雷引下线必须采用焊接或卡接器连接，防雷引下线与接地装置必须采用焊接或螺栓连接。

检查数量：全数检查。

检查方法：观察检查并采用专用工具拧紧检查。

本条规定主要是强调接闪器与防雷引下线及防雷引下线与接地装置连接点（处）的连接要求，以确保相互连接的可靠性。

24.1.4 当利用建筑物金属屋面或屋顶上旗杆、栏杆、装饰物、铁塔、女儿墙上的盖板等永久性金属物做接闪器时，其材质及截面应符合设计要求，建筑物金属屋面板间的连接、永久性金属物各部件之间的连接应可靠、持久。

检查数量：全数检查。

检查方法：观察检查，核查材质产品质量证明文件和材料进场验收记录，并核对设计文件。

常见问题：

利用建筑物金属屋面或屋顶金属构筑物作为接闪器时，其截面不符合设计要求，与引下线之间的连接不符合规范要求。

24.2 一般项目

24.2.1 暗敷在建筑物抹灰层内的引下线应有卡钉分段固定；明敷的引下线应平直、无急弯，并应设置专用支架固定，引下线焊接处应涮油漆防腐且无遗漏。

检查数量：抽查引下线总数的10%，且不得少于2处。

检查方法：明敷的观察检查，暗敷的施工中观察检查并查阅隐蔽工程检查记录。

24.2.2 设计要求接地的幕墙金属框架和建筑物的金属门窗，应就近与防雷引下线连接可靠，连接处不同金属间应采取防电化学腐蚀措施。

检查数量：按接地点总数抽查10%，且不得少于1处。

检查方法：施工中观察检查并查阅隐蔽工程检查记录。

24.2.3　接闪杆、接闪线或接闪带安装位置应正确，安装方式应符合设计要求，焊接固定的焊缝应饱满无遗漏，螺栓固定的应防松零件齐全，焊接连接处应防腐完好。

　　检查数量：全数检查。

　　检查方法：观察检查。

24.2.4　防雷引下线、接闪线、接闪网和接闪带的焊接连接搭接长度及要求应符合本规范第22.2.2条的规定。

　　检查数量：全数检查。

　　检查方法：观察检查并用尺量检查，查阅隐蔽工程检查记录。

24.2.5　接闪线和接闪带安装应符合下列规定：

　　1　安装应平正顺直、无急弯，其固定支架应间距均匀、固定牢固；

　　2　当设计无要求时，固定支架高度不宜小于150mm，间距应符合表24.2.5（本书表5.24.1）的规定；

　　3　每个固定支架应能承受49N的垂直拉力。

　　检查数量：第1、2款全数检查，第3款按支持件总数抽查30%，且不得少于3个。

　　检查方法：观察检查并用尺量、用测力计测量支架的垂直受力值。

　　常见问题：

　　接闪带在转角处有直弯。

明敷引下线及接闪导体固定支架的间距（mm）　　　　　表5.24.1

布置方式	扁形导体固定支架间距	圆形导体固定支架间距
安装于水平面上的水平导体	500	1000
安装于垂直面上的水平导体		
安装于高于20m以上垂直面上的垂直导体		
安装于地面至20m以下垂直面上的垂直导体	1000	1000

24.2.6　接闪带或接闪网在过建筑物变形缝处的跨接应有补偿措施。

　　检查数量：全数检查。

　　检查方法：观察检查。

　　常见问题：

　　接闪带或接闪网在过建筑物变形缝处未设补偿措施。

5.25　建筑物等电位联结

25.1　主控项目

25.1.1　建筑物等电位联结的范围、形式、方法、部位及联结导体的材料和截面积应符合设计要求。

　　检查数量：全数检查。

　　检查方法：施工中核对设计文件观察检查并查阅隐蔽工程检查记录，核查产品质量证明文件、材料进场验收记录。

25.1.2　需做等电位联结的外露可导电部分或外界可导电部分的连接应可靠。采用焊接时，应符合本规范第22.2.2条的规定；采用螺栓连接时，应符合本规范第23.2.1条第2款的规定，其螺栓、垫圈、螺母等应为热镀锌制品，且应连接牢固。

　　检查数量：按总数抽查10%，且不得少于1处。

　　检查方法：观察检查。

25.2　一般项目

25.2.1　需做等电位联结的卫生间内金属部件或零件的外界可导电部分，应有专用接线螺栓与等电位联结导体连接，并应设置标识；连接处螺帽应紧固、防松零件应齐全。

　　检查数量：按连接点总数抽查10%，且不得少于1处。

　　检查方法：观察检查和手感检查。

　　常见问题：

　　住宅工程需要做等电位联结的卫生间没有做等电位联接。

25.2.2　当等电位联结导体在地下暗敷时，其导体间的连接不得采用螺栓压接。

　　检查数量：全数检查。

　　检查方法：施工中观察检查并查阅隐蔽工程检查记录。

　　常见问题：

　　暗敷的等电位联结导体之间采用螺栓连接。

第6章 建筑物防雷工程

《建筑物防雷工程施工与质量验收规范》（GB 50601—2010）（本章简称本规范）对建筑物防雷工程的施工与验收做了具体规定，本书主要介绍检查验收的内容，本章未列的附表请参照与条文对应的原规范附表。建筑物防雷工程作为建筑电气分部工程的一个子分部工程进行验收，其验收程序、验收方法应符合《建筑工程施工质量验收统一标准》（GB 50300）的规定。

本书中条款号使用《建筑物防雷工程施工与质量验收规范》（GB 50601—2010）的条款号，章节号按本书的序号编排。

6.1 总 则

1.0.1 为加强建筑物防雷工程质量监督管理，统一防雷工程施工与质量验收，保证工程质量和建筑物的防雷装置安全运行，制定本规范。

由于防雷工程涉及建筑物的安全，无论是设计还是施工中的不慎或疏漏，均可能造成建筑物的物理损坏、引起火灾、造成人员伤亡或电气系统和电子设备的损害，因此，加强防雷工程质量监督管理、统一防雷工程施工与质量验收办法是非常必要的。

1.0.2 本规范适用于新建、改建和扩建建筑物防雷工程的施工与质量验收。

1.0.3 建筑物防雷工程施工与质量验收除应符合本规范外，尚应符合国家现行有关标准的规定。

为避免与其他相关标准的矛盾或冲突，同时不宜大量引用现行有关标准内容而造成重复。本条作此原则规定。

6.2 术 语

2.0.1 防雷装置 lightning protection system（LPS）

用以对建筑物进行雷电防护的整套装置，它由外部防雷装置和内部防雷装置两部分组成。

2.0.2 外部防雷装置 external lightning protection system

由接闪器、引下线和接地线装置组成，主要用以防护直击雷的防雷装置。

2.0.3 内部防雷装置 internal lightning protection system

除外部防雷装置外，所有其他防雷附加设施均为内部防雷装置，如屏蔽、等电位连接、安全距离和电涌保护器（SPD）等。主要用来减小雷电流在所需防护空间内产生的电磁效应。

2.0.4 接地体 earth electrode

埋入土壤或混凝土基础中作散流用的导体。

2.0.5 接地线 earthingconductor

从引下线断线接卡或测试点至接地体的连接导体，或从接地端子、等电位连接带至接地体的连接导体。

接地线分人工接地线和自然接地线。人工接地线一般情况下均应采用扁钢或圆钢，并应敷设在易于检查的地方，且应有防止机械损伤及防止化学腐蚀的保护措施。从接地线敷设到用电设备的接地支线的距离越短越好。当接地线与电缆或其他电线交叉时，其间距至少要保持25mm。在接地线与管道、公路、铁路等交叉处及其他可能使接地线遭受机械损伤的地方，均应套钢管或用钢保护。当接地线跨越有震动的地方（如铁路轨道）时，接地线应略加弯曲，以便震动时有伸缩余地，从而避免断裂。自然接地线是指建筑物埋地部分的金属体，它们实际上是钢筋混凝土结构建筑物的一部分钢筋。

2.0.6 共用接地系统 common earthing system

将防雷装置、建筑物基础金属构件、低压配电保护线、设备保护接地、屏蔽体接地、防静电接地和信息技术设备逻辑地等相互连接在一起的接地系统。

2.0.7 电涌保护器 surge protective device（SPD）

用于限制瞬态过电压和分泄电涌电的器件。至少含有一个非线性元件。

2.0.8 后背过电流保护 back-up overcurrent protection

位于电涌保护器外部的前端，作为电气装置的一部分的过电流保护装置。

2.0.9 内部系统 internal system

建筑物内的电气和电子系统。

2.0.10 电气系统 electrical system

由低压供电组合部件构成的系统。

2.0.11 电子系统 electronic system

由通信设备、计算机、控制和仪表系统、无线电系统和电力电子装置构成的系统。

2.0.12 检验批 inspection lot

按同一的生产条件或规定的方式汇总起来供检验用的，由一定的数量样本组成的检验体。

2.0.13 主控项目 dominant item

建筑工程中对安全、卫生、环境保护和公众利益起决定性作用的检验项目。

2.0.14 一般项目 general item

除主控项目以外的检验项目。

6.3 基 本 规 定

3.1 施工现场质量管理

3.1.1 防雷工程施工现场的质量管理，应有相应的施工技术标准、健全的质量管理体系、施工质量检验制度和综合施工质量水平判断评定考核制度。总监理工程师或建设单位项目负责人应逐项检查并填写本规范附录 A 表 A.0.1。

3.1.2 施工人员、资质和计量器具应符合下列规定：

1 施工中的各工种技术、技术人员均应具备相应的资格，并应持证上岗。

2　施工单位应具备相应的施工资质。

3　在安装和调试中使用的各种计量器具，应经法定计量认证机构检定合格，并应在检定合格有效期内使用。

本条的三方面规定是建筑物防雷施工、监管、管理的重要依据。

3.2　施工质量控制要求

3.2.1　防雷工程采用的主要设备、材料、成品、半成品进场检验结论应有记录，并应在确认符合本规范的规定后再在施工中应用。对依法定程序批准进入市场的新设备、器具和材料进场验收，供应商尚应提供按照、使用、维修和试验要求等技术文件。对进口设备、器具和材料进场验收，供应商尚应提供商检（或国内检测机构）证明和中文的质量合格证明文件，规格、型号、性能检验报告，以及中文的安装、使用、维修和试验要求等技术文件。

当对防雷工程采用的主要设备、材料、成品、半成品存在异议时，应由法定检测机构的试验室进行抽样检测，并应出具检测报告。

3.2.2　各工序应按本规范规定的工序进行质量控制，每道工序完成后，应进行检查。相关各专业工种之间应进行交接检验，并应形成记录，应包括隐蔽工程记录。未经监理工程师或建设单位技术负责人检查确认，不得进行下道工序施工。

3.2.3　除设计要求外，兼做引下线的承力钢结构构件、混凝土梁、柱内钢筋与钢筋的连接，应采用土建施工的绑扎法或螺丝扣的机械连接，严禁热加工连接。

承力钢结构构件，含构件内的钢筋采用焊接连接时会降低建筑物结构的负荷能力。根据本条规定，仅在建筑设计人员同意后，才可进行主钢筋焊接。

6.4　接地装置分项工程

4.1　接地装置安装

4.1.1　主控项目应符合下列规定：

1　利用建筑物桩基、梁、柱内钢筋做接地装置的自然接地体和为接地需要而专门埋设的人工接地体，应在地面以上按设计要求的位置设置可供测量、接人工接地体和做等电位连接用的连接板。

2　接地装置的接地电阻值应符合设计文件的要求。

3　在建筑物外人员可经过或停留的引下线与接地体连接处3m范围内，应采用防止跨步电压对人员造成伤害的下列一种或多种方法如下：

1)铺设使地面电阻率不小于50kΩ·m的5cm厚的沥青层或15cm厚的砾石层。

2)设立阻止人员进入的护栏或警示牌。

3)将接地体敷设成水平网络。

4　当工程设计文件对第一类防雷建筑物接地装置设计为独立接地时，独立接地体与建筑物基础地网及与其有联系的管道、电缆等金属物之间的间隔距离，应符合现行国家标准《建筑物防雷设计规范》（GB 50057—2010）中第4.2.1条的规定。

4.1.2　一般项目应符合下列规定：

1　当设计无要求时，接地装置顶面埋设深度不应小于0.5m。角钢、钢管、铜棒、铜管等接地体应垂直配置。人工垂直接地体的长度宜为 2.5m，人工垂直接地体之间的间距不宜小于 5m。人工接地体与建筑物外墙或基础之间的水平距离不宜小于 1m。

2 可采取下列方法降低接地电阻：

1) 将垂直接地体深埋到低电阻率的土壤中或扩大接地体与土壤的接触面积。

2) 置换成低电阻率的土壤。

3) 采用降阻剂或者新型接地材料。

4) 在永冻土地区和采用深孔（井）技术的降阻方法，应符合现行国家标准《电气装置安装工程 接地装置施工及验收规范》（GB 50169—2006）中第 3.2.10 条～第 3.2.12 条的规定。

5) 采用多根导体外引，外引长度应不大于现行国家标准《建筑物防雷设计规范》（GB 50057—2010）中第 5.4.6 条的规定。

3 当接地装置仅用于防雷保护，且当地土壤电阻率较高，难以达到设计要求的接地电阻值时，可采用现行国家标准《雷电防护 第 3 部分：建筑物的物理损坏和生命危险》（GB/T 21714.3—2008）中第 5.4.2 条的规定。

4 接地体的连接应采用焊接，并宜采用放热焊接（热剂焊）。当采用通用的焊接方法时，应在焊接处做防腐处理。钢材、铜材的焊接应符合下列规定：

1) 导体为钢材时，焊接时的搭接长度及焊接方法要求应符合表 4.1.2（本书表 6.4.1）的规定。

防雷装置钢材焊接时的搭线长度及焊接方法   表 6.4.1

焊接材料	搭接长度	焊接方法
扁钢与扁钢	不应少于扁钢宽度的 2 倍	两个大面不应少于 3 个棱边焊接
圆钢与圆钢	不应少于圆钢直径的 6 倍	双面施焊
圆钢与扁钢	不应少于圆钢直径的 6 倍	双面施焊
扁钢与钢管、扁钢与角钢	紧贴角钢外侧两面或紧贴 3/4 钢管表面，上、下两侧施焊，并应焊以由扁钢弯成的弧形（或直角形）卡子或直接由扁钢本身弯成弧形或直角形与钢管或角钢焊接	

2) 导体为铜材或铜材与钢材时，连接工艺应采用放热焊接，熔接接头应将被连接的导体完全包在接头里，要保证连接部位的金属完全熔化，并应连接牢固。

5 接地线连接要求及防止发生机械损伤和化学腐蚀的措施，应符合现行国家标准《电气装置安装工程 接地装置施工及验收规范》（GB 50169—2006）中第 3.2.7、第 3.3.1 和第 3.3.3 条的规定。

6 接地装置在地面处与引下线的连接施工图示和不同地基的建筑物基础接地施工图示，可按本规范附录 D 中的图 D.0.1-1～图 D.0.1-3。

7 敷设在土壤中的接地体与混凝土基础中的钢材相连接时，宜采用铜材或不锈钢材料。

本条第 1 款中"接地装置顶面埋设深度不应小于 0.5m"的规定，与《建筑物防雷设计规范》（GB 50057）中第 5.4.4 条吻合，但在《电气装置安装工程 接地装置施工及验收规范》（GB 50169）中第 3.3.1 条规定的深度为"不应小于 0.6m"，当接地装置仅用于防雷保护时，遵从 0.5m 的规定，当共用接地装置时，应考虑从严要求。

本条第 2 款给出了几种降低接地电阻的方式，因为影响接地体接地电阻的因子主要有两个，一是接地极与土壤的接触面积；二是接地极周围土壤的电阻率。因此降低接地电阻的方法主要是将垂直接地体深埋到低电阻率的土壤中或扩大接地体与土壤接触面积。在具体施工过程中，可根据施工现场的实际情况，合理地选择合适的方式。

本条第 3 款规定当施工场地土壤电阻率较高，很难达到设计要求的接地电阻时，可放宽要求，仍必须符合《雷电防护　第 3 部分：建筑物的物理损坏和生命危险》（GB/T 21714.3—2008）中第 5.4.2 条的规定。前提是接地装置仅用于防雷保护。

本条第 4 款提出接地体的连接应采用焊接法，同时提出，接地体的连接方法有条件时最好使用放热焊接，又称热剂焊。如采用通用焊接法，应在焊接处做防腐处理。导体为钢材时，焊接的连接长度及焊接方法应符合表 4.1.2（本书表 6.4.1）的要求。导体为钢材或铜材与钢材连接时，被连接的导体必须完全包在接头里。连接部位的金属完全熔化且放热焊接接头表面平滑无贯穿性气孔。

本条第 7 款的规定是考虑到混凝土中的钢筋同土壤中的铜一样在电化学序列中有近似相同的地电位，可以尽可能地防止不同金属连接中产生的化学电池电位差可能造成的腐蚀作用。

常见问题：

接地装置采用焊接时，搭接长度不符合规范要求。

4.2　接地装置安装工序

4.2.1　自然接地体底板钢筋敷设完成，应按设计要求做接地施工，应经检查确认并做隐蔽工程验收记录后再支模或浇捣混凝土。

本条特指自然接地体，也就是我们通常讲的与大地连接的各种金属构件、金属井管、金属管道（输运易燃易爆液体和气体的管道除外）及建筑物的钢筋混凝土等，称为自然接地体。

4.2.2　人工接地体应按设计要求位置开挖沟槽，打入人工垂直接地体或敷设金属接地模块（管）和使用人工水平接地体进行电气连接，应经检查确认并做隐蔽工程验收记录。

人工接地体包括垂直接地体、水平接地体和接地网。

4.2.3　接地装置隐蔽应经检查验收合格后再覆土回填。

6.5　引下线分项工程

5.1　引下线安装

5.1.1　主控项目应符合下列规定：

1　引下线的安装布置应符合现行国家标准《建筑物防雷设计规范》（GB 50057—2010）的有关规定，第一类、第二类和第三类防雷建筑物专设引下线不应少于两根，并应沿建筑物周围均匀布设，其平均间距不应大于 12m、18m 和 25m。

2　明敷的专用引下线应分段固定，并应以最短路径敷设到接地体，敷设应平正顺直、无急弯。焊接固定的焊缝应饱满无遗漏，螺栓固定应有防松零件（垫圈），焊接部分的防腐应完整。

3 建筑物外的引下线敷设在人员可停留或经过的区域时，应采用下列一种或多种方法，防止接触电压和旁侧闪络电压对人员造成伤害：

1）外露引下线在高 **2.7m** 以下部分穿不小于 **3mm** 厚的交联聚乙烯管，交联聚乙烯管应能耐受 **100kV** 冲击电压（**1.2/50μs** 波形）。

2）应设立阻止人员进入的护栏或警示牌。护栏与引下线水平距离不应小于 **3m**。

4 引下线两端应分别与接闪器和接地装置做可靠的电气连接。

5 引下线上应无附着的其他电气线路，在通信塔或其他高耸金属构架起接闪作用的金属物上敷设电气线路时，线路应采用直埋于土壤中的铠装电缆或穿金属管敷设的导线。电缆的金属护层或金属管应两端接地，埋入土壤中的长度不应小于 10m。

6 引下线安装与易燃材料的墙壁或墙体保温层间距应大于 **0.1m**。

主要是针对建筑物防雷工程引下线分项工程的引下线安装的主控项目。可分为 6 个主控项目。

本条第 1 款规定，按建筑物防雷分类，各类防雷建筑物引下线的间距要求为，第一类建筑物应不大于 12m，第二类建筑物不大于 18m，第三类建筑物不大于 25m。需要说明的是，此规定为"平均间距"。在《雷电防护 第 3 部分：建筑物的物理损坏和生命危险》（GB/T 21714.3—2008/IEC62305—3：2006）的 E.5.3.1 中规定"引下线应尽可能均匀分布在建筑物四周，并对称"，其间距要求分别为 10m、15m 和 25m。由于我国建筑物的柱距为 6m，因此《建筑物防雷设计规范》（GB 50057）将之扩大为 12m、18m 和 25m。同时 E.5.3.1 中还规定："如果由于应用限制及建筑物几何形状的限制，某一个侧面不能安装引下线，则应在其他侧面增设引下线来作为补偿"。

本条第 3 款是为了确保人身安全，预防闪击伤害，应采取的保护措施，关系着生命安全，在施工过程中应严格遵守。

本条第 6 款的要求引自《雷电防护第 3 部分：建筑物的物理损坏和生命危险》（GB/T 21714.3—2008/IEC62305—3：2006）中第 5.3.4 条"与受保护建筑物非分离的 LPS"，其引下线可按以下方式安装：

（1）如果墙壁为非易燃材料，引下线可安装在墙表面或墙内；

（2）如果墙壁为易燃材料，且雷电流通过时引起的温升不会对墙壁产生危险，引下线可安装在墙面上；

（3）如果墙壁为易燃材料，且雷电流通过时引起的温升会对墙壁产生危险，安装引下线时，应保证引下线与墙壁间的距离始终大于 0.1m，安装支架可与墙壁接触。

当引下线与易燃材料间的距离不能保证大于 0.1m 时，引下线的横截面不应小于 100mm²。

常见问题：

（1）引下线之间的间距过大，不能够满足规范要求；

（2）在有人员停留或经过的场所，外露的引下线没有采取有效的防护措施。

5.1.2 一般项目应符合下列规定：

1 引下线固定支架应固定可靠，每个固定支架应能承受 49N 的垂直拉力。固定支架的长度不宜小于 150mm，固定支架应均匀，引下线和接闪导体固定支架的间距应符合表 5.1.2（本书表 6.5.1）的要求。

引下线和接闪导体固定支架的间距		表 6.5.1
布置方式	扁形导体和绞线固定支架的间距（mm）	单根圆形导体固定支架的间距（mm）
水平面上的水平导体	500	1000
垂直面上的水平导体	500	1000
地面至20m处的垂直导体	1000	1000
从20m处起往上的垂直导体	500	1000

2 引下线可利用建筑物的钢梁、钢柱、消防梯等金属构件作为自然引下线，金属构件之间应电气贯通。当利用混凝土内钢筋、钢柱作为自然引下线并采用基础钢筋接地体时，不宜设置断接卡，但应在室外墙体上留出供测量用的测接地电阻孔洞及与引下线相连的测试点接头。暗敷的自然引下线（柱内钢筋）的施工应符合现行国家标准《混凝土结构工程施工质量验收规范》（GB 50204—2002）中第 5 章的规定。混凝土柱内钢筋，应按工程设计文件要求采用土建施工的绑扎法、螺丝扣连接等机械连接或对焊、搭焊等焊接连接。

3 当设计要求引下线的连接采用焊接时，焊接要求应符合本规范第4.1.2条第4款的规定。

4 在易受机械损伤之处，地面上1.7m至地面下0.3m的一段接地应采用暗敷保护，也可采用镀锌角钢、改性塑料管或橡胶等保护，并应在每一根引下线上距地面不低于0.3m处设置断接卡连接。

5 引下线不应敷设在下水管道内，并不宜敷设在排水槽沟内。

6 引下线安装中应避免形成环路，引下线与接闪器连接的施工可按本规范附录 D 中图 D.0.2-1～图 D.0.2-5 和图 D.0.3-2 执行。

本条第1款提出每个支架要能够承受 49N（5kgf）垂直拉力，这是在 10 级台风风荷载拉力中测验出的数据。

常见问题：

（1）利用混凝土内主筋作为引下线焊接时，采用单面焊加长的方式来代替双面焊；

（2）引下线在安装过程中可能形成闭合小环路。

5.2 引下线安装工序

5.2.1 利用建筑物柱内钢筋作为引下线，在柱内主钢筋绑扎或焊接连接后，应做标志，并应按设计要求施工，应经检查确认记录后再支模。

1 柱内主钢筋绑扎或焊接连接后，用红漆或其他物质做好标记。

2 要按照设计要求，采取绑扎或焊接。

3 检查绑扎的牢实度或焊接的饱满度，进行绑扎的搭接长度、电阻等数值的测试，符合要求后，做好记录进入下道支模工序。

5.2.2 直接从基础接地体或人工接地体引出的专用引下线，应先按设计要求安装固定支架，并应经检查确认后再敷设引下线。

6.6 接闪器分项工程

6.1 接闪器安装

6.1.1 主控项目应符合下列规定：

1 建筑物顶部和外墙上的接闪器必须与建筑物栏杆、旗杆、吊车梁、管道、设备、太阳能热水器、门窗、幕墙支架等外露的金属物进行等电位连接。

2 接闪器的安装布置应符合工程设计文件的要求，并应符合现行国家标准《建筑物防雷设计规范》（GB 50057）中对不同类别防雷建筑物接闪器布置的要求。

3 位于建筑物顶端的接闪导线可按工程设计文件要求暗敷在混凝土女儿墙或混凝土屋面内。当采用暗敷时，作为接闪导线内的钢筋施工应符合现行国家标准《混凝土结构工程施工质量验收规范》（GB 50204—2002）中第5章的规定。高层建筑物的接闪器应采取明敷。在多雷区，宜在屋面拐角处安装短接闪杆。

4 专用接闪杆应能承受 $0.7kN/m^2$ 的基本风压，在经常发生台风和大于11级大风的地区，宜增大接闪杆的尺寸。

5 接闪器上应无附着的其他电气线路或通信线、信号线，设计文件中有其他电气线和通信线敷设在通信塔上时，应符合本规范第5.1.1条第5款的规定。

本条第1款为强制性条文，主要是强调对外露的金属物进行等电位连接，防止雷电流流经引下线和接地装置时产生的高电位对附近人造成伤害，对物造成损坏。

本条第3款规定了高层建筑物的接闪器应采取明敷。

常见问题：

（1）突出屋面的金属设备、管道和金属构件没有与接闪器可靠连接；

（2）高层建筑屋面接闪器采用暗敷。

6.1.2 一般项目应符合下列规定：

1 当利用建筑物金属屋面、旗杆、铁塔等金属物做闪接器时，建筑物金属屋面、旗杆、铁塔等金属物的材料、规格应符合本规范附录B的有关规定。

2 专用接闪杆位置应正确，焊接固定的焊缝应饱满无遗漏，焊接部分防腐应完整。接闪导线应位置正确、平正顺直、无急弯。焊接的焊缝应饱满无遗漏，螺栓固定的应有防松零件。

3 接闪导线焊接时的搭接长度及焊接方法应符合本规范第4.1.2条第4款的规定。

4 固定接闪导线的固定支架应固定可靠，每个固定支架应能承受49N的垂直压力。固定支架应均匀，并应符合本规范表5.1.2（本书表6.5.1）的要求。

5 接闪器在建筑物伸缩缝处的跨接及坡屋面上施工可按本规范附录D中图 D.0.3-1～图 D.0.3-3 执行。

本条文第5款建筑物伸缩处是指建筑工程根据建筑材料热胀冷缩原理，在施工中所留的伸缩空隙。跨越处是指接闪器必须安装在建筑物伸缩缝两侧，跨越伸缩缝，称为跨越处。坡屋面，即坡形屋面，本款也就是指在建筑物伸缩跨越处及坡屋面安装接闪器的施工要求。

6.2 接闪器安装工序

6.2.1 暗敷在建筑物混凝土中的接闪导线，在主筋绑扎或认定主筋进行焊接，并做好标志后，应按设计要求施工，并应经检查确认隐蔽工程验收记录后再支模或浇捣混凝土；

6.2.2 明敷在建筑物上的接闪器应在接地装置和引下线施工完成后再安装，并应与引下线电气连接。

6.7 等电位连接分项工程

7.1 等电位连接安装

7.1.1 主控项目应符合下列规定：

1 除应符合本规范第 6.1.1 条第 1 款的规定，尚应按现行国家标准《建筑物防雷设计规范》（GB 50057）中有关对各类防雷建筑物的规定，对进出建筑物的金属管线做等电位连接。

2 在建筑物入户处应做总等电位连接。建筑物等电位连接干线与接地装置应有不少于 2 处的直接连接。

3 第一类防雷建筑物和具有 1 区、2 区、21 区及 22 区爆炸危险场所的第二类防雷建筑物内、外的金属管道、构架和电缆金属外皮等长金属物的跨接，应符合现行国家标准《建筑物防雷设计规范》（GB 50057）的有关规定。

本条第 1 款提出除应按本规范 6.1.1 中第 1 款要求外，对进出建筑物的金属管线也要进行等电位连接，需注意的是：在建筑物入口处凡是做了阴极保护的可燃气（液）体管道，需摘一段绝缘段或绝缘法兰盘后，管道才允许与建筑物进行等电位连接，在绝缘段（或法兰盘）两端应跨接防爆型放电间隙。

常见问题：

建筑物等电位连接干线与接地装置只有一处直接连接。

7.1.2 一般项目应符合下列规定：

1 等电位连接可采取焊接、螺钉或螺栓连接等。当采用焊接时，应符合本规范 4.1.2 条第 4 款的规定。

2 在建筑物后续防雷区界面处的等电位连接应符合现行国家标准《建筑物防雷设计规范》（GB 50057）的有关规定。

3 电子系统设备机房的等电位连接应根据电子系统的工作频率分别采用星形结构（S 型）或网形结构（M 型）。工作频率小于 300kHz 的模拟线路，可采用星形结构等电位连接网络；频率为兆赫（MHz）级的数字线路，应采用网形结构等电位连接网络。

4 建筑物入户处等电位连接施工和屋面金属管入户等电位连接施工可按本规范附录 D 中图 D.0.2-5、图 D.0.3-3 和图 D.0.4-1～D.0.4-5 执行。

本条第 3 款规定，对工作频率小于 300kHz 的模拟线路采用 S 型等电位连接网络。对频率为 MHz 级的数字线路，应采用 M 型等电位连接网络。S 型与 M 型的具体做法按《建筑物防雷设计规范》（GB 50057）的要求。

S、M 型等电位连接示意参见图 6.7.1。

7.2 等电位连接安装工程

7.2.1 在建筑物入户处的总等电位连接，应对入户金属管线和总等电位连接板的位置检查确认后再设置与接地装置连接的总等电位连接板，并应按设计要求做等电位连接。

7.2.2 在后续防雷区交界处，应对供连接用的等电位连接板和需要连接的金属物体的位置检查确认记录后再设置与建筑物主筋连接的等电位连接板，并应按设计要求做等电位连接。

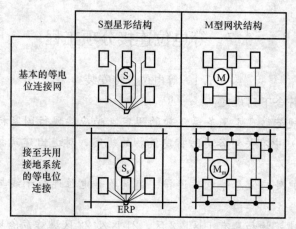

图 6.7.1　等电位连接网络示意图

——建筑物的共用接地系统；—等电位连接网；ERP 接地基准点；□设备；●接至等电位连接网络的等电位连接点

7.2.3　在确认网形结构等电位连接网与建筑物内钢筋或钢构件连接点的位置、信息技术设备的位置后，应按设计要求施工。网形结构等电位连接网的周边宜每隔 5m 与建筑物内的钢筋或钢结构连接一次。电子系统模拟线路工作频率小于 300kHz 时，可在选择与接地系统最接近的位置设置接地基准点后，再按星形结构等电位连接网设计要求施工。

6.8　屏蔽分项工程

8.1　屏蔽装置安装

8.1.1　主控项目应符合下列规定：

1　当工程设计文件要求为了防止雷击电磁脉冲对室内电子设备产生损害或干扰而需采取屏蔽措施时，屏蔽工程施工应符合工程设计文件和现行国家标准《电子信息系统机房施工及验收规范》（GB 50462）的有关规定。

2　当工程设计文件有防雷专用屏蔽室时，屏蔽壳体、屏蔽门、各类滤波器、截止通风导窗、屏蔽玻璃窗、屏蔽暗箱的安装，应符合工程设计文件的要求。屏蔽室的等电位连接应符合本规范第 7.1.2 条第 3 款的规定。

8.1.2　一般项目应符合下列规定：

1　设有电磁屏蔽室的机房，建筑结构应满足屏蔽结构对荷载的要求。

2　电磁屏蔽室与建筑物内墙之间宜预留维修通道。

8.2 屏蔽装置安装工序

8.2.1　建筑物格栅形大空间屏蔽工程安装工序应符合下列规定：

1　应按工程设计文件要求选用金属导体在建筑物六面体上敷设，对金属导体本身或其与建筑物内的钢筋构成的网络尺寸，应经检查确认后再进行电气连接。

2　支模或进行内装修时，应使屏蔽网格埋在混凝土或装修材料之中。

8.2.2　专用屏蔽室安装工序应符合下列规定：

1　应将模块式的可拆式屏蔽室在房间内按设计要求安装，并应预留出等电位连接端子。

2　应将屏蔽室预留等电位连接端子与建筑物内等电位连接带进行电气连接，并应经检查确认后再进行屏蔽室固定和外部装修。

3　应安装屏蔽门、屏蔽窗和滤波器，并应检查屏蔽焊缝的严密和牢固。

常见问题：

（1）模块式屏蔽板材之间、屏蔽板材与屏蔽门、屏蔽窗或过滤器之间连接不牢固，过渡电阻不满足相关规范要求；

（2）屏蔽室内预留的等电位端子与建筑物内等电位未做电气连接或连接不可靠。

6.9　综合布线分项工程

9.1　综合布线安装

9.1.1　主控项目应符合下列规定：

1　低压配电线路（三相或单相）的单芯线缆不应单独穿于金属管内。

2　不同回路、不同电压等级的交流和直流电线不应穿于同一金属管中，同一交流回路的电线应穿于同一金属管中，管内电线不得有接头。

3　爆炸危险场所所使用的电线（电缆）的额定耐受电压值不应低于750V，且应穿在金属管中。

常见问题：

金属管内穿线时，在管内有接头。

9.1.2　一般项目应符合下列规定：

1　建筑物内传输网络的综合布线施工应符合现行国家标准《综合布线系统工程验收规范》（GB 50312）的有关规定。

2　当信息技术电缆与供配电电缆同属一个电缆管理系统和同一路由时，其布线应符合下列规定：

1）电缆布线系统的全部外露可导电部分，均应按本规范第7.1节的要求进行等电位连接。

2）由分线箱引出的信息技术电缆与供配电电缆平行敷设的长度大于35m时，从分线箱起的20m内应采取隔离措施，也可保持两线缆之间有大于30mm的间距，或在槽盒中加金属板隔开。

3）在条件许可时，宜采用多层走线槽盒，强、弱电线路宜分层布设。

3　低压配电系统的电线色标应符合相线采用黄、绿、红色，中性线用浅蓝色，保护线用绿/黄双色线的要求。

常见问题：

同一电缆管理系统的信息技术电缆与供配电电缆平行敷设时，间距太小，没有采取隔板等隔离措施，信息技术电缆受到供配电电缆产生的电磁场的影响。

9.2　综合布线安装工序

9.2.1　信息技术设备应按设计要求确认安装位置，并应按设备主次逐个安装机柜、机架。

根据《综合布线系统工程设计规范》（GB 50311）、《综合布线系统工程验收规范》（GB 50312）的规定设计确认设备的安装位置，安装机柜、机架。安装前熟悉设计要求，机架设备排列位置和设备朝向都应按设计安装，并符合实际测定后的机房平面布置图要求。安装完工后，其水平度和垂直度都应符合厂家规定，若无规定时，其前后左右垂直度偏差均不应大于 3mm，且机架、设备安装牢固可靠，并符合抗震要求。机架和设备应预留 1.5m 的过道。其背面距墙面应大于 0.8m，相邻机架设备应相互靠近，机面排列整齐。配线架的底座与缆线的上线孔必须相对应，以利缆线平直顺畅引入架中。多个直列上下两端的垂直倾斜落差不应大于 3mm，底座水平落差不应大于 2mm，跳线环等设备装置牢固，其位置横竖、上下、前后均匀平直一致。

9.2.2　各类配线的额定电压值、色标应符合本规范第 9.1 节和设计文件的要求，并应经检查确认后备用。

9.2.3　敷设各类配线的线槽（盒）、桥架或金属管应符合设计文件的要求，并应经检查确认后，再按设计文件的位置和走向安装固定。

9.2.4　已安装固定的线槽（盒）、桥架或金属管应与建筑物内的等电位连接带进行电气连接，连接处的过渡电阻不应大于 0.24Ω。

常见问题：

线槽（盒）、桥架或金属管与建筑物等电位连接处的过渡电阻较大，大于 0.24Ω。

9.2.5　各类配线应按设计文件要求分别布设到线槽（盒）、桥架或金属管内，经检查确认后，再与低压配电系统和信息技术设备相连接。

6.10　电涌保护器分项工程

10.1　电涌保护器安装

10.1.1　主控项目应符合下列规定：

1　低压配电系统中 SPD 的安装布置应符合工程设计文件的要求，并应符合现行国家标准《建筑物电气装置　第 5-53 部分：电气设备的选择和安装隔离、开关和控制设备第 534 节：过电压保护电器》（GB 16895.22）、《低压配电系统的电涌保护器（SPD）　第 12 部分：选择和使用导则》（GB/T 18802.12）和《建筑物防雷设计规范》（GB 50057）的有关规定。

2　电子系统信号网络中的 SPD 安装布置应符合工程设计文件的要求，并应符合现行国家标准《低压电涌保护器　第 22 部分：电信和信号网络的电涌保护器（SPD）选择和使用导则》（GB/T 18802.22）和《建筑物防雷设计规范》（GB 50057）的有关规定。

3　当建筑物上有外部防雷装置，或建筑物上虽未敷设外部防雷装置，但与之临近的建筑物上有外部防雷装置且两建筑物之间有电气联系时，有外部防雷装置的建筑物和有电气联系的建筑物内总配电柜上安装的 SPD 应符合下列规定：

1）应当使用 I 级分类试验的 SPD。

2）低压配电系统的 SPD 的主要性能参数：冲击电流不应小于 12.5kA（10/350μs），电压保护水平不应大于 2.5kV，最大持续运行电压应根据低压配电系统的接地方式选取。

4　当 SPD 内部未设计热脱扣装置时，对失效状态为短路型的 SPD，应在其前端安装熔丝、热熔线圈或断路器进行后备过电流保护。

10.1.2　一般项目应符合下列规定：

1 当低压配电系统中安装的第一级 SPD 与被保护设备之间关系无法满足下列条件时，应在靠近被保护设备的分配电盘或设备前端安装第二级 SPD：

1）第一级 SPD 的有效电压保护水平低于设备的耐过电压额定值时。

2）第一级 SPD 与被保护设备之间的线路长度小于 10m 时。

3）在建筑物内部不存在雷击放电或内部干扰源产生的电磁场干扰时。

2 第二级 SPD 无法满足本条第 1 款的条件时，应安装第 3 级 SPD。

3 无明确的产品安装指南时，开关型 SPD 与限压型 SPD 之间的线路长度不宜小于 10m，限压型 SPD 之间的线路不宜小于 5m。当 SPD 之间的线路长度小于 10m 或 5m 时应加装退耦的电感（或电阻）元件。生产厂明确在其产品中已有能量配合的措施时，可不再接退耦元件。

4 在电子信号网络中安装的第一级 SPD 应安装在建筑物入户处的配线架上，当传输电缆直接接至被保护设备的接口时，宜安装在设备接口上。

5 在电子信号网络中安装第二级、第三级 SPD 的方法符合本条第 1～3 款的规定。

6 SPD 两端连线的材料和最小截面要求应符合本规范附录 B 中表 B.2.2 的规定。连线应短且直，总连线长度不宜大于 0.5m，如有实际困难，可按本规范附录 D 中图 D.0.7-2 所示采用 V 形连接。

7 SPD 在低压配电系统中和电子系统中安装施工可按本规范附录 D 中图 D.0.5-1～图 D.0.5-5、图 D.0.6-1、图 D.0.6-2 和图 D.0.8-1～图 D.0.8-3 执行。

对电涌保护器的选择有可选用或不可选用两种方法。对于不属于第一、二、三类防雷建筑物的电气系统，如果供电线路是埋地引入建筑物时，入户处低压总配电柜上可不选用 SPD。即使供电线路是架空引入建筑物时，如果建筑物所在地的年平均雷暴日数低于 25d，入户处配电柜上也同样可不选用 SPD。只有在线路为架空和建筑物所在地的年平均装置雷暴日数不小于 25d 的情况下，才在预期雷击在低压电气系统上电涌过电流分析的基础上选用 SPD。如预期雷电直击到架空线上（S3 型），第一、二、三类防雷建筑物入户处配电柜上应选用 I 级分类试验的 SPD，其冲击电流值分别应大于 10kA、7.5kA 和 5kA（10/350μs）。如预期雷击在架空线附近（S4 型），第一、二、三类防雷建筑物入户处配电柜上可选用 II 级分类试验的 SPD，其标称放电电流值分别应大于 5kA、3.75kA 和 2.5kA。对 S1 和 S2 型下的选择应见《建筑物防雷设计规范》（GB 50057）中的规定。

10.2 电涌保护器安装工序

10.2.1 低压配电系统中的 SPD 安装，应在对配电系统接地型式、SPD 安装位置、SPD 的后备过电流保护安装位置及 SPD 两端连线位置检查确认后，首先安装 SPD，在确认安装牢固后，将 SPD 的接地线与等电位连接带连接后再与带电导线进行连接。

6.11 工程质量验收

11.1 一般规定

11.1.1 建筑物防雷工程施工质量验收应符合本规范和现行国家标准《建筑工程施工质量验收统一标准》（GB 50300）的规定，并应符合施工所依据的工程技术文件的要求。

11.1.2 检验批及分项工程应由监理工程师或建设单位项目技术负责人组织具备资质的防

雷技术服务机构和施工单位项目专业质量（技术）负责人进行验收。隐蔽工程在隐蔽前应由施工单位通知监理工程师或建设单位项目技术负责人、防雷技术服务机构项目负责人共同进行验收，并应形成验收文件。检验批及分项工程验收前，施工单位应进行自行检查。

11.1.3　防雷工程（子分部工程）应由总监理工程师或建设单位项目负责人组织施工单位项目负责人和技术、质量负责人，防雷主管单位项目负责人共同进行工程验收。

11.1.4　检验批合格质量应符合下列规定：

　　1　主控项目和一般项目的质量应经抽样检验合格。

　　2　应具有完整的施工操作依据、质量检查记录。

　　3　检验批的质量检验抽样方案应符合现行国家标准《建筑工程施工质量验收统一标准》（GB 50300）中第3.0.4条的规定。对生产方错判概率，主控项目和一般项目的合格质量水平的错判概率值不宜超过5%；对使用方漏判概率，主控项目的合格质量水平的错判概率不宜超过5%，一般项目的合格质量水平的漏判概率不宜超过10%。

　　4　检验批的质量验收记录表格样式可按本规范附录E执行。

11.1.5　分项工程质量验收合格应符合下列规定：

　　1　分项工程所含的检验批均应符合本规范第11.1.4条的规定。

　　2　分项工程所含的检验批的质量验收记录应完整。分项工程质量验收表格样式可按本规范附录E执行。

11.1.6　防雷工程（子分部工程）质量验收合格应符合下列规定：

　　1　防雷工程所含的分项工程的质量均应验收合格。

　　2　质量控制资料应符合本规范第3.2.1和第3.2.2条的要求，并应完整齐全。

　　3　施工现场质量管理检查记录表的填写应完整。

　　4　工程的观感质量验收应经验收人员通过现场检查，并应共同确认。

　　5　防雷工程（子分部工程）质量验收记录表格可按本规范附录E执行。

11.2　防雷工程中各分项工程的检验批划分和检测要求

11.2.1　接地装置安装工程的检验批划分和验收应符合下列规定：

　　1　接地装置安装工程应按人工接地装置和利用建筑物基础钢筋的自然接地体各分为1个检验批，大型接地网可按区域划分为几个检验批进行质量验收和记录。

　　2　主控项目和一般项目应进行下列检测：

　　1）供测量和等电位连接用的连接板（测量点）的数量和位置是否符合设计要求。

　　2）测试接地装置的接地电阻值。

　　3）检查在建筑物外人员可停留或经过的区域需要防跨步电压的措施。

　　4）检查第一类防雷建筑物接地装置及与其有电气联系的金属管线与独立接闪器接地装置的安全距离。

　　5）检查整个接地网外露部分接地线的规格、防腐、标识和防机械损伤等措施。测试与同一接地网连接的各相邻设备连接线的电气贯通状况，其间直流过渡电阻不应大于0.2Ω。

11.2.2　引下线安装工程的检验批划分和验收应符合下列规定：

　　1　引下线安装工程应按专用引下线、自然引下线和利用建筑物柱内钢筋各分1个检验批进行质量验收和记录。

2 主控项目和一般项目应该进行下列检测：

1) 检测引下线的平均间距。当利用建筑物的柱内钢筋作为引下线且无隐蔽工程记录可查时，宜按现行行业标准《混凝土内钢筋检测技术规程》（JGJ/T 152）的有关规定进行检测。

2) 检查引下线的敷设、固定、防腐、防机械损伤措施。

3) 检查明敷引下线防接触电压、闪络电压危害的措施。检查引下线与易燃材料的墙壁或保温层的安全间距。

4) 测量引下线两端和引下线连接处的电气连接状况，其间直流过渡电阻值不应大于0.2Ω。

5) 检测在引下线上附着其他电气线路的防雷电波引入措施。

11.2.3 接闪器安装工程的检验批划分和验收应符合下列规定：

1 接闪器安装工程应按专用接闪器和自然接闪器各分为1个检验批，一幢建筑物上在多个高度上分别敷设接闪器时，可按安装高度划分为几个检验批进行质量验收和记录。

2 主控项目和一般项目应进行下列检测：

1) 检查接闪器与大尺寸金属物体的电气连接情况，其间直流过渡电阻值不应大于0.2Ω。

2) 检查明敷接闪器的布置，接闪导线（避雷网）的网络尺寸是否大于第一类防雷建筑物 $5m\times5m$ 或 $4m\times6m$、第二类防雷建筑物 $10m\times10m$ 或 $8m\times12m$、第三类防雷建筑物 $20m\times20m$ 或 $16m\times24m$ 的要求。

3) 检查暗敷接闪器的敷设情况，当无隐蔽工程记录可查时，宜按本规范第11.2.2条第2款的要求进行检测。

4) 检查接闪器的焊接、螺栓固定的应备帽、焊接处防锈状况。

5) 检查接闪接线的平正顺直、无急弯和固定支架的状况。

6) 检查接闪器上附着其他电气线路或其他导电物是否有防雷电波引入措施和与易燃易爆物品之间的安全间距。

11.2.4 等电位连接工程的检验批划分和验收应符合下列规定：

1 等电位连接工程应按建筑物外大尺寸金属物等电位连接、金属管线等电位连接、各防雷区等电位连接和电子系统设备机房各分为1个检验批进行质量验收和记录。

2 等电位连接的有效性可通过等电位连接导体之间的电阻值测试来确定，第一类防雷建筑物中长金属物的弯头、阀门、法兰盘等连接处的过渡电阻不应大于0.03Ω；连在额定值为16A的断路器线路中，同是触及的外露可导电部分和装置外可导电部分不应大于0.24Ω；等电位连接带与连接范围内的金属管道等金属体末端之间的直流过渡电阻值不应大于3Ω。

第一类防雷建筑物中长金属的弯头、阀门、法兰盘等连接处的过渡电阻不应大于0.03Ω的规定引自《建筑物防雷设计规范》（GB 50057）第4.2.2条，条文是说"当长金属物的弯头、阀门、法兰盘等连接处的过渡电阻大于0.03Ω时，连接处应用金属线跨接。"同时该条文也明确了"对有不少于5根螺栓连接的法兰盘，在非腐蚀环境下，可不跨接。"

11.2.5 屏蔽装置工程的检验批划分和验收应符合下列规定：

1　屏蔽装置工程应按建筑物格栅形大空间屏蔽和专用屏蔽室各分为1个检验批进行质量验收和记录。

　　2　防雷电磁屏蔽室的主控项目和一般项目应进行下列检测：

　　1）对壳体的所有接缝、屏蔽门、截止波导通风窗、滤波器等屏蔽接口使用电磁屏蔽检漏仪进行连续检漏。

　　2）检查壳体的等电位连接状况，其间直流过渡电阻值不应大于0.2Ω。

　　3）屏蔽效能的测试应符合现行国家标准《电磁屏蔽室屏蔽效能的测量方法》（GB/T 12190）的有关规定。

11.2.6　综合布线工程的检验批划分和验收应符合下列规定：

　　1　综合布线工程应为1个检验批，当建筑工程有若干独立的建筑时，可按建筑物的数量分为几个检验批进行质量验收和记录。

　　2　对工程主控项目和一般项目应逐项进行检查和测量。

　　3　综合布线工程电气测试应符合现行国家标准《综合布线系统工程验收规范》（GB 50312）的有关规定。

11.2.7　SPD安装工程的检验批划分和验收应符合下列规定：

　　1　SPD安装工程可作为1个检验批，也可按低压配电系统和电子系统中的安装分为2个检验批进行质量验收和记录。

　　2　对主控项目和一般项目应逐项进行检查。

　　3　SPD的主要性能参数测试应符合现行国家标准《建筑物防雷装置检测技术规范》（GB/T 21431—2008）第5.8.2条和第5.8.3条的规定。

第7章 通风与空调工程

本章主要依据《通风与空调工程施工质量验收规范》（GB 50243—2016）（以下简称本规范）编写。本规范是根据住房和城乡建设部要求，由上海市安装工程集团有限公司会同有关单位共同对原《通风与空调工程施工质量验收规范》（GB 50243—2002）修编成的，2017 年 7 月 1 日起实施。

本书中章节号按本书的序号编排，本章条款号按《通风与空调工程施工质量验收规范》（GB 50243—2016）编写。

本书中未列表格参见条文指明的本规范对应的表格。

7.1 总 则

1.0.1 为统一通风与空调工程施工质量的验收，确保工程安全与质量，制定本规范。

1.0.2 本规范适用于工业与民用建筑通风与空调工程施工质量的验收。

1.0.3 本规范应与现行国家标准《建筑工程施工质量验收统一标准》GB 50300 配合使用。

本条文说明了本规范与《建筑工程施工质量验收统一标准》（GB 50300）隶属关系，强调了在进行通风与空调工程施工质量验收时，还应执行上述标准的规定。

1.0.4 通风与空调工程中采用的工程技术文件、承包合同等，对工程施工质量的要求不得低于本规范的规定。

规定了通风与空调工程施工质量验收依据是本规范，且为最低标准。为保证工程的使用功能和整体质量，满足建筑工程低耗、节能的要求，强调工程施工合同的主要技术指标不得低于本规范的规定。

1.0.5 通风与空调工程施工质量的验收除应符合本规范的规定外，尚应符合国家现行有关标准的规定。

通风与空调工程施工质量的验收涉及较多的工程技术和设备，本规范不可能包括全部的质量验收规定。为满足和完善工程的验收标准，除应执行本规范的规定外，尚应符合现行国家有关标准、规范的规定。

7.2 术 语

2.0.1 通风工程 ventilation works

送风、排风、防排烟、除尘和气力输送系统工程的总称。

2.0.2 空调工程 air conditioning works

舒适性空调、恒温恒湿空调和洁净室空气净化及空气调节系统工程的总称。

2.0.3 风管 duct

采用金属、非金属薄板或其他材料制作而成，用于空气流通的管道。

2.0.4 非金属风管 nonmetallic duct

采用硬聚氯乙烯、玻璃钢等非金属材料制成的风管。

2.0.5 复合材料风管 foil-insulant composite duct

采用不燃材料面层，复合难燃级及以上绝热材料制成的风管。

2.0.6 防火风管 refractory duct

采用不燃和耐火绝热材料组合制成，能满足一定耐火极限时风管。

2.0.7 风管配件 duct fittings

风管系统中的弯管、三通、四通、异形管、导流叶片和法兰等构件。

2.0.8 风管部件 duct accessory

风管系统中的各类风口、阀门、风罩、风帽、消声器、空气过滤器、检查门和测定孔等功能件。

2.0.9 风道 air channel

采用混凝土、砖等建筑材料砌筑而成，用于空气流通的通道。

2.0.10 住宅厨房卫生间排风道 ventilating ducts for kitchen and bathroom

用于排除住宅内厨房灶具产生的烟气、卫生间产生的污浊气体的通道。

2.0.11 风管系统工作压力 design working pressure

系统总风管处最大的设计工作压力。

2.0.12 漏风量 air leakage rate

风管系统中，在某一静压下通过风管本体结构及其接口，单位时间内泄出或渗入的空气体积量。

2.0.13 系统风管允许漏风量 duct system permissible leakage rate

按风管系统类别所规定的平均单位表面积、单位时间内最大允许漏风量。

2.0.14 漏风率 duct system leakage ratio

风管系统、空调设备、除尘器等，在工作压力下空气渗入或泄漏量与其额定风量的百分比。

2.0.15 防晃支架 jiggle protection support

防止风管或管道晃动位移的支、吊架或管架。

2.0.16 强度试验 strength test

在规定的压力和保压时间内，对管路、容器、阀门等进行耐压能力的测定与检验。

2.0.17 严密性试验 leakage test

在规定的压力和保压时间内，对管路、容器、阀门等进行抗渗漏性能的测定与检验。

2.0.18 吸收式制冷设备 absorption refrigeration device

以热力驱动，氨-水或水-溴化锂为制冷工质的制冷设备。

2.0.19 空气洁净度等级 air cleanliness class

2.0.20 风机过滤器机组 fan filter unit

由风机箱和高效过滤器等组成的用于洁净空间的单元式送风机组。

2.0.21 空态 as-built

洁净室的设施已经建成，所有动力接通并运行，但无生产设备、材料及作业人员。

2.0.22　静态 at-rest

洁净室的设施已经建成，生产设备已经安装，并按业主及供应商同意的方式运行，但无生产人员。

2.0.23　动态 operation

洁净室的设施以规定的方式运行，有规定的人员数量在场，生产设备按业主及供应商双方商定的状态下进行工作。

2.0.24　声称质量水平 declared quality level

检验批总体中不合格品数的上限值。

7.3　基 本 规 定

3.0.1　通风与空调工程施工质量的验收除应符合本规范的规定外，尚应按批准的设计文件、合同约定的内容执行。

这对通风与空调工程施工质量验收的依据做出了规定：一是合同的约定，二是被批准的设计图纸。

当前，建筑通风与空调工程的施工都签有相应的合同，它是签约双方必须遵守的法律文件。其中涉及的技术条款也应是工程质量验收的依据之一。

按被批准的设计文件、施工图纸进行工程的施工，是工程质量验收最基本的条件。施工单位的职责是通过作业劳动将设计图转化成为现实，满足其相应建筑的功能需求，故施工单位无权任意修改设计。

3.0.2　工程修改应有设计单位的设计变更通知书或技术核定。当施工企业承担通风与空调工程施工图深化设计时，应得到工程设计单位的确认。

随着我国建筑业市场的进一步发展，通风与空调工程的施工单位常参与到工程施工图的深化设计，这可以充分利用施工企业的经验，有利于工程施工中管线综合等诸多矛盾的合理解决。施工图深化设计是对原施工图的补充和完善，也是施工图变更的一种形式，但是为了保证工程质量，规定该深化设计图应得到工程设计单位的认可，纳入工程施工图的管理范围。

3.0.3　通风与空调工程所使用的主要原材料、成品、半成品和设备的材质、规格及性能应符合设计文件和国家现行标准的规定，不得采用国家明令禁止使用或淘汰的材料与设备。主要原材料、成品、半成品和设备的进场验收应符合下列规定：

1　进场质量验收应经监理工程师或建设单位相关责任人确认，并应形成相应的书面记录。

2　进口材料与设备应提供有效的商检合格证明、中文质量证明等文件。

通风与空调工程所使用的主要原材料、产成品、半成品和设备的质量将直接影响到工程的整体质量，所以本规范规定所采购的应为符合国家强制性标准的产品，且在其进入施工现场时应进行实物到货验收。验收一般应由供货商、监理、施工单位的代表共同参加，验收应得到监理工程师的认可，并形成文件。至于进口的材料与设备应遵守国家的法规，强调应具有商检合格的证明文件。

下列内容重点检查：

1 质量证明文件是指产品合格证、质量合格证、检验报告、试验报告、产品生产许可证和质量保证书等的总称。

2 各类管材、板材等型材应有材质检测报告。

3 风管部件、水管管件、法兰等应有出厂合格证。

4 焊接材料和胶黏剂等应有出厂合格证、使用期限及检验报告。

5 阀门、开（闭）式水箱、分水器、除污器、过滤器、软接头、绝热材料、衬垫等应有产品出厂合格证及相应检验报告。

6 制冷机组、空调机组、风机、水泵、热交换器、冷却塔、风机盘管、诱导器、水处理设备、加湿器、空气幕、消声器、补偿器、防火阀、防排烟风口等应有产品合格证和型式检验报告，型式检验报告应为同系列定型产品，不同系列的产品应分别具有该系列产品的型式检验报告。

7 压力表、温度计、湿度计、流量计、传感器等应有产品合格证和有效检测报告。

8 主要设备应有中文安装使用说明书。

3.0.4 通风与空调工程采用的新技术、新工艺、新材料与新设备，均应有通过专项技术鉴定验收合格的证明文件。

为了保证工程的施工质量，本规范对在工程中开发应用的新技术、新工艺、新材料、新设备持慎重的态度，强调应具有通过专项技术鉴定或产品合格验收的证明文件。专项技术鉴定应具有相当的权威性。

3.0.5 通风与空调工程的施工应按规定的程序进行，并应与土建及其他专业工种相互配合；与通风与空调系统有关的土建工程施工完毕后，应由建设（或总承包）、监理、设计及施工单位共同会检。会检的组织宜由建设、监理或总承包单位负责。

通风与空调工程施工应按规定的程序进行，并与土建及其他专业工种的施工相互配合。通过对上道工程的质量交接验收，共同保证工程质量，以避免质量隐患或不必要的重复劳动。"质量交接会检"是施工过程中的重要环节，是对上道工序质量认可以及分清责任的有效手段，符合建设工程质量管理的基本原则和我国建设工程的实际情况，应予以加强。本条明确规定了组织会检的责任者，有利于执行。

3.0.6 通风与空调工程中的隐蔽工程，在隐蔽前应经监理或建设单位验收及确认，必要时应留下影像资料。

是对通风与空调工程中隐蔽工程施工质量验收的规定，必须遵守。

通风与空调工程系统中的风管或管道，被安装于封闭的部位或埋设于结构内或直接埋地时，均属于隐蔽工程。在结构做永久性封闭前，必须对该部分将被隐蔽的风管或管道工程施工质量进行验收，且必须得到现场监理人员认可的合格签证，否则不得进行封闭作业。

隐蔽工程在隐蔽前，应经施工项目技术（质量）负责人、专业工长及专职质量检查员共同参加的质量检查，检查合格后再报监理工程师（建设单位代表）进行检查验收，填写隐蔽工程验收记录，重要部位还应附必要的图像资料。

隐蔽工程检查部位及检查内容：

1 绝热的风管和水管。检查内容应包括管道、部件、附件、阀门、控制装置等的材质与规格尺寸，安装位置，连接方式；管道防腐；水管道坡度；支吊架形式及安装位置，防腐处理；水管道强度及严密性试验，冲洗试验；风管严密性试验等。

2 封闭竖井内、吊顶内及其他安装部位的风管、水管和相关设备。风管及水管的检查内容同上；设备检查内容包括设备型号、安装位置、支吊架形式、设备与管道连接方式、附件的安装。

3 安装的风管、水管和相关设备的绝热层及防潮层，检查内容包括绝热材料的材质、规格及厚度，绝热层与管道的粘贴，绝热层的接缝及表面平整度，防潮层与绝热层的粘贴，穿套管处绝热层的连续性等。

4 出外墙的防水套管。检查内容包括套管形式、做法、尺寸及安装位置。

隐蔽的设备及阀门应设置检修口，并应满足检修和维护需要。阀门包含风阀和水阀。

采用影像资料是一个较为直观的见证资料，对于重要部位，宜强调之。

3.0.7 通风与空调分部工程施工质量的验收，应根据工程的实际情况按表3.0.7（本书表7.3.1）所列的子分部工程及所包含的分项工程分别进行。分部工程合格验收的前提条件为工程所属子分部工程应全数合格。当通风与空调工程作为单位工程或子单位工程独立验收时，其分部工程应上升为单位工程或子单位工程，子分部工程应上升为分部工程，分项工程的划分仍应按表3.0.7的规定执行。工程质量验收记录应符合本规范。

通风与空调分部工程的子分部工程与分项工程划分　　　　　　表7.3.1

序号	子分部工程	分项工程
1	送风系统	风管与配件制作，部件制作，风管系统安装，风机与空气处理设备安装，风管与设备防腐，旋流风口、岗位送风口、织物（布）风管安装，系统调试
2	排风系统	风管与配件制作，部件制作，风管系统安装，风机与空气处理设备安装，风管与设备防腐，吸风罩及其他空气处理设备安装，厨房、卫生间排风系统安装，系统调试
3	防、排烟系统	风管与配件制作，部件制作，风管系统安装，风机与空气处理设备安装，风管与设备防腐，排烟风阀（口）、常闭正压风口、防火风管安装，系统调试
4	除尘系统	风管与配件制作，部件制作，风管系统安装，风机与空气处理设备安装，风管与设备防腐，除尘器与排污设备安装，吸尘罩安装，高温风管绝热，系统调试
5	舒适性空调风系统	风管与配件制作，部件制作，风管系统安装，风机与组合式空调机组安装，消声器、静电除尘器、换热器、紫外线灭菌器等设备安装，风机盘管、变风量与定风量送风装置、射流喷口等末端设备安装，风管与设备绝热，系统调试
6	恒温恒湿空调风系统	风管与配件制作，部件制作，风管系统安装，风机与组合式空调机组安装，电加热器、加湿器等设备安装，精密空调机组安装，风管与设备绝热，系统调试
7	净化空调风系统	风管与配件制作，部件制作，风管系统安装，风机与净化空调机组安装，消声器、换热器等设备安装，中、高效过滤器及风机过滤器机组等末端设备安装，风管与设备绝热，洁净度测试，系统调试
8	地下人防通风系统	风管与配件制作，部件制作，风管系统安装，风机与空气处理设备安装，过滤吸收器、防爆波活门、防爆超压排气活门等专用设备安装，风管与设备防腐，系统调试
9	真空吸尘系统	风管与配件制作，部件制作，风管系统安装，管道快速接口安装，风机与滤尘设备安装，风管与设备防腐，系统压力试验及调试
10	空调（冷、热）水系统	管道系统及部件安装，水泵及附属设备安装，管道冲洗与管内防腐，板式热交换器、辐射板及辐射供热、供冷地埋管安装，热泵机组安装，管道、设备防腐与绝热，系统压力试验及调试

序号	子分部工程	分项工程
11	冷却水系统	管道系统及部件安装，水泵及附属设备安装，管道冲洗与管内防腐，冷却塔与水处理设备安装，防冻伴热设备安装，管道、设备防腐与绝热，系统压力试验及调试
12	冷凝水系统	管道系统及部件安装，水泵及附属设备安装，管道、设备防腐与绝热，管道冲洗，系统灌水渗漏及排放试验
13	土壤源热泵换热系统	管道系统及部件安装，水泵及附属设备安装，管道冲洗，埋地换热系统与管网安装，管道、设备防腐与绝热，系统压力试验及调试
14	水源热泵换热系统	管道系统及部件安装，水泵及附属设备安装，管道冲洗，地表水源换热管及管网安装，除垢设备安装，管道、设备防腐与绝热，系统压力试验及调试
15	蓄能（水、冰）系统	管道系统及部件安装，水泵及附属设备安装，管道冲洗与管内防腐，蓄水罐与蓄冰槽、罐安装，管道、设备防腐与绝热，系统压力试验及调试
16	压缩式制冷（热）设备系统	制冷机组及附属设备安装，制冷剂管道及部件安装，制冷剂灌注，管道、设备防腐与绝热，系统压力试验及调试
17	吸收式制冷设备系统	制冷机组及附属设备安装，系统真空试验，溴化锂溶液加灌，蒸汽管道系统安装，燃气或燃油设备安装，管道、设备防腐与绝热，系统压力试验及调试
18	多联机（热泵）空调系统	室外机组安装，室内机组安装，制冷剂管路连接及控制开关安装，风管安装，冷凝水管道安装，制冷剂灌注，系统压力试验及调试
19	太阳能供暖空调系统	太阳能集热器安装，其他辅助能源、换热设备安装，蓄能水箱、管道及配件安装，低温热水地板辐射采暖系统安装，管道及设备防腐与绝热，系统压力试验及调试
20	设备自控系统	温度、压力与流量传感器安装，执行机构安装调试，防排烟系统功能测试，自动控制及系统智能控制软件调试

注：1. 风管系统的末端设备包括：风机盘管机组、诱导器、变（定）风量末端、排烟风阀（口）与地板送风单元、中效过滤器、高效过滤器、风机过滤器机组，其他设备包括：消声器、静电除尘器、加热器、加湿器、紫外线灭菌设备和排风热回收器等。

2. 水系统末端设备包括：辐射板盘管、风机盘管机组和空调箱内盘管和板式热交换器等。

3. 设备自控系统包括：各类温度、压力与流量等传感器、执行机构、自控与智能系统设备及软件等。

通风与空调工程为整个建筑工程中的一个分部工程。本规范根据通风与空调工程中各系统功能特性不同，按其相对专业技术性能和独立功能划分为20个子分部工程，以便于工程施工质量的监督和验收。对于每个建筑工程包含的子分部的内容与数量会有所不同，通风与空调分部工程验收合格的前提条件，是该工程中所包含的子分部工程应全数合格。

当通风与空调工程以独立的单项工程形式进行施工承包时，则本条规定的通风与空调分部工程上升为单位工程，子分部工程上升为分部工程，分项工程验收的规定不变。

3.0.8 通风与空调工程子分部工程施工质量的验收应根据工程实际情况按本规范表3.0.7所列的分项工程进行。子分部工程合格验收应在所属分项工程的验收全数合格后进行。

在本规范表3.0.7中对每个子分部工程已列举出相应的分项工程，子分部工程的验收应按此规定执行。本条规定了子分部工程合格验收的前提条件，是工程所包含的分项工程应全数通过合格验收。但是需要注意的是，不同建筑的通风与空调各子分部工程所涉及的分项工程，其具体构成和数量会有所不同。每个工程应根据该工程的特性，进行针对性的删选与增减。

3.0.9 通风与空调工程分项工程施工质量的验收应按分项工程对应的本规范具体条文的规定执行。各个分项工程应根据施工工程的实际情况，可采用一次或多次验收，检验验收批的批次、样本数量可根据工程的实物数量与分布情况而定，并应覆盖整个分项工程。当分项工程中包含多种材质、施工工艺的风管或管道时，检验验收批宜按不同材质进行分列。

通风与空调分部工程由多个子分部工程组成，且每个子分部所包含的分项工程的内容及数量也有所不同，因此对工程质量的验收做出的规定，明确规定按分项工程具体的条文执行。以风管为例，对于各种材料、各个子分部工程中风管质量验收相类同分项的规定，如风管的耐压能力、加工及连接质量规定、严密性能、清洁要求等，只能列在具体的条文之中，要求执行时斟酌，不能搞错。分项工程质量验收时，还应根据工程量的大小、施工工期的长短，以及作业区域、验收批所涉及子分部工程的不同，可采取一次验收或多次验收的方法。同时，还强调检验验收批应包含整个分项工程，不应漏项。例如，通风与空调工程的风管系统安装是一个分项工程，但是它可以分属于多个子分部工程，如送风、排风、空调及防排烟系统工程等。同时，它还存在采用不同材料如金属、非金属或复合材料的可能，因此在分项工程质量验收时应按照规范对应分项内容，一一对照执行。

通风与空调工程应按正确的、规定的施工程序进行，并与土建及其他专业工种的施工相互配合，通过对上道工程的质量交接验收，共同保证工程质量，以避免质量隐患或不必要的重复劳动。"质量交接会检"是施工过程中的重要环节，是对上道工序质量认可及分清责任的有效手段，符合建设工程质量管理的基本原则和我国建设工程的实际情况，应予以加强。条文较明确地规定了组织会检的责任者，有利于执行。

3.0.10 检验批质量验收抽样应符合下列规定：

1 检验批质量验收应按本规范的规定执行。产品合格率大于或等于95％的抽样评定方案，应定为第Ⅰ抽样方案（以下简称Ⅰ方案），主要适用于主控项目；产品合格率大于或等于85％的抽样评定方案，应定为第Ⅱ抽样方案（以下简称Ⅱ方案），主要适用于一般项目。

2 当检索出抽样检验评价方案所需的产品样本量n超过检验批的产品数量N时，应对该检验批总体中所有的产品进行检验。

3 强制性条款的检验应采用全数检验方案。

3.0.11 分项工程检验批验收合格质量应符合下列规定：

1 当受检方通过自检，检验批的质量已达到合同和本规范的要求，并具有相应的质量合格的施工验收记录时，可进行工程施工质量检验批质量的验收。

2 采用全数检验方案检验时，主控项目的质量检验结果应全数合格；一般项目的质量检验结果，计数合格率不应小于85％，且不得有严重缺陷。

3 采用抽样方案检验时，且检验批检验结果合格时，批质量验收应予以通过；当抽样检验批检验结果不符合合格要求时，受检方可申请复验或复检。

4 质量验收中被检出的不合格品，均应进行修复或更换为合格品。

参照现行国家标准《计数抽样检验程序 第11部分：小总体声称质量水平的评定程序》GB/T 2828.11和《计数抽样检验程序 第4部分：声称质量水平的评定程序》GB/T 2828—4，对工程施工质量检验批的抽样检验，本规范规定，产品合格率大于或等于95％

的抽样方案，定为第Ⅰ抽样方案（以下简称Ⅰ方案）；产品合格率大于或等于85％的抽样方案，定为第Ⅱ抽样方案（以下简称Ⅱ方案）。根据检验批总体中不合格品数的上限值（DQL）和该检验批的产品样本总数量（N），对主控项目与一般项目的验收，应分别按本规范表B.0.2-1或表B.0.2-2确定抽样的数量n。

原规范及以往的质量验收规范对于工程施工质量项目的验收，均根据经验采用全检或按固定百分比抽检的方法。此种方法相对缺乏较明确的科学依据，不符合数理统计的原理和规则，在工程实际应用中亦发现不少问题，效果较差。当检验批量很大又没有自动检验设备的时候，要求实施100％检验是非常困难的。例如，风管漏风量的检验，一栋50000m² 的建筑，采用全空气空调系统风管面积至少12000m²，用漏风量测试仪测试大约100m² 风管面积需要测一次，整个工程需测120次以上，这在时间、人力、财力上都是很难办到的。在许多情况下，即使规定了100％检验，受上述条件的限制，实际也做不到100％检验。另一方面，由于人员长时间从事大量的、重复性的工作，也极易出现差错，100％检验也不是完全有效的。

按检验批产品数的固定比例抽查也存在问题。有时它会使得供方风险、接收方风险得不到保证，或造成过量检验。例如，同样抽查20％，产品数 N＝40 的批，样品量 n＝8，相当于抽样方案（8，1）；产品数 N＝230 的批，样品量 n＝46，相当于抽样方案（46，1）。如果抽样方案（8，1）是合适的、有效的，则有同样质量水平的第二批也没有必要检查 46 个。如果抽样方案（46，1）才是合适的、有效的，则有同样质量水平的第一批只检验了 8 个样品，检验功效就接近于零了，误判、漏判的风险就会很大。

本规范此次修订时采用的抽样检验，属于验证性验收抽样检验，是对施工方自检的抽样程序及其声称的产品质量的审核。

由于抽样的随机性，以抽样为基础的任何评定，判定结果会有内在的不确定性。使用声称质量水平的评定程序，仅当有充分证据表明实际质量水平劣于声称质量水平时，才判定核查总体不合格；当核查总体的实际质量水平等于或优于声称质量水平时，判定核查总体不合格的风险大约控制在 5％，当实际质量水平劣于声称质量水平，且劣于极限质量（LQ）时，判抽查合格的风险小于 10％。当实际质量水平劣于声称质量水平而优于 LQ时，判定核查通过的风险依赖于实际质量水平的值。

本规范采用的抽样检验方法，是将计数抽样检验程序的国家标准应用于通风与空调工程施工质量验收的尝试和实践。为了方便工程的应用，本规范对抽样方案进行了简化，确定了主控项目采用结果不小于95％，一般项目不小于85％的核查原则。

执行本规范的计数抽样检验程序的前提条件是施工企业已进行了施工质量的自检且达到合同和本规范的要求。

应用示例：

示例1 某建筑工程中安装了 45 个通风系统，受检方申报风量不满足设计要求的系统数量不超过 3 个，已达到主控项目的质量要求。试确定抽样方案。

解答：本规范规定系统风量为主控项目，使用本规范表 B.0.2-1，由 N＝45，DQL＝3，查表得到抽样量 n＝6。从 45 个通风系统中随机抽取 6 个系统进行风量检查，若其中没有或只有 1 个系统的风量小于设计风量，则判核查通过，该检验批"合格"；否则，判该检验批"不合格"。

示例 2：某检验批中有 115 台风机盘管机组，申报该批产品的风量合格率在 95% 以上，已达到主控项目的质量要求。欲采用抽样方法核查该声称质量是否符合实际，求抽样量。

解答：计算声称的不合格品数 DQL＝115×(1－0.95)＝5(取整)。

本规范规定风机盘管机组风量为主控项目，使用本规范表 B.0.2-1 确定抽样方案。因 N＝115，介于 110 与 120 之间，查表时取 N＝120，DQL＝5，查表得到抽样量 n＝10。

示例 3：某建筑物的通风、空调、防排烟系统的中压风管面积总和为 12500m²，申报风管漏风量的质量水平为合格率 95% 以上，已达到主控项目的质量要求。使用漏风量仪抽查风管的漏风量是否满足规范的要求，漏风仪的风机风量适用于每次检查中压风管 100m²，试确定抽样方案。

解答：以 100m² 风管为单位产品，需核查的产品批量 N＝12500/100＝125，对应的不合格品数 DQL＝125×(1－0.95)＝6(取整)。

本规范规定风管漏风量为主控项目，使用本规范表 B.0.2-1 确定抽样方案，因 N 值介于 120 与 130 之间，取 N＝130，查表得到抽样量 n＝8。采用分层随机抽样法从中抽取 8 段 100m² 的风管进行检查，若被测风管没有或只有 1 段的漏风量大于规范允许值，则判核查通过，该检验批"合格"；有 2 段及以上大于规范允许值，判该检验批"不合格"。

3.0.12 通风与空调工程施工质量的保修期限，应自竣工验收合格日起计算两个采暖期、供冷期。在保修期内发生施工质量问题的，施工企业应履行保修职责。

根据《建筑工程质量管理条例》，规定通风与空调工程的保修期限为两个采暖期和供冷期。此段时间内，在工程使用过程中如发现一些问题，应属于是正常的。问题可能是由于设备、材料、施工等质量原因，也可能是业主或设计原因所造成的。因此需要对产生的问题进行调查分析，找出原因，分清责任，然后进行整改，由责任方承担经济损失。规定通风与空调工程施工质量保修期限为两个采暖期和供冷期，这对设计和施工质量提出了比较高的要求，但有利于本行业技术水平的进步，应予以认真执行。

3.0.13 净化空调系统洁净室（区）的洁净度等级应符合设计要求，空气中悬浮粒子的最大允许浓度限值，应符合本规范表 D.4.6-1 的规定。洁净室（区）洁净度等级的检测，应按本规范附录 D 第 D.4 节的规定执行。

规定了净化空调系统洁净室（区）洁净度等级的划分、系统调试和性能测定应符合本规范附录 D 的规定。附录 D 的主要测试内容与规定与现行国家标准《洁净室及相关受控环境》GB/T 25915 系列标准和《洁净室及相关受控环境 生物污染控制》GB/T 25916 系列标准相一致。

7.4 风 管 制 作

4.1 一般规定

4.1.1 风管质量的验收应按材料、加工工艺、系统类别的不同分别进行，并应包括风管的材质、规格、强度、严密性能与成品观感质量等项内容。

风管产成品质量验收的要求，一是要按风管的材料类别，如金属、非金属与复合材料；二是按风管类别，如高压、中压、低压，还是微压；三是要按风管属于哪个子分部工程的特性要求进行验收，如舒适空调、净化室空调、除尘系统等综合统一评定。

风管验收的依据是本规范的规定和被批准的设计图纸。一般情况下，风管的质量可以直接引用本规范。但当设计根据工程的需要，认为风管施工质量标准需要高于本规范的规定时，可以提出更严格的要求。此时，施工单位应按较高的标准进行施工，监理按高标准验收。

目前，风管的加工趋向产品化生产，值得提倡。作为产品（成品）风管应提供相应的产品合格证书或强度和严密性合格的验证资料。

4.1.2　风管制作所用的板材、型材以及其他主要材料进场时应进行验收，质量应符合设计要求及国家现行标准的有关规定，并应提供出厂检验合格证明。工程中所选用的成品风管，应提供产品合格证书或进行强度和严密性的现场复验。

证明其所提供的风管的加工工艺水平及产品质量的状况。

4.1.3　金属风管规格应以外径或外边长为准，非金属风管和风道规格应以内径或内边长为准。圆形风管规格宜符合表 4.1.3-1（本书表 7.4.1）的规定，矩形风管规格宜符合表 4.1.3-2（本书表 7.4.2）的规定。圆形风管应优先采用基本系列，非规则椭圆形风管应参照矩形风管，并应以平面边长及短径径长为准。

规定了风管的规格尺寸以外径或外边长为准，建筑风道以内径或内边长为准。风管板材的厚度较薄，以外径或外边长为准对风管的截面积影响很小，且与风管法兰以内径或内边长为准可相匹配。建筑风道的壁厚较厚，以内径或内边长为准可以正确控制风道的内截面面积。

条文对圆形风管规定了基本和辅助两个系列。一般送、排风及空调系统应采用基本系列。除尘与气力输送系统的风管，管内流速高，管径对系统的阻力损失影响较大，在优先采用基本系列的前提下，可以采用辅助系列。本规范强调采用基本系列的目的是在满足工程使用需要的前提下，实行工程的标准化施工。

对于矩形风管的口径尺寸，从工程施工的情况来看，规格数量繁多，不便于明确规定。因此本条采用规定边长规格，按需要组合的表达方法。

圆形风管规格　　　　　　　　　　　　　　　　表 7.4.1

风管直径 D（mm）			
基本系列	辅助系列	基本系列	辅助系列
100	80	220	210
	90	250	240
120	110	280	260
140	130	320	300
160	150	360	340
180	170	400	380
200	190	450	420
500	480	1120	1060
560	530	1250	1180
630	600	1400	1320
700	670	1600	1500
800	750	1800	1700
900	850	2000	1900
1000	950	—	—

矩形风管规格　　　　　　　　　　表 7.4.2

风管边长（mm）				
120	320	800	2000	4000
160	400	1000	2500	—
200	500	1250	3000	—
250	630	1600	3500	—

4.1.4 风管系统按其工作压力应划分为微压、低压、中压与高压四个类别，并应采用相应类别的风管。风管类别应按表 4.1.4（本书表 7.4.3）的规定进行划分。

风管类别　　　　　　　　　　　表 7.4.3

类别	风管系统工作压力 P（Pa）		密封要求
	管内正压	管内负压	
微压	$P \leqslant 125$	$P \geqslant -125$	接缝及接管连接处应严密
低压	$125 < P \leqslant 500$	$-500 \leqslant P < -125$	接缝及接管连接处应严密，密封面宜设在风管的正压侧
中压	$500 < P \leqslant 1500$	$1000 \leqslant P < -500$	接缝及接管连接处应加设密封措施
高压	$1500 < P \leqslant 2500$	$-2000 \leqslant P < -1000$	所有的拼接缝及接管连接处均应采取密封措施

对通风与空调工程中的风管，按系统工作压力划分为四个类别，微压风管是参考国外先进国家标准中低于 250Pa 风管不需要进行风管漏风量检验而制定的。根据国内工程风管施工的实际状况，我们适当调整了工作压力范围。

风管承压可分为风管内正压与负压两种状态，原规范仅以正压进行划分。本规范进行了调整和完善，如增加了负压的规定，对高压类风管的最高压力进行了限制。如今的分类规定与国外主要国家的标准相一致。条文表 4.1.4 中还规定了不同类别风管的密封要求，以供在实际工程中选用。

4.1.5 镀锌钢板及含有各类复合保护层的钢板应采用咬口连接或铆接，不得采用焊接连接。

镀锌钢板及含有各类复合保护层的钢板，优良的防腐蚀性能主要依靠这层保护薄膜。如果采用电焊或气焊熔焊焊接的连接方法，由于高温不仅使焊缝处的镀锌层被烧蚀，而且会造成大于数倍以上焊缝周边板面保护层的破坏。被破坏了保护层后的复合钢板，可能由于发生电化学的作用，会使其焊缝范围处腐蚀的速度成倍增长。因此规定镀锌钢板及含有各类复合保护层的钢板，在正常情况下不得采用破坏保护层的熔焊焊接连接方法。

4.1.6 风管的密封应以板材连接的密封为主，也可采用密封胶嵌缝与其他方法。密封胶的性能应符合使用环境的要求，密封面宜设在风管的正压侧。

强调风管密封的要点是板材连接质量的控制，然后才是应用密封胶封堵。

4.1.7 净化空调系统风管的材质应符合下列规定：

1 应按工程设计要求选用。当设计无要求时，宜采用镀锌钢板，且镀锌层厚度不应小于 $100g/m^2$。

2 当生产工艺或环境条件要求采用非金属风管时，应采用不燃材料或难燃材料，且表面应光滑、平整、不产尘、不易霉变。

规定了用于净化空调的镀锌钢板的镀锌层厚度，双面镀锌层不低于 $100g/m^2$，需要引起重视。

4.2 主控项目

4.2.1 风管加工质量应通过工艺性的检测或验证，强度和严密性要求应符合下列规定：

1 风管在试验压力保持 5min 及以上时，接缝处应无开裂，整体结构应无永久性的变形及损伤。试验压力应符合下列规定：

1）低压风管应为 1.5 倍的工作压力；

2）中压风管应为 1.2 倍的工作压力，且不低于 750Pa；

3）高压风管应为 1.2 倍的工作压力。

2 矩形金属风管的严密性检验，在工作压力下的风管允许漏风量应符合表 4.2.1（本书表 7.4.4）的规定。

3 低压、中压圆形金属与复合材料风管，以及采用非法兰形式的非金属风管的允许漏风量，应为矩形金属风管规定值的 50%。

4 砖、混凝土风道的允许漏风量不应大于矩形金属低压风管规定值的 1.5 倍。

风管允许漏风量 表 7.4.4

风管类别	允许漏风量 $[m^3/(h \cdot m^2)]$
低压风管	$Q_l \leqslant 0.1056P^{0.65}$
中压风管	$Q_m \leqslant 0.0352P^{0.65}$
高压风管	$Q_h \leqslant 0.0117P^{0.65}$

注：Q_l 为低压风管允许漏风量，Q_m 为中压风管允许漏风量，Q_h 为高压风管允许漏风量，P 为系统风管工作压力（Pa）。

5 排烟、除尘、低温送风及变风量空调系统风管的严密性应符合中压风管的规定，N1～N5 级净化空调系统风管的严密性应符合高压风管的规定。

6 风管系统工作压力绝对值不大于 125Pa 的微压风管，在外观和制造工艺检验合格的基础上，不应进行漏风量的验证测试。

7 输送剧毒类化学气体及病毒的实验室通风与空调风管的严密性能应符合设计要求。

8 风管或系统风管强度与漏风量测试应符合本规范附录 C 的规定。

检查数量：按 Ⅰ 方案。

检查方法：按风管系统的类别和材质分别进行，查阅产品合格证和测试报告，或实测旁站。

对各类别风管的强度试验和允许漏风量做了规定。风管的强度和严密性能是风管加工和产成品质量的重要指标之一，理应达到。

风管强度的检测主要是检验风管的耐压能力，以保证系统风管的安全运行。本条依据国内工程风管的施工检验，结合国外标准的规定，提出了各类风管强度验收合格的具体规定。即低压风管在 1.5 倍工作压力，中压为 1.2 倍工作压力且不低于 750Pa 的压力，高压风管为 1.2 倍工作压力下，至少保持 5min 及以上时间，风管的咬口或其他连接处没有张口、开裂等永久性的损伤为合格。采用正压，还是采用负压进行强度试验，应根据系统风管的运行工况来决定。在实际工程施工中，经商议也可以采用正压代替负压试验的方法。

风管系统由于结构的原因，少量漏风是正常的，也可以说是不可避免的。但是过量的漏风，则会影响整个系统功能的实现和能源的大量浪费。因此本条根据风管的类别，与不同性能系统及风道的允许漏风量做了明确的规定。根据原规范多年实施的经验，对原低压风管采用漏光法判定漏风量指标的规定进行了修改，即不再允许以漏光来决定漏风量的达标与否。本条将原条文的低压风管划分为两个等级，即125Pa及以下的微压风管，以目测检验工艺质量为主，不进行严密性能的测试；125Pa以上的风管按规定进行严密性的测试，其漏风量不应大于该类别风管的规定。做这样规定的理由如下：一是漏风量测试仪器已经得到解决，采用测试方法有可能；二是漏光法的判定方法与实际漏风量很难做出较为正确的结论；三是随着国家加强环境保护，大力推行节能、减排的方针深入，通风与空调设备工程作为建筑能耗的大户，严格控制风管的漏风，提高能源的利用率具有较大的实际意义。从工程量的角度来分析，低压风管可占整个风管数量的50%左右，因此提高对低压风管漏风量的控制是一个较好的举措。

允许漏风量是指在系统工作压力条件下，系统风管的单位表面积、在单位时间内允许空气泄漏的最大数量。这个规定对于风管严密性能的检验是比较科学的，它与国际上的通用标准一致。条文还根据不同材料风管的连接特征，规定了相应的指标值，更有利于质量的监督和应用。这也与相应的国外标准相似。

4.2.2 防火风管的本体、框架与固定材料、密封垫料等必须采用不燃材料，防火风管的耐火极限时间应符合系统防火设计的规定。

检查数量：全数检查。

检查方法：查阅材料质量合格证明文件和性能检测报告，观察检查与点燃试验。

防火风管主要应用于建筑中的安全救生系统，是指建筑物局部起火后，仍能维持一定时间正常功能的风管。它们主要应用于火灾时的排烟和正压送风的救生保障系统，一般可分为1h、2h、4h等的不同要求级别。我们把应用于防止排烟系统高温引发电气线缆及其他易燃物二次火灾的风管称为排烟防火风管，把用于避难空间与安全通道送风系统，能满足设计与消防耐火极限时间的风管称为正压送风防火风管。为了保证工程的质量和防火功能的正常发挥，本规范规定了防火风管的本体、框架与固定材料、密封垫料等必须采用不燃材料，而且防火风管的耐火极限时间还要满足系统防火设计的规定。本条为强制性条文，必须严格执行。

检查内容：

为了保证工程施工的防火风管能符合设计规定的防火性能，真正起到安全保障作用，施工前必须对防火风管材料的耐火性能进行严格的检查和核对，其依据是材料质量保证书和试验报告，同时对材料外观质量进行目测检查，相符后再加工制作。其二是要求风管施工的质量均应满足设计图纸和本规范的规定。要求风管板材与风管框架的连接应平整、牢固，板与板之间缝隙的密封填料应完整和严密。

对防火风管质量监督、验收的最关键点是防火风管的不燃材质和防火性能必须符合设计和本条文的规定。

4.2.3 金属风管的制作应符合下列规定：

1 金属风管的材料品种、规格、性能与厚度应符合设计要求。当风管厚度设计无要求时，应按本规范执行。钢板风管板材厚度应符合表4.2.3-1（本书表7.4.5）的规定。镀锌钢板的镀锌层厚度应符合设计或合同的规定，当设计无规定时，不应采用低于80g/m² 板材；不锈钢板风管板材厚度应符合表4.2.3-2（本书表7.4.6）的规定；铝板风管板材厚度应符合表4.2.3-3（本书表7.4.7）的规定。

钢板风管板材厚度   表 7.4.5

风管直径或 长边尺寸 b（mm）	板材厚度（mm）				
	微压、低压 系统风管	中压系统风管		高压系统风管	除尘系统风管
		圆形	矩形		
b≤320	0.5	0.5	0.5	0.75	2.0
320<b≤450	0.5	0.6	0.6	0.75	2.0
450<b≤630	0.6	0.75	0.75	1.0	3.0
630<b≤1000	0.75	0.75	0.75	1.0	4.0
1000<b≤1500	1.0	1.0	1.0	1.2	5.0
1500<b≤2000	1.0	1.2	1.2	1.5	按设计要求
2000<b≤4000	1.2	按设计要求	1.2	按设计要求	按设计要求

注：1. 螺旋风管的钢板厚度可按圆形风管减少 10%～15%。
    2. 排烟系统风管钢板厚度可按高压系统。
    3. 不适用于地下人防与防火隔墙的预埋管。

不锈钢板风管板材厚度（mm）   表 7.4.6

风管直径或长边尺寸 b	微压、低压、中压	高压
b≤450	0.5	0.75
450<b≤1120	0.75	1.0
1120<b≤2000	1.0	1.2
2000<b≤4000	1.2	按设计要求

铝板风管板材厚度（mm）   表 7.4.7

风管直径或长边尺寸 b	微压、低压、中压
b≤320	1.0
320<b≤630	1.5
630<b≤2000	2.0
2000<b≤4000	按设计要求

2 金属风管的连接应符合下列规定：

1）风管板材拼接的接缝应错开，不得有十字形拼接缝。

2）金属圆形风管法兰及螺栓规格应符合表 4.2.3-4（本书表 7.4.8）的规定，金属矩形风管法兰及螺栓规格应符合表 4.2.3-5（本表 7.4.9）的规定。微压、低压与中压系统风管法兰的螺栓及铆钉孔的孔距不得大于 150mm；高压系统风管不得大于 100mm。矩形风管法兰的四角部位应设有螺孔。

金属圆形风管法兰及螺栓规格   表 7.4.8

风管直径 D（mm）	法兰材料规格（mm）		螺栓规格
	扁钢	角钢	
D≤140	20×4	—	M6
140<D≤280	25×4	—	
280<D≤630	—	25×3	
630<D≤1250	—	30×4	M8
1250<D≤2000	—	40×4	

风管长边尺寸 b（mm）	法兰角钢规格（mm）	螺栓规格
$b \leqslant 630$	25×3	M6
$630 < b \leqslant 1500$	30×3	M8
$1500 < b \leqslant 2500$	40×4	
$2500 < b \leqslant 4000$	50×5	M10

3）用于中压及以下压力系统风管的薄钢板法兰矩形风管的法兰高度，应大于或等于相同金属法兰风管的法兰高度。薄钢板法兰矩形风管不得用于高压风管。

3　金属风管的加固应符合下列规定：

1）直咬缝圆形风管直径大于或等于 800mm，且管段长度大于 1250mm 或总表面积大于 4m² 时，均应采取加固措施。用于高压系统的螺旋风管，直径大于 2000mm 时应采取加固措施。

2）矩形风管的边长大于 630mm，或矩形保温风管边长大于 800mm，管段长度大于 1250mm；或低压风管单边平面面积大于 1.2m²，中、高压风管大于 1.0m²，均应有加固措施。

3）非规则椭圆形风管的加固应按本条第 2 款的规定执行。

检查数量：按Ⅰ方案。

检查方法：尺量、观察检查。

是对金属风管制作的用材，连接和加固等基本要求做出的规定。与原规范条文相比，对高压和除尘风管的厚度做出了合理的调整。通过耐压强度的试验，证明规范规定的厚度可以满足工程使用的需要。

通风与空调工程中使用镀锌钢板风管有相当的数量，但是原规范对其镀锌层的厚度没有做过规定，为此本条规定，当设计无规定时，宜采用双面镀锌层不低于 80g/m² 的板材。

薄钢板法兰风管的法兰高度应大于或等于金属法兰风管的法兰高度，主要是强调它的适用范围，以保证工程质量。

4.2.4　非金属风管的制作应符合下列规定：

1　非金属风管的材料品种、规格、性能与厚度等应符合设计要求。当设计无厚度规定时，应按本规范执行。高压系统非金属风管应按设计要求。

2　硬聚氯乙烯风管的制作应符合下列规定：

1）硬聚氯乙烯圆形风管板材厚度应符合表 4.2.4-1（本书表 7.4.10）的规定，硬聚氯乙烯矩形风管板材厚度应符合表 4.2.4-2（本书表 7.4.11）的规定。

硬聚氯乙烯圆形风管板材厚度（mm）　　　　　　　　表 7.4.10

风管直径 D	板材厚度	
	微压、低压	中压
$D \leqslant 320$	3.0	4.0
$320 < D \leqslant 800$	4.0	6.0
$800 < D \leqslant 1200$	5.0	8.0
$1200 < D \leqslant 2000$	6.0	10.0
$D > 2000$	按设计要求	

硬聚氯乙烯矩形风管板材厚度（mm）

表 7.4.11

风管长边尺寸 b（mm）	板材厚度	
	微压、低压	中压
$b \leqslant 320$	3.0	4.0
$320 < b \leqslant 500$	4.0	5.0
$500 < b \leqslant 800$	5.0	6.0
$800 < b \leqslant 1250$	6.0	8.0
$1250 < b \leqslant 2000$	8.0	10.0

2）硬聚氯乙烯圆形风管法兰规格应符合表 4.2.4-3（本书表 7.4.12）的规定，硬聚氯乙烯矩形风管法兰规格应符合表 4.2.4-4（本书表 7.4.13）的规定。法兰螺孔的间距不得大于 120mm。矩形风管法兰的四角处，应设有螺孔。

硬聚氯乙烯圆形风管法兰规格

表 7.4.12

风管直径 D	材料规格（宽×厚）（mm）	连接螺栓
$D \leqslant 180$	35×6	M6
$180 < D \leqslant 400$	35×8	M8
$400 < D \leqslant 500$	35×10	
$500 < D \leqslant 800$	40×10	
$800 < D \leqslant 1400$	40×12	
$1400 < D \leqslant 1600$	50×15	M10
$1600 < D \leqslant 2000$	60×15	
$D > 2000$	按设计要求	

硬聚氯乙烯矩形风管法兰规格

表 7.4.13

风管边长 b（mm）	材料规格（宽×厚）（mm）	连接螺栓
$b \leqslant 160$	35×6	M6
$160 < b \leqslant 400$	35×8	M8
$400 < b \leqslant 500$	35×10	
$500 < b \leqslant 800$	40×10	
$800 < b \leqslant 1250$	45×12	M10
$1250 < b \leqslant 1600$	50×15	
$1600 < b \leqslant 2000$	60×18	
$b > 2000$	按设计要求	

微压、低压、中压有机玻璃钢风管板材厚度（mm）

表 7.4.14

圆形风管直径 D 或矩形风管长边尺寸 b	壁厚
D（b）$\leqslant 200$	2.5
$200 < D$（b）$\leqslant 400$	3.2
$400 < D$（b）$\leqslant 630$	4.0
$630 < D$（b）$\leqslant 1000$	4.8
$1000 < D$（b）$\leqslant 2000$	6.2

微压、低压、中压无机玻璃钢风管板材厚度（mm）　　　表 7.4.15

圆形风管直径 D 或矩形风管长边尺寸 b	壁厚
D (b)≤300	2.5～3.5
300＜D (b)≤500	3.5～4.5
500＜D (b)≤1000	4.5～5.5
1000＜D (b)≤1500	5.5～6.5
1500＜D (b)≤2000	6.5～7.5
D (b)＞2000	7.5～8.5

3）当风管的直径或边长大于 500mm 时，风管与法兰的连接处应设加强板，且间距不得大于 450mm。

3 玻璃钢风管的制作应符合下列规定：

1）微压、低压及中压系统有机玻璃钢风管板材的厚度应符合表 4.2.4-5（本书表 7.4.14）的规定。无机玻璃钢（氯氧镁水泥）风管板材的厚度应符合表 4.2.4-6（本书表 7.4.15）的规定，风管玻璃纤维布厚度与层数应符合表 4.2.4-7（本书表 7.4.16）的规定，且不得采用高碱玻璃纤维布。风管表面不得出现泛卤及严重泛霜。

2）玻璃钢风管法兰的规格应符合表 4.2.4-8（本书表 7.4.17）的规定，螺栓孔的间距不得大于 120mm。矩形风管法兰的四角处应设有螺孔。

微压、低压、中压系统无机玻璃钢风管玻璃纤维布厚度与层数（mm）　　表 7.4.16

圆形风管直径 D 或矩形风管长边 b	风管管体玻璃纤维布厚度		风管法兰玻璃纤维布厚度	
	0.3	0.4	0.3	0.4
	玻璃布层数			
D (b)≤300	5	4	8	7
300＜D (b)≤500	7	5	10	8
500＜D (b)≤1000	8	6	13	9
1000＜D (b)≤1500	9	7	14	10
1500＜D (b)≤2000	12	8	16	14
D (b)＞2000	14	9	20	16

玻璃钢风管法兰规格　　　　　　表 7.4.17

风管直径或风管边长 b（mm）	材料规格（宽×厚）(mm)	连接螺栓
D (b)≤400	30×4	M8
400＜D (b)≤1000	40×6	
1000＜D (b)≤2000	50×8	M10

3）当采用套管连接时，套管厚度不得小于风管板材厚度。

4）玻璃钢风管的加固应为本体材料或防腐性能相同的材料，加固件应与风管成为整体。

4 砖、混凝土建筑风道的伸缩缝，应符合设计要求，不应有渗水和漏风。

5 织物布风管在工程中使用时，应具有相应符合国家现行标准的规定，并应符合卫生与消防的要求。

检查数量：按Ⅰ方案。

检查方法：观察检查、尺量、查验材料质量证明书、产品合格证。

是对非金属风管制作的用材、连接方法、法兰规格和加固等基本要求做出的规定。同时也对非金属风管产成品的验收做出规定。

风管板材的厚度以满足功能的需要为前提，过厚或过薄都不利于工程的使用。本条从保证工程风管质量的角度出发，对常用非金属风管的最低厚度进行了规定；而对无机玻璃钢风管考虑手工操作，则是规定了一个厚度范围。

国内的无机玻璃钢风管主要是指以中碱或无碱玻璃布为增强材料，改性氯氧镁水泥为无机胶凝材料制成的通风管道。无机玻璃钢风管质量控制的要点是本体的材料质量（包括强度和耐腐蚀性）与加工的外观质量，以胶结材料和玻璃纤维的性能、层数和两者的结合质量为关键。在实际的工程中，我们应注意防止使用玻纤布层数不足、涂层过厚的风管。那样的风管既加重了风管的重量，又不能提高风管的强度和质量。故条文规定无机玻璃钢风管的厚度，为一个合理的区间范围。另外，无机玻璃钢风管大多为玻璃纤维增强氯氧镁水泥材料风道，如发生泛卤或严重泛霜，则表明胶结材料不符合风管使用性能的要求，不得应用于工程之中。

硬聚氯乙烯风管与原规范相比，是适度提高了中压风管的板材厚度。

4.2.5 复合材料风管的覆面材料必须采用不燃材料，内层的绝热材料应采用不燃或难燃且对人体无害的材料。

检查数量：全数检查。

检查方法：查验材料质量合格证明文件、性能检测报告，观察检查与点燃试验。

复合材料风管的板材，一般由两种或两种以上不同性能的材料所组成。它具有重量轻、导热系数小、施工操作方便等特点，具有较大推广应用的前景。复合材料风管中的绝热材料可以为多种性能的材料，为了保障在工程中的使用安全，规范规定其内部的绝热材料必须为不燃或难燃级，且是对人体无害的材料。

复合材料风管是指采用不燃材料面层复合绝热材料板制成的风管。目前常用复合材料风管的板材，一般由外表面为金属薄板或其他不燃面层、内侧为绝热层的材料构成。为了保障复合材料风管在房屋建筑工程中的安全使用，本规范规定其覆面材料必须为不燃材料，内层的绝热材料应为不燃或难燃，且对人体无害的材料。该规定与民用建筑防火、建筑装修等国家标准对建筑物内部装修材料使用有关的规定与要求相一致。

用于复合材料风管成型的粘接材料，也强调应采用环保阻燃型。

检查内容：

为了保证工程施工的复合材料风管能符合建筑防火和本条文的规定，施工前必须对复合材料风管的耐火性能进行严格的检查和核对，其依据主要是产品的合格证书、质量保证书和绝热材料不燃或难燃性能试验报告等。

对于内层采用不燃绝热材料的复合材料风管，可根据产品合格证书，一次验收通过。

对于内层采用难燃绝热材料的复合材料风管，为了防止可燃及易燃的绝热材料混淆于其中，造成对工程安全使用功能的危害，还应在现场对板材中的绝热材料进行点燃试验的抽检。如在抽检样本中发现有去掉火源后，绝热材料仍自燃不熄或数秒内不熄灭的，则应对其的难燃性能提出质疑，并停止使用。然后，取样送有资质的验证单位进行检验，合格

344

后才允许使用。

复合材料风管材料性能质量监督、验收的最关键点是风管的材质，其难燃性能必须符合设计的规定。

4.2.6 复合材料风管的制作应符合下列规定：

1 复合风管的材料品种、规格、性能与厚度等应符合设计要求。复合板材的内外覆面层粘贴应牢固，表面平整无破损，内部绝热材料不得外露。

2 铝箔复合材料风管的连接、组合应符合下列规定：

1）采用直接黏结连接的风管，边长不应大于500mm；采用专用连接件连接的风管，金属专用连接件的厚度不应小于1.2mm，塑料专用连接件的厚度不应小于1.5mm。

2）风管内的转角连接缝，应采取密封措施。

3）铝箔玻璃纤维复合风管采用压敏铝箔胶带连接时，胶带应粘接在铝箔面上，接缝两边的宽度均应大于20mm。不得采用铝箔胶带直接与玻璃纤维断面相黏结的方法。

4）当采用法兰连接时，法兰与风管板材的连接应可靠，绝热层不应外露，不得采用降低板材强度和绝热性能的连接方法。中压风管边长大于1500mm时，风管法兰应为金属材料。

3 夹芯彩钢板复合材料风管，应符合现行国家标准《建筑设计防火规范》GB 50016的有关规定。当用于排烟系统时，内壁金属板的厚度应符合表4.2.3-1（本书表7.4.5）的规定。

检查数量：按Ⅰ方案。

检查方法：尺量、观察检查、查验材料质量证明书、产品合格证。

这是复合材料风管制作的基本要求。

常用的夹芯彩钢板钢板厚度一般较薄，不适用于排烟系统风管的要求，故条文特做了规定，其内壁的厚度应符合排烟风管的要求。

4.2.7 净化空调系统风管还应符合下列规定：

1 风管内表面应平整、光滑，管内不得设有加固框或加固筋。

2 风管不得有横向拼接缝。矩形风管底边宽度小于或等于900mm时，底面不得有拼接缝；大于900mm且小于或等于1800mm时，底面拼接缝不得多于1条；大于1800mm且小于或等于2700mm时，底面拼接缝不得多于2条。

3 风管所用的螺栓、螺母、垫圈和铆钉的材料应与管材性能相适应，不应产生电化学腐蚀。

4 当空气洁净度等级为N1级～N5级时，风管法兰的螺栓及铆钉孔的间距不应大于80mm；当空气洁净度等级为N6级～N9级时，不应大于120mm。不得采用抽芯铆钉。

5 矩形风管不得使用S形插条及直角形插条连接。边长大于1000mm的净化空调系统风管，无相应的加固措施，不得使用薄钢板法兰弹簧夹连接。

6 空气洁净度等级为N1级～N5级净化空调系统的风管，不得采用按扣式咬口连接。

7 风管制作完毕后，应清洗。清洗剂不应对人体、管材和产品等产生危害。

检查数量：按Ⅰ方案。

检查方法：查阅材料质量合格证明文件和观察检查，白绸布擦拭。

空气净化空调系统与一般通风、空调系统风管之间的区别，主要是体现在对风管的清洁度和严密性能要求上的差异。本条就是针对这个特点，对其在加工制作时应做到的具体内容做出了规定。如本系统风管连接不得使用 S 形插条等；边长大于 1000mm 的风管，不得使用薄钢板法兰连接；N1 级~N5 级的净化空调系统风管，不得采用按扣式咬口；风管及部件的连接不得采用抽芯铆钉等。条文还对风管的法兰连接与清洗作业的清洗剂做了明确的规定，均应予以执行。

4.3 一般项目

4.3.1 金属风管的制作应符合下列规定：

1 金属法兰连接风管的制作应符合下列规定：

1）风管与配件的咬口缝应紧密、宽度应一致、折角应平直、圆弧应均匀，且两端面应平行。风管不应有明显的扭曲与翘角，表面应平整，凹凸不应大于 10mm。

2）当风管的外径或外边长小于或等于 300mm 时，其允许偏差不应大于 2mm；当风管的外径或外边长大于 300mm 时，不应大于 3mm。管口平面度的允许偏差不应大于 2mm，矩形风管两条对角线长度之差不应大于 3mm，圆形法兰任意两直径之差不应大于 3mm。

3）焊接风管的焊缝应饱满、平整，不应有凸瘤、穿透的夹渣和气孔、裂缝等其他缺陷。风管目测应平整，不应有凹凸大于 10mm 的变形。

4）风管法兰的焊缝应熔合良好、饱满，无假焊和孔洞。法兰外径或外边长及平面度的允许偏差不应大于 2mm。同一批量加工的相同规格法兰的螺孔排列应一致，并应具有互换性。

5）风管与法兰采用铆接连接时，铆接应牢固，不应有脱铆和漏铆现象；翻边应平整、紧贴法兰，宽度应一致，且不应小于 6mm；咬缝及矩形风管的四角处不应有开裂与孔洞。

6）风管与法兰采用焊接连接时，焊缝应低于法兰的端面。除尘系统风管宜采用内侧满焊，外侧间断焊形式。当风管与法兰采用点焊固定连接时，焊点应融合良好，间距不应大于 100mm；法兰与风管应紧贴，不应有穿透的缝隙与孔洞。

7）镀锌钢板风管表面不得有 10% 以上的白花、锌层粉化等镀锌层严重损坏的现象。

8）当不锈钢板或铝板风管的法兰采用碳素钢材时，材料规格应符合本规范第 4.2.3 条的规定，并应根据设计要求进行防腐处理；铆钉材料应与风管材质相同，不应产生电化学腐蚀。

2 金属无法兰连接风管的制作应符合下列规定：

1）圆形风管无法兰连接形式应符合表 4.3.1-1（本书表 7.4.18）的规定。矩形风管无法兰连接形式应符合表 4.3.1-2（本书表 7.4.19）的规定。

圆形风管无法兰连接形式　　　　　　　　　　　表 7.4.18

无法兰连接形式		附件板厚（mm）	接口要求	使用范围
承插连接		—	插入深度≥30mm，有密封要求	直径＜700mm 微压、低压风管

346

无法兰连接形式		附件板厚（mm）	接口要求	使用范围
带加强筋承插		—	插入深度≥20mm，有密封要求	微压、低压、中压风管
角钢加固承插		—	插入深度≥20mm，有密封要求	微压、低压、中压风管
芯管连接		≥管板厚	插入深度≥20mm，有密封要求	微压、低压、中压风管
立筋抱箍连接		≥管板厚	扳边与楞筋匹配一致，紧固严密	微压、低压、中压风管
抱箍连接		≥管板厚	对口尽量靠近不重叠，抱箍应居中，宽度≥100mm	直径＜700mm 微压、低压风管
内胀芯管连接	固定耳（焊接） 铆钉 风管 橡胶密封圈 φ5实心 V形密封槽 口宽7mm	≥管板厚	橡胶密封垫固定应牢固	大口径螺旋风管

矩形风管无法兰连接形式   表 7.4.19

无法兰连接形式		附件板厚（mm）	使用范围
S形插条		≥0.7	微压、低压风管，单独使用连接处必须有固定措施
C形插条		≥0.7	微压、低压、中压风管
立咬口		≥0.7	微压、低压、中压风管
包边立咬口		≥0.7	微压、低压、中压风管

无法兰连接形式		附件板厚（mm）	使用范围
薄钢板法兰插条		≥1.0	微压、低压、中压风管
薄钢板法兰弹簧夹		≥1.0	微压、低压、中压风管
直角型平插条		≥0.7	微压、低压风管

2）矩形薄钢板法兰风管的接口及附件，尺寸应准确，形状应规则，接口应严密；风管薄钢板法兰的折边应平直，弯曲度不应大于5‰。弹性插条或弹簧夹应与薄钢板法兰折边宽度相匹配，弹簧夹的厚度应大于或等于1mm，且不应低于风管本体厚度。角件与风管薄钢板法兰四角接口的固定应稳固紧贴，端面应平整，相连处的连续通缝不应大于2mm；角件的厚度不应小于1mm及风管本体厚度。薄钢板法兰弹簧夹连接风管，边长不宜大于1500mm。当对法兰采取相应的加固措施时，风管边长不得大于2000mm。

3）矩形风管采用C型、S型插条连接时，风管长边尺寸不应大于630mm。插条与风管翻边的宽度应匹配一致，允许偏差不应大于2mm。连接应平整严密，四角端部固定折边长度不应小于20mm。

4）矩形风管采用立咬口、包边立咬口连接时，立筋的高度应大于或等于同规格风管的角钢法兰高度。同一规格风管的立咬口、包边立咬口的高度应一致，折角应倾角有棱线、弯曲度允许偏差为5‰。咬口连接铆钉的间距不应大于150mm，间隔应均匀；立咬口四角连接处补角连接件的铆固应紧密，接缝应平整，且不应有孔洞。

5）圆形风管芯管连接应符合表4.3.1-3（本书表7.4.20）的规定。

圆形风管芯管连接 表7.4.20

风管直径 D（mm）	芯管长度 l（mm）	自攻螺丝或抽芯铆钉数量（个）	直径允许偏差（mm）	
			圆管	芯管
120	120	3×2	−1～0	−3～−4
300	160	4×2		
400	200	4×2		
700	200	6×2		
900	200	8×2		
1000	200	8×2	−2～0	−4～−5
1120	200	10×2		
1250	200	10×2		
1400	200	12×2		

6）非规则椭圆风管可采用法兰与无法兰连接形式，质量要求应符合相应连接形式的规定。

3 金属风管的加固应符合下列规定：

1）风管的加固可采用角钢加固、立咬口加固、楞筋加固、扁钢内支撑、螺杆内支撑和钢管内支撑等多种形式（图4.3.1，本书图7.4.1）。

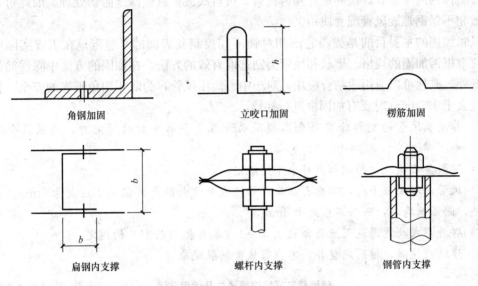

角钢加固　　　　　立咬口加固　　　　　楞筋加固

扁钢内支撑　　　　螺杆内支撑　　　　钢管内支撑

图 7.4.1　金属风管的加固形式

2）楞筋（线）的排列应规则，间隔应均匀，最大间距应为 300mm，板面应平整，凹凸变形（不平度）不应大于 10mm。

3）角钢或采用钢板折成加固筋的高度应小于或等于风管的法兰高度，加固排列应整齐均匀。与风管的铆接应牢固，最大间隔不应大于 220mm；各条加箍筋的相交处，或加箍筋与法兰相交处宜连接固定。

4）管内支撑与风管的固定应牢固，穿管壁处应采取密封措施。各支撑点之间或支撑点与风管的边沿或法兰间的距离应均匀，且不应大于 950mm。

5）当中压、高压系统风管管段长度大于 1250mm 时，应采取加固框补强措施。高压系统风管的单咬口缝，还应采取防止咬口缝胀裂的加固或补强措施。

检验数量：按Ⅱ方案。

检验方法：观察和尺量检查。

对金属风管制作质量验收的基本规定，包括金属法兰连接风管和金属无法兰连接风管两种形式，应予以分别遵照执行，并对金属风管的加固形式和要求做了规定。

根据多年来采用弹簧夹连接的矩形薄钢板法兰风管在工程中使用的实际情况，做出了较明确的规定，即风管边长不宜大于 1500mm，弹簧夹的厚度不应低于 1.0mm 且不低于风管板材厚度。当采取相应的加固措施后，如在薄矩形薄钢板法兰翻边的近处加支撑与风管法兰四角部位采取斜 45°内支撑加固等方法提高法兰部位的强度后，风管使用边长可延伸在 2000mm。薄钢板法兰风管不得用于高压风管。

风管及板材的连接，随着自动缀缝焊接设备技术的进步，可以代替常规的焊接与铆接工艺。

大口径螺旋风管由于在重力作用下，会产生较大的形变，使用一般的芯管连接方法比较困难，故建议采用内胀芯管连接。内胀芯管的初始口径小于螺旋风管，容易置于风管内，然后将芯管及顶推螺杆调整至与两端风管平行，成一直线，然后胀紧并固定。由于镀锌钢板制作的内胀芯管焊接固定耳和衬板后，可再次镀锌或做深度防锈处理。因此可与镀锌钢板和不锈钢螺旋风管配套使用。

风管加固的主要目的是提高它的相对强度和控制其表面的平整度。在工程实际应用中，应根据需加固的规格、形状和风管类别选取有效的方法。在加固的方法中除愣筋的强度较低外，其他可以通用或结合应用。对于中、高压风管，为防止四角咬缝的安全，特规定长度大于 1250mm 时要有加固框进行补偿。

4.3.2 非金属风管的制作除应符合本规范第 4.3.1 条第 1 款的规定外，尚应符合下列规定：

1 硬聚氯乙烯风管的制作应符合下列规定：

1）风管两端面应平行，不应有扭曲，外径或外边长的允许偏差不应大于 2mm。表面应平整，圆弧应均匀，凹凸不应大于 5mm。

2）焊缝形式及适用范围应符合表 4.3.2-1（本书表 7.4.21）的规定。

3）焊缝应饱满，排列应整齐，不应有焦黄断裂现象。

硬聚氯乙烯板焊缝形式及适用范围 表 7.4.21

焊缝形式	图示	焊缝高度（mm）	板材厚度（mm）	坡口角度 α（°）	适用范围
V 形对接焊缝		2～3	3～5	70～90	单面焊的风管
X 形对接焊缝		2～3	≥5	70～90	风管法兰及厚板的拼接
搭接焊缝		2～3	3～10	—	
角焊缝（无坡口		2～3	6～18		风管或配件的加固
		≥最小板厚	≥3	—	风管配件的角焊

焊缝形式	图示	焊缝高度（mm）	板材厚度（mm）	坡口角度 α（°）	适用范围
V形单面角焊缝		2～3	3～8	70～90	风管角部焊接
V形双面角焊缝		2～3	6～15	70～90	厚壁风管角部焊接

4）矩形风管的四角可采用煨角或焊接连接。当采用煨角连接时，纵向焊缝距煨角处宜大于 80mm。

2 有机玻璃钢风管的制作应符合下列规定：

1）风管两端面应平行，内表面应平整光滑、无气泡，外表面应整齐，厚度应均匀，且边缘处不应有毛刺及分层现象。

2）法兰与风管的连接应牢固，内角交界处应采用圆弧过渡。管口与风管轴线成直角，平面度的允许偏差不应大于 3mm；螺孔的排列应均匀，至管口的距离应一致，允许偏差不应大于 2mm。

3）风管的外径或外边长尺寸的允许偏差不应大于 3mm，圆形风管的任意正交两直径之差不应大于 5mm，矩形风管的两对角线之差不应大于 5mm。

4）矩形玻璃钢风管的边长大于 900mm，且管段长度大于 1250mm 时，应采取加固措施。加固筋的分布应均匀整齐。

3 无机玻璃钢风管的制作除应符合本条第 2 款的规定外，尚应符合下列规定：

1）风管表面应光洁，不应有多处目测到的泛霜和分层现象；

2）风管的外形尺寸应符合表 4.3.2-2（本书表 7.4.22）的规定；

无机玻璃钢风管外形尺寸（mm）　　　　　　　　　　　　　表 7.4.22

直径 D 或大边长	矩形风管表面不平度	矩形风管管口对角线之差	法兰平面的不平度	圆形风管两直径之差
D（b）≤300	≤3	≤3	≤2	≤3
300＜D（b）≤500	≤3	≤4	≤2	≤3
500＜D（b）≤1000	≤4	≤5	≤2	≤4
1000＜D（b）≤1500	≤4	≤6	≤3	≤5
1500＜D（b）≤2000	≤5	≤7	≤3	≤5

3）风管法兰制作应符合本条第 2 款第 2 项的规定。

4 砖、混凝土建筑风道内径或内边长的允许偏差不应大于 20mm，两对角线之差不应大于 30mm；内表面的水泥砂浆涂抹应平整，且不应有贯穿性的裂缝及孔洞。

检验数量：按 Ⅱ 方案。

检验方法：查验测试记录，观察和尺量检查。

对非金属风管制作质量的基本规定，其中包括有机玻璃钢、无机玻璃钢、硬聚氯乙烯风管和建筑风道，应分别遵照执行。

4.3.3 复合材料风管的制作应符合下列规定：

1 复合材料风管及法兰的允许偏差应符合表 4.3.3-1（本书表 7.4.23）的规定。

复合材料风管及法兰允许偏差（mm） 表 7.4.23

风管长边尺寸 b 或直径 D	允许偏差				
	边长或直径偏差	矩形风管表面平面度	矩形风管端口对角线之差	法兰或端口平面度	圆形法兰任意正交两直径之差
b（D）≤320	±2	≤3	≤3	≤2	≤3
320＜b（D）≤2000	±3	≤5	≤4	≤4	≤5

2 双面铝箔复合绝热材料风管的制作应符合下列规定：

1）风管的折角应平直，两端面应平行，允许偏差应符合本条第 1 款的规定。

2）板材的拼接应平整，凹凸不大于 5mm，无明显变形、起泡和铝箔破损。

3）风管长边尺寸大于 1600mm 时，板材拼接应采用 H 形 PVC 或铝合金加固条。

4）边长大于 320mm 的矩形风管采用插接连接时，四角处应粘贴直角垫片，插接连接件与风管粘接应牢固，插接连接件应互相垂直，插接连接件间隙不应大于 2mm。

5）风管采用法兰连接时，风管与法兰的连接应牢固。

6）矩形弯管的圆弧面采用机械压弯成型制作时，轧压深度不宜超过 5mm。圆弧面成型后，应对轧压处的铝箔划痕密封处理。

7）聚氨酯铝箔复合材料风管或酚醛铝箔复合材料风管，内支撑加固的镀锌螺杆直径不应小于 8mm，穿管壁处应进行密封处理。聚氨酯（酚醛）铝箔复合材料风管内支撑加固的设置应符合表 4.3.3-2（本书表 7.4.24）的规定。

聚氨酯（酚醛）铝箔复合材料风管内支撑加固的设置 表 7.4.24

类别		系统工作压力（Pa）			
		≤300	301～500	501～750	751～1000
		横向加固点数			
风管内边长 b（mm）	410＜b≤600	—	—	—	1
	600＜b≤800	—	1	1	1
	800＜b≤1200	1	1	1	1
	1200＜b≤1500	1	1	1	2
	1500＜b≤2000	2	2	2	2
纵向加固间距（mm）					
聚氨酯复合风管		≤1000	≤800	≤600	
酚醛复合风管		≤800			

3 铝箔玻璃纤维复合材料风管除应符合本条第 1 款的规定外，尚应符合下列规定：

1）风管的离心玻璃纤维板材应干燥平整，板外表面的铝箔隔气保护层与内芯玻璃纤维材料应黏合牢固，内表面应有防纤维脱落的保护层，且不得释放有害物质。

2) 风管采用承插阶梯接口形式连接时，承口应在风管外侧，插口应在风管内侧，承、插口均应整齐，插入深度应大于或等于风管板材厚度。插接口处预留的覆面层材料厚度应等同于板材厚度，接缝处的粘接应严密牢固。

3) 风管采用外套角钢法兰连接时，角钢法兰规格可为同尺寸金属风管的法兰规格或小一档规格。槽形连接件应采用厚度不小于1mm的镀锌钢板。角钢外套法兰与槽形连接件的连接，应采用不小于 M6 的镀锌螺栓（图 4.3.3，本书图 7.4.2），螺栓间距不应大于 120mm。法兰与板材间及螺栓孔的周边应涂胶密封。

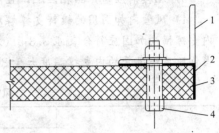

图 7.4.2　玻璃纤维复合风管角钢连接示意
1—角钢外法兰；2—槽形连接件；
3—风管；4—M6 镀锌螺栓

4) 铝箔玻璃纤维复合风管内支撑加固的镀锌螺杆直径不应小于6mm，穿管壁处应采取密封处理。正压风管长边尺寸大于或等于1000mm时，应增设外加固框。外加固框架应与内支撑的镀锌螺杆相固定。负压风管的加固框应设在风管的内侧，在工作压力下其支撑的镀锌螺杆不得有弯曲变形。风管内支撑的加固应符合表 4.3.3-3（本书表 7.4.25）的规定。

玻璃纤维复合风管内支撑加固　　　　　　　　　　表 7.4.25

类别		系统工作压力（Pa）		
		≤100	101~250	251~500
		内支撑横向加固点数		
风管边长 b（mm）	400<b≤500	—	—	1
	500<b≤600	—	1	1
	600<b≤800	1	1	1
	800<b≤1000	1	1	2
	1000<b≤1200	1	2	2
	1200<b≤1400	2	2	3
	1400<b≤1600	2	3	3
	1600<b≤1800	2	3	4
	1800<b≤2000	3	3	4
金属加固框纵向间距（mm）		≤600		≤400

4　机制玻璃纤维增强氯氧镁水泥复合板风管除应符合本条第 1 款的规定外，尚应符合下列规定：

1) 矩形弯管的曲率半径和分节数应符合表 4.3.3-4（本书表 7.4.26）的规定。

矩形弯管的曲率半径和分节数　　　　　　　　　　表 7.4.26

弯管边长 b（mm）	曲率半径 R	弯管角度和最少分节数							
		90°		60°		45°		30°	
		中节	端节	中节	端节	中节	端节	中节	端节
b≤600	≥1.5b	2	2	1	2	1	2	—	2
600<b≤1200	(1.0~1.5) b	2	2	2	2	1	2	—	2
1200<b≤2000	1.0b	3	2	2	2	1	2	1	2

注：当 b 与曲率半径为大值时，弯管的中节数可参照圆形风管弯管的规定，适度增加。

353

2）风管板材采用对接粘接时，在对接缝的两面应分别粘贴 3 层及以上，宽度不应小于 50mm 的玻璃纤维布增强。

3）粘接剂应与产品相匹配，且不应散发有毒有害气体。

4）风管内加固用的镀锌支撑螺杆直径不应小于 10mm，穿管壁处应进行密封。风管内支撑横向加固应符合表 4.3.3-5（本书表 7.4.27）的规定，纵向间距不应大于 1250mm。当负压系统风管的内支撑高度大于 800mm 时，支撑杆应采用镀锌钢管。

风管内支撑横向加固数量　　　　　　　　　　　　　表 7.4.27

风管长边尺寸 b（mm）	系统设计工作压力 P（Pa）			
	P≤500		500＜P≤1000	
	复合板厚度（mm）		复合板厚度（mm）	
	18～24	25～45	18～24	25～45
1250≤b＜1600	1	—	1	—
1600≤b＜2000	1	1	2	1

检查数量：按Ⅱ方案。

检查方法：查阅测试资料、尺量、观察检查。

复合材料风管大都是以产品供应的形式应用于工程。为便于工程施工质量的控制，本条分别对双面铝箔复合绝热材料板风管、铝箔复合玻璃纤维绝热板风管与玻璃纤维氯氧镁水泥板复合绝热材料板风管的质量做了规定。在实际工程应用中，除应符合本条的规定外，还应符合相应产品标准的规定，如遇两者有差异时，取其标准高者执行。

4.3.4　净化空调系统风管除应符合本规范第 4.3.1 条的规定外，尚应符合下列规定：

1　咬口缝处所涂密封胶宜在正压侧。

2　镀锌钢板风管的咬口缝、折边和铆接等处有损伤时，应进行防腐处理。

3　镀锌钢板风管的镀锌层不应有多处或 10% 表面积的损伤、粉化脱落等现象。

4　风管清洗达到清洁要求后，应对端部进行密闭封堵，并应存放在清洁的房间。

5　净化空调系统的静压箱本体、箱内高效过滤器的固定框架及其他固定件应为镀锌、镀镍件或其他防腐件。

检查数量：按Ⅱ方案。

检验方法：观察检查。

对净化空调系统风管的材质、咬缝连接和风管清洗等内容做了规定。

4.3.5　圆形弯管的曲率半径和分节数应符合表 4.3.5（本书表 7.4.28）的规定。圆形弯管的弯曲角度及圆形三通、四通支管与总管夹角的制作偏差不应大于 3°。

圆形弯管的曲率半径和分节数　　　　　　　　　　表 7.4.28

弯管直径 D（mm）	曲率半径 R	弯管角度和最少节数							
		90°		60°		45°		30°	
		中节	端节	中节	端节	中节	端节	中节	端节
80～220	≥1.5D	2	2	1	2	1	2	—	2
240～450	1.0D～1.5D	3	2	2	2	1	2	—	2

弯管直径 D (mm)	曲率半径 R	弯管角度和最少节数							
		90°		60°		45°		30°	
		中节	端节	中节	端节	中节	端节	中节	端节
480~800	1.0D~1.5D	4	2	2	2	1	2	1	2
850~1400	1.0D	5	2	3	2	2	2	1	2
1500~2000	1.0D	8	2	5	2	3	2	2	2

检验数量：按Ⅱ方案。

检验方法：观察和尺量检查。

对圆形风管的弯管和变径管的加工做了具体的规定。

4.3.6 矩形风管弯管宜采用曲率半径为一个平面边长，内外同心弧的形式。当采用其他形式的弯管，且平面边长大于 500mm 时，应设弯管导流片。

检验数量：按Ⅱ方案。

检验方法：观察和尺量检查。

为了降低风管系统的局部阻力，本条对不采用曲率半径为一个平面边长的内外同心弧形弯管，其平面边长大于 500mm 的，做了必须加设弯管导流片的规定。它主要依据"全国通用通风管道配件图表"矩形弯管局部阻力系数的结论数据。

4.3.7 风管变径管单面变径的夹角不宜大于 30°，双面变径的夹角不宜大于 60°。圆形风管支管与总管的夹角不宜大于 60°。

检查数量：按Ⅱ方案。

检查方法：尺量及观察检查。

对矩形风管变径管的加工做了具体的规定。

4.3.8 防火风管的制作应符合下列规定：

1 防火风管的口径允许偏差应符合本规范第 4.3.1 条的规定。

2 采用型钢框架外敷防火板的防火风管，框架的焊接应牢固，表面应平整，偏差不应大于 2mm。防火板敷设形状应规整，固定应牢固，接缝应用防火材料封堵严密，且不应有穿孔。

3 采用在金属风管外敷防火绝热层的防火风管，风管严密性要求应按本规范第 4.2.1 条中有关压金属风管的规定执行。防火绝热层的设置应按本规范第 10 章的规定执行。

检查数量：按Ⅱ方案。

检查方法：尺量及观察检查

防火风管一般分为三种结构形式：一是产品形式的防火风管，二是型钢结构外敷防火板的防火风管，三是金属风管外包裹不燃绝热材料的防火风管。在吊顶中施工的以第三类为多，在施工质量控制中以风管的严密性能和绝热材料的施工质量为主。

7.5 风管部件

5.1 一般规定

5.1.1 外购风管部件应具有产品合格质量证明文件和相应的技术资料。

强调外购部件验收应具有的资料和质量文件。

5.1.2　风管部件的线性尺寸公差应符合现行国家标准《一般公差　未注公差的线性和角度尺寸的公差》GB/T 1804 中所规定的 C 级公差等级。

对风管部件的线性尺寸公差验收做了规定，即符合现行国家标准《一般公差未注公差的线性和角度尺寸的公差》GB/T 1804 的 c 级公差等级。一般公差是指在车间通常加工条件下可保证的公差。一般公差的尺寸，在该尺寸后不需注出其极限偏差数值。有关线性尺寸的极限偏差数值的粗糙 c 级公差，具体允许值见表 1；角度尺寸的极限偏差数值的粗糙 c 级公差具体允许值见表 2。

对于通风与空调工程常用部件的线性与角度的质量检查，采用现行国家标准《一般公差　未注公差的线性和角度尺寸的公差》GB/T 1804 已经能满足工程质量验收的需要。

5.2　主控项目

5.2.1　风管部件材料的品种、规格和性能应符合设计要求。

检查数量：按Ⅰ方案。

检查方法：观察、尺量、检查产品合格证明文件。

5.2.2　外购风管部件成品的性能参数应符合设计及相关技术文。

检查数量：按Ⅰ方案。

检查方法：观察检查、检查产品技术文件。

是对采购进入工程风管部件质量和性能验收的一般规定。

5.2.3　成品风阀的制作应符合下列规定：

1　风阀应设有开度指示装置，并应能准确反映阀片开度。

2　手动风量调节阀的手轮或手柄应以顺时针方向转动为关闭。

3　电动、气动调节阀的驱动执行装置，动作应可靠，且在最大工作压力下工作应正常。

4　净化空调系统的风阀，活动件、固定件以及紧固件均应采取防腐措施，风阀叶片主轴与阀体轴套配合应严密，且应采取密封措施。

5　工作压力大于 1000Pa 的调节风阀，生产厂应提供在 1.5 倍工作压力下能自由开关的强度测试合格的证书或试验报告。

6　密闭阀应能严密关闭，漏风量应符合设计要求。

检查数量：按Ⅰ方案。

检查方法：观察、尺量、手动操作、查阅测试报告。

是对所有风阀的通用规定，包括手动调节阀、电动调节阀、防火阀、排烟阀（口）、定风量风阀等。

风阀的开度指示是风阀流开度调节的依据，必须具有；为使操作者了解到风阀动作的正确状态，要求开度指示器与阀片实际开度应一致。对于风阀安装后有绝热层等包裹的还应有相应的措施，使开度指示装置仍能明示。

对于风阀的质量验收应按不同功能类别风阀的特性进行，如主要用于系统风量平衡、分配调节的三通调节阀、系统支管的调节阀等，应符合本条文第 1 款和第 2 款的规定，不必强求其阀门的严密性。对于高压条件下使用的风阀应能确保在高压状态下，风阀结构应牢固、动作可靠，且严密性能也应达标。

5.2.4 防火阀、排烟阀或排烟口的制作应符合现行国家标准《建筑通风和排烟系统用防火阀门》GB 15930 的有关规定，并应具有相应的产品合格证明文件。

检查数量：全数检查。

检查方法：观察、尺量、手动操作，查阅产品质量证明文件。

防火阀与排烟阀是使用于建筑工程中的救生系统，直接涉及人民生命财产安全，其质量必须符合消防产品的规定。当前，根据工程施工的实际状况，更需重视其强度与密闭性能的质量验收，以保证防、排烟系统的正常运行。本条所要求的阀门动作试验，是指制作完成后或外购产成品入场后安装前所进行的模拟动作检查。防火阀或排烟阀（排烟口）能按照产品说明书的要求进行相应动作即可。对易熔片等一旦动作即须更换的零件，不要求进行破坏性试验。

5.2.5 防爆系统风阀的制作材料应符合设计要求，不得替换。

检查数量：全数检查。

检查方法：观察检查、尺量检查、检查材料质量证明文件。

防爆系统风阀主要使用于易燃、易爆的系统和场所，其材料使用不当，会造成严重的后果，故在验收时应严格执行。

5.2.6 消声器、消声弯管的制作应符合下列规定：

1 消声器的类别、消声性能及空气阻力应符合设计要求和产品技术文件的规定。

2 矩形消声弯管平面边长大于 800mm 时，应设置吸声导流片。

3 消声器内消声材料的织物覆面层应平整，不应有破损，并应顺气流方向进行搭接。

4 消声器内的织物覆面层应有保护层，保护层应采用不易锈蚀的材料，不得使用普通铁丝网。当使用穿孔板保护层时，穿孔率应大于 20%。

5 净化空调系统消声器内的覆面材料应采用尼龙布等不易产尘的材料。

6 微穿孔（缝）消声器的孔径或孔缝、穿孔率及板材厚度应符合产品设计要求，综合消声量应符合产品技术文件要求。

检查数量：按Ⅰ方案。

检查方法：观察、尺量、查阅性能检测报告和产品质量合格证。

是对消声器的主要性能做出要求，当消声弯管的平面边长大于 800mm 时，相对消声效果下降，而阻力反呈上升。因此条文做出规定，应加设吸声导流片，以改善气流组织，提高消声性能。阻性消声弯管和消声器内表面的覆面材料，大都为玻璃纤维织布，在管内气流长时间的冲击下，易使织物覆面松动、纤维断裂而造成布面破损、吸声材料飞散。因此本条规定消声器内的布质覆面层应有保护措施。保护层本身应是不易锈蚀的材料或具有良好的防腐措施。

净化空调系统对风管内的洁净要求很高，连接在系统中的消声器不应该是个发尘源，但吸声材料多是玻璃棉等疏松多孔的纤维材料，有可能产尘。故本条规定其消声器内的覆面材料应为不产尘或不易产尘的（如薄尼龙布）材料，除本身不产尘外，也要能防止吸声材料产尘逸入净化空调系统内。

微穿孔消声器穿孔板的厚度、孔径、穿孔率及孔腔尺寸综合构成其消声的特性与效能。工程中采购应用的消声器，在工地现场不可能进行消声效果的验证测试。因此条文规定以检查消声器的结构件特征与产品性能测试报告等技术文件为准。

消声器的消声性能应根据设计要求选用，生产者应提供消声器的消声性能的检测报告。

一般阻性、抗性与阻抗复合式等消声器制作质量检查：

（1）框架应牢固，壳体不漏风；框、内盖板、隔板、法兰制作及铆接、咬口连接。内外尺寸应准确，连接应牢固，其外壳不应有锐边。

（2）金属穿孔板的孔径和穿孔率应符合设计要求。穿孔板孔口的毛刺应锉平，避免将覆面织布划破。

（3）消声片单体安装时，应排列规则，上下两端应装有固定消声片的框架，框架应固定牢固，不应松动。

消声材料应具备防腐、防潮功能，其卫生性能、密度、导热系数、燃烧等级应符合国家有关技术标准的规定。消声材料应按设计及相关技术文件要求的单位密度均匀敷设，需粘贴的部分应按规定的厚度粘贴牢固，拼缝密实，表面平整。

消声材料填充后，应采用透气的覆面材料覆盖。覆面材料的拼接应顺气流方向、拼缝密实、表面平整、拉紧，不应有凹凸不平。

消声器、消声风管、消声弯头及消声静压箱的内外金属构件表面应进行防腐处理，表面平整。

消声器、消声风管、消声弯头及消声静压箱制作完成后，应进行规格、方向标识，并通过专业检测。

5.2.7 防排烟系统的柔性短管必须采用不燃材料。

检查数量：全数检查。

检查方法：观察检查、检查材料燃烧性能检测报告。

防排烟系统作为独立系统时，风机与风管应采用直接连接，不应加设柔性短管。只有在排烟与排风共用风管系统，或其他特殊情况时应加设柔性短管。该柔性短管应满足排烟系统运行的要求，即在当高温280℃下持续安全运行30min及以上的不燃材料。本条为强制性条文，必须严格执行。

当建筑物火灾发生后，其局部环境的空气温度会急剧升高。因此，当防排烟系统运行时，管内和管外空气温度可能都比较高，如使用普通可燃或难燃材料的柔性短管，在高温烘烤下，极易造成破损或被引燃，使系统功能失效。为了防止此类情况的发生，本条文规定防排烟系统的柔性短管，必须用不燃材料制成，保障系统在280℃高温下，能正常运行30min及以上。

检查内容：

施工前必须对所使用的材料进行严格的检查和核对，其依据是材料质量保证书和试验报告，同时对材料外观质量进行目测检查和点燃试验，相符后再进行加工制作。

防排烟系统的柔性短管，验收的最关键点是柔性短管的用材，必须为不燃材料。

5.3 一般项目

5.3.1 风管部件活动机构的动作应灵活，制动和定位装置动作应可靠，法兰规格应与相连风管法兰相匹配。

检查数量：按Ⅱ方案。

检查方法：观察检查、手动操作、尺量检查。

由于风管系统或设备所应用的系统和采用的材质不同，法兰的规格会有所差异，主要表现在法兰宽度和法兰孔的布置上。为了连接可靠和外观质量，需要对风管部件的法兰进行配套。

5.3.2 风阀的制作应符合下列规定：

1 单叶风阀的结构应牢固，启闭应灵活，关闭应严密，与阀体的间隙应小于2mm。多叶风阀开启时，不应有明显的松动现象；关闭时，叶片的搭接应贴合一致。截面积大于1.2m² 的多叶风阀应实施分组调节。

2 止回阀阀片的转轴、铰链应采用耐锈蚀材料。阀片在最大负荷压力下不应弯曲变形，启闭应灵活，关闭应严密。水平安装的止回阀应有平衡调节机构。

3 三通调节风阀的手柄转轴或拉杆与风管（阀体）的结合处应严密，阀板不得与风管相碰擦，调节应方便，手柄与阀片应处于同一转角位置，拉杆可在操控范围内作定位固定。

4 插板风阀的阀体应严密，内壁应做防腐处理。插板应平整，启闭应灵活，并应有定位固定装置。斜插板风阀阀体的上、下接管应成直线。

5 定风量风阀的风量恒定范围和精度应符合工程设计及产品技术文件要求。

6 风阀法兰尺寸允许偏差应符合表5.3.2（本书表7.5.1）的规定。

风阀法兰尺寸允许偏差（mm）   表7.5.1

风阀长边尺寸 b 或直径 D	允许偏差			
	边长或径偏差	矩形风阀端口对角线之差	法兰或端口端面平面度	圆形风阀法兰任意正交两直径之差
b (D)≤320	±2	±3	0～2	±2
320<b (D)≤2000	±3	±3	0～2	±2

检查数量：按Ⅱ方案。

检查方法：观察检查、手动操作、尺量检查。

按不同种类的风阀，对其制作质量进行了规定，以便于验收。

止回风阀应检查其构件是否齐全，并应进行最大设计工作压力下的强度试验，在关闭状态下阀片不变形，严密不漏风；水平安装的止问风阀应有可靠的平衡调节机构。

止回风阀进场时，应进行强度试验，在最大设计工作压力下不弯曲变形。

通调节风阀手柄开关应标明调节的角度；阀板应调节方便，且不与风管相碰擦。

5.3.3 风罩的制作应符合下列规定：

1 风罩的结构应牢固，形状应规则，表面应平整光滑，转角处弧度应均匀，外壳不得有尖锐的边角。

2 与风管连接的法兰应与风管法兰相匹配。

3 厨房排烟罩下部集水槽应严密不漏水，并应坡向排放口。罩内安装的过滤器应便于拆卸和清洗。

4 槽边侧吸罩、条缝抽风罩的尺寸应正确，吸口应平整。罩口加强板间距应均匀。

检查数量：按Ⅱ方案。

检查方法：观察检查、手动操作、尺量检查。

通风与空调工程系统中风罩种类很多，本条仅对通风系统中常用吸风罩的外形尺寸、使用功能等基本质量要求进行了概括，以便于验收。

5.3.4　风帽的制作应符合下列规定：

1　风帽的结构应牢固，形状应规则，表面应平整。

2　与风管连接的法兰应与风管法兰相匹配。

3　伞形风帽伞盖的边缘应采取加固措施，各支撑的高度尺寸应一致。

4　锥形风帽内外锥体的中心应同心，锥体组合的连接缝应顺水，下部排水口应畅通。

5　筒形风帽外筒体的上下沿口应采取加固措施，不圆度不应大于直径的2％。伞盖边缘与外筒体的距离应一致，挡风圈的位置应准确。

6　旋流型屋顶自然通风器的外形应规整，转动应平稳流畅，且不应有碰擦音。

检查数量：按Ⅱ方案。

检查方法：观察检查、手动操作、尺量检查。

按风帽的种类不同，分别规定了制作质量的验收要求。

5.3.5　风口的制作应符合下列规定：

1　风口的结构应牢固，形状应规则，外表装饰面应平整。

2　风口的叶片或扩散环的分布应匀称。

3　风口各部位的颜色应一致，不应有明显的划伤和压痕。调节机构应转动灵活、定位可靠。

4　风口应以颈部的外径或外边长尺寸为准，风口颈部尺寸应符合表5.3.5（本书表7.5.2）的规定。

风口颈部尺寸允许偏差（mm） 表7.5.2

圆形风口		
直径	≤250	>250
允许偏差	−2～0	−3～0
矩形风口		
大边长	<300	300～800	>800
允许偏差	−1～0	−2～0	−3～0
对角线长度	<300	300～500	>500
对角线长度之差	0～1	0～2	0～3

检查数量：按Ⅱ方案。

检查方法：观察检查、手动操作、尺量检查。

对各类风口产成品的质量要求进行了规定，以便于验收。

5.3.6　消声器和消声静压箱的制作应符合下列规定：

1　消声材料的材质应符合工程设计的规定，外壳应牢固严密，不得漏风。

2　阻性消声器充填的消声材料，体积密度应符合设计要求，铺设应均匀，并应采取防止下沉的措施。片式阻性消声器消声片的材质、厚度及片距，应符合产品技术文件要求。

3　现场组装的消声室（段），消声片的结构、数量、片距及固定应符合设计要求。

4 阻抗复合式、微穿孔（缝）板式消声器的隔板与壁板的结合处应紧贴严密；板面应平整、无毛刺，孔径（缝宽）和穿孔（开缝）率和共振腔的尺寸应符合国家现行标准的有关规定。

5 消声器与消声静压箱接口应与相连接的风管相匹配，尺寸的允许偏差应符合本规范表5.3.2（本书表7.5.1）的规定。

检查数量：按Ⅱ方案。

检查方法：观察检查、尺量检查、查验材质证明书。

规定了一般阻性、抗性与阻抗复合式等消声器产成品质量验收的规定。消声器如有与外界直接相通的穿孔，将影响其消声的效果。条文强调外壳应牢固、严密，也不提倡采用拉铆钉进行外壳的连接固定，其允许漏风量要求应等同于风管系统的要求。

条文按阻性、抗性、复合阻抗与微穿孔消声器的消声原理特性，分别强调进行质量验收的重点要求，便于操作。

5.3.7 柔性短管的制作应符合下列规定：

1 外径或外边长应与风管尺寸相匹配。

2 应采用抗腐、防潮、不透气及不易霉变的柔性材料。

3 用于净化空调系统的还应是内壁光滑、不易产生尘埃的材料。

4 柔性短管的长度宜为150～250mm，接缝的缝制或粘接应牢固、可靠，不应有开裂；成型短管应平整，无扭曲等现象。

5 柔性短管不应为异径连接管，矩形柔性短管与风管连接不得采用抱箍固定的形式。

6 柔性短管与法兰组装宜采用压板铆接连接，铆钉间距宜为60～80mm。

检查数量：按Ⅱ方案。

检查方法：观察检查、尺量检查。

柔性短管的主要作用是减振，常应用于与风机或带有动力的空调设备的进出口处，为风管系统中的连接管；有时也用于建筑物的沉降缝处，作为伸缩管使用。因此，条文对其的材质、连接质量和相应的长度进行了规定。柔性短管过短不能起到减振作用，过长导致柔性短管变形较大，当处于负压段时将影响过风面积，故规定包括法兰组合后的成品总长度宜为150～250mm。

柔性短管与法兰组合应尽量采用压板铆接连接，其铆钉间距限定为60～80mm。

5.3.8 过滤器的过滤材料与框架连接应紧密牢固，安装方向应正确。

检查数量：按Ⅱ方案。

检查方法：观察检查、手动操作。

适用于风管与空调处理机组内的粗、中效过滤器。

5.3.9 风管内电加热器的加热管与外框及管壁的连接应牢固可靠，绝缘良好，金属外壳应与PE线可靠连接。

检查数量：按Ⅱ方案。

检查方法：观察检查、手动操作。

主要对风管内用的组装与产品电加热器的绝缘、固定和安全用电做出强调。根据电气工程的通用规定，保护接地（PE）线，是为防止发生电击危险的一种连接导体，它与埋入地下的接地装置相连接。

5.3.10 检查门应平整，启闭应灵活，关闭应严密，与风管或空气处理室的连接处应采取密封措施，且不应有可察觉渗漏点。净化空调系统风管检查门的密封垫料，应采用成型密封胶带或软橡胶条。

检查数量：按Ⅱ方案。

检查方法：观察检查、手动操作。

检查门一般安装在风管或空调设备上，用于对系统设备的检查和维修，它的严密性能直接影响到系统的运行。因此本条主要强调了对检查门开启的灵活性和关闭时密封性的验收要求。

7.6 风管系统安装

6.1 一般规定

6.1.1 风管系统安装后应进行严密性检验，合格后方能交付下道工序。风管系统严密性检验应以主、干管为主，并应符合本规范附录C的规定。

对工程施工中风管系统严密性检验做出了规定，一是应进行严密性检验，二是明确主要对象是主、干管。风管系统进行严密性的检验除了微压风管采用目测工艺质量方法外，其他类别的风管多需要通过实测漏风量进行检验。对于系统风管的漏风量检测是一桩比较困难的工作，检测时需要将所有的接管支管与风口进行封堵，且保证不漏。我们还需要配置与系统工程量相适用的测试装置或设备。这将对检测施工带来很多的困难，不利于实施。因此条文明确规定风管系统的严密性检验以主、干管为主，且可分段进行，也就为风管系统严密性的检测创造了条件。在工程实际中系统支管的风口是很难进行封堵的。另外，从风管系统漏风的机理来分析，系统末端的静压小，相对的漏风量亦小，只要按工艺要求对支管的安装质量进行严格的监督管理，就能比较有效地控制它的漏风量。

6.1.2 风管系统支、吊架采用膨胀螺栓等胀锚方法固定时，施工应符合该产品技术文件的要求。

支、吊架固定所采用的膨胀螺栓等应是符合国标的正规产品，其强度应能满足管道及设备的安装要求，并应进行拉拔试验。采用膨胀螺栓固定支、吊架时，应符合膨胀螺栓使用技术条件的规定，螺栓至混凝土构件边缘的距离不应小于8倍的螺栓直径；螺栓间距不小于10倍的螺栓直径。装配式管道吊架和快速吊装组合支、吊架应符合相关产品标准，并有质量合格证明文件。连接和固定装配式管道吊架，装配式管道吊架应按设计要求及相关技术标准选用。装配式管道吊架进行综合排布安装时，吊架的组合方式应根据组合管道数量、承载负荷进行综合选配，并应单独绘制施工图，经原设计单位签字确认后，再进行安装。装配式管道吊架各配件的连接应牢固，并应有防松动措施。支吊架的预埋件或膨胀螺栓埋入部分不得油漆，并应除去油污。

用膨胀螺栓固定支、吊架时，应符合膨胀螺栓使用技术条件的规定。砖墙不得使用膨胀螺栓固定支、吊架。

风管支、吊架采用膨胀螺栓锚固固定是工程施工过程中的常用方法，理应遵守膨胀螺栓使用技术条件的固定。否则会造成意外的安全事故，故强调之。

6.1.3 净化空调系统风管及其部件的安装，应在该区域的建筑地面工程施工完成，且室内具有防尘措施的条件下进行。

这是一条有关规定净化空调工程施工环境条件的条文，目的是规范施工管理，有益于工程质量。

6.2 主控项目

6.2.1 风管系统支、吊架的安装应符合下列规定。

1 预埋件位置应正确、牢固可靠，埋入部分应去除油污，且不得涂漆。

2 风管系统支、吊架的形式和规格应按工程实际情况选用。

3 风管直径大于 2000mm 或边长大于 2500mm 风管的支、吊架的安装要求，应按设计要求执行。

检查数量：按Ⅰ方案。

检查方法：查看设计图、尺量、观察检查。

风管系统支、吊架的形式和规格应按工程实际情况和国家现行有关标准图集选用。对于大口径风管的支、吊架规定应按设计要求，是强调工程的安全施工。

6.2.2 当风管穿过需要封闭的防火、防爆的墙体或楼板时，必须设置厚度不小于 1.6mm 的钢制防护套管；风管与防护套管之间应采用不燃柔性材料封堵严密。

检查数量：全数。

检查方法：尺量、观察检查。

防火、防爆的墙体或楼板是建筑物防止火灾扩散的安全防护结构，当风管穿越时不得破坏其相应的性能。本条文规定当风管穿越时，墙体或楼板上必须设置钢制的预埋管或防护套管，并规定其钢板厚度不应小于 1.6 mm，风管与防护套管之间应用不燃材料封堵严密，不燃材料宜为矿棉或岩棉，以保证其相应的结构强度和可靠阻火功能。风管预埋管，指的是直接埋设的、作为系统风管一部分的穿越墙体或楼板的结构风管。对于较大的或特殊结构的墙体，为了满足其相应的强度需要，预埋管钢板的厚度可予以增厚。风管的防护套管，指的是有绝热要求的风管在穿越防火、防爆的墙体或楼板的部位时，为风管绝热层外设的防护性套管。风管与防护套管之间的绝热填充材料，也必须满足防火隔断墙体或楼板性能的要求，故规范规定必须应用不燃柔性材料严密封堵。

检查内容：

本条文讲述了三点内容，一是说明了必须采用钢制的预埋管或防护套管的场合，二是规定了预埋管或防护套管的最小厚度，三是规定了防护套管与风管间隙的部位必须用不燃柔性材料封堵。因此，在执行本条文时，也应按这三个层次进行落实。

首先，对预埋管或防护套管的埋设，应按图纸进行核对，一是规格和数量应正确；二是加工的规格和材料的厚度必须符合设计和本条文的规定。

其次，对于在墙体或楼板中进行埋设的预埋管，其位置和规格应符合设计图的规定，不应有规格错误和严重错位等问题。

再次是带绝热的风管安装之后，应加设防护套管，以便于土建做结构性封堵和固定，风管与防护套管之间必须用不燃的绝热材料进行封堵，且封堵严密。需注意的是，风管系统原来采用的绝热材料不是不燃材料时，其穿越部位两侧 2m 范围或按设计规定的风管、管道和绝热层也必须采用不燃绝热材料进行替代。

6.2.3 风管安装必须符合下列规定：

1 风管内严禁其他管线穿越。

2 输送含有易燃、易爆气体或安装在易燃、易爆环境的风管系统必须设置可靠的防静电接地装置。

3 输送含有易燃、易爆气体的风管系统通过生活区或其他辅助生产房间时不得设置接口。

4 室外风管系统的拉索等金属固定件严禁与避雷针或避雷网连接。

检查数量：全数。

检查方法：尺量、观察检查。

风管内严禁其他管线穿越是为保证风管系统的安全使用而规定的。无论是电、水或气体管线，均应遵守。

对于输送含有易燃、易爆气体或安装在易燃、易爆环境的风管系统，为了防止静电引起意外事故的发生，必须设置可靠的防静电接地装置。当此类风管系统通过生活区或其他辅助生产房间时，为了避免易燃、易爆气体的扩散，故规定风管必须严密、不得泄露，并不得设置接口。该规定同样适用于排风系统风管。

风管系统的室外立管，包括处于建筑物屋顶和沿墙安装超过屋顶一定高度的，应采取相应的抗风措施。当无其他可依靠结构固定时，宜采用拉索进行固定，但不得把拉索固定在防雷电的避雷针或避雷网上。拉索与避雷针或避雷网相连接，当雷电来临时，可能使风管系统成为带电体和导电体，危及整个设备系统的安全使用。为了保证风管系统的安全使用，故本条文做出如此规定。

检查内容：

有关风管内严禁其他管线穿越规定的执行，首先是审查图纸，然后是注意工程施工过程中管线比较集中，如有交叉跨越的部位，应正确处理好各类管线之间安装空间和走向等的矛盾。

有关输送含有易燃、易爆气体或安装在易燃、易爆环境的风管系统规定的执行，首先是在施工前按设计图纸把系统划分清楚，然后按照设计有关防止静电的规定进行风管的施工和可靠接地。同时，还应对所安装风管的严密性给予足够的重视。

对于室外立管的拉索固定（浪风）不得连接在避雷针或避雷网上的规定，主要是从提高操作工人的技术素质和安全管理两方面来解决。

在工程施工过程与验收时，施工管理和监理人员应进行再一次的检查，以保证条文的执行。

6.2.4 外表温度高于60℃，且位于人员易接触部位的风管，应采取防烫伤的措施。

检查数量：按Ⅰ方案。

检查方法：观察检查。

强调了输送高温气体的风管应有相应的技术措施以保护人生的安全。

6.2.5 净化空调系统风管的安装应符合下列规定：

1 在安装前风管、静压箱及其他部件的内表面应擦拭干净，且应无油污和浮尘。当施工停顿或完毕时，端口应封堵。

2 法兰垫料应采用不产尘、不易老化，且具有强度和弹性的材料，厚度应为5～

8mm，不得采用乳胶海绵。法兰垫片宜减少拼接，且不得采用直缝对接连接，不得在垫料表面涂刷涂料。

3　风管穿过洁净室（区）吊顶、隔墙等围护结构时，应采取可靠的密封措施。

检查数量：按Ⅰ方案。

检查方法：观察、用白绸布擦拭。

规定了净化空调风管系统安装应验收的主控项目内容。

6.2.6　集中式真空吸尘系统的安装应符合下列规定：

1　安装在洁净室（区）内真空吸尘系统所采用的材料应与所在洁净室（区）具有相容性。

2　真空吸尘系统的接口应牢固装设在墙或地板上，并应设有盖帽。

3　真空吸尘系统弯管的曲率半径不应小于4倍管径，且不得采用褶皱弯管。

4　真空吸尘系统三通的夹角不得大于45°，支管不得采用四通连接。

5　集中式真空吸尘机组的安装，应符合现行国家标准《机械设备安装工程施工及验收通用规范》GB 50231的有关规定。

检查数量：全数。

检查方法：尺量、观察检查。

真空吸尘风管系统常设置在洁净室（区域）和高档住宅建筑。本条根据真空吸尘风管系统的特点，对系统管道的弯管曲率半径、三通的夹角和管路安装做了明确规定，按规定进行验收，可保证工程施工的质量。

6.2.7　风管部件的安装应符合下列规定：

1　风管部件及操作机构的安装应便于操作。

2　斜插板风阀安装时，阀板应顺气流方向插入；水平安装时，阀板应向上开启。

3　止回阀，定风量阀的安装方向应正确。

4　防爆波活门、防爆超压排气活门安装时，穿墙管的法兰和在轴线视线上的杠杆应铅垂，活门开启应朝向排气方向，在设计的超压下能自动启闭。关闭后，阀盘与密封圈贴合应严密。

5　防火阀、排烟阀门的安装位置、方向应正确。位于防火分区隔墙两侧的防火阀，距墙表面不应大于200mm。

检查数量：按Ⅰ方案。

检查方法：吊垂、手扳、尺量、观察检查。

这是以风阀为主体风管系统部件安装应验收的主控项目内容。各类风阀特性不同，故应按条款规定的内容分别进行质量界定。如防爆波活门和防爆超压排气活门的安装，为了便于排气和防止高压冲击波对人体的造成伤害，活门开启必须朝向排气方向，其方向必须正确不得有误；超压下不但能自动关闭，且关闭时阀盘与密封圈贴合还应严密。

风管系统中各类风阀安装质量检查：

防火阀直径或长边尺寸大于等于630mm时，宜设独立支、吊架。

排烟阀（排烟口）及手控装置（包括预埋套管）的位置应符合设计要求。预埋套管不得有死弯及瘪陷。

防火阀安装应符合设计要求的方向位置，易熔件应迎气流方向，不得反装，且应在系统安装后装入。若远距离操作，其钢丝绳套管宜用 DN20 钢管，套管转弯处不得多于两处，其弯曲半径应大于 300mm，防火阀要单独设支吊架。防火阀安装后应做动作试验，其阀板的启闭应灵活，动作应可靠。

排烟阀（排烟口）及手控装置（包括预埋导管）的位置应符合设计要求，预埋管不应有死弯及瘪陷。

穿过防火（隔）墙、伸缩缝、防火楼板、防火阀的安装，板式排烟口在吊顶风管上安装，多叶排烟口在墙上安装，远距离控制装置的安装必须符合设计规定。

6.2.8 风口的安装位置应符合设计要求，风口或结构风口与风管的连接应严密牢固，不应存在可察觉的漏风点或部位，风口与装饰面贴合应紧密。X 射线发射房间的送、排风口应采取防止射线外泄的措施。

检查数量：按Ⅰ方案。

检查方法：观察检查。

风管系统中风口安装检查内容：

风口安装质量应以连接的严密性和观感的舒适、美观为主。

风管与风口连接宜采用法兰连接，也可采用槽形或工形插接连接。风口不应直接安装在主风管上，风口与主风管间应通过短管连接。

风口安装位置应正确，调节装置定位后应无明显自由松动。室内安装的同类型风口应规整，与装饰面应贴合严密。

吊顶风口可直接固定在装饰层龙骨上，当有特殊要求或风口较重时，应设置独立的支、吊架。

本条对位于 X 射线发射房间的送排风口防止射线外泄做了明确的规定。

6.2.9 风管系统安装完毕后，应按系统类别要求进行施工质量外观检验。合格后，应进行风管系统的严密性检验，漏风量除应符合设计要求和本规范第 4.2.1 条的规定外，尚应符合下列规定：

1 当风管系统严密性检验出现不合格时，除应修复不合格的系统外，受检方应申请复验或复检。

2 净化空调系统进行风管严密性检验时，N1 级～N5 级的系统按高压系统风管的规定执行；N6 级～N9 级，且工作压力小于等于 1500Pa 的，均按中压系统风管的规定执行。

检查数量：微压系统，按工艺质量要求实行全数观察检验；低压系统，按Ⅱ方案实行抽样检验；中压系统，按Ⅰ方案实行抽样检验；高压系统，全数检验。

检查方法：除微压系统外，严密性测试按本规范附录 C 的规定执行。

规定了风管系统安装后必须进行严密性的检测。风管系统的严密性测试是根据通风与空调工程发展需要而决定的，它与国际上技术先进国家的标准要求基本相一致。同时，风管系统的漏风量测试又是一件在操作上具有一定难度的工作。测试需要一些专业的检测仪器、仪表和设备；还需要对系统中的开口进行封堵，并要与工程的施工进度及其他工种施工相协调。因此本规范根据我国通风与空调工程施工的实际情况，将工程的风管系统严密性的检验分为四个等级，分别规定了抽检数量和方法。

高压风管系统的泄漏对系统的正常运行会产生较大的影响，应进行全数检测，将漏风量控制在微量的范围之内。

中压风管系统大都为低级别的除尘系统、净化空调系统、恒温恒湿与排烟系统等，对风管的质量有较高的要求，按Ⅰ方案进行系统的抽查检测，以保证系统的正常运行。

低压风管系统在通风与空调工程中占有最大的数量，大都为送、排风和舒适性空调系统。它们对系统的严密性要求相对较低，可以容忍一定量的漏风。但是从节省能源的角度考虑，漏风就是浪费，限制其漏风的数量意义重大。因此条文规定对低压风管系统按Ⅱ方案进行风管系统的漏风量测定，以控制风管的质量。

微压风管主要适用于建筑内的全面送、排风系统，风管的漏风一般不会严重影响系统的使用性能。故规范规定以严格施工工艺的监督的方法，来控制风管的严密性能。

洁净度为 N1 级～N5 级风管系统工作压力低于 1500Pa 的净化空调系统，风管的过量泄漏会严重影响洁净度目标的实现，故规定以高压系统的严密性要求进行验收。

6.2.10 当设计无要求时，人防工程染毒区的风管应采用大于等于 3mm 钢板焊接连接；与密闭阀门相连接的风管，应采用带密封槽的钢板法兰和无接口的密封垫圈，连接应严密。

检查数量：全数。

检查方法：尺量、观察、查验检测报告。

安装在人防工程染毒区的风管，必须严密，否则会造成系统失效。

6.2.11 住宅厨房、卫生间排风道的结构、尺寸应符合设计要求，内表面应平整；各层支管与风道的连接应严密，并应设置防倒灌的装置。

检查数量：按Ⅰ方案。

检查方法：观察检查。

住宅厨房与卫生间排风主要控制的是支管接入的角度与严密，否则会造成排气不畅。另外，支管设有防倒灌装置，可以避免烟气反向侵入。

6.2.12 病毒实验室通风与空调系统的风管安装连接应严密，允许渗漏量应符合设计要求。

检查数量：全数。

检查方法：观察检查，查验现场漏风量检测报告。

病毒实验室是一个特殊的空间，其防护级别和要求有所不同，系统风管的严密性能规定为满足设计要求，相对妥当。

6.3 一般项目

6.3.1 风管支、吊架的安装应符合下列规定：

1 金属风管水平安装，直径或边长小于或等于 400mm 时，支、吊架间距不应大于 4m；大于 400mm 时，间距不应大于 3m。螺旋风管的支、吊架的间距可为 5m 与 3.75m；薄钢板法兰风管的支、吊架间距不应大于 3m。垂直安装时，应设置至少 2 个固定点，支架间距不大于 4m。

2 支、吊架的设置不应影响阀门、自控机构的正常动作，且不应设置在风口、检查门处，离风口和分支管的距离不宜小于 200mm。

3 悬吊的水平主、干风管直线长度大于 20m 时，应设置防晃支架或防止摆动的固定点。

4 矩形风管的抱箍支架，折角应平直，抱箍应紧贴风管。圆形风管的支架应设托座或抱箍，圆弧应均匀，且应与风管外径一致。

　　5　风管或空调设备使用的可调节减振支、吊架，拉伸或压缩量应符合设计要求。

　　6　不锈钢板、铝板风管与碳素钢支架的接触处，应采取隔绝或防腐绝缘措施。

　　7　边长（直径）大于1250mm的弯头、三通等部位应设置单独的支、吊架。

　　检查数量：按Ⅱ方案。

　　检查方法：尺量、观察检查。

　　对风管系统支、吊架安装质量的验收要求作了规定。风管安装后，还应立即对其进行调整，以避免出现支、吊架受力不匀或风管局部变形。

6.3.2　风管系统的安装应符合下列规定：

　　1　风管应保持清洁，管内不应有杂物和积尘。

　　2　风管安装的位置、标高、走向，应符合设计要求。现场风管接口的配置应合理，不得缩小其有效截面。

　　3　法兰的连接螺栓应均匀拧紧，螺母宜在同一侧。

　　4　风管接口的连接应严密牢固。风管法兰的垫片材质应符合系统功能的要求，厚度不应小于3mm。垫片不应凸入管内，且不宜突出法兰外；垫片接口交叉长度不应小于30mm。

　　5　风管与砖、混凝土风道的连接接口，应顺着气流方向插入，并应采取密封措施。风管穿出屋面处应设置防雨装置，且不得渗漏。

　　6　外保温风管必需穿越封闭的墙体时，应加设套管。

　　7　风管的连接应平直。明装风管水平安装时，水平度的允许偏差应为3‰，总偏差不应大于20mm；明装风管垂直安装时，垂直度的允许偏差应为2‰，总偏差不应大于20mm。暗装风管安装的位置应正确，不应有侵占其他管线安装位置的现象。

　　8　金属无法兰连接风管的安装应符合下列规定：

　　1）风管连接处应完整，表面应平整。

　　2）承插式风管的四周缝隙应一致，不应有折叠状褶皱。内涂的密封胶应完整，外粘的密封胶带应粘贴牢固。

　　3）矩形薄钢板法兰风管可采用弹性插条、弹簧夹或U形紧固螺栓连接。连接固定的间隔不应大于150mm，净化空调系统风管的间隔不应大于100mm，且分布应均匀。当采用弹簧夹连接时，宜采用正反交叉固定方式，且不应松。

　　4）采用平插条连接的矩形风管，连接后板面应平整。

　　5）置于室外与屋顶的风管，应采取与支架相固定的措施。

　　检查数量：按Ⅱ方案。

　　检查方法：尺量、观察检查。

　　对系统风管安装的位置、水平度、垂直度等的验收要求做了规定。对于暗装风管的水平度、垂直度，条文没有做出量的规定，只要求位置应正确，无明显偏差。这不是降低标准，而是从施工实际出发，如果暗装风管也要求其横平竖直，实际意义不大，况且在狭窄的空间内，各种管道纵横交叉，客观上也很难做到。

　　本条按类别对无法兰连接风管安装中基本的质量验收要求做了规定。

6.3.3　除尘系统风管宜垂直或倾斜敷设。倾斜敷设时，风管与水平夹角宜大于或等于

45°；当现场条件限制时，可采用小坡度和水平连接管。含有凝结水或其他液体的风管，坡度应符合设计要求，并应在最低处设排液装置。

检查数量：按Ⅱ方案。

检查方法：尺量、观察检查。

强调除尘系统风管安装的特殊规定，水平管应尽量地少。同时，条文对含有凝结水或其他液体的风管安装规定了坡度应符合设计，并在最低处设置排液装置的要求。

6.3.4 集中式真空吸尘系统的安装应符合下列规定：

1 吸尘管道的坡度宜大于等于5‰。并应坡向立管、吸尘点或集尘器。

2 吸尘嘴与管道的连接，应牢固严密。

检查数量：按Ⅱ方案。

检查方法：尺量、观察检查。

对集中式真空吸尘风管系统安装中基本质量的验收要求做了规定。

6.3.5 柔性短管的安装，应松紧适度，目测平顺、不应有强制性的扭曲。可伸缩金属或非金属柔性风管的长度不宜大于2m。柔性风管支、吊架的间距不应大于1500mm，承托的座或箍的宽度不应小于25mm，两支架间风道的最大允许下垂应为100mm，且不应有死弯或塌凹。

检查数量：按Ⅱ方案。

检查方法：尺量、观察检查。

对风管系统中的柔性短管安装的要求比原规范有所增加，既限制了长度，又需要设置承托的座、箍或吊带，其宽度还不应小于25mm，支架的间距不得大于1500mm等基本质量的验收要求。柔性短管使用长度与口径有关，直径小于或等于300mm的应遵守条文的规定。对于大口径的柔性短管的使用，在系统阻力允许的前提下可适当放宽。

6.3.6 非金属风管的安装除应符合本规范第6.3.2条的规定外，尚应符合下列规定：

1 风管连接应严密，法兰螺栓两侧应加镀锌垫圈。

2 风管垂直安装时，支架间距不应大于3m。

3 硬聚氯乙烯风管的安装尚应符合下列规定：

1）采用承插连接的圆形风管，直径小于或等于200mm时，插口深度宜为40～80mm，粘接处应严密牢固；

2）采用套管连接时，套管厚度不应小于风管壁厚，长度宜为150～250mm；

3）采用法兰连接时，垫片宜采用3～5mm软聚氯乙烯板或耐酸橡胶板；

4）风管直管连续长度大于20m时，应按设计要求设置伸缩节，支管的重量不得由干管承受；

5）风管所用的金属附件和部件，均应进行防腐处理。

4 织物布风管的安装应符合下列规定：

1）悬挂系统的安装方式、位置、高度和间距应符合设计要求。

2）水平安装钢绳垂吊点的间距不得大于3m。长度大于15m的钢绳应增设吊架或可调节的花篮螺栓。风管采用双钢绳垂吊时，两绳应平行，间距应与风管的吊点相一致。

3）滑轨的安装应平整牢固，目测不应有扭曲；风管安装后应设置定位固定。

4）织物布风管与金属风管的连接处应采取防止锐口划伤的保护措施。

5）织物布风管垂吊吊带的间距不应大于 1.5m，风管不应呈现波浪形。

检查数量：按Ⅱ方案。

检查方法：尺量、观察检查。

对非金属风管系统的安装，按材质分别作了规定，验收时应逐一对照执行。织物布风管是比较新的均匀送风口或风管，由于重量轻，且为柔性材料，采用支、吊架的组成与金属风管有较大的不同，应引起重视，尤其是钢丝绳与滑轨的安装是布风管的基础，应做到牢固、位置准确，风管安装后不呈现出波浪形或扭曲。

6.3.7 复合材料风管的安装除应符合本规范第 6.3.6 条的规定外，尚应符合下列规定：

1 复合材料风管的连接处，接缝应牢固，不应有孔洞和开裂。当采用插接连接时，接口应匹配，不应松动，端口缝隙不应大于 5mm。

2 复合材料风管采用金属法兰连接时，应采取防冷桥的措施。

3 酚醛铝箔复合板风管与聚氨酯铝箔复合板风管的安装，尚应符合下列规定：

1）插接连接法兰的不平整度应小于或等于 2mm，插接连接条的长度应与连接法兰齐平，允许偏差应为 −2mm～0；

2）插接连接法兰四角的插条端头与护角应有密封胶封堵；

3）中压风管的插接连接法兰之间应加密封垫或采取其他密封措施。

4 玻璃纤维复合板风管的安装应符合下列规定：

1）风管的铝箔复合面与丙烯酸等树脂涂层不得损坏，风管的内角接缝处应采用密封胶勾缝。

2）榫连接风管的连接应在榫口处涂胶粘剂，连接后在外接缝处应采用扒钉加固，间距不宜大于 50mm，并宜采用宽度大于或等于 50mm 的热敏胶带粘贴密封。

3）采用槽形插接等连接构件时，风管端切口应采用铝箔胶带或刷密封胶封堵。

4）采用槽型钢制法兰或插条式构件连接的风管，风管外壁钢抱箍与内壁金属内套，应采用镀锌螺栓固定，螺孔间距不应大于 120mm，螺母应安装在风管外侧。螺栓穿过的管壁处应进行密封处理。

5）风管垂直安装宜采用"井"字形支架，连接应牢固。

5 玻璃纤维增强氯氧镁水泥复合材料风管，应采用黏结连接。直管长度大于 30m 时，应设置伸缩节。

检查数量：按Ⅱ方案。

检查方法：尺量、观察检查。

对复合材料风管系统的安装，按材质分别做了规定，验收时应逐一对照执行。有关玻璃纤维增强氯氧镁水泥复合材料风管的安装，条文中特强调了 30m 及以上要求设置伸缩节，至于其他的要求应与其他硬质复合材料风管相同。

6.3.8 风阀的安装应符合下列规定：

1 风阀应安装在便于操作及检修的部位。安装后，手动或电动操作装置应灵活可靠，阀板关闭应严密。

2 直径或长边尺寸大于或等于 630mm 的防火阀，应设独立支、吊架。

3 排烟阀（排烟口）及手控装置（包括钢索预埋套管）的位置应符合设计要求。钢索预埋套管弯管不应大于 2 个，且不得有死弯及瘪陷；安装完毕后应操控自如，无卡涩等现象。

4 除尘系统吸入管段的调节阀，宜安装在垂直管段上。

5 防爆波悬摆活门、防爆超压排气活门和自动排气活门安装时，位置的允许偏差应为10mm，标高的允许偏差应为±5mm，框正、侧面与平衡锤连杆的垂直度允许偏差应为5mm。

检查数量：按Ⅱ方案。

检查方法：尺量、观察检查。

对风管系统中各类风阀安装质量的验收要求做了规定。

6.3.9 排风口、吸风罩（柜）的安装应排列整齐、牢固可靠，安装位置和标高允许偏差应为±10mm，水平度的允许偏差应为3‰，且不得大于20mm。

检查数量：按Ⅱ方案。

检查方法：尺量、观察检查。

对风管系统中吸、排风罩安装的基本质量要求做了规定。

6.3.10 风帽安装应牢固，连接风管与屋面或墙面的交接处不应渗水。

检查数量：按Ⅱ方案。

检查方法：尺量、观察检查。

对风管系统中风帽安装的最基本的质量要求（牢固和不渗漏）做了规定。

6.3.11 消声器及静压箱的安装应符合下列规定：

1 消声器及静压箱安装时，应设置独立支、吊架，固定应牢固。

2 当采用回风箱作为静压箱时，回风口处应设置过滤网。

检查数量：按Ⅱ方案。

检查方法：观察检查。

对风管系统中消声器及消声静压箱相对于风管，重量大，不宜由风管来承受，故强调独立设置支、吊架。

6.3.12 风管内过滤器的安装应符合下列规定：

1 过滤器的种类、规格应符合设计要求。

2 过滤器应便于拆卸和更换。

3 过滤器与框架及框架与风管或机组壳体之间连接应严密。

检查数量：按Ⅱ方案。

检查方法：观察检查。

规定了在风管内安装空气过滤器的要求。

6.3.13 风口的安装应符合下列规定：

1 风口表面应平整、不变形，调节应灵活、可靠。同一厅室、房间内的相同风口的安装高度应一致，排列应整齐。

2 明装无吊顶的风口，安装位置和标高允许偏差应为10mm。

3 风口水平安装，水平度的允许偏差应为3‰。

4 风口垂直安装，垂直度的允许偏差应为2‰。

检查数量：按Ⅱ方案。

检查方法：尺量、观察检查。

对风口安装的基本质量要求做了规定。风口安装质量应以连接的严密性和观感的舒适、美观为主。

6.3.14 洁净室（区）内风口的安装除应符合本规范第 6.3.13 的规定外，尚应符合下列规定：

1 风口安装前应擦拭干净，不得有油污、浮尘等。

2 风口边框与建筑顶棚或墙壁装饰面应紧贴，接缝处应采取可靠的密封措施。

3 带高效空气过滤器的送风口，四角应设置可调节高度的吊杆。

检查数量：按Ⅱ方案。

检查方法：查验成品质量合格证明文件，观察检查。

净化空调系统风口安装有较高的要求，故本条做了附加规定。

7.7 风机与空气处理设备安装

7.1 一般规定

7.1.1 风机与空气处理设备应附带装箱清单、设备说明书、产品质量合格证书和性能检测报告等随机文件，进口设备还应具有商检合格的证明文件。

随机文件能反映产品质量，又是安装运行使用的说明书和技术指导资料，必须进行核查。

7.1.2 设备安装前，应进行开箱检查验收，并应形成书面的验收记录。

设备的开箱验收是工程施工的一个重要环节，应有书面记录。

7.1.3 设备就位前应对其基础进行验收，合格后再安装。

大型风机与空调设备需要安装在混凝土基础上，安装前的验收可以保证设备安装的质量。

7.2 主控项目

7.2.1 风机及风机箱的安装应符合下列规定：

1 产品的性能、技术参数应符合设计要求，出口方向应正确。

2 叶轮旋转应平稳，每次停转后不应停留在同一位置上。

3 固定设备的地脚螺栓应紧固，并应采取防松动措施。

4 落地安装时，应按设计要求设置减振装置，并应采取防止设备水平位移的措施。

5 悬挂安装时，吊架及减振装置应符合设计及产品技术文件。

检查数量：按Ⅰ方案。

检查方法：依据设计图纸核对，盘动，观察检查。

规定了风机及风机箱安装验收的主控项目内容。工程现场对风机叶轮安装的质量和平衡性的检查，最有效、粗略的方法就是盘动叶轮，观察它的转动情况，如不停留在同一个位置，则说明相对平衡。风机设有减振台座落地安装时，由于运行振动会造成位移，因此条文规定应采取防止设备水平位移的措施。

悬挂安装的风机，在运行的时候会产生持续的振动，处理不当会由于金属疲劳而断裂，可能造成事故，因此规定应符合设计要求。

7.2.2 通风机传动装置的外露部位以及直通大气的进、出风口，必须装设防护罩、防护网或采取其他安全防护措施。

检查数量：全数检查。

检查方法：依据设计图纸核对，观察检查。

为防止风机对人的意外伤害，本条是对通风机传动装置的外露部分及敞开的孔口应采取保护性措施的规定。

通风机传动装置的外露部位，在风机运行时处于高速旋转状态，可能对人体造成伤害；同时，也可能由于外来物件的侵入而造成设备的损坏，因此，必须加设防护罩。防护罩通常可分为皮带防护罩和联轴器防护罩两种，主要功能是有效地阻挡人体的手、脚与其他部位，以及其他物体进入被防护运动设备的旋转部位。

对于不连接风管或其他设备而直通大气的通风机的进、出风口，为敞开的孔口。当风机静止时，敞开的孔口易使杂物或小动物侵入风机壳体，风机启动运转后可能会造成设备的损坏。当风机运转时，风机的进风口处具有较大的负压（吸力），位于附近的人或物体，可能被吸入风机，造成人身伤害和设备损坏，故本规范规定必须采取防护安全措施，如设置防护网等。

检查内容：

首先按照设计图纸查对，落实哪些风管系统为非直联风机和直通大气风机口，并需要设置防护罩或防护网。然后，在施工任务下达的时候，随同设备安装一起落实。

风机设备单机试运转前，再一次检查设备的防护罩或防护网是否已经安装完好，没有配装的，不得进行设备的单机试运转。其次是检查防护罩、防护网与罩壳，应有一定的强度，能达到安全使用的要求。

7.2.3 单元式与组合式空气处理设备的安装应符合下列规定：

　　1 产品的性能、技术参数和接口方向应符合设计要求。

　　2 现场组装的组合式空调机组应按现行国家标准《组合式空调机组》GB/T 14294 的有关规定进行漏风量的检测。通用机组在 700Pa 静压下，漏风率不应大于 2％；净化空调系统机组在 1000Pa 静压下，漏风率不应大于 1％。

　　3 应按设计要求设置减振支座或支、吊架，承重量应符合设计及产品技术文件的要求。

检查数量：通用机组按Ⅱ方案，净化空调系统机组 N7 级～N9 级按Ⅰ方案，N1 级～N6 级全数检查。

检查方法：依据设计图纸核对，查阅测试记录。

规定了单元式与组合式空气处理机组安装验收主控项目的内容。一般大型空气处理机组由于体积大，不便于整体运输，常采用散装或组装功能段运至现场进行整体拼装的施工方法。由于加工质量和组装水平的不同，组装后机组的密封性能存在着较大的差异，严重的漏风将影响系统的使用功能。同时，空气处理机组整机的漏风量测试也是工程设备验收的必要步骤之一。因此现场组装的机组在安装完毕后，应进行漏风量的测试。条文中的漏风量指标是指该机组在最大工作压力下的允许泄漏量。

净化空调系统的空调机组对严密性的要求更高，故按现行国家标准《组合式空调机组》GB/T 14294 的规定执行。

7.2.4 空气热回收装置的安装应符合下列规定：

　　1 产品的性能、技术参数等应符合设计要求。

　　2 热回收装置接管应正确，连接应可靠、严密。

3 安装位置应预留设备检修空间。

检查数量：按Ⅰ方案。

检查方法：依据设计图纸核对，观察检查。

除个别大型的空气热回收装置需要在现场进行拼装外，其他的都是以整体机组进行安装，因此本条主要规定了接管应正确，连接应可靠和严密。

7.2.5 空调末端设备的安装应符合下列规定：

1 产品的性能、技术参数应符合设计要求。

2 风机盘管机组、变风量与定风量空调末端装置及地板送风单元等的安装，位置应正确，固定应牢固、平整，便于检修。

3 风机盘管的性能复验应按现行国家标准《建筑节能工程施工质量验收规范》GB 50411 的规定执行。

4 冷辐射吊顶安装固定应可靠，接管应正确，吊顶面应平整。

检查数量：按Ⅰ方案。

检查方法：依据设计图纸核对，观察检查和查阅施工记录。

对多种空调末端设备安装的主控项目的验收质量做了规定，并规定风机盘管应按现行国家标准《建筑节能工程施工质量验收规范》GB 50411 的要求执行。

7.2.6 除尘器的安装应符合下列规定：

1 产品的性能、技术参数、进出口方向应符合设计要求。

2 现场组装的除尘器壳体应进行漏风量检测，在设计工作压力下允许漏风量应小于5%，其中离心式除尘器应小于3%。

3 布袋除尘器、静电除尘器的壳体及辅助设备接地应可靠。

4 湿式除尘器与淋洗塔外壳不应渗漏，内侧的水幕、水膜或泡沫层成形应稳定。

检查数量：按Ⅰ方案。

检查方法：依据设计图纸核对，观察检查和查阅测试记录。

规定了除尘器安装验收主控项目的内容。现场组装的除尘器在安装完毕后，应进行机组的漏风量测试，本条对设计工作压力下除尘器的允许漏风率做了规定。

7.2.7 在净化系统中，高效过滤器应在洁净室（区）进行清洁，系统中末端过滤器前的所有空气过滤器应安装完毕，且系统应连续试运转12h 以上后，应在现场拆开包装并进行外观检查，合格后应立即安装。高效过滤器安装方向应正确，密封面应严密，并应按本规范附录 D 的要求进行现场扫描检漏，且应合格。

检查数量：全数检查。

检查方法：查阅检测报告，或实测。

规定了高效过滤器安装验收主控项目的内容。高效过滤器主要运用于洁净室净化空调系统之中，其安装质量的好坏将直接影响到室内空气洁净度等级的实现，故应认真执行。高效过滤器安装后的检漏应按本规范附录 B 进行。

7.2.8 风机过滤器单元的安装应符合下列规定：

1 安装前，应在清洁环境下进行外观检查，且不应有变形、锈蚀、漆膜脱落等现象。

2 安装位置、方向应正确，且应方便机组检修。

3 安装框架应平整、光滑。

4 风机过滤器单元与安装框架接合处应采取密封措施。

5 应在风机过滤器单元进风口设置功能等同于高中效过滤器的预过滤装置后，进行试运行，且应无异常。

检查数量：全数检查。

检查方法：观察检查或查阅施工记录。

就风机过滤器单元（FFU）安装的主控项目做了规定，还强调在系统试运行时，应加装高中效过滤器作为保护。

7.2.9 洁净层流罩的安装应符合下列规定：

1 外观不应有变形、锈蚀、漆膜脱落等现象。

2 应采用独立的吊杆或支架，并应采取防止晃动的固定措施，且不得利用生产设备或壁板作为支撑。

3 直接安装在吊顶上的层流罩，应采取减振措施，箱体四周与吊顶板之间应密封。

4 安装后，应进行不少于1h的连续试运转，且运行应正常。

检查数量：全数检查。

检查方法：尺量、观察检查和查阅施工记录。

规定对洁净层流罩的安装，必须采用能防止摇晃的独立支、吊架，并就支、吊架的固定不得利用生产设备、板壁支撑或吊顶龙骨做了明确规定。

7.2.10 静电式空气净化装置的金属外壳必须与 PE 线可靠连接。

检查数量：全数检查。

检查方法：核对材料、观察检查或电阻测定。

静电式空气净化装置是利用高压静电电场对空气中的微小浮尘进行有效清除的空气处理装置（设备）。当设备运行时，设备带有高压电，为了防止意外事故的发生，其金属外壳必须与电气工程的专用接地线 PE 线进行可靠连接。本条为强制性条文，必须严格执行。

静电式空气净化装置是利用高压静电电场对空气中的微小浮尘进行有效清除的空气处理装置（设备）。当设备运行时，设备带有高压电，为了防止意外事故的发生，其金属外壳必须与电气工程的专用接地线 PE 线进行可靠连接。

检查内容：

静电式空气净化装置金属外壳的接地是防止静电危害的主要措施之一，应按产品说明书的要求执行，接地连接的施工质量应符合设计的规定。工程施工过程中，接地连接应随同静电式空气净化装置的安装一起落实。

在设备安装施工的工艺中，应规定接地的内容和要求，检查接地的连接点应可靠，接地电阻小于等于 1Ω 为合格。

7.2.11 电加热器的安装必须符合下列规定：

1 电加热器与钢构架间的绝热层必须采用不燃材料，外露的接线柱应加设安全防护罩。

2 电加热器的外露可导电部分必须与 PE 线可靠连接。

3 连接电加热器的风管的法兰垫片，应采用耐热不燃材料。

检查数量：全数检查。

检查方法：核对材料、观察检查，查阅测试记录。

电加热器运行时，存在可能对人体产生伤害的高压电，还存在可能引发着火的高温。对于高压交流电伤害的防止，本规范规定电加热器外露的接线柱应加设防护罩，电加热器的外露可导电部分必须与 PE 线可靠连接。对于高温着火的防止，本条规定电加热器与钢构架间的绝热层和连接电加热器的风管的法兰垫片，均必须采用耐热不燃的材料。本条为强制性条文，必须严格执行。

电加热器运行时，一是存在可能对人体产生伤害的高压电，二是存在可能引发着火的高温。对于高压交流电伤害的防止，本规范规定电加热器外露的接线柱应加设防护罩，电加热器的外露可导电部分必须与 PE 线可靠连接。对于高温着火的防止，本条文规定电加热器与钢结构间的绝热层和连接电加热器的风管的法兰垫片，均必须采用耐热不燃的材料。一般要求电加热器前后 800 mm 及以内或按设计规定的风管和绝热层，也均必须采用耐热不燃的材料。

检查内容：

一般电加热器在风管系统内的安装，都采用间接安装的方法。即预先将电加热器组合成一个独立的结构，然后固定在风管上。

其一，在组装过程中应加强对材料的管理和验收，保证所有的材料均为不燃材料。其二，对电加热器外露可导电部分与 PE 线连接的可靠性应进行核实，可按接地电阻小于等于 1Ω 为合格。

7.2.12 过滤吸收器的安装方向应正确，并应设独立支架，与室外的连接管段不得有渗漏。

检查数量：全数检查。

检查方法：观察检查和查阅施工或检测记录。

规定了过滤吸收器安装验收主控项目的内容。过滤吸收器是人防工程中一个重要的空气处理装置，具有过滤、吸附有毒有害气体，保障人身安全的作用。如果安装发生差错，将会使过滤吸收器的功能失效，无法保证系统的安全使用。

过滤吸收器外壳不应有损伤、穿孔或大的擦痕。主要部位碰伤凹陷大于 10mm、次要部位大于 15mm 时，不得安装使用。

过滤吸收器与管道连接严禁泄漏，各部位的螺丝连接应牢固，不得有松动现象。

过滤吸收器应按标明的气流方向安装，并应设独立支架。

存放 3 年以上的过滤吸收器，必须经有关部门检查其性能，合格后才允许安装使用。

7.3 一般项目

7.3.1 风机及风机箱的安装应符合下列规定：

1 通风机安装允许偏差应符合表 7.3.1（本书表 7.7.1）的规定，叶轮转子与机壳的组装位置应正确。叶轮进风口插入风机机壳进风口或密封圈的深度，应符合设备技术文件要求或应为叶轮直径的 1/100。

通风机安装允许偏差 表 7.7.1

项次	项目	允许偏差	检验方法
1	中心线的平面位移	10mm	经纬仪或拉线和尺量检查
2	标高	±10mm	水准仪或水平仪、直尺、拉线和尺量检查
3	皮带轮轮宽中心平面偏移	1mm	在主、从动皮带轮端面拉线和尺量检查

项次	项目		允许偏差	检验方法
4	传动轴水平度		纵向 0.2‰ 横向 0.3‰	在轴或皮带轮 0°和 180°的两个位置上，用水平仪检
5	联轴器	两轴芯径向位移	0.05mm	采用百分表圆周法或塞尺四点法检查验证
		两轴线倾斜	0.2‰	

2 轴流风机的叶轮与筒体之间的间隙应均匀，安装水平偏差和垂直度偏差均不应大于 1‰。

3 减振器的安装位置应正确，各组或各个减振器承受荷载的压缩量应均匀一致，偏差应小于 2mm。

4 风机的减振钢支、吊架，结构形式和外形尺寸应符合设计或设备技术文件的要求。焊接应牢固，焊缝外部质量应符合本规范第 9.3.2 条第 3 款的规定。

5 风机的进、出口不得承受外加的重量，相连接的风管、阀件应设置独立的支、吊架。

检查数量：按 Ⅱ 方案。

检查方法：尺量、观察或查阅施工记录。

对风机及风机箱安装的允许偏差项目和减振支架安装的质量验收做了规定。

风机的钢支、吊架和减振器，应按其荷载重量、转速和使用场合进行选用，并应符合设计和设备技术文件的规定。

隔振支、吊架的安装检查：

(1) 隔振支、吊架的结构形式和外形尺寸应符合设计要求或设备技术文件规定。

(2) 钢隔振支架焊接应符合现行国家标准《钢结构工程施工质量验收规范》（GB 50205）的有关规定，焊接后必须矫正。

(3) 使用隔振吊架不得超过其最大额定载荷量。

(4) 为防止隔振器移位，规定安装隔振器地面应平整。同一机座的隔振器压缩量应一致，使隔振器受力均匀。

(5) 安装风机的隔振器和钢支、吊架应按其荷载和使用场合进行选用，并应符合设计和设备技术文件的规定，以防造成隔振器失效。

(6) 安装隔振器的地面应平整，各组隔振器承受荷载的压缩量应均匀，不得偏心；隔振器安装完毕，在其使用前应采取防止位移及过载等保护措施。以防止两者不匹配而造成减振失效。

风机机壳承受额外的负担，易产生变形而危及其正常的运行，故条文规定与之相连的风管与阀件应设独立支、吊架。

7.3.2 空气风幕机的安装应符合下列规定：

1 安装位置及方向应正确，固定应牢固可靠。

2 机组的纵向垂直度和横向水平度的允许偏差均应为 2‰。

3 成排安装的机组应整齐，出风口平面允许偏差应为 5mm。

检查数量：按 Ⅱ 方案。

检查方法：尺量、观察检查。

对空气风幕机安装的验收质量做了规定。

风幕机可分为整装的产品空气风幕机和分装的系统风幕装置两类。风幕机常为明露安装，故对其垂直度、水平度的允许偏差做了规定。为充分发挥空气风幕机的功效，对机组安装后喷射气流的角度，需要依据室内外气流的流向、室外风的风向和强弱进行调整。

对各类单元式空调机组的安装做了规定。对于分体式空调室外机组的安装，要保证其冷却风的通畅，并不得影响他人。

7.3.3 单元式空调机组的安装应符合下列规定：

1 分体式空调机组的室外机和风冷整体式空调机组的安装固定应牢固可靠，并应满足冷却风自然进入的空间环境要求。

2 分体式空调机组室内机的安装位置应正确，并应保持水平，冷凝水排放应顺畅。管道穿墙处密封应良好，不应有雨水渗入。

检查数量：按Ⅱ方案。

检查方法：观察检查。

7.3.4 组合式空调机组、新风机组的安装应符合下列规定：

1 组合式空调机组各功能段的组装应符合设计的顺序和要求，各功能段之间的连接应严密，整体外观应平整。

2 供、回水管与机组的连接应正确，机组下部冷凝水管的水封高度应符合设计或设备技术文件的要求。

3 机组与风管采用柔性短管连接时，柔性短管的绝热性能应符合风管系统的要求。

4 机组应清扫干净，箱体内不应有杂物、垃圾和积尘。

5 机组内空气过滤器（网）和空气热交换器翅片应清洁、完好，安装位置应便于维护和清理。

检查数量：按Ⅱ方案。

检查方法：观察检查。

对组合式空调机组、新风机组安装的验收质量作出了规定。

组合式空调机的组装、功能段的排序应符合设计要求，机组应清洁、外观整体平直、连接严密。组合式空调机组的安装检查：

（1）机组应放在平整的基础上，基础应高于机房地平面。从空调机组的一端开始逐一将段体抬上底座就位找正，加衬垫将相邻两个段体用螺栓连接牢固严密，每连接一个段体前，将内部清扫干净。组合式空调机组各功能段间连接后，整体应平直，检查门要灵活，水路畅通。

（2）加热段与相邻段体间采用耐热材料作为垫片。

（3）喷淋段连接处要严密、牢固可靠，喷淋段不得渗水，喷淋段的检视门不得漏水。积水槽应清理干净，保证冷凝水畅通不溢水。凝结水管应设置水封，水封高度根据机外余压确定，防止空气调节器内空气外漏或室外空气进来。

（4）组合式空调机组各功能段之间的连接应严密，整体应平直，检查门开启应灵活，水路应畅通。

对于负压运行的空调机组，其凝结水管水封的高度应大于机组运行时的最大负压值，以保证冷凝水顺利排走。

7.3.5 空气过滤器的安装应符合下列规定：

1 过滤器框架安装应平整牢固，方向应正确，框架与围护结构之间应严密。

2 粗效、中效袋式空气过滤器的四周与框架应均匀压紧，不应有可见缝隙，并应便于拆卸和更换滤料。

3 卷绕式空气过滤器的框架应平整，上、下筒体应平行，展开的滤料应松紧适度。

检查数量：按Ⅱ方案。

检查方法：观察检查。

对空气过滤器安装的验收质量做了规定。

空气过滤器与框架、框架与围护结构之间封堵的不严，会影响过滤器的滤尘效果，所以要求安装时连接严密，无穿透的缝隙。

卷绕式过滤器的安装，框架应平整，上下筒体应平行，以达到滤料的松紧一致，使用时不应发生偏离和跑料。

7.3.6 蒸汽加湿器的安装应符合下列规定：

1 加湿器应设独立支架，加湿器喷管与风管间应进行绝热、密封处理。

2 干蒸汽加湿器的蒸汽喷口不应朝下。

检查数量：按Ⅱ方案。

检查方法：观察检查。

对蒸汽加湿器安装、验收的主控项目内容做了规定。

为防止蒸汽加湿器使用过程中产生不必要的振动，应设置独立支架，并固定牢固。如果采用电加热形式的蒸汽加湿器，应有保护接地。

干蒸汽加湿器的蒸汽喷管如果向下安装，会使产生干蒸汽的工作环境遭到破坏，故不允许。

7.3.7 紫外线与离子空气净化装置的安装应符合下列规定：

1 安装位置应符合设计或产品技术文件的要求，并应方便检修。

2 装置应紧贴空调箱体的壁板或风管的外表面，固定应牢固，密封应良好。

3 装置的金属外壳应与 PE 线可靠连接。

检查数量：按Ⅱ方案。

检查方法：观察检查、查阅试验记录，或实测。

对紫外线、离子空气净化装置的安装的验收质量做了规定。

紫外线、离子空气净化装置是为了满足空调系统内的空气清洁度，提高空气品质而加设的，主要是滤尘与杀菌。因为它们都有带电和发热的特性，故要求安装固定牢固，金属外壳与（PE）线连接良好，一般应小于或等于 1Ω。

7.3.8 空气热回收器的安装位置及接管应正确，转轮式空气热回收器的转轮旋转方向应正确，运转应平稳，且不应有异常振动与声响。

检查数量：按Ⅱ方案。

检查方法：观察检查。

对转轮式换热器安装的验收质量做了规定。条文强调了风管连接不能搞错，以防止功能失效和系统空气的污染。

7.3.9 风机盘管机组的安装应符合下列规定：

1 机组安装前宜进行风机三速试运转及盘管水压试验。试验压力应为系统工作压力的 1.5 倍，试验观察时间应为 2min，不渗漏为合格。

2 机组应设独立支、吊架，固定应牢固，高度与坡度应正确。

3 机组与风管、回风箱或风口的连接，应严密可靠。

检查数量：按Ⅱ方案。

检查方法：观察检查、查阅试验记录。

本条对风机盘管空调器安装的验收质量做了规定。

风机盘管机组安装前宜对产品的质量进行抽检，这样可使工程质量得到有效的控制，避免安装后发现问题再返工。风机盘管机组的安装还应注意水平坡度的控制，坡度不当会影响凝结水的正常排放。

风机盘管机组与风管、回风箱或风口的连接，在工程施工中常有在大位差时直接斜管连接，或接管与风口错位，中间空缝等不良现象。

7.3.10 变风量、定风量末端装置安装时，应设独立的支、吊架，与风管连接前宜做动作试验，且应符合产品的性能要求。

检查数量：按Ⅱ方案。

检查方法：观察检查、查阅试验记录。

对变风量末端装置安装的验收质量做了规定。

末端装置应设置单独支、吊架，以便于调整和检修；与风管连接前宜做动作试验，确认运行正常后再封口，可以保证安装后设备的正常运行。

7.3.11 除尘器的安装应符合下列规定：

1 除尘器的安装位置应正确，固定应牢固平稳，除尘器安装允许偏差和检验方法应符合表 7.3.11（本书表 7.7.2）的规定。

除尘器安装允许偏差和检验方法 表 7.7.2

项次	项目		允许偏差（mm）	检验方法
1	平面位移		≤10	经纬仪或拉线、尺量检查
2	标高		±10	水准仪、直线和尺量检查
3	垂直度	每米	≤2	吊线和尺量检查
4		总偏差	≤10	

除尘器的活动或转动部件的动作应灵活、可靠，并应符合设计要求。

2 除尘器的排灰阀、卸料阀、排泥阀的安装应严密，并应便于操作与维护修理。

检查数量：按Ⅱ方案。

检查方法：尺量、观察检查及查阅施工记录。

对各类除尘器安装通用的验收质量做了规定。

除尘器安装位置正确，可保证风管镶接的顺利进行。除尘器的组装质量与除尘效率有着密切关系，因此条文对除尘器安装的允许偏差和检验方法做了具体规定。

除尘器的活动或转动部位为清灰的主要部件，故强调其动作应灵活、可靠。

除尘器的排灰阀、卸料阀、排泥阀等是系统的重要部件，安装应严密，否则易产生粉尘泄漏，污染环境和影响除尘效率。

7.3.12 现场组装静电除尘器除应符合设备技术文件外，尚应符合下列规定：

1 阳极板组合后的阳极排平面度允许偏差应为5mm，对角线允许偏差应为10mm。

2 阴极小框架组合后主平面的平面度允许偏差应为5mm，对角线允许偏差应为10mm。

3 阴极大框架的整体平面度允许偏差应为15mm，整体对角线允许偏差应为10mm。

4 阳极板高度小于或等于7m的电除尘器，阴、阳极间距允许偏差应为5mm。阳极板高度大于7m的电除尘器，阴、阳电极间距允许偏差应为10mm。

5 振打锤装置的固定应可靠，振打锤的转动应灵活。锤头方向应正确，振打锤锤头与振打砧之间应保持良好的线接触状态，接触长度应大于锤头厚度的70%。

检查数量：按Ⅱ方案。

检查方法：尺量、观察检查及查阅施工记录。

对现场组装的静电除尘器，本条强调的是阴、阳电极极板的安装质量。

7.3.13 现场组装布袋除尘器的安装应符合下列规定：

1 外壳应严密，滤袋接口应牢固。

2 分室反吹袋式除尘器的滤袋安装应平直。每条滤袋的拉紧力应为30N/m±5N/m，与滤袋连接接触的短管和袋帽不应有毛刺。

3 机械回转扁袋袋式除尘器的旋臂，转动应灵活可靠；净气室上部的顶盖应密封不漏气，旋转应灵活，不应有卡阻现象。

4 脉冲袋式除尘器的喷吹孔应对准文氏管的中心，同心度允许偏差应为2mm。

检查数量：按Ⅱ方案。

检查方法：尺量、观察检查及查阅施工记录。

对现场组装的布袋除尘器的验收，主要应控制其外壳、布袋与机械落灰装置的安装质量。

7.3.14 洁净室空气净化设备的安装应符合下列规定：

1 机械式余压阀的安装时，阀体、阀板的转轴应水平，允许偏差应为2‰。余压阀的安装位置应在室内气流的下风侧，且不应在工作区高度范围内。

2 传递窗的安装应牢固、垂直，与墙体的连接处应密封。

检查数量：按Ⅱ方案。

检查方法：尺量、观察检查。

对净化空调系统洁净设备安装的验收质量做出了规定。

条文对机械式余压阀、传递窗安装质量的验收，强调的是水平度和密封性。

7.3.15 装配式洁净室的安装应符合下列规定：

1 洁净室的顶板和壁板（包括夹芯材料）应采用不燃材料。

2 洁净室的地面应干燥平整，平面度允许偏差应为1‰。

3 壁板的构、配件和辅助材料应在清洁的室内进行开箱，安装前应严格检查规格和质量。壁板应垂直安装，底部宜采用圆弧或钝角交接；安装后的壁板之间、壁板与顶板间的拼缝应平整严密，墙板垂直度的允许偏差应为2‰，顶板水平度与每个单间的几何尺寸的允许偏差应为2‰。

4 洁净室吊顶在受荷载后应保持平直，压条应全部紧贴。当洁净室壁板采用上、下槽形板时，接头应平整严密。洁净室内的所有拼接缝组装完毕后，应采取密封措施，且密封应良好。

检查数量：按Ⅱ方案。

检查方法：尺量、观察检查及查阅施工记录。

对装配式洁净室安装的验收质量做了规定。

为保障装配式洁净室的安全使用，故规定其顶板和壁板为不燃材料。

洁净室干燥、平整的地面才能满足其表面涂料与铺贴材料施工质量的需要。为控制洁净室的拼装质量，条文还对壁板、墙板安装的垂直度、顶板的水平度以及每个单间几何尺寸的允许偏差做了规定。对装配式洁净室的吊顶、壁板的接口等，强调接缝整齐、严密，并在承重后保持平整。装配式洁净室接缝的密封措施和操作质量，将直接影响洁净室的洁净等级和压差控制目标的实现，故需特别引起重视。

7.3.16 空气吹淋室的安装应符合下列规定：

1 空气吹淋室的安装应按工程设计要求，定位应正确。

2 外形尺寸应正确，结构部件应齐全、无变形，喷头不应有异常或松动等现象。

3 空气吹淋室与地面之间应设有减振垫，与围护结构之间应采取密封措施。

4 空气吹淋室的水平度允许偏差应为2‰。

5 对产品进行不少于1h的连续试运转，设备连锁和运行性能应良好。

检查数量：按Ⅱ方案。

检查方法：尺量、观察检查，查验产品合格证和进场验收记录。

带有通风机的气闸室、吹淋室的振动会对洁净室的环境带来不利影响，因此要求设减振垫。

7.3.17 高效过滤器与层流罩的安装应符合下列规定：

1 安装高效过滤器的框架应平整清洁，每台过滤器的安装框架的平整度允许偏差应为1mm。

2 机械密封时，应采用密封垫料，厚度宜为6~8mm，密封垫料应平整。安装后垫料的压缩应均匀，压缩率宜为25%~30%。

3 采用液槽密封时，槽架应水平安装，不得有渗漏现象，槽内不应有污物和水分，槽内密封液高度不应超过2/3槽深。密封液的熔点宜高于50℃。

4 洁净层流罩安装水平度偏差的应为1‰，高度允许偏差应为1mm。

检查数量：按Ⅱ方案。

检查方法：尺量、观察检查。

对净化空调系统高效过滤器和洁净层流罩安装的验收质量做了规定。

高效过滤器采用机械密封时，密封垫料的厚度及安装的接缝处理非常重要，厚度应按条文的规定执行，接缝不应为直线连接。

当高效过滤器采用液槽密封时，密封液深度以2/3槽深为宜，过少会使插入端口处不易密封，过多会造成密封液外溢。

7.8 空调用冷（热）源与辅助设备安装

8.1 一般规定

8.1.1 制冷（热）设备、附属设备、管道、管件及阀门等产品的性能及技术参数应符合设计要求，设备机组的外表不应有损伤，密封应良好，随机文件和配件应齐全。

规定了制冷及附属设备进场验收的基本要求。

8.1.2 与制冷（热）机组配套的蒸汽、燃油、燃气供应系统，应符合设计文件和产品技术文件的要求，并应符合国家现行标准的有关规定。

空调制冷系统制冷机组的动力源，已经发展成为多种能源的新格局。空调制冷设备新能源，如燃油、燃气与蒸汽的安装，都具有较大的特殊性。为此，本条强调该类系统应按设计要求、有关的消防规范和产品技术文件的规定执行。

8.1.3 制冷机组本体的安装、试验、试运转及验收应符合现行国家标准《制冷设备、空气分离设备安装工程施工及验收规范》GB 50274 的有关规定。

空调制冷系统分部工程中制冷机组的本体安装，本规范采用直接引用现行国家标准《制冷设备、空气分离设备安装工程施工及验收规范》GB 50274 的办法。

8.1.4 太阳能空调机组的安装应符合现行国家标准《民用建筑太阳能空调工程技术规范》GB 50787 的有关规定。

太阳能空调属于建筑工程空调分部工程的一个子分部工程，在现行国家标准《民用建筑太阳能空调工程技术规范》GB 50787 有具体的规定，故引用之。

8.2 主控项目

8.2.1 制冷机组及附属设备的安装应符合下列规定：

1 制冷（热）设备、制冷附属设备产品性能和技术参数应符合设计要求，并应具有产品合格证书、产品性能检验报告。

2 设备的混凝土基础应进行质量交接验收，且应验收合格。

3 设备安装的位置、标高和管口方向应符合设计要求。采用地脚螺栓固定的制冷设备或附属设备，垫铁的放置位置应正确，接触应紧密，每组垫铁不应超过 3 块；螺栓应紧固，并应采取防松动措施。

检查数量：全数检查。

检查方法：观察、核对设备型号、规格；查阅产品质量合格证书、性能检验报告和施工记录。

规定了制冷机组及附属设备和采用混凝土基础安装质量的验收应符合的主控项目内容。

8.2.2 制冷剂管道系统应按设计要求或产品要求进行强度、气密性及真空试验，且应试验合格。

检查数量：全数检查。

检查方法：观察、旁站、查阅试验记录。

规定的制冷管路系统，主要是指现场安装的制冷剂管路，包括气管、液管及配件。它们的强度、气密性与真空试验必须合格。这属于制冷管路系统施工验收中一个最基本的主控项目，合格后才能投入使用。试验压力应符合不同制冷剂的压力要求。

8.2.3 直接膨胀蒸发式冷却器的表面应保持清洁、完整，空气与制冷剂应呈逆向流动；冷却器四周的缝隙应堵严，冷凝水排放应畅通。

检查数量：全数检查。

检查方法：观察检查。

直接膨胀表面式换热器的换热效果，与换热器内、外两侧的传热状态条件有关。因此强调设备安装时应保持换热器外表面的清洁，被冷却空气与蒸发换热器制冷剂呈逆向流动的状态，以提高换热效果。

8.2.4　燃油管道系统必须设置可靠的防静电接地装置。

检查数量：全数检查。

检查方法：观察、查阅试验记录。

燃油管道系统的静电火花，可能会造成巨大危害，必须杜绝。本条文即针对该问题而做出的规定。燃油管道系统的防静电接地装置，包括整个系统的可靠接地和管道系统管段间的可靠连接两个方面。前者强调整个系统的接地应可靠，后者强调法兰处的连接电阻应尽量小，以构成一个可靠的完整系统，故管道法兰应采用镀锌螺栓连接或在法兰处用铜导线跨接，且应接合严密。

检查内容：

为了保证管道法兰之间跨接的可靠，可以采用镀锌螺栓连接或采用铜导线进行跨接。当采用镀锌螺栓连接时，应强调法兰与镀锌螺栓的连接处无锈蚀和污垢、镀锌螺栓的镀锌层应光洁平整，螺母应紧固、接合严密。当采用用铜导线进行跨接时，导线截面积宜不小于 $4mm^2$，连接处应紧固、接合严密。系统接地的连接应可靠，接地电阻小于等于 1Ω 为合格。

8.2.5　燃气管道的安装必须符合下列规定：

1　燃气系统管道与机组的连接不得使用非金属软管。

2　当燃气供气管道压力大于 5kPa 时，焊缝无损检测应按设计要求执行；当设计无规定时，应对全部焊缝进行无损检测并合格。

3　燃气管道吹扫和压力试验的介质应采用空气或氮气，严禁采用水。

检查数量：全数检查。

检查方法：观察、查阅压力试验与无损检测报告。

燃气管道与设备的连接，从使用安全的角度出发，规定不得采用非金属软管。这主要是由非金属软性材料的强度、抗利器损害和较易老化等综合因素决定的。这样做可以防范意外隐患事故的发生。

城市燃气管道向用户供气可分为低压和中压两个类别，供气压力小于或等于 5kPa 的为低压管道，大于 5kPa 且小于或等于 400kPa 的为中压管道。规定中压燃气管道的施工不得应用螺纹连接，而应为焊接连接，其焊缝还应进行无损检测。通常空调用的燃气制冷设备，由于制冷量大而大多采用中压供气。当接入管道属于中压燃气管道时，为了保障使用的安全，其管道焊缝的焊接质量应按设计的规定进行无损检测。当设计无规定时，应对全部焊缝进行无损检测并合格。

在压力不大于 400kPa 的燃气管道工程中，钢管道的吹扫与压力试验的介质应采用干燥的空气或氮气，严禁采用水。这是为了保证管道气密性试验的真实和清洁。

检查内容：

燃气系统用于管道与设备的连接的软管，由工程施工材料的采购、安装和验收等节点实行工序把关的方法，进行质量的控制。对于燃气管道系统的压力试验，应从施工任务单下达和试压方案的批准、实施等环节进行控制，主要是杜绝误操作。

燃气系统对于管道焊接的质量控制，首先应挑选合格的焊工，然后按照压力管道焊接施工的要求进行现场管道的焊接施工。对于管道焊接后的焊缝，按照国家标准 GB 50236 的要求，先进行外观检查，然后，按设计图纸的规定进行无损探伤的检测。当设计无规定时，按本条文规定进行 100％无损检测，质量不低于Ⅱ级为合格。

8.2.6 组装式的制冷机组和现场充注制冷剂的机组，应进行系统管路吹污、气密性试验、真空试验和充注制冷剂检漏试验，技术数据应符合产品技术文件和国家现行标准的有关规定。

检查数量：全数检查。

检查方法：旁站观察，查阅试验及试运行记录。

制冷设备各项严密性试验和试运行的过程，是对设备本体质量与安装质量验收的依据，必须引起重视。故本条文把它作为验收的主控项目。

对于组装式的制冷设备，试验的项目应符合条文中所列举项目的全部，并均应符合相应技术标准规定的指标。

8.2.7 蒸汽压缩式制冷系统管道、管件和阀门的安装应符合下列规定：

1 制冷系统的管道、管件和阀门的类别、材质、管径、壁厚及工作压力等应符合设计要求，并应具有产品合格证书、产品性能检验报告。

2 法兰、螺纹等处的密封材料应与管内的介质性能相适应。

3 制冷循环系统的液管不得向上装成"Ω"形；除特殊回油管外，气管不得向下装成"U"形；液体支管引出时，必须从干管底部或侧面接出；气体支管引出时，应从干管顶部或侧面接出；有两根以上的支管从干管引出时，连接部位应错开，间距不应小于 2 倍支管直径，且不应小于 200mm。

4 管道与机组连接应在管道吹扫、清洁合格后进行。与机组连接的管路上应按设计要求及产品技术文件的要求安装过滤器、阀门、部件、仪表等，位置应正确、排列应规整；管道应设独立的支吊架；压力表距阀门位置不宜小于 200mm。

5 制冷设备与附属设备之间制冷剂管道的连接，制冷剂管道坡度、坡向应符合设计及设备技术文件的要求。当设计无要求时，应符合表 8.2.7（本书表 7.8.1）的规定。

制冷剂管道坡度、坡向　　　　　　　　　　表 7.8.1

管道名称	坡向	坡度
压缩机吸气水平管（氟）	压缩机	≥10‰
压缩机吸气水平管（氨）	蒸发器	≥3‰
压缩机排气水平管	油分离器	≥10‰
冷凝器水平供液管	贮液器	1‰～3‰
油分离器至冷凝器水平管	油分离器	3‰～5‰

6 制冷系统投入运行前，应对安全阀进行调试校核，开启和回座压力应符合设备技术文件要求。

7 系统多余的制冷剂不得向大气直接排放，应采用回收装置进行回收。

检查数量：按Ⅰ方案。

检查方法：核查合格证明文件，观察、尺量，查阅测量、调试校核记录。

对蒸汽压缩式制冷系统管路安装的质量验收主控项目做了明确的规定。制冷剂管道的连接、坡向都会影响系统的正常运行，故条文规定了验收的具体要求。从环境保护的角度出发，本条增加了对系统多余制冷剂不得直接排放于大气，应采用回收装置予以回收的新规定。

8.2.8 氨制冷机应采用密封性能良好、安全性好的整体式冷水机组。除磷青铜材料外，氨制冷剂的管道、附件、阀门及填料不得采用铜或铜合金材料，管内不得镀锌。氨系统管道的焊缝应进行射线照相检验，抽检率应为10%，以质量不低于Ⅲ级为合格。

检查数量：全数检查。

检查方法：观察检查、查阅探伤报告和试验记录。

氨属于天然、性能良好的制冷剂，但又是会散发臭味、刺激呼吸道，高浓度时有毒的气体。为了保障使用的安全，本条对氨制冷系统管道及其部件的安装做了严格的规定。包括管道焊接应进行无损检测、管件不得采用铜与镀锌件等要求，必须遵守。

8.2.9 多联机空调（热泵）系统的安装应符合下列规定：

1 多联机空调（热泵）系统室内机、室外机产品的性能、技术参数等应符合设计要求，并应具有出厂合格证、产品性能检验报告。

2 室内机、室外机的安装位置、高度应符合设计及产品技术的要求，固定应可靠。室外机的通风条件应良好。

3 制冷剂应根据工程管路系统的实际情况，通过计算后进行充注。

4 安装在户外的室外机组应可靠接地，并应采取防雷保护措施。

检查数量：按Ⅰ方案。

检查方法：旁站、观察检查和查阅试验记录。

规定了对多联机空调（热泵）系统安装质量的验收，应包括管路吹扫、压力和真空气密性试验及制冷剂的充注量必须准确等主控项目内容。

8.2.10 空气源热泵机组的安装应符合下列规定：

1 空气源热泵机组产品的性能、技术参数应符合设计要求，并应具有出厂合格证、产品性能检验报告。

2 机组应有可靠的接地和防雷措施，与基础间的减振应符合设计要求。

3 机组的进水侧应安装水力开关，并应与制冷机的启动开关连锁。

检查数量：全数检查。

检查方法：旁站，观察和查阅产品性能检验报告。

对空气源热泵机组安装的主控项目验收质量做了规定。水力开关与制冷机的开启进行连锁是保护主机安全运行的基本要求，故强调之。

8.2.11 吸收式制冷机组的安装应符合下列规定：

1 吸收式制冷机组的产品的性能、技术参数应符合设计要求。

2 吸收式机组安装后，设备内部应冲洗干净。

3 机组的真空试验应合格。

4 直燃型吸收式制冷机组排烟管的出口应设置防雨帽、防风罩和避雷针，燃油油箱上不得采用玻璃管式油位计。

检查数量：全数检查。

检查方法：旁站、观察、查阅产品性能检验报告和施工记录。

对吸收式制冷机组安装的主控项目验收质量做了规定。

8.3 一般项目

8.3.1 制冷（热）机组与附属设备的安装应符合下列规定：

1 设备与附属设备安装允许偏差和检验方法应符合表8.3.1（本书表7.8.2）的规定。

设备与附属设备安装允许偏差和检验方法 表7.8.2

项次	项目	允许偏差	检验方法
1	平面位置	10mm	经纬仪或拉线或尺量检查
2	标高	±10mm	水准仪或经纬仪、拉线和尺量检查

2 整体组合式制冷机组机身纵、横向水平度的允许偏差应为1‰。当采用垫铁调整机组水平度时，应接触紧密并相对固定。

3 附属设备的安装应符合设备技术文件的要求，水平度或垂直度允许偏差应为1‰。

4 制冷设备或制冷附属设备基（机）座下减振器的安装位置应与设备重心相匹配，各个减振器的压缩量应均匀一致，且偏差不应大于2mm。

5 采用弹性减振器的制冷机组，应设置防止机组运行时水平位移的定位装置。

6 冷热源与辅助设备的安装位置应满足设备操作及维修的空间要求，四周应有排水设施。

检查数量：按Ⅱ方案。

检查方法：水准仪、经纬仪、拉线和尺量检查，查阅安装记录。

对制冷机组与制冷附属设备安装的一般项目验收质量做了规定。

不论是容积式制冷机组，还是吸收式制冷设备，它们对机体的水平度、垂直度等安装质量都有严格的要求，否则会给机组的运行带来不良影响。另外，条文还对减振器的安装位置、压缩量和防止水平位移做了规定。当采用SD等减振垫片时，与基座的连接处应有钢板衬垫。

8.3.2 模块式冷水机组单元多台并联组合时，接口应牢固、严密不漏，外观应平整完好，目测无扭曲。

检查数量：全数检查。

检查方法：尺量、观察检查。

模块式制冷机组是按一定结构尺寸和形式，将制冷机、蒸发器、冷凝器、水泵及控制机构组成一个完整的制冷系统单元（即模块）。它既可以单独使用，又可以多个并联组成大容量冷水机组组合使用。模块与模块之间的管道，常采用V形夹固定连接。本条对冷水管道、管道部件和阀门安装验收的质量要求做出了规定。

8.3.3 制冷剂管道、管件的安装应符合下列规定：

1 管道、管件的内外壁应清洁干燥，连接制冷机的吸、排气管道应设独立支架；管径小于或等于40mm的铜管道，在与阀门连接处应设置支架。水平管道支架的间距不应大于1.5m，垂直管道不应大于2.0m；管道上、下平行敷设时，吸气管应在下方。

2 制冷剂管道弯管的弯曲半径不应小于3.5倍管道直径，最大外径与最小外径之差不应大于8%的管道直径，且不应使用焊接弯管及皱褶弯管。

3 制冷剂管道的分支管，应按介质流向弯成90°与主管连接，不宜使用弯曲半径小于1.5倍管道直径的压制弯管。

4 铜管切口应平整，不得有毛刺、凹凸等缺陷，切口允许倾斜偏差应为管径的1%；管扩口应保持同心，不得有开裂及皱褶，并应有良好的密封面。

5 铜管采用承插钎焊焊接连接时，承插口深度应符合表8.3.3（本书表7.8.3）的规定，承口应迎着介质流动方向。当采用套管钎焊焊接连接时，插接深度不应小于表8.3.3（本书表7.8.3）中最小承插连接的规定；当采用对接焊接时，管道内壁应齐平，错边量不应大于10%的壁厚，且不大于1mm。

铜管承、插口深度（mm）　　　　　　表7.8.3

铜管规格	≤DN15	DN20	DN25	DN32	DN40	DN50	DN65
承口的扩口深度	9~12	12~15	15~18	17~20	21~24	24~26	26~30
最小插入深度	7	9	10	12	13	14	
间隙尺寸	0.05~0.27			0.05~0.35			

6 管道穿越墙体或楼板时，应加装套管；管道的支吊架和钢管的焊接应按本规范第9章的规定执行。

检查数量：按Ⅱ方案。

检查方法：尺量、观察检查。

对制冷剂系统管道安装质量的一般项目内容做了规定。铜管采用钎焊承插连接是一种常用的焊接方法，其承插口的加固质量为关键。

8.3.4 制冷剂系统阀门的安装应符合下列规定：

1 制冷剂阀门安装前应进行强度和严密性试验。强度试验压力应为阀门公称压力的1.5倍，时间不得少于5min；严密性试验压力应为阀门公称压力的1.1倍，持续时间30s不漏为合格。

2 阀体应清洁干燥、不得有锈蚀，安装位置、方向和高度应符合设计要求。

3 水平管道上阀门的手柄不应向下，垂直管道上阀门的手柄应便于操作。

4 自控阀门安装的位置应符合设计要求。电磁阀、调节阀、热力膨胀阀、升降式止回阀等的阀头均应向上；热力膨胀阀的安装位置应高于感温包，感温包应装在蒸发器出口处的回气管上，与管道应接触良好、绑扎紧密。

5 安全阀应垂直安装在便于检修的位置，排气管的出口应朝向安全地带，排液管应装在泄水管上。

检查数量：按Ⅱ方案。

检查方法：尺量、观察检查、旁站或查阅试验记录。

制冷系统中应用的阀门，在安装前均应进行严格的检查和验收。凡具有产品合格证明文件，进出口封闭良好，且在技术文件规定期限内的阀门，可不做解体清洗。如不符合上述条件的阀门应做全面拆卸检查，除污、除锈、清洗、更换垫料，然后重新组装，进行强度和密封性试验。同时根据阀门的特性要求，条文对一些阀门的安装方向也做了规定。

8.3.5 制冷系统的吹扫排污应采用压力为0.5~0.6MPa（表压）的干燥压缩空气或氮气，

应以白色（布）标识靶检查5min，目测无污物为合格。系统吹扫干净后，系统中阀门的阀芯拆下清洗应干净。

检查数量：全数检查。

检查方法：观察、旁站或查阅试验记录。

规定管路系统吹扫排污，应采用压力为0.5～0.6MPa干燥的压缩空气或氮气，为的是控制管内的流速不致过大，又能满足管路清洁、安全施工的目的。管路吹扫的合格标准为将靶标置于出口，5min目测无污物。

8.3.6 多联机空调系统的安装应符合下列规定：

1 室外机的通风应通畅，不应有短路现象，运行时不应有异常噪声。当多台机组集中安装时，不应影响相邻机组的正常运行。

2 室外机组应安装在设计专用平台上，并应采取减振与防止紧固螺栓松动的措施。

3 风管式室内机的送、回风口之间，不应形成气流短路。风口安装应平整，且应与装饰线条相一致。

4 室内外机组间冷媒管道的布置应采用合理的短捷路线，并应排列整齐。

检查数量：按Ⅱ方案。

检查方法：尺量、观察检查。

对多联机空调系统安装质量的一般项目内容做了规定。

多联机空调系统由于其安装简易，操控灵活、方便，可小范围独立使用等优点，故应用广泛。但是安装质量将直接影响系统的使用性能，故条文规定之。如机组送、回风口的气流短路，排风被阻挡、不畅通等都可能严重影响系统的效能。

8.3.7 空气源热泵机组除应符合本规范第8.3.1条的规定外，尚应符合下列规定：

1 机组安装的位置应符合设计要求。同规格设备成排就位时，目测排列应整齐，允许偏差不应大于10mm。水力开关的前端宜有4倍管径及以上的直管段。

2 机组四周应按设备技术文件要求，留有设备维修空间。设备进风通道的宽度不应小于1.2倍的进风口高度；当两个及以上机组进风口共用一个通道时，间距宽度不应小于2倍的进风口高度。

3 当机组设有结构围挡和隔音屏障时，不得影响机组正常运行的通风要求。

检查数量：按Ⅱ方案。

检查方法：尺量、观察检查、旁站或查阅试验记录。

对空气源热泵机组安装质量的一般项目内容做了规定。根据以往的工程施工经验，条文对机组安装应留有检修的空间，满足设备冷却风正常运行空气通道的间距做了明确的规定。

8.3.8 燃油系统油泵和蓄冷系统载冷剂泵安装时，纵、横向水平度允许偏差应为1‰，联轴器两轴芯轴向倾斜允许偏差应为0.2‰，径向允许位移不应大于0.05mm。

检查数量：全数检查。

检查方法：尺量、观察检查。

对燃油泵与载冷剂泵安装质量的一般项目内容做了规定。

8.3.9 吸收式制冷机组安装除应符合本规范第8.3.1的规定外，尚应符合下列规定：

1 吸收式分体机组运至施工现场后，应及时运入机房进行组装，并应清洗、抽真空。

2 机组的真空泵到达指定安装位置后，应进行找正、找平。抽气连接管应采用直径与真空泵进口直径相同的金属管，当采用橡胶管时，应采用真空用的胶管，并应对管接头处采取密封措施。

3 机组的屏蔽泵到达指定安装位置后，应进行找正、找平，电线接头处应采取防水密封措施。

4 机组的水平度允许偏差应为2‰。

检查数量：按Ⅱ方案。

检查方法：观察检查，查阅泵安装和真空测试记录。

对吸收式制冷机组安装质量的一般项目内容做了规定。

7.9 空调水系统管道与设备安装

9.1 一般规定

9.1.1 镀锌钢管及带有防腐涂层的钢管不得采用焊接连接，应采用螺纹连接。当管径大于DN100时，可采用卡箍或法兰连接。

镀锌钢管表面的镀锌层是管道防腐的主要保护层，为不破坏镀锌层，故提倡采用螺纹连接。根据国内工程施工的情况，当管径大于或等于DN100mm时，螺纹的加工与连接质量不太稳定，不如采用法兰、沟槽式或其他连接方法更为合适。

9.1.2 金属管道的焊接施工，企业应具有相应的焊接工艺评定，施焊人员应持有相应类别焊接的技能证明。

空调工程水系统金属管道的焊接是该工程施工作业中必须具备的一个基本技术条件。企业具有相应焊接管道材料与焊接条件合格的工艺评定，焊工应具有相应类别焊接考核合格且在有效期内的资格证书。这是保证管道焊接施工质量的前提条件，应予以遵守。

9.1.3 空调用蒸汽管道工程施工质量的验收应符合现行国家标准《建筑给水排水及采暖工程施工质量验收规范》GB 50242的有关规定。温度高于100℃的热水系统应按国家有关压力管道工程施工的规定执行。

空调工程的蒸汽管道或蒸汽加湿管道，其施工要求与采暖工程的规定相同，故本条文采用直接引用现行国家标准《建筑给水排水及采暖工程施工质量验收规范》GB 50242的方法。

9.1.4 当空调水系统采用塑料管道时，施工质量的验收应按国家现行标准的规定执行。

空调水系统采用塑料管道时，其施工质量的验收还应结合国家现行管道技术规范、标准的规定。

9.2 主控项目

9.2.1 空调水系统设备与附属设备的性能、技术参数，管道、管配件及阀门的类型、材质及连接形式应符合设计要求。

检查数量：按Ⅰ方案。

检查方法：观察检查、查阅产品质量证明文件和材料进场验收记录。

规定了空调水系统的设备与附属设备、管道、管道部件和阀门的材质、型号和规格，必须符合设计的基本规定。

材料进场检验包括以下主要内容：

1 各类管材、型钢等应有材质检测报告；管件、法兰等应有出厂合格证；焊接材料和胶黏剂等应有出厂合格证、使用期限及检验报告；阀门、除污器、过滤器、软接头、补偿器、绝热材料、衬垫等应有产品出厂合格证及相应检验报告。

2 钢管外壁应光滑、平整、无气泡、裂口、裂纹、脱皮、分层和严重的冷斑及明显的痕纹、凹陷等缺陷；塑料管材、管件颜色应一致，无色泽不均匀及分解变色线。管件应完整、无缺损、变形规整、无开裂。管材外径、壁厚公差应符合有关标准的要求。法兰不应有砂眼、裂纹，表面应光滑，并应清除密封面上的铁锈、油污等。阀门的规格、型号和适用温度、压力满足设计和使用功能要求，外观无毛刺、无裂纹，开关灵活，丝扣和手轮无损伤，阀杆应灵活，无卡位或歪斜现象。沟槽式连接橡胶密封圈应选择天然橡胶、乙丙橡胶等材质，并应满足输送介质的要求。

9.2.2 管道的安装应符合下列规定：

1 隐蔽安装部位的管道安装完成后，应在水压试验，合格后方能交付隐蔽工程的施工。

2 并联水泵的出口管道进入总管应采用顺水流斜向插接的连接形式，夹角不应大于60°。

3 系统管道与设备的连接应在设备安装完毕后进行。管道与水泵、制冷机组的接口应为柔性接管，且不得强行对口连接。与其连接的管道应设置独立支架。

4 判定空调水系统管路冲洗、排污合格的条件是目测排出口的水色和透明度与入口的水对比应相近，且无可见杂物。当系统继续运行2h以上，水质保持稳定后，方可与设备相贯通。

5 固定在建筑结构上的管道支、吊架，不得影响结构体的安全。管道穿越墙体或楼板处应设钢制套管，管道接口不得置于套管内，钢制套管应与墙体饰面或楼板底部平齐，上部应高出楼层地面20～50mm，且不得将套管作为管道支撑。当穿越防火分区时，应采用不燃材料进行防火封堵；保温管道与套管四周的缝隙应使用不燃绝热材料填塞紧密。

检查数量：按Ⅰ方案。

检查方法：尺量、观察检查，旁站或查阅试验记录。

是空调水系统管道、管道部件和阀门的施工必须执行的主控项目内容和质量要求。

在工程施工中，空调水系统的管道存在有局部埋地或隐蔽铺设时，在为其实施覆土、浇捣混凝土或其他隐蔽施工之前，必须对被隐蔽的管段进行水压试验，并合格；如有防腐与绝热施工的，则应该完成该全部的施工，并经现场监理责任人的认可和签字；办妥手续后，方可进行下道工程的施工。隐蔽工程施工的验收是强制性的规定，必须遵守。

对于并联连接水泵的出口，进入总管不应采用T形的连接方法，是在工程实践中总结出来的经验，应予以执行。管道与空调设备的连接，应在设备定位和管道冲洗合格后进行。一是可以保证接管的质量，二是可以防止管路内的垃圾堵塞空调设备。

9.2.3 管道系统安装完毕，外观检查合格后，应按设计要求进行水压试验。当设计无要求时，应符合下列规定：

1 冷（热）水、冷却水与蓄能（冷、热）系统的试验压力，当工作压力小于或等于1.0MPa时，应为1.5倍工作压力，最低不应小于0.6MPa；当工作压力大于1.0MPa时，应为工作压力加 0.5MPa。

2 系统最低点压力升至试验压力后，应稳压 10min，压力下降不应得大于 0.02MPa，然后应将系统压力降至工作压力，外观检查无渗漏为合格。对于大型、高层建筑等垂直位差较大的冷（热）水、冷却水管道系统，当采用分区、分层试压时，在该部位的试验压力下，应稳压 10min，压力不得下降，再将系统压力降至该部位的工作压力，在 60min 内压力不得下降、外观检查无渗漏为合格。

3 各类耐压塑料管的强度试验压力（冷水）应为 1.5 倍工作压力，且不应小于 0.9MPa；严密性试验压力应为 1.15 倍的设计工作压力。

4 凝结水系统采用通水试验，应以不渗漏，排水畅通为合格。

检查数量：全数检查。

检查方法：旁站观察或查阅试验记录。

空调工程管道水系统安装后必须进行水压试验（凝结水系统除外），试验压力根据工程系统的设计工作压力分为两种。冷（热）水、冷却水系统的试验压力，当工作压力小于或等于 1.0MPa 时，为 1.5 倍工作压力，最低不小于 0.6MPa；当工作压力大于 1.0MPa 时，为工作压力加 0.5MPa。

一般建筑的空调工程，绝大部分建筑高度不会很高，空调水系统的工作压力大多不会大于 1.0MPa。符合常规的压力试验条件，即试验压力为 1.5 倍的工作压力，并不得小于 0.6MPa 稳压 10min，压降不大于 0.02MPa，然后降至工作压力做外观检查。因此完全可以按该方法进行验收。

对于大型或高层建筑的空调水系统，其系统下部受建筑高度水压力的影响，工作压力往往很高，采用常规 1.5 倍工作压力的试验方法极易造成设备和零部件损坏。因此对于工作压力大于 1.0MPa 的空调水系统，条文规定试验压力为工作压力加上 0.5MPa。这是因为现在空调水系统绝大多数为闭式循环系统，水泵的增压主要是克服水系统运行阻力。根据一些典型系统的设计复合计算和工程实例，最大值都不大于 0.5MPa，故条文规定之。这种试压方法多年来在国内高层建筑工程中试用，效果良好，符合工程实际情况。

试压压力是以系统最高处还是最低处的压力为准，这个问题以前一直没有明确过，本条明确了应以最低处的压力为准。这是因为，如果以系统最高处压力试压，则系统最低处的试验压力等于 1.5 倍的工作压力再加上高度差引起的静压差值。这在高层建筑中最低处压力甚至会再增大几个兆帕，将远远超出了管配件的承压能力。所以取点为最高处是不合适的。此外，在系统设计时，计算系统最高压力也是在系统最低处，随着管道位置的提高，内部的压力也逐步降低。在系统实际运行时，高度-压力变化关系同样是这样；因此一个系统只要最低处的试验压力比工作压力高出一个 ΔP，那么系统管道的任意处的试验压力也比该处的工作压力同样高出一个 ΔP，也就是说系统管道的任意处都是有安全保证的。所以条文明确了这一点。

系统强度试验压力为工作压力的 1.5 倍或为工作压力加 0.5MPa 这个试验压力应用在高层建筑系统管道进行压力试验时，还应注意不能超过管道和组成部件的承受压力。

对于各类耐压非金属（塑料）管道系统的试验压力规定为 1.5 倍的工作压力，（试验）工作压力为 1.15 倍的设计工作压力，这是考虑非金属管道的强度随着温度的上升而下降，故适当提高了（试验）工作压力的压力值。

9.2.4 阀门的安装应符合下列规定：

1 阀门安装前应进行外观检查，阀门的铭牌应符合现行国家标准《工业阀门标志》GB/T 12220 的有关规定。工作压力大于 1.0MPa 及在主干管上起到切断作用和系统冷、热水运行转换调节功能的阀门和止回阀，应进行壳体强度和阀瓣密封性能的试验，且应试验合格。其他阀门可不单独进行试验。壳体强度试验压力应为常温条件下公称压力的 1.5 倍，持续时间不应少于 5min，阀门的壳体、填料应无渗漏。严密性试验压力应为公称压力的 1.1 倍，在试验持续的时间内应保持压力不变，阀门压力试验持续时间与允许泄漏量应符合表 9.2.4（本书表 7.9.1）的规定。

阀门压力试验持续时间与允许泄漏量　　　　　　　　　　表 7.9.1

公称直径 Dn（mm）	最短试验持续时间（s）	
	严密性试验（水）	
	止回阀	其他阀门
≤50	60	15
65～150	60	60
200～300	60	120
≥350	120	120
允许泄漏量	3 滴×（Dn/25）/min	小于 Dn65 为 0 滴，其他为 2 滴×（Dn/25）/min

注：压力试验的介质为洁净水。用于不锈钢阀门的试验水，氯离子含量不得高于 25mg/L。

2 阀门的安装位置、高度、进出口方向应符合设计要求，连接应牢固紧密。

3 安装在保温管道上的手动阀门的手柄不得朝向下。

4 动态与静态平衡阀的工作压力应符合系统设计要求，安装方向应正确。阀门在系统运行时，应按参数设计要求进行校核、调整。

5 电动阀门的执行机构应能全程控制阀门的开启与关闭。检查数量：安装在主干管上起切断作用的闭路阀门全数检查，其他款项按Ⅰ方案。

检查方法：按设计图核对、观察检查；旁站或查阅试验记录。

空调水系统管道阀门安装必须遵守的主控项目的内容。

空调水系统中的阀门质量是系统工程质量验收的一个重要项目。但是从国家整体质量管理的角度来说，阀门的本体质量应归属于产品的范畴，不能因为产品质量的问题而要求在工程施工中负责产品的检验工作。本规范从职责范围和工程施工的要求出发，对阀门的检验规定为阀门安装前必须进行外观检查，其外表应无损伤、阀体无锈蚀，阀体的铭牌应符合现行国家标准《工业阀门标志》GB/T 82220 的规定。管道阀门的强度与严密性试验，不应在施工过程中占用大量的人力和物力。为此，条文将根据各种阀门的不同要求予以区别对待：

（1）对于工作压力高于 1.0MPa 的阀门规定按Ⅰ方案抽检。

（2）对于安装在主干管上起切断作用的阀门，条文规定按全数检查。

（3）其他阀门的强度检验工作可结合管道的强度试验工作一起进行。条文规定的阀门强度试验压力（1.5 倍的工作压力）和压力持续时间（5min）均符合现行国家标准《阀门的检验和试验》GB/T 26480 的规定。

这样，不但减少了阀门检验的工作量，而且也提高了检验的要求。既保证了工程质量，又易于实施。

9.2.5　补偿器的安装应符合下列规定：

1　补偿器的补偿量和安装位置应符合设计文件的要求，并应根据设计计算的补偿量进行预拉伸或预压缩。

2　波纹管膨胀节或补偿器内套有焊缝的一端，水平管路上应安装在水流的流入端，垂直管路上应安装在上端。

3　填料式补偿器应与管道保持同心，不得歪斜。

4　补偿器一端的管道应设置固定支架，结构形式和固定位置应符合设计要求，并应在补偿器的预拉伸（或预压缩）前固定。

5　滑动导向支架设置的位置应符合设计与产品技术文件的要求，管道滑动轴心应与补偿器轴心相一致。

检查数量：按Ⅰ方案。

检查方法：观察检查，旁站或查阅补偿器的预拉伸或预压缩记录。

是管道补偿器安装质量验收的主控项目内容。安装后管道补偿器的补偿（预拉伸或预压缩）量、方向和固定支架的设置应满足设计要求。这个规定执行与否，涉及管道系统的安全运行。

补偿器的补偿量和安装检查：

（1）应根据安装时施工现场的环境温度计算出该管段的实时补偿量，进行补偿量的预拉伸或预压缩。

（2）设有补偿器的管道应设置固定支架和导向支架，其结构形式和固定位置应符合设计要求。

（3）管道系统水压试验后，应及时松开波纹补偿器调整螺杆上的螺母，使补偿器处于自由状态。

（4）补偿器水平安装时，垂直臂应呈水平，平行臂应与管道坡向一致；垂直安装时，应有排气和泄水阀。

预拉伸或预压缩量应由施工人员根据施工现场的环境温度计算出符道的实时补偿量，然后进行补偿器的预拉伸或预压缩数值计算。

9.2.6　水泵、冷却塔的技术参数和产品性能应符合设计要求，管道与水泵的连接应采用柔性接管，且应为无应力状态，不得有强行扭曲、强制拉伸等现象。

检查数量：全数检查。

检查方法：按图核对，观察、实测或查阅水泵试运行记录。

空调水系统中水泵、冷却塔的安装必须遵守的主控项目内容。条文强调了水泵连接应为柔性和无应力状态，将有利于系统与设备的正常运行。另外，当水泵安装在减振台座时，应留有泵运行时减振台座下沉的余量。

9.2.7　水箱、集水器、分水器与储水罐的水压试验或满水试验应符合设计要求，内外壁防腐涂层的材质、涂抹质量、厚度应符合设计或产品技术文件的要求。

检查数量：全数检查。

检查方法：尺量、观察检查，查阅试验记录。

空调水系统其他附属设备安装必须遵守的主项。

9.2.8 蓄能系统设备的安装应符合下列规定：

1 蓄能设备的技术参数应符合设计要求，并应具有出厂合格证、产品性能检验报告。

2 蓄冷（热）装置与热能塔等设备安装完毕后应进行水压和严密性试验，且应试验合格。

3 储槽、储罐与底座应进行绝热处理，并应连续均匀地放置在水平平台上，不得采用局部垫铁方法校正装置的水平度。

4 输送乙烯乙二醇溶液的管路不得采用内壁镀锌的管材和配件。

5 封闭容器或管路系统中的安全阀应按设计要求设置，并应在设定压力情况下开启灵活，系统中的膨胀罐应工作正常。

检查数量：按Ⅰ方案。

检查方法：旁站、观察检查和查阅产品与试验记录。

蓄能系统的储罐都具有较大的容量，且与环境有较大的温差。为了能充分发挥其蓄能的作用，绝热施工的质量将是关键之一。另外，如果蓄能系统采用乙烯乙二醇溶液，则不得使用内镀锌的管道与部件。

蓄能，就是电力需求低谷时启动制冷、制热设备，将产生的冷或热储存在某种媒介中；在电力需求高峰时，将储存的冷或热释放出来使用，从而减少高峰用电量。蓄能技术又称为"移峰填谷"，冰蓄冷系统原理图见图7.9.1。

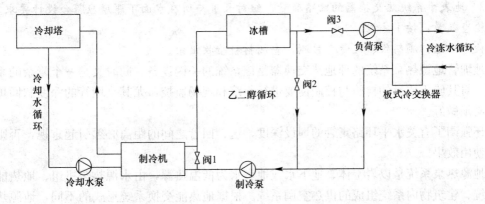

图7.9.1 冰蓄冷系统原理图

蓄能系统的分类按蓄存能量温度高低分为蓄热和蓄冷系统；按蓄能介质分为水蓄热/冷、冰蓄冷等系统。水蓄能系统设备主要有开式系统的蓄水池（箱、槽、罐）和闭式系统的立式承压蓄能罐、卧式承压蓄能罐，水泵。冰蓄冷系统设备主要有蓄冰槽、独立乙二醇系统管路、低温板式换热器等。

蓄能设备的技术参数符合设计要求，是保证最终系统正常运行的基本要求。所以在设备进场开箱检查时，必须将设备的铭牌参数与设计文件一一核对，并核查设备随机所附带的合格证、产品性能检测报告等附件，符合要求方可接收。

蓄冷（热）装置与热能塔等设备安装完毕后进行水压强度和严密性试验，目的时确保设备、管路的安全和正常运行时不发生渗漏。

蓄能系统的储罐、储槽中储存热水、低温冷水或冰水混合体，为了防止冷、热量的损失及发生结露现象，储槽、储罐与底座应进行绝热处理；同时，为了能充分发挥其蓄能的作用，系统的绝热施工质量将是关键控制的工序。由于蓄能系统的储罐、储槽都具有较大的容量，

《规范》要求由设备基础平台自身的水平度，来满足设备安装后的水平度和垂直度。

乙烯乙二醇溶液一般腐蚀性较强，造成内壁镀锌层的腐蚀和脱落，脱落后的锌层将附着在板式换热器内壁，极大的影响换热效率；同时，内壁镀锌层脱落的管材和配件，抗腐蚀能力比同规格焊接钢管还低很多。

9.2.9　地源热泵系统热交换器的施工应符合下列规定：

1　垂直地埋管应符合下列规定：

1）钻孔的位置、孔径、间距、数量与深度不应小于设计要求，钻孔垂直度偏差不应大于 1.5%。

2）埋地管的材质、管径应符合设计要求。埋管的弯管应为定型的管接头，并应采用热熔或电熔连接方式与管道相连接。直管段应采用整管。

3）下管应采用专用工具，埋管的深度应符合设计要求，且两管应分离，不得相贴合。

4）回填材料及配比应符合设计要求，回填应采用注浆管，并应由孔底向上满填。

5）水平环路集管埋设的深度距地面不应小于 1.5m，或埋设于冻土层以下 0.6m；供、回环路集管的间距应大于 0.6m。

2　水平埋管热交换器的长度、回路数量和埋设深度应符合设计要求。

3　地表水系统热交换器的回路数量、组对长度与所在水面下深度应符合设计要求。

检查数量：按Ⅰ方案。

检查方法：测斜仪、尺量、目测，查阅材料验收记录。

地埋管地源热泵系统的埋地热交换器是该系统的关键设备，同时又是一个复杂的系统工程。对其施工质量的检验与控制需要进行跟踪和现场监控，尤其是埋管的深度和回填质量都必须做好。

还强调了有关水平环路集管的埋设深度，送、回管之间的距离必须引起重视，否则会影响使用效果。

地源热泵系统是以岩土体、地下水或地表水为低温热源，由水源热泵机组、地热能交换系统、建筑物内系统组成的供热空调系统。根据地热能交换系统形式的不同，地源热泵系统分为地埋管地源热泵系统、地下水地源热泵系统和地表水地源热泵系统。

垂直地埋管钻孔的位置、孔径、间距、数量与深度满足设计要求，主要是为满足换热需要；一般垂直孔径宜为 150～180mm，孔深宜大于 20m，孔距宜为 3～6m。

地埋管采用化学稳定性好、耐腐蚀、导热系数大、流动阻力小的塑料管材及管件，如聚乙烯管（PE 管）或聚丁烯管（PB 管），管件与管材必须为相同材料。地埋管弯管接头采用定型的 U 形弯头成品件，不得采用直管煨制弯头；与管材之间采用热熔或电熔连接，不得采用粘接的连接方式。

地埋管下管时，可以采用每隔 2～4m 设一弹簧卡（或固定支卡）的方式将 U 形管两支管分开，防止两管贴合在一起，影响换热效果。U 形管安装完毕后，需要灌浆回填封孔，灌浆回填料一般为膨润土（膨润土的比例宜占 4%～6%）和细砂（或水泥）的混合浆

或其他专用灌浆材料；当地埋管设在密实或坚硬的岩土体中时，宜采用水泥基料灌浆，目的是防止孔隙水因冻结膨胀损坏膨润土灌浆材料而导致管道被挤压节流。灌浆时，需保证灌浆的连续性，应根据机械灌浆的速度将灌浆管逐渐抽出，使灌浆液自下而上灌浆封孔，确保灌浆密实、无空腔，否则会降低传热效果，影响工程质量。水平环路集管的深度距地面不应小于1.5m或埋设在冻土层以下0.6m，由于此深度以下土壤温度变化小，能保证集管几乎不会向外有热损失；供、回环路集管的间距大于0.6m，是为了减少供回水管间的热传递。

强调了有关水平环路集管的埋设深度，供、回管之间的距离必须引起重视，否则会影响使用效果。一般要求水平埋管最上层埋管顶部应在冻土层以下0.4m，且距地面不宜小于0.8m；水平地埋管管沟间最小距离1.5m，水平地埋管间距应大于0.6m。

强调地表水系统热交换器所在水面下深度要求，是为了防止风浪、结冰及船舶可能对换热盘管造成的损害，要求地表水换热盘管应安装在水体底部，地表水的最低水位与换热盘管距离不得小于1.5m。

地埋管换热器埋管方式见图7.9.2。

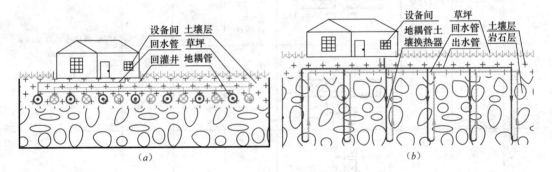

图7.9.2　地埋管换热器埋管方式

(*a*) 水平地埋管换热器埋管方式；(*b*) 垂直地埋管换热器埋管方式

9.3　一般项目

9.3.1　采用建筑塑料管道的空调水系统，管道材质及连接方法应符合设计和产品技术的要求，管道安装尚应符合下列规定：

1　采用法兰连接时，两法兰面应平行，误差不得大于2mm。密封垫为与法兰密封面相配套的平垫圈，不得突入管内或突出法兰之外。法兰连接螺栓应采用两次紧固，紧固后的螺母应与螺栓齐平或略低于螺栓。

2　电熔连接或热熔连接的工作环境温度不应低于5℃环境。插口外表面与承口内表面应作小于0.2mm的刮削，连接后同心度的允许误差应为2%；热熔熔接接口圆周翻边应饱满、匀称，不应有缺口状缺陷、海绵状的浮渣与目测气孔。接口处的错边应小于10%的管壁厚。承插接口的插入深度应符合设计要求，熔融的包浆在承、插件间形成均匀的凸缘，不得有裂纹凹陷等缺陷。

3　采用密封圈承插连接的胶圈应位于密封槽内，不应有皱折扭曲。插入深度应符合产品要求，插管与承口周边的偏差不得大2mm。

检查数量：按Ⅱ方案。

检查方法：尺量、观察检查，验证产品合格证书和试验记录。

根据当前有机类化学新型材料管道的发展，为了适应工程新材料施工质量的监督和检验，本条对非金属管道和管道部件安装的基本质量要求做了规定。

9.3.2 金属管道与设备的现场焊接应符合下列规定：

1 管道焊接材料的品种、规格、性能应符合设计要求。管道焊接坡口形式和尺寸应符合表 9.3.2-1（本书表 7.9.2）的规定。对口平直度的允许偏差应为 1‰，全长不应大于 10mm。管道与设备的固定焊口应远离设备，且不宜与设备接口中心线相重合。管道的对接焊缝与支、吊架的距离应大于 50mm。

管道焊接坡口形式和尺寸 表 7.9.2

| 项次 | 厚度 T（mm） | 坡口名称 | 坡口形式 | 坡口尺寸 | | | 备注 |
				间隙 C（mm）	钝边 P（mm）	坡口角度	
1	1～3	I 形坡口		0～1.5 单面焊	—	—	内壁错边量≤0.25T，且≤2mm
	3～6			0～2.5 双面焊			
2	3～9	V 形坡口		0～2.0	0～2.0	60～65	
	9～26			0～3.0	0～3.0	55～60	
3	2～30	T 形坡口		0～2.0	—	—	

2 管道现场焊接后，焊缝表面应清理干净，并应进行外观质量检查。焊缝外观质量应符合下列规定：

1）管道焊缝外观质量允许偏差应符合表 9.3.2-2（本书表 7.9.3）的规定。

管道焊缝外观质量允许偏差 表 7.9.3

序号	类别	质量要求
1	焊缝	不允许有裂缝、未焊透、未熔合、表面气孔、外露夹渣、未焊满等现象
2	咬边	纵缝不允许咬边；其他焊缝深度≤0.10T（T板厚），且≤1.0mm，长度不限
3	根部收缩（根部凹陷）	深度≤0.20+0.04T，且≤2.0mm，长度不限
4	角焊缝厚度不足	应≤0.30+0.05T，且≤2.0mm；每100mm焊缝长度内缺陷总长度≤25mm
5	角焊缝焊脚不对称	差值≤2+0.20t（t 设计焊缝厚度）

2）管道焊缝余高和根部凸出允许偏差应符合表 9.3.2-3（本书表 7.9.4）的规定。

398

母材厚度 T	≤6	>6，≤13	>13，≤50
余高和根部凸出	≤2	≤4	≤5

3　设备现场焊缝外部质量应符合下列规定：

1）设备焊缝外观质量允许偏差应符合表 9.3.2-4（本书表 7.9.5）的规定。

设备焊缝外观质量允许偏差　　　　表 7.9.5

序号	类别	质量要求
1	焊缝	不允许有裂缝、未焊透、未熔合、表面气孔、外露夹渣、未焊满等现象
2	咬边	咬边：深度≤0.10T，且≤1.0mm，长度不限
3	根部收缩（根部凹陷）	根部收缩（根部凹陷）：深度≤0.2+0.02T，且≤1.0mm，长度不限
4	角焊缝厚度不足	应≤0.3+0.05T，且≤2.0mm；每100mm焊缝长度内缺陷总长度≤25mm
5	角焊缝焊脚不对称	差值≤2+0.20t（t 设计焊缝厚度）

2）设备焊缝余高和根部凸出允许偏差应符合表 9.3.2-5（本书表 7.9.6）的规定。

设备焊缝余高和根部凸出允许偏差（mm）　　　　表 7.9.6

母材厚度 T	≤6	>6，≤25	>25
余高和根部凸出	≤2	≤4	≤5

金属管道与现场设备的焊接质量，直接影响空调水系统工程的正常运行和安全使用，故本条对空调水系统金属管道安装焊接质量检验标准做了规定。即管道焊接焊口的组对和坡口应符合本条第 1、2 款的规定，设备焊接焊口的组对和坡口应符合本条文第 1、3 款的规定。这与国家标准《现场设备、工业管道焊接工程施工质量验收规范》GB 50683—2011 中第 8.1.2 条中的管道焊缝外观质量第Ⅴ级和第 8.1.1 条中设备焊缝外观质量第Ⅲ级的要求相一致。

9.3.3　螺纹连接管道的螺纹应清洁规整，断丝或缺丝不应大于螺纹全扣数的 10%。管道的连接应牢固，接口处的外露螺纹应为 2～3 扣，不应有外露填料。镀锌管道的镀锌层应保护完好，局部破损处应进行防腐处理。

检查数量：按Ⅱ方案。

检查方法：尺量、观察检查。

对采用螺纹连接管道施工质量验收的一般要求做了规定。

9.3.4　法兰连接管道的法兰面应与管道中心线垂直，且应同心。法兰对接应平行，偏差不应大于管道外径的 1.5‰，且不得大于 2mm。连接螺栓长度应一致，螺母应在同一侧，并应均匀拧紧。紧固后的螺母应与螺栓端部平齐或略低于螺栓。法兰衬垫的材料、规格与厚度应符合设计要求。

检查数量：按Ⅱ方案。

检查方法：尺量、观察检查。

对采用法兰连接的管道施工质量验收的一般要求做了规定。

9.3.5　钢制管道的安装应符合下列规定：

1　管道和管件安装前，应将其内、外壁的污物和锈蚀清除干净。管道安装后应保持管内清洁。

2 热弯时，弯制弯管的弯曲半径不应小于管道外径的 3.5 倍；冷弯时，不应小于管道外径的 4 倍。焊接弯管不应小于管道外径的 1.5 倍；冲压弯管不应小于管道外径的 1 倍。弯管的最大外径与最小外径之差，不应大于管道外径的 8%，管壁减薄率不应大于 15%。

3 冷（热）水管道与支、吊架之间，应设置衬垫。衬垫的承压强度应满足管道全重，且应采用不燃与难燃硬质绝热材料或经防腐处理的木衬垫。衬垫的厚度不应小于绝热层厚度，宽度应大于等于支、吊架支承面的宽度。衬垫的表面应平整、上下两衬垫接合面的空隙应填实。

4 管道安装允许偏差和检验方法应符合表 9.3.5（本书表 7.9.7）的规定。安装在吊顶内等暗装区域的管道，位置应正确，且不应有侵占其他管线安装位置的现象。

管道安装允许偏差和检验方法

表 7.9.7

项目			允许偏差（mm）	检查方法
坐标	架空及地沟	室外	25	按系统检查管道的起点、终点、分支点和变向点及各点之间的直管
		室内	15	
	埋地		60	
标高	架空及地沟	室外	±20	用经纬仪、水准仪、液体连通器、水平仪、拉线和尺量度
		室内	±15	
	埋地		±25	
水平管道平直度	DN≤100mm		2L‰，最大 40	用直尺、拉线和尺量检查
	DN>100mm		3L‰，最大 60	
立管垂直度			5L‰，最大 25	用直尺、线锤、拉线和尺量检查
成排管段间距			15	用直尺尺量检查
成排管段或成排阀门在同一平面上			3	用直尺、拉线和尺量检查
交叉管的外壁或绝热层的最小间距			20	用直尺、拉线和尺量检查

注：L 为管道的有效长度（mm）。

检查数量：按Ⅱ方案。

检查方法：尺量、观察检查。

对空调水系统钢制管道、管道部件等施工质量验收的一般要求做了规定。对于管道安装的允许偏差和支、吊架衬垫的检查方法等也做了说明。

9.3.6 沟槽式连接管道的沟槽与橡胶密封圈和卡箍套应为配套，沟槽及支、吊架的间距应符合表 9.3.6（本书表 7.9.8）的规定。

沟槽式连接管道的沟槽及支、吊架的间距

表 7.9.8

公称直径（mm）	沟槽		端面垂直度允许偏差（mm）	支、吊架的间距（m）
	深度（mm）	允许偏差（mm）		
65～100	2.20	0～0.3	1.0	3.5
125～150	2.20	0～0.3		4.2
200	2.50	0～0.3		4.2
225～250	2.50	0～0.3	1.5	5.0
300	3.00	0～0.5		5.0

注：1. 连接管端面应平整光滑、无毛刺；沟槽深度在规定范围。
2. 支、吊架不得支承在连接头上。
3. 水平管的任两个连接头之间应设置支、吊架。

检查数量：按Ⅱ方案。

检查方法：尺量、观察检查、查阅产品合格证明文件。

空调水系统中应用沟槽式连接，管道的配件也应为无缝钢管管件。沟槽式连接管道的沟槽与连接使用的橡胶密封圈和卡箍套也必须为配套合格产品。这点应该引起重视，否则不易保证施工质量。

管道的沟槽式连接为弹性连接，不具有刚性管道的特性，故规定支、吊架不得支承在连接卡箍上，其间距应符合本规范表9.3.6的规定。水平管的任意两个连接卡箍之间应设有支、吊架。

沟槽式连接检查：

（1）沟槽式管接头应采用专门的滚槽机加工成型，可在施工现场按配管长度进行沟槽加工。

（2）现场滚槽加工时，管道应处在水平位置上，严禁管道出现纵向位移和角位移，不应损坏管道的镀锌层及内壁各种涂层或内衬层。

（3）沟槽接头安装前应检查密封圈规格正确，并应在密封圈外部和内部密封唇上涂薄薄一层润滑剂，在对接管道的两侧定位。

（4）密封圈外侧应安装卡箍，并应将卡箍凸边卡进沟槽内。安装时应压紧上下卡箍，在卡箍螺孔位置穿上螺栓，检查确认卡箍凸边全部卡进沟槽内，并应均匀轮换拧紧，螺母润滑剂可采用肥皂水等，不应采用油润滑剂。

9.3.7　风机盘管机组及其他空调设备与管道的连接，应采用耐压值大于或等于1.5倍工作压力的金属或非金属柔性接管，连接应牢固，不应有强扭和瘪管。冷凝水排水管的坡度应符合设计要求。当设计无要求时，管道坡度宜大于或等于8‰，且应坡向出水口。设备与排水管的连接应采用软接，并应保持畅通。

检查数量：按Ⅱ方案。

检查方法：观察、查阅产品合格证明文件。

对风机盘管施工质量验收的一般要求做了规定。

9.3.8　金属管道的支、吊架的形式、位置、间距、标高应符合设计要求。当设计无要求时，应符合下列规定：

1　支、吊架的安装应平整牢固，与管道接触应紧密，管道与设备连接处应设置独立支、吊架。当设备安装在减振基座上时，独立支架的固定点应为减振基座。

2　冷（热）媒水、冷却水系统管道机房内总、干管的支、吊架，应采用承重防晃管架，与设备连接的管道管架宜采取减振措施。当水平支管的管架采用单杆吊架时，应在系统管道的起始点、阀门、三通、弯头处及长度每隔15m处设置承重防晃支、吊架。

3　无热位移的管道吊架的吊杆应垂直安装，有热位移的管道吊架的吊杆应向热膨胀（或冷收缩）的反方向偏移安装。偏移量应按计算位移量确定。

4　滑动支架的滑动面应清洁平整，安装位置应满足管道要求，支承面中心应向反方向偏移1/2位移量或符合设计文件要求。

5　竖井内的立管应每两层或三层设置滑动支架。建筑结构负重允许时，水平安装管道支、吊架的最大间距应符合表9.3.8（本书表7.9.9）的规定，弯管或近处应设置支、吊架。

表7.9.9

公称直径（mm）		15	20	25	32	40	50	70	80	100	125	150	200	250	300
支架的最大间距（m）	L_1	15	2.0	2.5	2.5	3.0	3.5	4.0	5.0	5.0	5.5	6.5	7.5	8.5	9.5
	L_2	2.5	3.0	3.5	4.0	4.5	5.0	6.0	6.5	6.5	7.5	7.5	9.0	9.5	10.5

注：1. 适用于工作压力不大于2.0MPa，不保温或保温材料密度不大于200kg/m³的管道系统。

2. L_1用于保温管道，L_2用于不保温管道。

3. 洁净区（室内）管道支吊架应采用镀锌或采取其他的防腐措施。

4. 公称直径大于300mm的管道，可参考公称直径为300mm的管道执行。

6 管道支、吊架的焊接应符合本规范第9.3.2-3的规定。固定支架与管道焊接时，管道侧的咬边量应小于10%的管壁厚度，且小于1mm。

检查数量：按Ⅱ方案。

检查方法：尺量、观察检查。

对空调水系统金属管道支、吊架安装的基本质量要求做了规定。这个规定已经通过了多年的工程应用，证明可行有效。本条规定的金属管道的支、吊架的最大跨距，是以工作压力不大于2.0MPa，现在工程常用的绝热材料和管道的口径为条件的。支、吊架条文表9.3.8（本书表7.9.9）中规定的最大口径为DN300mm，保温管道的间距为9.5m。对于大于DN300mm的管道口径也按这个间距执行。这是因为空调水系统的管道，绝大多数为室内管道，更长的支、吊架距离不符合施工现场的条件。

沟槽式连接管道的支、吊架距离不宜执行本条的规定，宜根据本规范第9.3.6条的规定固定。

9.3.9 采用聚丙烯（PP-R）管道时，管道与金属支、吊架之间应采取隔绝措施，不宜直接接触，支、吊架的间距应符合设计要求。当设计无要求时，聚丙烯（PP-R）冷水管支、吊架的间距应符合表9.3.9（本书表7.9.10）的规定，使用温度大于或等于60℃热水管道应加宽支承面积。

聚丙烯（PP-R）冷水管支、吊架的间距（mm） 表7.9.10

公称外径DN	20	25	32	40	50	63	75	90	110
水平安装	600	700	800	900	1000	1100	1200	1350	1550
垂直安装	900	1000	1100	1300	1600	1800	2000	2200	2400

检查数量：按Ⅱ方案。

检查方法：观察检查。

对空调水系统的聚丙烯（PP-R）管道支、吊架安装的基本质量要求做了规定。热水系统的聚丙烯（PP-R）管道，其强度与温度成反比，故要求增加其支、吊架支承面的面积，一般宜加倍。

9.3.10 除污器、自动排气装置等管道部件的安装应符合下列规定：

1 阀门安装的位置及进、出口方向应正确且应便于操作。连接应牢固紧密，启闭应灵活。成排阀门的排列应整齐美观，在同一平面上的允许偏差不应大于3mm。

2 电动、气动等自控阀门安装前应进行单体调试，启闭试验应合格。

3 冷（热）水和冷却水系统的水过滤器应安装在进入机组、水泵等设备前端的管道上，安装方向应正确，安装位置应便于滤网的拆装和清洗，与管道连接应牢固严密。过滤器滤网的材质、规格应符合设计要求。

4 闭式管路系统应在系统最高处及所有可能积聚空气的管段高点设置排气阀，在管路最低点应设有排水管及排水阀。

检查数量：按Ⅱ方案。

检查方法：对照设计文件，尺量、观察和操作检查。

对空调水管道阀门及部件安装的基本质量要求做了规定。

电动阀门安装检查：

1 电动阀安装前，应进行模拟动作和压力试验。执行机构行程、开关动作及最大关紧力应符合设计和产品技术文件的要求。

2 阀门的供电电压、控制信号及接线方式应符合系统功能和产品技术文件的要求。

3 电动阀门安装时，应将执行机构与阀体一体安装，执行机构和控制装置应灵敏可靠，无松动或卡涩现象。

4 有阀位指示装置的电磁阀，其阀位指示装置应面向便于观察的方向。

9.3.11 冷却塔安装应符合下列规定：

1 基础的位置、标高应符合设计要求，允许误差应为±20mm，进风侧距建筑物应大于1m。冷却塔部件与基座的连接应采用镀锌或不锈钢螺栓，固定应牢固。

2 冷却塔安装应水平，单台冷却塔的水平度和垂直度允许偏差应为2‰。多台冷却塔安装时，排列应整齐，各台开式冷却塔的水面高度应一致，高度偏差值不应大于30mm。当采用共用集管并联运行时，冷却塔集水盘（槽）之间的连通管应符合设计要求。

3 冷却塔的集水盘应严密、无渗漏，进、出水口的方向和位置应正确。静止分水器的布水应均匀；转动布水器喷水出口方向应一致，转动应灵活、水量应符合设计或产品技术文件的要求。

4 冷却塔风机叶片端部与塔身周边的径向间隙应均匀。可调整角度的叶片，角度应一致，并应符合产品技术文件要求。

5 有水冻结危险的地区，冬季使用的冷却塔及管道应采取防冻与保温措施。

检查数量：按Ⅱ方案。

检查方法：尺量、观察检查，积水盘充水试验或查阅试验记录。

本条主要对空调系统应用的冷却塔及附属设备安装的基本质量要求做了规定。冷却塔安装的位置大都在建筑物的顶部，一般需要设置专用的基础或支座。冷却塔属于大型的轻型结构设备，运行时既有水的循环，又有风的循环。因此在设备安装验收时，应强调安装的固定质量和连接质量。多台冷却塔安装的高度应一致，其允许误差为30mm。对于在冬季使用，有冻结可能的应增加相应的保暖和防冻措施。

9.3.12 水泵及附属设备的安装应符合下列规定：

1 水泵的平面位置和标高允许偏差应为±10mm，安装的地脚螺栓应垂直，且与设备底座应紧密固定。

2 垫铁组放置位置应正确、平稳，接触应紧密，每组不应大于3块。

3 整体安装的泵的纵向水平偏差不应大于0.1‰，横向水平偏差不应大于0.2‰。组合安装的泵的纵、横向安装水平偏差不应大于0.05‰。水泵与电机采用联轴器连接时，联轴器两轴芯的轴向倾斜不应大于0.2‰，径向位移不应大于0.05mm。整体安装的小型管道水泵目测应水平，不应有偏斜。

4 减振器与水泵及水泵基础的连接，应牢固平稳、接触紧密。

检查数量：按Ⅱ方案。

检查方法：扳手试拧、观察检查，用水平仪和塞尺测量或查阅设备安装记录。

对水泵安装施工质量验收的一般要求做了规定。

9.3.13 水箱、集水器、分水器、膨胀水箱等设备安装时，支架或底座的尺寸、位置应符合设计要求。设备与支架或底座接触应紧密，安装应平整牢固。平面位置允许偏差应为15mm，标高允许偏差应为±5mm，垂直度允许偏差应为1‰。

检查数量：按Ⅱ方案。

检查方法：尺量、观察检查，旁站或查阅试验记录。

对空调水系统附属设备安装的基本质量要求做了规定。

9.3.14 补偿器的安装应符合下列规定：

1 波纹补偿器、膨胀节应与管道保持同心，不得偏斜和周向扭转。

2 填料式补偿器应按设计文件要求的安装长度及温度变化，留有5mm剩余的收缩量。两侧的导向支座应保证运行时补偿器自由伸缩，不得偏离中心，允许偏差应为管道公称直径的5‰。

检查数量：全数检查。

检查方法：尺量、观察检查，旁站或查阅试验记录。

管路中补偿器的安装，保持与管道的同心尤为重要，允许偏差应为管道公称直径的5‰。

9.3.15 地源热泵系统地埋管热交换系统的施工应符合下列规定：

1 单U管钻孔孔径不应小于110mm，双U管钻孔孔径不应小于140mm。

2 埋管施工过程中的压力试验，工作压力小于或等于1.0MPa时应为工作压力的1.5倍，工作压力大于1.0MPa时应为工作压力加0.5MPa，试验压力应全数合格。

3 埋地换热管应按设计要求分组汇集连接，并应安装阀门。

4 建筑基础底下地埋水平管的埋设深度，应小于或等于设计深度，并应延伸至水平环路集管连接处，且应进行标识。

检查数量：按Ⅱ方案。

检查方法：尺量、观察检查，旁站或查阅试验记录。

地源热泵换热管的施工，包括转孔、换热管组装成U形管并检漏试压、支架固定及下管、多级汇集管的连接固定和检漏试压，都需要质量监督人员进行认真监控管理。本条做了规定，以便执行。

9.3.16 地表水地源热泵系统换热器的长度、形式尺寸应符合设计要求，衬垫物的平面定位允许偏差应为200mm，高度允许偏差应为±50mm。绑扎固定应牢固。

检查数量：按Ⅱ方案。

检查方法：尺量、观察检查，旁站或查阅试验记录。

本条提及的地表水换热管，主要是适用于将换热盘管置于江、湖、河、海进行间接换热形式的工程，不适用直接取地表水的形式。

9.3.17 蓄能系统设备的安装应符合下列规定：

1 蓄能设备（储槽、罐）放置的位置应符合设计要求，基础表面应平整，倾斜度不应大于5‰。同一系统中多台蓄能装置基础的标高应一致，尺寸允许偏差应符合本规范第8.3.1条的规定。

  2　蓄能系统的接管应满足设计要求。当多台蓄能设备支管与总管相接时，应顺向插入，两支管接入点的间距不宜小于5倍总管管径长度。

  3　温度和压力传感器的安装位置应符合设计要求，并应预留检修空间。

  4　蓄能装置的绝热材料与厚度应符合设计要求。绝热层、防潮层和保护层的施工质量应符合本规范第10章的规定。

  5　充灌的乙二醇溶液的浓度应符合设计要求。

  6　现场制作钢制蓄能储槽等装置时，应符合现行国家标准《立式圆筒形钢制焊接储罐施工规范》GB 50128、《钢结构工程施工质量验收规范》GB 50205 和《现场设备、工业管道焊接工程施工规范》GB 50236 的有关规定。

  7　采用内壁保温的水蓄冷储罐，应符合相关绝热材料的施工工艺和验收要求。绝热层、防水层的强度应满足水压的要求；罐内的布水器、温度传感器、液位指示器等的技术性能和安装位置应符合设计要求。

  8　采用隔膜式储罐的隔膜应满布，且升降应自如。

  检查数量：按Ⅱ方案。

  检查方法：观察检查，密度计检测、旁站或查阅试验记录。

  本条包含了多种蓄冷（冰、水）施工的技术要求，执行时应进行针对性的选项。

7.10　防腐与绝热

10.1　一般规定

10.1.1　空调设备、风管及其部件的绝热工程施工应在风管系统严密性检验合格后进行。

  规定了风管与部件及空调设备绝热工程施工的前提条件，是在风管系统严密性检验合格后才能进行。风管系统的严密性检验，是指对风管系统所进行的外观质量与漏风量的检验。

10.1.2　制冷剂管道和空调水系统管道绝热工程的施工，应在管路系统强度和严密性检验合格和防腐处理结束后进行。

  是对空调制冷剂管道和空调水系统管道的绝热施工条件的规定。管道的绝热施工是管道安装工程的后道工序，只有当前道工序完成，并在系统强度与严密性试验合格后才能进行。

10.1.3　防腐工程施工时，应采取防火、防冻、防雨等措施，且不应在潮湿或低于5℃的环境下作业。绝热工程施工时，应采取防火、防雨等措施。

  为了提高防腐涂料的使用安全，保障工程质量，故作此规定。油漆施工时，应采用防火、防冻、防雨等措施，这是一般油漆工程施工必须做到的基本要求。但是有些操作人员并不重视这方面的工作，不但会影响油漆质量，还可能引发火灾事故。另外，大部分的油漆在低温时（通常指5℃以下）黏度增大，喷涂不易进行，造成厚薄不匀，不易干燥等缺陷，影响防腐效果。如果在潮湿的环境下（一般指相对湿度大于85%）进行防腐施工，由于金属表面聚集了一定量的水汽，易使涂膜附着能力降低和产生气孔等。

10.1.4　风管、管道的支、吊架应进行防腐处理，明装部分应刷面漆。

油漆可分为底漆和面漆。底漆以附着和防锈蚀的性能为主，面漆以保护底漆、增加抗老化性能和调节表面色泽为主。非隐蔽明装部分的支、吊架，如不刷面漆会使防腐底漆很快老化失效，且不美观。

10.1.5　防腐与绝热工程施工时，应采取相应的环境保护和劳动保护措施。

10.2　主控项目

10.2.1　风管和管道防腐涂料的品种及涂层层数应符合设计要求，涂料的底漆和面漆应配套。

　　检查数量：按Ⅰ方案。

　　检查方法：按面积抽查，查对施工图纸和观察检查。

除规定防腐涂料的品种与涂层层数必须符合设计要求外，还规定涂料的底漆和面漆应能相互兼容，涂料底漆和面漆尽量采用同一厂家的产品，以保证防腐工程的质量。

10.2.2　风管和管道的绝热层、绝热防潮层和保护层，应采用不燃或难燃材料，材质、密度、规格与厚度应符合设计要求。

　　检查数量：按Ⅰ方案。

　　检查方法：查对施工图纸、合格证和做燃烧试验。

规定了除绝热材料本身必须是不燃或难燃材料外，其外包的防潮层和保护层也必须是不燃或难燃材料，不得采用牛皮纸铝膜等可燃材料。

10.2.3　风管和管道的绝热材料进场时，应按现行国家标准《建筑节能工程施工质量验收规范》GB 50411 的规定进行验收。

　　检查数量：按Ⅰ方案。

　　检查方法：按现行国家标准《建筑节能工程施工质量验收规范》GB 50411 的有关规定执行。

绝热材料的现场验收按现行国家标准《建筑节能工程施工质量验收规范》GB 50411 规定执行。

10.2.4　洁净室（区）内的风管和管道的绝热层，不应采用易产尘的玻璃纤维和短纤维矿棉等材料。

　　检查数量：全数检查。

　　检查方法：观察检查。

洁净室控制的主要对象就是空气中的浮尘数量，室内风管与管道的绝热材料如采用易产尘的材料（如玻璃纤维、短纤维矿棉等）显然对洁净室内的洁净度达标不利。故本条规定不应采用易产尘的材料。

10.3　一般项目

10.3.1　防腐涂料的涂层应均匀，不应有堆积、漏涂、皱纹、气泡、掺杂及混色等缺陷。

　　检查数量：按Ⅱ方案。

　　检查方法：按面积或件数抽查，观察检查。

对空调工程中防腐涂料、油漆涂层施工的基本质量要求做了规定。

涂刷防腐涂料时，应控制涂刷厚度，保持均匀，不应出现漏涂、起泡等现象，并应检查：

（1）手工涂刷涂料时，应根据涂刷部位选用相应的刷子，宜采用纵、横交叉涂抹的作业方法。快干涂料不宜采用手工涂刷。

（2）底层涂料与金属表面结合应紧密，其他层涂料涂刷应精细，不宜过厚。面层涂料为调和漆或瓷漆时，涂刷应薄而均匀。每一层漆干燥后再涂下一层。

（3）机械喷涂时，涂料射流应垂直喷漆面。漆面为平面时，喷嘴与漆面距离宜为250～350mm，漆面为曲面时，喷嘴与漆面的距离宜为400mm。喷嘴的移动应均匀，速度宜保持在13～18m/min。喷漆使用的压缩空气压力宜为0.3～0.4MPa。

（4）多道涂层的数量应满足设计要求．不应加厚涂层或减少涂刷次数。

10.3.2 设备、部件、阀门的绝热和防腐涂层，不得遮盖铭牌标志和影响部件、阀门的操作功能；经常操作的部位应采用能单独拆卸的绝热结构。

检查数量：按Ⅱ方案。

检查方法：观察检查。

空调工程施工中，一些空调设备或风管与管道的部件，需要进行油漆修补或重新涂刷。在此类操作中应注意对设备标志的保护与对风口等的转动轴、叶片活动面的防护，以免造成标志无法辨认或叶片粘连影响正常使用等问题。本条还提议对管道系统中的法兰、阀门及Y形水过滤器等部位的绝热施工，应采用单独可拆卸的结构。

10.3.3 绝热层应满铺，表面应平整，不应有裂缝、空隙等缺陷。当采用卷材或板材时，允许偏差应为5mm；当采用涂抹或其他方式时，允许偏差应为10mm。

检查数量：按Ⅱ方案。

检查方法：观察检查。

对风管部件绝热施工的基本质量要求做了规定。绝热层应满铺无遗漏，其厚度应保证在允许公差范围之内。

10.3.4 橡塑绝热材料的施工应符合下列规定：

1 黏结材料应与橡塑材料相适用，无溶蚀被黏结材料的现象。

2 绝热层的纵、横向接缝应错开，缝间不应有孔隙，与管道表面应贴合紧密，不应有气泡。

3 矩形风管绝热层的纵向接缝宜处于管道上部。

4 多重绝热层施工时，层间的拼接缝应错开。

检查数量：按Ⅱ方案。

检查方法：观察检查。

对空调工程中采用橡塑绝热材料施工的基本质量要求做了规定。

当前，通风与空调工程绝热施工中可使用的粘接材料品种繁多，它们的物理、化学性能各不相同。因此，我们规定粘接剂的选择，必须符合环境卫生的要求，并与绝热材料相匹配，不应发生溶蚀和产生有毒气体等不良现象。

10.3.5 风管绝热材料采用保温钉固定时，应符合下列规定：

1 保温钉与风管、部件及设备表面的连接，应采用黏结或焊接，结合应牢固，不应脱落；不得采用抽芯铆钉或自攻螺丝等破坏风管严密性的固定方法。

2 矩形风管及设备表面的保温钉应均布，风管保温钉数量应符合表10.3.5（本书

表 7.10.1) 的规定。首行保温钉距绝热材料边沿的距离应小于 120mm，保温钉的固定压片应松紧适度、均匀压紧。

风管保温钉数量（个/m²） 表 7.10.1

隔热层材料	风管底面	侧面	顶面
铝箔岩棉保温板	≥20	≥16	≥10
铝箔玻璃棉保温板（毡）	≥16	≥10	≥8

3　绝热材料纵向接缝不宜设在风管底面。

检查数量：按Ⅱ方案。

检查方法：观察检查。

对空调风管绝热层采用保温钉进行固定连接施工的基本质量要求做了规定。采用保温钉固定绝热层的施工方法，其钉的固定极为关键，将直接影响施工质量。在工程中保温钉脱落的现象时有发生，究其主要原因有粘接剂选择不当、粘接处不清洁（有油污、灰尘或水汽等）、粘接剂过期失效，或粘接后未完全固化就敷设绝热层等。同时，条文还对首行保温钉的位置和数量作了合理规定。

风管绝热层采用保温钉固定检查：

1　保温钉与风管、部件及设备表面的连接宜采用黏结，结合应牢固，不应脱落。

2　固定保温钉的胶黏剂宜为不燃材料，其黏结力应大于 25N/cm²。

3　保温钉黏结后应保证相应的固化时间，宜为 12～24h，然后再铺覆绝热材料。

4　风管的圆弧转角段或几何形状急剧变化的部位，保温钉的布置应适当加密。

10.3.6　管道采用玻璃棉或岩棉管壳保温时，管壳规格与管道外径应相匹配，管壳的纵向接缝应错开，管壳应采用金属丝、黏结带等捆扎，间距应为 300～350mm，且每节至少应捆扎两道。

检查数量：按Ⅱ方案。

检查方法：观察检查。

对空调水系统管道采用玻璃棉或岩棉管壳绝热材料施工的基本质量要求做了规定。

10.3.7　风管及管道的绝热防潮层（包括绝热层的端部）应完整，并应封闭良好。立管的防潮层环向搭接缝口应顺水流方向设置；水平管的纵向缝应位于管道的侧面，并应顺水流方向设置；带有防潮层绝热材料的拼接缝应采用粘胶带封严，缝两侧粘胶带黏结的宽度不应小于 20mm。胶带应牢固地粘贴在防潮层面上，不得有胀裂和脱落。

检查数量：按Ⅱ方案。

检查方法：尺量和观察检查。

本条对绝热防潮层和带有防潮层绝热材料施工的基本质量要求做了规定。

10.3.8　绝热涂抹材料作绝热层时，应分层涂抹，厚度应均匀，不得有气泡和漏涂等缺陷，表面固化层应光滑牢固，不应有缝隙。

检查数量：按Ⅱ方案。

检查方法：观察检查。

绝热涂料是一种新型的不燃绝热材料，施工时直接涂抹在风管、管道或设备的表面，经干燥固化后即形成绝热层。该材料的施工，主要是涂抹性的湿作业，故规定要涂层均匀，不应有气泡和漏涂等缺陷。当涂层较厚时，应分层施工。

对于采用直接喷涂聚氨酯发泡材料的绝热施工时，其涂层均匀是关键。

10.3.9 金属保护壳的施工应符合下列规定：

1 金属保护壳板材的连接应牢固严密，外表应整齐平整。

2 圆形保护壳应贴紧绝热层，不得有脱壳、褶皱、强行接口等现象。接口搭接应顺水流方向设置，并应有凸筋加强，搭接尺寸应为 20mm～25mm。采用自攻螺钉紧固时，螺钉间距应匀称，且不得刺破防潮层。

3 矩形保护壳表面应平整，愣角应规则，圆弧应均匀，底部与顶部不得有明显的凸肚及凹陷。

4 户外金属保护壳的纵、横向接缝应顺水流方向设置，纵向接缝应设在侧面。保护壳与外墙面或屋顶的交接处应设泛水，且不应渗漏。

检查数量：按Ⅱ方案。

检查方法：尺量和观察检查。

对绝热层金属保护壳安装的基本质量要求做了规定。金属保护壳一是起到保护绝热层的作用，二是起到提高绝热管道感观和清洁的作用。前者强调接口的连接严密、顺水不渗漏，后者强调的是外表应平整、美观。

10.3.10 管道或管道绝热层的外表面，应按设计要求进行色标。

检查数量：按Ⅱ方案。

检查方法：观察检查。

对于空调各管路系统，应根据设计要求，进行色标的标识，以方便工程的运行和维修管理。

设备机房、管道层、管道井、吊顶内等部位的主干管道，应在管道的起点、终点、交叉点、转弯处、阀门、穿墙管道两侧以及其他需要标识的部位进行管道标识。直管道上标识间隔宜为 10m。

管道标识应采用文字和箭头文字应注明介质种类，箭头应指向介质流动方向，文字和箭头尺寸应与管径大小相匹配，文字应在箭头尾部。

7.11 系 统 调 试

11.1 一般规定

11.1.1 通风与空调工程竣工验收的系统调试，应由施工单位负责，监理单位监督，设计单位与建设单位参与和配合。系统调试可由施工企业或委托具有调试能力的其他单位进行。

明确规定通风与空调工程完工后竣工验收的系统调试，应以施工企业为主，监理单位监督，设计单位、建设单位参与配合。这个规定符合建筑工程项目管理的基本准则，施工企业应将通过调试，符合设计使用功能的系统交付给业主或业主委托的管理单位。通风与空调工程竣工验收的系统调试，必须要有设计单位的参与，因为工程系统调试是实现设计功能的必要过程和手段，除应提供工程设计的性能参数外，还应对调试过程中出现的问题提供明确的修改意见。至于监理、建设单位参加调试是职责所在，既可起到工程的协调作用，又有助于工程的管理和质量的验收。

有的施工企业本身不具备工程系统调试的能力，则可以采用委托给具有相应调试能力的其他单位或施工企业。

11.1.2 系统调试前应编制调试方案，并应报送专业监理工程师审核批准。系统调试应由专业施工和技术人员实施，调试结束后，应提供完整的调试资料和报告。

对通风与空调工程的调试，做了应编制调试方案的规定。通风与空调工程的系统调试是一项技术性很强的工作，调试的质量会直接影响到工程系统功能的实现。因此本条规定调试前应编制调试方案，并经监理审核通过后施行。方案可指导调试人员按规定的程序、正确方法与进度实施调试，同时也利于监理对调试过程的监督。

调试方案一般应包括编制依据、系统概况、进度计划、调试准备与资源配置计划、采用调试方法及工艺流程、调试施工安排、其他专业配合要求、安全操作和环境保护措施等基本内容。

11.1.3 系统调试所使用的测试仪器应在使用合格检定或校准合格有效期内，精度等级及最小分度值应能满足工程性能测定的要求。

对应用于通风与空调工程调试的仪器、仪表性能和精度要求做了规定。调试用仪器仪表的性能要求可参考本规范附录D和附录E的相关条文。

11.1.4 通风与空调工程系统非设计满负荷条件下的联合试运转及调试，应在制冷设备和通风与空调设备单机试运转合格后进行。系统性能参数的测定应符合本规范附录E的规定。

对通风与空调工程系统非设计满负荷条件下的联合试运转及调试，其无故障正常运转的时间要求做了规定。设计满负荷工况条件是指在建筑室内设备与人和室外自然环境都处于最大负荷的条件，在现实工程建设交工验收阶段很难实现。即使在工程已经投入使用，还需要有室外气象条件的配合，故条文做了规定。空调工程涉及的系统较多且复杂，规定的正常的联合试运转的时间为8h。通风工程相对较单一，定为2h。

11.1.5 恒温恒湿空调工程的检测和调整应在空调系统正常运行24h及以上，达到稳定后进行。

恒温恒湿空调工程系统的调试需要有一个逐步进入稳定状态的过程，故本条做了的规定。

11.1.6 净化空调系统运行前，应在回风、新风的吸入口处和粗、中效过滤器前设置临时无纺布过滤器。净化空调系统的检测和调整应在系统正常运行24h及以上，达到稳定后进行。工程竣工洁净室（区）洁净度的检测应在空态或静态下进行。检测时，室内人员不宜多于3人，并应穿着与洁净室等级相适应的洁净工作服。

对净化空调工程系统调试应采取的保护性措施和调试的前提条件做出规定，并对洁净度等级的测定工况限定为空态、静态或按合约要求。

11.2 主控项目

11.2.1 通风与空调工程安装完毕后应进行系统调试。系统调试应包括下列内容：

1 设备单机试运转及调试。

2 系统非设计满负荷条件下的联合试运转及调试。

检查数量：按 I 方案。

410

检查方法：观察、旁站、查阅调试记录。

通风与空调工程完工后，为了使工程达到预期的目标，规定应进行系统的测定和调整（简称调试）。它包括设备的单机试运转和调试及非设计满负荷条件下的联合试运转及调试两大内容。这是必须进行的工艺过程，其中，系统非设计满负荷条件下的联合试运转及调试，还可分为单个或多个子分部工程系统的联合试运转与调试，及整个分部工程系统的联合试运转与平衡调整。

11.2.2 设备单机试运转及调试应符合下列规定：

1 通风机、空气处理机组中的风机，叶轮旋转方向应正确、运转应平稳、应无异常振动与声响，电机运行功率应符合设备技术文件要求。在额定转速下连续运转 2h 后，滑动轴承外壳最高温度不得大于 70℃，滚动轴承不得大于 80℃。

2 水泵叶轮旋转方向应正确，应无异常振动和声响，紧固连接部位应无松动，电机运行功率应符合设备技术文件要求。水泵连续运转 2h 滑动轴承外壳最高温度不得超过 70℃，滚动轴承不得超过 75℃。

3 冷却塔风机与冷却水系统循环试运行不应小于 2h，运行应无异常。冷却塔本体应稳固、无异常振动。冷却塔中风机的试运转尚应符合本条第 1 款的规定。

4 制冷机组的试运转除应符合设备技术文件和现行国家标准《制冷设备、空气分离设备安装工程施工及验收规范》GB 50274 的有关规定外，尚应符合下列规定：

1）机组运转应平稳、应无异常振动与声响；

2）各连接和密封部位不应有松动、漏气、漏油等现象；

3）吸、排气的压力和温度应在正常工作范围内；

4）能量调节装置及各保护继电器、安全装置的动作应正确、灵敏、可靠；

5）正常运转不应少于 8h。

5 多联式空调（热泵）机组系统应在充灌定量制冷剂后，进行系统的试运转，并应符合下列规定：

1）系统应能正常输出冷风或热风，在常温条件下可进行冷热的切换与调控；

2）室外机的试运转应符合本条第 4 款的规定；

3）室内机的试运转不应有异常振动与声响，百叶板动作应正常，不应有渗漏水现象，运行噪声应符合设备技术文件要求；

4）具有可同时供冷、热的系统，应在满足当季工况运行条件下，实现局部内机反向工况的运行。

6 电动调节阀、电动防火阀、防排烟风阀（口）的手动、电动操作应灵活可靠，信号输出应正确。

7 变风量末端装置单机试运转及调试应符合下列规定：

1）控制单元单体供电测试过程中，信号及反馈应正确，不应有故障显示；

2）启动送风系统，按控制模式进行模拟测试，装置的一次风阀动作应灵敏可靠；

3）带风机的变风量末端装置，风机应能根据信号要求运转，叶轮旋转方向应正确，运转应平稳，不应有异常振动与声响；

4）带再热的末端装置应能根据室内温度实现自动开启与关闭。

8 蓄能设备（能源塔）应按设计要求正常运行。

检查数量：第3、4、8款全数，其他按Ⅰ方案。

检查方法：调整控制模式，旁站、观察、查阅调试记录。

列举了通风与空调工程系统八类典型设备的单机试运转应达到的主控项目及要求。

11.2.3 系统非设计满负荷条件下的联合试运转及调试应符合下列规定：

1 系统总风量调试结果与设计风量的允许偏差应为$-5\%\sim+10\%$，建筑内各区域的压差应符合设计要求。

2 变风量空调系统联合调试应符合下列规定：

1）系统空气处理机组应在设计参数范围内对风机实现变频调速；

2）空气处理机组在设计机外余压条件下，系统总风量应足本条文第1款的要求，新风量的允许偏差应为$0\sim+10\%$；

3）变风量末端装置的最大风量调试结果与设计风量的允许偏差应为$0\sim+15\%$；

4）改变各空调区域运行工况或室内温度设定参数时，该区域变风量末端装置的风阀（风机）动作（运行）应正确；

5）改变室内温度设定参数或关闭部分房间空调末端装置时，空气处理机组应自动正确地改变风量；

6）应正确显示系统的状态参数。

3 空调冷（热）水系统、冷却水系统的总流量与设计流量的偏差不应大于10%。

4 制冷（热泵）机组进出口处的水温应符合设计要求。

5 地源（水源）热泵换热器的水温与流量应符合设计要求。

6 舒适空调与恒温、恒湿空调室内的空气温度、相对湿度及波动范围应符合或优于设计要求。

检查数量：第1、2款及第4款的舒适性空调，按Ⅰ方案；第3、5、6款及第4款的恒温、恒湿空调系统，全数检查。

检查方法：调整控制模式，旁站、观察、查阅调试记录。

规定了通风与空调工程系统非设计满负荷条件下的联动试运转及调试，应达到的主要控制项目及要求。

本条第1款强调系统总风量调试结果与设计风量的偏差范围控制在$-5\%\sim10\%$。调试前应与设计沟通，明确各个风系统的设计风量值。对于空调系统来说，都有一个空气过滤器在使用后由于积尘会增加系统的阻力的特性，因此系统调试的初始风量应大于或等于设计风量，为正偏差。

11.2.4 防排烟系统联合试运行与调试后的结果，应符合设计要求及国家现行标准的有关规定。

检查数量：全数检查。

检查方法：观察、旁站、查阅调试记录。

通风与空调工程中的防排烟系统是建筑内的安全保障救生设备系统，施工企业调试的最终结果应符合设计和消防的验收规定。

11.2.5 净化空调系统除应符合本规范第11.2.3条的规定外，尚应符合下列规定：

1 单向流洁净室系统的系统总风量允许偏差应为$0\sim+10\%$，室内各风口风量的允许偏差应为$0\sim+15\%$。

2 单向流洁净室系统的室内截面平均风速的允许偏差应为0～+10%，且截面风速不均匀度不应大于0.25。

3 相邻不同级别洁净室之间和洁净室与非洁净室之间的静压差不应小于5Pa，洁净室与室外的静压差不应小于10Pa。

4 室内空气洁净度等级应符合设计要求或为商定验收状态下的等级要求。

5 各类通风、化学实验柜、生物安全柜在符合或优于设计要求的负压下运行应正常。

检查数量：第3款，按Ⅰ方案；第1、2、4、5款，全数检查。

检查方法：检查、验证调试记录，按本规范附录E进行测试校核。

规定了洁净空调工程系统无生产负荷的联动试运转及调试应达到的主控项目及要求。洁净室洁净度的测定，一般应以空态或静态为主，并应符合设计的规定等级。另外，工程也可以采用与业主商定验收状态条件下，进行室内的洁净度的测定和验证。

11.2.6 蓄能空调系统的联合试运转及调试应符合下列规定：

1 系统中载冷剂的种类及浓度应符合设计要求。

2 在各种运行模式下系统运行应正常平稳；运行模式转换时，动作应灵敏正确。

3 系统各项保护措施反应应灵敏，动作应可靠。

4 蓄能系统在设计最大负荷工况下运行应正常。

5 系统正常运转不应少于一个完整的蓄冷-释冷周期。

检查数量：全数检查。

检查方法：观察、旁站、查阅调试记录。

规定了蓄能空调系统联动试运转及调试应达到的主控项目及要求。

1 载冷剂的性能参数是保证冰蓄冷系统正常运行的重要环节，要严格地按照设计文件及厂家技术文件的要求进行载冷剂的配制及充注。

2 蓄冷空调系统运行包括制冷机蓄冷模式、制冷机蓄冷同时供冷模式、制冷机单独供冷模式、蓄冷装置单独供冷模式、制冷机与蓄冷装置联合供冷模式。

按设计文件要求对各运行模式单独进行调试，系统运行应正常、平稳；

3 各运行模式转换时，系统控制方式符合设计要求，系统各设备（制冷机、蓄冷装置、泵、阀门等）转换动作应正确，运行应无异常。系统正常运行的合格条件是在最大负荷条件下运行不少于一个蓄冷（热）—释冷（热）的周期过程。

11.2.7 空调制冷系统、空调水系统与空调风系统的非设计满负荷条件下的联合试运转及调试，正常运转不应少于8h，除尘系统不应少于2h。

检查数量：全数检查。

检查方法：观察、旁站、查阅调试记录。

规定了空调工程系统非设计满负荷条件下的联动试运转的时间规定。

11.3 一般项目

11.3.1 设备单机试运转及调试应符合下列规定：

1 风机盘管机组的调速、温控阀的动作应正确，并应与机组运行状态一一对应，中档风量的实测值应符合设计要求。

2 风机、空气处理机组、风机盘管机组、多联式空调（热泵）机组等设备运行时，产生的噪声不应大于设计及设备技术文件的要求。

3　水泵运行时壳体密封处不得渗漏，紧固连接部位不应松动，轴封的温升应正常，普通填料密封的泄漏水量不应大于 60mL/h，机械密封的泄漏水量不应大于 5mL/h。

4　冷却塔运行产生的噪声不应大于设计及设备技术文件的规定值，水流量应符合设计要求。冷却塔的自动补水阀应动作灵活，试运转工作结束后，集水盘应清洗干净。

检查数量：第 1、2 款按 II 方案；第 3、4 款全数检查。

检查方法：观察、旁站、查阅调试记录，按本规范附录 E 进行测试校核。

本条对通风、空调系统设备单机试运转的基本质量要求做了规定。

11.3.2　通风系统非设计满负荷条件下的联合试运行及调试应符合下列规定：

1　系统经过风量平衡调整，各风口及吸风罩的风量与设计风量的允许偏差不应大于 15%。

2　设备及系统主要部件的联动应符合设计要求，动作应协调正确，不应有异常现象。

3　湿式除尘与淋洗设备的供、排水系统运行应正常。

检查数量：按 II 方案。

检查方法：按本规范附录 E 进行测试，校核检查、查验调试记录。

对通风工程系统非设计满负荷条件下的联动试运转及调试的基本质量要求做了规定。

11.3.3　空调系统非设计满负荷条件下的联合试运转及调试应符合下列规定：

1　空调水系统应排除管道系统中的空气，系统连续运行应正常平稳，水泵的流量、压差和水泵电机的电流不应出现 10% 以上的波动。

2　水系统平衡调整后，定流量系统的各空气处理机组的水流量应符合设计要求，允许偏差应为 15%；变流量系统的各空气处理机组的水流量应符合设计要求，允许偏差应为 10%。

3　冷水机组的供回水温度和冷却塔的出水温度应符合设计要求；多台制冷机或冷却塔并联运行时，各台制冷机及冷却塔的水流量与设计流量的偏差不应大于 10%。

4　舒适性空调的室内温度应优于或等于设计要求，恒温恒湿和净化空调的室内温、湿度应符合设计要求。

5　室内（包括净化区域）噪声应符合设计要求，测定结果可采用 Nc 或 dB（A）的表达方式。

6　环境噪声有要求的场所，制冷、空调设备机组应按现行国家标准《采暖通风与空气调节设备噪声声功率级的测定　工程法》GB 9068 的有关规定进行测定。

7　压差有要求的房间、厅堂与其他相邻房间之间的气流流向应正确。

检查数量：第 1、3 款全数检查，第 2 款及第 4 款～第 7 款，按 II 方案。

检查方法：观察、旁站、用仪器测定、查阅调试记录。

对空调工程系统非设计满负荷条件下的联动试运转及调试的基本质量要求做了规定。对于制冷机和冷却塔系统运行在非设计满负荷的条件下，系统对设备要求的供冷量和释热量多低于设计的最大需求量，因此制冷机的供、回水的温度和冷却塔的出水温度应完全能满足设计要求，并应有富裕。

11.3.4　蓄能空调系统联合试运转及调试应符合下列规定：

1　单体设备及主要部件联动应符合设计要求，动作应协调正确，不应有异常。

2　系统运行的充冷时间、蓄冷量、冷水温度、放冷时间等应满足相应工况的设计要求。

3 系统运行过程中管路不应产生凝结水等现象。

4 自控计量检测元件及执行机构工作应正常，系统各项参数的反馈及动作应正确、及时。

检查数量：全数检查。

检查方法：旁站观察、查阅调试。

本条对蓄能空调工程系统非设计满负荷条件下的联动试运转及调试的基本质量要求做了规定。

11.3.5 通风与空调工程通过系统调试后，监控设备与系统中的检测元件和执行机构应正常沟通，应正确显示系统运行的状态，并应完成设备的连锁、自动调节和保护等功能。

检查数量：按Ⅱ方案。

检查方法：旁站观察，查阅调试记录。

对通风、空调工程的控制和监测设备，与系统的检测元件和执行机构的沟通，以及整个自控系统正常运行的基本质量要求做了规定。通风与空调设备监控系统调试包括设备单机性能测试和联合调试，具体要求如下：

（1）通风与空调设备监控系统设备单机性能测试要求；

系统各种传感器（温湿度传感器、温度传感器、风量传感器、水流量传感器、水流开关、压力传感器、压差传感器等）的测定参数范围及精度应满足设计要求；

系统各种执行器（风阀、水阀）动作灵活可靠，行程与控制指令一致；

监控设备（包括温控器）应能与系统相关的传感器、执行器正常通信，对设备的各单项控制功能应能满足系统的控制要求正常工。

（2）通风与空调设备监控系统联合调试要求：

通风与空调工程和监测设，与统检测元和执行机构正常沟通，系统的状态参数应能正确显示，设备连锁、自动调节、自动保护应能正确动作。系统联调应达到以下要求：

1）控制中心服务器、工作站、打印机、网络控制器、通信接口（包括与其他子系统）、不间断电源等设备之间的连接、传输线型号规格应正确无误；

2）监控设备通信接口的通信协议、数据传输格式、速率等应符合设计要求，并能正常通信；

3）建筑设备监控系统服务器、工作站管理软件及数据库软件并配置正常，软件功能符合设计要求；

4）冷热源系统的群控调试，空气处理机组，送、排风机，末端装置监控设备的系统调试还应符合现行国家标准《智能建筑工程施工规范》GB 50606规定。

7.12 竣 工 验 收

12.0.1 通风与空调工程竣工验收前，应完成系统非设计满负荷条件下的联合试运转及调试，项目内容及质量要求应符合本规范第11章的规定。

将通风与空调工程的竣工验收强调为在工程施工质量得到有效监控的前提下，按本规范的要求将质量合格的本分部工程移交建设单位的验收过程。

12.0.2 通风与空调工程的竣工验收应由建设单位组织，施工、设计、监理等单位参加，验收合格后应办理竣工验收手续。

规定通风与空调工程的竣工验收应由建设单位负责，组织施工、监理单位项目负责人和设计单位专业负责人，以及施工单位的技术、质量部门人员、监理工程师共同参加对本分部工程进行的竣工验收，合格后即应办理验收手续。

12.0.3 通风与空调工程竣工验收时，各设备及系统应完成调试，并可正常运行。

强调设备及系统应完成调试，设备处于能开启运行状态，以随时接受工程的验收。

12.0.4 当空调系统竣工验收时因季节原因无法进行带冷或热负荷的试运转与调试时，可仅进行不带冷（热）源的试运转，建设、监理、设计、施工等单位应按工程具备竣工验收的时间给予办理竣工验收手续。带冷（热）源的试运转应待条件成熟后，再施行。

规定了通风与空调工程施工竣工验收因为季节原因无法进行带冷或热负荷运行时，可按竣工时间给予办理竣工验收手续。但是本条又强调施工企业应履行在条件成熟时，再进行带冷或热负荷的试运行及调试。

12.0.5 通风与空调工程竣工验收资料应包括下列内容：

1 图纸会审记录、设计变更通知书和竣工图。

2 主要材料、设备、成品、半成品和仪表的出厂合格证明及进场检（试）验报告。

3 隐蔽工程验收记录。

4 工程设备、风管系统、管道系统安装及检验记录。

5 管道系统压力试验记录。

6 设备单机试运转记录。

7 系统非设计满负荷联合试运转与调试记录。

8 分部（子分部）工程质量验收记录。

9 观感质量综合检查记录。

10 安全和功能检验资料的核查记录。

11 净化空调的洁净度测试记录。

12 新技术应用论证资料。

规定了通风与空调工程施工竣工验收应提供的文件和资料。

通风与空调分部工程有时按独立单位工程的形式进行工程的验收，甚至，仅以本规范所划分的一个子分部作为一个独立的单位工程验收时，本规范规定可以将通风与空调工程分部或子分部工程作为一个独立单位工程进行验收，相应工程内容的竣工验收文件和资料要求应相同。

12.0.6 通风与空调工程各系统的观感质量应符合下列规定：

1 风管表面应平整、无破损，接管应合理。风管的连接以及风管与设备或调节装置的连接处不应有接管不到位、强扭连接等。

2 各类阀门安装位置应正确牢固，调节应灵活，操作应方便。

3 风口表面应平整，颜色应一致，安装位置应正确，风口的可调节构件动作应正常。

4 制冷及水管道系统的管道、阀门及仪表安装位置应正确，系统不应有渗漏。

5 风管、部件及管道的支、吊架形式、位置及间距应符合设计及本规范要求。

6 除尘器、积尘室安装应牢固，接口应严密。

7 制冷机、水泵、通风机、风机盘管机组等设备的安装应正确牢固；组合式空气调节机组组装顺序应正确，接缝应严密；外表面不应有渗漏。

8 风管、部件、管道及支架的油漆应均匀，不应有透底返锈现象，油漆颜色与标志应符合设计要求。

9 绝热层材质、厚度应符合设计要求，表面应平整，不应有破损和脱落现象；室外防潮层或保护壳应平整、无损坏，且应顺水流方向搭接，不应有渗漏。

10 消声器安装方向应正确，外表面应平整、无损坏。

11 风管、管道的软性接管位置应符合设计要求，接管应正确牢，不应有强扭。

12 测试孔开孔位置应正确，不应有遗漏。

13 多联空调机组系统的室内、室外机组安装位置应正确，送、回风不应存在短路回流的现象。

检查数量：按Ⅱ方案。

检查方法：尺量、观察检查。

规定了通风与空调工程感观质量检查项目和合格标准，不同工程应进行针对性的舍取。

12.0.7 净化空调系统的观感质量检查除应符合本规范第12.0.6条的规定外，尚应符合下列规定：

1 空调机组、风机、净化空调机组、风机过滤器单元和空气吹淋室等的安装位置应正确，固定应牢固，连接应严密，允许偏差应符合本规范有关条文的规定。

2 高效过滤器与风管、风管与设备的连接处应有可靠密封。

3 净化空调机组、静压箱、风管及送回风口清洁不应有积尘。

4 装配式洁净室的内墙面、吊顶和地面应光滑平整，色泽应均匀，不应起灰尘。

5 送回风口、各类末端装置以及各类管道等与洁净室内表面的连接处密封处理应可靠严密。

检查数量：按Ⅰ方案。

检查方法：尺量、观察检查。

规定了净化空调工程对应空调工程，还需增加的感观质量的检查项目和质量标准。

附录C 风管强度及严密性测试

C.1 一般规定

C.1.1 风管应根据设计和本规范的要求，进行风管强度及严密性的测试。

C.1.2 风管强度应满足微压和低压风管在1.5倍的工作压力，中压风管在1.2倍的工作压力且不低于750Pa高压风管在1.2倍的工作压力下，保持5min及以上，接缝处无开裂，整体结构无永久性的变形及损伤为合格。

C.1.3 风管的严密性测试应分为观感质量检验与漏风量检测。观感质量检验可应用于微压风管，也可作为其他压力风管工艺质量的检验，结构严密与无明显穿透的缝隙和孔洞应为合格。漏风量检测应为在规定工作压力下，对风管系统漏风量的测定和验证，漏风量不大于规定值应为合格。系统风管漏风量的检测，应以总管和干管为主，宜采用分段检测，汇总综合分析的方法。检验样本风管宜为3节及以上组成，且总表面积不应少于15m²。

C.1.4 测试的仪器应在检验合格的有效期内。测试方法应符合本规范。

C.1.5 净化空调系统风管漏风量测试时，高压风管和空气洁净度等级为 1 级～5 级的系统应按高压风管进行检测，工作压力不大于 1500Pa 的 6 级～9 级的系统应按中压风管进行检测。

C.2 测试装置

C.2.1 漏风量测试应采用经检验合格的专用漏风量测量仪器，或采用符合现行国家标准《用安装在圆形截面管道中的差压装置测量满管流体流量》GB/T 2624 中规定的计量元件搭设的测量装置。

C.2.2 漏风量测试装置可采用风管式或风室式。风管式测试装置应采用孔板做计量元件；风室式测试装置应采用喷嘴做计量元件。

C.2.3 漏风量测试装置的风机，风压和风量宜为被测定系统或设备的规定试验压力及最大允许漏风量的 1.2 倍及以上。

C.2.4 漏风量测试装置试验压力的调节，可采用调整风机转速的方法，也可采用控制节流装置开度的方法。漏风量值应在系统达到试验压力后，保持稳压的条件下测得。

C.2.5 漏风量测试装置的压差测定应采用微压计，分辨率应为 1.0Pa。

C.2.6 风管式漏风量测试装置应符合下列规定：

1 风管式漏风量测试装置应由风机、连接风管、测压仪器、整流栅、节流器和标准孔板等组成（图 C.2.6-1，本书图 C.1）。

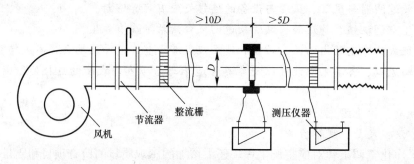

图 C.1 正压风管式漏风量测试装置

2 应采用角接取压的标准孔板。孔板 β 值范围应为 0.22～0.70，孔板至前、后整流栅的直管段距离应分别大于或等于 10 倍和 5 倍风管直径。

3 连接风管应均为光滑圆管。孔板至上游 2 倍风管直径范围内，圆度允许偏差应为 0.3%，下游应为 2%。

4 孔板应与风管连接，前端与管道轴线垂直度允许偏差应为 1°；孔板与风管同心度允许偏差应为 1.5% 的风管直径。

5 在第一整流栅后，所有连接部分应该严密不漏。

6 漏风量应按下式计算：

$$Q = 3600\varepsilon \times \alpha \times A_n \sqrt{\frac{2\Delta P}{\rho}} \qquad (C.2.6)$$

式中：Q——漏风量（m³/h）；

ε——空气流束膨胀系数；

α——孔板的流量系数；

A_n——孔板开口面积（m^2）；

ρ——空气密度（kg/m^3）；

ΔP——孔板差压（Pa）。

7 孔板的流量系数与 β 值的关系应根据图 C.2.6-2（本书图 C.2）确定，并应满足下列条件：

1）当 $1.0 \times 10^5 < R_e < 2.0 \times 10^6$，$0.05 < \beta \leqslant 0.49$，$50mm < D \leqslant 1000mm$ 时，不计管道粗糙度对流量系数的影响；

当雷诺数 R_e 小于 1.0×10^5 时，应按现行国家标准《用安装在圆形截面管道中的差压装置测量满管流体流量》GB/T 2624 中的有关条文求得流量系数 α

8 孔板的空气流束膨胀系数 ε 值可按表 C.2.6（本书表 C.1）确定。

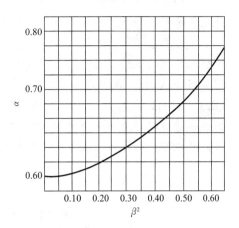

图 C.2 孔板流量系数与 β 值的关系图

采用角接取压标准孔板流束膨胀系数 ε 值（$k=1.4$）　　　　表 C.1

β^2 ＼ P_2/P_1	1.00	0.98	0.96	0.94	0.92	0.90	0.85	0.80	0.75
0.08	1.0000	0.9930	0.9866	0.9803	0.9742	0.9681	0.9531	0.9381	0.9232
0.10	1.0000	0.9924	0.9854	0.9787	0.9720	0.9654	0.9491	0.9328	0.9166
0.20	1.0000	0.9918	0.9843	0.9770	0.9689	0.9627	0.9450	0.9275	0.9100
0.30	1.0000	0.9912	0.9831	0.9753	0.9676	0.9599	0.9410	0.9222	0.9034

注：1. 本表允许内插，不允许外延。

2. P_2/P_1 为孔板后与孔板前的全压值之比。

9 负压条件下的漏风量测试装置应将风机的吸入口与节流器、孔板流量测量段逐相连接，并使孔板前 10D 整流栅置于迎风端，组成完整装置。然后应通过软接口与需测定风管或设备相连接（图 C.2.6-3，本书图 C.3）。

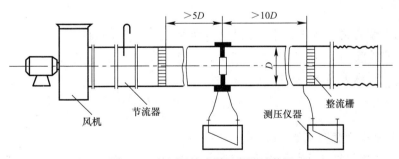

图 C.3 负压风管式漏风量测试装置

C.2.7 风室式漏风量测试装置应符合下列规定：

1 风室式漏风量测试装置应由风机、连接风管、测压仪器、均流板、节流器、风室、隔板和喷嘴等组成（图 C.2.7-1，本书图 C.4）。

2　为利用喷嘴实施风量的测量,隔板应将风室分割成前后两孔腔,并应在隔板上开孔安装测量喷嘴。根据测试风量的需要,可采用不同孔径和数量的喷嘴。为保证喷嘴入口气流的稳定性和流量的正确性,两个喷嘴之间的中心距离不得小于大口径喷嘴喉部直径的3倍;且任意一个喷嘴中心到风室最近侧壁的距离不得于其喷嘴喉部直径的1.5倍。计量喷嘴入口端均流板安装位置与隔板的距离不应小于1.5倍大口径喷嘴,出口端均流板安装位置与隔板的距离不应小于2.5倍大口径喷嘴。风机的出风口应与测试装置相连接(图C.2.7-1,本书图C.4)。当选用标准长径喷嘴作为计量元件式,口径确定后,颈长应为0.6倍口径、喷嘴大口不应小于2倍口径、扩展部分长度应等于口径;喷嘴端口应刨边,并应留三分之一厚和10°倾斜(图C.2.7-2,本书图C.5)。

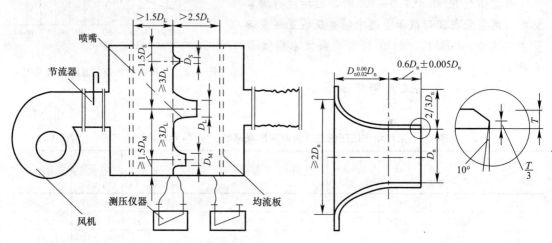

图 C.4　正压风室式漏风量测试装置　　　图 C.5　标准长颈喷嘴

3　风室为一个两端留有连接口的密封箱体,过风断面积应按最大测试风量通过时,平均风速度应小于或等于0.75m/s。风机的出风口应与节流器、喷嘴入口方向的接口相连接,另一端通过软接口与需测定风管或设备相连接(图C.2.7-1,本书图C.4)。

4　风室中喷嘴两端的静压取压接口,应为多个且均布于四壁。静压取压接口至喷嘴隔板的距离不得大于最小喷嘴喉部直径的1.5倍。应将多个静压接口并联成静压环,再与测压仪器相接。

5　采用本装置测定漏风量时,通过喷嘴喉部的流速应控制在15m/s～35m/s范围内。

6　风室中喷嘴隔板后的所有连接部分应严密不漏。

7　单个喷嘴风量应按下式计算:

$$Q_n = 3600C_d \times A_d \sqrt{\frac{2\Delta P}{\rho}} \qquad (\text{C.2.7-1})$$

式中:Q_n——单个喷嘴漏风量(m^3/h);

　　　　C_d——喷嘴的流量系数[直径127mm及以上取0.99,小于127mm可按表C.2.7(本书表C.2)或图C.2.7-3(本书图C.6)查取];

　　　　A_d——喷嘴的喉部面积(m^2);

　　　　ΔP——喷嘴前后的静压差(Pa)。

喷嘴流量系数表

表 C.2

R_e	流量系数 C_d	R_e	流量系数 C_d	R_e	流量系数 C_d	R_e	流量系数 C_d
12000	0.950	40000	0.973	80000	0.983	200000	0.991
16000	0.956	50000	0.977	90000	0.984	250000	0.993
20000	0.961	60000	0.979	100000	0.985	300000	0.994
30000	0.969	70000	0.981	150000	0.989	350000	0.994

注：不计温度系数。

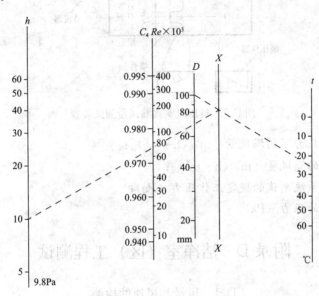

图 C.6　喷嘴流量系数推算图

注：先用直径与温度标尺在指数标尺（X）上求点，再将指数与压力标尺点相连，可求取流量系数值。

8　多个喷嘴风量应按下式计算：

$$Q = \sum Q_n \tag{C.2.7-2}$$

9　负压条件下的漏风量测试装置应将风机的吸入口与节流器、风室箱体喷嘴入口反方向的接口相连接，另一端应通过软接口将箱体接口与需测定风管或设备相连接（图 C.2.7-4，本书图 C.7）。

C.3　漏风量测试

C.3.1　系统风管与设备的漏风量测试，应分正压试验和负压试验两类。应根据被测试风管的工作状态决定，也可采用正压测试来检验。

C.3.2　系统风管漏风量测试可以采用整体或分段进行，测试时被测系统的所有开口均应封闭，不应漏风。

C.3.3　被测系统风管的漏风量超过设计和本规范的规定时，应查出漏风部位（可用听、摸、飘带、水膜或烟检漏），做好标记；修补完工后，应重新测试，直至合格。

C.3.4　漏风量测定一般应为系统规定工作压力（最大运行压力）下的实测数值。特殊条件下，也可用相近或大于规定压力下的测试代替，漏风量可按下式计算：

$$Q_0 = Q(P_0/P)^{0.65} \tag{C.3.4}$$

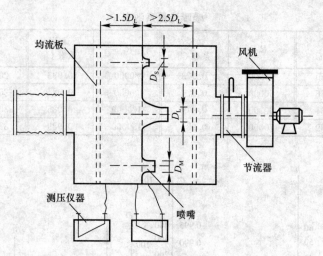

图 C.7　负压风室式漏风量测试装置

式中：Q_0——规定压力下的漏风量 $[m^3/(h \cdot m^2)]$；

　　　Q——测试的漏风量 $[m^3/(h \cdot m^2)]$；

　　　P_0——风管系统测试的规定工作压力（Pa）；

　　　P——测试的压力（Pa）。

附录 D　洁净室（区）工程测试

D.1　风量和风速的检测

D.1.1　风速检测仪器宜采用热风速仪、三维或等效三维超声风速仪、叶轮风速仪。风量检测仪器可采用带流量计的风量罩、文丘里流量计、孔板流量计等。

D.1.2　单向流洁净室系统的系统总风量、室内截面平均风速和风口风量的测试应符合下列规定：

　　1　单向流洁净室室内风速的测试，其测试平面应为垂直于送风气流，距离高效空气过滤器出风面300mm 处，测试平面应分成若干面积相等的栅格，栅格数量不应少于被测试截面面积（m^2）10倍的平方根数，测点应取在每个栅格的中心，全部测点不应少于5。

　　直接测量过滤器面风速时，测点距离过滤器出风面应为150mm，测试面应划分为面积相等边长不大于 600mm×600mm 的格栅，测点应取在每个栅格的中心。

　　每一风速测点持续测试的有效时间不应少于10s，并应记录最大值、最小值和平均值。

　　单向流洁净室（区）的总送风量应按下式计算：

$$Q_t = \sum (V_{CP} \times A) \times 3600 (m^3/h) \qquad (D.1.2\text{-}1)$$

式中：V_{CP}——每个栅格的平均风速（m/s）：

　　　A——每个栅格的面积（m^2）。

　　2　单向流洁净室气流风速分布的测试，应由建设方、测试方共同协商确定，且宜在空态下进行。风速分布测试应取工作面高度为测试平面，平面上划分的栅格数量不应少于测试截面面积（m^2）10倍的平方根数，测点应取在每个栅格的中心。

风速分布的不均匀度 β_0 应按下式计算，其数值不应大于 0.25。

$$\beta_0 = s/v \tag{D.1.2-2}$$

式中：s——标准差；

v——各测点风速的平均值。

当洁净室内安装好工艺设备和工作台后，若还需进行风速分布测试时，其测试的实施要求、合格判断规定等应根据工程项目的具体情况由建设方、测试方共同协商确定。

D.1.3 洁净室系统风口风量的检测应符合下列规定：

1 安装有高效过滤器风口风量的测试，应根据风口形状采用加接辅助风管的方法。辅助风管应采用镀锌钢板或其他不产尘材料制成，形状及内截面应与风口相同，长度不应小于 2 倍风口长边长的直管段，并应连接于风口外部。应在辅助风管出口求取的风口截面平均风速和风量，并应按附录 E.2 的规定执行。

2 当风口上风侧有 2 倍风管长边长度的直管段，且已有预留测孔或可以设置测点时，风量宜采用风管法测试，并应按附录 E.2 的规定执行。

3 常规风口的送风量宜采用带有流量计的风罩仪进行直接测量，测量时风罩的开口应全部罩住被测风口，不应有泄漏。

4 风口的上风侧已安装有文丘里或孔板流量装置时，可利用该流量计直接测量该处的风口风量。

D.2 室内静压的检测

D.2.1 静压差的检测宜采用电子微压计、斜管微压计、机械式压差计等，分辨率不应低于 2.0Pa。

D.2.2 静压差的测定应符合下列规定：

1 所有的建筑隔断、门窗均应密闭。

2 在洁净室送、回、排风量均应符合设计要求的条件下，由高压向低压，由平面布置上距室外最远的里房间开始，依次向外测定，检测时应注意使测压管的管口不受气流影响。

D.2.3 不同等级相连洁净室之间的门洞、洞口处，应测定洞口处的空气流向和流速。洞口的平均风速大于或等于 0.2m/s 时，可采用热风速仪检测。

D.3 高效空气过滤器的泄漏检测

D.3.1 高效空气过滤器安装后应对空气送风口的滤芯、过滤器的边框、过滤器外框和高效箱体的密封处进行泄漏检测，检测宜在洁净室处于"空态"或"静态"下进行。

D.3.2 高效过滤器的检漏，应使用采样速率大于 1L/min 的光学（离散）粒子计数器。D 类高效过滤器的检测应采用激光粒子计数器或凝结核粒子计数器。

D.3.3 采用粒子计数器检漏高效过滤器，上风侧应引入均匀浓度的大气尘或含其他气溶胶尘的空气，上风侧浓度宜为 $20\sim80\text{mg/m}^3$。大于或等于 $0.5\mu\text{m}$ 尘粒，浓度应大于或等于 $3.5\times10^5\text{pc/m}^3$；大于或等于 $0.1\mu\text{m}$ 尘粒，浓度应大于或等于 $3.5\times10^7\text{pc/m}^3$。检测 D 类高效过滤器时，大于或等于 $0.1\mu\text{m}$ 尘粒，浓度应大于或等于 $3.5\times10^9\text{pc/m}^3$。

D.3.4 高效过滤器的泄漏检测，宜采用扫描法。过滤器下风侧用粒子计数器的等动力采样头应放在距离被检部位表面 20～30mm 处，以 5～20mm/s 的速度，对过滤器的表面、边框、封头胶接处进行移动扫描检查。

D.3.5 在移动扫描检测过程中，应对计数突然递增的部位进行定点检验。当检测浓度大于或等于上游浓度的0.01%时，应判定。

D.3.6 无菌药厂中安装的高效过滤器宜采用PAO气溶胶法进行检漏。

D.3.7 安装在风管内与空气处理机组内的空气过滤器泄漏的检测，可按本规范第D.3.1～D.3.6条的规定执行，泄漏率应符合现行国家标准《洁净室及相关受控环境第3部分：检测方法》GB/T 25915.3—2010第C.4节的规定。检测时，应向远离洁净室的过滤器上风侧向注入气溶胶，然后测量风管或空气处理机组内过滤器后的空气粒子浓度，计算出过滤器设备的透过率。检测的所有点的透过率均不应大于过滤器最易透过粒径额定透过率的5倍。当使用光度计时，透光率不应大于0.01%。

D.4 室内空气洁净度等级的检测

D.4.1 室内空气洁净度等级的检测应在设计指定的占用状态（空态、静态、动态）下进行。

D.4.2 当使用采样速率大于1L/min的离散粒子计数器，测试粒径大于等于0.5μm粒子时，宜采用光散射离散粒子计数器。当测试粒径大于等于0.1μm的粒子时，宜采用大流量激光粒子计数器（采样量28.3L/min）；当测试粒径小于0.1μm的超微粒子时，宜采用凝聚核粒子计数器。

D.4.3 采样点的位置与数量应符合下列规定：

1 最低限度的采样点数应符合表D.4.3（本书表D.1）的规定或按下式计算：

$$N_L = A^{0.5} \tag{D.4.3}$$

式中：N_L——最低限度的采样点数；

$\qquad$ A——洁净区面积，水平单向流时A为与气流方向呈垂直的流动空气截面的面积（m^2）。

最低限度的采样点数 $\qquad\qquad$ 表D.1

测点数 N_L	2	3	4	5	6	7	8	9	10
洁净区面积 A（m^2）	2.1～6.0	6.1～12.0	12.1～20.0	20.1～30.0	30.1～42.0	42.1～56.0	56.1～72.0	72.1～90.0	90.1～110.0

2 采样点应均匀分布于整个面积内，并应位于工作区的高度（距地坪0.8m的水平面）或由设计、业主特指的位置。

D.4.4 最少采样量的确定应符合下列规定：

1 每次采样的最少采样量应符合表D.4.4（本书表D.2）的规定。

每次采样的最少采样量 V_s（L） $\qquad\qquad$ 表D.2

洁净度等级	粒径（μm）					
	0.1	0.2	0.3	0.5	1.0	5.0
1	2000	10000	—	—	—	—
2	200	840	2000	5000	—	—
3	20	84	196	568	2500	—

洁净度等级	粒径（μm）					
	0.1	0.2	0.3	0.5	1.0	5.0
4	2	8	20	57	240	—
5	2	2	2	6	24	689
6	2	2	2	2	2	68
7	—	—	—	2	2	7
8	—	—	—	2	2	2
9	—	—	—	2	2	2

2 每个采样点的最少采样时间应为1min，采样量不应小于2L。

3 每个洁净室（区）最少采样次数为3次。当洁净区仅有一个采样点时，该点采样不应小于3次。

4 预期空气洁净度等级达到三级或更洁净的环境，采样量可采用国家标准《洁净室及相关受控环境 第1部分：空气洁净度等级》GB/T 25915.1—2010附录F规定的序贯采样法。

D.4.5 检测采样应符合下列规定：

1 采样时采样口处的气流速度，宜接近室内的设计气流速度。

2 单向流洁净室粒子计数器的采样管口应迎着气流方向；非单向流洁净室采样管口宜向上。

3 采样管应洁净，连接处不得有渗漏，且长度应短。

4 室内的测定人员数不应多于3名，并应穿着洁净工作服，且应远离或位于采样点的下风侧，人应静止或微动。

D.4.6 当全室（区）测点为2点～9点时，应计算每个采样点的平均粒子浓度值、全部采样点的平均粒子浓度及其标准差，导出95%置信上限值；当采样点超过9点时，可采用算术平均值 N_L 作为置信上限值，并应符合下列规定；

1 每个采样点的平均粒子浓度应小于或等于洁净度等级规定的限值，并应符合表 D.4.6-1（本书表 D.3）的规定；

洁净度等级及悬浮粒子浓度限值 表 D.3

洁净度等级	大于或等于表中粒径#的最大浓度 C_n（pc/m³）					
	0.1μm	0.2μm	0.3μm	0.5μm	1.0μm	5.0μm
1	10	2	—	—	—	—
2	100	24	10	4	—	—
3	1000	237	102	35	8	—
4	10000	2370	1020	352	83	—
5	100000	23700	10200	3520	832	29
6	1000000	237000	102000	35200	8320	293
7	—	—	—	352000	83200	2930
8	—	—	—	3520000	832000	29300
9	—	—	—	35200000	8320000	293000

注：本表仅表示了整数值的洁净度等级悬浮粒子最大浓度的限值。

2 非整数洁净度等级对应于粒子粒径的最大浓度限值，应按下式计算：

$$C_n = 10^N \times \left(\frac{0.1}{D}\right)^{2.08}$$ (D.4.6-1)

3 洁净度等级定级的粒径范围为 $0.1 \sim 5.0 \mu m$，用于定级的粒径数不应大于3个，且粒径的顺序差不应小于1.5倍。

4 全部采样点的平均粒子浓度 N_i 的95%置信上限值，应小于或等于洁净度等级规定的限值，并应符合下式的规定：

$$N_i + t \times s/\sqrt{n} \leqslant 级别规定的限值(C_n)$$ (D.4.6-2)

式中：N_i——室内各测点平均粒子浓度；

t——置信度上限位为95%时，单侧 t 分布的系数，应符合表 D.4.6-2（本书表 D.4）的规定。

s——室内各测点平均含尘浓度 N 的标准差；

n——测点数。

t 系数 表 D.4

测点数 n	2	3	4	5	6	7~9
t	6.3	2.9	2.4	2.1	2.0	1.9

D.4.7 每次测试应做记录，并应提交性能测试报告。测试报告应包括下列内容：

1 测试机构的名称、地址。

2 测试日期和测试者签名。

3 执行标准的编号及标准实施年份。

4 被测试的洁净室或洁净区的地址、采样点的特定编号及坐标图。

5 被测洁净室或洁净区的空气洁净度等级、被测粒径（或沉降菌、浮游菌）、被测洁净室所处的状态、气流流型和静压差。

6 测量用的仪器的编号和标定证书，测试方法细则及测试中的特殊情况。

7 在全部采样点坐标图上注明所测的粒子浓度（或沉降菌、浮游菌的菌落数）。

8 对异常测试值及数据处理的说明。

D.5 室内浮游菌和沉降菌菌落数的检测

D.5.1 室内微生物菌落数的检测宜采用空气悬浮微生物法和沉降微生物法，采样点可均匀布置或取代表性地域布置。采样后的基片（或平皿）应经过恒温箱内37℃、48h 的培养生成菌落后进行计数。

D.5.2 悬浮微生物法应采用离心式、狭缝式和针孔式等碰击式采样器，采样时间应根据空气中微生物浓度来决定，采样点数可与测定空气洁净度的测点数相同。

D.5.3 沉降微生物法，应采用直径90mm 培养皿，在采样点上沉降30min，最少培养皿数应符合表 D.5.3（本书表 D.5）的规定。

最少培养皿数 表 D.5

空气洁净度级别	培养皿数
<5	44
5	14

空气洁净度级别	培养皿数
6	5
≥7	2

D.5.4　制药厂洁净室（包括生物洁净室）室内浮游菌和沉降菌测试，可采用按协议确定的采样方案。

D.5.5　用培养皿测定沉降菌、用碰撞式采样器或过滤采样器测定游浮菌，应符合下列规定：

　　1　采样装置采样前的准备及采样后的处理，均应在设有高效空气过滤器排风的负压实验室进行操作，实验室的温度应为22℃±2℃，相对湿度应为50%±10%。

　　2　采样仪器应消毒灭菌。

　　3　采样器的精度和效率，应满足使用要求。

　　4　采样装置的排气不应污染洁净室。

　　5　沉降皿个数及采样点、培养基及培养温度、培养时间应按有关规范的规定执行。

　　6　浮游菌采样器的采样率宜大于100L/min。

　　7　碰撞培养基的空气速度应小于20m/s。

D.6　室内空气温度和相对湿度的检测

D.6.1　洁净室（区）的温、湿度测试可分为一般温、湿度测试和功能温、湿度测试。

D.6.2　温度测试可采用玻璃温度计、电阻温度检测装置、数字式温度计等；湿度测试可采用通风干湿球温度计、数字式温湿度计、电容式湿度计、毛发式湿度计等。

D.6.3　温度和相对湿度测试应在洁净室（区）净化空调系统通过调试，气流均匀性测试完成，并应在系统连续运行24h以上时进行。

D.6.4　应根据温度和相对湿度允许波动范围，采用相应适用精度的仪表进行测定。每次测定时间隔不应大于30min。

D.6.5　室内测点布置应符合下列原则：

　　1　送回风口处。

　　2　恒温工作区具有代表性的地点（如沿着工艺设备周围布置或等距离布置）。

　　3　没有恒温要求的洁净室中心。

　　4　测点应布置在距外墙表面大于0.5m，离地面0.8m的同一高度上，也可以根据恒温区的大小，分别布置在离地不同高度的几个平面上。

D.6.6　温、湿度测点数应符合表D.6.6（本书表D.6）的规定。

温、湿度测点数　　　　　　　　表 D.6

波动范围	室面积≤50（m²）	每增加20m²～50m²
Δt＝±0.5℃～±2℃	5个	增加3～5个
ΔRH＝±5%～±10%		
Δt≤±0.5℃	点间距不应大于2m，点数不应少于5个	
ΔRH≤±5%		

D.6.7　有恒温恒湿要求的洁净室（房间），应进行室温波动范围的检测：并应测定并计算室内各测点的记录温度与控制点温度的差值，分别统计小于或等于某一温差的测点数占测点总数的百分比，整理成温差累积统计曲线。当90%以上测点偏差值在室温波动范围内，应判定为合格。

D.6.8　区域温度应以各测点中最低（或最高的）的一次测试温度为基准，并应计算各测点平均温度与上述基准的偏差值，分别统计小于等于某一温差的测点数占测点总数的百分比，整理成偏差累计统计曲线，90%以上测点所达到的偏差值应为区域温差。

D.6.9　相对湿度波动范围及区域相对湿度差的测定，可按室温波动范围及区域温差的测定规定执行。

D.7　气流流型的检测

D.7.1　气流流型的检测宜采用气流目测和气流流向的方法。气流目测宜采用示踪线法、发烟（雾）法和采用图像处理技术等方法。气流流向的测试宜采用示踪线法、发烟（雾）法和三维法测量气流速度等方法。

D.7.2　采用示踪线法时，可采用棉线、薄膜带等轻质纤维放置在测试杆的末端，或装在气流中细丝格栅上，直接观察出气流的方向和因干扰引起的波动。然后，标在记录的送风平面的气流流型图上。每台高效空气过滤器至少应对应一个观察点。

D.7.3　采用发烟（雾）法时，可采用去离子水，用固态二氧化碳（干冰）或超声波雾化器等生成直径为 $0.5\sim50\mu m$ 的水雾；采用四氯化钛（$TiCl_4$）作示踪粒子时，应确保洁净室、室内设备以及操作人员不受四氯化钛产生的酸伤害。

D.7.4　采用图像处理技术进行气流目测时，可根据按本规范第 D.7.1 条得到的粒子图像数据，利用二维空气流速度矢量提供量化的气流特性。

D.7.5　采用三维法测量气流速度、采用热风速计或 3 维超声波风速仪时，检测点应选择在关键工作区及其工作面高度。根据建设方要求需进行洁净室（区）的气流方向的均匀分布测试时，应进行多点测试。

D.8　室内噪声检测

D.8.1　室内噪声测试状态应为空态或与建设方协商确定的状态，并宜检测 A 声压级的数据。当工程需要时，可采用噪声倍频程的检测和分析。

D.8.2　测点布置应按洁净室面积均分，每50m² 应设一点。测点应位于其中心，距地面高度应为 1.1～1.5m 或按工艺要求设定。

D.8.3　噪声检测应符合本规范第 E.6 节的规定。

D.9　室内自净时间的检测

D.9.1　非单向流洁净室自净时间的检测，应以大气尘或烟雾发生器等尘源为基准，采用粒子计数器测试。

D.9.2　应测量洁净室内靠近回风口处稳定的含尘浓度作为达到自净状态的参照量。

D.9.3　当以大气尘为基准时，应将洁净室停止运行相当时间，在室内含尘浓度已接近于大气浓度时，测取洁净室内靠近回风口处的含尘浓度。然后开机，定时读数（通常可设置每间隔6s读数一次），直到回风口处的含尘浓度回复到原来的稳定状态，记录下所需的时间（t）。

D.9.4　当以人工尘源为基准时，应将烟雾发生器（如巴兰香烟）放置在地面上 1.8m 及以上室中心，发烟 1～2min 后停止，等待 1min 测出洁净室内靠近回风口处的含尘浓度。然后开机，定时读数（通常可设置每间隔 6s 读数一次），直到回风口处的含尘浓度回复到原来的稳定状态，记录下所需的时间（t）。

D.9.5　由初始浓度、室内达到稳定的浓度，实际换气次数，可得到计算自净时间。将实测自净时间与计算自净时间进行对比，当实测自净时间不大于 1.2 倍计算自净时间时，应判为合格。

D.9.6　洁净室的自净性能还可以采用 100∶1 自净时间或洁净度恢复率来表示。

附录 A、B、E，本书略。

第8章 电梯工程

本章主要依据《电梯工程施工质量验收规范》(GB 50310—2002) 编写。该规范由中国建筑科学研究院建筑机械化研究分院会同有关单位共同对《电梯安装工程质量检验评定标准》(GBJ 310—88) 修订而成的。2002 年 6 月 1 日起实施。本书中章节号按本书的序号编排，本章条款号按《电梯工程施工质量验收规范》(GB 50310—2002) 编写。

8.1 总 则

1.0.1 为了加强建筑工程质量管理，统一电梯安装工程施工质量的验收，保证工程质量，制订本规范。

本条说明制定本规范的目的。

1.0.2 本规范适用于电力驱动的曳引式或强制式电梯、液压电梯、自动扶梯和自动人行道安装工程质量的验收；本规范不适用于杂物电梯安装工程质量的验收。

本条说明了本规范的适用范围。

1.0.3 本规范应与国家标准《建筑工程施工质量验收统一标准》(GB 50300—2001) 配套使用。

1.0.4 本规范是对电梯安装工程质量的最低要求，所规定的项目都必须达到合格。

强调本规范是电梯安装工程质量的最低标准，是电梯安装过程中必须严格遵守的标准。

1.0.5 电梯安装工程质量验收除应执行本规范外，尚应符合现行有关国家标准的规定。

8.2 术 语

2.0.1 电梯安装工程 installation of lifts, escalators and passenger conveyors

电梯生产单位出厂后的产品，在施工现场装配成整机至交付使用的过程。

2.0.2 电梯安装工程质量验收 acceptance of installation quality of lifts, escalators and passenger conveyors

电梯安装的各项工程在履行质量检验的基础上，由监理单位（或建设单位）、土建施工单位、安装单位等几方共同对安装工程的质量控制资料、隐蔽工程和施工检查记录等档案材料进行审查，对安装工程进行普查和整机运行考核，并对主控项目全验和一般项目抽验，根据本规范以书面形式对电梯安装工程质量的检验结果作出确认。

2.0.3 土建交接检验 handing over inspection of machine rooms and wells

电梯安装前，应由监理单位（或建设单位）、土建施工单位、安装单位共同对电梯井道和机房（如果有）按本规范的要求进行检查，对电梯安装条件作出确认。

8.3 基本规定

3.0.1 安装单位施工现场的质量管理应符合下列规定：

1 具有完善的验收标准、安装工艺及施工操作规程。

2 具有健全的安装过程控制制度。

常见问题：

施工单位各项规章制度不健全，缺少施工操作规程，没有厂家提供的电梯安装手册、安装说明书和调试说明书。

3.0.2 电梯安装工程施工质量控制应符合下列规定：

1 电梯安装前应按本规范进行土建交接检验，可按附录 A 表 A 记录。

2 电梯安装前应按本规范进行电梯设备进场验收，可按附录 B 表 B 记录。

3 电梯安装的各分项工程应按企业标准进行质量控制，每个分项工程应有自检记录。

常见问题：

（1）电梯安装前，电梯安装单位与土建施工单位没有进行交接验收；虽然有进行交接验收，但没有记录；虽然有记录，但记录签字手续不全。

（2）电梯安装单位没有做分项工程自检记录。

3.0.3 电梯安装工程质量验收应符合下列规定：

1 参加安装工程施工和质量验收人员应具备相应的资格。

安装工程施工的特殊工序操作人员必须到经政府主管部门授权的、具有相应资质的单位进行专业技术培训，并获得相应资格证，持证上岗，如气焊证、电工证，且必须在审定有效期内；现场管理人员及非特殊工序操作人员必须经相应的技能培训并取得合格资格，例如经企业培训合格，并获得合格证，方可上岗。

2 承担有关安全性能检测的单位，必须具有相应资质。仪器设备应满足精度要求，并应在检定有效期内。

承担安全性能检测的单位，必须是经过政府部门考核授权，取得相应资质的单位，该单位应有必要的管理制度、审核制度；应有相应的检测方法、程序及标准；应有相应的检测仪器、设备，检测仪器、设备应通过计量认证，能够满足精度要求，并在检定有效期内。

3 分项工程质量验收均应在电梯安装单位自检合格的基础上进行。

4 分项工程质量应分别按主控项目和一般项目检查验收。

分项工程应由监理工程师组织施工单位专业技术负责人等进行验收，验收应符合《建筑工程施工质量验收统一标准》（GB 50300—2013）的相关规定。

5 隐蔽工程应在电梯安装单位检查合格后，于隐蔽前通知有关单位检查验收，并形成验收文件。

常见问题：

（1）特种作业人员不具备相应的资格，比如电工、电焊工等，不能持证上岗，或者所持证件不在有效期内。

（2）检测单位不具有相应的检测资质；检测仪器、设备已过检定期限。

（3）隐蔽工程没有隐蔽验收记录。

8.4 电力驱动的曳引式或强制式电梯安装工程质量验收

4.1 设备进场验收
主控项目

4.1.1 随机文件必须包括下列资料：

1 土建布置图；

2 产品出厂合格证；

3 门锁装置、限速器、安全钳及缓冲器的型式试验证书复印件。

是电梯产品供应商移交给建设单位的文件，这些文件应针对所安装的电梯产品，应能指导电梯安装人员顺利、准确地进行安装作业，是保证电梯安装工程质量的基础。

因为门锁装置、限速器、安全钳、缓冲器是保证电梯安全的部件，因此在设备进场阶段必须提供由国家指定部门出具的型式试验合格证复印件。

常见问题：

随机文件中提供的型式试验证书不全。

一般项目

4.1.2 随机文件还应包括下列资料：

1 装箱单；

2 安装、使用维护说明书；

3 动力电路和安全电路的电气原理图。

4.1.3 设备零部件应与装箱单内容相符。

4.1.4 设备外观不应存在明显的损坏。

常见问题：

电梯设备进场进行观感检查时，发现有人为或意外造成明显的凹凸、断裂、永久变形、表面涂层脱落等缺陷。

4.2 土建交接检验
主控项目

4.2.1 机房（如果有）内部、井道土建（钢架）结构及布置必须符合电梯土建布置图的要求。

常见问题：

井道局部尺寸偏小，致使电梯无法正常安装。

4.2.2 主电源开关必须符合下列规定：

1 主电源开关应能够切断电梯正常使用情况下最大电流；

2 对有机房电梯该开关应能从机房入口处方便地接近；

3 对无机房电梯该开关应设置在井道外工作人员方便接近的地方，且应具有必要的安全防护。

4.2.3 井道必须符合下列规定：

1 当底坑底面下有人员能到达的空间存在，且对重（或平衡重）上未设有安全钳装

置时，对重缓冲器必须能安装在（或平衡重运行区域的下边必须）一直延伸到坚固地面上的实心桩墩上。

2 电梯安装之前，所有层门预留孔必须设有高度不小于 1.2m 的安全保护围封，并应保证有足够的强度。

3 当相邻两层门地坎间的距离大于 11m 时，其间必须设置井道安全门，井道安全门严禁向井道内开启，且必须装有安全门处于关闭时电梯才能运行的电气安全装置。当相邻轿厢间有相互救援用轿厢安全门时，可不执行本款。

本条为强制性条文。

第 1 款对曳引式电梯主要是考虑电梯发生故障时速度失控或曳引钢丝绳断裂时对重撞击缓冲器，对强制式电梯、液压电梯主要是考虑悬挂钢丝绳断裂时平衡重撞击底坑地面，如果对重缓冲器（或平衡重运行区域的下边）没有安装在一直延伸到坚固地面上的实心桩墩上，则会导致底坑地面塌陷，此时底坑下方若有人员滞留，势必造成人员伤亡。

第 2 款是为了防止电梯安装前，建筑物内施工人员从层门预留孔无意中跌入井道发生伤亡事故，土建施工中往往容易疏忽在层门预留孔安装安全围封，本款规定正是为了杜绝施工人员在层门预留孔附近施工时的安全隐患。安全保护围封应从层门预留孔底面起向上延伸至不小于 1.2m 的高度，应采用木质及金属材料制作，且应采用可拆除结构，为了防止其他人员将其移走或翻倒，它应与建筑物连接，安全保护围封应采用黄色或装有提醒人们注意的警示性标语。保护围封的栏杆任何处，应能承受向井道内任何方向的 1000N 的力，目的是施工人员意外依靠安全保护围封时，能有效地阻止其坠入井道内。

第 3 款井道安全门或轿厢安全门的作用是电梯发生故障轿厢停在两个层站之间时，可通过他们救援被困在轿厢中的乘客。当相邻轿厢间没有能够相互援救的轿厢安全门时，只能通过层门或井道安全门来援救乘客，如相邻的两层门地坎间之间的距离大于 11m 时，不利于救援人员的操作及紧急情况的处理，救援时间的延长会引起轿内乘客恐慌或引发意外事故，因此这种情况下要求设置井道安全门，以保证安全援救。井道安全门和轿厢安全门的高度不应小于 1.8m，宽度不应小于 0.35m。

常见问题：

在电梯安装之前或安装进行中，层门预留孔处安全保护围封高度不足 1.2m。

一般项目

4.2.4 机房（如果有）还应符合下列规定：

1 机房内应设有固定的电气照明，地板表面上的照度不应小于 200lx。机房内应设置一个或多个电源插座。在机房内靠近入口的适当高度处应设有一个开关或类似装置控制机房照明电源。

2 机房内应通风，从建筑物其他部分抽出的陈腐空气，不得排入机房内。

3 应根据产品供应商的要求，提供设备进场所需的通道和搬运空间。

4 电梯工作人员应能方便地进入机房或滑轮间，而不需要临时借助于其他辅助设施。

5 机房应采用经久耐用且不易产生灰尘的材料建造，机房内的地板应采用防滑材料。

6 在一个机房内，当有两个以上不同平面的工作平台，且相邻平台高度差大于 0.5m 时，应设置楼梯或台阶，并应设置高度不小于 0.9m 的安全防护栏杆。当机房地面有深度大于 0.5m 的凹坑或槽坑时，均应盖住。供人员活动空间和工作台面以上的净高度不应小于 1.8m。

7 供人员进出的检修活板门应有不小于 0.8m×0.8m 的净通道，开门到位后应能自行保持在开启位置。检修活板门关闭后应能支撑两个人的重量（每个人按在门的任意 0.2m×0.2m 面积上作用 1000N 的力计算），不得有永久性变形。

8 门或检修活板门应装有带钥匙的锁，它应从机房内不用钥匙打开。只供运送器材的活板门，可只在机房内部锁住。

9 电源零线和接地线应分开。机房内接地装置的接地电阻值不应大于 4Ω。

10 机房应有良好的防渗、防漏水保护。

检查方法：逐条检查。

常见问题：

机房内采用混凝土地坪，未做防尘处理。

一个机房内两个不同标高的工作平台，高差大于 0.5m，未采用防护栏杆。

机房顶棚或侧墙渗漏。

4.2.5 井道还应符合下列规定：

1 井道尺寸是指垂直于电梯设计运行方向的井道截面沿电梯设计运行方向投影所测定的井道最小净空尺寸，该尺寸应和土建布置图所要求的一致，允许偏差应符合下列规定：

1）当电梯行程高度小于等于 30m 时为 0～+25mm；

2）当电梯行程高度大于 30m 且小于等于 60m 时为 0～+35mm；

3）当电梯行程高度大于 60m 且小于等于 90m 时为 0～+50mm；

4）当电梯行程高度大于 90m 时，允许偏差应符合土建布置图要求。

2 全封闭或部分封闭的井道，井道的隔离保护、井道壁、底坑底面和顶板应具有安装电梯部件所需要的足够强度，应采用非燃烧材料建造，且应不易产生灰尘。

3 当底坑深度大于 2.5m 且建筑物布置允许时，应设置一个符合安全门要求的底坑进口；当没有进入底坑的其他通道时，应设置一个从层门进入底坑的永久性装置，且此装置不得凸入电梯运行空间。

4 井道应为电梯专用，井道内不得装设与电梯无关的设备、电缆等。井道可装设供暖设备，但不得采用蒸汽和水作为热源，且供暖设备的控制与调节装置应装在井道外面。

5 井道内应设置永久性电气照明，井道内照度应不得小于 50lx，井道最高点和最低点 0.5m 以内应各装一盏灯，再设中间灯，并分别在机房和底坑设置一控制开关。

6 装有多台电梯的井道内各电梯的底坑之间应设置最低点离底坑地面不大于 0.3m，且至少延伸到最低层站楼面以上 2.5m 高度的隔障，在隔障宽度方向上隔障与井道壁之间的间隙不应大于 150mm。当轿顶边缘和相邻电梯运动部件（轿厢、对重或平衡重）之间的水平距离小于 0.5m 时，隔障应延长贯穿整个井道的高度。隔障的宽度不得小于被保护的运动部件（或其部分）的宽度每边再各加 0.1m。

7 底坑内应有良好的防渗、防漏水保护，底坑内不得有积水。

8 每层楼面应有水平面基准标识。

检查方法：观察、尺量，逐条检查。

常见问题：

井道最小净空尺寸有负偏差。

井道底坑内有积水。

4.3 驱动主机

主控项目

4.3.1 紧急操作装置动作必须正常。可拆卸的装置必须置于驱动主机附近易接近处，紧急救援操作说明必须贴于紧急操作时易见处。

驱动主机是包含制动器、承重架电动机在内的用于驱动和停止电梯的装置。它的种类有很多，如按驱动方式可分为曳引式或强制式；按传动方式可分为有齿传动、无齿传动或带传动。对于有机房电梯，驱动主机安装在机房内，机房位置一般多在井道上部，少数在井道下部；对于无机房电梯，驱动主机安装在井道内，一般在井道顶部、地坑、靠近底层附近或安装在轿厢上。驱动主机的位置、型式、安装要求由电梯产品设计确定，因此安装施工人员应严格按照生产厂提供的安装说明书进行施工。

一般项目

4.3.2 当驱动主机承重梁需埋入承重墙时，埋入端长度应超过墙厚中心至少 20mm，且支承长度不应小于 75mm。

承重梁设置在机房楼板上面时，承重梁与楼板间应留有适当间隙，以预防电梯启动时，承重梁弯曲变形时冲击楼板。检查间隙尺寸 5mm。承重梁设置在机房楼板下面时，承重梁预埋件与楼板浇注时注意尺寸准确，不得松动。承重梁用混凝土台座是在机房高度 2.5m 以上时采用。施工中检查台座钢筋与楼板钢筋连接是否符合设计图纸。无论采用哪种方法设置承重梁，应使钢梁起到承受曳引机自重和负载的作用。埋入承重墙内时，埋入深度应超过墙厚中心 20mm，且不应小于 75mm。在检查时注意，砖墙梁下应垫能承受其重量的钢筋混凝土过梁或金属过梁。混凝土强度及几何尺寸应符合设计要求。承重梁一般为三根，由于曳引机的规格和绳轮方向不同，设置钢梁的方向和互相距离也不同，所以，在设置钢梁时应按设计图样施工。

4.3.3 制动器动作应灵活，制动间隙调整应符合产品设计要求。

检查制动器动作灵活可靠，销轴润滑良好；制动器闸瓦与制动轮工作表面清洁；制动器制动时，两侧闸瓦紧密、均匀地贴在制动轮工作表面上，松闸时两侧闸瓦应同时离开，其间隙不大于 0.7mm；制动闸瓦的压力必须有导向的压缩弹簧或坠重施加；制动应至少由两块闸瓦、衬垫或制动臂作用在制动轮（或制动盘）上来实现；制动衬应是不易燃的。当轿厢载有 125％额定载荷并以额定速度运行时，制动器应能使曳引机停止转动。在上述情况下，轿厢的减速度不应超过安全钳动作或轿厢落在缓冲器上所产生的减速度。制动轮应与曳引轮连接；正常运行时，制动器应在持续通电下保持松开状态。

电梯的运行正常，与制动器制动闸瓦同制动轮之间隙调整是否符合规定有着很大关系，还应注意检查制动器制动力矩的调整。如制动力过大会使制动过度，影响电梯平层的平稳性；过小又会使制动力矩不足，因此弹簧的压缩量调节应适当。将制动臂内侧的主弹簧压紧螺母松开，外侧螺母拧进，可减缩弹簧长度。调好后应拧紧内侧的压紧螺帽。调节时两边主弹簧长度应相等，制动力矩大小适当，以起到制动弹簧对制动瓦所提供的压紧力；在电梯作静载试验时，压紧力应足以克服电梯的差重；在作超载运行时，能使电梯可靠制动。对制动轮与闸瓦间间隙的检查，应将闸瓦松开，用塞尺测量每片闸瓦两侧上、下四点。制动器的动作应灵活可靠，不应出现明显的松闸滞后现象及电磁铁吸合冲击现象。

闸瓦应紧密地合于制动轮的工作表面上，松闸时无摩擦，间隙均匀。

检查方法：试动作，观察检查。

4.3.4 驱动主机、驱动主机底座与承重梁的安装应符合产品设计要求。

检查方法：观察检查。

4.3.5 驱动主机减速箱（如果有）内油量应在油标所限定的范围内。

检查方法：观察检查。

4.3.6 机房内钢丝绳与楼板孔洞边间隙应为 20～40mm，通向井道的孔洞四周应设置高度不小于 50mm 的台缘。

检查方法：尺量检查。

常见问题：

通向井道的孔洞四周没有设置台缘；虽然设置了台缘，但是高度小于 50mm。

4.4 导轨

主控项目

4.4.1 导轨安装位置必须符合土建布置图要求。

检查方法：对照土建图检查。

一般项目

4.4.2 两列导轨顶面间的距离偏差应为：轿厢导轨 0～＋2mm；对重导轨 0～＋3mm。

检查方法：全数检查安装记录或用专用工具检查。

检查两条导轨的相互偏差，内容包括在整个全高上，导轨侧工作面之间的偏差与端工作面之间的偏差。在安装后，检查两条导轨同一方向上的侧工作面，应在整个安装高度中位于同一个铅垂平面上，防止因偏差太大影响导向；避免因局部偏差超过导靴的侧面调节量时（对固定滑动导靴，为靴衬与导轨的配合间隙）卡住电梯。检查端工作面的距离偏差，安装后的两条导轨端工作面间的距离，在整个安装高度上应一致，以保证电梯在运行中，导靴不会卡住，也不会脱出。

4.4.3 导轨支架在井道壁上的安装应固定可靠。预埋件应符合土建布置图要求。锚栓（如膨胀螺栓等）固定应在井道壁的混凝土构件上使用，其连接强度与承受振动的能力应满足电梯产品设计要求，混凝土构件的压缩强度应符合土建布置图要求。

检查方法：混凝土的强度必须符合设计要求，并符合土建图的要求。

4.4.4 每列导轨工作面（包括侧面与顶面）与安装基准线每 5m 的偏差均不应大于下列数值：

轿厢导轨和设有安全钳的对重（平衡重）导轨为 0.6mm；不设安全钳的对重（平衡重）导轨为 1.0mm。

检查方法：尺量检查。

常见问题：

安装轿厢和安全钳的导轨时，对导轨工作面与安装基准线每 5m 进行测试，个别测试段偏差值大于 1.0mm。

4.4.5 轿厢导轨和设有安全钳的对重（平衡重）导轨工作面接头处不应有连续缝隙，导轨接头处台阶不应大于 0.05mm。如超过应修平，修平长度应大于 150mm。

检查方法：尺量检查。

常见问题：

轿厢导轨接头部位有台阶，影响轿厢正常运行，每次轿厢经过时，有振动及响声。

4.4.6 不设安全钳的对重（平衡重）导轨接头处缝隙不应大于 1.0mm，导轨工作面接头处台阶不应大于 0.15mm。

4.5 门系统

主控项目

4.5.1 层门地坎至轿厢地坎之间的水平距离偏差为 0～＋3mm，且最大距离严禁超过 35mm。

各层在轿厢与楼面平齐时测量，每层地坎量两边，轿厢地坎下有护脚板，测量应从护脚板量起，并逐层做记录。轿箱地坎安装在轿厢底入口处，地坎一般用铝型材料制成。层门地坎是指导层门入口处的地坎。护脚板是设置在轿厢门地坎处，垂直向下延伸的光滑安全挡板。

检查方法：用钢直尺测量。

常见问题：

层门地坎与轿厢地坎之间的水平距离超过 35mm。间隙过大，可能导致儿童脚部卡在层门地坎与轿厢地坎之间，造成安全事故，也容易导致物品从缝隙内坠落，造成财产损失。

4.5.2 层门强迫关门装置必须动作正常。

本条为强制性条文。层门安装完成后，已开启层门在开启方向上如没有外力作用，强迫关门装置应能使层门自行关闭。本条是防止人员坠入井道发生伤亡事故。强迫关门装置一般有重锤式、弹簧式（卷簧、拉簧或压簧）两种结构形式，应按安装、维护使用说明书中的要求安装、调整。重锤式应注意调整重锤与其导向装置的相对位置，使重锤在导向装置内（上）能自由滑动，不得有卡住现象；调整悬挂重锤的钢丝绳的长度，在层门开关行程范围内，重锤不得脱离导向装置，且不应撞击层门其他部件（如门头组件及重锤行程限位件）；悬挂重锤的钢丝绳与门头之间及与重锤之间应可靠连接，除人为拆下外，不得相互脱开；防止万一断绳后重锤落入井道的装置（行程限位件）的连接应可靠且位置正确。弹簧式应注意调整弹簧位置与长度，使弹簧在伸长（压缩）过程，不得有卡住现象；在层门开关行程范围内，弹簧不应碰撞层门上金属部件；弹簧端部固定应牢固，除人为拆下外，不得与连接部位相互脱开。

检查方法：试动作，观察检查。应检验每层层门的强迫关门装置的动作情况。检查人员将层门打开到 1/3 行程、1/2 行程、全行程处将外力取消，层门均应自行关闭。

常见问题：

层门安装完毕后，开启层门，除去外力，层门不能够自动关闭。

4.5.3 动力操纵的水平滑动门在关门开始的 1/3 行程之后，阻止关门的力严禁超过 150N。

检查方法：用测力器检查。

4.5.4 层门锁钩必须动作灵活，在证实锁紧的电气安全装置动作之前，锁紧元件的最小

啮合长度为 7mm。

本条为强制性条文。层门锁钩动作灵活其一是指除外力作用的情况外，锁钩应能从任何位置快速地回到设计要求的锁紧位置；其二是指轿门门刀带动门锁或用三解钥匙开锁时，锁钩组件应实现开锁动作且在设计要求的运动范围内应没有卡阻现象。门锁锁紧的电气安全装置动作前，锁紧元件之间应达到了最小的 7mm 啮合尺寸。

检查方法：观察，用游标卡尺、钢板尺测量。

一般项目

4.5.5　门刀与层门地坎、门锁滚轮与轿厢地坎间隙不应小于5mm。

要求安装人员应将门刀与地坎、门锁滚轮与地坎间隙调整正确，避免在电梯运行时出现摩擦、碰撞。

检查方法：尺量检查。

4.5.6　层门地坎水平度不得大于2/1000，地坎应高出装修地面2～5mm。

检查方法：用坡度尺检查。

4.5.7　层门指示灯盒、召唤盒和消防开关盒应安装正确，其面板与墙面贴实，横竖端正。

检查方法：观察检查。

检查指示灯盒、按钮箱盒是否平整，盒口不应突出装饰面，周边已紧贴墙面，间隙应均匀。箱盒不应有明显歪斜。召唤和消防按钮箱宜装在厅门外距地1.3～1.5m的右侧墙壁上，盒边距离厅门面0.2～0.3m，群控、集选电梯应装在两台电梯的中间位置。指示灯应正确反映信号，数字应明亮清晰，反应灵敏。按钮的动作灵活，指示灯明亮。

常见问题：

消防按钮的玻璃面板破损。

4.5.8　门扇与门扇、门扇与门套、门扇与门楣、门扇与门口处轿壁、门扇下端与地坎的间隙，乘客电梯不应大于6mm，载货电梯不应大于8mm。

检查方法：用钢板尺检查。

每层、每门均应检查。

4.6　轿厢
主控项目

4.6.1　当距轿底面在1.1m以下使用玻璃轿壁时，必须在距轿底面0.9～1.1m的高度安装扶手，且扶手必须独立地固定，不得与玻璃有关。

一旦玻璃轿壁破裂，为了保证厢内人员安全，安装扶手是非常必要的，扶手必须独立固定牢固，具有一定的强度和刚度。

检查方法：观察检查。

常见问题：

轿厢采用玻璃轿壁时，内部没设安装扶手。

一般项目

4.6.2　当轿厢有反绳轮时，反绳轮应设置防护装置和挡绳装置。

检查方法：观察检查。

常见问题：

当轿厢有反绳轮时，反绳轮没有设挡绳装置。

4.6.3　当轿顶外侧边缘至井道壁水平方向的自由距离大于 0.3m 时，轿顶应装设防护栏及警示性标识。

主要是为了保证安装、调试和检修人员安全，一般情况下，轿顶是不对外人开放的。当轿顶外侧边缘至井道壁水平方向的自由距离大于 0.3m 时，站在轿顶的操作人员有可能从缝隙中坠落，造成人身伤害，因此，轿顶应装设防护栏及警示性标识。警示性标识可采用警示性颜色或警示性标语、标牌。

检查方法：观察检查。

4.7　对重（平衡重）

一般项目

4.7.1　当对重（平衡重）架有反绳轮，反绳轮应设置防护装置和挡绳装置。

4.7.2　对重（平衡重）块应可靠固定。

4.8　安全部件

主控项目

4.8.1　限速器动作速度整定封记必须完好，且无拆动痕迹。

本条是强制性条文，是为了防止其他人员调整限速器，改变动作速度，造成安全钳误动作或达到动作速度而不能动作。

检查方法：观察检查。

4.8.2　当安全钳可调节时，整定封记应完好，且无拆动痕迹。

本条是强制性条文，是为了防止其他人员调整安全钳，造成其失去应有作用。安全部件是用来防止电梯发生可能出现的重大安全事故的重要构件。安全部件是指限速器、安全钳、缓冲器。限速器是当电梯的运行速度超过额定速度一定值时，其动作能导致安全钳起作用的安全装置；安全钳装置是限速器动作时，使对重或轿厢停止运行、保持静止状态，并能夹紧在导轨上的一种机械安全装置；缓冲器是位于行程端部，用来吸收轿厢动能的一种弹性缓冲装置。电梯在生产厂组装、调定后，限速器、安全钳、缓冲器分别整体出厂，除特殊要求外，现场安装时不允许对其调定结构进行调整。

检查方法：观察检查

一般项目

4.8.3　限速器张紧装置与其限位开关相对位置安装应正确。

检查方法：观察与尺量检查。

4.8.4　安全钳与导轨的间隙应符合产品设计要求。

检查方法：观察与尺量检查。

4.8.5　轿厢在两端站平层位置时，轿厢、对重的缓冲器撞板与缓冲器顶面间的距离应符合土建布置图要求。轿厢、对重的缓冲器撞板中心与缓冲器中心的偏差不应大于 20mm。

检查方法：对照图纸观察与尺量检查。

4.8.6　液压缓冲器柱塞铅垂度不应大于 0.5%，充液量应正确。

检查方法：观察与尺量检查。

4.9　悬挂装置、随行电缆、补偿装置

主控项目

4.9.1　绳头组合必须安全可靠，且每个绳头组合必须安装防螺母松动和脱落的装置。

本条为强制性条文。

电梯悬挂装置通常由端接装置、钢丝绳、张力调节装置组成，绳头组合是指端接装置和钢丝绳端部的组合体。绳头组合必须安全可靠，其一指端接装置自身的结构、强度应满足要求；其二指钢丝绳与端接装置的结合处应至少能承受钢丝绳最小破断载荷的80%，以避免绳头组合断裂，导致重大伤亡事故。由于绳头组合端部的固定通常采用螺纹连接，因此要求必须安装防止螺母松动以防止螺母脱落的装置，绳头组合的松动或脱落将影响钢丝绳受力均衡，使钢丝绳和曳引轮磨损加剧，严重时同样会导致钢丝绳或绳头组合的断裂，造成严重事故。应提供与所使用绳头组合同类的绳头组合的型式试验证书。

检查方法：观察，力矩扳手检查。

常见问题：

绳头组合采用钢丝绳绳夹时，绳夹数量少于3个。

当采用螺纹连接固定绳头组合时，没有对螺母采取防松措施。

当采用开口销来防止螺母脱落时，开口销没有开口。

4.9.2　钢丝绳严禁有死弯。

检查方法：观察检查。

4.9.3　当轿厢悬挂在两根钢丝绳或链条上，且其中一根钢丝绳或链条发生异常相对伸长时，为此装设的电气安全开关应动作可靠。

检查方法：模拟异常，检查电气开关是否动作可靠。

4.9.4　随行电缆严禁有打结和波浪扭曲现象。

电缆与电缆架固定、轿底电缆绑扎符合要求；软电缆安装前要预先自由悬吊，充分退扭，安装后，不应有打结和波浪扭曲现象；电缆绑扎均匀，牢固可靠，其绑扎长度为30～70mm；软电缆端头用截面1mm² 或0.75mm² 铜芯塑料线绑扎；软电缆的不动部分应采用卡子固定；支架用扁钢－40mm×4mm 或30mm×4mm；间距每2m 一挡；电缆下垂末端的移动弯曲半径，8 芯电缆不小于250mm，16～24 芯电缆不小于400mm；电梯电缆移动部分自上而下用塑料铁扎线（16 号）或其他材料均匀牢固编连，编连间距为1m，编连电缆之间的距离，要尽可能小，防止运行过程中摆动；软电缆在轿厢极限位置时，电缆下垂驰度应离地≥500mm；电缆不运动部分应用卡子固定。

检查方法：观察检查。

常见问题：

随行电缆在运行过程中有扭结现象。

一般项目

4.9.5　每根钢丝绳张力与平均值偏差不应大于5%。

检查方法：应用测力装置测量每根钢丝绳张力，通过计算求出平均值，再进行比较。

常见问题：

单根钢丝绳张力与平均值偏差大于5%。

4.9.6　随行电缆的安装应符合下列规定：

1　随行电缆端部应固定可靠。

2　随行电缆在运行中应避免与井道内其他部件干涉。当轿厢完全压在缓冲器上时，随行电缆不得与底坑地面接触。

检查方法：观察检查。

常见问题：

随行电缆在运行时与轨道或者井壁相摩擦，致使电缆绝缘层破损。

4.9.7 补偿绳、链、缆等补偿装置的端部应固定可靠。

检查方法：观察检查。

4.9.8 对补偿绳的张紧轮，验证补偿绳张紧的电气安全开关应动作可靠。张紧轮应安装防护装置。

检查方法：动作开关，观察检查。

4.10 电气装置
主控项目

4.10.1 电气设备接地必须符合下列规定：

1 所有电气设备及导管、线槽的外露可导电部分均必须可靠接地（PE）；

2 接地支线应分别直接接至接地干线接线柱上，不得互相连接后再接地。

本条是强制性条文。

第1款是为了保护人身安全和避免损坏设备。所有电气设备是电气装置和由电气设备组成部件的统称，如：控制柜、轿厢接线盒、曳引机、开门机、指示器、操纵盘、风扇、电气安全装置以及由电气安全装置组成的层门、限速器、耗能型缓冲器等，由于使用36V安全电压的电气设备即使漏电也不会造成人身安全事故，因此可以不考虑接地保护。如果电气设备的外壳导电，则应设有易于识别的接地端标志。导管和线槽是防止软线或电缆等电气设备遭受机械损伤而装设的，如果被保护电气设备的外露部分导电，则保护它的导管或线槽的外露部分也导电，因此也必须可靠接地。

如果电气设备的外壳及导管、线槽的外露部分不导电，则其可以不进行保护性接地连接，这些外壳及导管、线槽的材料应是非燃烧材料，且应符合环保要求。

供电线路从进入机房或电梯开关起（注：无机房电梯从进入电梯开关起），零线（N）与接地线（PE）应始终分开，接地线应为黄绿相间绝缘电线。

第2款对每个电气设备接地支线与接地干线柱之间的连接进行了规定，每个接地支线必须直接与接地干线可靠连接。如接地支线之间互相连接后再与接地干线连接，则会造成如下后果：离接地干线接线柱最远端的接地电阻较大，在发生漏电时，较大的接地电阻则不能产生足够的故障电流，可能造成漏电保护开关或断路器等保护装置无法可靠断开，另外如有人员触及，有可能通过人体的电流较大，危及人身安全；如前端某个接地支线因故断线，则造成其后端电气设备接地支线与接地干线之间也断开，增大了出现危险事故概率；如前端某个电气设备被拆除，则很容易造成其后端电气设备接地支线与接地干线之间断开，使其后面的设备得不到接地保护。

检查方法：观察。

常见问题：

（1）接地支线串联。

（2）导管或线槽与电气设备之间采用金属软管连接，不能够满足接地要求，因为金属软管不能用作接地导体。

4.10.2 导体之间和导体对地之间的绝缘电阻必须大于$1000\Omega/V$，且其值不得小于：

1 动力电路和电气安全装置电路：0.5MΩ；

2 其他电路（控制、照明、信号等）：0.25MΩ。

常见问题：

（1）未对导体之间和导体对地之间的绝缘电阻进行测试。

（2）对导体之间和导体对地之间的绝缘电阻进行测试，测试结果不符合规范要求。

（3）照明回路绝缘电阻测试时，阻值小于0.25MΩ。

一般项目

4.10.3 主电源开关不应切断下列供电电路：

1 轿厢照明和通风；

2 机房和滑轮间照明；

3 机房、轿顶和底坑的电源插座；

4 井道照明；

5 报警装置。

检查方法：切断电源进行检查。

4.10.4 机房和井道内应按产品要求配线。软线和无护套电缆应在导管、线槽或能确保起到等效防护作用的装置中使用。护套电缆和橡套软电缆可明敷于井道或机房内使用，但不得明敷于地面。

检查方法：观察检查线路敷设情况。

常见问题：

橡套软电缆明敷于机房地面之上，没有采取保护措施。

4.10.5 导管、线槽的敷设应整齐牢固。线槽内导线总面积不应大于线槽净面积的60%；导管内导线总面积不应大于导管内净面积的40%；软管固定间距不应大于1m，端头固定间距不应大于0.1m。

检查方法：逐项进行观察检查。

电线管的固定应牢靠，每根固定点不应小于2处；电线管当采用丝接时，连接应紧密，并应有跨接线。电线管路的弯曲处不应有折皱、凹穴和裂缝，弯扁程度不应大于管外径的10%。，切断口应锉平，以保证管口光滑，无毛刺，护套齐全；钢管配线的总截面积不应超过管内净面积的40%。线槽连接应采用连接片，用螺栓连接，螺栓由内向外穿，螺母在外侧。线槽出线口应无毛刺，位置正确，导线受力处应有绝缘衬垫加以保护，线槽应用机械开孔，不准用电、气焊开孔和切断；线槽内导线总截面积不应超过槽内净面积的60%。线槽垂直配线应适当固定，间隔约2000mm为宜，线槽盖板齐全，固定可靠，线槽应可靠接地；线槽支架间距不应大于2m，水平和垂直偏差不应大于2/1000，全长垂直度偏差不大于20mm。管线槽与设备相连接应采用金属软管，并使用专用软管接头，金属软管其长度宜短。软管用卡子固定，固定点间距不应大于1m。井道内严禁使用可燃性材料制成的管配线。

常见问题：

成排电线管敷设时，间距不等，转角处弧度不一致。

电线管在弯曲部位有凹陷。

电线管内敷设的电线（缆）总面积超过了电线管内净面积的40%。

线槽在转角部位没有采用成品弯头、三通、四通等配件，自制时没有考虑内部敷设的电线（缆）弯曲半径的要求。

线槽内敷设的电线（缆）总面积超过了线槽内净面积的60％。

使用金属软管连接时，没有采用专用接头进行连接，金属软管缺少固定措施，使用金属软管作为接地导体。

4.10.6 接地支线应采用黄绿相间的绝缘导线。

检查方法：观察检查。

常见问题：

接地支线采用的绝缘导线不是黄绿相间色。

4.10.7 控制柜（屏）的安装位置应符合电梯土建布置图中的要求。

检查方法：对照图纸，观察检查。

4.11 整机安装验收

主控项目

4.11.1 安全保护验收必须符合下列规定：

1 必须检查以下安全装置或功能：

1）断相、错相保护装置或功能

当控制柜三相电源中任何一相断开或任何二相错接时，断相、错相保护装置或功能应使电梯不发生危险故障。

注：当错相不影响电梯正常运行时可没有错相保护装置或功能。

2）短路、过载保护装置

动力电路、控制电路、安全电路必须有与负载匹配的短路保护装置；动力电路必须有过载保护装置。

3）限速器

限速器上的轿厢（对重、平衡重）下行标志必须与轿厢（对重、平衡重）的实际下行方向相符。限速器铭牌上的额定速度、动作速度必须与被检电梯相符。限速器必须与其型式试验证书相符。

4）安全钳

安全钳必须与其型式试验证书相符。

5）缓冲器

缓冲器必须与其型式试验证书相符。

6）门锁装置

门锁装置必须与其型式试验证书相符。

7）上、下极限开关

上、下极限开关必须是安全触点，在端站位置进行动作试验时必须动作正常。在轿厢或对重（如果有）接触缓冲器之前必须动作，且缓冲器完全压缩时，保持动作状态。

8）轿顶、机房（如果有）、滑轮间（如果有）、底坑停止装置

位于轿顶、机房（如果有）、滑轮间（如果有）、底坑的停止装置的动作必须正常。

2 下列安全开关，必须动作可靠：

1）限速器绳张紧开关；

2) 液压缓冲器复位开关；

3) 有补偿张紧轮时，补偿绳张紧开关；

4) 当额定速度大于 3.5m/s 时，补偿绳轮防跳开关；

5) 轿厢安全窗（如果有）开关；

6) 安全门、底坑门、检修活板门（如果有）的开关；

7) 对可拆卸式紧急操作装置所需要的安全开关；

8) 悬挂钢丝绳（链条）为两根时，防松动安全开关。

检查方法：安全保护验收按照验收要求逐项对照检查，安全钳、缓冲器、门锁装置对照型式试验证书检查，型式试验证书由厂方提供。

4.11.2 限速器安全钳联动试验必须符合下列规定：

1 限速器与安全钳电气开关在联动试验中必须动作可靠，且应使驱动主机立即制动。

2 对瞬时式安全钳，轿厢应载有均匀分布的额定载重量；对渐进式安全钳，轿厢应载有均匀分布的 125% 额定载重量。当短接限速器及安全钳电气开关，轿厢以检修速度下行，人为使限速器机械动作时，安全钳应可靠动作，轿厢必须可靠制动，且轿底倾斜度不应大于 5%。

检查方法：检验限速器安全钳的功能。

安全钳试验时，轿厢空载，同时安全钳联动开关应切断控制回路，轿厢在空载时以检修速度下降，机房内用手动使限速器夹住钢绳，检查安全钳是否动作，夹住轿厢，同时轿厢顶上、安全钳的杠杆是否确实切断控制回路，应反复进行试验。试验时注意机房、轿顶要有人共同配合。试验后还应检查导轨上被安全钳楔块夹损情况。

4.11.3 层门与轿门的试验必须符合下列规定：

1 每层层门必须能够用三角钥匙正常开启；

2 当一个层门或轿门（在多扇门中任何一扇门）非正常打开时，电梯严禁启动或继续运行。

本条是强制性条文。

第 1 款要求每层层门必须从井道外使用一个三角钥匙将层门开启，在以下两种情况均应实现上述操作：其一，轿厢不在平层区开启层门；其二，轿厢在平层区，层门与轿门联动，在开门机断电的情况下，开启层门和轿门。三角钥匙应符合《电梯制造与安装安全规范》（GB 7588—2003）要求，层门上的三角钥匙孔应与其相匹配。三角钥匙应附带有"注意使用此钥匙可能引起的危险，并在层门关闭后应注意确认已锁住"内容的提示牌。本款目的是为援救、安装、检修等提供操作条件。

第 2 款是防止轿厢开门运行时剪切人员或轿厢驶离开锁区域时人员坠入井道发生伤亡事故。层门和轿门正常打开且允许运行（以规定速度）指以下两种情况：其一轿厢在相应楼层的开锁区域内，开门进行平层和再平层；其一满足《电梯制造与安装安全规范》（GB 7588）中 7.7.2.2b 要求的装卸货物操作。除以上两种情况外，在正常操作情况下，如层门或轿门（在多扇门中任何一扇门）打开时，应不能启动电梯或保持电梯继续运行。

检验仪器：观察，相匹配的三角钥匙，力矩扳手，螺丝刀。

4.11.4 曳引式电梯的曳引能力试验必须符合下列规定：

1 轿厢在行程上部范围空载上行及行程下部范围载有125％额定载重量下行，分别停层3次以上，轿厢必须可靠地制停（空载上行工况应平层）。轿厢载有125％额定载重量以正常运行速度下行时，切断电动机与制动器供电，电梯必须可靠制动。

2 当对重完全压在缓冲器上，且驱动主机按轿厢上行方向连续运转时，空载轿厢严禁向上提升。

检查方法：进行试运行检查。

整机安装后，应根据上述主控项目逐条核对检查，同时对下列内容应再作检查：

1. 电梯启动、运行的停止，轿厢内无较大振动和冲击，制动器可靠。在试验前，质检员应检查试运转方案是否按程序进行编制，是否已作系统的检查及有关模拟试验。例如：检查曳引机变速机构注油，电机的接线相序，绳头组合螺母，每条曳引绳受力情况；按原理图检查点电源开关与控制柜进线相序，系统核对主电路、控制电路、信号电路、照明电路、门机电路、整流电路的接线情况；检查限速器转动是否灵活，润滑是否良好，选层器的运触头盘（杆）运动灵活情况，润滑油数量是否符合要求；检查动静触头的接触可靠性及压紧力，触头应清洁，传动链条受力适度；检查导靴与导轨的吻合情况，对配有滑动导靴的导轨渍毛毡的伸出量是否合适，清洁；检查极限开关等能否可靠地断开主电源；轿门、厅门开关灵活情况，厅门联动装置工作情况；对于钢丝绳式联动机构，发现钢丝绳松弛，应张紧，对于其他方式，应使各转动关节处转动灵活，固定处不发生松动，如出现厅门与轿门动作不一致时，应对机构进行调整；检查轿厢操纵箱的各钥匙开关、急停按钮动作情况，安全触板和各安全开关的可靠性，为了减小电梯运行当中的振动和噪音，应对一些部件的坚固程度，减振垫、弹簧等进行必要的调整。

2. 减速箱的检查：箱体内的油量应保持在油针或油镜的标定范围，油的要求应符合规定。制动器活动关节部位清洁，动作灵活可靠，制动闸瓦间隙过大时应调整，制动器有打滑现象时，应调整制动弹簧。检查曳引绳槽内是否清洁，绳槽中不得有油。曳引电机各部分清洁，电机内部无水和油浸入，无灰尘；对使用滑动轴砂的电机，应检查油槽内的油量是否达到油线，同时应保持油的清洁。检查曳引绳子与绳头组合，检查曳引绳的张力是否保持一致，如发现松紧不一，应通过绳头弹簧加以调整，注意曳引绳有否机械损伤、锈蚀，曳引绳子表面应清洁，如有沙尘异物，应用煤油擦干净。检查自动门机，当门在开关时的速度变化异常时，应作调整。

3. 缓冲器的检查：弹簧缓冲器表面不出现锈斑，油压缓冲器，油的高度符合要求，柱塞外露部分应清洁，并涂抹防锈油酯。

4. 控制屏的检查：如屏体和电器件上有灰尘用吹风机或软刷进行清扫，接触器、继电器触头接触应良好，导线与接线柱应无松动现象。检查机房和井道不得有雨浸入机房，通风情况良好，机房内无易燃、易爆物品，与机房无关的设备及杂物，照明开关设置在机房入口处，机房通风良好，能保证室内最高温度不超过40℃，如有排风扇通风，安装高度较低应有防护网。

5. 底坑的检查：底坑内不应有水渗入和积水，应保持干燥，底坑检修箱的检查，箱上应有监视用的灯和插座，其电压不超过36V，还应设有明显标志的220V三线插座，箱上应设有非自动复位的急停开关。

6. 通过对机构部分和电气系统的检查调整，符合要求后，作必要部位的模拟动作试验也符合要求后进行下列各种试验：不通电的手摇试车，使轿厢下行一段距离或全程，检查卡阻及位置不当情况，轿厢和对重导靴与导轨吻合情况，轿厢地坎与各层厅门门锁滚轮的距离，开门刀与各层厅门地坎之间的距离，开门刀与各层厅门开门滚轮的情况，选层器钢带、限速器钢丝绳随轿厢运行情况，轿厢随线与井道中的接线盒管、槽的距离等。经检验无误确定符合要求，检查试车用电源，应可靠，电压、容量、频率均符合要求后进行试车。

7. 规范规定：轿厢内分别载以空载、额定载重量的50%、额定载重量的100%，在通电持续率40%的情况下，往复上升，各自历时1.5h；试车程序先空载、再50%额定载荷，后100%额定载荷。先慢车后快车，逐步进行。先后以检修速度开慢车，控制轿厢作上下升降的往返运行，监理工程师、质检员与施工人员进行逐层的开关门试验和平层试验。

8. 试验上、下端站的限位开关和极限开关的动作情况。试验限速器动作时，轿厢空载由两层以慢速向下运行，用手扳动限速器制动机构，轿厢上的安全钳应可靠地刹车，联动开关能切断控制回路。经慢车试验检查测定结果均符合有关技术要求后，进行快车试验。检查额定速度时，试验信号系统和选层的准确性；试验各种安全装置是否灵敏；注意电梯快速运行时的振动和噪声；对比调整制动器与平层准确度，作平层准确度调整时，电梯应分别以空载、满载，作上、下运行，以达同一层站，测量平层误差取其最大值。

9. 电梯启动、运行和停止时轿厢内的检查：对客梯通过加速度和水平振动加速度的检测来判定，电梯加减速度运行过程中的最大加减速度不应超过规定值，不大于1.5m/s²。交流快速电梯平均加、减速度不小于0.5m/s²。另外启动振动、制动振动均应检查。启动振动，电梯在启动时的瞬时加速度不大于规定值，启动振动应小于电梯的加速度最大值。制动振动，电梯在制动时的瞬时减速度不应大于规定值，对交流双速梯，允许略大于电梯的减速度最大值；对于交流调整及直流梯，均应小于减速度最大值。

一般项目

4.11.5 曳引式电梯的平衡系数应为0.4~0.5。

平衡系数按平衡系数公式计算调整，测量顶站和底坑缓冲行程 s 值，按有关图表进行校对调整。

4.11.6 电梯安装后应进行运行试验；轿厢分别在空载、额定载荷工况下，按产品设计规定的每小时启动次数和负载持续率各运行1000次（每天不少于8h），电梯应运行平稳、制动可靠、连续运行无故障。

检查方法：运行试验时检查。

4.11.7 噪声检验应符合下列规定：

1 机房噪声：对额定速度小于等于4m/s的电梯，不应大于80dB（A）；对额定速度大于4m/s的电梯，不应大于85dB（A）。

机房噪声测试：当电梯正常运行时，传感器距地面1.5m，距声源1m外进行测试，测试点不少于3点，取最大值为依据。

2 乘客电梯和病床电梯运行中轿内噪声：对额定速度小于等于4m/s的电梯，不应大于55dB（A）；对额定速度大于4m/s的电梯，不应大于60dB（A）。

运行中轿厢内噪声测试：传感器置于轿厢内中央距轿厢地面高度1.5m时，取最大值为依据。

3 乘客电梯和病床电梯的开关门过程噪声不应大于65dB（A）。

开关门过程噪声测试：传感器分别置于层门和轿门宽度的中央，距门 0.24m，距地面高 1.5m，取最大值为依据。

4.11.8 平层准确度检验应符合下列规定：

　　1　额定速度小于等于 0.63m/s 的交流双速电梯，应在 ±15mm 的范围内；

　　2　额定速度大于 0.63m/s 且小于等于 1.0m/s 的交流双速电梯，应在 ±30mm 的范围内；

　　3　其他调速方式的电梯，应在 ±15mm 的范围内。

　　检查方法：逐层检查平层准确度。

4.11.9 运行速度检验应符合下列规定：

　　当电源为额定频率和额定电压、轿厢载有 50% 额定载荷时，向下运行至行程中段（除去加速加减速段）时的速度，不应大于额定速度的 105%，且不应小于额定速度的 92%。

　　检查方法：用秒表检查运行速度。

4.11.10 观感检查应符合下列规定：

　　1　轿门带动层门开、关运行，门扇与门扇、门扇与门套、门扇与门楣、门扇与门口处轿壁、门扇下端与地坎应无刮碰现象；

　　2　门扇与门扇、门扇与门套、门扇与门楣、门扇与门口处轿壁、门扇下端与地坎之间各自的间隙在整个长度上应基本一致；

　　3　对机房（如果有）、导轨支架、底坑、轿顶、轿内、轿门、层门及门地坎等部位应进行清理。

　　检查方法：观察检查。

8.5　液压电梯安装工程质量验收

5.1　设备进场验收
主控项目

5.1.1 随机文件必须包括下列资料：

　　1　土建布置图；

　　2　产品出厂合格证；

　　3　门锁装置、限速器（如果有）、安全钳（如果有）及缓冲器（如果有）的型式试验合格证书复印件。

　　检查方法：检查资料。

一般项目

5.1.2 随机文件还应包括下列资料：

　　1　装箱单；

　　2　安装、使用维护说明书；

　　3　动力电路和安全电路的电气原理图；

　　4　液压系统原理图。

　　液压系统原理图是液压系统工作原理的示意图，图中各液压元件用符号表示。这些符号应符合《流体传动系统及元件图形符号和回路图　第 1 部分：用于常规用途和数据处理的图形符合》（GB/T 786.1—2009）中的相应规定，它们只表示元件的职能，连接系统的通路，并不表示元件的参数和具体结构。当无法用职能符号表示，或者有必要特别说明系统中某一重要元件的结构及动作原理时，也可采用结构简图表示。液压系统原理图是液压系统安装、调试、检修等工作中必不可少的技术文件。

检查方法：检查随机文件。

5.1.3 设备零部件应与装箱单内容相符。

检查方法：现场清点并与装箱单比对。

5.1.4 设备外观不应存在明显的损坏。

检查方法：观察检查。

5.2 土建交接检验

5.2.1 土建交接检验应符合本规范第4.2节的规定。

5.3 液压系统

主控项目

5.3.1 液压泵站及液压顶升机构的安装必须按土建布置图进行。顶升机构必须安装牢固，缸体垂直度严禁大于 0.4‰。

检查方法：尺量检查。

一般项目

5.3.2 液压管路应可靠连接，且无渗漏现象。

检查方法：观察检查。

常见问题：

液压管路连接部位有渗漏现象。

5.3.3 液压泵站油位显示应清晰、准确。

检查方法：观察检查。

5.3.4 显示系统工作压力的压力表应清晰、准确。

检查方法：观察检查。

5.4 导轨

5.4.1 导轨安装应符合本规范第4.4节的规定。

5.5 门系统

5.5.1 门系统安装应符合本规范第4.5节的规定。

5.6 轿厢

5.6.1 轿厢安装应符合本规范第4.6节的规定。

5.7 平衡重

5.7.1 如果有平衡重，应符合本规范第4.7节的规定。

5.8 安全部件

5.8.1 如果有限速器、安全钳或缓冲器，应符合本规范第4.8节的有关规定。

5.9 悬挂装置、随行电缆

主控项目

5.9.1 如果有绳头组合，必须符合本规范第4.9.1条的规定。

5.9.2 如果有钢丝绳，严禁有死弯。

检查方法：观察钢丝绳，必须顺直，严禁死弯。

5.9.3 当轿厢悬挂在两根钢丝绳或链条上，其中一根钢丝绳或链条发生异常相对伸长时，为此装设的电气安全开关必须动作可靠。对具有两个或多个液压顶升机构的液压电梯，每一组悬挂钢丝绳均应符合上述要求。

检查方法：模拟异常，检查开关动作情况。

5.9.4 随行电缆严禁有打结和波浪扭曲现象。

检查方法：观察检查。

一般项目

5.9.5 如果有钢丝绳或链条，每根张力与平均值偏差不应大于5%。

5.9.6 随行电缆的安装还应符合下列规定：

1 随行电缆端部应固定可靠。

2 随行电缆在运行中应避免与井道内其他部件干涉。当轿厢完全压在缓冲器上时，随行电缆不得与底坑地面接触。

检查方法：观察检查电缆运行的情况。

5.10 电气装置

5.10.1 电气装置安装应符合本规范第4.10节的规定。

5.11 整机安装验收
主控项目

5.11.1 液压电梯安全保护验收必须符合下列规定：

1 必须检查以下安全装置或功能：

1）断相、错相保护装置或功能

当控制柜三相电源中任何一相断开或任何二相错接时，断相、错相保护装置或功能应使电梯不发生危险故障。

注：当错相不影响电梯正常运行时可没有错相保护装置或功能。

2）短路、过载保护装置

动力电路、控制电路、安全电路必须有与负载匹配的短路保护装置；动力电路必须有过载保护装置。

3）防止轿厢坠落、超速下降的装置

液压电梯必须装有防止轿厢坠落、超速下降的装置，且各装置必须与其型式试验证书相符。

4）门锁装置

门锁装置必须与其型式试验证书相符。

5）上极限开关

上极限开关必须是安全触点，在端站位置进行动作试验时必须动作正常。它必须在柱塞接触到其缓冲制停装置之前动作，且柱塞处于缓冲制停区时保持动作状态。

6）机房、滑轮间（如果有）、轿顶、底坑停止装置

位于轿顶、机房、滑轮间（如果有）、底坑的停止装置的动作必须正常。

7）液压油温升保护装置

当液压油达到产品设计温度时，温升保护装置必须动作，使液压电梯停止运行。

8）移动轿厢的装置

在停电或电气系统发生故障时，移动轿厢的装置必须能移动轿厢上行或下行，且下行时还必须装设防止顶升机构与轿厢运动相脱离的装置。

2 下列安全开关，必须动作可靠：

1）限速器（如果有）张紧开关；

2）液压缓冲器（如果有）复位开关；

3）轿厢安全窗（如果有）开关；

4）安全门、底坑门、检修活板门（如果有）的开关；

5）悬挂钢丝绳（链条）为两根时，防松动安全开关。

5.11.2 限速器（安全绳）安全钳联动试验必须符合下列规定：

1 限速器（安全绳）与安全钳电气开关在联动试验中必须动作可靠，且应使电梯停止运行。

2 联动试验时轿厢载荷及速度应符合下列规定：

1）当液压电梯额定载重量与轿厢最大有效面积符合表 5.11.2（本书表 8.5.1）的规定时，轿厢应载有均匀分布的额定载重量；当液压电梯额定载重量小于表 5.11.2（本书表 8.5.1）规定的轿厢最大有效面积对应的额定载重量时，轿厢应载有均匀分布的 125% 的液压电梯额定载重量，但该载荷不应超过表 5.11.2（本书表 8.5.1）规定的轿厢最大有效面积对应的额定载重量。

2）对瞬时式安全钳，轿厢应以额定速度下行；对渐进式安全钳，轿厢应以检修速度下行。

3 当装有限速器安全钳时，使下行阀保持开启状态（直到钢丝绳松弛为止）的同时，人为使限速器机械动作，安全钳应可靠动作，轿厢必须可靠制动，且轿底倾斜度不应大于 5%。

4 当装有安全绳安全钳时，使下行阀保持开启状态（直到钢丝绳松弛为止）的同时，人为使安全绳机械动作，安全钳应可靠动作，轿厢必须可靠制动，且轿底倾斜度不应大于 5%。

额定载重量与轿厢最大有效面积之间的关系   表 8.5.1

额定载重量 (kg)	轿厢最大有效面积 (m²)	额定载重量 (kg)	轿厢最大有效面积 (m²)	额定载重量 (kg)	轿厢最大有效面积 (m²)	额定载重量 (kg)	轿厢最大有效面积 (m²)
100①	0.37	525	1.45	900	2.20	1275	2.95
180②	0.58	600	1.60	975	2.35	1350	3.10
225	0.70	630	1.66	1000	2.40	1425	3.25
300	0.90	675	1.75	1050	2.50	1500	3.40
375	1.10	750	1.90	1125	2.65	1600	3.56
400	1.17	800	2.00	1200	2.80	2000	4.20
450	1.30	825	2.05	1250	2.90	2500③	5.00

① 一人电梯的最小值。

② 二人电梯的最小值。

③ 额定载重量超过 2500kg 时，每增加 100kg 面积增加 0.16m²，对中间的载重量其面积由线性插入法确定。

5.11.3 层门与轿门的试验应符合下列规定：

层门与轿门的试验必须符合本规范第 4.11.3 条的规定。

检查方法：每层每门逐个检查。

5.11.4 超载试验必须符合下列规定：

当轿厢载有 120% 额定载荷时液压电梯严禁启动。

一般项目

5.11.5 液压电梯安装后应进行运行试验；轿厢在额定载重量工况下，按产品设计规定的每小时启动次数运行 1000 次（每天不少于 8h），液压电梯应平稳、制动可靠、连续运行无故障。

检查方法：电梯每完成一个启动、正常运行、停止过程计数一次。逐项对照检查。

5.11.6 噪声检验应符合下列规定：

1 液压电梯的机房噪声不应大于 85dB（A）；

2 乘客液压电梯和病床液压电梯运行中轿内噪声不应大于 55dB（A）；

3 乘客液压电梯和病床液压电梯的开关门过程噪声不应大于 65dB（A）。

（1）机房噪声

声级计的传声器在水平面上距驱动主机中心 1.0m，且距地面 1.5m 位置，取前、后、左、右同圆 4 点，在驱动主机上取 1 点，共计 5 点。分别测量上述 5 点的噪声值并记录，然后取平均值。

（2）运行中轿内噪声

声级计的传声器在轿厢内深度与宽度的中央，且距轿厢底面 1.5m，分别测量轿厢上行和下行两个方向直驶时的噪声并同时记录，取最大值。如果轿厢装有风扇，测量时应将风扇关闭。

（3）开关门噪声的测量

声级计的传声器分别置于层门和轿门宽度的中央，且距门 0.24m，距地面 1.5m，在候梯厅和轿内分别测量开、关门过程的噪声并同时记录，取最大值。

常见问题：

液压电梯在开关门过程噪声过大，原因是轿厢门与侧壁有摩擦，或者轿厢门与侧壁之间有障碍物。

5.11.7 平层准确度检验应符合下列规定：

液压电梯平层准确度应在 ±15mm 范围内。

（1）调整制动器弹簧压力精度，使其制动器闸瓦间隙四周均匀，且不小于 0.7mm。

（2）调小制动弹簧的压力，使其闸瓦的间隙四周均匀，保持间隙为 0.5mm 左右，控制在 0.7mm 之内。

（3）配重系统的配重块测重量校核平衡系数为 40%～50%。准确度、精度值必须符合设计规定的量化值。

（4）调整低速启动延时继电器，减少低速绕组电抗器抽头匝数，使其延迟动作时间缩短。

5.11.8 运行速度检验应符合下列规定：

空载轿厢上行速度与上行额定速度的差值不应大于上行额定速度的 8%；载有额定载

重量的轿厢下行速度与下行额定速度的差值不应大于下行额定速度的 8%。

5.11.9 额定载重量沉降量试验应符合下列规定：

载有额定载重量的轿厢停靠在最高层站时，停梯 10min，沉降量不应大于 10mm，但因油温变化而引起的油体积缩小所造成的沉降不包括在 10mm 内。

5.11.10 液压泵站溢流阀压力检查应符合下列规定：

液压泵站上的溢流阀应设定在系统压力为满载压力的 140%～170% 时动作。

5.11.11 超压静载试验应符合下列规定：

轿厢停靠在最高层站，在液压顶升机构和截止阀之间施加 200% 的满载压力，持续 5min 后，液压系统应完好无损。

5.11.12 观感检查应符合本规范第 4.11.10 条的规定。

8.6 自动扶梯、自动人行道安装工程质量验收

6.1 设备进场验收
主控项目

6.1.1 必须提供以下资料：

1 技术资料

1) 梯级或踏板的型式试验报告复印件，或胶带的断裂强度证明文件复印件；

2) 对公共交通型自动扶梯、自动人行道应有扶手带的断裂强度证书复印件。

2 随机文件

1) 土建布置图；

2) 产品出厂合格证。

梯级、踏板或胶带是直接运输乘客和承受乘客质量的部件，如果在自动扶梯、自动人行道运行过程中发生损坏（如断裂或塌陷），则会造成人身伤害事故，因此规范要求应提供它们的型式试验报告或断裂强度证明文件的复印件。这些技术文件应与所安装的产品相符，也就是对于自动扶梯，应提供所用梯级的型式试验报告复印件；对于采用踏板的自动人行道，应提供所用踏板的型式检验报告复印件；对于采用胶带的自动人行道，应提供所用胶带的断裂强度证明文件复印件。

公共交通型自动扶梯和自动人行道应满足以下条件：

（1）属于一个公共交通系统的组成部分，包括入口或出口；

（2）每周约正常运行 140h，且在任何 3h 的时间间隔内，达到 100% 制动荷载，持续运行的时间不少于 0.5h。

公共交通型自动扶梯、自动人行道比普通型（非公共交通型）的使用位置重要、工作强度大，若发生扶手带断裂，造成的危害也比较大，因此要求公共交通型自动扶梯、自动人行道应提供扶手带破断荷载至少为 25kN 的断裂强度证明书复印件。根据《自动扶梯和自动人行道的制造与安装安全规范》（GB 16899—2011），如果没有提供此款要求的技术文件，则应装设在扶手带断裂时能使公共交通型自动扶梯、自动人行道停止运行的装置（扶手带断裂检测装置）。

检查方法：检查技术资料和随机文件。

一般项目

6.1.2　随机文件还应提供以下资料：

1　装箱单；

2　安装、使用维护说明书；

3　动力电路和安全电路的电气原理图。

检查方法：检查随机文件。

6.1.3　设备零部件应与装箱单内容相符。

检查方法：现场清点并与装箱单比对。

6.1.4　设备外观不应存在明显的损坏。

检查方法：观察检查。

6.2　土建交接检验

主控项目

6.2.1　自动扶梯的梯级或自动人行道的踏板或胶带上空，垂直净高度严禁小于2.3m。

检查方法：对照电梯土建布置图进行检查，主要检查扶梯或自动人行道必须有足够的净空高度，满足设备的安装。

6.2.2　在安装之前，井道周围必须设有保证安全的栏杆或屏障，其高度严禁小于1.2m。

此条为强制性条文。

1）安全栏杆或屏障应从楼层地面起不大于0.15m的高度向上延伸至不小于1.2m，应采用可拆除结构，但应与建筑物连接，目的是防止其他人员将其移走或翻到。

2）电梯安装工程施工人员在没有安装该楼层层门前，不得拆除该层安全栏杆或屏障。安全栏杆或屏障应采用黄色或设有提醒人们注意的警示性标语。

3）安全栏杆或屏障的杆件材料规格及连接、结构宜符合《建筑施工高处作业安全技术规范》（JGJ 80—1991）第三章的相应规定。

一般项目

6.2.3　土建工程应按照土建布置图进行施工，且其主要尺寸允许误差应为：

提升高度—15～+15mm；跨度0～+15mm。

检查方法：尺量检查。保证预留的提升高度和跨度在要求的范围内。

6.2.4　根据产品供应商的要求应提供设备进场所需的通道和搬运空间。

6.2.5　在安装之前，土建施工单位应提供明显的水平基准线标识。

检查方法：由土建施工方提供，在建设（监理）单位确认下，办理有关交接验收手续后，由电梯安装单位接受。

6.2.6　电源零线和接地线应始终分开。接地装置的接地电阻值不应大于4Ω。

检查方法：在进行交接试验时，由电源和接地装置的施工责任方交电梯安装施工单位。

6.3　整机安装验收

主控项目

6.3.1　在下列情况下，自动扶梯、自动人行道必须自动停止运行，且第4款至第11款情况下的开关断开的动作必须通过安全触点或安全电路来完成。

1　无控制电压；

2　电路接地的故障；

3 过载;

4 控制装置在超速和运行方向非操纵逆转下动作;

5 附加制动器 (如果有) 动作;

6 直接驱动梯级、踏板或胶带的部件 (如链条或齿条) 断裂或过分伸长;

7 驱动装置与转向装置之间的距离 (无意性) 缩短;

8 梯级、踏板或胶带进入梳齿板处有异物夹住,且产生损坏梯级、踏板或胶带支撑结构;

9 无中间出口的连续安装的多台自动扶梯、自动人行道中的一台停止运行;

10 扶手带入口保护装置动作;

11 梯级或踏板下陷。

6.3.2 应测量不同回路导线对地的绝缘电阻。测量时,电子元件应断开。导体之间和导体对地之间的绝缘电阻应大于 $1000\Omega/V$,且其值必须大于:

1 动力电路和电气安全装置电路 $0.5M\Omega$;

2 其他电路 (控制、照明、信号等) $0.25M\Omega$。

6.3.3 电气设备接地必须符合本规范第 4.10.1 条的规定。

一般项目

6.3.4 整机安装检查应符合下列规定:

1 梯级、踏板、胶带的楞齿及梳齿板应完整、光滑;

2 在自动扶梯、自动人行道入口处应设置使用须知的标牌;

3 内盖板、外盖板、围裙板、扶手支架、扶手导轨、护壁板接缝应平整。接缝处的凸台不应大于 0.5mm;

4 梳齿板梳齿与踏板面齿槽的啮合深度不应小于 6mm;

5 梳齿板梳齿与踏板面齿槽的间隙不应小于 4mm;

6 围裙板与梯级、踏板或胶带任何一侧的水平间隙不应大于 4mm,两边的间隙之和不应大于 7mm。当自动人行道的围裙板设置在踏板或胶带之上时,踏板表面与围裙板下端之间的垂直间隙不应大于 4mm。当踏板或胶带有横向摆动时,踏板或胶带的侧边与围裙板垂直投影之间不得产生间隙;

7 梯级间或踏板间的间隙在工作区段内的任何位置,从踏面测得的两个相邻梯级或两个相邻踏板之间的间隙不应大于 6mm。在自动人行道过渡曲线区段,踏板的前缘和相邻踏板的后缘啮合,其间隙不应大于 8mm;

8 护壁板之间的空隙不应大于 4mm。

检查方法:逐项检查。

6.3.5 性能试验应符合下列规定:

1 在额定频率和额定电压下,梯级、踏板或胶带沿运行方向空载时的速度与额定速度之间的允许偏差为 ±5%。

在直线运行段,用秒表、卷尺测量空载运行时的时间和距离,并计算运行速度,检查是否符合要求。也可用转速表测量梯级踏板或胶带的速度,然后计算。

2 扶手带的运行速度相对梯级、踏板或胶带的速度允许偏差为 0～+2%。

检查方法:逐项检查。

6.3.6　自动扶梯、自动人行道制动试验应符合下列规定：

　　1　自动扶梯、自动人行道应进行空载制动试验，制停距离应符合表 6.3.6-1（本书表 8.6.1）的规定。

制停距离　　　　　　　　　　　　　　表 8.6.1

额定速度 （m/s）	制停距离范围（m）	
	自动扶梯	自动人行道
0.5	0.20～1.00	0.20～1.00
0.65	0.30～1.30	0.30～1.30
0.75	0.35～1.50	0.35～1.50
0.90	—	0.40～1.70

　　注：若速度在上述数值之间，制停距离用插入法计算。制停距离应从电气制动装置动作开始测量。

　　2　自动扶梯应进行载有制动载荷的制停距离试验（除非制停距离可以通过其他方法检验），制动载荷应符合表 6.3.6-2（本书表 8.6.2）的规定，制停距离应符合表 6.3.6-1（本书表 8.6.1）的规定；对自动人行道，制造商应提供按载有表 6.3.6-2（本书表 8.6.2）规定的制动载荷计算的制停距离，且制停距离应符合表 6.3.6-1（本书表 8.6.1）的规定。

制动载荷　　　　　　　　　　　　　　表 8.6.2

梯级、踏板或胶带 的名义宽度（m）	自动扶梯每个梯级 上的载荷（kg）	自动人行道每 0.4m 长度上的载荷（kg）
$z \leqslant 0.6$	60	50
$0.6 < z \leqslant 0.8$	90	75
$0.8 < z \leqslant 1.1$	120	100

　　注：1. 自动扶梯受载的梯级数量由提升高度除以最大可见梯级踢板高度求得，在试验时允许将总制动载荷分布在所求得的 2/3 的梯级上。

　　　　2. 当自动人行道倾斜角不大于 6°，踏板或胶带的名义宽度大于 1.1m 时，宽度每增加 0.3m，制动载荷应在每 0.4m 长度上增加 25kg；

　　　　3. 当自动人行道在长度范围内有多个不同倾斜角度（高度不同）时，制动载荷应仅考虑到那些组合成最不利载荷的水平区段和倾斜区段。

　　检查方法：逐项检查。对于倾斜角度大于 6°的自动人行道，踏板或胶带的名义宽度不应大于 1.1m。

6.3.7　电气装置还应符合下列规定：

　　1　主电源开关不应切断电源插座、检修和维护所必需的照明电源。

　　2　配线应符合本规范第 4.10.4、4.10.5、4.10.6 条的规定。

　　检查方法：逐项检查。

6.3.8　观感检查应符合下列规定：

　　1　上行和下行自动扶梯、自动人行道，梯级、踏板或胶带与围裙板之间应无刮碰现象（梯级、踏板或胶带上的导向部分与围裙板接触除外），扶手带外表面应无刮痕。

　　2　对梯级（踏板或胶带）、梳齿板、扶手带、护壁板、围裙板、内外盖板、前沿板及活动盖板等部位的外表面应进行清理。

检查方法：逐项检查。

8.7 分部（子分部）工程质量验收

7.0.1 分项工程质量验收合格应符合下列规定：

1 各分项工程中的主控项目应进行全验，一般项目应进行抽验，且均应符合合格质量规定。可按附录C表C记录（本书略去附录C表C）。

2 应具有完整的施工操作依据、质量检查记录。

7.0.2 分部（子分部）工程质量验收合格应符合下列规定：

1 子分部工程所含分项工程的质量均应验收合格且验收记录应完整。子分部可按附录D表D（本书略去附录D表D）记录。

2 分部工程所含子分部工程的质量均应验收合格。分部工程质量验收可按附录E表E（本书略去附录E表E）记录汇总。

3 质量控制资料应完整。

质量控制资料主要包括下列内容：

（1）土建布置图纸会审、设计变更、洽商记录；

（2）设备出厂合格证书及开箱检验记录；

（3）隐蔽工程验收记录；

（4）施工记录；

（5）接地、绝缘电阻测试记录；

（6）负荷试验、安全装置检查记录；

（7）分项、分部工程质量验收记录。

4 观感质量应符合本规范要求。

具体要求如下：

（1）轿门带动层门开、关运行，门扇与门扇、门扇与门套、门扇与门楣、门扇与门口处轿壁、门扇下端与地坎应无刮碰现象；

（2）门扇与门扇、门扇与门套、门扇与门楣、门扇与门口处轿壁、门扇下端与地坎之间各自的间隙在整个长度上应基本一致；

（3）对机房（如果有）、导轨支架、底坑、轿顶、轿内、轿门、层门及门地坎等部位应进行清理。

7.0.3 当电梯安装工程质量不合格时，应按下列规定处理：

1 经返工重做、调整或更换部件的分项工程，应重新验收；

2 通过以上措施仍不能达到本规范要求的电梯安装工程，不得验收合格。

第 9 章　智能建筑工程

本章根据《智能建筑工程质量验收规范》（GB 50339—2013）编写。《智能建筑工程质量验收规范》（GB 50339—2013）是在 GB 50339—2003 的基础上进行修编的，于 2014 年 2 月 1 日实施。本书中章节号按本书的序号编排，本章中条款号按《智能建筑工程质量验收规范》（GB 50339—2013）编写。

9.1　基　本　规　定

1.0.1　为加强智能建筑工程质量管理，规范智能建筑工程质量验收，规定智能建筑工程质量检测和验收的组织程序和合格评定标准，保证智能建筑工程质量，制定本规范。

明确规范制定的目的。本规范中智能建筑工程是指建筑智能化系统工程。

1.0.2　本规范适用于新建、扩建和改建工程中的智能建筑工程的质量验收。

1.0.3　智能建筑工程的质量验收除应符合本规范外，尚应符合国家现行有关标准的规定。

1. 规范根据《建筑工程施工质量验收统一标准》（GB 50300）规定的原则编制，执行本规范时还应与《智能建筑设计标准》（GB/T 50314）和《智能建筑工程施工规范》（GB 50606）配套使用；

2. 规范所引用的国家现行标准是指现行的工程建设国家标准和行业标准；

3. 合同和工程文件中要求采用国际标准时，应按要求采用适用的国际标准，但不应低于本规范的规定。

9.2　术语和符号

2.1　术语

2.1.1　系统检测 system checking and measuring

建筑智能化系统安装、调试、自检完成并经过试运行后，采用特定的方法和仪器设备对系统功能和性能进行全面检查和测试并给出结论。

2.1.2　整改 rectification

对工程中的不合格项进行修改和调整，使其达到合格的要求。

2.1.3　试运行 trial running

建筑智能化系统安装、调试和自检完成后，系统按规定时间进行连续运行的过程。

2.1.4　项目监理机构 project supervision

监理单位派驻工程项目负责履行委托监理合同的组织机构。

2.1.5　验收小组 acceptance group

工程验收时，建设单位组织相关人员形成的、承担验收工作的临时机构。

<h2 style="text-align:center">2.2　符　号</h2>

HFC——混合光纤同轴网

ICMP——因特网控制报文协议

IP——网络互联协议

PCM——脉冲编码调制

QoS——服务质量保证

VLAN——虚拟局域网

<h1 style="text-align:center">9.3　基 本 规 定</h1>

<h3 style="text-align:center">3.1　一般规定</h3>

3.1.1　智能建筑工程质量验收应包括工程实施的质量控制、系统检测和工程验收。

　　为贯彻"验评分离、强化验收、完善手段、过程控制"的十六字方针，根据智能建筑的特点，将智能建筑工程质量验收过程划分为"工程实施的质量控制"、"系统检测"和"工程验收"三个阶段。

3.1.2　智能建筑工程的子分部工程和分项工程划分应符合表3.1.2（本书表9.3.1）的规定。

智能建筑工程的子分部工程和分项工程划分　　　　　　　表 9.3.1

子分部工程	分项工程
智能化集成系统	设备安装，软件安装，接口及系统调试，试运行
信息接入系统	安装场地检查
用户电话交换系统	线缆敷设，设备安装，软件安装，接口及系统调试，试运行
信息网络系统	计算机网络设备安装，计算机网络软件安装，网络安全设备安装，网络安全软件安装，系统调试，试运行
综合布线系统	梯架、托盘、槽盒和导管安装，线缆敷设，机柜、机架、配线架的安装，信息插座安装，链路或信道测试，软件安装，系统调试，试运行
移动通信室内信号覆盖系统	安装场地检查
卫星通信系统	安装场地检查
有线电视及卫星电视接收系统	梯架、托盘、槽盒和导管安装，线缆敷设，设备安装，软件安装，系统调试，试运行
公共广播系统	梯架、托盘、槽盒和导管安装，线缆敷设，设备安装，软件安装，系统调试，试运行
会议系统	梯架、托盘、槽盒和导管安装，线缆敷设，设备安装，软件安装，系统调试，试运行
信息导引及发布系统	梯架、托盘、槽盒和导管安装，线缆敷设，显示设备安装，机房设备安装，软件安装，系统调试，试运行
时钟系统	梯架、托盘、槽盒和导管安装，线缆敷设，设备安装，软件安装，系统调试，试运行
信息化应用系统	梯架、托盘、槽盒和导管安装，线缆敷设，设备安装，软件安装，系统调试，试运行
建筑设备监控系统	梯架、托盘、槽盒和导管安装，线缆敷设，传感器安装，执行器安装，控制器、箱安装，中央管理工作站和操作分站设备安装，软件安装，系统调试，试运行
火灾自动报警系统	梯架、托盘、槽盒和导管安装，线缆敷设，探测器类设备安装，控制器类设备安装，其他设备安装，软件安装，系统调试，试运行

子分部工程	分项工程
安全技术防范系统	梯架、托盘、槽盒和导管安装，线缆敷设，设备安装，软件安装，系统调试，试运行
应急响应系统	设备安装，软件安装，系统调试，试运行
机房工程	供配电系统，防雷与接地系统，空气调节系统，给水排水系统，综合布线系统，监控与安全防范系统，消防系统，室内装饰装修，电磁屏蔽，系统调试，试运行
防雷与接地	接地装置，接地线，等电位联结，屏蔽设施，电涌保护器，线缆敷设，系统调试，试运行

对于单位建筑工程，智能建筑工程为其中的一个分部工程。根据智能建筑工程的特点，本规范按照专业系统及类别划分为若干子分部工程，再按照主要工种、材料、施工工艺和设备类别等划分为若干分项工程。

不同功能的建筑还可能配置其他相关的专业系统，如医院的呼叫对讲系统、体育场馆的升旗系统、售验票系统等等，可根据工程项目内容补充作为子分部工程进行验收。

3.1.3　系统试运行应连续进行120h。试运行中出现系统故障时，应重新开始计时，直至连续运行满120h。

工程施工完成后，通电进行试运行是对系统运行稳定性观察的重要阶段，也是对设备选用、系统设计和实际施工质量的直接检验。试运行必须是连续的、不间断的，当有联动功能时需要联动试运行。试运行中如出现系统故障，应在排除故障后，重新开始试运行直至满120h。

常见问题：

（1）各系统施工完成后没有进行120h的连续试运行；

（2）各系统虽然进行了120h的连续试运行，但是没有做试运行记录；

（3）系统在试运行期间出现故障，排除故障后没有重新进行120h的试运行。

3.2　工程实施的质量控制

3.2.1　工程实施的质量控制应检查下列内容：

　　1　施工现场质量管理检查记录；

　　2　图纸会审记录；存在设计变更和工程洽商时，还应检查设计变更记录和工程洽商记录；

　　3　设备材料进场检验记录和设备开箱检验记录；

　　4　隐蔽工程（随工检查）验收记录；

　　5　安装质量及观感质量验收记录；

　　6　自检记录；

　　7　分项工程质量验收记录；

　　8　试运行记录。

这是关于智能建筑工程实施的质量控制检查内容的基本规定，各系统还应根据其各自的特点，检查其特有的记录。施工过程的质量控制还应符合现行国家标准《建筑工程施工质量验收统一标准》（GB 50300）和《智能建筑工程施工规范》（GB 50606）的规定。

3.2.2　施工现场质量管理检查记录应由施工单位填写、项目监理机构总监理工程师（或建设单位项目负责人）作出检查结论，且记录的格式应符合本规范附录A（本书表9.3.2）的规定。

施工现场质量管理检查记录　　　　　　　　表 9.3.2

			资料编号	
工程名称			施工许可证（开工证）	
建设单位			项目负责人	
设计单位			项目负责人	
监理单位			总监理工程师	
施工单位		项目经理		项目技术负责人
序号	项目		内容	
1	现场质量管理制度			
2	质量责任制			
3	施工安全技术措施			
4	主要专业工种操作上岗证书			
5	施工单位资质与管理制度			
6	施工图审查情况			
7	施工组织设计、施工方案及审批			
8	施工技术标准			
9	工程质量检验制度			
10	现场设备、材料存放与管理			
11	检测设备、计量仪表检验			

检查结论：

总监理工程师
（建设单位项目负责人）　　　　　　　　　　　　　　　　　　　　　年　月　日

施工现场质量管理检查方法及要求参考《建筑工程施工质量验收统一标准》（GB 50300—2013）第 3.0.1 条。

3.2.3　图纸会审记录、设计变更记录和工程洽商记录应符合现行国家标准《智能建筑工程施工规范》（GB 50606）的规定。

3.2.4　设备材料进场检验记录和设备开箱检验记录应符合下列规定：

　　1　设备材料进场检验记录应由施工单位填写、监理（建设）单位的监理工程师（项目专业工程师）作出检查结论，且记录的格式应符合本规范附录 B 的表 B.0.1（本书表 9.3.3）的规定；

　　2　设备开箱检验记录应符合现行国家标准《智能建筑工程施工规范》（GB 50606）的规定。

				生产厂家			
				资料编号			
工程名称				检验日期			
序号	名称	规格型号	进场数量	生产厂家 合格证号	检验项目	检验结果	备注
检验结论：							
签字栏	施工单位		专业质检员		专业工长		检验员
	监理（建设）单位				专业工程师		

设备材料进场验收时，验收记录应明确设备、材料的数量，拟用部位，如果有复试要求的，抽样复试时还应标明复试设备或材料所代表的批次，以便在以后的抽检或复试时发现有不符合设计或规范的情况，能够及时、有针对性地进行处理。设备材料进场验收不合格的，严禁进入施工现场，应做退场处理。

常见问题：

设备材料进场验收记录没有监理工程师（建设单位项目专业工程师）签字确认。

3.2.5　隐蔽工程（随工检查）验收记录应由施工单位填写、监理（建设）单位的监理工程师（项目专业工程师）作出检查结论，且记录的格式应符合本规范附录 B 的表 B.0.2（本书表 9.3.4）的规定。

隐蔽工程（随工检查）验收记录　　　　　　　　　表 9.3.4

				资料编号		
工程名称						
隐检项目				检验日期		
隐检部位			层　　　　轴线　　　　标高			
隐检依据：施工图图号＿＿＿＿＿＿，设计变更/洽商（编号＿＿＿＿＿＿）及有关国家现行标准等。 主要材料名称及规格/型号：＿＿＿＿＿＿＿＿＿＿＿＿＿＿＿＿＿＿＿＿＿＿＿＿＿＿＿＿＿＿＿＿＿ ＿＿						
隐检内容： 申报人：						
检查意见： 检查结论：　　　　　　　　　　　　　□同意隐检　□不同意，修改后进行复查						
复查结论： 复查人：　　　　　　　　　　　　　　　　　复查日期：						
签字栏	施工单位		专业技术负责人		专业质检员	专业工长
	监理（建设）单位				专业工程师	

常见问题：

隐蔽工程验收记录不全。凡隐蔽工程，不论大小、多少，在隐蔽前都应该进行隐蔽工程验收，并做好隐蔽验收记录。隐蔽工程验收尽可能与检验批一致，便于操作。

3.2.6　安装质量及观感质量验收记录应由施工单位填写、监理（建设）单位的监理工程师（项目专业工程师）作出检查结论，且记录的格式应符合本规范附录B的表B.0.3（本书表9.3.5）的规定。

安装质量及观感质量验收记录　　　　　　　　　　　表9.3.5

							资料编号									
工程名称																
系统名称								检查日期								
检查项目 检查部位	1	2	3	4	5	1	2	3	4	5	1	2	3	4	5	
检查结论：																
签字栏	施工单位				专业技术负责人		专业质检员			专业工长						
	监理（建设）单位							专业工程师								

3.2.7　自检记录由施工单位填写、施工单位的专业技术负责人作出检查结论，且记录的格式应符合本规范附录B的表B.0.4（本书表9.3.6）的规定。

自检记录　　　　　　　　　　　表9.3.6

工程名称		编号	
系统名称		检测部位	
施工单位		项目经理	
执行标准名称及编号			
主控项目	自检内容	自检结果	备注
		合格　不合格	
一般项目			
强制性条文			
施工单位的自检结论			
		专业技术负责人 　　年　月　日	

注：1. 自检结果栏中，左列打"√"为合格，右列打"√"为不合格；
　　2. 备注栏内填写自检时出现的问题。

462

3.2.8 分项工程质量验收记录应由施工单位填写、施工单位的专业技术负责人作出检查结论、监理（建设）单位的监理工程师（项目专业技术负责人）作出验收结论，且记录的格式应符合本规范附录B的表B.0.5（本书表9.3.7）的规定。

分项工程质量验收记录表 表9.3.7

工程名称			结构类型	
分部（子分部）工程名称			检验批数	
施工单位			项目经理	
序号	检验批名称、部位、区段	施工单位检查评定结果	监理（建设）单位验收结论	
1				
2				
3				
说明				
检查结论	施工单位专业技术负责人： 年 月 日		验收结论	监理工程师： （建设单位项目专业技术负责人） 年 月 日

3.2.9 试运行记录应由施工单位填写、监理（建设）单位的监理工程师（项目专业工程师）作出检查结论，且记录的格式应符合本规范附录B的表B.0.6（本书表9.3.8）的规定。

试运行记录 表9.3.8

			资料编号		
工程名称					
系统名称			试运行部位		
序号	日期/时间	系统试运转记录	值班人	备注	
				系统试运转记录栏中，注明正常/不正常，并每班至少填写一次；不正常的要说明情况（包括修复日期）	
结论：					
签字栏	施工单位		专业技术负责人	专业质检员	施工员
	监理（建设）单位			专业工程师	

3.2.10 软件产品的质量控制除应检查本规范第3.2.4条规定的内容外，尚应检查文档资料和技术指标，并应符合下列规定：

1 商业软件的使用许可证和使用范围应符合合同要求；

2 针对工程项目编制的应用软件，测试报告中的功能和性能测试结果应符合工程项目的合同要求。

软件产品分为商业软件和针对项目编制的应用软件两类。

商业软件包括：操作系统软件、数据库软件、应用系统软件、信息安全软件和网管软件等；商业化的软件应提供完整的文档，包括：安装手册、使用和维护手册等。

针对项目编制的应用软件包括：用户应用软件、用户组态软件及接口软件等；针对项目编制的软件应提供完整的文档，包括：软件需求规格说明、安装手册、使用和维护手册及软件测试报告等。

3.2.11 接口的质量控制除应检查本规范第 3.2.4 条规定的内容外，尚应符合下列规定：

1 接口技术文件应符合合同要求；接口技术文件应包括接口概述、接口框图、接口位置、接口类型与数量、接口通信协议、数据流向和接口责任边界等内容；

2 根据工程项目实际情况修订的接口技术文件应经过建设单位、设计单位、接口提供单位和施工单位签字确认；

3 接口测试文件应符合设计要求；接口测试文件应包括测试链路搭建、测试用仪器仪表、测试方法、测试内容和测试结果评判等内容；

4 接口测试应符合接口测试文件要求，测试结果记录应由接口提供单位、施工单位、建设单位和项目监理机构签字确认。

接口通常由接口设备及与之配套的接口软件构成，实现系统之间的信息交互。接口是智能建筑工程中出现问题最多的环节，因此本条对接口的检测验收程序和要求作了专门规定。

由于接口涉及智能建筑工程施工单位和接口提供单位，且需要多方配合完成，建设单位（项目监理机构）在设计阶段应组织相关单位提交接口技术文件和接口测试文件，这两个文件均需各方确认，在接口测试阶段应检查接口双方签字确认的测试结果记录，以保证接口的制造质量。

常见问题：

（1）接口不匹配。

（2）通信协议未开放。

3.3 系统检测

3.3.1 系统检测应在系统试运行合格后进行。

3.3.2 系统检测前应提交下列资料：

1 工程技术文件；

2 设备材料进场检验记录和设备开箱检验记录；

3 自检记录；

4 分项工程质量验收记录；

5 试运行记录。

3.3.3 系统检测的组织应符合下列规定：

1 建设单位应组织项目检测小组；

2 项目检测小组应指定检测负责人；

3 公共机构的项目检测小组应由有资质的检测单位组成。

系统检测应由建设单位组织专人进行。因为智能建筑与信息技术密切相关，应用新技术和新产品多，且技术发展迅速，进行智能建筑工程的系统检测应有合格的检测人员和相关的检测设备。

公共机构是指全部或部分使用财政性资金的国家机关、事业单位和团体组织；为保证工程质量，也由于智能建筑工程各系的专业性，系统检测应由建设单位委托具有相关资质的专业检测机构实施。

智能建筑工程专业检测机构的资质目前有几种：①通过智能建筑工程检测的计量（CMA）认证，取得《计量认证证书》；②省（市）以上政府建设行政主管部门颁发的《智能建筑工程检测资质证书》；③中国合格评定国家认可委员会（CNAS）试验室认可评审的《试验室认可证书》和《检查机构认可证书》，通过认可的检查机构既可以出具《智能建筑工程检测报告》，也可以出具《智能建筑工程检查/鉴定报告》。

常见问题：

（1）工程没有成立项目检测小组，没有指定检测负责人，系统检测记录无检测负责人签字。

（2）公共机构检测没有委托有资质的检测机构检测。

3.3.4 系统检测应符合下列规定：

1 应依据工程技术文件和本规范规定的检测项目、检测数量及检测方法编制系统检测方案，检测方案应经建设单位或项目监理机构批准后实施；

2 应按系统检测方案所列检测项目进行检测，系统检测的主控项目和一般项目应符合本规范附录C的规定；

3 系统检测应按照先分项工程，再子分部工程，最后分部工程的顺序进行，并填写《分项工程检测记录》、《子分部工程检测记录》和《分部工程检测汇总记录》；

4 分项工程检测记录由检测小组填写，检测负责人作出检测结论，监理（建设）单位的监理工程师（项目专业技术负责人）签字确认，且记录的格式应符合本规范附录C的表C.0.1（本书表9.3.9）的规定；

分项工程检测记录 表 9.3.9

工程名称		编号	
子分部工程			
分项工程名称		验收部位	
施工单位		项目经理	
施工执行标准名称及编号			
检测项目及抽检数	检测记录	备注	
检测结论：			
监理工程师签字 （建设单位项目专业技术负责人） 　年　　月　　日		检测负责人签字 　　年　　月　　日	

5 子分部工程检测记录由检测小组填写，检测负责人作出检测结论，监理（建设）单位的监理工程师（项目专业技术负责人）签字确认，且记录的格式应符合本规范附录C的表C.0.2（本书表9.3.10）～表C.0.16的规定；

表C.0.2～表C.0.16为各个子分部工程的主控项目和一般项目的检测内容和规范条款及表头和表尾组成，其表格的格式均和表C.0.2（本书表9.3.10）一致，本书列出表C.0.2（本书表9.3.10），其他表格不一一列出，仅列出主控项目、一般项目和规范条款。

智能化集成系统子分部工程检测记录 表 9.3.10

工程名称				编号			
子分部名称	智能化集成系统			检测部位			
施工单位				项目经理			
执行标准名称及编号							
	检测内容	规范条款	检测结果记录	结果评价		备注
				合格	不合格	
主控项目	接口功能	4.0.4				
	集中监视、储存和统计功能	4.0.5				
	报警监视及处理功能	4.0.6				
	控制和调节功能	4.0.7				
	联动配置及管理功能	4.0.8				
	权限管理功能	4.0.9				
	冗余功能	4.0.10				
一般项目	文件报表生成和打印功能	4.0.11				
	数据分析功能	4.0.12				

检测结论：

监理工程师签字
（建设单位项目专业技术负责人）

检测负责人签字

年　月　日　　　　　　　　　　　　　　年　月　日

注：1. 结果评价栏中，左列打"√"为合格，右列打"√"为不合格；
　　2. 备注栏内填写检测时出现的问题。

C.0.3　用户电话交换系统子分部工程检测

主控项目：6.0.5 条业务测试、信令方式测试、系统互通测试、网络管理测试、计费功能测试。

C.0.4　信息网络系统子分部工程检测

主控项目：7.2.3 条计算机网络系统连通性，7.2.4 条计算机网络系统传输时延和丢包率，7.2.5 条计算机网络系统路由，7.2.6 条计算机网络系统组播功能，7.2.7 条计算机网络系统 QoS 功能，7.2.8 条计算机网络系统容错功能，7.2.9 条计算机网络系统无线局域网的功能，7.3.2 条网络安全系统安全保护技术措施，7.3.3 条网络安全系统安全审计功能，7.3.4 条网络安全系统有物理隔离要求的网络的物理隔离检测，7.3.5 条网络安全系统无线接入认证的控制策略。

一般项目：7.2.10 条计界机网络系统网络管理功能，7.3.6 网络安全系统远程管理时，防窃听措施。

C.0.5　综合布线系统子分部工程检测

主控项目：8.0.5 条对绞电缆链路或信道和光纤链路或信道的检测。

一般项目：8.0.6 条标签和标识检测，综合布线管理软件功能，8.0.7 条电子配线架管理软件。

C.0.6　有线电视及卫星电视接收系统子分部工程检测

主控项目：11.0.3条客观测试，11.0.4主观评价。

一般项目：11.0.5条HFC网络和双向数字电视系统下行测试，11.0.6条HFC网络和双向数字电视系统上行测试，11.0.7条有线数字电视主观评价。

C.0.7　公共广播系统子分部工程检测

主控项目：12.0.4条公共广播系统的应备声压级，12.0.5条主观评价，12.0.6紧急广播的功能和性能。

一般项目：12.0.7条业务广播和背景广播的功能，12.0.8条公共广播系统的声场不均匀度、漏出声衰减及系统设备信噪比，12.0.9条公共广播系统的扬声器分布。

强制性条文：12.0.2条当紧急广播系统具有火灾应急广播功能时，应检查传输线缆、槽盒和导管的防火保护措施。

C.0.8　会议系统子分部工程检测

主控项目：13.0.5条会议扩声系统声学特性指标，13.0.6条会议视频显示系统显示特性指标，13.0.7具有会议电视功能的会议灯光系统的平均照度值，13.0.8与火灾自动报警系统的联动功能。

一般项目：13.0.9条会议电视系统检测，13.0.10条其他系统检测。

C.0.9　信息导引及发布系统子分部工程检测

主控项目：14.0.3条系统功能，14.0.4条显示性能。

一般项目：14.0.5条自动恢复功能，14.0.6条系统终端设备的远程控制功能，14.0.7图像质量主观评价。

C.0.10　时钟系统子分部工程检测

主控项目：15.0.3条母钟与时标信号接收器同步、母钟对子钟同步校时的功能，15.0.4条平均瞬时日差指标，15.0.5条时钟显示的同步偏差，15.0.6条授时校准功能。

一般项目：15.0.7条母钟、子钟和时间服务器等运行状态的监测功能，15.0.8条自动恢复功能，15.0.9条系统的使用可靠性，15.0.10条有日历显示的时钟换历功能。

C.0.11　信息化应用系统子分部工程检测

主控项目：16.0.4条检查设备的性能指标，16.0.5条业务功能和业务流程，16.0.6条应用软件功能和性能测试，16.0.7应用软件修改后回归测试。

一般项目：16.0.8条应用软件功能和性能测试，16.0.9条运行软件产品的设备中与应用软件无关的软件检查。

C.0.12　建筑设备监控系统子分部工程检测

主控项目：17.0.5条暖通空调监控系统的功能，17.0.6条变配电监测系统的功能，17.0.7条公共照明监控系统的功能，17.0.8条给排水监控系统的功能，17.0.9条电梯和自动扶梯监测系统启停、上下行、位置、故障等运行状态显示功能，17.0.10条能耗监测系统能耗数据的显示、记录、统计、汇总及趋势分析等功能，17.0.11条中央管理工作站与操作分站功能及权限，17.0.12条系统实时性，17.0.13条系统可靠性。

一般项目：17.0.14条系统可维护性，17.0.15条系统性能评测项目。

C.0.13　安全技术防范系统子分部工程检测

主控项目：19.0.5条安全防范综合管理系统的功能，19.0.6条视频安防监控系统控制功能、监视功能、显示功能、存储功能、回放功能、报警联动功能和图像丢失报警功能，19.0.7条入侵报警系统的入侵报警功能、防破坏及故障报警功能、记录及显示功能、系统自检功能、系统报费响应时间、报警复核功能、报警声级、报警优先功能，19.0.8条出入口控制系统的出入目标识读装置功能、信息处理/控制设备功能、执行机构功能、报警功能和访客对讲功能，19.0.9条电子巡查系统的巡查设置功能、记录打印功能、管理功能，19.0.10条停车库（场）管理系统的识别功能、控制功能、报警功能、出票验票功能、管理功能和显示功能。

一般项目：19.0.11条监控中心管理软件中电子地图显示的设备位置，19.0.12条安全性及电磁兼容性。

C.0.14 应急响应系统子分部工程检测

主控项目：20.0.2条功能检测。

C.0.15 机房工程子分部工程检测

主控项目：21.0.4条供配电系统的输出电能质量，21.0.5条不间断电源的供电时延，21.0.6条静电防护措施，21.0.7条弱电间检测，21.0.8条机房供配电系统、防雷与接地系统、空气调节系统、给水排水系统、综合布线系统、监控与安全防范系统、消防系统、室内装饰装修和电磁屏蔽等系统检测。

C.0.16 防雷与接地子分部工程检测

主控项目：22.0.3条接地装置与接地连接点安装，22.0.3条接地导体的规格、敷设方法和连接方法，22.0.3条等电位联结带的规格、联结方法和安装位置，22.0.3条屏蔽设施的安装，22.0.3条电涌保护器的性能参数、安装位置、安装方式和连接导线规格。

强制性条文：22.0.4条智能建筑的接地系统必须保证建筑内各智能化系统的正常运行和人身、设备安全。

6 分部工程检测汇总记录由检测小组填写，检测负责人作出检测结论，监理（建设）单位的监理工程师（项目专业技术负责人）签字确认，且记录的格式应符合本规范附录C的表C.0.17（本书表9.3.11）的规定。

分部工程检测汇总记录 表 9.3.11

工程名称			编号		
设计单位		施工单位			
子分部名称	序号	内容及问题	检测结果		
			合格	不合格	
检测结论：					
			检测负责人签字		
			年 月 日		

注：在检测结果栏，按实际情况在相应空格内打"√"（左列打"√"为合格，右列打"√"为不合格）。

应根据工程技术文件以及本规范的相关规定来编制系统检测方案，项目如有特殊要求应在工程设计说明中包括系统功能及性能的要求。本条规定体现了动态跟进技术发展的思想，既能跟上技术的发展，又能做到检测要求合理和保证工程质量。

3.3.5 检测结论与处理应符合下列规定：

1 检测结论应分为合格和不合格；

2 主控项目有一项及以上不合格的，系统检测结论应为不合格；一般项目有两项及以上不合格的，系统检测结论应为不合格；

3 被集成系统接口检测不合格的，被集成系统和集成系统的系统检测结论均应为不合格；

4 系统检测不合格时，应限期对不合格项进行整改，并重新检测，直至检测合格。重新检测时抽检应扩大范围。

本条对检测结论与处理只做原则性规定，各系统将根据其自身特点和质量控制要求作出具体规定。

第3款由于智能建筑工程通常接口遇到的问题较多为保证各方对接口的重视，做此规定。凡是被集成系统接口检测不合格的，则判定为该系统和集成系统的系统检测均不合格。

常见问题：

(1) 集成系统接口检测不合格。

(2) 系统检测不合格，重新检测时没有扩大检测范围。

3.4 分部（子分部）工程验收

3.4.1 建设单位应按合同进度要求组织人员进行工程验收。

3.4.2 工程验收应具备下列条件：

1 按经批准的工程技术文件施工完毕；

2 完成调试及自检，并出具系统自检记录；

3 分项工程质量验收合格，并出具分项工程质量验收记录；

4 完成系统试运行，并出具系统试运行报告；

5 系统检测合格，并出具系统检测记录；

6 完成技术培训，并出具培训记录。

常见问题：

部分工程在智能建筑工程分部（子分部）验收时，运营单位尚未确定，无法进行培训，提供不了培训记录。

3.4.3 工程验收的组织应符合下列规定：

1 建设单位应组织工程验收小组负责工程验收；

2 工程验收小组的人员应根据项目的性质、特点和管理要求确定，并应推荐组长和副组长；验收人员的总数应为单数，其中专业技术人员的数量不应低于验收人员总数的50%；

3 验收小组应对工程实体和资料进行检查，并作出正确、公正、客观的验收结论。

第1款规定与《建筑工程施工质量验收统一标准》（GB 50300—2013）规定不一致，在《建筑工程施工质量验收统一标准》（GB 50300—2013）中规定，分部工程验收应由总监理工程师组织，本规范为了强调智能建筑工程的重要性和专业性，规定智能建筑工程分部验收由建设单位组织。

常见问题：

（1）分部验收由监理单位组织。

（2）工程验收组成员中，专业技术人员人数少于总数的1/2。

3.4.4 工程验收文件应包括下列内容：

  1 竣工图纸；

  2 设计变更记录和工程洽商记录；

  3 设备材料进场检验记录和设备开箱检验记录；

  4 分项工程质量验收记录；

  5 试运行记录；

  6 系统检测记录；

  7 培训记录和培训资料。

第1款竣工图纸包括系统设计说明、系统结构图、施工平面图和设备材料清单等内容。各系统如有特殊要求详见各章的相关规定。

第7款培训一般有现场操作、系统操作和使用维护等内容，根据各系统情况编制培训资料。

3.4.5 工程验收小组的工作应包括下列内容：

  1 检查验收文件；

  2 检查观感质量；

  3 抽检和复核系统检测项目。

本条所列验收内容是各系统在验收时应进行认真查验的内容，但不限于此内容。

第2款观感质量包括设备的布局合理性、使用方便性及外观等内容。

第3款主要是对在系统检测和试运行中发现问题的子系统或项目部分进行复检。

常见问题：

（1）抽检时发现系统功能不能实现，特别是系统间的联动功能。

（2）检查验收文件时发现资料不齐全。

3.4.6 工程验收的记录应符合下列规定：

  1 应由施工单位填写《分部（子分部）工程质量验收记录》，设计单位的项目负责人和项目监理机构总监理工程师（建设单位项目专业负责人）作出检查结论，且记录的格式应符合本规范附录D的表D.0.1（本书表9.3.12）的规定；

分部（子分部）工程质量验收记录　　　　　　　　　　　表9.3.12

工程名称		结构类型		层数	
施工单位		技术负责人		质量负责人	
序号	子分部（分项）工程名称	分项工程（检验批）数	施工单位检查评定		验收意见
1					
2	质量控制资料				
3	安全和功能检验（检测）报告				
4	观感质量验收				
验收单位	施工单位	项目经理			年　月　日
	设计单位	项目负责人			年　月　日
	监理（建设）单位				

2 应由施工单位填写《工程验收资料审查记录》，项目监理机构总监理工程师（建设单位项目负责人）作出检查结论，且记录的格式应符合本规范附录D的表D.0.2（本书表9.3.13）的规定；

工程验收资料审查记录　　　　　　　　　　　　　　　　表 9.3.13

工程名称		施工单位		
序号	资料名称	份数	审核意见	审核人
1	图纸会审、设计变更、洽商记录、竣工图及设计说明			
2	材料、设备出厂合格证及技术文件及进场检（试）验报告			
3	隐蔽工程验收记录			
4	系统功能测定及设备调试记录			
5	系统技术、操作和维护手册			
6	系统管理、操作人员培训记录			
7	系统检测报告			
8	工程质量验收记录			
结论				
施工单位项目经理：	总监理工程师： （建设单位项目负责人） 　　　　年　　月　　日			年　　月　　日

3 应由施工单位按表填写《验收结论汇总记录》，验收小组作出检查结论，且记录的格式应符合本规范附录D的表D.0.3（本书表9.3.14）的规定。

验收结论汇总记录　　　　　　　　　　　　　　　　表 9.3.14

工程名称		编号	
设计单位		施工单位	
工程实施的质量控制检验结论		验收人签名：	年　　月　　日
系统检测结论		验收人签名：	年　　月　　日
系统检测抽检结果		抽检人签名：	年　　月　　日
观感质量验收		验收人签名：	年　　月　　日
资料审查结论		审查人签名：	年　　月　　日
人员培训考评结论		考评人签名：	年　　月　　日
运行管理队伍及规章制度审查		审查人签名：	年　　月　　日
设计等级要求评定		评定人签名：	年　　月　　日
系统验收结论		验收小组组长签名： 日期：	
建议与要求：			
验收组长、副组长签名：			

注：1. 本汇总表须附本附录所有表格、行业要求的其他文件及出席验收会与验收机构人员名单（签到）。
　　2. 验收结论一律填写"合格"或"不合格"。

常见问题：

验收记录签字不全。

3.4.7 工程验收结论与处理应符合下列规定：

1 工程验收结论应分为合格和不合格；

2 本规范第3.4.4条规定的工程验收文件齐全、观感质量符合要求且检测项目合格时，工程验收结论应为合格，否则应为不合格；

3 当工程验收结论为不合格时，施工单位应限期整改，直到重新验收合格；整改后仍无法满足使用要求的，不得通过工程验收。

常见问题：

验收不合格时，没有不合格验收记录。

9.4 智能化集成系统

4.0.1 智能化集成系统的设备、软件和接口等的检测和验收范围应根据设计要求确定。

本系统的设备包括：集成系统平台与被集成子系统连通需要的综合布线设备、网络交换机、计算机网卡、硬线连接、服务器、工作站、网络安全、存储、协议转换设备等。

软件包括：集成系统平台软件（各子系统进行信息交互的平台，可进行持续开发和扩展功能，具有开放架构的成熟的应用软件）及基于平台的定制功能软件、数据库软件、操作系统、防病毒软件、网络安全软件、网管软件等。

接口是指被集成子系统与集成平台软件进行数据互通的通信接口。

集成功能包括下列内容：

1. 数据集中监视、统计和储存

通过统一的人机界面显示子系统各种数据并进行统计和存档，数据显示与被集成子系统一致，数据响应时间满足使用要求。能够支持的同时在线设备数量及用户数量、并发访问能力满足使用要求。

2. 报警监视及处理

通过统一的人机界面实现对各系统中报警数据的显示，并能提供画面和声光报警。可根据各种设备的有关性能指标，制定相应的报警规则，通过电脑显示器显示报警具体信息并打印，同时可按照预先设置发送给相应管理人员。报警数据显示与被集成子系统一致，数据响应时间满足使用要求。

3. 文件报表生成和打印能将报警、数据统计、操作日志等按用户定制格式，生成和打印报表。

4. 控制和调节通过集成系统设置参数，调节和控制子系统设备。控制响应时间满足使用要求。

5. 联动配置及管理通过集成系统配置子系统之间的联动策略，实现跨系统之间的联动控制等。控制响应时间满足使用要求。

6. 数据分析

提供历史数据分析，为第三方软件，例如：物业管理软件、办公管理软件、节能管理软件等提供设备运行情况、设备维护预警、节能管理等方面的标准化数据以及决策依据。

安全性包括：

1. 权限管理

具有集中统一的用户注册管理功能，并根据注册用户的权限，开放不同的功能。权限级别至少具有管理级、操作级、浏览级等。

2. 冗余

双机备份及切换、数据库备份、备用电源及切换和通信链路的冗余切换、故障自诊断、事故情况下的安全保障措施。

4.0.2　智能化集成系统检测应在被集成系统检测完成后进行。

4.0.3　智能化集成系统检测应在服务器和客户端分别进行，检测点应包括每个被集成系统。

　　关于系统检测的总体规定。其中检测点应包括各被集成系统，抽检比例或点数详见后续规定。

4.0.4　接口功能应符合接口技术文件和接口测试文件的要求，各接口均应检测，全部符合设计要求的应为检测合格。

4.0.5　检测集中监视、储存和统计功能时，应符合下列规定：

　　1　显示界面应为中文；

　　2　信息显示应正确，响应时间、储存时间、数据分类统计等性能指标应符合设计要求；

　　3　每个被集成系统的抽检数量宜为该系统信息点数的5％，且抽检点数不应少于20点，当信息点数少于20点时应全部检测；

　　4　智能化集成系统抽检总点数不宜超过1000点；

　　5　抽检结果全部符合设计要求的，应为检测合格。

　　关于抽检数量的确定，以大型公共建筑的智能化集成系统进行测算。大型公共建筑一般指建筑面积2万 m² 以上的办公建筑、商业建筑、旅游建筑、科教文卫建筑、通信建筑以及交通运输用房。对于2万 m² 的公共建筑，被集成系统通常包括：建筑设备监控系统，安全技术防范系统，火灾自动报警系统，公共广播系统，综合布线系统等。集成的信息包括数值、语音和图像等，总信息点数约为2000（不同功能建筑的系统配置会有不同），按5％比例的抽检点数约为100点，考虑到每个被集成系统都要抽检，规定每个被集成系统的抽检点数下限为20点。20万 m² 的大型公共建筑或集成信息点为2万的集成系统抽检总点数约为1000点，已涵盖绝大多数实际工程的使用范围，而且考虑到系统检测的周期和经费等问题，推荐抽检总点数不超过1000点。

4.0.6　检测报警监视及处理功能时，应现场模拟报警信号，报警信息显示应正确，信息显示响应时间应符合设计要求。每个被集成系统的抽检数量不应少于该系统报警信息点数的10％。抽检结果全部符合设计要求的，应为检测合格。

　　考虑到报警信息比较重要而且报警点也相对较少，抽检比例比第4.0.5条的规定增加一倍。

　　常见问题：

　　被集成系统的抽检数量不足。

4.0.7　检测控制和调节功能时，应在服务器和客户端分别输入设置参数，调节和控制效果应符合设计要求。各被集成系统应全部检测，全部符合设计要求的应为检测合格。

　　考虑到控制和调节点很少且重要，因此规定进行全检。

常见问题：

被集成系统没有全部检测。

4.0.8 检测联动配置及管理功能时，应现场逐项模拟触发信号，所有被集成系统的联动动作均应安全、正确、及时和无冲突。

与第4.0.7条类似，联动功能很重要，因此规定进行全检。

常见问题：

被集成系统没有全部检测。

4.0.9 权限管理功能检测应符合设计要求。

冗余功能包括双机备份及切换、数据库备份、备用电源及切换和通信链路冗余切换、故障自诊断，事故情况下的安全保障措施。

4.0.10 冗余功能检测应符合设计要求。

4.0.11 文件报表生成和打印功能应逐项检测。全部符合设计要求的应为检测合格。

4.0.12 数据分析功能应对各被集成系统逐项检测。全部符合设计要求的应为检测合格。

4.0.13 验收文件除应符合本规范第3.4.4条的规定外，尚应包括下列内容：

1 针对项目编制的应用软件文档；

2 接口技术文件；

3 接口测试文件。

常见问题：

验收时，不能够提供接口技术文件和接口测试文件，或者提供的接口测试文件不全。

9.5 信息接入系统

5.0.1 本章适用于对铜缆接入网系统、光缆接入网系统和无线接入网系统等信息接入系统设备安装场地的检查。

目前，智能建筑工程中信息接入系统大多由电信运营商或建设单位测试验收。本章仅为保障信息接入系统的通信畅通，对通信设备安装场地的检查提出技术要求。

5.0.2 信息接入系统的检查和验收范围应根据设计要求确定。

5.0.3 机房的净高、地面防静电、电源、照明、温湿度、防尘、防水、消防和接地等应符合通信工程设计要求。

常见问题：

机房接地不符合设计及规范要求。

5.0.4 预留孔洞位置、尺寸和承重荷载应符合通信工程设计要求。

9.6 用户电话交换系统

6.0.1 本章适用于用户电话交换系统、调度系统、会议电话系统和呼叫中心的工程实施的质量控制、系统检测和竣工验收。

考虑到用户电话交换设备本身可以具备调度功能、会议电话功能和呼叫中心功能，在用户容量较大时，可单独设置调度系统、会议电话系统和呼叫中心。因此，本章用户电话交换系统工程的验收还适用于调度系统、会议电话系统和呼叫中心的验收内容和要求。

6.0.2 用户电话交换系统的检测和验收范围应根据设计要求确定。

6.0.3 用户电话交换系统的机房接地应符合现行国家标准《通信局（站）防雷与接地工程设计规范》GB 50689 的有关规定。

6.0.4 对于抗震设防的地区，用户电话交换系统的设备安装应符合现行行业标准《电信设备安装抗震设计规范》YD 5059 的有关规定。

6.0.5 用户电话交换系统工程实施的质量控制除应符合本规范第 3 章的规定外，尚应检查电信设备入网许可证。

6.0.6 用户电话交换系统的业务测试、信令方式测试、系统互通测试、网络管理及计费功能测试等检测结果，应满足系统的设计要求。

考虑到在测试阶段一般不具备接入设备容量 20％以上的用户终端设备或电路的条件，为了满足整个智能建筑工程验收的进度要求，系统检测合格后，可进入智能建筑工程验收阶段。

待智能化系统通过验收，用户入驻，当接入的用户终端设备与电路容量满足试运转条件后，方可进行系统的试运转。系统试运转时间不应小于 3 个月，试运转期间设备运行应满足下列要求：

1. 试运转期间，因元器件损坏等原因，需要更换印制板的次数每月不应大于 0.04 次/100 户及 0.004 次/30 路 PCM。

2. 试运转期间，因软件编程错误造成的故障不应大于 2 件/月。

3. 呼叫测试：

局内接通率测试应符合下列规定：

a 处理器正常工作时，接通率不应小于 99％，b 处理器超负荷 20％时，接通率不应小于 95％。

局间接通率测试应符合下列规定：

a 处理器正常工作时，接通率不应小于 99.5％，b 处理器超负荷 20％时，接通率不应小于 97.5％。

常见问题：

用户电话交换系统的业务测试和系统互通测试不符合设计要求，局内接通率小于99％，局间接通率小于 99.5％。

9.7 信息网络系统

7.1 一般规定

7.1.1 信息网络系统可根据设备的构成，分为计算机网络系统和网络安全系统。信息网络系统的检测和验收范围应根据设计要求确定。

本条对信息网络系统所涉及的具体检测和验收范围进行界定。由于信息网络系统的含义较为宽泛，而智能建筑工程中一般只包括计算机网络系统和网络安全系统。因为信息网络系统是通信承载平台，会因承载业务和传输介质的不同而有不同的功能及检测要求，所以本章对信息网络系统进行了不同层次的划分以便于验收的实施。根据承载业务的不同，分为业务办公网和智能化设备网；根据传输介质的不同，分为有线网和无线网。

当前建筑智能化系统中存在大量采用 IP 网络架构的设备，本章规定了智能化设备网的验收内容。智能化设备网是指在建筑物内构建相对独立的 IP 网络，用于承载安全技术防范系统、建筑设备监控系统、公共广播系统、信息导引及发布系统等业务。智能化设备网可采用单独组网或统一组网的网络架构，并根据各系统的业务需求和数据特征，通过 VLAN、QoS 等保障策略对数据流量提供高可靠、高实时和高安全的传输承载服务。因智能化设备网承载的业务对网络性能具有特殊要求，故验收标准应与业务办公网有所差异。

7.1.2 对于涉及国家秘密的网络安全系统，应按国家保密管理的相关规定进行验收。

7.1.3 网络安全设备除应符合本规范第 3 章的规定外，尚应检查公安部计算机管理监察部门审批颁发的安全保护等信息系统安全专用产品销售许可证。

本规定根据公安部 1997 年 12 月 12 日下发的《计算机信息系统安全专用产品检测和销售许可证管理办法》制订。

常见问题：

未提供信息系统安全专用产品销售许可证。

7.1.4 信息网络系统验收文件除应符合本规范第 3.4.4 条的规定外，尚应包括下列内容：

1 交换机、路由器、防火墙等设备的配置文件；

2 QoS 规划方案；

3 安全控制策略；

4 网络管理软件的相关文档；

5 网络安全软件的相关文档。

7.2 计算机网络系统检测

7.2.1 计算机网络系统的检测可包括连通性、传输时延、丢包率、路由、容错功能、网络管理功能和无线局域网功能检测等。采用融合承载通信架构的智能化设备网，还应进行组播功能检测和 QoS 功能检测。

智能化设备网需承载音视频等多媒体业务，对延时和丢包等网络性能要求较高，尤其公共广播系统经常通过组播功能发送数据，因此，智能化设备网应具备组播功能和一定的 QoS 功能。

7.2.2 计算机网络系统的检测方法应根据设计要求选择，可采用输入测试命令进行测试或使用相应的网络测试仪器。

7.2.3 计算机网络系统的连通性检测应符合下列规定：

1 网管工作站和网络设备之间的通信应符合设计要求，并且各用户终端应根据安全访问规则只能访问特定的网络与特定的服务器；

2 同一 VLAN 内的计算机之间应能交换数据包，不在同一 VLAN 内的计算机之间不应交换数据包；

3 应按接入层设备总数的 10% 进行抽样测试，且抽样数不应少于 10 台；接入层设备少于 10 台的，应全部测试；

4 抽检结果全部符合设计要求的，应为检测合格。

系统连通性的测试方法及测试合格指标，可按《基于以太网技术的局域网系统验收测评规范》（GB/T 21671—2008）第 7.1.1 条的相关规定执行。

常见问题：

（1）在同一 VLAN 内的计算机之间不能够进行数据交换。

（2）接入层设备抽样测试数量不满足规范要求，小于总数的 10%。

7.2.4 计算机网络系统的传输时延和丢包率的检测应符合下列规定：

1 应检测从发送端口到目的端口的最大延时和丢包率等数值；

2 对于核心层的骨干链路、汇聚层到核心层的上联链路，应进行全部检测；对接入层到汇聚层的上联链路，应按不低于 10% 的比例进行抽样测试，且抽样数不应少于 10 条；上联链路数不足 10 条的，应全部检测；

3 抽检结果全部符合设计要求的，应为检测合格。

传输时延和丢包率的测试方法及测试合格指标，可依照国家标准《基于以太网技术的局域网系统验收测评规范》（GB/T 21671—2008）第 7.1.4 条和第 7.1.5 条的相关规定执行。

7.2.5 计算机网络系统的路由检测应包括路由设置的正确性和路由的可达性，并应根据核心设备路由表采用路由测试工具或软件进行测试。检测结果符合设计要求的，应为检测合格。

路由检测的方法及测试合格指标，可依照《具有路由功能的以太网交换机测试方法》（YD/T 1287）的相关规定执行。

7.2.6 计算机网络系统的组播功能检测应采用模拟软件生成组播流。组播流的发送和接收检测结果符合设计要求的，应为检测合格。

建筑智能化系统中的视频安防监控、公共广播、信息导引及发布系统的部分业务流需采用组播功能。

7.2.7 计算机网络系统的 QoS 功能应检测队列调度机制。能够区分业务流并保障关键业务数据优先发送的，应为检测合格。

通过 QoS，网络系统能够对报警数据、视频流等对实时性要求较高的数据提供优先服务，从而保证较低的时延。

7.2.8 计算机网络系统的容错功能应采用人为设置网络故障的方法进行检测，并应符合下列规定：

1 对具备容错能力的计算机网络系统，应具有错误恢复和故障隔离功能，并在出现故障时自动切换；

2 对有链路冗余配置的计算机网络系统，当其中的某条链路断开或有故障发生时，整个系统仍应保持正常工作，并在故障恢复后应能自动切换回主系统运行；

3 容错功能应全部检测，且全部结果符合设计要求的应为检测合格。

7.2.9 无线局域网的功能检测除应符合本规范第 7.2.3~7.2.8 条的规定外，尚应符合下列规定：

1 在覆盖范围内接入点的信道信号强度应不低于 -75dBm；

2 网络传输速率不应低于 5.5Mbit/s；

3 应采用不少于 100 个 ICMP64Byte 帧长的测试数据包，不少于 95% 路径的数据包丢失率应小于5%；

4 应采用不少于100个ICMP64Byte帧长的测试数据包，不小于95%且跳数小于6的路径的传输时延应小于20ms；

5 应按无线接入点总数的10%进行抽样测试，抽样数不应少于10个；无线接入点少于10个的，应全部测试。抽检结果全部符合本条第1～4款要求的，应为检测合格。

第1款是对无线网络覆盖范围内的接入信号强度作出的规定。dBm是无线通信领域内的常用单位，表示相对于1毫瓦的分贝数，中文名称为分贝毫瓦，在各国移动通信技术规范中广泛使用dBm单位对无线信号强度和设备发射功率进行描述。

第5款无线接入点的抽测比例按照国家标准《基于以太网技术的局域网系统验收测评规范》（GB/T 21671—2008）中的抽测比例规定执行。

7.2.10 计算机网络系统的网络管理功能应在网管工作站检测，并应符合下列规定：

1 应搜索整个计算机网络系统的拓扑结构图和网络设备连接图；

2 应检测自诊断功能；

3 应检测对网络设备进行远程配置的功能，当具备远程配置功能时，应检测网络性能参数含网络节点的流量、广播率和错误率等；

4 检测结果符合设计要求的，应为检测合格。

7.3 网络安全系统检测

7.3.1 网络安全系统检测宜包括结构安全、访问控制、安全审计、边界完整性检查、入侵防范、恶意代码防范和网络设备防护等安全保护能力的检测。检测方法应依据设计确定的信息系统安全防护等级进行制定，检测内容应按现行国家标准《信息安全技术 信息系统安全等级保护基本要求》（GB/T 22239）执行。

根据国家标准《信息安全技术 信息系统安全等级保护基本要求》（GB/T 22239—2008），信息系统安全基本技术要求从物理安全、网络安全、主机安全、应用安全和数据安全五个层面提出，本标准仅限于网络安全层面。

根据信息安全技术的国家标准，信息系统安全采用等级保护体系，共设置五级安全保护等级。在每一级安全保护等级中，对网络安全内容进行了明确规定。建筑智能化工程中的网络安全系统检测，应符合信息系统安全等级保护体系的要求，严格按照设计确定的防护等级进行相关项目检测。

7.3.2 业务办公网及智能化设备网与互联网连接时，应检测安全保护技术措施。检测结果符合设计要求的，应为检测合格。

本条制定的依据来自于公安部第82号令《互联网安全保护技术措施规定》，互联网服务提供者和联网使用单位应当落实下列互联网安全保护技术措施：防范计算机病毒、网络入侵和攻击破坏等危害网络安全事项或者行为的技术措施；重要数据库和系统主要设备的冗灾备份等措施。尤其智能化设备网所承载的视频安防监控、出入口控制、信息导引及发布、建筑设备监控、公共广播等智能化系统关乎人们生命财产安全及建筑物正常运行，因此该网络系统在与互联网连接，应采取安全保护技术措施以保障该网络的高可靠运行。

7.3.3 业务办公网及智能化设备网与互联网连接时，网络安全系统应检测安全审计功能，并应具有至少保存60d记录备份的功能。检测结果符合设计要求的，应为检测合格。

本条制定的依据来自于公安部第 82 号令《互联网安全保护技术措施规定》，提供互联网接入服务的单位，其网络安全系统应具有安全审计功能，能够记录、跟踪网络运行状态，监测、记录网络安全事件等。

7.3.4 对于要求物理隔离的网络，应进行物理隔离检测，且检测结果符合下列规定的应为检测合格：

    1 物理实体上应完全分开；

    2 不应存在共享的物理设备；

    3 不应有任何链路上的连接。

7.3.5 无线接入认证的控制策略应符合设计要求，并应按设计要求的认证方式进行检测，且应抽取网络覆盖区域内不同地点进行 20 次认证。认证失败次数不超过 1 次的，应为检测合格。

7.3.6 当对网络设备进行远程管理时，应检测防窃听措施。检测结果符合设计要求的，应为检测合格。

    当对网络设备进行远程管理时，应防止鉴别信息在网络传输过程中被窃听，通常可采用加密算法对传输信息进行有效加密。

9.8 综合布线系统

8.0.1 综合布线系统检测应包括电缆系统和光缆系统的性能测试，且电缆系统测试项目应根据布线信道或链路的设计等级和布线系统的类别要求确定。

8.0.2 综合布线系统测试方法应按现行国家标准《综合布线系统工程验收规范》GB 50312 的规定执行。

8.0.3 综合布线系统检测单项合格判定应符合下列规定：

    1 一个及以上被测项目的技术参数测试结果不合格的，该项目应判为不合格；某一被测项目的检测结果与相应规定的差值在仪表准确度范围内的，该被测项目应判为合格；

    2 采用 4 对对绞电缆作为水平电缆或主干电缆，所组成的链路或信道有一项及以上指标测试结果不合格的，该链路或信道应判为不合格；

    3 主干布线大对数电缆中按 4 对对绞线对组成的链路一项及以上测试指标不合格的，该线对应判为不合格；

    4 光纤链路或信道测试结果不满足设计要求的，该光纤链路或信道应判为不合格；

    5 未通过检测的链路或信道应在修复后复检。

8.0.4 综合布线系统检测的综合合格判定应符合下列规定：

    1 对绞电缆布线全部检测时，无法修复的链路、信道或不合格线对数量有一项及以上超过被测总数的 1% 的，结论应判为不合格；光缆布线检测时，有一条及以上光纤链路或信道无法修复的，应判为不合格；

    2 对于抽样检测，被抽样检测点（线对）不合格比例不大于被测总数 1% 的，抽样检测应判为合格，且不合格点（线对）应予以修复并复检；被抽样检测点（线对）不合格比例大于被测总数 1% 的，应判为一次抽样检测不合格，并应进行加倍抽样，加倍抽样不合格比例不大于 1% 的，抽样检测应判为合格；不合格比例仍大于 1% 的，抽样检测应判为不合格，且应进行全部检测，并按全部检测要求进行判定；

3　全部检测或抽样检测结论为合格的，系统检测的结论应为合格；全部检测结论为不合格的，系统检测的结论应为不合格。

8.0.5　对绞电缆链路或信道和光纤链路或信道的检测应符合下列规定：

1　自检记录应包括全部链路或信道的检测结果；

2　自检记录中各单项指标全部合格时，应判为检测合格；

3　自检记录中各单项指标中有一项及以上不合格时，应抽检，且抽样比例不应低于10%，抽样点应包括最远布线点；抽检结果的判定应符合本规范第8.0.4条的规定。

信道测试应在完成链路测试的基础上实施，主要是测试设备线缆与跳线的质量，该测试对布线系统在高速计算机网络中的应用尤为重要。

8.0.6　综合布线的标签和标识应按10%抽检，综合布线管理软件功能应全部检测。检测结果符合设计要求的，应判为检测合格。

综合布线管理软件的显示、监测、管理和扩容等功能，应根据厂商提供的产品手册内容进行系统检测。

8.0.7　电子配线架应检测管理软件中显示的链路连接关系与链路的物理连接的一致性，并应按10%抽检。检测结果全部一致的，应判为检测合格。

8.0.8　综合布线系统的验收文件除应符合本规范第3.4.4条的规定外，尚应包括综合布线管理软件的相关文档。

9.9　移动通信室内信号覆盖系统

9.0.1　本章适用于对移动通信室内信号覆盖系统设备安装场地的检查。

目前，智能建筑工程中移动通信室内信号覆盖系统大多由电信运营商或建设单位测试验收。本章仅为保障移动通信室内信号覆盖系统的通信畅通，对通信设备安装场地的检查提出技术要求。

9.0.2　机房的净高、地面防静电、电源、照明、温湿度、防尘、防水、消防和接地等，应符合通信工程设计要求。

9.0.3　预留孔洞位置和尺寸应符合设计要求。

9.10　卫星通信系统

10.0.1　本章适用于对卫星通信系统设备安装场地的检查。

目前，智能建筑工程中卫星通信系统大多由电信运营商或建设单位测试验收。本章仅为保障卫星通信系统的通信畅通，对通信设备安装场地的检查提出技术要求。

10.0.2　机房的净高、地面防静电、电源、照明、温湿度、防尘、防水、消防和接地等，应符合通信工程设计要求。

10.0.3　预留孔洞位置、尺寸及承重荷载和屋顶楼板孔洞防水处理应符合设计要求。

10.0.4　预埋天线的安装加固件、防雷和接地装置的位置和尺寸应符合设计要求。

9.11 有线电视及卫星电视接收系统

11.0.1 有线电视及卫星电视接收系统的设备及器材的进场验收，除应符合本规范第3章的规定外，尚应检查国家广播电视总局或有资质检测机构颁发的有效认定标识。

本条提出的设备及器材验收主要依据《广播电视设备器材入网认定管理办法》的规定，包括的设备及器材有：有线电视系统前端设备器材；有线电视干线传输设备器材；用户分配网络的各种设备器材；广播电视中心节目制作和播出设备器材；广播电视信号无线发射与传输设备器材；广播电视信号加解扰、加解密设备器材；卫星广播设备器材；广播电视系统专用电源产品；广播电视监测、监控设备器材；其他法律、行政法规规定应进行入网认定的设备器材。另外，有线电视设备也属于国家广播电影电视总局强制入网认证的广播电视设备。

11.0.2 对有线电视及卫星电视接收系统进行主观评价和客观测试时，应选用标准测试点，并应符合下列规定：

　　1 系统的输出端口数量小于1000时，测试点不得少于2个；系统的输出端口数量大于等于1000时，每1000点应选取2~3个测试点；

　　2 对于基于HFC或同轴传输的双向数字电视系统，主观评价的测试点数应符合本条第1款规定，客观测试点的数量不应少于系统输出端口数量的5%，测试点数不应少于20个；

　　3 测试点应至少有一个位于系统中主干线的最后一个分配放大器之后的点。

标准测试点应是典型的系统输出口或其等效终端。等效终端的信号应和正常的系统输出口信号在电性能上等同。标准测试点应选择噪声、互调失真、交调失真、交流声调制以及本地台直接窜入等影响最大的点。

　　第2款因为双向数字电视系统具有数字传输功能，可作上网等应用，因此对于传输网络的要求较高，作此规定。

　　第3款为保证测试点选取具有代表性，作此规定。

11.0.3 客观测试应包括下列内容，且检测结果符合设计要求应判定为合格：

　　1 应测试卫星接收电视系统的接收频段、视频系统指标及音频系统指标；

　　2 应测量有线电视系统的终端输出电平。

11.0.4 模拟信号的有线电视系统主观评价应符合下列规定：

　　1 模拟电视主要技术指标应符合表11.0.4-1（本书表9.11.1）的规定；

模拟电视主要技术指标　　　　　　　　　　　　　　　　表 9.11.1

序号	项目名称	测试频道	主观评价标准
1	系统载噪比	系统总频道的10%且不少于5个，不足5个全检，且分布于整个工作频段的高、中、低段	无噪波，即无"雪花干扰"
2	载波互调比	系统总频道的10%且不少于5个，不足5个全检，且分布于整个工作频段的高、中、低段	图像中无垂直、倾斜或水平条纹
3	交扰调制比	系统总频道的10%且不少于5个，不足5个全检，且分布于整个工作频段的高、中、低段	图像中无移动、垂直或斜图案，即无"窜台"

序号	项目名称	测试频道	主观评价标准
4	回波值	系统总频道的10%且不少于5个，不足5个全检，且分布于整个工作频段的高、中、低段	图像中无沿水平方向分布在右边一条或多条轮廓线，即无"重影"
5	色/亮度时延差	系统总频道的10%且不少于5个，不足5个全检，且分布于整个工作频段的高、中、低段	图像中色、亮信息对齐，即无"彩色鬼影"
6	载波交流声	系统总频道的10%且不少于5个，不足5个全检，且分布于整个工作频段的高、中、低段	图像中无上下移动的水平条纹，即无"滚道"现象
7	伴音和调频广播的声音	系统总频道的10%且不少于5个，不足5个全检，且分布于整个工作频段的高、中、低段	无背景噪声，如咝咝声、哼声、蜂鸣声和串音等

2 图像质量的主观评价应符合下列规定：

1）图像质量主观评价评分应符合表11.0.4-2（本书表9.11.2）的规定：

图像质量主观评价评分 表 9.11.2

图像质量主观评价	评分值（等级）
图像质量极佳，十分满意	5分（优）
图像质量好，比较满意	4分（良）
图像质量一般，尚可接受	3分（中）
图像质量差，勉强能看	2分（差）
图像质量低劣，无法看清	1分（劣）

2）评价项目可包括图像清晰度、亮度、对比度、色彩还原性、图像色彩及色饱和度等内容；

3）评价人员数量不宜少于5个，各评价人员应独立评分，并应取算术平均值为评价结果；

4）评价项目的得分值不低于4分的应判定为合格。

第2款关于图像质量的主观评价，本次修订做了调整。现行国家标准《有线电视系统工程技术规范》（GB 50200）中采用五级损伤制评定，五级损伤制评分分级见表9.11.3的规定。

五级损伤制评分分级 表 9.11.3

图像质量损伤的主观评价	评分分级
图像上不觉察有损伤或干扰存在	5
图像上有稍可觉察的损伤或干扰，但不令人讨厌	4
图像上有明显觉察的损伤或干扰，令人讨厌	3
图像上损伤或干扰较严重，令人相当讨厌	2
图像上损伤或干扰极严重，不能观看	1

注：本表摘自《智能建筑工程质量验收规范》（GB 50339—2013）条文说明。

11.0.5 对于基于 HFC 或同轴传输的双向数字电视系统下行指标的测试，检测结果符合设计要求的应判定为合格。

基于 HFC 或同轴传输的双向数字电视系统的下行测试指标，可以依据行业标准《有线电视广播系统技术规范》(GY/T 106—1999)和《有线数字电视系统技术要求和测量方法》(GY/T 221—2005)有关规定，主要技术要求见表 9.11.4。

系统下行输出口技术要求　　　　　　　　　　　　　　　　　　　表 9.11.4

序号	测试内容		技术要求
1	模拟频道输出口电平		60～80dBμV
2	数字频道输出口电平		50～75dBμV
3	频道间电平差	相邻频道电平差	≤3dB
		任意模拟/数字频道间	≤10dB
		模拟频道与数字频道间电平差	0～10dB
4	MER	64QAM，均衡关闭	≥24dB
5	BER（误码率）	24H，Rs 解码后	$1×10^{-6}$
6	C/N（模拟频道）		≥43dB
7	载波交流声比（HUM）（模拟）		≤3%
8	数字射频信号与噪声功率比 SD，RF/N		≥26dB（64QAM）
9	载波复合二次差拍比（C/CSO）		≥54dB
10	载波复合三次差拍比（C/CTB）		≥54dB

注：本表摘自《智能建筑工程质量验收规范》(GB 50339—2013)条文说明。

11.0.6　对于基于 HFC 或同轴传输的双向数字电视系统上行指标的测试，检测结果符合设计要求的应判定为合格。

基于 HFC 或同轴传输的双向数字电视系统上行测试指标，可以依据行业标准《HFC 网络上行传输物理通道技术规范》(GY/T 180—2001)有关规定，主要技术要求见表 9.11.5。

系统上行技术要求　　　　　　　　　　　　　　　　　　　　　　表 9.11.5

序号	测试内容	技术要求
1	上行通道频率范围	（5～65）MHz
2	标称上行端口输入电平	100dBμV
3	上行传输路由增益差	≤10dB
4	上行通道频串响应	≤10dB（7.4～61.8MHz）
		≤1.5dB（7.4～61.8MHz 任意 3.2MHz 范围内）
5	信号交流声调制比	≤7%
6	载波/汇集噪声	≥20dB（Ra 波段）
		≥26dB（Rb、Rc 波段）

注：本表摘自《智能建筑工程质量验收规范》(GB 50339—2013)条文说明。

11.0.7　数字信号的有线电视系统主观评价的项目和要求应符合表 11.0.7（本书表 9.11.6）的规定。且测试时应选择源图像和源声音均较好的节目频道。

数字信号的有线电视系统主观评价的项目和要求　　　　　　　　表 9.11.6

项目	技术要求	备注
图像质量	图像清晰，色彩鲜艳，无马赛克或图像停顿	符合本规范第 11.0.4 条第 2 款要求
声音质量	对白清晰；音质无明显失真；不应出现明显的噪声和杂音	—

项目	技术要求	备注
唇音同步	无明显的图像滞后或超前于声音的现象	—
节目频道切换	节目频道切换时不能出现严重的马赛克或长时间黑屏现象；节目切换平均等待时间应小于2.5s，最大不应超过3.5s	包括加密频道和不在同一射频频点的节目频道
字幕	清晰、可识别	—

关于数字信号的有线电视系统的主观评价的项目和要求，依据行业标准《有线数字电视系统技术要求和测量方法》（GY/T 221—2006）确定。

11.0.8 验收文件除应符合本规范第3.4.4条的规定外，尚应包括用户分配电平图。

9.12 公共广播系统

12.0.1 公共广播系统可包括业务广播、背景广播和紧急广播。检测和验收的范围应根据设计要求确定。

公共广播系统工程包括电声部分和建筑声学工程两个部分。本规范中涉及的智能建筑工程安装的公共广播系统工程，只针对电声工程部分。

根据国家标准《公共广播系统工程技术规范》（GB 50526—2010）的规定，业务广播是指公共广播系统向服务区播送的、需要被全部或部分听众收听的日常广播，包括发布通知、新闻、信息、语声文件、寻呼、报时等。背景广播是指公共广播系统向其服务区播送渲染环境气氛的广播，包括背景音乐和各种场合的背景音响（包括环境模拟声）等。紧急广播是指公共广播系统为应对突发公共事件而向其服务区发布广播，包括警报信号、指导公众疏散的信息和有关部门进行现场指挥的命令等。

12.0.2 当紧急广播系统具有火灾应急广播功能时，应检查传输线缆、槽盒和导管的防火保护措施。

本条为强制性条文。

为保证火灾发生初期火灾应急广播系统的线路不被破坏，能够正常向相关防火分区播放警示信号（含警笛）、警报语声文件或实时指挥语声，协助人员逃生制定本条文。否则，火灾发生时，火灾应急广播系统的线路烧毁，不能利用火灾应急广播有效疏导人流，直接危及火灾现场人员生命。

国家标准《公共广播系统工程技术规范》（GB 50526—2010）中第3.5.6条和《智能建筑工程施工规范》（GB 50606—2010）第9.2.1条第3款均为强制性条款，对火灾应急广播系统传输线缆、槽盒和导管的选材及施工作出了规定，本规范强调的是一验。

在施工验收过程中，为保证火灾应急广播系统传输线路可靠、安全，该传输线路需要采取防火保护措施。防火保护措施包括传输线路中线缆、槽盒和导管的选材及安装等。

火灾应急广播系统传输线路需要满足火灾前期连续工作的要求，验收时重点检查下列内容：

1. 明敷时（包括敷设在吊顶内）需要穿金属导管或金属槽盒，并在金属管或金属槽盒上涂防火涂料进行保护；

2. 暗敷时需要穿导管，并且敷设在不燃烧体结构内且保护层厚度不小于30mm；

3. 当采用阻燃或耐火电缆时，敷设在电缆井、电缆沟内时，可以不采取防火保护措施。

12.0.3 公共广播系统检测时，应打开广播分区的全部广播扬声器，测量点宜均匀布置，且不应在广播扬声器附近和其声辐射轴线上。

12.0.4 公共广播系统检测时，应检测公共广播系统的应备声压级，检测结果符合设计要求的应判定为合格。

公共广播系统的电声性能指标，在国家标准《公共广播系统工程技术规范》(GB 50526—2010) 中有相关规定，见表9.12.1。

公共广播系统电声性能指标 表 9.12.1

性能指标分类	应备声压级	声场不均匀度（室内）	漏出声衰减	系统设备信噪比	扩声系统语言传输指数	传输效率特性（室内）
一级业务广播系统	≥83dB	≤10dB	≥15dB	≥70dB	0.55	图1
二级业务广播系统		≤12dB	≥12dB	≥65dB	0.45	图2
三级业务广播系统		—	—	—	≥0.40	图3
一级背景广播系统	≥80dB	≤10dB	≥15dB	≥70dB		图1
二级背景广播系统		≤12dB	≥12dB	≥65dB		图2
三级背景广播系统		—	—	—		
一级紧急广播系统	≥86dB		≥15dB	≥70dB	≥0.55	
二级紧急广播系统		—	≥12dB	≥65dB	≥0.45	
三级紧急广播系统		—	—	—	≥0.40	

注：1. 紧急广播的应备声压级尚应符合：以现场环境噪声为基准，紧急广播的信噪比应等于或大于12dB。
　　2. 本表摘自《智能建筑工程质量验收规范》(GB 50339—2013) 条文说明。
　　3. 表中传输频率特性图1、图2、图3，本书略。

12.0.5 主观评价时应对广播分区逐个进行检测和试听，并应符合下列规定：

1 语言清晰度主观评价评分应符合表12.0.5 (本书9.12.2) 的规定；

语言清晰度主观评价评分 表 9.12.2

主观评价	评分值（等级）
语言清晰度极佳，十分满意	5分（优）
语言清晰度好，比较满意	4分（良）
语言清晰度一般，尚可接受	3分（中）
语言清晰度差，勉强能听	2分（差）
语言清晰度低劣，无法接受	1分（劣）

2 评价人员应独立评价打分，评价结果应取所有评价人员打分的算术平均值；

3 评价结果不低于4分的应判定为合格。

12.0.6 公共广播系统检测时，应检测紧急广播的功能和性能，检测结果符合设计要求的应判定为合格。当紧急广播包括火灾应急广播功能时，还应检测下列内容：

1 紧急广播具有最高级别的优先权；

2 警报信号触发后，紧急广播向相关广播区播放警示信号、警报语声文件或实时指挥语声的响应时间；

3　音量自动调节功能；

4　手动发布紧急广播的一键到位功能；

5　设备的热备用功能、定时自检和故障自动告警功能；

6　备用电源的切换时间；

7　广播分区与建筑防火分区匹配。

12.0.7　公共广播系统检测时，应检测业务广播和背景广播的功能，符合设计要求的应判定为合格。

12.0.8　公共广播系统检测时，应检测公共广播系统的声场不均匀度、漏出声衰减及系统设备信噪比，检测结果符合设计要求的应判定为合格。

12.0.9　公共广播系统检测时，应检查公共广播系统的扬声器位置，分布合理、符合设计要求的应判定为合格。

9.13　会　议　系　统

13.0.1　会议系统可包括会议扩声系统、会议视频显示系统、会议灯光系统、会议同声传译系统、会议讨论系统、会议电视系统、会议表决系统、会议集中控制系统、会议摄像系统、会议录播系统和会议签到管理系统等。检测和验收的范围应根据设计要求确定。

13.0.2　会议系统检测时，应根据系统规模和实际所选用功能和系统，以及会议室的重要性和设备复杂性确定检测内容和验收项目。

13.0.3　会议系统检测前，宜检查会议系统引入电源和会场建声的检测记录。

会议系统设备对供电质量要求较高，电源干扰容易影响音、视频的质量，故提出本条要求。供电电源质量包括供电的电压、谐波、频率和接地等。

在会议系统工程实施中，常常将会场装修与系统设备进行分开招标实施，为了避免招标文件对建声指标无要求也不作测试导致影响会场使用效果，所以会议系统进行系统检测前宜提供合格的会场建声检测记录。建声指标和电声指标是两个同等重要声学指标。

会场建声检测主要内容有：混响时间、本底噪声和隔声量。混响时间可以按照国家《剧场、电影院和多用途厅堂建筑声学设计规范》(GB/T 50356)的相关规定进行检测。会议系统以语言扩声为主，会场混响时间适当短些，一般参考值为 1.0±0.2s，具有会议电视功能的会议室混响时间更短些，宜为 0.6±0.1s。同时，提倡低频不上升的混响时间频率特性，应该尽可能在 63～4000Hz 范围内低频不上升，减少低频的掩蔽效应，对提高语言清晰度大有益处。

13.0.4　会议系统检测应符合下列规定：

1　功能检测应采用现场模拟的方法，根据设计要求逐项检测；

2　性能检测可采用客观测量或主观评价方法进行。

第2款系统性能检测有两种方法：客观测量和主观评价，同等重要，可根据实际情况选择。会议系统最终效果是以人们现场主观感觉来评价，语言信息靠人耳试听、图像信息靠视觉感知、整体效果需通过试运行来综合评判。

13.0.5　会议扩声系统的检测应符合下列规定：

1 声学特性指标可检测语言传输指数，或直接检测下列内容：

1）最大声压级；

2）传输频率特性；

3）传声增益；

4）声场不均匀度；

5）系统总噪声级。

2 声学特性指标的测量方法应符合现行国家标准《厅堂扩声特性测量方法》GB/T 4959 的规定，检测结果符合设计要求的应判定为合格。

3 主观评价应符合下列规定：

1）声源应包括语言和音乐两类；

2）评价方法和评分标准应符合本规范第 12.0.5 条的规定。

第 1 款为会议声学特性指标的规定。国家标准《厅堂扩声系统设计规范》（GB 50371—2006）中对会议类扩声系统声学特性指标：最大声压级、传输频率特性、传声增益、声场不均匀度和系统总噪声级都有了明确规定（俗称五大指标）。国家标准《会议电视会场系统工程设计规范》（GB 50635—2010）中增加了扩声系统语言传输指数（ST1PA）的要求，并且制定了定量标准，一级大于等于 0.60、二级大于等于 0.50。

对于扩声系统的语言传输指数（STIPA），即常讲的语言清晰度（亦有称语言可懂度），这里作为主控项目，意指非常重要。只要 STIPA 达到了设计要求，其他五大指标基本也会达标。语言传输指数（STIPA）测试值是指会场具有代表性的多个测量点的测试数据的平均值。

13.0.6 会议视频显示系统的检测应符合下列规定：

1 显示特性指标的检测应包括下列内容：

1）显示屏亮度；

2）图像对比度；

3）亮度均匀性；

4）图像水平清晰度；

5）色域覆盖率；

6）水平视角、垂直视角。

2 显示特性指标的测量方法应符合现行国家标准《视频显示系统工程测量规范》（GB/T 50525）的规定。检测结果符合设计要求的应判定为合格。

3 主观评价应符合本规范第 11.0.4 条第 2 款的规定。

因为灯光照射到投影幕布上会对显示图像产生干扰，降低对比度，所以在本系统检测中要开启会议灯光，观察环境光对屏幕图像显示质量的影响程度。会议系统中应将这种影响缩小到最低程度。

13.0.7 具有会议电视功能的会议灯光系统，应检测平均照度值。检测结果符合设计要求的应判定为合格。

具有会议电视功能的系统对照度要求较高，国家标准《会议电视会场系统工程设计规范》（GB 50635—2010）规定的会议电视灯光平均照度值见表 9.13.1。

照明区域	垂直照度（lx）	参考平面	水平照度（lx）	参考平面
主席台座席区	≥400	1.40m 垂直面	≥600	0.75m 水平面
听众摄像区	≥300	1.40m 垂直面	≥500	0.75m 水平面

注：本表摘自《智能建筑工程质量验收规范》（GB 50339—2013）条文说明。

13.0.8　会议讨论系统和会议同声传译系统应检测与火灾自动报警系统的联动功能。检测结果符合设计要求的应判定为合格。

系统与火灾自动报警的联动功能是指，一旦消防中心有联动信号发送过来，系统可立即自动终止会议，同时会议讨论系统的会议单元及翻译单元可显示报警提示，并自动切换到报警信号，让与会人员通过耳机、会议单元扬声器或会场扩声系统听到紧急广播。

13.0.9　会议电视系统的检测应符合下列规定：

1　应对主会场和分会场功能分别进行检测；

2　性能评价的检测宜包括声音延时、声像同步、会议电视回声、图像清晰度和图像连续性；

3　会议灯光系统的检测宜包括照度、色温和显色指数；

4　检测结果符合设计要求的应判定为合格。

第 1 款会议电视系统的会场功能有：主会场与分会场。在设计中往往比较注重主会场功能设计，常常忽视分会场功能设计，造成在作为分会场使用时效果很差。尤其是会议灯光系统要有明显不同的两个工作模式：主会场灯光工作模式、分会场灯光工作模式，才能保证会议电视会场使用效果。

13.0.10　其他系统的检测应符合下列规定：

1　会议同声传译系统的检测应按现行国家标准《红外线同声传译系统工程技术规范》（GB 50524）的规定执行；

2　会议签到管理系统应测试签到的准确性和报表功能；

3　会议表决系统应测试表决速度和准确性；

4　会议集中控制系统的检测应采用现场功能演示的方法，逐项进行功能检测；

5　会议录播系统应对现场视频、音频、计算机数字信号的处理、录制和播放功能进行检测，并检验其信号处理和录播系统的质量；

6　具备自动跟踪功能的会议摄像系统应与会议讨论系统相配合，检查摄像机的预置位调用功能；

7　检测结果符合设计要求的应判定为合格。

9.14　信息导引及发布系统

14.0.1　信息引导及发布系统可由信息播控设备、传输网络、信息显示屏（信息标识牌）和信息导引设施或查询终端等组成，检测和验收的范围应根据设计要求确定。

14.0.2　信息引导及发布系统检测应以系统功能检测为主，图像质量主观评价为辅。

14.0.3　信息引导及发布系统功能检测应符合下列规定：

1　应根据设计要求对系统功能逐项检测；

2 软件操作界面应显示准确、有效；

3 检测结果符合设计要求的应判定为合格。

信息导引及发布系统的功能主要包括网络播放控制、系统配置管理和日志信息管理等，根据设计要求确定检测项目。

14.0.4 信息引导及发布系统检测时，应检测显示性能，且结果符合设计要求的应判定为合格。

视频显示系统，包括 LED 视频显示系统、投影型视频显示系统和电视型视频显示系统，其性能和指标需符合国家标准《视频显示系统工程技术规范》（GB 50464—2008）第3章"视频显示系统工程的分类和分级"的规定，检测方法需符合现行国家标准《视频显示系统工程测量规范》（GB/T 50525）的规定。

14.0.5 信息引导及发布系统检测时，应检查系统断电后再次恢复供电时的自动恢复功能，且结果符合设计要求的应判定为合格。

14.0.6 信息引导及发布系统检测时，应检测系统终端设备的远程控制功能，且结果符合设计要求的应判定为合格。

14.0.7 信息导引及发布系统的图像质量主观评价，应符合本规范第11.0.4条第2款的规定。

图像质量的主观评价项目，可以按国家标准《视频显示系统工程技术规范》（GB 50464—2008）第 7.4.9 条和第 7.4.10 条执行。

9.15 时 钟 系 统

15.0.1 时钟系统测试方法应符合现行行业标准《时间同步系统》（QB/T 4054）的相关规定。

15.0.2 时钟系统检测应以接收及授时功能为主，其他功能为辅。

15.0.3 时钟系统检测时，应检测母钟与时标信号接收器同步、母钟对子钟同步校时的功能，检测结果符合设计要求的应判定为合格。

15.0.4 时钟系统检测时，应检测平均瞬时日差指标，检测结果符合下列条件的应判定为合格：

1 石英谐振器一级母钟的平均瞬时日差不大于 0.01s/d；

2 石英谐振器二级母钟的平均瞬时日差不大于 0.1s/d；

3 子钟的平均瞬时日差在（−1.00～+1.00）s/d。

行业标准《时间同步系统》（QB/T 4054—2010）规定的平均瞬时日差指标见表9.15.1。

平均瞬时日差指标　　　　　　　　　　　表 9.15.1

类别	平均瞬时日差（s/d）		
	优等	一等	合格
石英谐振器一级母钟	0.001	0.005	0.01
石英谐振器二级母钟	0.01	0.05	0.1
子钟	−0.50～+0.50		−1.00～+1.00

15.0.5 时钟系统检测时，应检测时钟显示的同步偏差，检测结果符合下列条件的应判定为合格：

1 母钟的输出口同步偏差不大于50ms；

2 子钟与母钟的时间显示偏差不大于1s。

15.0.6 时钟系统检测时，应检测授时校准功能，检测结果符合下列条件的应判定为合格：

1 一级母钟能可靠接收标准时间信号及显示标准时间，并向各二级母钟输出标准时间信号；无标准时间信号时，一级母钟能正常运行；

2 二级母钟能可靠接收一级母钟提供的标准时间信号，并向子钟输出标准时间信号；无一级母钟时间信号时，二级母钟能正常运行；

3 子钟能可靠接收二级母钟提供的标准时间信号；无二级母钟时间信号时，子钟能正常工作，并能单独调时。

15.0.7 时钟系统检测时，应检测母钟、子钟和时间服务器等运行状况的监测功能，结果符合设计要求的应判定为合格。

15.0.8 时钟系统检测时，应检查时钟系统断电后再次恢复供电时的自动恢复功能，结果符合设计要求的应判定为合格。

15.0.9 时钟系统检测时，应检查时钟系统的使用可靠性，符合下列条件的应判定为合格：

1 母钟在正常使用条件下不停走；

2 子钟在正常使用条件下不停走，时间显示正常且清楚。

15.0.10 时钟系统检测时，应检查有日历显示的时钟换历功能，结果符合设计要求的应判定为合格。

15.0.11 时钟系统检测时，应检查时钟系统对其他系统主机的校时和授时功能，结果符合设计要求的应判定为合格。

9.16 信息化应用系统

16.0.1 信息化应用系统可包括专业业务系统、信息设施运行管理系统、物业管理系统、通用业务系统、公众信息系统、智能卡应用系统和信息安全管理系统等，检测和验收的范围应根据设计要求确定。

16.0.2 信息化应用系统按构成要素分为设备和软件，系统检测应先检查设备，后检测应用软件。

16.0.3 应用软件测试应按软件需求规格说明编制测试大纲，并确定测试内容和测试用例，且宜采用黑盒法进行。

应用软件的测试内容包括基本功能、界面操作的标准性、系统可扩展性、管理功能和业务应用功能等，根据软件需求规格说明的要求确定。

黑盒法是指测试不涉及软件的结构及编码等，只要求规定的输入能够获得预定的输出。

16.0.4 信息化应用系统检测时，应检查设备的性能指标，结果符合设计要求的应判定为合格。对于智能卡设备还应检测下列内容：

1 智能卡与读写设备间的有效作用距离；

2 智能卡与读写设备间的通信传输速率和读写验证处理时间；

3 智能卡序号的唯一性。

16.0.5 信息化应用系统检测时，应测试业务功能和业务流程，结果符合软件需求规格说明的应判定为合格。

16.0.6 信息化应用系统检测时，应用软件的重要功能和性能测试应包括下列内容，结果符合软件需求规格说明的应判定为合格：

1 重要数据删除的警告和确认提示；

2 输入非法值的处理；

3 密钥存储方式；

4 对用户操作进行记录并保存的功能；

5 各种权限用户的分配；

6 数据备份和恢复功能；

7 响应时间。

16.0.7 应用软件修改后，应进行回归测试，修改后的应用软件能满足软件需求规格说明的应判定为合格。

应用软件修改后进行回归测试，主要是验证是否因修改引出新的错误，修改后的应用软件仍需满足软件需求规格说明的要求。

16.0.8 应用软件的一般功能和性能测试应包括下列内容，结果符合软件需求规格说明的应判定为合格：

1 用户界面采用的语言；

2 提示信息；

3 可扩展性。

16.0.9 信息化应用系统检测时，应检查运行软件产品的设备中安装的软件，没有安装与业务应用无关的软件的应判定为合格。

16.0.10 信息化应用系统验收文件除应符合本规范第3.4.4条的规定外，尚应包括应用软件的软件需求规格说明、安装手册、操作手册、维护手册和测试报告。

9.17 建筑设备监控系统

17.0.1 建筑设备监控系统可包括暖通空调监控系统、变配电监测系统、公共照明监控系统、给排水监控系统、电梯和自动扶梯监测系统及能耗监测系统等。检测和验收的范围应根据设计要求确定。

建筑设备监控系统主要是用于对智能建筑内各类机电设备进行监测和控制，以达到安全、可靠、节能和集中管理的目的。监测和控制的范围及方式等与具体项目及其设备配置相关，因此应根据设计要求确定检测和验收的范围。

17.0.2 建筑设备监控系统工程实施的质量控制除应符合本规范第3章的规定外，用于能耗结算的水、电、气和冷/热量表等，尚应检查制造计量器具许可证。

17.0.3 建筑设备监控系统检测应以系统功能测试为主，系统性能评测为辅。

建筑设备监控系统功能检测主要体现在：

1. 监视功能。系统设备状态、参数及其变化在中央管理工作站和操作分站的显示功能。

2. 报警功能。系统设备故障和设备超过参数限定值运行时在中央管理工作站和操作分站报警功能。

3. 控制功能。水泵、风机等系统动力设备，风阀、水阀等可调节设备在中央管理工作站和操作分站远程控制功能。

17.0.4 建筑设备监控系统检测应采用中央管理工作站显示与现场实际情况对比的方法进行。

17.0.5 暖通空调监控系统的功能检测应符合下列规定：

1 检测内容应按设计要求确定；

2 冷热源的监测参数应全部检测；空调、新风机组的监测参数应按总数的20%抽检，且不应少于5台，不足5台时应全部检测；各种类型传感器、执行器应按10%抽检，且不应少于5只，不足5只时应全部检测；

3 抽检结果全部符合设计要求的应判定为合格。

17.0.6 变配电监测系统的功能检测应符合下列规定：

1 检测内容应按设计要求确定；

2 对高低压配电柜的运行状态、变压器的温度、储油罐的液位、各种备用电源的工作状态和联锁控制功能等应全部检测；各种电气参数检测数量应按每类参数抽20%，且数量不应少于20点，数量少于20点时应全部检测；

3 抽检结果全部符合设计要求的应判定为合格。

建筑设备监控系统对变配电系统一般只监不控，因此对变配电系统的检测，重点是核对条文要求的各项参数在中央管理工作站显示与现场实际数值的一致性。

17.0.7 公共照明监控系统的功能检测应符合下列规定：

1 检测内容应按设计要求确定；

2 应按照明回路总数的10%抽检，数量不应少于10路，总数少于10路时应全部检测；

3 抽检结果全部符合设计要求的应判定为合格。

可以针对工程选定的具体控制方式，模拟现场参数变化，检验系统自动控制功能和中央站远程控制功能。

17.0.8 给排水监控系统的功能检测应符合下列规定：

1 检测内容应按设计要求确定；

2 给水和中水监控系统应全部检测；排水监控系统应抽检50%，且不得少于5套，总数少于5套时应全部检测；

3 抽检结果全部符合设计要求的应判定为合格。

17.0.9 电梯和自动扶梯监测系统应检测启停、上下行、位置、故障等运行状态显示功能。检测结果符合设计要求的应判定为合格。

建筑设备监控系统对电梯和自动扶梯系统一般只监不控。对电梯和自动扶梯监测系统的检测，一般要求核对电梯和自动扶梯的各项参数在中央管理工作站显示与现场实际数值的一致性。

17.0.10 能耗监测系统应检测能耗数据的显示、记录、统计、汇总及趋势分析等功能。检测结果符合设计要求的应判定为合格。

能耗监测、统计和趋势分析适应国家节能减排政策的需要。建筑设备监控系统的应用，例如各设备的运行时间累计、耗电量统计和能效分析等可以为建筑中设备的运行管理和节能工作的量化和优化发挥巨大作用。近年来，随着住房和城乡建设部在全国主要省市进行远程能耗监管平台的建设，本系统还可为其提供基本数据的远传，为国家建筑节能工作做出贡献。由于该部分功能与建筑业主的需求和国家与地方的政策密切相关，因此本条文要求做能耗管理功能的检查，以符合设计要求为合格的判据。

17.0.11 中央管理工作站与操作分站的检测应符合下列规定：

1 中央管理工作站的功能检测应包括下列内容：

1) 运行状态和测量数据的显示功能；

2) 故障报警信息的报告应及时准确，有提示信号；

3) 系统运行参数的设定及修改功能；

4) 控制命令应无冲突执行；

5) 系统运行数据的记录、存储和处理功能；

6) 操作权限；

7) 人机界面应为中文。

2 操作分站的功能应检测监控管理权限及数据显示与中央管理工作站的一致性；

3 中央管理工作站功能应全部检测，操作分站应抽检20%，且不得少于5个，不足5个时应全部检测；

4 检测结果符合设计要求的应判定为合格。

对中央管理工作站和操作分站的检测以功能检查为主，所有功能和各管理界面全检。

17.0.12 建筑设备监控系统实时性的检测应符合下列规定：

1 检测内容应包括控制命令响应时间和报警信号响应时间；

2 应抽检10%且不得少于10台，少于10台时应全部检测；

3 抽测结果全部符合设计要求的应判定为合格。

系统控制命令响应时间是指从系统控制命令发出到现场执行器开始动作的这一段时间。系统报警信号响应时间是指从现场报警信号达到其设定值到控制中心出现报警信号的这一段时间。上述两种响应时间受系统规模大小、网络架构、选用设备的灵敏度和系统控制软件等因素影响很大，当设计无明确要求时，一般实际工程在秒级是可以接受的。

17.0.13 建筑设备监控系统可靠性的检测应符合下列规定：

1 检测内容应包括系统运行的抗干扰性能和电源切换时系统运行的稳定性；

2 应通过系统正常运行时，启停现场设备或投切备用电源，观察系统的工作情况进行检测；

3 检测结果符合设计要求的应判定为合格。

17.0.14 建筑设备监控系统可维护性的检测应符合下列规定：

1 检测内容应包括：

1) 应用软件的在线编程和参数修改功能；

2) 设备和网络通信故障的自检测功能。

2 应通过现场模拟修改参数和设置故障的方法检测；

3 检测结果符合设计要求的应判定为合格。

17.0.15 建筑设备监控系统性能评测项目的检测应符合下列规定：

1 检测宜包括下列内容：

1) 控制网络和数据库的标准化、开放性；

2) 系统的冗余配置；

3) 系统可扩展性；

4) 节能措施。

2 检测方法应根据设备配置和运行情况确定；

3 检测结果符合设计要求的应判定为合格。

第2款系统的冗余配置主要是指控制网络、工作站、服务器、数据库和电源等设备的配置；

第3款系统的可扩展性是指现场控制器输入/输出口的备用量；

第4款目前常用的节能措施有空调设备的优化控制、冷热源负荷自动调节、照明设备自动控制、水泵和风机的变频调速等。进行节能评价是一项重要的工作，具体评价方法可参见相关标准要求。因为节能评测是一项多专业、多系统的综合工作，本条款推荐在条件适宜情况下进行此项评测，需要根据设备配置情况确定评测内容。

17.0.16 建筑设备监控系统验收文件除应符合本规范第3.4.4条的规定外，还应包括下列内容：

1 中央管理工作站软件的安装手册、使用和维护手册；

2 控制器箱内接线图。

9.18 火灾自动报警系统

18.0.1 火灾自动报警系统提供的接口功能应符合设计要求。

18.0.2 火灾自动报警系统工程实施的质量控制、系统检测和工程验收应符合现行国家标准《火灾自动报警系统施工及验收规范》（GB 50166）的规定。

9.19 安全技术防范系统

19.0.1 安全技术防范系统可包括安全防范综合管理系统、入侵报警系统、视频安防监控系统、出入口控制系统、电子巡查系统和停车库（场）管理系统等子系统。检测和验收的范围应根据设计要求确定。

本规定中所列安全技术防范系统的范围是目前通用型公共建筑物广泛采用的系统。

19.0.2 高风险对象的安全技术防范系统除应符合本规范的规定外，尚应符合国家现行有关标准的规定。

在现行国家标准《安全防范工程技术规范》（GB 50348）中，高风险建筑包括文物保护单位和博物馆、银行营业场所、民用机场、铁路车站、重要物资储存库等。由于这类建筑的使用功能对于安全的要求较高，因此应执行专业标准和特殊行业的相关标准。

19.0.3 安全技术防范系统工程实施的质量控制除应符合本规范第3章的规定外，对于列入国家强制性认证产品目录的安全防范产品尚应检查产品的认证证书或检测报告。

列入国家安全技术防范产品强制性认证目录的产品需要取得CCC认证证书；列入国

家安全技术防范产品登记目录的产品需要取得生产登记批准书。

19.0.4 安全技术防范系统检测应符合下列规定：

    1 子系统功能应按设计要求逐项检测；

    2 摄像机、探测器、出入口识读设备、电子巡查信息识读器等设备抽检的数量不应低于20%，且不应少于3台，数量少于3台时应全部检测；

    3 抽检结果全部符合设计要求的，应判定子系统检测合格；

    4 全部子系统功能检测均合格的，系统检测应判定为合格。

19.0.5 安全防范综合管理系统的功能检测应包括下列内容：

    1 布防、撤防功能；

    2 监控图像、报警信息以及其他信息记录的质量和保存时间；

    3 安全技术防范系统中的各子系统之间的联动；

    4 与火灾自动报警系统和应急响应系统的联动、报警信号的输出接口；

    5 安全技术防范系统中的各子系统对监控中心控制命令的响应准确性和实时性；

    6 监控中心对安全技术防范系统中的各子系统工作状态的显示、报警信息的准确性和实时性。

    综合管理系统是指对各安防子系统进行集成管理的综合管理软硬件平台。检查综合管理系统时，集成管理平台上显示的各项信息（如工作状态和报警信息等）和各子系统自身的管理计算机（或管理主机）上所显示的各项信息内容应一致，并能真实反映各子系统的实际工作状态；对集成管理平台可进行控制的子系统，从集成管理平台和子系统管理计算机（或管理主机）上发出的指令，子系统均应正确响应。具体的集成管理功能和性能指标应按设计要求逐项进行检查。

19.0.6 视频安防监控系统的检测应符合下列规定：

    1 应检测系统控制功能、监视功能、显示功能、记录功能、回放功能、报警联动功能和图像丢失报警功能等，并应按现行国家标准《安全防范工程技术规范》（GB 50348）中有关视频安防监控系统检验项目、检验要求及测试方法的规定执行；

    2 对于数字视频安防监控系统，还应检测下列内容：

    1）具有前端存储功能的网络摄像机及编码设备进行图像信息的存储；

    2）视频智能分析功能；

    3）音视频存储、回放和检索功能；

    4）报警预录和音视频同步功能；

    5）图像质量的稳定性和显示延迟。

    第2款对于数字视频安防监控系统的检测内容的补充要求。其中，第3）项：音视频存储功能检测包括存储格式（如H.264、MPE04等）、存储方式（如集中存储、分布存储等）、存储质量（如高清、标清等）、存储容量和存储帧率等。对存储设备进行回放试验，检查其试运行中存储的图像最大容量、记录速度（掉帧情况）等。通过操作试验，对检测记录进行检索、回放等，检测其功能。

19.0.7 入侵报警系统的检测应包括入侵报警功能、防破坏及故障报警功能、记录及显示功能、系统自检功能、系统报警响应时间、报警复核功能、报警声级、报警优先功能等，并应按现行国家标准《安全防范工程技术规范》（GB 50348）中有关入侵报警系统检验项目、检验要求及测试方法的规定执行。

19.0.8 出入口控制系统的检测应包括出入目标识读装置功能、信息处理/控制设备功能、执行机构功能、报警功能和访客对讲功能等，并应按现行国家标准《安全防范工程技术规范》（GB 50348）中有关出入口控制系统检验项目、检验要求及测试方法的规定执行。

19.0.9 电子巡查系统的检测应包括巡查设置功能、记录打印功能、管理功能等，并应按现行国家标准《安全防范工程技术规范》（GB 50348）中有关电子巡查系统检验项目、检验要求及测试方法的规定执行。

19.0.10 停车库（场）管理系统的检测应符合下列规定：

1 应检测识别功能、控制功能、报警功能、出票验票功能、管理功能和显示功能等，并应按现行国家标准《安全防范工程技术规范》（GB 50348）中有关停车库（场）管理系统检验项目、检验要求及测试方法的规定执行；

2 应检测紧急情况下的人工开闸功能。

19.0.11 安全技术防范系统检测时，应检查监控中心管理软件中电子地图显示的设备位置，且与现场位置一致的应判定为合格。

19.0.12 安全技术防范系统的安全性及电磁兼容性检测应符合现行国家标准《安全防范工程技术规范》（GB 50348）的有关规定。

19.0.13 安全技术防范系统中的各子系统可分别进行验收。

各子系统可独立建设，并可由不同施工单位实施，可根据合同约定分别进行验收。

9.20 应急响应系统

20.0.1 应急响应系统检测应在火灾自动报警系统、安全技术防范系统、智能化集成系统和其他关联智能化系统等通过系统检测后进行。

本规范所称的应急响应系统是指以智能化集成系统、火灾自动报警系统、安全技术防范系统或其他智能化系统为基础，综合公共广播系统、信息导引及发布系统、建筑设备监控系统等，所构建的对各类突发公共安全事件具有报警响应和联动功能的综合性集成系统，以维护公共建筑物（群）区域内的公共安全。

20.0.2 应急响应系统检测应按设计要求逐项进行功能检测。检测结果符合设计要求的应判定为合格。

9.21 机房工程

21.0.1 机房工程宜包括供配电系统、防雷与接地系统、空气调节系统、给水排水系统、综合布线系统、监控与安全防范系统、消防系统、室内装饰装修和电磁屏蔽等。检测和验收的范围应根据设计要求确定。

智能建筑工程中的机房包括信息接入机房、有线电视前端机房、智能化总控室、信息网络机房、用户电话交换机房、信息设施系统总配线机房、消防控制室、安防监控中心、应急响应中心、弱电间和电信间等。

21.0.2 机房工程实施的质量控制除应符合本规范第 3 章的规定外，有防火性能要求的装饰装修材料还应检查防火性能证明文件和产品合格证。

21.0.3 机房工程系统检测前，宜检查机房工程的引入电源质量的检测记录。

机房所用电源包括：智能化系统交、直流供电设备；智能化系统配备的不间断供电设备、蓄电池组和充电设备；以及供电传输、操作、保护和改善电能质量的设备和装置。

21.0.4 机房工程验收时，应检测供配电系统的输出电能质量，检测结果符合设计要求的应判定为合格。

21.0.5 机房工程验收时，应检测不间断电源的供电时延，检测结果符合设计要求的应判定为合格。

21.0.6 机房工程验收时，应检测静电防护措施，检测结果符合设计要求的应判定为合格。

21.0.7 弱电间检测应符合下列规定：

1 室内装饰装修应检测下列内容，检测结果符合设计要求的应判定为合格：

1）房间面积、门的宽度及高度和室内顶棚净高；

2）墙、顶和地的装修面层材料；

3）地板铺装；

4）降噪隔声措施。

2 线缆路由的冗余应符合设计要求。

3 供配电系统的检测应符合下列规定：

1）电气装置的型号、规格和安装方式应符合设计要求；

2）电气装置与其他系统联锁动作的顺序及响应时间应符合设计要求；

3）电线、电缆的相序、敷设方式、标志和保护等应符合设计要求；

4）不间断电源装置支架应安装平整、稳固，内部接线应连接正确，紧固件应齐全、可靠、不松动，焊接连接不应有脱落现象；

5）配电柜（屏）的金属框架及基础型钢接地应可靠；

6）不同回路、不同电压等级和交流与直流的电线的敷设应符合设计要求；

7）工作面水平照度应符合设计要求。

4 空调通风系统应检测下列内容，检测结果符合设计要求的应判定为合格：

1）室内温度和湿度；

2）室内洁净度；

3）房间内与房间外的压差值。

5 防雷与接地的检测应按本规范第22章的规定执行。

6 消防系统的检测应按本规范第18章的规定执行。

智能化系统弱电间除布放线缆外，还需要放置很多电子信息系统的设备，如安防设备、网络设备等，机房工程的质量对电子信息系统设备的正常运行有影响。因此在本条中单独列出对智能化系统弱电间的检测规定，加强对弱电间的工程质量控制。

第2款线缆路由主要指敷设线缆的梯架、槽盒、托盘和导管的空间。检测冗余度的主要原因是便于智能化系统今后的扩展性和灵活调整性，确保后期改造和扩展的空间冗余。

21.0.8 对于本规范第21.0.7条规定的弱电间以外的机房，应按现行国家标准《电子信息系统机房施工及验收规范》（GB 50462）中有关供配电系统、防雷与接地系统、空气调节系统、给水排水系统、综合布线系统、监控与安全防范系统、消防系统、室内装饰装修和电磁屏蔽等系统的检验项目、检验要求及测试方法的规定执行，检测结果符合设计要求的应判定为合格。

21.0.9 机房工程验收文件除应符合本规范第3.4.4条的规定外，尚应包括机柜设备装配图。

9.22 防雷与接地

22.0.1 防雷与接地宜包括智能化系统的接地装置、接地线、等电位联结、屏蔽设施和电涌保护器。检测和验收的范围应根据设计要求确定。

22.0.2 智能建筑的防雷与接地系统检测前，宜检查建筑物防雷工程的质量验收记录。

22.0.3 智能建筑的防雷与接地系统检测应检查下列内容，结果符合设计要求的应判定为合格：

1 接地装置及接地连接点的安装；

2 接地电阻的阻值；

3 接地导体的规格、敷设方法和连接方法；

4 等电位联结带的规格、联结方法和安装位置；

5 屏蔽设施的安装；

6 电涌保护器的性能参数、安装位置、安装方式和连接导线规格。

22.0.4 智能建筑的接地系统必须保证建筑内各智能化系统的正常运行和人身、设备安全。

本条为强制性条文。

为了防止由于雷电、静电和电源接地故障等原因导致建筑智能化系统的操作维护人员电击伤亡以及设备损坏，故作此强制性规定。建筑智能化系统工程中有大量安装在室外的设备（如安全技术防范系统的室外报警设备和摄像机、有线电视系统的天线、信息导引系统的室外终端设备、时钟系统的室外子钟等，还有机房中的主机设备如网络交换机等）需可靠地与接地系统连接，保证雷击、静电和电源接地故障产生的危害不影响人身安全及智能化设备的运行。

智能化系统电子设备的接地系统，一般可分为功能性接地、直流接地、保护性接地和防雷接地，接地系统的设置直接影响到智能化系统的正常运行和人身安全。当接地系统采用共用接地方式时，其接地电阻应采用接地系统中要求最小的接地电阻值。

检测建筑智能化系统工程中的接地装置、接地线、接地电阻和等电位联结符合设计的要求，并检测电涌保护器、屏蔽设施、静电防护设施、智能化系统设备及线路可靠接地。接地电阻值除另有规定外，电子设备接地电阻值不应大于 4Ω，接地系统共用接地电阻不应大于 1Ω。当电子设备接地与防雷接地系统分开时，两接地装置的距离不应小于 20m。

22.0.5 智能建筑的防雷与接地系统的验收文件除应符合本规范第3.4.4条的规定外，尚应包括防雷保护设备的一览表。

第 10 章 建筑节能工程

《建筑节能工程施工质量验收规范》(GB 50411—2007)是国家标准,自 2007 年 10 月 1 日起施行。该规范共有强制性条文 20 条,其中设备安装专业 9 条,必须严格执行。本章主要介绍该规范中涉及的设备安装工程,条文编号仍按原规范编写,与设备安装无关的内容本书略,由于建筑节能的内容很多,如建筑外遮阳、地源热泵、太阳能和空气源热水系统、太阳能光伏等,本书不能——介绍,本书仅以《建筑节能工程施工质量验收规范》(GB 50411—2007)为主线进行介绍。

《建筑节能工程施工质量验收规范》(GB 50411—2007)正在修编,已通过审查,注意新规范的实施。

本章的条款号均按原规范或规程的条款号编排,章节号按本书顺序编排。

10.1 总   则

1.0.1 为了加强建筑节能工程的施工质量管理,统一建筑节能工程施工质量验收,提高建筑工程节能效果,依据现行国家有关工程质量和建筑节能的法律、法规、管理要求和相关技术标准,制订本规范。

1.0.2 本规范适用于新建、改建和扩建的民用建筑工程中墙体、幕墙、门窗、屋面、地面、采暖、通风与空调、采暖与空调系统的冷热源和附属设备及其管网、配电与照明、监测与控制等建筑节能工程施工质量的验收。

1.0.3 建筑节能工程中采用的工程技术文件、承包合同文件对工程质量的要求不得低于本规范的规定。

1.0.4 建筑节能工程施工质量验收除应遵守本规范外,尚应遵守《建筑工程施工质量验收统一标准》GB 50300、各专业工程施工质量验收规范和国家现行有关标准的规定。

1.0.5 单位工程竣工验收应在建筑节能分部工程验收合格后进行。

10.2 术   语

2.0.1 保温浆料 insulating mortar

由胶粉料与聚苯颗粒或其他保温轻骨料组配,使用时按比例加水搅拌混合而成的浆料。

2.0.2 凸窗 bay window

位置凸出外墙外侧的窗。

2.0.3 外门窗 outside doors and windows

建筑围护结构上有一个面与室外空气接触的门或窗。

2.0.4 玻璃遮阳系数 shading coefficient

透过窗玻璃的太阳辐射得热与透过标准 3mm 透明窗玻璃的太阳辐射得热的比值。

2.0.5 透明幕墙 transparent curtain wall

可见光能直接透射入室内的幕墙。

2.0.6 灯具效率 luminaire efficiency

在相同的使用条件下，灯具发出的总光通量与灯具内所有光源发出的总光通量之比。

2.0.7 总谐波畸变率（THD）total harmonic distortion

周期性交流量中的谐波含量的方均根值与其基波分量的均方根值之比（用百分数表示）。

2.0.8 不平衡度 ε unbalance factor ε

指三相电力系统中三相不平衡的程度，用电压或电流负序分量与正序分量的方均根值百分比表示。

2.0.10 进场复验 site reinspection

进入施工现场的材料、设备等在进场验收合格的基础上，按照有关规定从施工现场抽取试样送至试验室进行部分或全部性能参数检验活动。

2.0.11 见证取样送检 evidential test

施工单位在监理工程师或建筑单位代表见证下，按照有关规定从施工现场随机抽取试样，送至有见证检测资质的检测机构进行检测的活动。

2.0.12 现场实体检验 in-situ inspection

在监理工程师或建设单位代表的见证下，对已经完成施工作业的分项或分部工程，按照有关规定在工程实体上抽取试样，在现场进行检验或送至有见证检测资质的检测机构进行检验的活动。简称实体检验或现场检验。

2.0.13 质量证明文件 quality proof document

随同进场材料、设备等一同提供的能够证明其质量状况的文件。通常包括出厂合格证、中文说明书、型式检验报告及相关性能检测报告等。进口产品应包括出入境商品检验合格证明。适用时，也可包括进场验收、进场复验、见证取样检验和现场实体检验等资料。

2.0.14 核查 check

对技术资料的检查及资料与实物的核对。包括：对技术资料的完整性、内容的正确性、与其他相关资料的一致性以及整理归档情况的检查，以及将技术资料中的技术参数等与相应的材料、构件、设备或产品实物进行核对、确认。

2.0.15 型式检验 type inspection

由生产厂家委托有资质的检测机构，对定型产品或成套技术的全部性能及其适用性所作的检验。其报告称型式检验报告。通常在工艺参数改变、达到预定生产周期或产品生产数量时进行。

10.3 基本规定

3.1 技术与管理

3.1.1 承担建筑节能工程的施工企业应具备相应的资质；施工现场应建立相应的质量管理体系、施工质量控制和检验制度，具有相应的施工技术标准。

500

3.1.2 设计变更不得降低建筑节能效果。当设计变更涉及建筑节能效果时，该项变更应经原施工图设计审查机构审查，在实施前应办理设计变更手续，并获得监理或建设单位的确认。

本条为强制性条文，必须严格执行。

3.1.3 建筑节能工程采用的新技术、新设备、新材料、新工艺，应按照有关规定进行评审、鉴定及备案。施工前应对新的或首次采用的施工工艺进行评价，并制订专门的施工技术方案。

3.1.4 单位工程的施工组织设计应包括建筑节能工程施工内容。建筑节能工程施工前，施工单位应编制建筑节能工程施工方案并经监理（建设）单位审查批准。施工单位应对从事建筑节能工程施工作业的人员进行技术交底和必要的实际操作培训。

3.1.5 建筑节能工程的质量检测，除本规范14.1.5条规定的以外，应由具备资质的检测机构承担。

3.2 材料与设备

3.2.1 建筑节能工程使用的材料、设备等，必须符合设计要求及国家有关标准的规定。严禁使用国家明令禁止使用与淘汰的材料和设备。

3.2.2 材料和设备进场验收应遵守下列规定：

1 对材料和设备的品种、规格、包装、外观和尺寸等进行检查验收，并应经监理工程师（建设单位代表）确认，形成相应的验收记录。

2 对材料和设备的质量证明文件进行核查，并应经监理工程师（建设单位代表）确认，纳入工程技术档案。进入施工现场用于节能工程的材料和设备均应具有出厂合格证、中文说明书及相关性能检测报告；定型产品和成套技术应有型式检验报告，进口材料和设备应按规定进行出入境商品检验。

3 对材料和设备应按照本规范附录A及各章的规定在施工现场抽样复验。复验应为见证取样送检。

规范附录A规定了建筑节能工程进场材料和设备的复验项目，建筑节能工程中安装工程的进场材料和设备的复验项目应符合表10.3.1的规定。

建筑节能工程中安装工程进场材料和设备的复验项目　　　　　表 10.3.1

章号	分项工程	复验项目
9	采暖节能工程	1. 散热器的单位散热量、金属热强度； 2. 保温材料的导热系数、密度、吸水率
10	通风与空调节能工程	1. 风机盘管机组的供冷量、供热量、风量、出口静压、噪声及功率； 2. 绝热材料的导热系数、密度、吸水率
11	空调与采暖系统冷、热源及管网节能工程	绝热材料的导热系数、密度、吸水率
12	配电与照明节能工程	电缆、电线截面和每芯导体电阻值

注：本表摘自《建筑节能工程施工质量验收规范》（GB 50411—2007）中安装部分。

3.2.3 建筑节能工程使用的材料的燃烧性能等级和阻燃处理，应符合设计要求和现行国家标准《高层民用建筑设计防火规范》（GB 50045）、《建筑内部装修设计防火规范》（GB 50222）和《建筑设计防火规范》（GB 50016）的规定。

3.2.4 建筑节能工程使用的材料应符合国家现行有关标准对材料有害物质限量的规定，

不得对室内外环境造成污染。

3.2.5 现场配制的材料如保温浆料、聚合物砂浆等，应按设计要求或试验室给出的配合比配制。当未给出要求时，应按照施工方案和产品说明书配制。

3.2.6 节能保温材料在施工使用时的含水率应符合设计要求、工艺要求及施工技术方案要求。当无上述要求时，节能保温材料在施工使用时的含水率不应大于正常施工环境湿度下的自然含水率，否则应采取降低含水率的措施。

3.3 施工与控制

3.3.1 建筑节能工程应当按照经审查合格的设计文件和经审批的建筑节能工程施工技术方案的要求施工。

　　本条为强制性条文。

3.3.2 建筑节能工程施工前，对于采用相同建筑节能设计的房间和构造做法，应在现场采用相同材料和工艺制作样板间或样板件，经有关各方确认后方可进行施工。

3.3.3 建筑节能工程的施工作业环境和条件，应满足相关标准和施工工艺的要求。节能保温材料不宜在雨雪天气中露天施工。

3.4 验收的划分

3.4.1 建筑节能工程为单位建筑工程的一个分部工程。

　　其分项工程和检验批的划分，应符合下列规定：

　　1 建筑节能分项工程应按照表 3.4.1（本书表 10.3.2）划分。

　　2 建筑节能工程应按照分项工程进行验收。当建筑节能分项工程的工程量较大时，可以将分项工程划分为若干个检验批进行验收。

　　3 当建筑节能工程验收无法按照上述要求划分分项工程或检验批时，可由建设、监理、施工等各方协商进行划分。但验收项目、验收内容、验收标准和验收记录均应遵守本规范的规定。

　　4 建筑节能分项工程和检验批的验收应单独填写验收记录，节能验收资料应单独组卷。

建筑节能分项工程划分　　　　　　　　　　　　　　表 10.3.2

序号	分项工程	主要验收内容
1	墙体节能工程	主体结构基层；保温材料；饰面层等
2	幕墙节能工程	主体结构基层；隔热材料；保温材料；隔汽层；幕墙玻璃；单元式幕墙板块；通风换气系统；遮阳设施；冷凝水收集排放系统等
3	门窗节能工程	门；窗；玻璃；遮阳设施等
4	屋面节能工程	基层；保温隔热层；保护层；防水层；面层等
5	地面节能工程	基层；保温隔热层；隔离层；保护层；防水层；面层等
6	采暖节能工程	系统制式、散热器；阀门与仪表；热力入口装置；保温材料；调试等
7	通风与空气调节节能工程	系统制式、通风与空调设备；阀门与仪表；阀门与仪表；绝热材料；调试等
8	空调与采暖系统的冷热源及其管网节能工程	系统制式；冷热源设备；辅助设备；管网；阀门与仪表；绝热、保温材料；调试等
9	配电与照明节能工程	低压配电电源；照明光源、灯具；附属装置；控制功能；调试等
10	监测与控制节能工程	冷、热源系统的监测控制系统；空调水系统的监测控制系统；通风与空调系统的监测控制系统；监测与计量装置；供配电的监测控制系统；照明自动控制系统；综合控制系统等

本条给出了建筑节能验收与其他已有的各个分部分项工程验收的关系，确定了节能验收在总体验收中的定位，故称之为验收的划分。

建筑节能验收本来属于专业验收范畴，其许多验收内容与原有建筑工程的分部分项验收有交叉与重复，故建筑节能工程验收的定位有一定困难。为了与已有的《建筑工程施工质量验收统一标准》（GB 50300）和各专业验收规范一致，规范将建筑节能工程作为单位建筑工程的一个分部工程来进行划分和验收，并规定了其包含的各分项工程划分的原则，主要有四项规定：

一是直接将节能分部工程划分为 10 个分项工程，给出了这 10 个分项工程名称及需要验收的主要内容。划分这些分项工程的原则与《建筑工程施工质量验收统一标准》（GB 50300）及各专业工程施工质量验收规范原有划分尽量一致。表 3.4.1（本书表 13.2.2）中的各个分项工程，是指其"节能性能"，这样就能够与原有的分部工程协调一致，在新项目、新工艺不断出现的今天，可能还会有新的分项工程，可依有关标准执行。

二是明确节能工程应按分项工程验收。由于节能工程验收内容复杂，综合性较强，验收内容如果对检验批直接给出易造成分散和混乱。故规范的各项验收要求均直接对分项工程提出。当分项工程较大时，可以划分成若干检验批验收，其验收要求不变。

三是考虑到某些特殊情况下，节能验收的实际内容或情况难以按上述要求进行划分和验收，如遇到某建筑物分期或局部进行节能改造时，不易划分分部、分项工程，此时允许采取建设、监理、设计、施工等各方协商一致的划分方式进行节能工程的验收。但验收项目、验收标准和验收记录均应遵守规范的规定。

四是规定有关节能的项目应单独填写检查验收表格，作出节能项目验收记录并单独组卷，与住房城乡建设部要求节能审图单列的规定一致。

10.4 供暖节能工程

本节条款号为《建筑节能工程施工质量验收规范》（GB 50411—2007）中条款号。

9.1 一般规定

9.1.1 本章适用于温度不超过 95℃室内集中热水采暖系统节能工程施工质量的验收。

所述内容，是指包括热力入口装置在内的室内集中热水供暖系统。本条根据目前国内室内集中供暖系统的热水温度现状，对本章的适用范围作出了规定。从节能的角度出发，对室内集中热水供暖系统中与节能有关的项目的施工质量进行验收，称之为供暖节能工程施工质量验收。

供暖节能工程施工质量验收的主要内容包括：系统制式、散热设备、阀门与仪表、热力入口装置、保温材料、系统调试等。

目前，我国供暖区域的供暖方式大都以热水为热媒的集中供暖方式。"集中供暖"是指热源和散热设备分别设置，由热源通过管道向各个房间或各个建筑物供给热量的供暖方式。目前，供暖主要是以城市热网、区域供热厂、小区锅炉房或单幢建筑物锅炉房为热源的集中供暖方式，也有以单元燃气炉或电热水炉等为分户独立热源的供暖方式。从节省能源、供热质量、环保、消防安全和卫生条件等方面来看，以热水作为热媒的集中供暖更为合理。因此，凡有集中供暖条件的地区，其幼儿园、养老院、中小学校、医疗机构、办公、住宅等建筑，均宜采用集中供暖方式。

9.1.2 采暖系统节能工程的验收，可按系统、楼层等进行，并应符合本规范第3.4.1条的规定。

给出了供暖系统节能工程验收的划分原则和方法。

供暖系统节能工程的验收，应根据工程的实际情况，结合本专业特点，可以按供暖系统节能分项工程进行验收；对于规模比较大的，也可分为若干个检验批进行验收，可分别按系统、楼层等进行。

对于设有多个供暖系统热力入口的多层建筑工程，可以按每个热力入口作为一个检验批进行验收。

对于垂直方向分区供暖的高层建筑供暖系统，可按照供暖系统不同的设计分区分别进行验收；对于系统大且层数多的工程，可以按5～7层作为一个检验批进行验收。

9.2 主控项目

9.2.1 采暖系统节能工程采用的散热设备、阀门、仪表、管材、保温材料等产品进场时，应按设计要求对其类型、材质、规格及外观等进行验收，并应经监理工程师（建设单位代表）检查认可，且应形成相应的验收记录。各种产品和设备的质量证明文件和相关技术资料应齐全，并应符合国家现行有关标准和规定。

检验方法：观察检查；核查质量证明文件和相关技术资料。

检查数量：全数检查。

是参考《建筑给水排水及采暖工程施工质量验收规范》（GB 50242—2002）第3.2.1条的内容"建筑给水、排水及采暖工程所使用的主要材料、成品半成品、配件、器具和设备必须具有中文质量合格证明文件，规格、型号及性能检测报告应符合国家技术标准或设计要求。进场时应作检查验收，并经监理工程师核查确认"而编制的。突出强调了供暖工程中与节能有关的散热设备、阀门、仪表、管材、保温材料等产品进场时，应按设计要求对其类型、材质、规格及外观等进行逐一核对验收。验收一般应由供货商、监理、施工单位的代表共同参加，并应经监理工程师（建设单位代表）检查认可，形成相应的验收记录。

由于进场验收只能核查材料和设备的外观质量，其内在质量则需由各种质量证明文件和技术资料加以证明。故进场验收的一项重要内容，是对材料和设备附带的质量证明文件和技术资料进行核查。材料和设备的质量证明文件和技术资料应按其出场检验批进行，不同检验批的材料和设备应对每个检验批的质量证明文件和技术资料进行核查。所有的证明文件和技术资料均应符合现行国家有关标准和规定并应齐全，主要包括产品质量合格证、中文说明书、产品标识及相关性能检测报告等。进口材料和设备还应按规定进行出入境商品检验。

检查内容包括：设备、材料出厂质量证明文件及检测报告是否齐全；实际进场设备。

材料的类型、材质、规格、数量等是否满足设计和施工要求；设备、材料外观质量是否满足设计要求或有关标准的规定。

合格证明文件必须是中文的表示形式，应具备产品名称、规格、型号、国家质量标准代号、出厂日期、生产厂家的名称、地址、出厂产品检验证明或代号、必要的测试报告；对于进口产品，必须有商检合格报告。同种材料、同一种规格、同一批生产的要有一份原件，如无原件应有复印件并指明原件存放处。

重点检查以下方面：

（1）各类管材应有产品质量证明文件；散热设备应有出厂性能检测报告。

（2）阀门、仪表等应有产品质量合格证及相关性能检验报告。

（3）保温材料应有产品质量合格证和材质检测报告，检测报告必须是有效期内的抽样检测报告。使用到建筑物内的保温材料还要有防火等级的检验报告。

（4）散热器和恒温阀应有产品说明书及安装使用说明书，重点是技术性能参数。

常见问题：

（1）合格证明文件、性能检测报告不齐全；

（2）缺少《材料、设备进场验收记录》。

9.2.2 采暖系统节能工程采用的散热器和保温材料等进场时，应对其下列技术性能参数进行复验，复验应为见证取样送检：

1 散热器的单位散热量、金属热强度；

2 保温材料的导热系数、密度、吸水率。

检验方法：现场随机抽样送检；核查复验报告。

检查数量：同一厂家同一规格的散热器按其数量的1％进行见证取样送检，但不得少于2组；同一厂家同材质的保温材料见证取样送检的次数不得少于2次。

目前，市场上散热器和保温材料的种类比较多，质量参差不齐，难免鱼目混珠，特别是保温材料，其质量情况更让人担忧。通过调研发现，在相关标准没有规定对保温材料进场验收时，供应商提供的大都是送样检测报告，并只对来样负责，而且缺乏时效性，送到现场的产品品质很难保证。许多情况是开始供货提供的是合格的样品和检测报告，但到大批量进场时，就换成了质量差的甚至是冒牌的产品。然而，散热器的单位散热量、金属热强度和保温材料的导热系数、材料密度、吸水率等技术参数是供暖系统节能工程中的重要性能参数，它是否符合设计要求，将直接影响供暖系统的运行及节能效果。因此，为了确保散热器和保温材料的性能和质量，本条要求，对于这两种产品在进场时应对其热工等技术性能参数进行复验。复验应采取见证取样送检的方式，即在监理工程师或建设单位代表见证下，按照有关规定从施工现场随机抽取试样，送至有见证检测资质的检测机构进行检测，并应形成相应的复验报告。根据建设部141号令第12条规定，见证取样试验应由建设单位委托具备见证资质的检测机构进行。采取复验的手段，在不同程度上也能提高生产企业、供货商及订货方的质量意识。

复验方式可以分两个步骤进行：首先，要检查其有效期内的抽样检测报告，如果确认其符合要求，方可准许进场；其次，还要对不同批次进场的保温材料和散热器进行现场随机见证取样送检复验，如果某一批次复验的产品合格，说明该批次的产品符合要求，准许使用；否则，判定该批次的产品不合格，应全部退货，供应商应承担一切损失费用。这样做的目的，是为了确保供应商供应的产品货真价实，也是确保供暖系统节能的重要措施。

一、检查

1. 检测数量

同一厂家相同材质和规格的散热器按其数量的1％进行见证取样送检，但不得少于2组；如果是不同厂家或不同材质或不同规格的散热器，则应分别按其数量的1％进行见证取样送检，且不得少于2组。

同一厂家相同材质的保温材料见证取样送检的次数不得少于2次；不同厂家或不同材质的保温材料应分别见证取样送检，且次数不得少于2次。取样应在不同的生产批次中进行。考虑到保温材料品种的多样性，以及供货渠道的复杂性，抽取不少于2次是比较合理的。现场可以根据工程的大小，在方案中确定抽检的次数，并得到监理的认可，但不得少于2次。对于分批次进场的，抽取的时间可以定在首次大批量进场时以及供货后期；如果是一次性进场，现场应随机抽检不少于2个测试样品进行检验。

2. 检查内容

1）核查散热器复验报告中的单位散热量、金属热强度等技术性能参数，是否与设计要求及散热器进场时提供的产品检验报告中的技术性能参数一致；

2）核查保温材料的导热系数、密度、吸水率等技术性能参数，是否与设计要求及保温材料进场时提供的产品检验报告中的技术性能参数一致。

二、验收

1. 验收条件

根据规范要求对散热器和保温料进行了复验，且复验检验（测）报告的结果符合设计要求，并与进场时提供的产品检验报告中的技术性能参数一致。

对进场产品实行现场随机见证取样送检复验，具有一定的代表性，但也存在一定的风险。因为对散热器和保温材料的复验，只对已进场的产品负责。如果是一次性进场，送检复验的样品中只要有一个被检验（测）不合格，则判定全部产品不合格；对于分批次进场的，第一次复验合格，只能说明本次及以前进场的产品合格。如果在第二次复验不合格，则截止到第一次复验之后进场的产品均判定为不合格。对于不合格的产品不允许使用到供暖节能工程中，要全部退货处理。

2. 验收结论

参加验收的人员包括：监理工程师、建设单位项目专业技术负责人、供应商代表、施工单位项目专业质量（技术）负责人。

满足验收条件的产品为合格，可以通过验收；否则，为不合格，不能通过验收。验收合格后必须形成文字记录，填写进场复验记录，验收人员签字应齐全。

常见问题：

（1）取样送检数量不符合要求；

（2）未见证取样送检。

9.2.3 采暖系统的安装应符合下列规定：

1 采暖系统的制式，应符合设计要求；

2 散热设备、阀门、过滤器、温度计及仪表应按设计要求安装齐全，不得随意增减和更换；

3 室内温度调控装置、热计量装置、水力平衡装置以及热力入口装置的安装位置和方向应符合设计要求，并便于观察、操作和调试；

4 温度调控装置和热计量装置安装后，采暖系统应能实现设计要求的分室（区）温度调控、分栋热计量和分户或分室（区）热量分摊的功能。

检验方法：观察检查。

检查数量：全数检查。

本条为强制性条文。

对供暖系统节能效果密切相关的系统制式、散热设备、室内温度调控装置、热计量装置、水力平衡装置等的设置、安装、调试及功能实现等，作出了强制性的规定。

1. 供暖系统的制式也就是管道的系统形式，是经过设计人员周密考虑而设计的。供暖系统的制式设计得合理，供暖系统才能具备节能功能；但是，如果在施工过程中擅自改变了供暖系统的设计制式，就有可能影响供暖系统的正常运行和节能效果。因此，要求施工单位必须按照设计的供暖系统制式进行施工。

选择供暖系统制式的主要原则有：一是供暖系统应能保证各个房间（楼梯间除外）的室内温度能进行独立调控；二是便于实现分户或分室（区）热量（费）分摊的功能；三是管路系统简单、管材消耗量少、节省初投资。

新建和既有改造建筑室内热水集中供暖系统的制式，在保证室温可调控、满足热计量要求且方便运行管理的前提下，可采用下列任一制式：

1) 新建住宅采用共用立管的分户独立系统时，常用的室内供暖系统制式有：

（1）下供下回（下分式）水平双管系统；

（2）上供上回（上分式）水平双管系统；

（3）下供下回（下分式）全带跨越管的水平单管系统；

（4）放射式（章鱼式）系统；

（5）低温热水地面辐射供暖系统。

2) 新建公共建筑常用的室内供暖系统形式如下：

（1）上供下回垂直双管系统；

（2）下供下回垂直双管系统；

（3）下供下回水平双管系统；

（4）上供下回垂直单双管系统；

（5）上供下回全带跨越管（或装置 H 分配阀）的垂直单管系统；

（6）下供下回全带跨越管的水平单管系统；

（7）低温热水地面辐射供暖系统。

3) 既有住宅和既有公共建筑的室内供暖系统改造可采用以下几种形式：

（1）原系统为垂直单管顺流系统时，宜改造为在每组散热器的供回水管之间均设跨越管（或装置 H 分配阀）的系统。

（2）原系统为垂直双管系统时，宜维持原系统形式。

（3）原系统为单双管系统时，既有住宅宜改造为垂直双管系统，或改造为在每组散热器的供回水管之间均设跨越管（或装置 H 分配阀）的垂直单管系统；既有公共建筑宜维持原系统形式。

（4）当室内管道更新时，既有住宅的以上三种原有系统形式也可改造为设共用立管的分户独立系统。

（5）原系统为低温热水地面辐射式供暖系统时，应需在每一分支环路上设置室内远传型自力式恒温阀或电子式恒温控制阀等温控装置。

2. 供暖系统选用节能型的散热设备和必要的自控阀门与仪表等，并能根据设计要求的类型、规格等全部安装到位，是实现供暖系统节能运行的必要条件。因此，要求在进行供暖节能工程施工时，必须根据施工图设计要求进行，未经设计同意，不得随意增减和更换有关的节能设备和自控阀门与仪表等。

1）室内热水集中供暖系统的散热器应采用高效节能型产品，其单位发热量和传热系数等热工参数是衡量散热器性能优劣的标志，改变其数量、规格及安装方式，都会对系统的可靠运行及节能造成很大的影响。散热器的选型及安装，一般应遵循下列原则：

（1）散热器的工作压力应满足系统的工作压力，并符合国家现行有关产品标准的规定。

（2）散热器要有好的传热性能，散热器的外表面应涂刷非金属性涂料。

（3）民用建筑宜采用外形美观、易于清扫的散热器；放散粉尘或防尘要求较高的工业建筑，应采用易于清扫的散热器；具有腐蚀性气体的工业建筑或相对湿度较大的房间，应采用耐腐蚀的散热器。

（4）选用钢制散热器、铝合金散热器时，应有可靠的内防腐处理，并满足产品对水质的要求。

（5）采用铸铁散热器时，应选用内腔无粘砂型散热器。

（6）采用热分配表进行热计量时，所选用的散热器应具备安装热分配表的条件。强制对流式散热器不适合热分配表的安装和计量。

（7）散热器宜布置在外墙窗台下，当布置在内墙时，应与室内设施和家具的布置协调。两道外门之间的门斗内，不应设置散热器。

（8）散热器宜明装，非特殊要求散热器不应设置装饰罩。暗装时装饰罩应有合理的气流通道和足够的通道面积，并方便维修。

（9）散热器的布置应尽可能缩短户内管系的长度。

（10）每组散热器上应设手动或自动跑风门。有冻结危险场所的散热器前不得设置调节阀。

2）对新建住宅和公建的热水集中供暖系统，应设置热量计量装置和室温调控装置，并应根据水力平衡要求设置水力平衡装置。本条文中所讲的阀门与仪表，主要是指供暖系统中散热器恒温控制阀（简称恒温阀）、热计量装置、水力平衡阀、过滤器、温度计、压力表等。由于它们都是关系到供暖系统能否实现规范所要求的热量计量、室温调控、水力平衡，从而达到节能运行的关键装置和配件，所以施工过程中必须全部安装到位。但是，通过现场调查发现，许多供暖工程为了降低工程造价，根本不考虑日后的节能运行和减少运行费用等问题，未经设计单位同意，就擅自去掉一些自控阀门与仪表，或将自控阀门更换为不节能的设备及手动阀门，导致了系统无法实现设计要求的热量计量和节能运行，使能耗及运行费用大大增加。

（1）恒温阀是一种自力式调节控制阀，用户可根据对室温高低的要求，设定并调节室温。这样恒温控制阀就确保了各房间的室温，避免了立管水量不平衡，以及双管系统上热下冷的垂直失调问题。同时，更重要的是当室内获得"自由热"（Free Heat，又称"免费热"，如阳光照射，室内热源——炊事、照明、电器及人体等散发的热量）而使室温有升高趋势时，恒温阀会及时减少流经散热器的水量，不仅保持室温合适，同时达到节能目的。恒温阀的选型及安装一般应遵循下列原则：

① 新建和改造等工程中散热器的进水支管上均应安装恒温阀。

② 恒温阀的特性及其选用，应遵循《散热器恒温控制阀》（JG/T 195—2006）的规定，且应根据室内供暖系统制式选择恒温阀的类型，垂直单管系统应采用低阻力恒温阀，垂直双管系统应采用高阻力恒温阀。

③ 垂直单管系统可采用两通恒温阀，也可采用三通恒温阀，垂直双管系统应采用两通恒温阀。

④ 采用低温热水地面辐射供暖系统时，每一分支环路应设置室内远传型自力式恒温阀或电子式恒温控制阀等温控装置，也可在各房间加热管上设置自力式恒温阀。

⑤ 恒温阀感温元件类型应与散热器安装情况相适应。散热器明装时，恒温阀感温元件应采用内置型；散热器暗装时，应采用外置型。

⑥ 恒温阀选型时，应按通过恒温阀的水量和压差确定规格。

⑦ 恒温阀应具备防冻设定功能。

⑧ 明装散热器的恒温阀不应被窗帘或其他障碍物遮挡，且恒温阀的阀头（温度设定器）应水平安装；暗装散热器恒温阀的外置型感温元件应安装在空气流通且能正确反映房间温度的位置。

⑨ 低温热水地面辐射供暖系统室内温控阀的温控器应安装在避开阳光直射和有发热设备且距地面 1.4m 处的内墙面上。

（2）热计量装置，主要是指建筑物楼前的总热量表和户内的热量分摊装置。对于住宅建筑，楼前的总热量表是该栋楼耗热量的结算依据，而楼内住户应理解热量分摊，当然，每户应该有相应的装置，作为对整栋楼的耗热量进行户间分摊的依据。目前，在国内已有应用的热计量方法大致有温度法、热量分配表法、户用热量表法和面积法等。为了便于检查及验收，需了解已应用的热计量方法的种类。

① 温度法：按户设置温度传感器，通过测量室内温度，并结合建筑面积和楼栋总热量表测出的供热量进行热量（费）分摊。温度法供暖热计量分配系统是在每户住户内的内门上侧安装一个温度传感器，用来对室内温度进行测量，通过采集器采集的室内温度经通信线路送到热量采集显示器。热量采集显示器接收来自采集器的信号，并将采集器送来的用户室温送至热量计算分配器；热量计算分配器接收采集显示器或热量表送来的信号后，按照规定的程序将热量进行分摊。这种方法的出发点是：按照住户的等舒适度分摊热费，认为室温与住户的舒适是一致的，如果供暖期的室温维持较高，那么该住户分摊的热费也应该较多。遵循的分摊原则是：同一栋建筑物内的用户，如果供暖面积相同，在相同的时间内，相同的舒适度应缴纳相同的热费。它与住户在楼内的位置没有关系，不必进行住户位置的修正。因为节能是同一建筑物内各个热用户共同的责任。温度法可以做到根据受益来交费，可以解决热用户的位置差别及户间传热引起的热费不公平问题。另外，温度法与目前的传统垂直室内管路系统没有直接联系，可用于新建和既有改造住宅的任何供暖系统制式的热计量收费。

② 热量分配表法：在每组散热器上设置蒸发式或电子式热量分配表，通过对散热器散发热量的测量，并结合楼栋总热量表测出的供热量进行热量（费）分摊。此法适合于住宅建筑中采用散热器供暖的任何供暖系统制式。热量分配表法简单，分配表价格低廉，测量精度够用。但由于每户居民在整幢建筑中所处位置不同，即便同样住户面积，保持同样

室温，散热器热量分配表上显示的数字却是不相同的。比如顶层住户会有屋顶，与中间层住户相比多了一个屋顶散热面，为了保持同样室温，散热器必然要多散发出热量来；同样，对于有山墙的住户会比没有山墙的住户在保持同样室温时多耗热量。所以，需要将每户根据散热器热量分配表分摊的热量，并根据楼内每户居民在整幢建筑中所处位置折算成当量热量后，才能进行收费。散热器热量分配表对既有供暖系统的热计量收费改造比较方便，比如将原有垂直单管顺流系统，加装跨越管就可以，不需要改为每一户的水平系统。

③ 户用热量表法：按户设置户用热量表，通过测量流量和供、回水温差进行住户的热量计量，并结合楼栋总热量表测出的供热量进行热量（费）分摊。户用热量表安装在每户供暖环路中，可以测量每个住户的供暖耗热量，但是，我们原有的、传统的垂直室内供暖系统需要改为每一户的水平系统。这种方法与散热器热量分配表一样，需要将各个住户的热量表显示的数据进行折算，使其做到"相同面积的用户，在相同的舒适度的条件下，交相同的热费"。这种方法仅适合于住宅建筑中共用立管的分户独立供暖系统形式（包括地面辐射供暖系统），但对于既有建筑中应用垂直的供暖管路系统进行"热改"时，不太适用。

④ 面积法：根据热力入口处楼前总热量表的热量，结合各住户的建筑面积进行热费分摊。

尽管这种方法是按照住户面积作为分摊热量（费）的依据，但不同于"热改"前的概念。这种方法的前提是该栋楼前必须安装总热量表，是一栋楼内的热量分摊方式。此法适合于资金紧张的既有住宅中的任何供暖系统形式的热改。

当住宅建筑的类型、围护结构相同、分户热量（费）分摊装置一致时，不必每栋住宅都设楼栋总热量表，可几栋住宅共用一块总热量表。住宅建筑中需供暖的公共用房和公用空间，应设置单独的供暖系统和热计量装置。

对于公共建筑的热计量，应在每栋公共建筑物的热力入口处设置总热量表，且公共建筑内部归属不同单位的各部分，在保证能分室（区）进行温度调控的前提下，宜分别设置热量计量装置。

（3）供热系统水力不平衡的现象现在依然很严重，而水力不平衡是造成供热能耗浪费的主要原因之一。同时，水力平衡又是保证其他节能措施能够可靠实施的前提。因此，对系统节能而言，首先应该做到水力平衡，而且必须强制要求系统达到水力平衡。除规模较小的供热系统经过计算可以满足水力平衡外，一般室外供热管线较长，计算不易达到水力平衡。为了避免设计不当造成水力不平衡，一般供热系统均应在建筑物的热力入口处设置手动水力平衡阀和水过滤器，并应根据建筑物内供暖系统所采用的调节方式，决定是否还要设置自力式流量控制阀（对定流量水系统而言）或自力式压差控制阀（对变流量水系统而言），否则，出现不平衡问题时将无法调节。平衡阀是最基本的平衡元件，实践证明，在系统进行第一次调试平衡后，在设置了供热量自动控制装置进行质调节的情况下，室内散热器恒温阀的动作引起系统压差的变化不会太大，因此，只在某些条件下才需要设置自力式流量控制阀或自力式压差控制阀。

手动水力平衡阀选用原则：手动水力平衡阀是用于消除环路剩余压头、限定环路水流量用的，为了合理地选取平衡阀的型号，在设计水系统时，一定仍要进行管网水力计算及环网平衡计算，按管径选取平衡阀的口径（型号）。

尽管自力式流量控制阀具有在一定范围内自动稳定环路流量的特点，但是其水流阻力也比较大，因此即使是针对定流量系统，对设计人员的要求也首先是通过管路和系统设计来实现各环路的水力平衡（即"设计平衡"）；当由于管径、流速等原因的确无法做到"设计平衡"时，才应考虑采用手动水力平衡阀通过初调试来实现水力平衡的方式；只有当设计认为系统可能出现由于运行管理原因（例如水泵运行台数的变化等）有可能导致的水量较大波动时，才宜采用阀权度要求较高、阻力较大的自力式流量控制阀。但是，对于变流量系统来说，除了某些需要特定定流量的场所（例如为了保护特定设备的正常运行或特殊要求）外，不应在系统中设置自力式流量控制阀，而应设置自力式压差控制阀。

（4）在许多工程中，发现热力入口处没有安装水过滤器，这对以往旧的不节能供暖系统影响不大，但在节能供暖系统中，由于设置了温控和热计量及水力平衡装置等，对水质要求很严格，安装过滤器能起到保护这些装置不被堵塞而安全运行的作用。因此，设置过滤器是必需的，同时，数量和规格也必须符合设计要求。

（5）温度计及压力表等是正确反映系统运行参数的仪表。在许多工程中，这些仪表并没有安装到位，也就无法判定系统的运行状态，更无法去进行系统平衡调节，因此，也就无法判断系统是否节能。

3. 室内温度调控装置、热计量装置、水力平衡装置以及热力入口装置的安装位置和方向关系到系统能否正常地运行，应符合设计要求，同时这些装置应便于观察、操作和调试。在实际工程中，室内温控装置经常被遮挡或安装方向不正确，无法真正反映室内真实温度，不能起到有效的调节作用。有很多供暖系统的热力入口只有总开关阀门和旁通阀门，没有按照设计要求安装热力入口装置，起不到过滤、热计量及水力平衡等作用，从而达不到节能运行的目的。有的工程虽然安装了，但空间狭窄，过滤器和水力平衡阀无法操作，热计量装置、压力表、温度计等仪表很难观察读取，保证不了其读数的准确性。通过调研，还发现现有许多建筑室外热力入口的土建做法不符合设计要求，只是做了一个简单的阀门井，根本无法安装所有的入口装置，同时由于空间狭小，维修人员很难下去操作，更无从调节。

4. 本条强制性规定设有温度调控装置和热计量装置的供暖系统安装完毕后，应能实现设计要求的分室（区）温度调控和分栋热计量及分户或分室（区）热量（费）分摊。如果某供暖工程竣工后能够达到此要求，就表明该供暖工程能够真正地实现节能运行；反之，亦然。当然，如果工程设计无此规定，那么对安装完毕的供暖系统也就无此功能要求了。

分户分室（区）温度调控和实现分栋分户（区）热量计量，一方面是为了通过对各场所室温的调节达到舒适度要求；另一方面是为了通过调节室温而达到节能的目的。对有分栋、分室（区）热计量要求的建筑物，要求其供暖系统安装完毕后，能够通过热量计量装置实现热计量。量化管理是节约能源的重要手段，按照用热量的多少来收取供暖费用，既公平合理，更有利于提高用户的节能意识。

一、检查

检查内容：

（1）查看供暖系统安装的制式、管道的走向、坡度、管道分支位置、管径大小等，并与工程设计图纸进行核对。

（2）逐一检查散热设备、阀门、过滤器、温度计及仪表安装的数量和位置，并与施工图纸进行核对。

（3）检查室内温度调控装置、热计量装置、水力平衡装置以及热力入口装置的安装位置和方向，并与施工图纸核对。进行实地操作调试，看是否方便。

（4）现场实地操作，检查设有温度调控装置和热计量装置的供暖系统安装完毕后，能否实现设计要求的分室（区）温度调控、分栋热计量和分户或分室（区）热量（费）分摊的功能。

二、验收

1. 验收条件

（1）供暖系统安装制式符合设计要求；

（2）散热设备、阀门、过滤器、温度计及仪表的安装数量、规格均符合设计要求；

（3）室内温度调控装置、热计量装置、水力平衡装置以及热力入口装置的安装位置和方向符合设计要求，并便于观察、操作和调试；

（4）设有温度调控装置和热计量装置的供暖系统安装完毕后，能够实现设计要求的分室（区）温度调控、分栋热计量和分户或分室（区）热量（费）分摊的功能。

2. 验收结论

本条文的内容要作为专项验收内容。

常见问题：

（1）散热设备、阀门、过滤器、温度计及仪表随意增减和更换；

（2）采暖装置安装不合理，不方便观察、操作和调试。

9.2.4 散热器及其安装应符合下列规定：

1 每组散热器的规格、数量及安装方式应符合设计要求；

2 散热器外表面应刷非金属性涂料。

检验方法：观察检查。

检查数量：按散热器组数抽查 5%，不得少于 5 组。

目前，对散热器的安装存在不少误区，常常会出现散热器的规格、数量及安装方式与设计不符等情况，如把散热器全包起来暗装，仅留很少一点通道，或随意减少散热器的数量，以致每组散热器的散热量不能达到设计要求，而影响供暖系统的运行效果。

散热器暗装时，由于空气的自然对流受限，热辐射被遮挡，使散热效率大都比明装时低。同时，散热器暗装时，它周围的空气温度远远高于明装时的温度，这将导致局部围护结构的温差传热量增大。而且，散热器暗装时，不仅要增加建造费用，还必须占用一部分建筑面积，并且也会影响温控阀的正常工作。因此，散热器宜明装。

但必须指出，有些建筑如幼儿园、托儿所，为了防止幼儿烫伤，采用暗装还是必要的。但是，必须注意以下三点：一是在暗装时，必须选择散热量损失少的暗装构造形式；二是对散热器后部的外墙增加保温措施；三是要注意散热器罩内的空气温度并不代表室内供暖计算温度，所以这时应该选择采用带外置式温度传感器的恒温阀，以确保恒温阀能根据设定的室内温度正常地进行工作。

散热器布置在外墙的窗台下，从散热器上升的对流热气流能阻止从玻璃窗下降的冷气流，使流经生活区和工作区的空气比较暖和，给人以舒适的感觉；如果把散热器布置在内墙，流经人们经常停留地区的是较冷的空气，使人感到不舒适，也会增加墙壁积尘的可能，因此应把散热器布置在外墙的窗台下。考虑到分户热计量时，为了有利于户内管道的布置，也可以靠内墙安装。

从我国最早使用的铸铁散热器开始，散热器表面涂饰，基本为含金属的涂料，其中尤以银粉漆为最普遍。对于散热器表面状况对散热量的影响，国内外研究结论早已证明：采用含有金属粉末的涂料来涂饰散热器表面，将降低散热器的散热能力。但是，这个问题在实际的工程实践中，没有受到应有的重视。散热器表面涂刷金属涂料如银粉漆的现象，至今仍很普遍。

实验结果证实，若将柱型铸铁散热器的表面涂料由传统的银粉漆改为非金属涂料，就可提高散热能力13%～16%。这是一种简单易行的节能措施，无疑应予以大力推广。因此，本规范在用词时采用了"应"字，即要求在正常情况下均应这样做。这里特别需要指出的是，以上分析是针对表面具有辐射散热能力的散热器进行的，对于对流型散热器，因其基本依靠对流换热，表面辐射散热成分很小，上述效应则不很明显。

一、检查

检查内容：

（1）所抽查散热器每组的规格，包括散热器的宽度、长度（片数）、高度；

（2）散热器的安装位置及方式，有无遮挡；

（3）散热器表面刷涂料的情况。

二、验收

验收条件：

散热器安装的类型、规格、数量以及安装的方式和位置，应符合设计要求；散热器表面应刷非金属涂料。

常见问题：

散热器的规格、数量及安装方式与设计不符。

9.2.5 散热器恒温阀及其安装应符合下列规定：

1 恒温阀的规格、数量应符合设计要求；

2 明装散热器恒温阀不应安装在狭小和封闭空间，其恒温阀阀头应水平安装，且不应被散热器、窗帘或其他障碍物遮挡；

3 暗装散热器的恒温阀应采用外置式温度传感器，并应安装在空气流通且能正确反映房间温度的位置上。

检验方法：观察检查。

检查数量：按总数抽查5%，不得少于5个。

散热器恒温阀（又称温控阀、恒温器）安装在每组散热器的进水管上，它是一种自力式调节控制阀，其核心作用是保证能分室（区）进行室温调控。因为能分室（区）进行室内温度调控，是实现供暖节能的基础，离开了室内温度的调控，供暖节能也就无从谈起。同时提供房间温度在一定范围内自主调节控制的条件，也是提高供暖舒适度和节能的需要。恒温阀的规格、数量符合设计要求，是发挥其作用的重要条件。

恒温阀在实现每组散热器单独调控温度，大大提高居室舒适度的同时，还可通过利用自由热和用户根据需要调节设定温度来大幅度降低供暖能耗。自由热即除固定热源散热器之外的热源，如朝阳房间的太阳光辐射及室内人体、电器等散发出来的热量等。当自由热导致室温上升时，恒温阀会减少散热器热水供应，从而降低供暖能耗。此外，用户根据需求即时调节设定温度，可以避免不必要的高室温造成的能源浪费。大量恒温阀应用实践表明，使用恒温阀平均可节省能源 15%～30%。

散热器恒温阀头如果垂直安装或安装时被散热器、窗帘或其他障碍物遮挡，恒温阀将不能真实反映出室内温度，也就不能及时调节进入散热器的水流量，从而达不到节能的目的。恒温阀应具有人工调节和设定室内温度的功能，并通过感应室温自动调节流经散热器的热水流量，实现室温自动恒定。对于安装在装饰罩内的恒温阀，则必须采用外置传感器，传感器应设在能正确反映房间温度的位置上。

一、检查

检查内容：

（1）检查被抽查的恒温阀的规格、数量；

（2）明装散热器恒温阀安装的位置，恒温阀阀头的安装状态，恒温阀阀头被遮挡情况；

（3）暗装散热器的恒温阀是否采用了外置式温度传感器，以及安装位置是否正确。

二、验收

验收条件：

（1）恒温阀的规格、数量应符合设计要求；

（2）明装散热器恒温阀没有安装在狭小和封闭空间，其恒温阀阀头均水平安装，且不被任何障碍物遮挡；

（3）暗装散热器的恒温阀，其温度传感器采用的是外置式，并安装在空气流通且能正确反映房间温度的位置上，一般设在内墙上。

常见问题：

（1）恒温阀的规格、数量不符合设计要求；

（2）恒温阀安装位置不符合要求；

（3）未安装恒温阀或以其他阀门代替。

9.2.6 地温热水地面辐射采暖系统的安装除了应符合本规范第 9.2.3 条的规定外，尚应符合下列规定：

1 防潮层和绝热层的做法及绝热层的厚度应符合设计要求；

2 室内温控装置的传感器应安装在避开阳光直射和有发热设备且距地 1.4m 处的内墙面上。

检验方法：防潮层和绝热层隐蔽前观察检查；用钢针刺入绝热层、尺量；观察检查、尺量室内温控装置传感器的安装高度。

检查数量：防潮层和绝热层按检验批抽查 5 处，每处检查不少于 5 点；温控装置按每个检验批抽查 10 个。

低温热水地面辐射供暖通常是一种将化学管材敷设在地面或楼面现浇垫层内，以工作压力不大于 0.8MPa、温度不高于 60℃的热水为热媒，在加热管内循环流动加热地板，通过地面以辐射和对流的传热方式向室内供热的供暖系统。该系统以整个地面作为散热面，地板在通过对流换热加热周围空气的同时，还与人体、家具及四周的围护结构进行辐射换热，从而使其表面温度提高，其辐射换热量约占总换热量的 50%以上，是一种理想、节能的供暖系统，可以有效地解决散热器供暖系统存在的有关问题。

但是由于它毕竟与传统的供暖方式不同，造成了在设计和施工中出现了一些问题，如负荷计算、管道材料选择、地板加热盘管的间距、管路布置形式、塑料管热胀性等，致使在使用中出现了这样或那样的问题。地面辐射供暖系统在设计、施工、运行中常出现的问题如下：

1. 设计中存在的问题

地面辐射供暖设计的步骤大致是：计算建筑热负荷，选择加热盘管的规格和布置型式，计算敷设间距，进行水力计算平衡管路，绘制施工图。在以上各环节中，应在以下几个环节引起注意：

1）热负荷计算中的问题

为计算方便，有许多资料推荐了建筑热负荷单位面积、体积热指标。而对于地面辐射供暖系统，热负荷计算存在以下几个方面的问题需要分析：

一方面，由于室内温度场分布均匀且主要是辐射热，可以将室内计算温度降低 2℃计算，也就是说，可以适当降低建筑物热负荷；另一方面，地面辐射供暖系统是以地板盘管经地面向室内散热，在地板散热模型的建立中一般均未考虑地板被家具遮挡而增加的热阻的影响，特别是在住宅建筑中，卧室及起居室内床、衣橱、电视机橱、沙发等家具的遮挡率占房间面积的 30%～50%，高则占 80%，这样就大大降低了地板盘管向室内散出的热量，也就是说，应适当增加建筑物的热负荷；另外，地板装饰层的厚度、材料也会影响建筑物的散热量，这也应当进行适当的考虑。设计计算建筑物热负荷时应对以上问题进行综合分析，确定出符合工程实际情况的热负荷值。

2）地板加热盘管敷设型式及间距选择问题

地面辐射供暖的散热主体为加热盘管，而加热盘管的间距是控制加热盘管散热多少的重要参数，在现有资料中大多推荐了诸如 150mm、200mm、250mm 等数据的计算方法。事实上，加热盘管宜采用回字形，且加热盘管间距宜在外墙处密集，远离外墙处则应较疏。有关具体间距需经过计算确定。

3）分、集水器的位置选择

分、集水器是地面辐射供暖中各水环路的分合部件，它具有对各供暖区域分配水流的作用。同时它还是金属部件与塑料管的连接转换处，以及系统冲洗、水压试验的泄水口，因此其位置选择是否合适，对整个供暖系统非常重要，宜设在便于控制，且有排水管道处，如厕所、厨房等处，不宜设于卧室、起居室，更不宜设于贮藏间内。

4）室内温控装置的选择

采用低温热水地面辐射供暖系统时，每一分支环路应设置室内温控装置，以调控室温和降低能耗。适合该供暖方式的室内温控装置有远传型自力式恒温阀、有线型电动式恒温控制阀、无线电子式恒温控制阀以及设置在各房间加热管上的自力式恒温阀等。

5）地面辐射供暖系统管材的选用

塑料管道具有热膨胀性较大的特点，其线性膨胀系数为：PEX，0.2mm/（m·℃）；PPR，0.18mm/（m·℃）；XPAP，0.025mm/（m·℃）；PB，0.13mm/（m·℃）。因此，对于明装的塑料管，很难保证其安装后不出现弯曲、蛇形等现象，所以，对于干、立等明装管宜采用热镀锌钢管，也可采用铜管。

6）防潮层和绝热层的设置

对地面辐射供暖系统无地下室的一层地面、卫生间等处，应分别设置防潮层和绝热层。绝热层采用聚苯乙烯泡沫塑料板［导热系数为≤0.041W(m·K)，密度≥20.0kg/m³］时，其厚度不应小于30mm；直接与室外空气相邻的楼板应设绝热层。绝热层采用聚苯乙烯泡沫塑料板［导热系数为≤0.041W/（m·K），密度≥20.0kg/m³］时，其厚度不应小于40mm。当采用其他绝热材料时，可根据热阻相当的原则确定厚度。

7）过滤器的选用

地面辐射供暖加热盘管一般为D16或D20的塑料管，其内径只有十几毫米，一旦有异物堵塞，则整个环路将失去散热功能，因此保证其畅通特别重要，所以在每个分进水管上应设置过滤器。

8）各环路的平衡问题

根据流体力学的理论，对于并联环路的流量分配与其环路的阻力有关。

保持各环路长度相等或长度相近，也就是保证各环路流量平衡，但是由于各环路所承担的热负荷不同，而管路短、阻力小的环路，虽然承担的热负荷小，但是根据上式可知，其流量反而较大，因此在确有困难平衡环路长度时，应在各环路上增设调节装置。

2. 施工中存在的问题

在地面辐射供暖系统施工中应特别注意检查以下几点：

1）室内温控装置的传感器的设置高度

距地1.4m高度处的室温，与人体的舒适度有较大关系。为了不因室温过高而浪费能源、过低而影响舒适度，室内温控装置的传感器应安装在距地面1.4m的内墙面上（或与室内照明开关并排设置），并应避开阳光直射和发热设备，以免产生控制上的误差。

2）在加热盘管的上部或下部宜布置钢丝网

对地面辐射供暖的室内温度场研究表明，在布管处散热相对较强，而管与管之间则散热较弱。为了减小这种强弱明显的散热效果，宜在加热盘管的上部敷设一层钢丝网，以均衡地板表面的散热。同时，加设钢丝网还可增强地板的抗裂性。

3）试压及排水

安装完毕后对系统进行水压试验是《建筑给水排水及采暖工程施工质量验收规范》（GB 50242—2002）中作为工程安装合格的基本要求，对于地面辐射供暖系统也不例外，关键是地面辐射供暖系统试压后并不像其他供暖空调系统，打开泄水阀和排气阀系统就可将水完全泄掉，而是有相当一部分水，即加热盘管中存的水不能泄掉，尤其在冬期施工时，如果加热盘管中的水不能彻底及时排走，则很可能因水结冰而破坏整个加热盘管（事实上，此类现象在实际工程中时有发生），因此在试压或冲洗后，应采用压缩空气将加热盘管中的水全部吹出，以防冻坏管路。

4）地板预留伸缩缝

为了确保地面在供暖工程中正常工作，当房间的跨度大于 6m 后应设地面伸缩缝，缝宽以≥5mm 为宜，且加热盘管穿越伸缩缝时，应设长度不小于 100mm 的柔性套管。

一、检查

检查内容：

（1）检查绝热层和防潮层的做法，必要时剖开检查；

（2）检查绝热层的厚度；

（3）室内温控装置传感器的安装位置及安装高度。

二、验收

验收条件：

（1）防潮层和绝热层的做法符合设计要求；

（2）绝热层的厚度应符合设计要求，不得有负偏差；

（3）室内温控装置的传感器安装在避开阳光直射和有发热设备且距地 1.4m 处的内墙面上，距地高度偏差在±20mm 以内。

常见问题：

（1）防潮层和绝热层的厚度及施工不符合设计要求；

（2）室内温控装置的位置不符合要求。

9.2.7 采暖系统热力入口装置的安装应符合下列规定：

1 热力入口装置中各种部件的规格、数量，应符合设计要求。

2 热计量装置、过滤器、压力表、温度计的安装位置、方向应正确，并便于观察、维护。

3 水力平衡装置及各类阀门的安装位置、方向应正确，并便于操作和调试。安装完毕后，应根据系统水力平衡要求进行调试并做出标志。

检验方法：观察检查；核查进场验收记录和调试报告。

检查数量：全数检查。

热力入口是指室外热网与室内供暖系统的连接点及其相应的入口装置，一般是设在建筑物楼前的暖气沟内或地下室等处，热力入口装置通常包括阀门、水力平衡阀、总热计量表、过滤器、压力表、温度计等。

在实际工程中有很多供暖系统的热力入口只有总开关阀门和旁通阀门，没有按照设计要求安装水力平衡阀、热计量装置、过滤器、压力表、温度计等入口装置；有的工程虽然安装了入口装置，但空间狭窄，过滤器和阀门无法操作，热计量装置、压力表、温度计等仪表很难观察读取。因此，热力入口装置常常起不到其过滤、热能计量及调节水力平衡等功能，从而起不到节能的作用。

1. 新建集中供暖系统热力入口的要求

1）热力入口供、回水管均应设置过滤器。供水管应设两级过滤器，顺水流方向第一级为粗滤，滤网孔径不宜大于 ϕ3.0mm，第二级为精过滤，滤网规格宜为 60 目；进入热计量装置流量计前的回水管上应设过滤器，滤网规格不宜小于 60 目。

2）供、回水管应设置必要的压力表或压力表管口。

3）无地下室的建筑，宜在室外管沟入口或楼梯间下部设置小室，室外管沟小室宜有防水和排水措施。小室净高应不低于 1.4m，操作面净宽应不小于 0.7m。

4）有地下室的建筑，宜设在地下室可锁闭的专用空间内，空间净高度应不低于 2.0m，操作面净宽应不小于 0.7m。

2. 关于平衡阀

1）平衡阀的工作原理

平衡阀属于调节阀范畴，它的工作原理是通过改变阀芯与阀座的间隙（开度），来改变流经阀门的流动阻力，以达到调节流量的目的。从流体力学观点看，平衡阀相当于一个局部阻力可以改变的节流元件，实际上就是一种有开度指示的手动调节阀。

平衡阀与普通阀门的不同之处在于有开度指示、开度锁定装置及阀体上有两个测压小阀。管网系统安装完毕，并具备测试条件后，对管网进行平衡调试，用软管将被调试的平衡阀测压小阀与专用智能仪表连接，仪表能显示出流经阀门的流量值（及压降值），经与仪表人机对话向仪表输入该平衡阀处要求的流量值后，仪表经计算、分析，可显示出管路系统达到水力平衡时该阀门的开度值，将各阀门开度锁定，使管网实现水力工况平衡。因此，设在热力入口处的平衡阀，其作用相当于调节阀和等效孔板流量仪的组合，使各个热用户的流量分配达到要求。当总循环泵变速运行时，各个热用户的流量分配比例保持不变。

2）平衡阀的特性

（1）流量好。这一特性对方便准确地调整系统平衡具有重要意义。

（2）有清晰、准确的阀门开度指示。

（3）平衡调试后，阀门锁定功能使开度值不能随便地被变更。通过阀门上的特殊装置锁定了阀门开度后，无关人员不能随便开大阀门开度。如果管网环路需要检修，仍可以关闭平衡阀，待修复后开启阀门，但最大只能开启至原设定位置为止。

（4）平衡阀阀体上有两个测压小阀，在管网平衡调试时，用软管与专用智能仪表相连，能由仪表显示出流量值及计算出该阀门在设计流量时的开度值。

3）平衡阀的选型及安装位置要求

（1）室内供暖为垂直单管跨越式系统，热力入口的平衡阀应选用自力式流量控制阀。

（2）室内供暖为双管系统，热力入口的平衡阀应选用自力式压差控制阀。

（3）自力式压差控制阀或流量控制阀两端压差不宜大于 100kPa，不应小于 8.0kPa，具体规格应由计算确定。

（4）管网系统中所有需要保证设计流量的热力入口处均应安装一只平衡阀，可安在供水管路上，也可安在回水管路上，设计如无特殊要求，从降低工作温度、延长其工作寿命等角度考虑，一般安装在回水管路上。

3. 关于热计量装置

1）热计量装置的选型

本规范 9.2.3 条的条文要点中指出，无论是住宅建筑还是公共建筑，无论建筑物中采用何种热计量方式，其热力入口处均应设置热计量装置——总热量表，作为房屋产权单位（物业公司）的住户结算式分摊热费的依据。从防堵塞和提高计量的准确度等方面考虑，该表宜采用超声波型热量表。

2）热量计量装置的安装和维护

（1）热力入口装置中总热量表的流量传感器宜装在回水管上，以延长其寿命、降低故障率、降低计量成本；进入热量计量装置流量计前的回水管上应设置滤网规格不宜小于60目的过滤器。

（2）总热量表应严格按产品说明书的要求安装。

（3）对总热量表要定期进行检查维护，内容为：检查铅封是否完好；检查仪表工作是否正常；检查有无水滴落在仪表上，或将仪表浸没；检查所有的仪表电缆是否连接牢固、可靠，是否因环境温度过高或其他原因导致电缆损坏或失效；根据需要检查、清洗或更换过滤器；检查环境温度是否在仪表使用范围内。

一、检查

1. 检查方法

现场实地观察检查，检查热力入口各装置部件的规格、数量及其安装与设计图纸的符合性；核查热力入口各装置部件的进场验收记录及平衡阀的调试报告。

2. 检查内容

（1）对照设计施工图纸，检查热力入口各装置部件的数量、规格型号、安装方向、安装位置；

（2）实地操作、观察；

（3）调试标记和调试记录。

二、验收

验收条件：

（1）热力入口各装置部件的规格、数量应符合设计要求，安装位置、方向应正确；

（2）热计量装置、压力表、温度计观察方便、维护更换容易；

（3）水力平衡装置能方便调试，调试后能满足系统平衡要求，并有调试标记和调试合格记录。

常见问题：

（1）热力入口装置中各种部件的规格、数量随意增减和更换；

（2）热力入口装置安装位置不合理，不方便观察、操作和调试。

9.2.8 采暖管道保温层和防潮层的施工应符合下列规定：

1 保温层应采用不燃或难燃材料，其材质、规格及厚度等应符合设计要求。

2 保温管壳的粘贴应牢固、铺设应平整；硬质或半硬质的保温管壳每节至少应用防腐金属丝或难腐织带或专用胶带进行捆扎或粘贴2道，其间距为300～350mm，且捆扎、粘贴应紧密，无滑动、松弛及断裂现象。

3 硬质或半硬质保温管壳的拼接缝隙不应大于5mm，并用粘结材料勾缝填满；纵缝应错开，外层的水平接缝应设在侧下方。

4 松散或软质保温材料应按规定的密度压缩其体积，疏密应均匀；毡类材料在管道上包扎时，搭接处不应有空隙。

5 防潮层应紧密粘贴在保温层上，封闭良好，不得有虚粘、气泡、皱褶、裂缝等缺陷。

6 防潮层的立管应由管道的低端向高端敷设，环向搭接缝应朝向低端；纵向搭接缝应位于管道的侧面，并顺水。

7 卷材防潮层采用螺旋形缠绕的方式施工时，卷材的搭接宽度宜为30~50mm。

8 阀门及法兰部位的保温层结构应严密，且能单独拆卸并不得影响其操作功能。

检验方法：观察检查；用钢针刺入保温层、尺量。

检查数量：按数量抽查10%，且保温层不得少于10段、防潮层不得少于10m、阀门等配件不得少于5个。

涉及的是供暖管道保温方面的问题，对供暖管道及其部、配件保温层和防潮层施工的基本质量要求做出了规定。供暖管道保温厚度是由设计人员依据保温材料的导热系数、密度和供暖管道允许的温降等条件计算得出的。如果管道的保温厚度等技术性能达不到设计要求，或者保温层与管道粘贴得不紧密、牢固，或者设在地沟及潮湿环境内的保温管道不做防潮层以及防潮层做得不完整或有缝隙，都将会严重影响供暖管道的保温节能效果。因此，除了要把好保温材料的质量关之外，还必须对供暖管道保温层和防潮层的施工质量引起重视。

供暖管道常用保温材料有岩棉、矿棉管壳、玻璃棉壳及聚氨酯硬质泡沫保温管等。我国保温材料工业发展迅速，岩棉和玻璃棉保温材料生产量已有较大规模。聚氨酯硬质泡沫塑料保温管（直埋管）近几年发展很快，它保温性能优良，虽然目前价格较高，但随着技术进步和产量增加，将在工程中得到广泛应用。

岩棉是以精选的玄武岩或辉绿岩为主要原料，经高温熔融制成的无机人造纤维，纤维直径在4~7μm。在岩棉中加入一定量的胶粘剂、防尘油、憎水剂，经固化、切割、贴面等工序，可制成岩棉板、缝毡、保温带、管壳等制品。岩棉制品具有良好的保温、隔热、吸声、耐热、不燃等性能和良好的化学稳定性。

矿棉是利用高炉矿渣或铜矿渣、铝矿渣等工业矿渣为主要原料，经熔化，用高速离心法或喷吹法工艺制成的棉丝状无机纤维，纤维直径为4~7μm。在矿渣棉中加入一定量的胶粘剂、憎水剂、防尘剂等，经固化、切割、烘干等工序，可制成矿棉板、缝毡、保温带、管壳等制品。矿渣棉制品具有良好的保温、隔热、吸声、不燃、防蛀等性能，以及较好的化学稳定性。

玻璃棉是以硅砂、石灰石、萤石等矿物为主要原料，经熔化，用火焰法、离心法或高压载能气体喷吹法等工艺将熔融玻璃液制成的无机纤维。纤维平均直径：1号玻璃棉≤5.0μm；2号玻璃棉≤8μm；3号玻璃棉≤13.0μm。在玻璃纤维中加入一定量的胶粘剂和其他添加剂，经固化、切割、贴面等工序，可制成玻璃棉毡、玻璃棉板、玻璃棉管壳。玻璃棉制品具有良好的保温、隔热、吸声、不燃、耐腐蚀等性能。

聚氨酯泡沫塑料是把含有羟基的聚醚或聚酯树脂与异氰酸酯反应构成聚氨酯主体，并由异氰酸酯与水反应生成的二氧化碳或用低沸点的氟氢化烷烃为发泡剂发泡，生产内部具有无数小气孔的一种塑料制品。聚氨酯泡沫塑料可分为软质、半硬质、硬质三类，软质聚氨酯泡沫塑料在建筑中应用尚少，只用在要求严格隔音的场合以及管道弯头的保温等处；半硬质制品的主要用途是车辆，在建筑业中可用来填塞波纹板屋顶及作填充外墙板端部空隙的芯材，其用途也较为有限；硬质聚氨酯泡沫塑料，近年来，作为一种新型隔热保温材料，在建筑上得到了广泛的应用。

管道保温层的施工基本要求：

(1) 管道穿墙、穿楼板套管处的保温，应用相近效果的软散材料填实。

(2) 保温层采用保温涂料时，应分层涂抹，厚度均匀，不得有气泡和漏涂，表面固化层应光滑、牢固、无缝隙，并且不得影响阀门正常操作。

(3) 保温层的材质及厚度应符合设计要求。

检查数量及检查方法：

1. 检查数量

对于供暖管道的保温层、防潮层及配件，分别按其数量抽查 10%。保温层不得小于 10 段；防潮层应在不同的部位进行抽查检查，每个部位不大于 1m，抽查总长度不得小于 10m；阀门、过滤器及法兰等配件的保温是个薄弱环节，在抽查时，应在不同的检验批中分别抽查，抽查总数不能少于 5 个；管道穿套管处不得少于 5 处。

2. 检查方法

(1) 检查保温层防火检测报告；与施工图纸对照，检查施工完成后的保温材料材质、规格及厚度。

(2) 对于保温管壳，用手扳，检查粘贴和捆扎得是否牢固、紧密，观察表面平整度。

(3) 对于硬质或半硬质的保温管壳，检查拼接缝情况。

(4) 如保温材料采用松散或软质保温材料时，按其密度要求检查其疏密度，检查搭接缝隙。

(5) 检查防潮层施工顺序、搭接缝朝向及其密封和平整情况。

(6) 检查阀门等部件的保温层结构，实际操作保温层结构，看其是否能单独拆卸。

常见问题：

(1) 保温层、防潮层的材质、规格及厚度不符合设计要求；

(2) 保温层、防潮层的施工不符合要求。

9.2.9 采暖系统应随施工进度对于节能有关的隐蔽部位或内容进行验收，并应有详细的文字记录和必要的图像资料。

检验方法：观察检查；核查隐蔽工程验收记录。

检查数量：全数检查。

供暖管道及配件等，被安装于封闭的部位或直接埋地时，均属于隐蔽工程。在结构进行封闭之前，必须对隐蔽工程的施工质量进行验收。对供暖管道应进行水压试验，如有防腐及保温施工的，则必须在水压试验合格且得到现场监理人员认可的合格签证后，方可进行；否则，不得进行保温、封闭作业和进入下道隐蔽工程的施工。必要时，应对隐蔽工程的施工情况进行拍照或录像并存档，以便于质量验收和追溯。

对隐蔽工程的验收，是由建设单位、监理及施工方共同参加的对于与节能有关的施工工程隐蔽之前进行的检查，是在施工方自检的基础上，由施工方对自己所施工的隐蔽工程质量做出合格判断后所进行的工作。因此，对隐蔽工程的验收，不能在没有通过施工方自检达到合格之前，就由其他方进行验收检查。施工方应对隐蔽工程的自检情况做好记录，以备验收时核查。

隐蔽工程的验收检查，可分为以下几个方面的内容：

（1）对暗埋敷设于沟槽、管井、吊顶内及不进入的设备层内的供暖管道和相关设备，应检查管材、管件、阀门、设备的材质与型号、安装位置、标高、坡度；管道连接做法及质量；附件的使用，支架的固定，防腐处理，以及是否已按设计要求及施工规范验收规定完成强度、严密性、冲洗等试验。管道安装验收合格后，再对保温情况做隐蔽验收。

（2）对直埋于地下或垫层中的供暖管道，在保温层、保护层完成后，所在部位进行回填之前，应进行隐蔽验收检查，检查管道的安装位置、标高、坡度；支架做法；保温层、防潮层及保护层设置；水压试验结果及冲洗情况。

（3）对于低温热水地面辐射供暖系统的地面防潮层和绝热层在铺设管道前还要单独进行隐蔽检查验收。

检查方法、数量及内容：

1. 检查方法。观察、尺量检查；核查隐蔽工程的自检记录。

2. 检查数量。对隐蔽部位全部检查。

3. 检查内容。检查被隐蔽部位的管道、设备、阀门等配件的安装情况及保温情况，且安装和保温应分两次验收；对于直埋保温管道进行一次验收。

常见问题：

（1）未对隐蔽部位或内容进行验收；

（2）缺少《隐蔽验收记录》及图像资料。

9.2.10　采暖系统安装完毕后，应在采暖期内与热源进行联合试运转和调试。联合试运转和调试结果应符合设计要求，采暖房间温度相对于设计计算温度不得低于2℃，且不高于1℃。

检验方法：检查室内采暖系统试运转和调试记录。

检查数量：全数检查。

本条为强制性条文。是参考《建筑给水排水及采暖工程施工质量验收规范》（GB 50242—2002）第8.6.3条"系统冲洗完毕应充水、加热，进行试运行和调试"而编制的。在此基础上，本条又增加了对供暖房间温度的调试及要求，即室内温度不得低于设计计算温度2℃，且不应高于1℃。虽然供暖房间的温度越低越有利于节能，但是为了确保供热单位的供热质量，保证居住、办公等供暖房间具有一定的温度（一般不低于16℃）和舒适度，本条文强制规定供暖房间的温度不得低于设计计算温度2℃；对房间温度之所以规定一个不高于设计值1℃的限值，其目的是为了满足某些高标准建筑物对室内供暖温度的特殊要求，这样既可适当提高其室温标准，又不至于因室温过高而造成能源浪费。

供暖系统工程安装完工后，为了使供暖系统达到正常运行和节能的预期目标，规定必须在供暖期与热源连接进行系统联合试运转和调试。进行系统联合试运转和调试，是对供暖系统功能的检验，其结果应满足设计要求。由于系统联合试运转和调试受到竣工时间、热源条件、室内外环境、建筑结构特性、系统设置、设备质量、运行状态、工程质量、调试人员技术水平和调试仪器等诸多条件的影响和制约，又是一项季节性、时间性、技术性较强的工作，所以很难不折不扣地执行；但是，由于它非常重要，会直接影响到供暖系统能否正常运行、能否达到节能目标，所以又是一项必须完成好的工程施工任务。

供暖系统工程竣工如果是在非供暖期或虽然在供暖期却还不具备热源条件时，应对供暖系统进行水压试验，试验压力应符合设计要求。但是，这种水压试验并不代表系统已进行了调试并达到平衡，不能保证供暖房间的室内温度能达到设计要求。因此，施工单位和建设单位应在工程（保修）合同中进行约定，在具备热源条件后的第一个供暖期间再补做联合试运转及调试。补做的联合试运转及调试报告应经监理工程师（建设单位代表）设计签字确认后，以补充完善验收资料。

常见问题：

（1）未进行联合试运转和调试；

（2）联合试运转和调试的结果不符合要求；

（3）缺少《采暖系统试运行和调试记录》。

9.3 一般项目

9.3.1 采暖系统过滤器等配件的保温层应密实、无空隙，且不得影响其操作功能。

检验方法：观察检查。

检查数量：按类别数量抽查10%，且不得少于2件。

过滤器向下的滤芯外部要做活体保温，同样以利于检修、拆卸的方便。

遇到三通处应先做主干管，后分支管。凡穿过建筑物保温管道套管与管子四周间隙应用保温材料填塞紧密。

10.5 通风与空调节能工程

本节条款号为《建筑节能工程施工质量验收规范》（GB 50411—2007）中条款号。

10.1 一般规定

10.1.1 本章适用于通风与空调系统节能工程施工质量的验收。

明确了本章适用的范围。本条文所讲的通风系统是指包括风机、消声器、风口、风管、风阀等部件在内的整个送、排风系统。空调系统包括空调风系统和空调水系统，前者是指包括空调末端设备、消声器、风管、风阀、风口等部件在内的整个空调送、回风系统；后者是指除了空调冷热源和其辅助设备与管道及室外管网以外的空调水系统。

10.1.2 通风与空调系统节能工程的验收，可按系统、楼层等进行，并应符合本规范第3.4.1条的规定。

通风与空调系统节能工程的验收，应根据工程的实际情况、结合本专业特点，分别按系统、楼层等进行。

空调冷（热）水系统的验收，可与供暖系统验收相同，一般应按系统分区进行，划分成若干个检验批。对于系统大且层数多的空调冷（热）水系统工程，可分别按6～9个楼层作为一个检验批进行验收；通风与空调的风系统，可按风机或空调机组等所各自负担的风系统分别进行验收。

10.2 主控项目

10.2.1 通风与空调系统节能工程所使用的设备、管道、阀门、仪表、绝热材料等产品进场时，应按设计要求对其类型、材质、规格及外观等进行验收，并应对下列产品的技术性能参数进行核查。验收与核查的结果应经监理工程师（建设单位代表）检查认可，并应形成相应的验收、核查记录。各种产品和设备的质量证明文件和相关技术资料应齐全，并应符合有关国家现行标准和规定。

1 组合式空调机组、柜式空调机组、新风机组、单元式空调机组、热回收装置等设备的冷量、热量、风量、风压、功率及额定热回收效率。

2 风机的风量、风压、功率及其单位风量耗功率。

3 成品风管的技术性能参数。

4 自控阀门与仪表的技术性能参数。

检验方法：观察检查；技术资料和性能检测报告等质量证明文件与实物核对。

检查数量：全数检查。

通风与空调系统所使用的设备、管道、阀门、仪表、绝热材料等产品是否相互匹配、完好，是决定其节能效果好坏的重要因素。本条是对其进场验收的规定，这种进场验收主要是根据设计要求对有关材料和设备的类型、材质、规格及外观等"可视质量"和技术资料进行检查验收，并应经监理工程师（建设单位代表）核准。进场验收应形成相应的验收记录。事实表明，许多通风与空调工程，由于在产品的采购过程中擅自改变有关设备、绝热材料等的设计类型、材质或规格等，结果造成了设备的外形尺寸偏大、设备重量超重、设备耗电功率大、绝热材料绝热效果差等不良后果，从而降低了通风与空调系统的节能效果，给设备的安装和维修带来了不便，给建筑物的安全带来了隐患。

在执行本条文时，有以下几点要求：

（1）由于进场验收只能核查材料和设备的外观质量，其内在质量则需由各种质量证明文件和技术资料加以证明。故进场验收的一项重要内容，是对材料和设备附带的质量证明文件和技术资料进行检查。这些文件和资料应符合现行国家有关标准和规定并应齐全，主要包括质量合格证明文件、中文说明书及相关性能检测报告。进口材料和设备还应按规定进行出入境商品检验。

（2）组合式空调机组、柜式空调机组、新风机组、单元式空调机组、热回收装置等设备的冷量、热量、风量、风压、功率及额定热回收效率等技术性能参数，关系到空调设备自身的质量性能，也是检验该设备节能优劣的重要指标。因此，在设备进场开箱检验时，对这些设备的性能参数要进行仔细的核查，看其是否符合工程设计要求。

事实表明：许多空调工程，由于所选用空调末端设备的冷量、热量、风量、风压及功率高于或低于设计要求，而造成了空调系统能耗高或空调效果差等不良后果。

（3）风机是空调与通风系统运行的动力，如果选择不当，就有可能加大其动力和单位风量的耗功率，造成能源浪费。所以，风机在采购过程中，未经设计人员同意，都不应擅自改变风机的技术性能参数，并应保证其单位风量耗功率满足国家现行有关标准的规定。

在对风机进场检验时，往往只核查风机的风量、风压、功率，但对其包含风机、电机及传动效率在内的总效率却没有引起重视，该参数是计算风机单位风量耗功率的重要参数，在进场时应一并对其进行核查。因此，要求在设备选型和订货时，不能只比较风量、风压、功率以及价格，更要保证其总效率和单位风量耗功率满足设计要求的数值。

（4）成品风管的技术性能参数，包括风管的强度及严密性等。风管分为金属风管、非金属风管及复合风管。这些风管大都是在车间加工好成品运到现场进行组装。风管的强度和严密性能，是风管加工和制作质量的重要指标之一，必须达到。作为产品（成品）必须提供相应的产品合格证书或进行强度和严密性的验证，以证明所提供风管的加工工艺水平和质量。对工程中所选用的外购风管，应按有关规定对其强度和严密性进行核查，符合要求的方可使用。

根据目前实际情况，对于成品风管在进场检验时，一般只检查其材质厚度、几何尺寸，对于风管的严密性几乎无人过问。因此，对于进场的成品风管应严格检查，一方面要检查是否具备产品合格证书；另一方面必要时应进行现场抽查，检测其强度和严密性是否符合工程设计要求或有关现行国家标准的规定。

对成品风管强度的检测主要检查风管的耐压能力，以保证风系统能安全运行。验收合格的规定为在1.5倍的工作压力下，风管的咬口或其他连接处没有张口、开裂等损坏的现象。

成品风管系统由于结构的原因，少量漏风是正常的，也可以说是不可避免的。但是，过量的漏风则会影响整个系统功能的实现和能源的大量浪费。不同系统类别及功能的成品风管是允许有一定的漏风量，允许漏风量是指在系统工作压力条件下，系统风管的单位表面积在单位时间内允许空气泄漏的最大量。

对于成品风管的强度和严密性的要求及检测，应按照《通风与空调工程施工质量验收规范》（GB 50243—2002）第4.2.5条的有关规定执行。

（5）自控阀门与仪表在通风与空调的风系统和水系统中占有很重要的位置，除了能满足系统设备的自控需求外，还与系统风量、水量的平衡及系统的节能运行有很大的关系。因此，要求对其技术性能参数是否符合设计要求进行核查。

检查设备、材料出厂质量证明文件及检测报告是否齐全；实际进场设备、材料的类型、材质、规格、数量等是否满足设计和施工要求；设备、材料的外观质量是否满足设计要求或有关标准的规定。

合格证明文件必须是中文的表示形式，应具备产品名称、规格、型号、国家质量标准代号、出厂日期及生产厂家的名称、地址、出厂产品检验证明或代号、必要的测试报告；对于进口产品，必须有商检合格报告。同种材料、同一种规格、同一批生产的要有一份原件，如无原件应有复印件并指明原件存放处。

重点检查以下内容：

（1）各类管材应有产品质量证明文件；成品风管应有出厂性能检测报告，如无出厂检测报告，除查看加工工艺以外，还要对进入现场的风管进行强度和严密性试验。

（2）阀门、仪表等应有产品质量合格证及相关性能检验报告。

（3）绝热材料应有产品质量合格证和材质检测报告，检测报告必须是有效期内的抽样检测报告。使用到建筑物内的绝热材料还要有防火等级的检验报告。

（4）设备应有产品说明书及安装使用说明书，重点要有技术性能参数，如空调机组等设备的冷量、热量、风量、风压、功率及额定热回收效率，风机的风量、风压、功率及其单位风量耗功率。

常见问题：

（1）合格证明文件、性能检测报告不齐全；

（2）缺少《材料、设备进场验收记录》。

10.2.2　风机盘管机组和绝热材料进场时，应对其下列技术性能参数进行复验，复验应为见证取样送检。

1　风机盘管机组的供冷量、供热量、风量、出口静压、噪声及功率。

2　绝热材料的导热系数、密度、吸水率。

检验方法：现场随机抽样送检；核查复验报告。

检查数量：同一厂家的风机盘管机组按数量复验 2%，但不得少于 2 台；同一厂家同材质的绝热材料复验次数不得少于 2 次。

与供暖节能工程一样，通风与空调节能工程中风机盘管机组的冷量、热量、风量、风压、功率和绝热材料的导热系数、材料密度、吸水率等技术性能参数是否符合设计要求，会直接影响通风与空调节能工程的节能效果和运行的可靠性。因此，在风机盘管机组和绝热材料进场时，应对其热工等技术性能参数进行复验。复验应采取见证取样送检的方式，即在监理工程师或建设单位代表见证下，按照有关规定从施工现场随机抽取试样，送至有见证检测资质的检测机构进行检测，并应形成相应的复验报告。

根据建设部 141 号令第 12 条规定，见证取样检测应由建设单位委托具备见证资质的检测机构进行。

复验方式可以分两个步骤进行：首先，要检查其有效期内的抽样检测报告，如果确认其符合要求，方可准许进场；其次，还要对不同批次进场的绝热材料和风机盘管机组进行现场随机见证取样送检复验，如果某一批次复验的产品合格，说明该批次的产品符合要求，准许使用，否则，判定该批次的产品不合格，应全部退货。这样做的目的，是为了确保供应商供应的产品货真价实，也是确保空调系统节能的重要措施。

检查内容：

（1）风机盘管机组的供冷量、供热量、风量、出口静压、噪声及功率。

（2）绝热材料的导热系数、密度、吸水率。

根据规范要求对风机盘管和绝热材料进行了复验，且复验检验（测）报告的结果符合设计要求，并与进场时提供的产品检验（测）报告中的技术性能参数一致。对进场产品实行现场随机见证取样送检复验，具有一定的代表性，但也存在一定的缺陷。因为对风机盘管和绝热材料的复验，只对已进场的产品负责。如果是一次性进场，送检复验的样品中只要有一个被检验（测）不合格，则判定全部产品材料不合格；对于分批次进场的，第一次复验合格，只能说明本次及以前进场的产品合格。如果在第二次复验不合格，则截至第一次复验之后进场的产品均判定为不合格。对于不合格的产品不允许使用到通风与空调节能工程中。

常见问题：

（1）取样送检数量不符合要求；

（2）检测的内容不符合要求；

（3）未见证取样送检。

10.2.3 通风与空调节能工程中的送、排风系统及空调风系统、空调水系统的安装应符合下列规定：

1 各系统的制式，应符合设计要求。

2 各种设备、自控阀门与仪表应按设计要求安装齐全，不得随意增减和更换。

3 水系统各分支管路水力平衡装置、温控装置与仪表的安装位置、方向应符合设计要求，并便于观察、操作和调试。

4 空调系统应能实现设计要求的分室（区）温度调控功能。对设计要求分栋、分区或分户（室）冷、热计量的建筑物，空调系统应能实现相应的计量功能。

检验方法：观察检查。

检查数量：全数检查。

本条为强制性条文。对通风与空调系统节能效果密切相关的系统制式、各种设备、水力平衡装置、温控装置与仪表的设置、安装、调试及功能实现等，作出了强制性的规定。

1. 为保证通风与空调节能工程中送、排风系统及空调风系统、空调水系统具有节能效果，首先将其设计成具有节能功能的系统；其次要求在各系统中要选用节能设备和设置一些必要的自控阀门和仪表，并安装齐全到位。这些节能要求，必然会增加工程的初投资。有的工程为了降低工程造价，根本不考虑日后的节能运行和减少运行费用等问题，在产品采购或施工过程中擅自改变了系统的制式并去掉一些节能设备和自控阀门与仪表，或将节能设备及自控阀门更换为不节能的设备及手动阀门导致了系统无法实现节能运行，能耗及运行费用大大增加。

为避免上述现象的发生，保证以上各系统的节能效果，在制定本条文时，强制规定：通风与空调节能工程中送、排风系统及空调风系统、空调水系统的安装制式应符合设计要求，且各种节能设备、自控阀门与仪表应全部安装到位，不得随意增加、减少和更换。

2. 水力平衡装置，其作用是可以通过对系统水力分布的调整与设定，保持系统的水力平衡，保证获得预期的空调效果。为使其发挥正常的功能，在施工时，要求其安装位置、方向应正确，并便于调试操作。

3. 与供暖系统一样，空调系统安装完毕后也应能实现设计要求的分室（区）温度调控。其目的一方面是为了通过对各空调场所室温的调节达到一定的舒适度要求；另一方面是为了通过调节室温而达到节能的目的。对有分栋、分室（区）冷、热计量要求的建筑物，要求其空调系统安装完毕后，能够通过冷、热量计量装置实现冷、热计量。量化管理是节约能源的重要手段，按照用冷、热量的多少来计收空调费用，既公平合理，更有利于提高用户的节能意识。

一、检查

检查内容：

（1）现场查看通风与空调各系统安装的制式、管道的走向、坡度、管道分支位置、管径等，并与工程设计图纸进行核对。

（2）逐一检查设备、自控阀门与仪表安装的数量以及安装位置，并与工程设计图纸核对。

（3）检查水系统各分支管路水力平衡装置、温控装置与仪表的安装位置、方向，并与工程设计图纸核对；进行实地操作调试，操作灵活方便。

（4）检查安装的温控装置和热计量装置，看其能否实现设计要求的分室（区）温度调控及冷、热计量功能。

二、验收

验收条件：

对各系统的安装制式和安装实物与工程设计图纸逐一进行核对，均安装到位、符合设计要求，且便于操作调试、维护，并能实现设计要求的分室（区）温度调控及冷、热计量功能。

常见问题：

（1）各种设备、自控阀门与仪表随意增减和更换；

（2）安装位置不合理，不方便观察、操作和调试。

10.2.4 风管的制作与安装应符合下列规定：

1 风管的材质、断面尺寸及厚度应符合设计要求。

2 风管与部件、风管与土建风道及风管间的连接应严密、牢固。

3 风管的严密性及风管系统的严密性检验和漏风量，应符合设计要求或现行国家标准《通风与空调工程施工质量验收规范》（GB 50243—2002）的有关规定。

4 需要绝热的风管与金属支架的接触处、复合风管及需要绝热的非金属风管的连接和内部支撑加固等处，应有防热桥的措施，并应符合设计要求。

检验方法：观察、尺量检查；核查风管及风管系统严密性检验记录。

检查数量：按数量抽查10%，且不得少于1个系统。

制定本条的目的是为了保证通风与空调系统所用风管的质量和风管系统安装严密，以减少因漏风和热桥作用等带来的能量损失，保证系统安全可靠地运行。

1. 工程实践表明，许多通风与空调工程中的风管并没有严格按照设计和有关现行，国家标准的要求去制作和安装，造成了风管品质差、断面积小、厚度薄等不良现象，严重影响了风管系统的安全运行。

2. 风管与部件、风管与土建风道及风管间的连接应严密、牢固，是减少系统的漏风量，保证风管系统安全、正常、节能运行的重要措施。

3. 对于风管的严密性，《通风与空调工程施工质量验收规范》（GB 50243—2002）第4.2.5条规定必须通过工艺性的检测或验证，并应符合设计要求或下列规定：

（1）矩形风管的允许漏风量应符合以下规定：

低压系统风管：$Q_L \leqslant 0.1056P^{0.65}$

中压系统风管：$Q_M \leqslant 0.0352P^{0.65}$

高压系统风管：$Q_H \leqslant 0.0117P^{0.65}$

式中，Q_L、Q_M、Q_H 为系统风管在相应工作压力下单位面积风管单位时间内的允许漏风量 $[m^3/(h \cdot m^2)]$；P 指风管系统的工作压力（Pa）。

（2）低压、中压圆形金属风管、复合材料风管以及采用非法兰形式的非金属风管的允许漏风量，应为矩形风管规定值的50%。

（3）排烟、除尘、低温送风系统按中压系统风管的规定，1～5级净化空调系统按高压系统风管的规定。

风管系统的严密性测试，是根据通风与空调工程发展需要而决定，它与国际上技术先进国家的标准相一致。同时，风管系统的漏风量测试又是一件在操作上具有一定难度的工作。测试需要一些专业的检测仪器、仪表和设备，还需要对系统中的开口进行封堵，并要与工程的施工进度及其他工种相协调。因此，根据《通风与空调工程施工质量验收规范》（GB 50243—2002）的有关规定，将工程的风管系统严密性的检验分为三个等级，分别规定了抽检数量和方法：

（1）高压风管系统的泄漏，对系统的正常运行会产生较大的影响，应进行全数检测。

（2）中压风管系统大都为低级别的净化空调系统、恒温恒湿与排烟系统等，对风管的质量有较高的要求，应进行系统漏风量的抽查检测。

（3）低压系统在通风与空调工程中占有最大的数量，大都为一般的通风、排气和舒适性空调系统。它们对系统的严密性要求相对较低，少量的漏风对系统的正常运行影响不太大，不宜动用大量人力、物力进行现场系统的漏风量测定，宜采用严格施工工艺的监督，用漏光方法来替代。在漏光检测时，风管系统没有明显的、众多的漏光点，可以说明工艺质量是稳定可靠的，就认为风管的漏风量符合规范要求，可不再进行漏风量的测试。当漏光检测时发现大量的、明显的漏光，则说明风管加工工艺质量存在问题，其漏风量会很大，那必须用漏风量的测试来进行验证。

（4）1～5级的净化空调系统风管的过量泄漏，会严重影响洁净度目标的实现，故规定以高压系统的要求进行验收。

4. 防热桥的措施一般是在需要绝热的风管与金属支、吊架之间设置绝热衬垫（承压强度能满足管道重量的不燃、难燃硬质绝热材料或经防腐处理的木衬垫），其厚度不应小于绝热层厚度，宽度应大于支、吊架支承面的宽度。衬垫的表面应平整，衬垫与绝热材料间应填实无空隙；复合风管及需要绝热的非金属风管的连接和内部支撑加固处的热桥，通过外部敷设的符合设计要求的绝热层就可防止产生。

检查：

1. 检查数量

需要说明的是，因本条文对风管与风管系统严密性检验的内容在《通风与空调工程施工质量验收规范》（GB 50243—2002）中已有规定，且要求按风管系统的类别和材质分别抽查。因此，在本规范中，对于风管与风管系统严密性检验，不再规定按系统类别和材质分别抽查，仅按风管系统总数的10%且不得少于1个系统进行抽查即可。本条之所以这样规定，是因为对风管与风管系统的严密性检验是一项较为复杂的工作，特别是对架空或隐蔽安装的风管系统来说，进行这项工作就更困难了，所以应尽量减少其工作量；但是，由于风管与风管系统的严密性对通风与空调系统的节能效果影响很大，所以，对其检验又是一项必须进行的工作。

2. 检查内容

（1）检查风管的材质、断面尺寸及厚度；

（2）检查风管与部件、风管与土建风道及风管间的连接情况；

（3）对风管及风管系统的严密性进行检验，同时核查已检验过的风管及风管系统的严密性检验记录；

（4）检查绝热风管防热桥的措施。

常见问题：

（1）风管的制作不符合要求；

（2）风管的安装不符合要求；

（3）缺少《风管系统漏光检验记录》；

（4）缺少《风管强度检验记录》、《风管系统漏风量检验记录》；

（5）缺少防热桥措施。

10.2.5 组合式空调机组、柜式空调机组、新风机组、单元式空调机组的安装应符合下列规定：

1 各种空调机组的规格、数量应符合设计要求。

2 安装位置和方向应正确，且与风管、送风静压箱、回风箱的连接应严密可靠。

3 现场组装的组合式空调机组各功能段之间连接应严密，并应作漏风量的检测，其漏风量应符合现行国家标准《组合式空调机组》（GB/T 14294）的规定。

4 机组内的空气热交换器翅片和空气过滤器应清洁、完好，且安装位置和方向必须正确，并便于维护和清理。当设计未注明过滤器的阻力时，应满足粗效过滤器的初阻力≤50Pa（粒径≥5.0μm，效率：20%≤E<80%）；中效过滤器的初阻力≤80Pa（粒径≥1.0μm，效率：20%≤E<70%）的要求。

检验方法：观察检查；核查漏风量测试记录。

检查数量：按同类产品的数量抽查20%，且不得少于1台。

1. 组合式空调机组、柜式空调机组、单元式空调机组是空调系统中的重要末端设备，其规格、台数是否符合设计要求，将直接影响其能耗大小和空调场所的空调效果。事实表明，许多工程在设备采购或安装过程中，由于某些原因而擅自更改了空调末端设备的规格。目前，设备采购都要按照一定的招标采购程序进行，特别是公开招标的时候，由于不能对产品及其生产质量管理体系结构和可靠性进行实地考察，价格的因素往往在设备招标中占有很大的分量，谁的报价低，谁的设备就有可能中标。其后果是因设备台数减少或规格及性能参数与设计不符而造成了空调及节能效果不佳；有的是工程中标后，为了降低工程成本而减少、调换等偷工减料或偷梁换柱，改变了设备的台数、规格、型号及性能参数，同样会造成空调及节能效果达不到设计要求。

2. 施工安装的主要依据是设计图纸，但通过调研发现，许多工程的通风与空调设备安装及接管随意性较大，不符合设计要求。本条文要求各种空调机组的安装位置和方向应正确，并要求机组与风管、送风静压箱、回风箱的连接应严密可靠，其目的就是为了减少管道交叉、方便施工、减少漏风量，进而保证工程质量，满足设计和使用要求，降低能耗。

3. 一般大型空调机组由于体积大，不便于整体运输，常采用散装或组装功能段运至现场进行整体拼装的施工方法。由于加工质量和组装水平的不同，组装后机组的密封性能存在较大的差异，严重的漏风量不仅影响系统的使用功能，而且增加了能耗。同时，空调机组的漏风量测试也是工程设备验收的必要步骤之一。因此，现场组装的机组在安装完毕后，应逐台进行漏风量的测试。

4. 空气热交换器翅片在运输与安装过程中易被损坏和沾染污物，会增加空气阻力，影响热交换效率，增加系统的能耗。对粗、中效空气过滤器的阻力参数做出要求，主要目的是对空气过滤器的初阻力有所控制，以保证节能要求。

常见问题：

（1）各种空调机组的规格、数量不符合设计要求；

（2）缺少《风管系统漏风量检验记录》；

（3）空气热交换器翅片和空气过滤器变形、未清洗、不清洁。

10.2.6 风机盘管机组的安装应符合下列规定：

1 规格、数量应符合设计要求。

2 位置、高度、方向应正确，并便于维护、保养。

3 机组与风管、回风箱及风口的连接应严密、可靠。

4 空气过滤器的安装应便于拆卸和清理。

检验方法：观察检查。

检查数量：按总数抽查 10%，且不得少于 5 台。

风机盘管机组是建筑物中最常用的空调末端设备之一，其规格、台数及安装位置和高度是否符合设计要求，将直接影响其能耗和空调场所的空调效果。事实表明，许多工程在安装过程中擅自改变风机盘管的设计台数和安装位置、高度及方向等，其后果是所采用的风机盘管机组的耗电功率、风量、风压、冷量、热量等设计不匹配，气流组织不合理，空调效果差且能耗增大。

有的工程，风机盘管机组的冷媒管与机组接管采用不锈钢波纹管及过滤器、阀门，但未进行绝热保温，不但会产生凝结水、还会带来能耗。还有的工程，其风机检修口位置不当，造成机组维护、保养不方便，影响了运行的可靠性。

风机盘管机组与风管、回风箱或风口的连接，在工程施工中常存在不到位或通过吊顶间接连接风口等不良现象，使直接送入房间的风量减少、风压降低、能耗增大、空气品质下降，最终影响了空调效果。

风机盘管机组的回风口上一般都设有空气过滤器，其作用是保持风机清洁，以保证良好的传热性能，同时也能提高室内空气的洁净度。为了减少阻力，保证回风畅通，空气过滤器的安装应便于拆卸和清理。

常见问题：

（1）规格、数量不符合设计要求；

（2）安装位置不便于拆卸和清理。

10.2.7 通风与空调系统中风机的安装应符合下列规定：

1 规格、数量应符合设计要求；

2 安装位置及进、出口方向应正确，与风管的连接应严密、可靠。

检验方法：观察检查。

检查数量：全数检查。

工程实践表明，空调机组或风机出风口与风管系统不合理的连接，可能会造成风系统阻力的增大，进而引起风机性能急剧地变坏。风机与风管连接时使空气在进出风机时尽可能均匀一致，且不要有方向或速度的突然变化，则可大大减小风系统的阻力，进而减小风机的全压和耗电功率。因此，风机的安装位置及出口方向应正确是最基本的要求。

10.2.8 带热回收功能的双向换气装置和集中排风系统中的排风热回收装置的安装应符合下列规定：

1 规格、数量及安装位置应符合设计要求。

2 进、排风管的连接应正确、严密、可靠。

3 室外进、排风口的安装位置、高度及水平距离应符合设计要求。

检验方法：观察检查。

检查数量：按总数抽检 20%，且不得少于 1 台。

在建筑物的空调负荷中，新风负荷所占比例较大，一般占空调总负荷的 20%～30%。为保证室内环境卫生，空调运行时要排走室内部分空气必然会带走部分能量，而同时又要投入能量对新风进行处理。如果在系统中安装能量回收装置，用排风中的能量来处理新风，就可减少处理新风所需的能量，降低机组负荷，提高空调系统的经济性。

在选择热回收装置时，应当结合当地气候条件、经济状况、工程的实际状况、排风中有害气体的情况等多种因素综合考虑，以确定选用合适的热回收装置，从而达到花较少的投资，回收较多热（冷）量的目的。换热器的布置形式和气流方式对换热性能也有影响，热回收系统设计要充分考虑其安装尺寸、运行的安全可靠性以及设备配置的合理性；同时还要保证热回收系统的清洁度。热回收设备可以与不同的系统结合起来使用，利用冷凝热，以节约能源。

目前热回收设备主要有两类：一类是间接式，如热泵等；第二类是直接式，常见的有转轮式、板翅式、热管式和热回路式等，是利用热回收换热器回收能量的。

由于节能的需要，热回收装置在许多空调系统工程中被应用。在施工安装时，要求双向换气装置和排风热回收装置的规格、数量应符合设计要求，是为了保证对系统排风的热回收效率（全热和显热）不低于60%；同时，对它的安装和进、排风口位置、高度、水平距离及接管应正确，是为了防止功能失效和污浊的排风对系统的新风引起污染。

10.2.9 空调机组回水管上的电动两通调节阀、风机盘管机组回水管上的电动两通（调节）阀、空调冷热水系统中的水力平衡阀、冷（热）量计量装置等自控阀门与仪表的安装应符合下列规定：

1 规格、数量应符合设计要求。

2 方向应正确，位置应便于操作和观察。

检验方法：观察检查。

检查数量：按类型数量抽查10％，且均不得少于1个。

在空调系统中设置自控阀门和仪表，是实现系统节能运行等的必要条件。

当空调场所的空调负荷发生变化时，电动两通调节阀和电动两通阀，可以根据已设定的温度通过调节流经空调机组的水流量，使空调冷热水系统实现变流量的节能运行。

水力平衡装置，可以通过对系统水力分布的调整与设定，保持系统的水力平衡，保证获得预期的空调效果。

冷（热）量计量装置，是实现量化管理节约能源的重要手段，按照用冷、热量的多少来计收空调费用，既公平合理，更有利于提高用户的节能意识。

通过调研，发现许多工程为了降低造价，不考虑日后的节能运行和减少运行费用等问题，未经设计人员同意，就擅自去掉一些自控阀门与仪表，或将自控阀门更换为不具备主动节能功能的手动阀门，或将平衡阀、热计量装置去掉；有的工程虽然安装了自控阀门与仪表，但是其进、出口方向和安装位置却不符合产品及设计要求。这些不良做法，导致了空调系统无法进行节能运行和水力平衡及冷（热）量计量，能耗及运行费用大大增加。

常见问题：

电动两通调节阀、电动两通（调节）阀、水力平衡阀、冷（热）量计量装置等自控阀门与仪表随意增减和更换。

10.2.10 空调风管系统及部件的绝热层和防潮层施工应符合下列规定：

1 绝热层应采用不燃或难燃材料，其材质、规格及厚度等应符合设计要求。

2 绝热层与风管、部件及设备应紧密贴合，无裂缝、空隙等缺陷，且纵、横向的接缝应错开。

3 绝热层表面应平整，当采用卷材或板材时，其厚度允许偏差为 5mm，采用涂抹或其他方式时，其厚度允许偏差为 10mm。

4 风管法兰部位绝热层的厚度，不应低于风管绝热层厚度的 80%。

5 风管穿楼板和穿墙处的绝热层应连续不间断。

6 防潮层（包括绝热层的端部）应完整，且封闭良好，其搭接缝应顺水。

7 带有防潮层隔汽层绝热材料的拼缝处，应用胶带封严，黏胶带的宽度不应小于 50mm。

8 风管系统部件的绝热，不得影响其操作功能。

检验方法：观察检查；用钢针刺入绝热层、尺量检查。

检查数量：管道按轴线长度抽查 10%；风管穿楼板和穿墙处及阀门等配件抽查 10%，且不得少于 2 个。

10.2.11 空调水系统管道及配件的绝热层和防潮层施工，应符合下列规定：

1 绝热层应采用不燃或难燃材料，其材质、规格及厚度等应符合设计要求。

2 绝热管壳的粘贴应牢固、铺设应平整；硬质或半硬质的绝热管壳每节至少应用防腐金属丝或难腐织带或专用胶带进行捆扎或粘贴 2 道，其间距为 300～350mm，且捆扎、粘贴应紧密，无滑动、松弛与断裂现象。

3 硬质或半硬质绝热管壳的拼接缝隙，保温时不应大于 5mm、保冷时不应大于 2mm，并用黏结材料勾缝填满，纵缝应错开，外层的水平接缝应设在侧下方。

4 松散或软质保温材料应按规定的密度压缩其体积，疏密应均匀；毡类材料在管道上包扎时，搭接处不应有空隙。

5 防潮层与绝热层应结合紧密，封闭良好，不得有虚粘、气泡、皱褶、裂缝等缺陷。

6 防潮层的立管应由管道的低端向高端敷设，环向搭接缝应朝向低端，纵向搭接缝应位于管道的侧面，并顺水。

7 卷材防潮层采用螺旋形缠绕的方式施工时，卷材的搭接宽度宜为 30～50mm。

8 空调冷热水管穿楼板和穿墙处的绝热层应连续不间断，且绝热层与穿楼板和穿墙处的套管之间应用不燃材料填实，不得有空隙，套管两端应进行密封封堵。

9 管道阀门、过滤器及法兰部位的绝热结构应能单独拆卸，且不得影响其操作功能。

检验方法：观察检查；用钢针刺入绝热层、尺量检查。

检查数量：按数量抽查 10%，且绝热层不得少于 10 段、防潮层不得少于 10m、阀门等配件不得少于 5 个。

第 10.2.10 条及第 10.2.11 条涉及的都是管道绝热方面的问题，对空调风、水系统管道及其部、配件绝热层和防潮层施工的基本质量要求作出了规定。

绝热节能效果的好坏除了与绝热材料的材质、密度、导热系数、热阻等有着密切的关系外，还与绝热层的厚度有直接的关系。绝热层的厚度越大，热阻就越大，管道的冷（热）损失也就越少，绝热节能效果就好。工程实践表明，许多空调工程因绝热层的厚度等不符合设计要求而降低了绝热材料的热阻，导致绝热失败，浪费了大量的能源。空调冷热水管的绝热厚度，应按现行国家标准《设备及管道绝热设计导则》（GB/T 8175）的经济厚度和防表面结露厚度的方法计算。建筑物内空调冷热水管道的绝热厚度可按表 10.5.1 选用。

建筑物内空调冷热水管道的绝热厚度 表 10.5.1

绝热材料	离心玻璃		柔性泡沫橡塑	
管道类型	公称直径（mm）	厚度（mm）	公称直径（mm）	厚度（mm）
单冷管道（管内介质温度7℃～常温）	≤DN32	25	按防结露要求计算	
	DN40～DN100	30		
	≥DN125	35		
热或冷热合用管道（管内介质温度5～60℃）	≤DN40	35	≤DN50	25
	DN50～DN100	40	DN70～DN150	28
	DN125～DN250	45	≥DN200	32
	≥DN300	50		
热或冷热合用管道（管内介质温度0～95℃）	≤DN50	50	不适宜使用	
	DN70～DN150	60		
	≥DN200	70		

注：1. 绝热材料的导热系数 λ：

离心玻璃棉：$\lambda_m = 0.033 + 0.00023 t_m [\text{W}/(\text{m} \cdot \text{K})]$

柔性泡沫橡塑：$\lambda_m = 0.03375 + 0.0001375 t_m [\text{W}/(\text{m} \cdot \text{K})]$

式中 t_m——绝热层的平均温度（℃）。

2. 单冷管道和柔性泡沫橡塑保冷的管道均应进行防结露要求验算。

按照表 10.5.1 的绝热厚度的要求，每 100m 冷水管的平均温升可控制在 0.06℃以内；每 100m 热水管的平均温降控制在 0.12℃以内，相当于一个 500m 长的供回水管路，控制管内介质的温升不超过 0.3℃（或温降不超过 0.6℃），也就是不超过常用的供、回水温差的 6% 左右。如果实际管道超过 500m，应按照空调管道（或管网）能量损失不大于 6% 的原则，通过计算采用更好（或更厚）的保温材料以保证达到减少管道冷（热）损失的效果。

另外，从防火的角度出发，绝热材料应尽量采用不燃的材料。但是，从目前生产绝热材料品种的构成，以及绝热材料的使用效果、性能等诸多条件来对比，难燃材料还有其相对的长处，在工程中还占有一定的比例。无论是国内还是国外，都发生过空调工程中的绝热材料因防火性能不符合设计要求被引燃后而造成恶果的案例。因此，风管和空调水系统管道的绝热应采用不燃或难燃材料，其材质、密度、导热系数、规格与厚度等应符合设计要求。

空调风管和冷热水管穿楼板和穿墙处的绝热层应连续不间断，均是为了保证绝热效果，以防止产生凝结水并导致能量损失；绝热层与穿楼板和穿墙处的套管之间应用不燃材料填实不得有空隙、套管两端应进行密封封堵，是出于防火、防水及隔声的考虑；空调风管系统部件的绝热不得影响其操作功能，以及空调水管道的阀门、过滤器及法兰部位的绝热结构应能单独拆卸且不得影响其操作功能，均是为了方便维修保养和运行管理。

通过调研，许多工程的绝热层在套管中是间断的，有的没有用不燃材料填实，套管两端也没有进行密封封堵，其主要原因是由于套管设置的型号小造成的。所以，要保证空调风管和冷热水管穿楼板和穿墙处的绝热层连续不间断，套管的尺寸就要大于绝热完成后的管道直径，同时在施工时，也要保证该处管道的防潮层、保护层完善。

常见问题：

（1）保温层、防潮层的材质、规格及厚度不符合设计要求；

（2）保温层、防潮层的施工不符合要求；

（3）套管内保温不密实、不连续。

10.2.12　空调水系统的冷热水管道与支、吊架之间应设置绝热衬垫，其厚度不应小于绝热层厚度，宽度应大于支、吊架支承面的宽度。衬垫的表面应平整，衬垫与绝热材料之间应填实无空隙。

检验方法：观察、尺量检查。

检查数量：按数量抽检 5%，且不得少于 5 处。

本条是参照《通风与空调工程施工质量验收规范》（GB 50243—2002）第 9.3.5 条第 4 款进行规定的。

在空调水系统的冷热水管道与支、吊架之间应设置绝热衬垫（承压强度能满足管道重量的不燃、难燃硬质绝热材料或经防腐处理的木衬垫），是防止产生热桥作用而造成能量损失的重要措施。

许多空调工程的冷热水管道与支、吊架之间由于没有设置绝热衬垫，或设置不合格的绝热衬垫，造成管道与支、吊架直接接触而形成了热桥，导致了能量损失并且产生了凝结水。因此，本条对空调水系统的冷热水管道与支、吊架之间应设置绝热衬垫，目的也是为了让施工、监理及验收人员在通风与空调节能工程的施工和验收过程中，对此给予高度重视。

常见问题：

（1）绝热衬垫的厚度、宽度不符合规范要求；

（2）绝热衬垫与绝热材料之间有空隙。

10.2.13　通风与空调系统应随施工进度对与节能有关的隐蔽部位或内容进行验收，并应有详细的文字记录和必要的图像资料。

检验方法：观察检查；核查隐蔽工程验收记录。

检查数量：全数检查。

在施工过程中，通风与空调工程系统中的风管或水管道等，被安装于封闭的部位或埋设于建筑结构内或直接埋地时，均属于隐蔽工程。在建筑结构进行封闭之前，必须对该部分将被隐蔽的风管、水管道等管道设施的施工质量进行验收。风管应作严密性试验，水管必须进行水压试验，如有防腐及绝热施工的，则必须在严密性试验或水压试验合格且得到现场监理人员认可的合格签证后，方可进行，否则，不得进行防腐、绝热、封闭作业和进入下道隐蔽工程的施工。必要时，应对隐蔽工程的施工情况进行拍照或录像并存档以便于质量验收和追溯。

对隐蔽工程的验收，是由建设单位、监理及施工方共同参加的对于与节能有关的施工工程隐蔽之前进行的检查，是在施工方自检的基础上，由施工方对自己所施工的隐蔽工程质量作出合格判断后所进行的工作。

由于通风与空调系统中与节能有关的隐蔽部位或内容位置特殊，一旦出现质量问题后不易发现和修复，要求质量验收应随施工的进度对其及时进行验收。通常主要的隐蔽部位或内容有：地沟和吊顶内部管道及配件的安装、绝热层附着的基层及其表面处理、绝热材料黏结或固定、绝热板材的板缝及构造节点、热桥部位的处理等。

一、检查

检查内容：

检查被隐蔽部位的管道、设备、阀部件的安装情况及绝热情况，且安装和绝热应分两次验收；对于直埋绝热管道进行一次验收。

二、验收

1. 验收条件

隐蔽部位的管道及设备、阀部件安装，应符合本规范有关内容；绝热层及防潮层的施工，应符合本规范条文第10.2.11～10.2.12条的验收条件。

2. 验收结论

参加验收的人员包括：监理工程师，施工单位项目专业质量（技术）负责人，施工单位项目专业质量检查员，专业工长。

隐蔽验收时，被检查部位均符合验收条件为合格，可以通过验收；否则为不合格，不能通过验收。验收合格后，填写检查验收记录，验收人员签字应齐全。对隐蔽部位施工情况的拍照或录像，应随检查验收记录一起存放。

常见问题：

（1）未对隐蔽部位或内容进行验收；

（2）缺少《隐蔽验收记录》及图像资料。

10.2.14　通风与空调系统安装完毕，应进行通风机和空调机组等设备的单机试运转和调试，并应进行系统的风量平衡调试。单机试运转和调试结果应符合设计要求；系统的总风量与设计风量的允许偏差不应大于10%，风口的风量与设计风量的允许偏差不应大于15%。

检验方法：观察检查；核查试运转和调试记录。

检查数量：全数检查。

本条为强制性条文。是参照《通风与空调工程施工质量验收规范》（GB 50243）第11.2.1条、第11.2.3条以及第11.3.2条第2款的有关内容编制的。通风与空调节能工程安装完工后，为了达到系统正常运行和节能的预期目标，规定必须进行通风机和空调机组等设备的单机试运转和调试及系统的风量平衡调试。单机试运转和调试结果应符合设计要求，通风与空调系统的总风量与设计风量的允许偏差不应大于10%，各风口的风量与设计风量的允许偏差不应大于15%。该条作为强制性条文，必须严格执行。

通风与空调工程的节能效果好坏，是与系统调试紧密相关的。许多工程施工没有严格执行《通风与空调工程施工质量验收规范》（GB 50243—2002）的有关条文规定，或根本不进行调试。许多施工安装单位，连最起码的风量测试仪器都没有，对风能不进行测试，也就无法保证系统达到平衡，结果造成系统冷热不均，这是系统运行高的原因之一。

通风与空调节能工程完工后的系统调试，应以施工企业为主监理单位旁站检查，设计单位参与配合。设计单位的参与，除应提供工程设计的参数外，还应对调试过程中出现的问题提出明确的处理意见。监理、建设单位参加调试，既可起到工程的协调作用，又有助于工程的管理和质量的验收。

通风与空调工程的调试，首先应编制调试方案。调试方案可指导调试人员按规定的程序、正确方法与进度实施调试，同时，也利于监理对调试过程的平行检验、旁站检查。通风与空调工程的系统调试是一项技术性很强的工作，调试的质量会直接影响到工程系统功能的实现及节能效果，必须认真进行。

一、检查

检查内容：

检查施工单位对通风机和空调机组等设备及系统的试运转和调试方案，观察调试情况，核查有关设备和系统调试运转及调试记录。

二、验收

1. 验收条件

单机试运转和调试结果应符合设计要求；系统的总风量与设计风量的允许偏差不应大于10%，风口的风量与设计风量的允许偏差不应大于15%。

2. 验收结论

参加验收的人员包括：监理工程师，施工单位项目专业（技术）负责人，施工单位项目专业质量（技术）负责人，施工单位项目专业质量检查员，专业工长。

本条只是对通风系统的平衡及调试作出的验收。调试结果符合验收条件为合格，可以通过验收；调试结果任何一处超出允许偏差为不合格，不得通过验收。验收合格后，填写验收记录，验收人员签字应齐全。

常见问题：

（1）未进行联合试运转和调试；

（2）联合试运转和调试的结果不符合要求；

（3）缺少《系统试运行和调试记录》。

10.3 一般项目

10.3.1 空气风幕机的规格、数量、安装位置和方向应正确，纵向垂直度和横向水平度的偏差均不应大于2/1000。

检验方法：观察检查。

检查数量：按总数量抽查10%，且不得少于1台。

空气风幕机的作用是通过其出风口送出具有一定风速的气流并形成一道风幕屏障，来阻挡由于室内外温差而引起的室内外冷（热）量交换，以此达到节能的目的的，带有电热装置或能通过热媒加热送出热风的空气风幕机，被称作热空气幕。公共建筑中的空气风幕机，一般应安装在经常开启且不设门斗及前室外门的上方，并且宜采用由上向下的送风方式，出口风速应通过计算确定，一般不宜大于6m/s。空气风幕机的台数，应保证其总长度略大于或等于外门的宽度。

实际工程中，经常发现安装的空气风幕机其规格和数量不符合设计要求，安装位置和方向也不正确。如：有的设计选型是热空气幕，但安装的却是一般的自然风空气风幕机；有的安装在内门的上方，起不到应有的作用；有的采用暗装，但却未设置回风口，无法保证出口风速；有的总长度小于外门的宽度，难以阻挡屏障全部的室内外冷（热）量交换，节能效果不明显。

一、检查

检查内容：

检查空气风幕机的规格、数量、安装位置和方向，纵向垂直度和横向水平度。

二、验收

验收条件：

空气幕机的规格、数量、安装位置和方向应正确，纵向垂直和横向水平度的偏差不大于 2/1000。

10.3.2 变风量末端装置与风管连接前宜做动作试验，确认运行正常后再封口。

检验方法：观察检查。

检查数量：按总数量抽查 10%，且不得少于 2 台。

变风量末端装置是变风量空调系统的重要部件，其规格和技术性能参数是否符合设计要求、动作是否可靠，将直接关系到变风量空调系统能否正常运行和节能效果的好坏，最终影响空调效果。因此要求变风量末端装置与风管连接前宜做动作试验，确认运行正常后再封口。

常见问题：

变风量末端装置未做动作试验。

10.6 空调与供暖系统冷热源及管网节能工程

本节条款号为《建筑节能工程施工质量验收规范》（GB 50411—2007）中条款号。

11.1 一般规定

11.1.1 本章适用于空调与采暖系统中冷热源设备、辅助设备及其管道和室外管网系统节能工程施工质量的验收。

明确了本章的适用范围，适用与空调与供暖系统中的冷热源设备（冷机、锅炉、换热器等）、辅助设备（水、风机、冷却塔等）与管道及室外管网等节能工程施工质量的验收。

11.1.2 空调与采暖系统冷热源设备、辅助设备及其管道和管网系统节能工程的验收，可分别按冷源和热源系统及室外管网进行，并应符合本规范第 3.4.1 条的规定。

给出了供暖与空调系统冷热源、辅助设备及其管道和管网系统节能工程验收的划分原则和方法。

空调的冷源系统，包括冷源设备及其辅助设备（含冷却塔、换热器、水泵等）和管道；空调与供暖的热源系统，包括热源设备及其辅助设备（含换热器、水泵等）和管道。

不同的冷源或热源系统，应分别进行验收；室外管网应单独验收，不同的系统应分别进行。

11.2 主控项目

11.2.1 空调与采暖系统冷热源设备及其辅助设备、阀门、仪表、绝热材料等产品进场时，应按设计要求对其类型、规格和外观等进行检查验收，并应对下列产品的技术性能参数进行核查。验收与核查的结果应经监理工程师（建设单位代表）检查认可，并应形成相应的验收、核查记录。各种产品和设备的质量证明文件和相关技术资料应齐全，并应符合国家现行标准和规定。

1 锅炉的单台容量及其额定热效率。

2 热交换器的单台换热量。

3 电机驱动压缩机的蒸汽压缩循环冷水（热泵）机组的额定制冷量（制热量）、输入功率、性能系数（COP）及综合部分负荷性能系数（IPLV）。

4 电机驱动压缩机的单元式空气调节机、风管送风式和屋顶式空气调节机组的名义制冷量、输入功率及能效比（EER）。

5 蒸汽和热水型溴化锂吸收式机组及直燃型溴化锂吸收式冷（温）水机组的名义制冷量、供热量、输入功率及性能系数。

6 集中采暖系统热水循环水泵的流量、扬程、电机功率及耗电输热比（HER）。

7 空调冷热水系统循环水泵的流量、扬程、电机功率及输送能效比（ER）。

8 冷却塔的流量及电机功率。

9 自控阀门与仪表的技术性能参数。

检验方法：观察检查；技术资料和性能检测报告等质量证明文件与实物核对。

检查数量：全数检查。

是对空调与供暖系统冷热源设备及其辅助设备、阀门、仪表、绝热材料等产品进场验收及核查的规定。

空调与供暖系统在建筑物中是能耗大户，而其冷热源和辅助设备又是空调与供暖系统中的主要设备，其能耗量占整个空调与供暖系统总能耗量的大部分，其选型是否合理，热工等技术性能参数是否符合设计要求，将直接影响空调与供暖系统的总能耗及使用效果。事实表明，许多工程基于降低空调与供暖系统冷热源及其辅助设备的初投资，在采购过程中擅自改变了有关设备的类型和规格，使其制冷量、制热量、额定热效率、流量、扬程、输入功率等性能系数不符合设计要求。因此，为保证空调与供暖系统冷热源及管网节能工程的质量，本条文做出了在空调与供暖系统的冷热源及其辅助设备进场时，应对其热工等技术性能进行核查，并应形成相应的核查记录的规定。对有关设备等的核查，应根据设计要求对其技术资料和相关性能检测报告等所表示的热工等技术性能参数进行一一核对。

检查内容包括：设备、材料出厂质量证明文件及检测报告是否齐全；实际进场设备、材料的类型、材质、规格、数量等是否满足设计和施工要求；设备、材料外观质量是否满足设计要求或有关标准的规定。

合格证明文件必须是中文的表示形式，应具备产品名称、规格、型号、国家质量标准代号、出厂日期、生产厂家的名称、地址、出厂产品检验证明或代号、必要的测试报告；对于进口产品，必须有商检合格报告。同种材料、同一种规格、同一批生产的要有一份原件，如无原件应有复印件并指明原件存放处。

重点检查以下内容：

（1）阀门、仪表等应有产品质量合格证及相关性能检验报告。

（2）绝热材料应有产品质量合格证和材质检测报告，检测报告必须是有效期内的抽样检测报告。使用到建筑物内的绝热材料还要有防火等级的检验报告。

（3）锅炉的单台容量及其额定热效率。

（4）热交换器的单台换热量。

（5）电机驱动压缩机的蒸汽压缩循环冷水（热泵）机组的额定制冷量（制热量）、输入功率、性能系数（COP）及综合部分负荷性能系数（IPLV）。

（6）电机驱动压缩机的单元式空气调节机、风管送风式和屋顶式空气调节机组的名义制冷量、输入功率及能效比（EER）。

（7）蒸汽和热水型溴化锂吸收式机组及直燃型溴化锂吸收式冷（温）水机组的名义制冷量、供热量、输入功率及性能系数。

（8）集中供暖系统热水循环水泵的流量、扬程、电机功率及耗电输热比（EHR）。

（9）空调冷热水系统循环水泵的流量、扬程、电机功率及输送能效比（ER）。

（10）冷却塔的流量及电机功率。

（11）自控阀门与仪表的技术性能参数。

常见问题：

（1）合格证明文件、性能检测报告不齐全；

（2）缺少《设备进场验收记录》；

（3）未见证取样送检。

11.2.2 空调与采暖系统冷热源及管网节能工程的绝热管道、绝热材料进场时，应对绝热材料的导热系数、密度、吸水率等技术性能参数进行复验，复验应为见证取样送检。

检验方法：现场随机抽样送检；核查复验报告。

检查数量：同一厂家同材质的绝热材料复验次数不得少于2次。

检查与验收同第9.2.2条的内容。

常见问题：

（1）取样送检数量不符合要求；

（2）检测的内容不符合要求；

（3）未见证取样送检。

11.2.3 空调与采暖系统冷热源设备和辅助设备及其管网系统的安装，应符合下列规定：

1 管道系统的制式，应符合设计要求。

2 各种设备、自控阀门与仪表应按设计要求安装齐全，不得随意增减和更换。

3 空调冷（热）水系统，应能实现设计要求的变流量或定流量运行。

4 供热系统应能根据热负荷及室外温度变化实现设计要求的集中质调节、量调节或质-量调节相结合的运行。

检验方法：观察检查。

检查数量：全数检查。

为强制性条文。为保证空调与供暖系统具有良好的节能效果，首先要求将冷、热源机房、换热站内的管道系统设计成具有节能功能的系统制式；其次要求所选用的省电节能型冷、热源设备及其辅助设备，均要安装齐全、到位；另外在各系统中要设置一些必要的自控阀门和仪表，是系统实现自动化、节能运行的必要条件。为了保证以上各系统的节能效果符合设计要求、各种设备和自控阀门与仪表应安装齐全且不得随意增减和更换的强制性规定。

本条文规定的空调冷（热）水系统应能实现设计要求的变流量或定流量运行，以及热水供暖系统应能实现根据热负荷及室外温度的变化实现设计要求的集中质调节、量调节或质—量调节相结合的运行，是空调与供暖系统最终达到节能目的的有效运行方式。为此，本条文做出了强制性的规定，要求安装完毕的空调与供热工程，应能实现满足工程设计的节能运行方式。

一、检查

检查内容：

（1）现场查看管道系统安装的制式、管道的走向、坡度、管道分支位置、管径等，并与工程设计图纸进行核对。

（2）逐一检查设备、自控阀门与仪表的安装数量及安装位置，并与工程设计图纸核对。

（3）检查空调冷（热）水系统，看其能否实现设计要求的运行方式（变流量或定流量运行）。

（4）检查供热系统，是否具备能根据热负荷及室外温度变化实现设计要求的调节运行（集中质调节、量调节或质—量调节相结合的运行）。

二、验收

1. 验收条件

本条文的内容要作为专项验收内容。

（1）管道系统的安装制式应符合设计要求；

（2）各种设备、自控阀门与仪表的安装数量、规格均符合设计要求；

（3）空调冷（热）水系统，能实现设计要求的变流量或定流量运行；

（4）供热系统能根据热负荷及室外温度变化实现设计要求的集中质调节、量调节或质—量调节相结合的运行。

2. 验收结论

参加验收的人员包括：监理工程师，建设单位项目专业技术负责人，施工单位项目专业质量（技术）负责人，施工单位项目专业质量员。

满足验收条件的为合格，可以通过验收；否则为不合格，不能通过验收。验收合格后必须形成文字记录，填写检查验收记录，验收人员签字应齐全。

常见问题：

（1）设备、自控阀门与仪表随意增减和更换；

（2）不能按设计的节能调节方式运行。

11.2.4 空调与采暖系统冷热源和辅助设备及其管道和室外管网系统，应随施工进度对与节能有关的隐蔽部位或内容进行验收，并应有详细的文字记录和必要的图像资料。

检验方法：观察检查；核查隐蔽工程验收记录。

检查数量：全数检查。

参见第 10.2.13 条的有关内容。

常见问题：

（1）未对隐蔽部位或内容进行验收；

（2）缺少《隐蔽验收记录》及图像资料。

11.2.5 冷热源侧的电动两通调节阀、水力平衡阀及冷（热）量计量装置等自控阀门与仪表的安装，应符合下列规定：

1 规格、数量应符合设计要求。

2 方向应正确，位置应便于操作和观察。

检验方法：观察检查。

检查数量：全数检查。

常见问题：

（1）电动两通调节阀、水力平衡阀及冷（热）量计量装置等自控阀门与仪表随意增减和更换；

（2）安装位置不合理，不方便观察、操作和调试。

11.2.6 锅炉、热交换器、电机驱动压缩机的蒸汽压缩循环冷水（热泵）机组、蒸汽或热水型溴化锂吸收式冷水机组及直燃型溴化锂吸收式冷（温）水机组等设备的安装，应符合下列要求：

1 规格、数量应符合设计要求。

2 安装位置及管道连接应正确。

检验方法：观察检查。

检查数量：全数检查。

空调与供暖系统在建筑物中是能耗大户，而锅炉、热交换器压缩机的蒸汽压缩循环冷水（热泵）机组、蒸汽或热水型溴化锂吸收式冷水机组及直燃型溴化锂吸收式冷（温）水机组等设备又是空调与供暖系统中的主要设备，其能耗量占整个空调与供暖系统总能耗量的大部分，其规格、台数是否符合设计要求，安装位置及管道连接是否合理、正确，将直接影响空调与供暖系统的总能耗及空调场所的空调效果。

工程实践表明，许多工程在安装过程中未经设计人员同意，擅自改变了有关设备的规格、台数及安装位置，有的甚至将管道接错。其后果是或因设备台数增加而增大了设备的能耗，给设备的安装带来了不便，也给建筑物的安全带来了隐患；或因设备台数减少而降低了系统运行的可靠性，满足不了工程使用要求。

一、检查

检查内容：

检查设备的规格、数量，安装位置及管道连接。

二、验收

1. 验收条件

安装设备的规格、数量全部符合设计要求；设备安装位置及管道连接正确。

2. 验收结论

参加验收的人员包括：监理工程师，建设单位项目专业技术负责人，施工单位项目专业质量（技术）负责人，施工单位项目专业质量检查员。

满足验收条件的为合格，可以通过验收；否则为不合格，不能通过验收。验收合格后必须形成文字记录，填写检查验收记录，验收人员签字应齐全。

常见问题：

（1）部分设备的规格、参数与图纸设计不符；

（2）安装位置及管道连接不符合要求。

11.2.7 冷却塔、水泵等辅助设备的安装，应符合下列要求：

1 规格、数量应符合设计要求；

2 冷却塔设置位置应通风良好，并应远离厨房排风等高温气体；

3 管道连接应正确。

检验方法：观察检查。

检查数量：全数检查。

冷却塔、水泵（冷热水循环泵、冷却水循环泵、补水泵）等辅助设备的规格及数量应符合设计要求，是保证空调与供暖系统冷热源可靠运行的重要条件，必须做到。但是工程实践表明，许多工程在安装过程中，未经设计人员同意，擅自改变了冷却塔、循环水泵等辅助设备的规格及台数，其后果因辅助设备与冷热源主机不匹配或选型偏大而降低了系统运行的可靠性，且增大了能耗。因此，本条文对此进行了强调。

冷却塔安装位置应保持通风良好。通过调研发现，有许多工程冷却塔冷却效果不好，达不到设计要求的效果，其主要原因就是位置设置不合理，或因后期业主自行改造，遮挡了冷却塔，使冷却效率降低；另外还发现有的冷却塔靠近烟道，这也直接影响到冷却塔的冷却效果。

设备的管道连接应正确，要求进出口方向及接管尺寸大小也应符合设计要求。

常见问题：

（1）冷却塔、水泵等辅助设备的规格、参数与图纸设计不符；

（2）冷却塔被遮挡、围护。

11.2.8 空调冷热源水系统管道及配件绝热层和防潮层的施工要求，可按照本规范第10.2.11条的规定执行。

11.2.9 当输送介质温度低于周围空气露点温度的管道，采用非封闭孔绝热材料作绝热层时，其防潮层和保护层应完整，且封闭良好。

检验方法：观察检查。

检查数量：全数检查。

本条是对供冷管道采用非闭孔绝热材料作绝热层时的情况，对其防潮层和保护层的做法提出了要求。

保冷管道的绝热层外设置防潮层（隔汽层），是防止凝露、保证绝热效果的有效措施。保护层是用来保护隔汽层的（具有隔汽性的闭孔绝热材料，可认为是隔汽层和保护层）。冷输送介质温度低于周围空气露点温度的管道，当采用非闭孔性绝热材料绝热而不设防潮层（隔汽层）和保护层或者虽然设了但不完整、有缝隙时，空气中的水蒸气就极易被暴露的非闭孔性绝热材料吸收或从缝隙中流入绝热层而产生凝结水，使绝热材料的导热系数急剧增大，不但起不到绝热的作用，反而使绝热性能降低、冷量损失加大。要求非闭孔性绝热材料的防潮层（隔汽层）和保护层必须完整，且封闭良好。

检查与验收参考第10.2.10条的内容。

常见问题：

（1）保温层、防潮层的材质、规格及厚度不符合设计要求；

（2）保温层、防潮层的施工不符合要求。

11.2.10 冷热源机房、换热站内部空调冷热水管道与支、吊架之间绝热衬垫的施工可按照本规范第 10.2.12 条执行。

常见问题：

（1）绝热衬垫的厚度、宽度不符合规范要求；

（2）绝热衬垫与绝热材料之间有空隙。

11.2.11 空调与采暖系统冷热源和辅助设备及其管道和管网系统安装完毕后，系统试运转及调试必须符合下列规定：

1 冷热源和辅助设备必须进行单机试运转及调试。

2 冷热源和辅助设备必须同建筑物内空调或采暖系统进行联合试运转及调试。

3 联合试运转及调试结果应符合设计要求，且允许偏差或规定值应符合表 11.2.11（本书表 10.6.1）的有关规定。当联合试运转及调试不在制冷期或采暖期时，应先对表 11.2.11（本书表 10.6.1）中序号 2、3、5、6 四个项目进行检测，并在第一个制冷期或采暖期内，带冷（热）源补做序号 1、4 两个项目的检测。

联合试运转及调试检测项目与允许偏差或规定值　　　　　　表 10.6.1

序号	检测项目	允许偏差或规定值
1	室内温度	冬季不得低于设计计算温度 2℃，且不应高于 1℃ 夏季不得高于设计计算温度 2℃，且不应低于 1℃
2	供热系统室外管网的水力平衡度	0.9～1.2
3	供热系统的补水率	≤0.5%
4	室外管网的热输送效率	≥0.92
5	空调机组的水流量	≤20%
6	空调系统冷热水、冷却水总流量	≤10%

检验方法：观察检查；核查试运转和调试记录。

检查数量：全数检查。

本条为强制性条文，要求的内容与本规范第 9.2.10 条及第 10.2.14 条的内容是一致的。室内供暖系统的调试及空调水系统的调试都是在冷热源具备的情况下进行的。本条强制规定，也是为了检验空调与供暖系统安装完成后，看其空调和供暖效果能否达到设计要求。

空调与供暖系统的冷、热源和辅助设备及其管道和室外管网系统安装完毕后，为了达到系统正常运行和节能的预期目标，规定必须进行空调与供暖系统冷、热源和辅助设备的单机试运转及调试和系统的联合试运转及调试。调试必须编制调试方案。

单机试运转及调试是工程施工完毕后进行系统联合试运转及调试的先决条件，是一个较容易执行的项目。只有单机试运转及调试合格后才能进行联合试运行及调试。

系统的联合试运转及调试，是指系统在有冷热负荷和冷热源的实际工况下的试运行和调试。联合试运转及调试结果应满足本规范表 11.2.11（本书表 10.6.1）中的相关要求。当建筑物室内空调与供暖系统工程竣工不在空调制冷期或供暖期时，联合试运转及调试只能进行表 11.2.11（本书表 10.6.1）中序号为 2、3、5、6 的四项内容。因此，施工单位和建设单位应在工程（保修）合同中进行约定，在具备冷热源条件后的第一个空调期或供暖期内再进行联合试运转及调试，并补做本规范表 11.2.11（本书表 10.6.1）中序号为 1、4 的两项内容。补做的联合试运转及调试报告应经监理工程师（建设单位代表）设计签字确认后，以补充完善验收资料。

由于各系统的联合试运转受到工程竣工时间、冷热源条件、室内外环境、建筑结构特性、系统设置、设备质量、运行状态、工程质量、调试人员技术水平和调试仪器等诸多条件的影响和制约，是一项技术性较强、很难不折不扣地执行的工作。但是，它又是非常重要、必须完成好的工程施工任务。因此，本条对此进行了强制性规定。

对空调与供暖系统冷热源和辅助设备的单机试运转及调试和系统的联合试运转及调试的具体要求，可详见《通风与空调工程施工质量验收规范》（GB 50243—2002）的有关规定。

供暖期或制冷期时的工程调试结果满足验收条件的为合格，可以通过验收；非供暖期或制冷期竣工的工程，应办理延期调试手续，并予以注明，在第一个供暖季节或制冷期内补未做完成的项目，合格后完善验收资料。验收合格后填写记录，验收人员签字应齐全。

常见问题：

（1）未进行联合试运转和调试；

（2）联合试运转和调试的结果不符合要求；

（3）缺少《系统试运转和调试记录》。

11.3 一般项目

11.3.1 空调与采暖系统的冷热源设备及其辅助设备、配件的绝热，不得影响其操作功能。

检验方法：观察检查。

检查数量：全数检查。

本条是对空调与供暖系统的冷、热源设备及其辅助设备、配件绝热施工的基本质量要求做出了规定。

参见本规范第 10.2.11 条的有关内容。

10.7 配电与照明节能工程

本节条款号为《建筑节能工程施工质量验收规范》（GB 50411—2007）中条款号。

12.1 一般规定

12.1.1 本章适用于建筑节能工程配电与照明的施工质量验收。

本条指明了施工质量验收的适用范围。它适用于建筑物内的低压配电（380/220V）和照明系统，以及与建筑物配套的道路照明、小区照明、泛光照明等。

12.1.2 建筑配电与照明节能工程验收的检验批划分应按本规范第 3.4.1 条的规定执行。当需要重新划分检验批时，可按照系统、楼层、建筑分区划分为若干个检验批。

本条给出了配电与照明节能工程验收检验批的划分原则和方法。

12.1.3 建筑配电与照明节能工程的施工质量验收，应符合本规范和《建筑电气工程施工质量验收规范》（GB 50303）的有关规定、已批准的设计图纸、相关技术规定和合同约定内容的要求。

给出了配电与照明节能工程验收的依据。

12.2 主控项目

12.2.1 照明光源、灯具及其附属装置的选择必须符合设计要求，进场验收时应对下列技术性能进行核查，并经监理工程师（建设单位代表）检查认可，形成相应的验收、核查记录。质量证明文件和相关技术资料应齐全，并应符合国家现行有关标准和规定。

1 荧光灯灯具和高强度气体放电灯灯具的效率不应低于表 12.2.1-1（本书表 10.7.1）的规定。

荧光灯灯具和高强度气体放电灯灯具的效率允许值　　　　　　表 10.7.1

灯具出光口形式	开敞式	保护罩（玻璃或塑料）		格栅	格栅或透光罩
		透明	磨砂、棱镜		
荧光灯灯具	75%	65%	55%	60%	—
高强度气体放电灯灯具	75%	—	—	60%	60%

2 管型荧光灯镇流器能效限定值应不小于表 12.2.1-2（本书表 10.7.2）的规定。

镇流器能效限定值　　　　　　表 10.7.2

标称功率（W）		18	20	22	30	32	36	40
镇流器能效因素（BEF）	电感型	3.154	2.952	2.770	2.232	2.146	2.030	1.992
	电子型	4.778	4.370	3.998	2.870	2.678	2.402	2.270

3 照明设备谐波含量限值应符合表 12.2.1-3（本书表 10.7.3）的规定。

照明设备谐波含量的限值　　　　　　表 10.7.3

谐波次数 n	基波频率下输入电流百分比数表示的最大允许谐波电流（%）
2	2
3	$30 \times \lambda$
5	10
7	7
9	5
$11 \leqslant n \leqslant 39$（仅有奇次谐波）	3

注：λ 是电路功率因数。

检验方法：观察检查；技术资料和性能检测报告等质量证明文件与实物核对。

检查数量：全数检查。

照明节能主要与以下几个方面有关：（1）光源光效；（2）灯具效率；（3）气体放电灯启动设备质量；（4）照明方式；（5）灯具控制方案；（6）日常维护管理。按设计选用节能的高效光源、灯具和其附属装置，根据《建筑照明设计标准》（GB 50034）中第 3.3.2 条、《管型荧光灯镇流器能效限定值及能效等级》（GB 17896）中第 5.3 条和《电磁兼容　限值　谐波电流发射限值（设备每相输入电流≤16A）》（GB 17625.1—2003/IEC61000-3-2：2001）中第 7.3 条之规定编写了本条。照明光源应符合现行国家标准所规定的能效限定值。为了防止使用不合格或劣质光源、灯具和配件，根据现行的部分国家标准中与照明节能相关的技术参数对工程项目中使用的产品进行重点核查，以保证照明系统最终达到节能的目的。

常见问题：

（1）合格证明文件、性能检测报告不齐全；

（2）缺少《设备进场验收记录》；

（3）相关的技术参数不符合节能标准。

12.2.2 低压配电系统选择的电缆、电线截面不得低于设计值，进场时应对其截面和每芯导

体电阻值进行见证取样送检。每芯导体电阻值应符合表12.2.2（本书表10.7.4）的规定。

不同标称截面的电缆、电线每芯导体最大电阻值　　　　　表10.7.4

标称截面（mm²）	20℃时导体最大电阻（Ω/km）	标称截面（mm²）	20℃时导体最大电阻（Ω/km）
	圆铜导体（不镀金属）		圆铜导体（不镀金属）
0.5	36	35	0.524
0.75	24.5	50	0.387
1.0	18.1	70	0.268
1.5	12.1	95	0.193
2.5	7.41	120	0.153
4	4.61	150	0.124
6	3.08	185	0.0991
10	1.83	240	0.0754
16	1.15	300	0.0601
25	0.727		

检验方法：进场时抽样送检，验收时核查检验报告。

检查数量：同厂家各种规格总数的10%，且不少于2个规格。

本条为强制性条文。本条是参考《电缆的导体》（GB/T 3956—1997）第4.1.4条（实心导体）和第4.2.4条（非紧压绞合圆形导体）制定的，导体的材料均应为不镀金属的退火铜线。制定本条的目的是加强对建筑物内配电大量使用的电线电缆质量的监控，防止在施工过程中使用不合格的电线电缆。由于目前铜金属等价格的上涨造成电线电缆价格升高，有些生产商为了降低成本，偷工减料，造成电线电缆的导体截面变小，导体电阻不符合产品标准的要求。有些施工单位明知这种电线电缆有问题，但为了节省开支也购买这类产品，这样不但会造成严重的安全隐患，还会使电线电缆在输送电能的过程中发热，增加电能的损耗。因此应采取有效措施杜绝这类现象的发生。

一、检查

1. 检验方法

施工单位应按照有关材料设备进场的规定提交监理或甲方相关资料，得到认可后购进电线电缆，并在监理或甲方的旁站下进行见证取样，送到具有国家认可检验资质的检验机构进行检验，并出具检验报告。

2. 检验数量

规格的分类依据电线电缆内导体的材料类型，按照表12.2.2（本书表10.7.4）中的分类，相同截面、相同材料（如不镀金属、镀金属、圆或成型铝导体、铝导体）导体和相同芯数为同规格，如VV3×1185与YJV3×185为同规格，BV6.0与BVV6.0为同规格。

3. 检验内容

测量导体电阻可以在整根长度的电缆上或至少1m长的试样上进行，把测量值除以其长度后，检验是否符合表12.2.2（本书表10.7.4）中规定的导体电阻最大值。

如果需要可采用下列公式校正到20℃和1km长度时的导体电阻：

$$R_{20} = R_t \times K_t \times 1000/L$$

式中 R_{20}——20℃时电阻（Ω/km）；

R_t——t℃时 L 长电缆实测电阻值（Ω）；

K_t——t℃时的电阻温度校正系数；

L——电缆长度（m）。

温度校正系数 K_t 的近似公式为：

$$K_t = 250/(230 + t)$$

式中 t——测量时导体温度（℃）。

二、验收

1. 验收条件

（1）电线电缆出厂质量证明文件及检测报告齐全，实际进场数量、规格等满足设计和施工要求。

（2）电线电缆外观质量应满足设计要求或有关标准的规定。

（3）送检的电线电缆应全部合格，并由检测单位出具检验报告。

2. 验收结论

验收由建设单位或使用方组织。

参加验收的人员包括：监理工程师，建设单位（或使用方）专业负责人，供应商代表，施工单位技术质量负责人，施工单位专业质量员、材料员。

满足验收条件的可以通过验收，否则不能通过验收。验收合格后必须形成文字记录，填写进场检验报告。验收人员签字齐全。

常见问题：

（1）取样送检数量不符合要求；

（2）检测的内容不符合要求；

（3）未见证取样送检。

12.2.3 工程安装完成后应对低压配电系统进行调试，调试合格后应对低压配电电源质量进行检测。其中：

1 供电电压允许偏差：三相供电电压允许偏差为标称系统电压的±7%；单相 220V 为 +7%、−10%。

2 公共电网谐波电压限值为：380V 的电网标称电压，电压总谐波畸变率（THDu）为 5%，奇次（1～25 次）谐波含有率为 4%，偶次（2～24 次）谐波含有率为 2%。

3 谐波电流不应超过表 12.2.3（本书表 10.7.5）中规定的允许值。

谐波电流允许值 表 10.7.5

标准电压（kV）	基准短路容量（MVA）	谐波次数及谐波电流允许值（A）											
		2	3	4	5	6	7	8	9	10	11	12	13
0.38	10	78	62	39	62	26	44	19	21	16	28	13	24
		谐波次数及谐波电流允许值（A）											
		14	15	16	17	18	19	20	21	22	23	24	25
		11	12	9.7	18	8.6	16	7.8	8.9	7.1	14	6.5	12

4 三相电压不平衡度允许值为 2%，短时不得超过 4%。

检验方法：在已安装的变频和照明等可产生谐波的用电设备均可投入的情况下，使用三相电能质量分析仪在变压器的低压侧测量。

检查数量：全部检测。

随着高科技产业的发展，用户对供电质量和可靠性越来越敏感，电器设备使用寿命都与之息息相关。目前电能质量问题主要由负荷方面引起。例如冲击性无功负载会使电网电压产生剧烈波动，降低供电质量。随着电子技术的发展，它既给现代建筑带来节能和能量变换积极的一面，同时电子装置的广泛应用又对电能质量带来新的更严重的损害，已成为电网的主要谐波污染源。谐波使电能的生产、传输和利用的效率降低，使电气设备过热、产生振动和噪声，使绝缘老化，寿命缩短，甚至发生故障会引起电力系统局部发生并联谐振或串联谐振，使谐波含量被放大，致使电容器等设备烧毁。

谐波是由与电网相连接的各种非线性负载产生的。在建筑物中引起谐波的主要谐波源有：铁磁设备、电弧设备以及电力电子设备。铁磁设备包括变压器，旋转电机等；电弧设备包括放电型照明设备（荧光灯等）。这两种都是无源型的，其非线性是由铁心和电弧的物理特性导致的。电力电子设备的非线性是由半导体器件的开关导致的，属于有源型。电力电子设备主要包括电机调速用变频器、直流开关电源、计算机、不间断电源和其他整流逆变设备，目前这部分所产生的谐波所占比重也越来越大，已成为电力系统的主要谐波污源。

谐波对电力系统和其他用电设备可以带来非常严重的影响：

1）大大增加了系统谐振的可能性使谐波容易使电网与补偿电容器之间发生并联谐振或串联谐振，使谐波电流放大几倍甚至数十倍，造成过电流，引起电容器、与之相连接电抗器和电阻器的损坏。

2）使电网中的设备产生附加谐波损失，降低输电及用电设备的使用效率，增加电网线损。在三相四线制系统中，零线电流会由于流过大量的 3 次及其倍数次谐波电流造成零线过热，甚至引发火灾。

3）谐波会产生额外的热效应从而引起用电设备发热，使绝缘老化，降低设备的使用寿命。

4）谐波会引起一些保护设备误动作，如继电保护、熔断器等。

5）谐波会导致电气测量仪表计量不准确。

6）谐波通过电磁感应和传导耦合等方式对电子设备和通信系统产生干扰，如医院的大型电子诊疗设备，计算机数据中心，商场超市的电子扫描结算系统，通信系统终端等，降低数据传输质量，破坏数据的正常传递。

目前针对电能质量的改善有以下几种方式：

1）对谐波的抑止方法

增加 LC 滤波装置，它即可过滤谐波又可补偿无功功率。滤波装置又分成无源滤波和有源滤波两种，前者针对特定谐波进行过滤，如果控制不当容易与电网发生串联和并联谐振。后者可对多次谐波进行过滤，一般不会与电网产生谐振。

2）无功功率的补偿方法

采用自换相变流电路的静止型无功补偿装置——静止无功发生器 SVG（Static Var Generator）。它与传统的静止无功补偿装置需要大量的电抗器、电容器等储能元件不同，SVG 在其直流侧只需要较小容量的电容器维持其电压即可。SVG 通过不同的控制，使其发出无功功率，呈电容性，也可使其吸收无功功率，呈电感性。

3）负序电流的抑止方法

不对称负载会产生负序电流从而造成三相不平衡，通常使用晶闸管控制电抗器配合晶闸管投切电容器来抑止负序电流，但会引起谐波放大问题。

4）有源电力滤波器对电能质量进行综合治理

有源电力滤波器是一种可以动态抑止谐波、负序和补偿无功的新型电力电子装置，它能对变化的谐波、无功和负序进行补偿。与传统的电能质量补偿方式相比，它的调节响应更加快速、灵活。

检查方法：在变压器低压出线或低压配电总进线柜进行检测，检测人员应注意采取有效的安全措施，使用耐压大于500V的绝缘手套、帽子、鞋，绝缘物品应在标定期内使用。

使用的三相电能质量分析仪应具备以下功能：

（1）符合低压配电系统中所有连接的安全要求。

（2）符合国家有关电能质量标准中参数测量和计算的要求。

（3）测量电压准确度0.5%标称电压。

（4）测量参数为：电压、电流有效值和峰值，频率，基波和功率因数、功率、电量，至少达25次谐波。

（5）电流总谐波畸变率（THDv），电压总谐波畸变率（THDu）。

（6）测量仪器的峰值因数 $c_f > 3$。$c_f =$ 峰值/有效值。

（7）电压不平衡度测量的绝对误差≤0.2%；电流不平衡度测量的绝对误差≤1%。

（8）可设置参数记录间隔时间。自动存储容量应满足要求记录参数的最小容量。具有统计和计算功能，可直接给出测量参数值。

常见问题：

（1）未进行调试、检测；

（2）调试、检测的结果不符合要求。

12.2.4 在通电试运行中，应测试并记录照明系统的照度和功率密度值。

1 照度值不得小于设计值的90%；

2 功率密度值应符合《建筑照明设计标准》（GB 50034）中的规定。

检验方法：在无外界光源的情况下，检测被检区域内平均照度和功率密度。

检查数量：每种功能区检查不少于2处。

应重点对公共建筑和建筑的公共部分的照明进行检查。考虑到住宅项目（部分）中住户的个性使用情况偏差较大，一般不建议对住宅内的测试结果作为判断的依据。

1. 检查方法

照明与功率密度值检验：按照国家标准《照明测量方法》（GB/T 5700—2008）中规定的方法进行。此标准中规定了测量仪器的性能和检定周期，以及照度测量的测点布置、测量平面、测量条件和测量方法等。

照度值检验应与功率密度检验同时进行，按照标准中规定检测方法测量照度值，当被检测区域内的平均照度值不小于《建筑照明设计标准》中规定的设计标准值90%时，判定照度指标为合格。被检测区域内发光灯具的安装总功率除以被检测区域面积，即可得出被检测区域的照明功率密度值，当检测值不大于《建筑照明设计标准》中规定的设计值时，判定照明功率密度指标为合格。若照度值高于或低于其对应的照度标准值时，其照明功率密度值也按比例提高或折减。

2. 检查数量

每种功能区检查不少于2处。例如办公楼中的走道和公共大堂由于设计的照度值不同，使用方式不同，因此属于不同的功能区，独立办公室和开敞办公室由于办公人数不同，因此灯具设置的数量和位置也不同，也属于不同的功能区，按照检验数量的规定即走道、大堂各抽测至少2处。独立办公室原则上按检验数量抽测2处，但如果面积狭小且设置了局部照明，则可根据情况测定其中具有代表性的一点，而开敞办公区一般面积较大，因此应至少抽测2处。

3. 检查内容

一般照明，局部照明。

常见问题：

（1）未对照度和功率密度值进行测试；

（2）照度和功率密度值的测试结果不符合要求；

（3）检查数量不足。

12.3 一般项目

12.3.1 母线与母线或母线与电器接线端子，当采用螺栓搭接连接时，应采用力矩扳手拧紧，制作应符合《建筑电气工程施工质量验收规范》（GB 50303）中的有关规定。

检验方法：使用力矩扳手对压接螺栓进行力矩检测。

检查数量：母线按检验批抽查10%。

本条是参考《建筑电气工程施工质量验收规范》（GB 50303—2002）第11.1.2条制定的。关于母线压接头制作的部分原文如下：

母线与母线或母线与电器接线端子，当采用螺栓搭接连接时，应符合下列规定：

母线的各类搭接连接的钻孔直径和搭接长度符合本规范附录C的规定，用力矩扳手拧紧钢制连接螺栓的力矩值符合本规范附录D的规定。

强调母线压接头的制作质量，防止压接头虚接而造成局部发热，造成无用的能源消耗，严重时发生安全事故。

一、检查

1. 检查方法

在建筑物配电系统通电前，安装单位使用力矩扳手检验。使用的力矩扳手应该符合国家标准《手用扭力扳手通用技术条件》（GB/T 15729—2008）和《扭矩扳子检定规程》（JJG 707—2014）的要求，并在其有效检定期内，应采用可预置扭矩并具有显示功能。将力矩扳手卡在钢制螺栓上，力矩扳手预置力设置在小于规定值的范围内，如M8的螺栓规定力矩值为8.8~10.8（N·m），力矩扳手预置力可设置为小于8.8，例如7.8，然后转动扳手，观察螺栓是否转动，如果在7.8的预置力内没有转动，则上调力矩扳手预置力，直至螺栓开锁转动，此时力矩扳手上显示的力矩值即为安装完成时的数值，以此判定是否符合母线搭接螺栓的拧紧力矩。

用力矩扳手拧紧钢制连接螺栓的力矩值符合《建筑电气工程施工质量验收规范》

（GB 50303）中附录 D（本书表 10.7.6）的规定。

母线搭接螺栓的拧紧力矩 表 10.7.6

序号	螺栓规格	力矩值（N·m）	序号	螺栓规格	力矩值（N·m）
1	M8	8.8～10.8	5	M16	78.5～98.1
2	M10	17.7～22.6	6	M18	98.0～127.4
3	M12	31.4～39.2	7	M20	156.9～196.2
4	M14	51.0～60.8	8	M24	274.6～343.2

2. 检查数量

按照检验批的划分原则划分出批次，然后按 10％的比例抽测，例如变配电室划分为 1 个批次，变压器出线侧母线搭接共有 10 处，则抽查 1 处即可。

3. 检查内容

二、验收

验收条件：

抽测工作可由施工单位自行负责，并形成抽测记录。当建设单位对抽测结果有疑问时，可委托具有国家认可资质的检测单位进行检测。抽测的所有母线压接头全部合格方可进行验收。

12.3.2 交流单芯电缆或分相后的每相电缆宜品字形（三叶形）敷设，且不得形成闭合铁磁回路。

检验方法：观察检查。

检查数量：全数检查。

本条是参考《建筑电气工程施工质量验收规范》（GB 50303—2001）第 13.2.3 条制定的。制定本条的目的是强调单芯电缆的敷设方式。尤其是在采用预制电缆头做分支连接时，要防止分支处电缆芯线单相固定时，采用的夹具和支架形成闭合铁磁回路。建议采用铝合金金具线夹，减少由于涡流和磁滞损耗产生的能耗。目前在施工中发现有些单位把这些单芯电缆也像三相电缆那样并排敷设，尤其是地下直埋电缆，经常造成单芯电缆周围发热，造成无用的能源消耗，严重时还会发生安全事故。

1. 检查方法

观察检查。固定电缆用电力金具和支架是否形成闭合面。交流单芯电力电缆应布置在同侧支架上，并加以固定。当按紧贴正三角形排列时，应每隔一定距离用绑带扎牢，以免其松散。

2. 检查数量

在低压配电室和电缆夹层对电缆敷设和电缆固定用电力金具和支架，全部检查。

常见问题：

（1）形成闭合铁磁回路；

（2）未全部检查。

12.3.3 三相照明配电干线的各相负荷宜分配平衡，其最大相负荷不宜超过三相负荷平均值的 115％，最小相负荷不宜小于三相负荷平均值的 85％。

检验方法：在建筑物照明通电试运行时开启全部照明负荷，使用三相功率计检测各相负载电流、电压和功率。

检查数量：全部检查。

电源各相负载不均衡会影响照明器具的发光效率和使用寿命，造成电能损耗和资源浪费。为了验证设计和施工的质量情况，特别加设本项检查内容。刚竣工的项目只要施工按设计进行，一般都较容易达到规范要求。但竣工项目投入使用后，因为使用情况的不确定性而往往达不到规范的要求，这就给我们的检测与控制提出了更高的要求。

常见问题：

(1) 各相负荷分配不平衡；

(2) 未全部检查。

10.8 监测与控制节能工程

本节条款号为《建筑节能工程施工质量验收规范》（GB 50411—2007）中条款号。

13.1 一般规定

13.1.1 本章适用于建筑节能工程监测与控制系统的施工质量验收。

本条对监测与控制系统的适用范围作出了规定。

严格地说，监测与控制系统不是一个独立的专门用于建筑节能的子分部工程，它是智能建筑的一个功能部分，包括在智能建筑的建筑设备监控（BAS）和智能建筑系统集成子分部中。仅因为建筑节能工程施工质量验收的需要，将其列为一个子分部工程。

13.1.2 监测与控制系统施工质量的验收应执行《智能建筑工程质量验收规范》（GB 50339）相关章节的规定和本规范的规定。

建筑节能工程监测与控制系统的施工验收应在智能建筑的建筑设备监控系统的检测验收基础上，按《智能建筑工程质量验收规范》（GB 50339）的检测验收流程进行。

13.1.3 监测与控制系统验收的主要对象应为采暖、通风与空气调节和配电与照明所采用的监测与控制系统，能耗计量系统以及建筑能源管理系统。建筑节能工程所涉及的可再生能源利用、建筑冷热电联供系统、能源回收利用以及其他与节能有关的建筑设备监控部分的验收，应参照本章的相关规定执行。

建筑节能工程涉及很多内容，因建筑类别、自然条件不同，节能重点也应有所差别。在各类建筑能耗中，供暖、通风与空气调节、供配电及照明系统是主要的建筑耗能大户；建筑节能工程应按不同设备、不同耗能用户设置检测计量系统，便于实施对建筑能耗的计量管理，故列为检测验收的重点内容。建筑能源管理系统（BEMS，building energy management system）是指用于建筑能源管理的管理策略和软件系统。建筑冷热电联供系统（BCHP，building cooling heating&power）指建筑物提供电、冷、热的现场能源系统。

13.1.4 监测与控制系统的施工单位应依据国家相关标准的规定，对施工图设计进行复核。当复核结果不能满足节能要求时，应向设计单位提出修改建议，由设计单位进行设计变更，并经原节能设计审查机构批准。

监测与控制系统的施工图设计、控制流程和软件通常由施工单位完成，是保证施工质量的重要环节，应对原设计单位的施工图进行复核，并在此基础上进行深化设计和必要的设计变更。

13.1.5 施工单位应依据设计文件制定系统控制流程图和节能工程施工验收大纲。

监测与控制系统的检测验收是按监测与控制网路进行的。本条要求施工单位按监测与控制回路制定控制流程图和相应的节能工程施工验收大纲，提交监理工程师批准，在检测验收过程中按施工验收大纲实施。

施工验收大纲应包括下列内容：

（1）模拟量控制回路：控制回路名称，过程量属性（DI/AI）及检测仪表，被控量属性（AO/DO）及控制对象，设定值的确定方法，控制稳定性检测方法及合格性判定方法，控制策略说明（SAMA 图或控制逻辑图），编程说明。

（2）顺序控制或连锁控制回路：控制网路名称，过程量属性（DI/AI）及检测仪表，被控量属性及控制对象，控制逻辑图，编程说明，检测方法及合格性判定方法。

（3）监测与计量回路：监测与计量回路名称，监测与计量现场仪表，变送器型号、规格，被测参数估计值，检测仪表规格及型号，检测方法及合格性判定方法。

（4）报警回路：检测对象及阀值，报警方式。

（5）建筑能源管理系统：功能列表，检测方法及合格性判定方法。

施工验收大纲中检测方法应分试运行检测和模拟检测。

13.1.6 监测与控制系统的验收分为工程实施和系统检测两个阶段。

根据 13.1.2 条的规定，监测与控制系统的验收流程应与《智能建筑工程质量验收规范》（GB 50339）一致，以免造成重复和混乱。

在智能建筑的检测验收中已经做过的内容，在建筑节能工程施工验收时，可直接引用，但验收人员应认真审查并在其复印件上签字认可。本规范规定的与节能有关的项目，必须按本规范规定执行。

13.1.7 工程实施由施工单位和监理单位随工程实施过程进行，分别对施工质量管理文件、设计符合性、产品质量、安装质量进行检查，及时对隐蔽工程和相关接口进行检查，同时，应有详细的文字和图像资料，并对监测与控制系统进行不少于 168h 的不间断试运行。

工程实施工程过程检查将直接采用智能建筑子分部工程中"建筑设备监控系统"的检测结果。

常见问题：

（1）试运行时间不足；

（2）资料不齐全。

13.1.8 系统检测内容应包括对工程实施文件和系统自检文件的复核，对监测与控制系统的安装质量、系统节能监控功能、能源计量及建筑能源管理等进行检查和检测。

系统检测内容分为主控项目和一般项目，系统检测结果是监测与控制系统的验收依据。

《智能建筑工程质量验收规范》（GB 50339）规定，智能建筑系统验收分为工程实施（系统自检）和系统检测。

这两条列出了系统检查和系统检测中，针对建筑节能工程应重点检测验收的内容。

节能检测主要是进行功能检测，系统性能检测在智能建筑检测验收中是主控项目，在本规范中列入一般项目。

本条修改了《智能建筑工程质量验收规范》（GB 50339）规定的一个完整供冷和供暖

季不少于 3 个月的试运行规定，而改为 168h 不间断试运行。

13.1.9 对不具备试运行条件的项目，应在审核调试记录的基础上进行模拟检测，以检测监测与控制系统的节能监控功能。

因为空调、供暖为季节性运行设备，有时在工程验收阶段无法进行不间断试运行，只有通过模拟检测对其功能和性能进行测试。具体测试应按施工单位提交的施工验收大纲进行。

模拟检测分为两种：

（1）有些计算机控制系统自带用于调试和检测的仿真模拟程序，将该程序与被检测系统对接，并人为设置试验项目，即可完成系统的模拟测试。

（2）人工输入相关参数或事件，观察记录系统运行情况，进行模拟测试。

常见问题：

未进行模拟测试。

13.2 主控项目

13.2.1 监测与控制系统采用的设备、材料及附属产品进场时，应按照设计要求对其品种、规格、型号、外观和性能等进行检查验收，并应经监理工程师（建设单位代表）检查认可，且应形成相应的质量记录。各种设备、材料和产品附带的质量证明文件和相关技术资料应齐全，并应符合国家现行有关标准和规定。

检验方法：进行外观检查；对照设计要求核查质量证明文件和相关技术资料。

检查数量：全数检查。

设备材料的进场检查应执行《智能建筑工程质量验收规范》（GB 50339）和本规范3.2 节的有关规定。

建筑上用的监测控制系统，不做复检。

设备和材料等均应具有产品合格证，各设备和装置应有清晰的永久铭牌，安装使用说明书等文件应齐全。

常见问题：

（1）合格证明文件、性能检测报告不齐全；

（2）缺少《设备进场验收记录》；

（3）未全数检查。

13.2.2 监测与控制系统安装质量应符合以下规定：

1 传感器的安装质量应符合《自动化仪表工程施工及质量验收规范》（GB 50093—2013）的有关规定；

2 阀门型号和参数应符合设计要求，其安装位置、阀前后直管段长度、流体方向等应符合产品安装要求；

3 压力和压差仪表的取压点、仪表配套的阀门安装应符合产品要求；

4 流量仪表的型号和参数、仪表前后的直管段长度等应符合产品要求；

5 温度传感器的安装位置、插入深度应符合产品要求；

6 变频器安装位置、电源回路敷设、控制回路敷设应符合设计要求；

7 智能化变风量末端装置的温度设定器安装位置应符合产品要求；

8 涉及节能控制的关键传感器应预留检测孔或检测位置，管道保温时应做明显标注。

检验方法：对照图纸或产品说明书目测和尺量检查。

检查数量：每种仪表按 20% 抽检，不足 10 台全部检查。

监测与控制系统的现场仪表安装质量对监测与控制系统的功能发挥和系统节能运行影响较大，本条要求对现场仪表的安装质量进行重点检查。

一、检查

1. 检查内容

（1）电动调节阀的口径应有设计计算说明书。电动调节阀应选用等百分比特性的阀门。阀门控制精度应优于 1%，调节阀的阻力应为系统总阻力的 10%～30%。系统断电时阀门位置应保持不变，应具备手动功能，其自动/手动状态应能被计算机测出并显示；在安装自动调节阀的回路上不允许同时安装自力式调节阀。安装位置正确，阀前阀后直管段长度应符合设计要求。

（2）压力和差压仪表的取压点应符合设计要求，压力传感器应通过带有缓冲功能的环形管针阀与被测管道连接，差压仪表应带三阀组；同一楼层内的所有压力仪表应安装在同一高度上。

（3）流量仪表的准确度应优于满量程的 1%，量程选择应与该管段最大流量一致；必须满足流量传感器产品要求的安装直管段长度。涡街流量计的选用口径应小于其安装管道的口径。热量表的最大使用温度应高于实际出现的最高热水温度，且其累计值应大于被测管路在一个供暖季的总累计值。保证安装直管段要求，并正确安装测温装置。

（4）温度传感器的安装位置、插入深度应符合设计要求，管道上安装的温度传感器应保证冷桥现象导致的温差小于 0.05℃，当热电偶直接与计算机监控系统的温度输入模块连接时，其配置的补偿导线应与所用传感器的分度号保持一致，且必须采用铜导线连接，并单独穿管。测量空调系统的温度传感器的安装位置必须严格按设计施工图执行。

（5）变频器在其最大频率下的输出功率应大于此转速下水泵的最大功率，转速反馈信号可被监控系统测知并显示，现场可手动调速或与市电切换。

2. 检查数量

每种仪表按 20% 抽检，不足 10 台全部检查。

二、验收

1. 验收条件

复查智能建筑工程质量验收中的工程实施检验记录，并按检查数量要求进行抽查。

2. 验收结论

符合本地规范要求的为合格；被检项目的合格率应为 100%。

常见问题：

（1）检查数量不足；

（2）安装的位置、方向不符合设计要求。

13.2.3 对经过试运行的项目，其系统的投入情况、监控功能、故障报警连锁控制及数据采集等功能，应符合设计要求。

检验方法：调用节能监控系统的历史数据、控制流程图和试运行记录，对数据进行分析。

检查数量：检查全部进行过试运行的系统。

在试运行中，对各监控回路分别进行自动控制投入、自动控制稳定性、监测控制各项功能、系统连锁和各种故障报警试验，调出计算机内的全部试运行历史数据，通过查阅现场试运行记录和对试运行历史数据进行分析，确定监控系统是否符合设计要求。

一、检查

1. 检查方法与内容

（1）关于168h不间断试运行的要求：

必须完成168h不间断试运行，因各种原因导致试运行间断时，必须在故障排除后重新进行，直到完成为止。

（2）在试运行期间，模拟量控制必须自始至终能投入自动运行并正常自动运行。

（3）建议在试运行期间进行不少于3次的控制稳定性试验，通过人为在输入端输入不小于设定值105%的扰动，检查系统是否在检测验收大纲规定的时间内稳定下来。

（4）检查从全部控制回路投入到全系统稳定运行所用的时间是否在检测验收大纲规定时间间隔范围内。

（5）进行不少于3次试验，检查连锁控制功能。

（6）在现场用标准仪表检测运行参数并与计算机控制系统显示值比较，判断是否符合设计要求。

（7）人为设置故障，检查报警功能。

（8）启停实验检查的依据为系统的历史数据。

2. 检查数量

试运行项目所包含的全部监测与控制回路全部检查。

二、验收

1. 验收条件

检查的依据为施工单位提交的检测验收大纲和试运行中系统的历史数据。通过对数据的分析，判断是否符合设计要求。

2. 验收结论

全部试运行项目完成，被检测项目符合设计要求为合格，被检测项目的合格率应为100%。

常见问题：

（1）未全部试运行；

（2）未全部检查。

13.2.4 空调与采暖的冷、热源空调水系统的监测控制系统应成功运行，控制及故障报警功能应符合设计要求。

检验方法：在中央工作站使用检测系统软件，或采用在直接数字控制器或冷热源系统自带控制器上改变参数设定值和输入参数值，检测控制系统的投入情况及控制功能；在工作站或现场模拟故障，检测故障监视、记录和报警功能。

检查数量：全部检测。

验收时，冷、热源空调水系统因季节原因无法进行不间断试运行时，按此条规定执行。黑盒法是一种系统检测方法，这种测试方法不涉及内部过程，只要求规定的输入得到预定的输出。

也可用系统自带模拟仿真程序进行模拟检测。

1. 检查方法

（1）通过工作站或现场控制器改变参数设定预定时间功能等；检测热源和热交换系统的自动控制功能；

（2）在工作站设置或现场模拟故障进行故障监视、记录与报警功能检测；

（3）核实热源和热交换系统能耗计量与统计资料；

（4）通过工作站或现场控制器改变参数设定，检测制冷机、冷冻和冷却水系统的自动控制功能，预定时间功能等；

（5）在工作站设置或现场模拟故障，进行故障监视、记录与报警功能检测；

（6）核实冷冻和冷却水系统能耗计量与统计资料。

2. 检查内容

（1）热源系统

① 热源系统各类参数；

② 热源系统燃烧系统自动调节；

③ 锅炉、水泵等设备顺序启/停控制；

④ 锅炉房可燃气体、有害物质浓度检测报警；

⑤ 烟道温度超限报警和蒸汽压力超限报警；

⑥ 设备故障报警和安全保护功能；

⑦ 燃料消耗量统计记录。

（2）热交换系统

① 系统各类监控参数；

② 系统负荷自动调节功能；

③ 系统设备顺序启/停控制功能；

④ 管网超压报警、循环泵故障报警和安全保护功能；

⑤ 能量消耗统计记录。

（3）冷冻水系统

① 各类监控参数；

② 冷冻水系统设备启/停控制，顺序控制，设备联动控制功能；

③ 冷冻水旁通阀压差控制；

④ 冷冻水泵过载报警。

（4）冷却水系统

① 系统监控参数；

② 冷却水系统设备启/停控制、顺序控制、设备联动控制功能；

③ 冷却塔风机台数或冷却塔风机速度控制；

④ 冷却水泵、冷却塔风机过载报警。

（5）制冷机组检测

① 各类监控参数；

② 制冷机启/停控制、顺序控制、设备联动控制功能。

常见问题：

控制及故障报警功能不正常。

13.2.5 通风与空调监测控制系统的控制功能及故障报警功能应符合设计要求。

检验方法： 在中央工作站使用检测系统软件，或采用在直接数字控制器或通风与空调系统自带控制器上改变参数设定值和输入参数值，检测控制系统的投入情况及控制功能；在工作站或现场模拟故障，检测故障监视、记录和报警功能。

检查数量： 按总数的 **20%** 抽样检测，不足 **5** 台全部检测。

本条为强制性条文。验收时，通风与空调系统因季节原因无法进行不间断试运行时，按此条规定执行。

也可用系统自带模拟仿真程序进行模拟检测。

检查方法：

（1）在中央工作站或现场控制器（DDC）检查温度、相对湿度测量值，核对其数据是否正确。用便携式或其他类型的温湿度仪器测量值、相对湿度值进行比对；检查风压开关、防冻开关工作状态；检查风机及相应冷/热水调节阀工作状态；检查风阀开关状态。

（2）在中央工作站或现场控制器（DDC）改变温度设定值，记录温度控制过程，检查控制效果、系统稳定性，同时检查系统运行历史记录。

（3）在中央工作站或现场控制器（DDC）改变相对湿度设定值，进行相对湿度调节，观察运行工况的稳定性、系统响应时间和控制效果，同时检查系统运行历史记录。

（4）在中央工作站改变预定时间表设定，检测空调系统自动启/停功能。

（5）变风量空调系统送风量控制（静压法、压差法、总风量法）检测，改变设定值，使之大于或小于测量值，变频风机转速应随之升高或降低，测量值应逐步趋于设定值。

（6）新风量控制检测，通过改变新风量（或风速、空气质量）设定值，与新风量（或风速、空气质量）测量值比较，进行新风量调节。

（7）启动/关闭新风空调系统，风量空调系统、变风量空调系统，检查各设备的连锁功能。

（8）防冻保护功能检测可采用改变防冻开关动作设定值的方法，模拟进行。

（9）人为设置故障，在中央工作站检测系统故障报警功能，包括过滤器压差开关报警、风机故障报警、送风温度传感器故障报警及处理。

常见问题：

（1）抽检数量不足；

（2）模拟测试参数设置不正确。

13.2.6 监测与计量装置的检测计量数据应准确，并符合系统对测量准确度的要求。

检验方法：用标准仪器仪表在现场实测数据，将此数据分别与直接数字控制器和中央工作站显示数据进行比对。

检查数量：按 20% 抽样检测，不足 10 台全部检测。

主要适用于监测与控制系统联网的监测与计量仪表的检测。

13.2.7 供配电的监测与数据采集系统应符合设计要求。

检验方法：试运行时，监测供配电系统的运行工况，在中央工作站检查运行数据和报警功能。

检查数量：全部检测。

当供配电系统与监测与控制系统联网时，应满足本条所提出的功能要求。

主要检测用电量监测计量系统及各种用电参数、谐波情况；功率因数改善控制，自备电源负荷分配控制，变压器台数控制。

1. 检查方法

（1）利用中央工作站读取数据与现场使用仪器仪表测量的数据进行比较。

（2）将中央工作站所显示的设备工作状态、报警状态与现场实际情况比较。

2. 检查内容

（1）变配电设备各高低压开关运行状况及故障报警。

（2）电源进线及主供电回路电流、电压、功率因数测量、电能计量等。

（3）电力变压器温度测量及超温报警。

（4）应急发电机组供电电流、电压及频率及储油罐液位监视。

（5）不间断电源、蓄电池组、充电设备工作及切换状态检测。

常见问题：

未全部检测。

13.2.8 照明自动控制系统的功能应符合设计要求，当设计无要求时应实现下列控制功能：

1 大型公共建筑的公用照明区应采用集中控制并应按照建筑使用条件和天然采光状况采取分区、分组控制措施，并按需要采用调光或降低照度的控制措施。

2 旅馆的每间（套）客房应设置节能控制型开关。

3 居住建筑有天然采光的楼梯间、走道的一般照明，应采用节能自熄开关。

4 房间或场所设有两列或多列灯具时，应按下列方式控制：

1）所控灯列与侧窗平行；

2）电教室、会议室、多功能厅、报告厅等场所，按靠近或远离讲台分组。

检验方法：

1 现场操作检查控制方式；

2 依据施工图，按回路分组，在中央工作站上进行被检回路的开关控制，观察相应回路的动作情况；

3 在中央工作站改变时间表控制程序的设定，观察相应回路的动作情况；

4 在中央工作站采用改变光照度设定值、室内人员分布等方式，观察相应回路的控制情况；

5 在中央工作站改变场景控制方式，观察相应的控制情况。

检查数量：现场操作检查为全数检查，在中央工作站上检查按照明控制箱总数的5%检测，不足5台全部检测。

照明控制是建筑节能的主要环节，照明控制应满足本条所规定的各项功能要求。

主要检测照明系统定时开关控制、工作人员感应控制、根据室外自然光照度进行的减光控制和多种模式的场景控制等功能。

当系统使用独立的照明控制系统时，参考本章13.2.5的做法进行检测。

1. 检查方法

（1）依据施工图设计文件，按照明回路分组，在中央工作站上设定回路的开与关，观察相应照明回路动作情况。

（2）启动时间表，改变时间控制程序，观察相应照明回路动作情况。

（3）对采用光照度、红外线探测等方式开/关时，观察相应照明回路动作情况。

2. 检查内容

（1）照明设施及回路按分区与时间开/关控制功能。

（2）照明设施或回路按室外照度、室内有人与否进行开/关或照度控制功能。

（3）中央工作站对照明设施或回路的运行状态监视、用电量及用电费用统计等管理功能。

（4）当市电停电或有突发事件发生时，相应照明回路的联动配合功能。

（5）检查公共照明手动开关功能。

常见问题：

（1）照明自动控制系统的功能未达到设计要求；

（2）检测数量不足。

13.2.9　综合控制系统应对以下项目进行功能检测，检测结果应满足设计要求：

1　建筑能源系统的协调功能；

2　采暖、通风与空调系统的优化监控。

检验方法：采用人为输入数据的方法进行模拟测试，按不同的运行工况检测协调控制和优化监控功能。

检查数量：全部检测。

综合控制系统的功能包括建筑能源系统的协调控制及供暖、通风与空调系统的优化监控。

建筑能源系统的协调控制是指将整个建筑物看成一个能源系统，综合考虑建筑物中的所有耗能设备和系统，包括建筑物内的人员。以建筑物中的环境要求为目标，实现所有建筑设备的协调控制，使所有设备和系统在不同的运行工况下尽可能高效运行，实现节能的目标。因涉及建筑物内的多种系统之间的协调动作，故称之为协调控制。

供暖、通风与空调系统的优化监控是根据建筑环境的需求，合理控制系统中的各种设备，使其尽可能运行在设备的高效率区内，实现节能运行。如时间表控制、一次泵变流量单控制等控制策略。

人为输入的数据可以是通过仿真模拟系统产生的数据，也可以是同类建筑运行的历史数据。模拟测试应由施工单位或系统供货厂商提出方案并执行测试。

常见问题：

建筑能源系统的协调控制及优化监控功能不满足设计要求。

13.2.10　建筑能源管理系统的能耗数据采集与分析功能，设备管理和运行管理功能，优化能源调度功能，数据集成功能应符合设计要求。

检验方法：对管理软件进行功能检测。

检查数量：全部检查。

监测与控制系统应设置建筑能源管理系统，以保证建筑设备通过优化运行、维护、管理实现节能。建筑能源管理系按时间（月或年），根据检测、计量和计算的数据，做出统计分析，绘制成图表；或按建筑物内各分区或用户，或按建筑节能工程的不同系统，绘制能流图；用于指导管理者实现建筑的节能运行。

常见问题：

建筑能源管理系统未正常运行。

13.3 一般项目

13.3.1 检测监测与控制系统的可靠性、实时性、可维护性等系统性能，主要包括下列内容：

1 控制设备的有效性，执行器动作应与控制系统的指令一致，控制系统性能稳定符合设计要求；

2 控制系统的采样速度、操作响应时间、报警反应速度应符合设计要求；

3 冗余设备的故障检测正确性及其切换时间和切换功能应符合设计要求；

4 应用软件的在线编程（组态）、参数修改、下载功能、设备及网络故障自检测功能应符合设计要求；

5 控制器的数据存储能力和所占存储容量应符合设计要求；

6 故障检测与诊断系统的报警和显示功能应符合设计要求；

7 设备启动和停止功能及状态显示应正确；

8 被控设备的顺序控制和连锁功能应可靠；

9 应具备自动控制/远程控制/现场控制模式下的命令冲突检测功能；

10 人机界面及可视化检查。

检验方法：分别在中央工作站、现场控制器和现场利用参数设定、程序下载、故障设定、数据修改和事件设定等方法，通过与设定的显示要求对照，进行上述系统的性能检测。

检查数量：全部检测。

所列系统性能检测是实现节能的重要保证。这部分检测内容一般已在建筑设备监控系统的验收中完成，进行建筑节能工程检测验收时，以复核已有的检测结果为主，故列为一般项目。

这部分主要是对系统进行系统性能检测。

常见问题：

检测监测与控制系统未正常运行。

10.9 建筑节能工程现场检验

本节条款号为《建筑节能工程施工质量验收规范》（GB 50411—2007）中条款号。

14.1 围护结构现场实体检验

14.1.1 建筑围护结构施工完成后，应对围护结构的外墙节能构造和严寒、寒冷、夏热冬冷地区的外窗气密性进行现场实体检测。当条件具备时，也可直接对围护结构的传热系数进行检测。

常见问题：

未对外窗气密性进行现场实体检测。

14.1.2 外墙节能构造的现场实体检验方法见本规范附录C。其检验目的是：

1 验证墙体保温材料的种类是否符合设计要求；

2 验证保温层厚度是否符合设计要求；

3 检查保温层构造做法是否符合设计和施工方案要求。

14.1.3 严寒、寒冷、夏热冬冷地区的外窗现场实体检测应按照国家现行有关标准的规定执行。其检验目的是验证建筑外窗气密性是否符合节能设计要求和国家有关标准的规定。

常见问题：

未对外窗气密性进行现场实体检测。

14.1.4 外墙节能构造和外窗气密性的现场实体检验，其抽样数量可以在合同中约定，但合同中约定的数量不应低于本规范的要求。当无合同约定时应按照下列规定抽样：

1 每个单位工程的外墙至少抽查3处，每处一个检查点；当一个单位工程外墙有2种以上节能保温做法时，每种节能做法的外墙应抽查不少于3处。

2 每个单位工程的外窗至少抽查3樘。当一个单位工程外窗有2种以上品种、类型和开启方式时，每种品种、类型和开启方式的外窗应抽查不少于3樘。

14.1.5 外墙节能构造的现场实体检验应在监理（建设）人员见证下实施，可委托有资质的检测机构实施，也可由施工单位实施。

14.1.6 外窗气密性的现场实体检测应在监理（建设）人员见证下抽样，委托有资质的检测机构实施。

14.1.7 当对围护结构的传热系数进行检测时，应由建设单位委托具备检测资质的检测机构承担；其监测方法、抽样数量、检测部位和合格判定标准等可在合同中约定。

14.1.8 当外墙节能构造或外窗气密性现场实体检验出现不符合设计要求和标准规定的情况时，应委托有资质的检测机构扩大一倍数量抽样，对不符合要求的项目或参数再次检验。仍然不符合要求时应给出"不符合设计要求"的结论。

对于不符合设计要求的围护结构节能构造应查找原因，对因此造成的对建筑节能的影响程度进行计算或评估，采取技术措施予以弥补或消除后重新进行检测，合格后方可通过验收。

对于建筑外窗气密性不符合设计要求和国家现行标准规定的，应查找原因进行修理，使其达到要求后重新进行检测，合格后方可通过验收。

14.2 系统节能性能检测

14.2.1 采暖、通风与空调、配电与照明工程安装完成后，应进行系统节能性能的检测，且应由建设单位委托具有相应检测资质的检测机构检测并出具报告。受季节影响未进行的节能性能检测项目，应在保修期内补做。

14.2.2 采暖、通风与空调、配电与照明系统节能性能检测的主要项目及要求见表14.2.2（本书表10.9.1），其检测方法应按国家现行有关标准规定执行。

系统节能性能检测主要项目及要求　　　　　　　　　　　　　　表 10.9.1

序号	检测项目	抽样数量	允许偏差或规定值
1	室内温度	居住建筑每户抽测卧室或起居室1间，其他建筑按房间总数抽测10%	冬季不得低于设计计算温度2℃，且不应高于1℃； 夏季不得高于设计计算温度2℃，且不应低于1℃
2	供热系统室外管网的水力平衡度	每个热源与换热站均不少于1个独立的供热系统	0.9～1.2

序号	检测项目	抽样数量	允许偏差或规定值
3	供热系统的补水率	每个热源与换热站均不少于1个独立的供热系统	0.5%~1%
4	室外管网的热输送效率	每个热源与换热站均不少于1个独立的供热系统	≥0.92
5	各风口的风量	按风管系统数量抽查10%，且不得少于1个系统	≤15%
6	通风与空调系统的总风量	按风管系统数量抽查10%，且不得少于1个系统	≤10%
7	空调机组的水流量	按系统数量抽查10%，且不得少于1个系统	≤20%
8	空调系统冷热水、冷却水总流量	全数	≤10%
9	平均照度与照明功率密度	按同一功能区不少于2处	≤10%

14.2.3 系统节能性能检测的项目和抽样数量也可以在工程合同中约定，必要时可增加其他检测项目，但合同中约定的检测项目和数量不应低于本规范的规定。

10.10 建筑节能分部工程质量验收

本节条款号为《建筑节能工程施工质量验收规范》（GB 50411—2007）中条款号。

15.0.1 建筑节能分部工程的质量验收，应在检验批、分项工程全部验收合格的基础上，进行外墙节能构造实体检验，严寒、寒冷和夏热冬冷地区的外窗气密性现场检测，以及系统节能性能检测和系统联合试运转与调试，确认建筑节能工程质量达到验收条件后方可进行。

常见问题：

建筑节能分部工程的质量验收，未在检验批、分项工程全部验收合格的基础上进行。

15.0.2 建筑节能工程验收的程序和组织应遵守《建筑工程施工质量验收统一标准》（GB 50300）的要求，并应符合下列规定：

1 节能工程的检验批验收和隐蔽工程验收应由监理工程师主持，施工单位相关专业的质量检查员与施工员参加。

2 节能分项工程验收应由监理工程师主持，施工单位项目技术负责人和相关专业的质量检查员、施工员参加；必要时可邀请设计单位相关专业的人员参加。

3 节能分部工程验收应由总监理工程师（建设单位项目负责人）主持，施工单位项目经理、项目技术负责人和相关专业的质量检查员、施工员参加；施工单位的质量或技术负责人应参加；设计单位节能设计人员应参加。

15.0.3 建筑节能工程的检验批质量验收合格，应符合下列规定：

1 检验批应按主控项目和一般项目验收。

2 主控项目应全部合格。

3 一般项目应合格；当采用计数检验时，至少应有90%以上的检查点合格，且其余检查点不得有严重缺陷。

4 应具有完整的施工操作依据和质量验收记录。

15.0.4 建筑节能分项工程质量验收合格，应符合下列规定：

1 分项工程所含的检验批均应合格。

2 分项工程所含检验批的质量验收记录应完整。

15.0.5 建筑节能分部工程质量验收合格，应符合下列规定：

1 分项工程应全部合格。

2 质量控制资料应完整。

3 外墙节能构造现场实体检验结果应符合设计要求。

4 严寒、寒冷和夏热冬冷地区的外窗气密性现场实体检测结果应合格。

5 建筑设备工程系统节能性能检测结果应合格。

15.0.6 建筑节能工程验收时应对下列资料核查，并纳入竣工技术档案：

1 设计文件、图纸会审记录、设计变更和洽商。

2 主要材料、设备和构件的质量证明文件、进场检验记录、进场核查记录、进场复验报告、见证试验报告。

3 隐蔽工程验收记录和相关图像资料。

4 分项工程质量验收记录；必要时应核查检验批验收记录。

5 建筑围护结构节能构造现场实体检验记录。

6 严寒、寒冷和夏热冬冷地区外窗气密性现场检测报告。

7 风管及系统严密性检验记录。

8 现场组装的组合式空调机组的漏风量测试记录。

9 设备单机试运转及调试记录。

10 系统联合试运转及调试记录。

11 系统节能性能检验报告。

12 其他对工程质量有影响的重要技术资料。

15.0.7 建筑节能工程分部、分项工程和检验批的质量验收表见本规范附录B。

1 分部工程质量验收表见本规范附录B中表B.0.1。

2 分项工程质量验收表见本规范附录B中表B.0.2。

3 检验批质量验收表见本规范附录B中表B.0.3。

附录B中分部、分项、检验批表格为通用表格，本书略。

参 考 文 献

[1] 中华人民共和国国家标准. 建筑工程施工质量验收统一标准 GB 50300—2013 [S].
[2] 中华人民共和国国家标准. 建筑给水排水及采暖工程施工质量验收规范 GB 50242—2002 [S].
[3] 中华人民共和国国家标准. 通风与空调工程施工质量验收规范 GB 50243—2002 [S].
[4] 中华人民共和国国家标准. 建筑电气工程施工质量验收规范 GB 50303—2015 [S].
[5] 中华人民共和国国家标准. 电梯工程施工质量验收规范 GB 50310—2001 [S].
[6] 中华人民共和国国家标准. 智能建筑工程质量验收规范 GB 50339—2013 [S].
[7] 中华人民共和国国家标准. 建筑节能工程施工质量验收规范 GB 50411—2007 [S].
[8] 中华人民共和国国家标准. 建筑电气照明装置施工与验收规范 GB 50617—2010 [S].